代 数 学

第1巻

改訂新編

藤原松三郎 著

浦川　肇・髙木　泉・藤原毅夫
編　著

内田老鶴圃

本 書 を

藤原松三郎先生

に捧げる

編者緒言

本書は，藤原松三郎著「代数学」第一巻および第二巻を現代仮名遣いに改め，述語の一部を現在ひろく用いられているものに置き換えたものである．

本書の第一巻は 1928 年に，第二巻は 1929 年に刊行されたが，それは二十世紀の代数学の教科書のスタイルを根本的に変えた van der Waerden の “Moderne Algebra” が出版される直前であった（同書第 I 巻は 1930 年，第 II 巻は 1931 年の刊行）．また，我が国において代数学の古典として読み継がれてきた高木貞治による「初等整数論講義」および「代数学講義」はそれぞれ 1930 年，31 年に出版されている．今日の目で眺めたとき，これらのことが本書をその組立てにおいて，また，内容において極めて独自なものとしている．

本書の特徴として，代数学全般にわたり基礎的理論を詳述し，かつ高度な内容にまで説き及んでいるだけでなく，概念導入にあたりその背景を説明し具体例を挙げるなど丁寧な叙述をしているため，自修書としても適していると言えよう．さらに，第八章および第九章で系統的に論じられている Fourier の定理，Sturm の定理あるいは Routh-Hurwitz の定理など代数方程式の根の分布に関する理論や Newton 法や Horner 法などの近似解法は，現代の大学の学部教育で教えられることは稀であるが，力学系理論，物理学や工学等において重要であり，これらの方面の専門家にとっても貴重な参考書となっている．また，原著は巻末に補遺を追加して，本文の訂正や文献の追加を行っている．特に，最後に加えられた補遺は，江戸時代に和算家が得た諸結果を本巻で展開されている西洋数学の成果と対比したもので，著者が心血を注いだ和算史研究の成果の一端を知ることができる．本改訂版では「和算家による独創的成果」と題を改めて収録した．

述語については，著者が独語，英語等から直接訳出したものも相当数あると思われる．そのため，第二巻序言でも述べられているように，他書とは異なる述語が散見され，その中には定着しなかったものもある．本改訂版では，「方列」を「行列」とするなど，それらを現在標準的に用いられているものに置き換えた．しかしながら，著者の意図を尊重して，変更しなかったものや，敢えて広く流通しているとは言い難いものに置き換えた場合もあることをお断りしておく．例えば，原著では「整函数」は，「多項式」(「整式」とも言う) を指しているが，数論における整数と有理数に対応するものとして，整函数と有理函数と呼ぶことには充分な正当性があると考える．しかし現在では，専ら複素平面上で正則な関数を整関数と呼んでいるのを考慮して，本改訂版では原著にもある「有理整関数」を採用することとした．

編者らの浅学非才のため，思わぬ誤解から却って原著の明晰性を損ねてはいないかと恐れる．読者の叱正を俟って改訂をしていく所存である．

改訂にあたり述語や文献についてご教示いただいた都築暢夫東北大学教授に感謝の意を表したい．

2019 年 1 月

編著者

原著者紹介

原著者について簡単に紹介しておきたい．

藤原松三郎は 1881 年（明治 14 年）三重県津市に生まれ，1905 年東京帝国大学理科大学数学科を卒業後，大学院に進み，第一高等学校講師となった．1907 年同校教授となり，創立されたばかりの東北大学の開学準備のためヨーロッパに留学を命じられ，11 月から 1910 年 10 月までドイツ及びフランスに滞在した．同年 11 月にアメリカに渡り，1911 年 1 月に帰国した．特に，当時の数学研究の中心的指導者であった Hilbert が率いる Göttingen 大学には 1908 年冬のセメスターから一年半滞在した．1911 年 2 月，新設の東北帝国大学理科大学教授に任ぜられた．東北大学理学部数学科は，林鶴一（1873–1935）と藤原の二人を初代教授とし，開設にあたり，林は私財を投じて我が国初の欧文による数学専門誌「東北数学雑誌」を創刊し，世界最先端の数学研究の場で研鑽してきた藤原と共に周到な準備のもとに 1911 年 9 月最初の学生を受入れた．以来，多くの研究者を育成し，日本の近代数学の発展に大きく貢献した．1914 年 11 月には理学博士の学位を授与され，1925 年には帝国学士院会員となった．1942 年 3 月停年退官するまでに 107 編の論文や随想を出版している（東北数学雑誌第一輯第 49 巻による）．同年 5 月東北大学名誉教授となるが，1945 年 7 月の仙台空襲で自宅を失った藤原は翌年 10 月疎開先の福島で歿した．

藤原は主に解析学を専門としたが，数論，代数学，幾何学および実用数学の広汎な分野で深く学び研究した．その成果として「代数学」第一巻，第二巻（内田老鶴圃）1928, 1929 年，「常微分方程式論」（岩波書店）1930 年，「微分積分学」第一巻，第二巻（内田老鶴圃）1934, 1939 年，「行列と行列式」（岩波書店）1934 年，が出版された．これらはすべて現在でも現役の数学書として読まれている．

1935 年和算史家として著名だった林鶴一の急逝を受けて，藤原は和算史の完成を志し，研究に没頭した．さらに中国，朝鮮の数学史を研究するため現地を訪れてもいる．

藤原の研究成果は，その歿後「明治前日本数学史」全五巻（日本学士院編，岩波書店，1953–1960 年）として刊行された．1942 年 1 月 23 日講書始の儀に際し「和算の発達」と題しご進講の栄に浴された．また，歿後出版されたものとして「日本数学史要」（平山諦補訂，宝文館）1952 年,「西洋数学史」（宝文館）1956 年がある．まさしく碩学と呼ぶに相応しい傑出した数学者であった．

編著者

第 1 巻 原著，新編用語対照表

新　編	原　著	新編ページ
一次(一階)導関数	一次誘導函数	260
上組	上級	146
上に有界な数列	上方を限られた数列	126
n 次(n 階)導関数	n 次誘導函数	260
カージナル数(基数，濃度)	カージナル数	18
奇置換	奇数置換	317
基本数列	収束数列	126
行列	方列	318
偶置換	偶数置換	317
組	階級	145
計数(基数，濃度)	計数	18
原始 δ 乗根	単純 δ 乗根	72
合同	相合	43
下組	下級	146
下に有界な数列	下方を限られた数列	126
重根	複根	277
主小行列式	主要小行列式	329
巡回置換	循環置換	314
真部分集合	部分集合	19
親和数(友愛数)	親和数	100
導関数	誘導函数	259
二次(二階)導関数	二次誘導函数	260
非正形式	正とならない形式	499
非負形式	負とならない形式	499
フェルマーの最後定理(フェルマーの最終定理)	フェルマーの最後定理	88
平方剰余	二次剰余	54
平方非剰余	二次非剰余	54
モジュール(加群)	モーヅル	35
有界数列	限られた数列	126
ユークリッド互除法	ユークリッド法式	43, 263
有理整関数	整函数	251
要素(元，成分)	元素	17, 318
ルジャンドルの有理整関数(ルジャンドルの多項式)	ルジャンドルの整函数	438
零因数(零因子)	零因数	238

第 1 巻 記号対照表

新　編	原　著	新編ページ
自然数系 $\mathbf{N}$	(N)	2
整数系　$\mathbf{Z}$	(N′)	5
有理数系 $\mathbf{Q}$	(R)	29

序　言

本書は著者が仙台東北大学における数回の講義を骨子とし，これに多少の加除を施したものです．しかし唯一箇所（§6.7），微積分学の一定理を用いている以外には，読者に対して初等数学以上の知識を何ら予想していません．

本書は単に代数学と題されていますが，実は代数学および数論の全般にわたる一通りの知識を伝えることがその目的です．実際数論と代数学とは互いに深く関連していますから，この二つを切り離して論ずるには，互いに他の一方の知識をある点まで予想しなければなりません．本書が両者を包括して論じた理由もそこにあります．

ここに公にしました第一巻では，まず数の概念と有理数体の数論を論じ，ついで（有理）整関数，行列式および方程式の普通の理論を述べました．

第二巻においては，方列（行列，Matrix）の理論とそれに関連する一次変換および二次形式，単因子の理論，群論とガロアの方程式論，不変式論，代数数体の数論と超越数の理論を述べるつもりです．

各章の終りに “諸定理” の一節を加えて，そこに本書において論じ得なかった多くの定理を集めました．数学を愛好する若き学徒は本書で論じられた理論が最近いかほどの程度まで進んでいるか，またいかなる問題が新しく論じられているかを知らんとする欲望に燃えるに相違ありません．これらの要求に幾分でも応じようとするためにこれらの節を加えたのです．もちろん百科全書的にすべてを網羅することは不可能ですから，著者が重要でかつ趣味ありと考えたもののみを挙げました．従って完全とはいえませんが，幾分でも読者の研究心をそそることを得れば幸いです．

主要な定理や新しい概念の出所はなるべくこれを挙げることにしました．これは多くの読者には余計のことかも知れませんが，数学理論の史的発展に興味をもち，あるいは進んで原論文を味わうという読者に資せんがためです．

著書の経験薄き著者が，ともかく本書第一巻を公にすることができたのは，一に知友柳原吉次，柴田寛，山本生三，増井眞須夫の四君が，あるいは校正に，浄写に，あるいは内容の批評，訂正に細心の注意を以て多大の援助を与えられたためであります．ここに深く感謝の意を表します．

昭和二年十二月仙台に於いて

藤原松三郎

目　　次

第 1 章　有理数体

第 2 章　有理数体の数論

第3章　無理数

第 4 章　有理数による無理数の近似

第 5 章 複素数

第 6 章 有理整関数

第7章　行列式

第 8 章　方程式

第 9 章　方程式と二次形式

第1章　有理数体[†]

第1節　自　然　数

1.1. 緒言．数学の基礎は自然数の概念である．この概念は物を数えるということから普通得られるものであるが，この心理的発生の順序を離れ，自然数を論理的に定義しようとすると，たちまち少なからざる困難に遭遇する．故にこのような根本的な問題はしばらくこれを措き，我々はすでに自然数の概念を得たものとして我々の論究の歩を進めていくことにする．ただこれらの知識を組織づけるため，一応自然数系の性質を列挙しよう．

我々が第一に気づくことは，自然数の系統

$$\mathbf{N}: \qquad 1, 2, 3, 4, \ldots$$

には順序が存在していることである．1 の後に 2，2 の後に 3，3 の後に 4 という風に，$\mathbf{N}$ のいずれの一数をとっても必ずその後に続くものが一つ，しかも唯一つ存在する．n の後に続くものを n の**後者**と名づけ，n^* にて表せば，1 の後者 1^* は 2 であり，2 の後者 2^* は 3 である．

$\mathbf{N}$ に属する数には，最初の 1 を除けば必ずそれの前に来るものが唯一つ存在する．n の前にくる数を ${}^*n$ にて表し，これを n の**前者**と名づければ，3 の前者 ^{*3} は 2，2 の前者 ^{*2} は 1 である．ただ 1 だけには前者がない．

次に一つの自然数 n に 1 を加えるということは，n より n の後者 n^* を作る演算である．これを $n+1=n^*$ にて表す．

二つの自然数の和は，

---

† 第 1 章については，Loewy, Lehrbuch der Algebra I, 1915; Pringsheim, Vorlesungen über Zahlen- und Funktionenlehre I, 1916; 高木博士，新式算術講義 第八版，1912 を参照されたい．

$$a+(b+1)=(a+b)+1$$

なる関係により順次定義されるものである．例えば

$$5+3=5+(2+1)=(5+2)+1,$$

$$5+2=5+(1+1)=(5+1)+1=6+1=7,$$

故に

$$5+3=(5+2)+1=7+1=8.$$

二つの自然数の積は

$$a\cdot 1=a, \qquad a(b+1)=a\cdot b+a$$

により順次定義されるものである．例えば

$$a\cdot 2=a(1+1)=a+a, \quad a\cdot 3=a(2+1)=a\cdot 2+a=a+a+a, \quad \ldots.$$

この和および積を作る演算をそれぞれ加法，乗法と呼ぶ．それは次の法則により支配される．

加法の交換法則： $a+b=b+a.$

加法の結合法則： $a+(b+c)=(a+b)+c.$

乗法の交換法則： $a\cdot b=b\cdot a.$

乗法の結合法則： $a\cdot(b\cdot c)=(a\cdot b)\cdot c.$

分配法則： $a\cdot(b+c)=a\cdot b+a\cdot c, \quad (b+c)\cdot a=b\cdot a+c\cdot a.$

1.2. 自然数系の公理． 以上の事実を既知のものとして出発するとしても，既知として取扱うものはできるだけ少数にとどめ，その他のすべてを論理的に導き出すことは，我々が常に努めるべきところである．

この見地より我々は自然数系 $\mathbf{N}$ を次の**公理**によって定義することにする[*1]．

N_1) $\mathbf{N}$ は 1 を含む．

N_2) $\mathbf{N}$ に属する数 a の後者は常に唯一つ存在する．これを a^* とする．

---

§1.2,*1 自然数系の公理は Peano より始まる．Peano, Formulaire des mathématiques, Torino, 1898, t.2, pp.1–59; t.3, pp.39–44; Loewy, Algebra 参照．

N_3) 1 には前者なし．1 以外の $\mathbf{N}$ の数 a の前者は常にただ一つ存在する．これを ${}^*a$ とする．

N_4) $\mathbf{N}$ は 1 と，その順次の後者 $1^*, 1^{**}, 1^{***}, \ldots$ よりなる．

このように自然数系 $\mathbf{N}$ を定義した上，1 の後者 1^* を 2，2 の後者 2^* を 3，3 の後者 3^* を 4 と呼び，順次 $5, 6, \ldots$ を定義する．

一般に a の後者 a^* を $a+1$ で表す．従って

$$1+1=2,\quad 2+1=3,\quad 3+1=4,\quad 4+1=5,\ \ldots.$$

1.3. 相等． 上に用いた記号 $=$ を**相等の記号**と呼び，次のように規定する．ただし $a=b$ の否定を $a \neq b$ によって表す．

E_1) $a=b$ であるか，そうでなければ $a \neq b$.

E_2) $a=a$.

E_3) $a=b$ ならば $b=a$.

E_4) $a=b, b=c$ ならば $a=c$.

1.4. 数学的帰納法． $\mathbf{N}$ の公理より，数学全体にわたって有力な推論の一原則を立てることができる．すなわち

(a) 一つの定理が，1 に対して成立する．

(b) 当該定理が $\mathbf{N}$ の任意の一数 n に対して成立すれば，必ず $n+1$ に対しても成立する．

という二つの前提より，$\mathbf{N}$ のすべての数に対して当該定理の成立することが結論せられる．これを**数学的帰納法**[*1]という．

証明． 今当該定理が，$\mathbf{N}$ のすべての数に対しては成立しないと仮定すれば，$\mathbf{N}$ の内，これが成立しない最初の数がなければならない．これを m とすれば，仮定 (a) よ

§1.4,*1　この原則はすでに Pascal が 1654 年に用いている．Pascal 以前にも 1575 年に Maurolicus が用いたことがあるそうである．Bussey, American Math. Monthly 20, 1905 参照．

り，m は 1 となり得ない．従って N_3) により m の前者 $^*m$ が存在する．m は当該定理が成立しない最初の数であるから，その前者 $^*m$ に対しては当該定理が成立する，従って (b) により $^*m$ の後者 m に対しても成立しなければならない．これは矛盾である．故に当該定理は $\mathbf{N}$ のすべての数に対して成立しなければならない．

1.5. **加法および乗法**. 一つの自然数 a に第二の自然数 b を加えるとは，a, b より第三の自然数 c を定める一つの演算である．これを**加法**といい，c を a, b の**和**と呼び，$a+b=c$ を以てこれを表す．

これは規定

(A) $$a+(b+1)=(a+b)+1$$

によって定義される演算である．

加法のほかに，a, b より第三の自然数 c を定める第二の演算がある．これを**乗法**といい，c を a, b の**積**と呼ぶ．これを表すに $a \times b = c$，または $a \cdot b = c$，または単に $ab = c$ を以てする．乗法は規定

(B) $$a \cdot 1 = a, \qquad a(b+1) = a \cdot b + a$$

を以て定義される．

§1.1 に示した交換，結合，および分配法則は，すべてこの規定 (A), (B) より，数学的帰納法を以て論理的に証明し得べきものである．我々はこれを次節に詳論しよう．

第2節 整 数

1.6. **整数系**[*1]. 自然数系 $\mathbf{N}$ にあっては，$\mathbf{N}$ の一数 a には必ずその後者 a^* が唯一つ存在し，1 以外の a に対してはその前者 $^*a$ が唯一つ存在した．唯 1 のみが前

§1.6,*1 本節における負数の概念の導入は Loewy の書によった．加法については同書 §2，乗法については同書巻末の補遺 p.388 に論ぜられている．ここには正負の場合を平行に論ずるために，多少 Loewy を改変した点がある．歴史的にいえば，Pringsheim, Zahlen-und Funktionenlehre I_1 のように，自然数から分数に入り，さらにそれより零および負数に進むべきであろう．零および負数の概念はインドに生まれた．紀元 628 年に書かれた Brahmagupta の書 Brahmasphuta siddhanta (Colebrooke, Algebra of the Hindoos, London, 1817 に英訳されている) に明らかに出ている．ギリシャには全然なかった．

者をもたない.

今この 1 に対する制限を撤去して，一つの数 a には，常に必ず唯一つの前者と唯一つの後者とが存在する新しい数の系統を考え，これを**整数系** $\mathbf{Z}$ と名づけ，$\mathbf{Z}$ に属する数を**整数**と名づける.

$\mathbf{Z}$ は次の公理によるものと定める.

N_1')　$\mathbf{Z}$ は 1 を含む.

N_2')　$\mathbf{Z}$ の任意の数 a の後者 a^* は常に唯一つ存在する.

N_3')　$\mathbf{Z}$ の任意の数 a の前者 ${}^*a$ は常に唯一つ存在する.

N_4')　$\mathbf{Z}$ は 1 とその順次の後者および前者よりなる.

従って 1 およびその順次の後者よりなる自然数系 $\mathbf{N}$ は $\mathbf{Z}$ の一部分をなす. 1 の前者 ^{*1} を 0，0 の前者 ^{*0} を $\overline{1}$，$\overline{1}$ の前者 ${}^*\overline{1}$ を $\overline{2}$，$\overline{2}$ の前者 ${}^*\overline{2}$ を $\overline{3}$ と定義し，これを続けて順次 $\overline{4}, \overline{5}, \ldots$ に及ぼせば，$\mathbf{Z}$ は

$$\ldots, \overline{4}, \overline{3}, \overline{2}, \overline{1}, 0, 1, 2, 3, 4, \ldots$$

である. $\mathbf{Z}$ の数に対しても，相等 $(=)$ は §1.3 の規定に従うものと定める.

数学的帰納法は $\mathbf{Z}$ に対しては次の形に拡張される.

(a)　ある一つの定理が，$\mathbf{Z}$ の任意の一数（必ずしも 1 と限る必要はない）に対して成立する.

(b)　当該定理が $\mathbf{Z}$ の任意の一数 n に対して成立すれば，また n の後者 n^*，および n の前者 ${}^*n$ に対しても成立する.

この二つの前提より，$\mathbf{Z}$ のすべての数に対して当該定理の成立することが結論せられる.

証明はさきの場合と同様であるから省くことにする.

1.7.　整数の加法.　定義により

$$0^* = 0 + 1 = 1, \quad \overline{1}^* = \overline{1} + 1 = 0, \quad \overline{2}^* = \overline{2} + 1 = \overline{1}, \quad \ldots. \tag{1}$$

$\mathbf{Z}$ の二数 a, b の和はやはり $\mathbf{Z}$ に属し，規定

(A)　　$$a + (b + 1) = (a + b) + 1$$

によるものと定める.

相等 (=) は加法に対し，次の規定に従うものと定める.

E_5) $b=c$ ならば，$a+b=a+c$，$b+a=c+a$.

(A) において b を 0 とおけば，$a+(0+1)=(a+0)+1$．右辺は $(a+0)^*$ であり，左辺は (1) により，$a+1=a^*$ である．然るに $a+0$ は $\mathbf{Z}$ に属すべきであるから，a^* は $(a+0)^*$ に等しい．従って

$$a+0=a \tag{2}$$

でなければならない．a は $\mathbf{Z}$ の任意の数であるから，特に a を 0 とおけば

$$0+0=0 \tag{3}$$

が成立する.

(A) において b を $\overline{1}$ とおけば，$a+(\overline{1}+1)=(a+\overline{1})+1$．この右辺は $(a+\overline{1})^*$ であり，左辺は (1) により $a+0$，すなわち a に等しい．故に

$$a+\overline{1}={}^*a.$$

例えば,

$$2+\overline{1}=1,\ 1+\overline{1}=0,\ 0+\overline{1}=\overline{1},\ \overline{1}+\overline{1}=\overline{2},\ \overline{2}+\overline{1}=\overline{3},\ \overline{3}+\overline{1}=\overline{4},\ \ldots \tag{4}$$

この性質より

$$(\mathrm{A}') \qquad a+(b+\overline{1})=(a+b)+\overline{1}$$

が証明される.

何となれば，(A) において b の代わりに $b+\overline{1}$ とおけば

$$a+\{(b+\overline{1})+1\}=\{a+(b+\overline{1})\}+1.$$

然るに

$$(b+\overline{1})+1=b+(\overline{1}+1)=b+0=b. \qquad [(\mathrm{A}),(1),(2)]$$

従って

$$a+b=\{a+(b+\overline{1})\}+1.$$

すなわち $a+(b+\overline{1})$ は $a+b$ の前者 $(a+b)+\overline{1}$ に等しい.

加法の結合法則，および交換法則は拡張された数学的帰納法を用いて (A), (A′) より証明することができる．

これを次に示そう．

1.8. 加法の結合法則． $a+(b+c)=(a+b)+c.$

$c=1$ なる特別の場合に成立することは，(A) が直接示している．故に c が $\mathbf{Z}$ の任意の一数 k なるとき成立するものと仮定すれば

$$a+(b+k)=(a+b)+k.$$

この仮定の下に，k の後者 $k+1$ および k の前者 $k+\overline{1}$ に対してもなお成立することが証明されるならば，拡張された数学的帰納法により，$\mathbf{Z}$ のすべての数 c に対して成立することが結論せられるであろう．

$c=k+1,\ k+\overline{1}$ の場合に成立することは，次のようにして示される．

$$\begin{array}{r|ll}
(a+b)+(k+1) & (a+b)+(k+\overline{1}) & \\
=\{(a+b)+k\}+1 & =\{(a+b)+k\}+\overline{1} & [(\mathrm{A}),(\mathrm{A}')] \\
=\{a+(b+k)\}+1 & =\{a+(b+k)\}+\overline{1} & [\text{仮定}] \\
=a+\{(b+k)+1\} & =a+\{(b+k)+\overline{1}\} & [(\mathrm{A}),(\mathrm{A}')] \\
=a+\{b+(k+1)\} & =a+\{b+(k+\overline{1})\} & [(\mathrm{A}),(\mathrm{A}')]
\end{array}$$

1.9. 加法の交換法則． $a+b=b+a.$

次に交換法則を証明する予備として，次の補助定理を証明しなければならない．

補助定理 1． $a+1=1+a.$

$a=k$ のとき成立すると仮定すれば，$k+1=1+k$．故に

$$\begin{array}{r|ll}
(k+1)+1 & (k+\overline{1})+1 & \\
 & =(k+1)+\overline{1} & [(1),(4)] \\
=(1+k)+1 & =(1+k)+\overline{1} & [\text{仮定}] \\
=1+(k+1) & =1+(k+\overline{1}) & [(\mathrm{A}),(\mathrm{A}')]
\end{array}$$

$a=1$ の場合には明らかに成立する．故に一般に成立する．

補助定理 2． $a+\overline{1}=\overline{1}+a.$

$a=k$ に対し成立すると仮定すれば，$k+\overline{1}=\overline{1}+k$．故に

$(k+1)+\bar{1}$	$(k+\bar{1})+\bar{1}$	
$=(k+\bar{1})+1$		[(1), (4)]
$=(\bar{1}+k)+1$	$=(\bar{1}+k)+\bar{1}$	[仮定]
$=\bar{1}+(k+1)$	$=\bar{1}+(k+\bar{1})$	[結合法則]

然るに定義および (4) により，$\bar{1}+1=1+\bar{1}=0$．すなわち補助定理 2 は $a=1$ に対して成立する．故に一般に成立する．

以上の準備ができたから，次に加法の交換法則の証明に移ろう．

加法の交換法則 $a+b=b+a$ が，$b=1$ の場合に成立することは，補助定理 1 が示している．次に $b=k$ のとき成立するものと仮定すれば，

$a+(k+1)=(a+k)+1$	$a+(k+\bar{1})=(a+k)+\bar{1}$	[(A), (A′)]
$=(k+a)+1=k+(a+1)$	$=(k+a)+\bar{1}=k+(a+\bar{1})$	[仮定および結合法則]
$=k+(1+a)$	$=k+(\bar{1}+a)$	[補助定理 1, 2]
$=(k+1)+a$	$=(k+\bar{1})+a$	[結合法則]

すなわち $b=k+1,\ k+\bar{1}$ のときにも成立する．故に一般に成立する．

1.10. 反数.

乗法を支配する法則に移る前に次の定理を証明しておく．

定理 1. $\mathbf{Z}$ の任意の数 a に対し，$a+a'=0$ の成立する a' が唯一つ存在する．a' を a の**反数**と名づける．

$a=k$ の場合に，k の反数が存在すると仮定して，これを k' によって表せば

$(k+1)+(k'+\bar{1})$	$(k+\bar{1})+(k'+1)$	
$=k+\{(1+k')+\bar{1}\}$	$=k+\{(\bar{1}+k')+1\}$	[結合法則]
$=k+\{(k'+1)+\bar{1}\}$	$=k+\{(k'+\bar{1})+1\}$	[補助定理 1, 2]
$=k+\{k'+(1+\bar{1})\}$	$=k+\{k'+(\bar{1}+1)\}$	[結合法則]
$=k+(k'+0)$	$=k+(k'+0)$	[$1+\bar{1}=\bar{1}+1=0$]
$=k+k'=0$	$=k+k'=0$	[(2) および仮定]

すなわち $k+1$, $k+\overline{1}$ の反数は存在して，それぞれ $k'+\overline{1}$, $k'+1$ である．(3) は $0+0=0$ を示す故に，0 の反数は 0 である．故に一般に a の反数は存在する．

a に対し a' は唯一つ存在するのみである．何となれば，仮に $a+a'=0$, $a+a''=0$ とすれば

$$\begin{aligned} a'' &= a''+0 = a''+(a+a') = (a''+a)+a' \\ &= (a+a'')+a' = 0+a' = a'. \end{aligned}$$

以上の結果から直ちに

$$\begin{array}{llll} 0+0=0, & 1+\overline{1}=0, & 2+\overline{2}=0, & 3+\overline{3}=0, \ \ldots, \\ & \overline{1}+1=0, & \overline{2}+2=0, & \overline{3}+3=0, \ \ldots \end{array} \tag{5}$$

が分かる．

反数に関しては，さらに次の定理が成立する．

定理 2. a, b の反数を a', b' とすれば，$a+b$ の反数 $(a+b)'$ は $a'+b'$ に等しい．

何となれば，$a+a'=0, b+b'=0$ より，$(a+b)+(a'+b')=0$.

1.11. 整数の乗法[*1].

$\mathbf{Z}$ に属する二数 a, b の積 $a \cdot b$ はまた $\mathbf{Z}$ に属し，かつ次の規定に従うものとする．

(B)　　$a \cdot 1 = a, \qquad a(b+1) = ab + a.$

相等 (=) は乗法に対して次の規定に従うべきものとする．

E_6)　$b=c$ ならば $a \cdot b = a \cdot c$.

規定 (B) において，$b=0$ とおけば，$a(0+1) = a\cdot 0 + a$ となる．この左辺は $a \cdot 1 = a$ に等しい．故に $a = a \cdot 0 + a$ となる．a の反数を a' とすれば

$$0 = a+a' = (a\cdot 0 + a)+a' = a\cdot 0 + (a+a') = a \cdot 0 + 0 = a \cdot 0.$$

すなわち $\mathbf{Z}$ のすべての数 a に対し

$$a \cdot 0 = 0 \tag{6}$$

---

§1.11,*1　整数の加法乗法を，§1.5, (A), および §1.11, (B) を以て定義し，これより交換，結合，分配法則を証明することは，Grassmann, Lehrbuch der Arithmetik, 1861 (Werke II_1, p.300) に始まる．

が成立する．特に $a = 0$ とおけば

$$0 \cdot 0 = 0. \tag{7}$$

次に数学的帰納法によって

$$0 \cdot a = 0 \tag{8}$$

が証明される．これは (B) において $a = 0$ とおき，(7) を合わせ考えると容易に知られるであろう．

さらに (B) において $b = \overline{1}$ とおけば，$a(\overline{1} + 1) = a \cdot \overline{1} + a$ となり，左辺は $a \cdot 0 = 0$ であるから $a \cdot \overline{1} + a = 0$．然るに a' を a の反数とすれば，反数は唯一つ存在するのみであるから

$$a \cdot \overline{1} = a' \tag{9}$$

でなければならない．

この関係によれば

(B′) $$a(b + \overline{1}) = ab + a \cdot \overline{1} = ab + a'$$

を次のように証明することができる．

$$a\left\{(b + \overline{1}) + 1\right\} = a\left\{b + (\overline{1} + 1)\right\} = a(b + 0) = ab.$$

然るに左辺は (B) により $a(b + \overline{1}) + a$ に等しい．故に

$$ab + a' = \left\{a(b + \overline{1}) + a\right\} + a' = a(b + \overline{1}) + (a + a') = a(b + \overline{1}) + 0,$$

すなわち

$$ab + a' = a(b + \overline{1}).$$

我々はこの (B), (B′) から出発して，乗法を支配する法則を証明することができる．次にこれを示そう．

1.12. 分配法則.

(1) $a(b + c) = ab + ac.$

(2) $(b + c)a = ba + ca.$

まず (1) の証明から始める．

(1) が $c=1$ の場合に成立することは，(B) が直接示している．次に $c=k$ のとき成立するものと仮定すれば，

$a\{b+(k+1)\}$	$a\{b+(k+\bar{1})\}$	
$=a\{(b+k)+1\}$	$=a\{(b+k)+\bar{1}\}$	[加法の結合法則]
$=a(b+k)+a$	$=a(b+k)+a'$	[(B), (B′)]
$=(ab+ak)+a$	$=(ab+ak)+a'$	[仮定]
$=ab+(ak+a)$	$=ab+(ak+a')$	[加法の結合法則]
$=ab+a(k+1)$	$=ab+a(k+\bar{1})$	[(B), (B′)]

よって分配法則 (1) は証明された．

次に (2) の証明に移る．

(2) は明らかに $a=1$ の場合に成立する．さらに $a=k$ のときに成立すると仮定すれば

$(b+c)(k+1)$	$(b+c)(k+\bar{1})$	
$=(b+c)k+(b+c)$	$=(b+c)k+(b+c)'$	[(B), (B′)]
$=(bk+ck)+(b+c)$	$=(bk+ck)+(b'+c')$	[仮定および定理 2]
$=(bk+b)+(ck+c)$	$=(bk+b')+(ck+c')$	[加法の結合および交換法則]
$=b(k+1)+c(k+1)$	$=b(k+\bar{1})+c(k+\bar{1})$	[(B), (B′)]

すなわち (2) が $a=k+\bar{1},\ k+1$ に対し成立する，従って一般に成立する．

1.13. 乗法の結合法則. $a(bc)=(ab)c.$

$c=1$ の場合に成立することは，(B) より明らかである．また $c=\bar{1}$ の場合に成立することは，$a(b+b')=a\cdot 0=0$ の左辺は分配法則により $ab+ab'$ に等しく，従って ab' は ab の反数であり，同様に $a'b$ は ab の反数なることより明らかである．

今 $c=k$ に対し成立すると仮定すれば，

$a\{b(k+1)\}$	$a\{b(k+\bar{1})\}$	
$=a(bk+b)=a(bk)+ab$	$=a(bk+b\bar{1})=a(bk)+a(b\bar{1})$	[分配法則]

$= (ab)k + ab$	$= (ab)k + (ab)\overline{1}$	[仮定および (9)]
$= (ab)(k+1)$	$= (ab)(k+\overline{1})$	[分配法則]

故に一般に成立する.

1.14. **乗法の交換法則.** $ab = ba$.

まず

$$a \cdot 1 = 1 \cdot a, \qquad a \cdot \overline{1} = \overline{1} \cdot a$$

の証明から始める.

$a \cdot 1 = 1 \cdot a$ は $a = 1$ に対して成立する. これが $a = k$ のとき成立すると仮定すれば, 分配法則により

$$(k+1) \cdot 1 = k \cdot 1 + 1 = 1 \cdot k + 1 = 1 \cdot (k+1),$$

$$(k+\overline{1}) \cdot 1 = k \cdot 1 + \overline{1} = 1 \cdot k + \overline{1} = 1 \cdot (k+\overline{1}).$$

故に一般に $a \cdot 1 = 1 \cdot a$ が成立する.

次に $\overline{1} \cdot a + a = (\overline{1} + 1) \cdot a = 0 \cdot a = 0$ であるから, $\overline{1} \cdot a$ は a の反数 a' に等しい. 然るに $a' = a \cdot \overline{1}$ であるから, $\overline{1} \cdot a = a \cdot \overline{1}$ が成立する.

このように $ab = ba$ は $b = 1, \overline{1}$ のとき成立することが分かった. 故に $b = k$ のとき成立することを仮定すれば

$a(k+1) = ak + a$	$a(k+\overline{1}) = ak + a\overline{1}$	[分配法則]
$= ka + a = (k+1)a$	$= ka + \overline{1}a = (k+\overline{1})a$	[仮定および分配法則]

故に $ab = ba$ は一般に成立する[*1].

1.15. **零.** 我々は 1 の前者として 0 を定義した. これを零と呼ぶ. §1.7, 1.11 に論じた零の諸性質を一括すれば:

$$a + 0 = 0 + a = a, \qquad 0 + 0 = 0,$$

$$a \cdot 0 = 0 \cdot a = 0, \qquad 0 \cdot 0 = 0.$$

---

§1.14,*1　乗法の法則を証明するにあたり順序を換えて, $ab = ba$, $a(b+c) = ab + ac$, $a(bc) = (ab)c$ の順に証明することができる. Dedekind, Was sind und was sollen die Zahlen?, 1888 参照.

ただし a は $\mathbf{Z}$ に属する任意の数を表すものとする．

1.16. 負数．我々は §1.10 において，$\mathbf{Z}$ の任意の数 a に対し，反数 a' が常に唯一つ存在することを証明した．a' を新たに $-a$ なる記号を以て表すことにする．反数の定義により $a+a'=0$ であるから

$$a+(-a)=0, \qquad (\text{これを単に } a-a=0 \text{ にて表す}).$$

a' の反数は a であるから

$$-(-a)=a$$

となる．

§1.10 の (5) が示す通り

$$0+0=0, \quad 1+\overline{1}=0, \quad 2+\overline{2}=0, \quad 3+\overline{3}=0, \ \ldots$$

であるから，$\mathbf{Z}$ の数は互いに反数なる対に分けられる．ただし 0 のみは自分自身の反数である．自然数系 $\mathbf{N}$ に属する数，すなわち自然数を**正の整数**といい，これに対し，自然数 $1, 2, 3, 4, \ldots$ の反数である $\overline{1}, \overline{2}, \overline{3}, \overline{4}, \ldots$ を**負の整数**という．正，負の整数，および零を総称したのが**整数**である．すなわち整数系 $\mathbf{Z}$ は，正および負の整数の全体と零とよりなる．n が正の整数ならば，その反数は $\overline{n}$ であった．新たに採用した記号によれば，これは $-n$ と書かれる．$-n$ は負の整数である．この記号によれば，$\mathbf{Z}$ は

$$\ldots, -4, -3, -2, -1, 0, 1, 2, 3, 4, \ldots$$

である．負の整数 $-n$ に対し，特に正の整数なることを明らかにするために，時として n を $+n$ と書くことがある．

$a+b$ の反数は $a'+b'$ であり，ab の反数は $a'b, ab'$ であった．故に上の記号によれば

$$-(a+b)=(-a)+(-b), \quad -(ab)=(-a)b=a(-b)$$

である．m, n を正整数とすれば

$$(-m)+n=-(m-n)=n-m, \quad (-m)+(-n)=-(m+n),$$

$$(-m)n=m(-n)=-mn, \quad (-m)(-n)=mn.$$

すなわち正整数と負整数の積は負であり，二つの正整数または二つの負整数の積は正

である.

a が負数ならば，$-a$ を a の**絶対値**と名づけ，$|a|$ を以て表す．a が正または零ならば，a の絶対値は a 自身に等しいと定義する.

1.17.　減法.　$\mathbf{Z}$ の二数 a, b より，$a-b$ なる $\mathbf{Z}$ に属する数を作る演算を**減法**という．上に示した通り

$$b+(a-b)=(a-b)+b=a$$

であるから，減法は a および b を与えたとき，

$$b+x=x+b=a$$

に適合する x を求めること，すなわち加法の逆の演算である．この場合，a を**被減数**，b を**減数**，$a-b$ を**差**と名づける.

自然数系 $\mathbf{N}$ にあっては，加法，乗法は制限なしに行われた．整数系 $\mathbf{Z}$ においては減法もまた制限なしに行われる.

1.18.　相等に関する定理.　我々は相等の規定として，$b=c$ ならば

$$a+b=a+c, \quad b+a=c+a, \quad ab=ac \qquad \mathrm{E}_5), \mathrm{E}_6)$$

をとった．これは我々の立場にあっては，証明できないものである．しかし

$$b=c \qquad \text{ならば} \qquad ba=ca$$

なることは，数学的帰納法により証明することができる．これは交換法則を用いずともよろしい.

$\mathrm{E}_5), \mathrm{E}_6)$ より次の定理が証明される.

定理 1.　$a+c=b+c$ または $c+a=c+b$ ならば $a=b$ である.

c の反数を c' とすれば

	$(a+c)+c'=(b+c)+c',$	$c'+(c+a)=c'+(c+b),$
	$(c'+c)+a=(c'+c)+b,$	$(c'+c)+a=(c'+c)+b,$
よって	$a=b.$	$a=b.$

定理 2.　$ab=0$ ならば $a=0$ なるか，そうでなければ $b=0$ である.

a, b を共に 0 でないとすれば，正または負の整数でなければならない．正と正，正と負，負と負の整数の積は正または負の整数であって，零とならない．

定理 3. $ac = bc, (c \neq 0)$ または $ca = cb, (c \neq 0)$ ならば $a = b$.

$ac = bc$ とすれば，$(a-b)c = ac - bc = ac - ac = 0$. 然るに $c \neq 0$ であるので必ず $a - b = 0$ とならなければならない．故に $a = b$ である．

1.19. 整数の順序. 我々は整数系 $\mathbf{Z}$ を定義するにあたり後者および前者の概念に依った．従って整数系にはすでに一種の順序がつけられている．

我々は $\mathbf{Z}$ の数 a の後者 $a^* = a+1$ は a の後にあるといい，これを記号 $a+1 > a$ によって表す．また a は $a^* = a+1$ の前にあるといい，これを表すに記号 $a < a+1$ を用いる．我々はまた前後の代わりに**大小**の語を用いる．すなわち $a+1$ は a より大なり，a は $a+1$ より小なりという．ただしこの大小の語は，ここでは順序を表し，量の大小とは全然無関係なることを注意しておく．

この記号 $>, <$ に関しては，定義としての

I_1)　$a+1 > a, \qquad a < a+1$

のほかに次の公理[*1]をおく：

I_2)　$a > b$ ならば $b < a$; $a < b$ ならば $b > a$.

I_3)　$a > b, b = c$ または $a = b, b > c$ ならば $a > c$.

　　$a < b, b = c$ または $a = b, b < c$ ならば $a < c$.

I_4)　$a > b, b > c$ ならば $a > c$.　$a < b, b < c$ ならば $a < c$.

I_5)　$a > a$ は成立しない．

定理 1. n を正の整数とすれば $a + n > a$ である．

$n = 1$ に対して成立することは I_1) が示している．もし $n = k$ のとき成立すると仮定すれば，$a + k > a$, 従って

$$a + (k+1) = (a+k) + 1 > a + k > a.$$

故に I_3), I_4) により，$a + (k+1) > a$ が成立する．従って数学的帰納法によって，一般に $a + n > a$ の成立が証明される．

§1.19,*1　$=, >, <$ に対する公理的研究は米山，Tôhoku Math. J. 14, 1918 参照．

この定理によれば，a の逐次の後者はすべて a より大である．従って a の逐次の前者はすべて a より小である．これより直ちに次の定理が得られる．

定理2. $\mathbf{Z}$ の任意の二数 a, b の間には，常に

$$a = b, \quad a > b, \quad a < b$$

のいずれか一つが成立する．この三つの関係のいずれの二つも同時には成立しない．

この後の部分は次のように証明される．

$a = b, a > b$ が同時に成立するとすれば，I_3) により $a > a$ となり I_5) に撞着する．

$a = b, a < b$ が同時に成立するとすれば，$a < a$ となり，ここにも矛盾が生じる．

$a > b, a < b$ が同時に成立するとすれば，I_2), I_4) から $a > a$ を得る．これは I_5) に撞着する．故にいずれの二つも同時には成立し得ない．

以上の諸定理により，正の整数は常に 0 より大，負の整数は常に 0 より小である，従って正整数は負整数より大である．

$a > 0$ は a が正，$a < 0$ は a が負なることを示す．

定理3. $a > b$ ならば，$a + c > b + c$．逆に $a + c > b + c$ ならば $a > b$ である．

$a > b$ ならば a は b の逐次の後者 $b+1, b+2, b+3, \ldots$ の内に存在しなければならない．故に $a = b+n$ を満足する正の整数 n が存在する．従って $a+c = (b+c)+n$．故に定理1から $a + c > b + c$ を得る．

逆に $a + c > b + c$ ならば，これに $-c$ を加えれば $a > b$ を得る．

この定理により直ちに知られることは，$a > b$ ならば $a - b > 0$, 逆に $a - b > 0$ ならば $a > b$ なることである．

次の定理の証明は容易であるから読者にまかそう．

定理4. $a > b, c > d$ ならば $a + c > b + d$.

定理5. $a > b, c > 0$ ならば $ac > bc$. 逆に $ac > bc, c > 0$ ならば $a > b$ である．

定理6. $a > b > 0, c > d, c > 0$ ならば $ac > bd$.

第 3 節　順序数と計数

1.20.　集合.　自然数は前者後者の関係から定義されたものである．この点から，**順序数**とも名づけられる．然らば，某市の人口の数とか，日本国民の数とかいう，いわゆる数（かず）とはいかなるものであるか．これにはまず集合なる概念から入らなければならない．

我々が思惟し得るものは，その有形と無形とを問わず，すべてこれを**物**と名づけよう．ある特定の性質を有するか，またはある特定の条件を備えるあらゆる物を，一つにまとめて考えるとき，これを**集合**と名づける[*1]．例えば某市に住居する人の全体は一つの集合であり，日本国民の全体はまた一つの集合である．また 1 より 100 までの自然数は一つの集合であり，一つの正方形内の点もまた一つの集合である．集合を形づくる個々の物を集合の**要素**[*2]と名づける．

ここに二つの集合 A, B があって，A の要素は互いに異なっており，B の要素もまた互いに異なっているとする．A の一つの要素に B の唯一つの要素が対応させられ，逆に B の一つの要素に A の唯一つの要素が対応させられるとき，A, B は**一対一の対応**にある，あるいは A, B は互いに**同等**であるといい，これを表すに記号 $A \sim B$ を用いる．この同等という概念は，

$$A \sim A;\ A \sim B \text{ ならば } B \sim A;\ A \sim B,\ B \sim C \text{ ならば } A \sim C$$

という関係を満たす．

例えば A の要素は，1, 2, 3, 4 なる自然数，B の要素は東，西，南，北なる概念，C の要素は赤，青，黒，白なる石とすれば，明らかに $A \sim B \sim C$ である．また

$$A: \quad 1, 2, 3, 4, 5, 6, \ldots,$$

$$B: \quad 2, 4, 6, 8, 10, \ldots,$$

$$C: \quad 1, 3, 5, 7, 9, \ldots$$

---

§1.20,*1　集合および集合の同等の概念は G. Cantor に始まる．彼が創めた集合論は数学の一分科をなしている．Fraenkel, Einleitung in die Mengenlehre 2. Aufl., 1923 参照．

*2　〔**編者注**：**元**ともいう．原著では**元素**と呼んでいる．〕

とすれば，A の要素 n に B の要素 $2n$，C の要素 $2n-1$ を対応させれば，明らかに一対一の対応が成立する．故に A, B, C は同等である．

1.21. 有限集合と計数. さてここに一つの集合 A が与えられたとき，これが自然数

$$1, 2, 3, 4, \ldots, n$$

を要素とする集合 M_n と同等なる場合，換言すれば A の要素と M_n の要素との間に，一対一の対応がつけられる場合には，A の要素の数（かず）が n であると定義しよう．このように考えた n を順序数に対して**計数**（**基数**，**濃度**ともいう）または**カージナル数**という名で呼ぼう．

計数 n は M_n と同等なあらゆる集合に共通の性質を表す．この集合の要素が人であるとか，点であるとか，色であるとかいう，要素の個々の特有の性質とは全く無関係である．

集合 A の要素の数が自然数 n に等しい場合には，A を**有限集合**といい，A の要素の数は**有限**であるという．

通常，物を数えるという経路を解剖すると，数えようとする物の一つを自然数系の 1 に対応させて，残りの物の一つを 2 に，そのまた残りの一つを 3 に，かく順次に対応させていって，最後の物に対応させられる自然数 n を以て，それらの物の数と呼ぶのである．すなわち上のような言葉を以てすれば，数えようとする物の集合が，自然数系の集合の一部分と同等なるか否かを定めることにほかならない．

しかしここに一つ見逃すことのできない問題がある．それは与えられた集合 A の要素を，$(1, 2, 3, \ldots, n)$ なる集合 M_n の要素に，一対一の対応をつけ得たとした場合に，対応の方法を変えても，果して常に一対一の対応が保たれるかどうかということである[*1]．

我々はある方法によれば，一対一の対応がつけられ，他の方法によればつけられないということの，決して起り得ないことを証明しておかなければならない．

一つの集合 B の要素は，すべて A に属するが，A の少なくとも一つの要素は B に

§1.21,*1 この事実の証明の必要を認めたのは Schröder (Lehrbuch der Arithmetik und Algebra 1, 1873) である．

属さない場合に，B を A の**真部分集合**[*2]という．この言葉を用いれば，我々は M_n，すなわち $(1, 2, 3, \ldots, n)$ なる集合は決してそのいずれの真部分集合とも同等とならないことを証明すればよろしい．何となれば，ある方法によって，M_n と一対一の対応にある集合 A で，対応の仕方を変えると，この一対一の対応が破れたとすれば，M_n は M_n の真部分集合，あるいは M_n 自身が真部分集合となっている他の集合と，一対一の対応がつけ得られることになるからである．

このことを証明するために，我々は数学的帰納法を用いよう．

$n = 2$ の場合には，M_2 は $(1, 2)$ である．その真部分集合といえば，1 のみを要素とする集合か，2 のみを要素とする集合である．これらが M_2 と一対一の対応をなし得ないことは明らかである．故に $n = k$ の場合，M_k は決してその真部分集合と同等になり得ないと仮定して，M_{k+1} についても同様のことが成立することを証明できれば，それでよろしい．

仮に M_{k+1}，すなわち $(1, 2, 3, \ldots, k, k+1)$ がその部分の一つ M' $(a, b, c, \ldots, l)$ と同等になったとする．$a, b, c, \ldots, l$ はもちろん 1 より $k+1$ までのある自然数を表す．ただしその数は k より多くない．

M_{k+1} の $k+1$ に対応する M' の要素を l とすれば，l は $k+1$ となるか，そうでなければ $1, 2, \ldots, k$ の内のいずれかである．もし $l = k+1$ ならば，M_{k+1} の残りの要素 $(1, 2, \ldots, k)$ は M' においては，l を除いた残りの集合と同等になるから，$(1, 2, \ldots, k)$ のある真部分集合と同等になることとなり，仮定に矛盾する．

$l \neq k+1$ の場合には，M' の l 以外の要素の内に，$k+1$ が含まれていないならば，やはり $(1, 2, 3, \ldots, k)$ がその真部分集合と同等になることになり，仮定が許されない．

唯一つ残った場合は $l \neq k+1$ で，M' の l 以外の要素，例えば a が $k+1$ となる場合である．この a が M_{k+1} の i に対応すると考えれば，M_{k+1} と M' との対応において，もとは i が $a = k+1$，$k+1$ が l に対応したのを変じて，i に l を，$k+1$ に $a = k+1$ を対応せしめ，余りはもとの通りにしてもやはり一対一の対応がつく．この場合 M_{k+1} の $k+1$ に M' の $k+1 = a$ が対応するから，また仮定に矛盾する．故に M_{k+1} はその真部分集合と同等になり得ない．

[*2] 〔**編者注**：原著では単に**部分集合**と呼んでいる．〕

以上の結果を一つの定理に述べておく.

定理. 有限集合は決してその真部分集合と同等になり得ない.

1.22. 無限集合. 有限集合以外の集合を**無限集合**という. 一つの集合がその真部分集合と同等になり得るものは, 上の定理により有限集合であり得ない. すなわち無限集合でなければならない.

例えば自然数系 $\mathbf{N}$: $1, 2, 3, 4, \ldots, n, \ldots$ はその真部分集合

$$2, 4, 6, 8, \ldots, 2n, \ldots;$$

$$1, 3, 5, 7, \ldots, 2n-1, \ldots;$$

と同等であるから, これは一つの無限集合である.

以上において, 我々は順序数としての自然数を, すでに知られたものとして出発し, これを用いて計数を定義した. しかしこれが唯一の途ではない. 我々はこれを逆にし, 同等なる集合の共通の性質として, まず計数の概念を導入し, さらにその和, 積を定義して後, 順序数に及ぶことができる. しかしここにもまた少なからざる困難が伏在している. この方向の所論については, 例えばウェーバー–ウェルシュタイン (Weber–Wellstein), Enzyklopädie der Elementar-Mathematik, I (第四版 1922, pp.1–16) を参照されたい.

第4節 有 理 数

1.23. 除法. 任意の二整数 a, b (ただし $b \neq 0$) に対し, $bx = a$ を満足する整数 x は必ずしも存在しない. bx なる積において, x を順次 $\mathbf{Z}$ の数で置換えた数列

$$\ldots, -4b, -3b, -2b, -b, 0, b, 2b, 3b, 4b, \ldots$$

中に a が存在するときに限り, $bx = a$ を満足する整数 x が存在する. a がこの数列中になければ, 必ずいずれか相隣る二数の間に落ちなければならない.

$bx = a$ が $x = q$ なる整数で満足される場合に, a を**被除数**, b を**除数**, q を**商**という. a を b の**倍数**, b を a の**約数**または**因数**ともいう. この場合 a は b によって**整除**される, または**割り切**れるという. a, b より q を作る演算は乗法の逆であって, こ

れを**除法**と名づける.

整数 a が正整数 b の倍数でない場合には

$$bq < a < b(q+1)$$

の成立する整数 q が存在しなければならない. $a-bq$ を r とおけば, 明らかに $0 < r < b$ である. この簡単なる事実は, 数論において基礎的な意義を有するから, 我々はこのことを一つの定理にまとめておく.

定理. 任意の二整数 a, b (ただし $b > 0$) に対し, 常に

$$a = bq + r, \qquad (0 \leqq r < b)$$

の成立する整数 q, r が唯一通り定まる.

q を**商**または**整商**, r を**剰余**という.

1.24. 二整数の対として定義された新数[*1]. 整数 a が整数 b を以て整除されるとき, 商 q は a, b によって定まる数であるから, これを記号 (a,b) を以て表す. これと同様に, a' が b' によって整除されるとき, 商 q' を (a',b') にて表せば, 次の関係が成立することは容易に知られるであろう. もちろん $b \neq 0, b' \neq 0$ とする.

(1) $(a,b) = (a',b')$ は $ab' = a'b$ のときに限り成立する. $ab' \neq a'b$ ならば $(a,b) \neq (a',b')$.

(2) $(a,b) + (a',b') = (ab' + a'b, bb')$.

(3) $(a,b) \cdot (a',b') = (aa', bb')$.

然るに a が b によって整除されると否とにかかわらず, 整数 a, b の一対を以て一つの新しい数と考え, これを (a,b) にて表し, この新しい数の相等, 和, 積の定義として, 上にあげた (1), (2), (3) を以てする.

(1) の相等の定義は相等の規定

---

§1.24,*1　新しい数を定義するのに, 旧い数の一対を以てする思想は, Hamilton, Theory of conjugate functions or algebraic couples, Dublin, 1835 (Trans. Irish Academy 17, 1837) が複素数を定義したことに始まる. これを自然数より分数を定義するときに用いたのは Tannery, Leçons d'Arithmétique, 1894 であり, 正数より負数を導く際に利用したのは Weierstrass である. 後者については Pringsheim の書参照.

E$_1$) $(a,b)=(a,b)$.

E$_2$) $(a,b)=(a',b')$ ならば，$(a',b')=(a,b)$.

E$_3$) $(a,b)=(a',b')$, $(a',b')=(a'',b'')$ ならば，$(a,b)=(a'',b'')$.

E$_4$) $(a',b')=(a'',b'')$ ならば，$(a,b)+(a',b')=(a,b)+(a'',b'')$,
$(a',b')+(a,b)=(a'',b'')+(a,b)$.

E$_5$) $(a',b')=(a'',b'')$ ならば，$(a,b)\cdot(a',b')=(a,b)\cdot(a'',b'')$.

を満足することが簡単に確かめられる.

一例として E$_4$) をとる.

仮定 $(a',b')=(a'',b'')$ より $a''b'=a'b''$. 然るに

$$(a,b)+(a'',b'')=(ab''+a''b,bb''),\quad (a,b)+(a',b')=(a'b+ab',bb').$$

この二つが相等しいことを証明するには

$$bb'(ab''+a''b)=bb''(ab'+a'b)$$

を証明すればよろしい. これは $a'b''=a''b'$ から従ってくる.

次に (2) および (3) の和，積の定義より，結合法則，交換法則および分配法則が，全部新しい数に対し成立することが分かる.

交換法則の成立することは，直ちに看取せられる. 結合法則および分配法則の成立も簡単に証明される. 念のため加法の結合法則を証明して見よう.

$$\begin{aligned}(a,b)+\{(a',b')+(a'',b'')\}&=(a,b)+(a'b''+a''b',b'b'')\\&=\left(ab'b''+b(a'b''+a''b'),bb'b''\right)\\&=\left(ab'b''+a'bb''+a''bb',bb'b''\right).\end{aligned}$$

この結果を見れば，(a,b), (a',b'), (a'',b'') をいかに入換えても，変化しないことが分かる. 故に $\{(a,b)+(a',b')\}+(a'',b'')$ に等しくなる.

1.25. 有理数[*1]. 定義により

§1.25,*1 有理数はもと量の概念より生じたものである. 量の概念を離れて，形式的に有理数を取扱うことは，Grassmann, Die lineare Ausdehnungslehre, 1844 (Werke I$_1$) に始まり，ついで Hankel, Theorie der complexen Zahlensysteme, 1867 に論ぜられた.

$$(a,b)+(0,1)=(a\cdot 1+b\cdot 0, b\cdot 1)=(a,b),$$

$$(0,1)+(0,1)=(0,1),$$

$$(a,b)\cdot(0,1)=(0,b)=(0,1),$$

$$(0,1)\cdot(0,1)=(0,1).$$

故に $(0,1)$ は整数系における 0 と同一の性質を有している．また定義により

$$(a,b)+(-a,b)=(ab-ab,bb)=(0,bb)=(0,1).$$

故に $(-a,b)$ を (a,b) の反数と名づけ，これを $-(a,b)$ にて表せば

$$(-a,b)=-(a,b),\quad -(-(a,b))=(a,b).$$

次に

$$(a,b)(1,1)=(a\cdot 1,b\cdot 1)=(a,b).$$

故に $(1,1)$ は整数系における 1 と同様の性質を有する．

定義によれば，$a\neq 0$ なる場合には

$$(a,a)=(1,1)$$

故に $(-1,-1)=(1,1)$．従って $(a,b)=(a,b)(-1,-1)=(-a,-b)$,

$$(a,-b)=(-a,b)(-1,-1)=(-a,b)=-(a,b).$$

次に

$$(a,b)-(c,d)=(a,b)+(-c,d)=(ad-bc,bd)$$

なる故に，減法がまた制限なしに行われる．

$(a,b)\neq(0,1)$ ならば，$a\neq 0, b\neq 0$ であるから

$$(a,b)\cdot(b,a)=(ab,ab)=(1,1).$$

故に (b,a) を (a,b) の**逆数**と名づけ，$(b,a)=\dfrac{1}{(a,b)}$ を以て表す．

$$(a,b)\cdot(b,a)\cdot(c,d)=(1,1)\cdot(c,d)=(c,d)$$

なる故

$$(a,b)x=(c,d)$$

は常に

$$x = (b,a)(c,d) = \frac{(c,d)}{(a,b)}$$

により満足される．故に $(a,b) \neq (0,1)$ ならば，除法は制限なしに行われる．

以上論じてきた整数の一対により定義された新しい数 (a,b) を**有理数**または**分数**と名づけ，これを $\dfrac{a}{b}$, または a/b, または $a:b$ を以て表すことに改める．a を**分子**，b を**分母**という．

a が b の倍数なる特別の場合に，商を q とすれば $a = bq$, 故に $(a,b) = (bq,b) = (q,1)$, すなわち $\dfrac{a}{b} = \dfrac{q}{1}$ である．

1 を分母とする分数に対しては，

(I) $\dfrac{a}{1} = \dfrac{b}{1}$ は $a = b$ のときに限り成立する．

(II) $\dfrac{a}{1} + \dfrac{b}{1} = \dfrac{a+b}{1}$.

(III) $\dfrac{a}{1} \cdot \dfrac{b}{1} = \dfrac{ab}{1}$.

が成立するから，$\dfrac{a}{1}$ なる分数は整数 a と全く同一の法則に支配される．整数 a と 1 との一対としての $\dfrac{a}{1}$ と，整数 a とは，概念上同一ではないが，すべての演算に対しては同一と見なすことができる．故にこれから分数 $\dfrac{a}{1}$ を整数 a に等しいものと定める．従って整数系は有理数系の一部分をなす．

この新しい記号を以て，さきに定義した相等，和，差，積，商等を書直せば次のようになる．分母はすべて 0 でないとする．

$$\frac{a}{b} = \frac{a'}{b'} \text{ となるのは } ab' = a'b \text{ のときに限る．}$$

$$\frac{a}{b} + \frac{a'}{b'} = \frac{ab' + a'b}{bb'}, \quad \frac{a}{b} \cdot \frac{a'}{b'} = \frac{aa'}{bb'}.$$

$$\frac{a}{b} - \frac{a'}{b'} = \frac{ab' - a'b}{bb'}.$$

$$a \neq 0,\ b \neq 0 \text{ ならば，} \frac{a}{b} \cdot \frac{b}{a} = 1, \quad \frac{b}{a} = \frac{1}{\frac{a}{b}}, \quad \frac{\frac{a'}{b'}}{\frac{a}{b}} = \frac{a'b}{ab'}.$$

$$\frac{-a}{b} = \frac{a}{-b} = -\frac{a}{b}, \quad -\left(-\frac{a}{b}\right) = \frac{a}{b}.$$

$$k \neq 0 \text{ ならば } \frac{ak}{bk} = \frac{a}{b}, \text{ 特に } \frac{-a}{-b} = \frac{a}{b}.$$

1.26.　有理数の順序.　次に我々は分数の大小を定めよう．ただしこれをいかに定めるかは任意であるが，$>$, $<$ の満足すべき規定 (§1.19) に矛盾しないようにしなければならない．

分数はすべて分母の正のものに直すことができるから，$\dfrac{a}{b}, \dfrac{c}{d}$ $(b,\, d>0)$ について，

$$ad > bc \text{ ならば } \frac{a}{b} > \frac{c}{d}, \text{ 逆に } \frac{a}{b} > \frac{c}{d} \text{ ならば } ad > bc;$$

$$ad < bc \text{ ならば } \frac{a}{b} < \frac{c}{d}, \text{ 逆に } \frac{a}{b} < \frac{c}{d} \text{ ならば } ad < bc$$

と定義することにすれば，$>$, $<$ の規定が全部満たされることが容易に確かめられる．

$a,\ b>0$ ならば $\dfrac{a}{b} > \dfrac{0}{1} = 0$; $a<0,\ b>0$ ならば $\dfrac{a}{b} < \dfrac{0}{1} = 0$ となる．

$\dfrac{a}{b} > 0$ ならば $\dfrac{a}{b}$ を**正の分数**，$\dfrac{a}{b} < 0$ ならば**負の分数**という．

従って $\dfrac{a}{b}$ は $a,b>0$ または $a,b<0$ ならば正，$a>0,\, b<0$ または $a<0,\, b>0$ ならば負である．

分数に対しても整数と全く同様の大小に関する諸定理 (§1.19) の成立が証明できる．例えば

定理.　二つの分数 $\dfrac{a}{b}, \dfrac{c}{d}$ の間には必ず

$$\frac{a}{b} = \frac{c}{d}, \quad \frac{a}{b} > \frac{c}{d}, \quad \frac{a}{b} < \frac{c}{d}$$

のいずれか一つが成立する．いずれの二つも同時には成立しない．

有理数 $\dfrac{a}{b}$ の**絶対値**とは $\dfrac{|a|}{|b|}$ をいう．α, β を任意の有理数とすれば，絶対値に関して次のことが成立する．

$$|\alpha+\beta| \leqq |\alpha| + |\beta|, \quad |\alpha-\beta| \geqq |\alpha| - |\beta|, \quad |\alpha\beta| = |\alpha|\cdot|\beta|, \quad \left|\frac{\alpha}{\beta}\right| = \frac{|\alpha|}{|\beta|}.$$

1.27.　有理数系の稠密性.　以上論じて来たように，二つの相異なる有理数 α, β をとれば，必ずその間には $\alpha>\beta$ または $\alpha<\beta$ の関係が成立する．この意味において，整数系も有理数系も共に順序づけられた数の一系である．しかしこの二つは一つの大なる相違点を有している．

整数系の一数には，必ずその隣に位する数，すなわち前者と後者とが定まる．然るに有理数系にあってはこれと趣きを異にし，二つの相異なる有理数 $\dfrac{a}{b}, \dfrac{c}{d}$ をいかにとっ

ても，この間にはさまれる有理数は必ず存在する．何となれば，$\dfrac{a}{b} > \dfrac{c}{d}$ $(b,\, d > 0)$ とすれば $\dfrac{a}{b} > \dfrac{a+c}{b+d} > \dfrac{c}{d}$ となるからである．$\dfrac{a}{b}$, $\dfrac{c}{d}$ の間には単に一つの有理数 $\dfrac{a+c}{b+d}$ が存在するのみではない．m, n を任意の正整数とすれば，$\dfrac{ma+nc}{mb+nd}$ はすべて $\dfrac{a}{b}$, $\dfrac{c}{d}$ の間にある．従って有理数系を大小の順序に配列した場合に，一つの数の隣の数というものは考えられない．これが整数系と異なる点である．この事実を表すに有理数系は**稠密**であるという言葉を用いる．

すなわち我々は次の定理を得る．

定理． 有理数系は稠密である．換言すれば，任意の相異なる二つの有理数の間には，無数の有理数がはさまれている．

1.28. 乗冪数と指数法則.

a を任意の有理数，n を任意の整数とするとき，

(C)
$$a^1 = a, \quad a^{-1} = \frac{1}{a}, \ (a \neq 0), \quad a^{n+1} = a^n \cdot a$$

によって定義された a^n を a の n **乗冪数**または単に n **乗**と名づけ，a を**底**，n を**指数**と称する．

これによれば，$a^1 = a, a^2 = aa, a^3 = aaa, \ldots$ である．

a^2 を a の**平方**，a^3 を a の**立方**とも名づける．

冪数に関して次の法則が成立する．これを**指数法則**という．

m, n を任意の整数とすれば

(1) $a^m \cdot a^n = a^{m+n}$.

(2) $(a^m)^n = a^{mn}$.

ただし m, n の少なくとも一つが負なるときは $a \neq 0$ と仮定する．

(3) $a^n \cdot b^n = (a \cdot b)^n$.

ただし n が負なるときは，$a, b \neq 0$ とする．

これを証明するには，拡張された数学的帰納法による．すなわち (1), (2), (3) が各々 $n = 1$ のとき成立することは明らかであるから，$n = k$ のとき成立するとの仮定の下に，$n = k+1, n = k-1$ に対しても成立することを証明すれば，一般に成立することが結論せられる．

まず，$a^{n-1}a=a^{n-1+1}=a^n$ なる故に，$a^{n-1}=\dfrac{a^n}{a}$ なることに注意する．

(1) に対しては

$$a^m a^{k+1}=a^m a^k a=a^{m+k}a=a^{m+(k+1)},$$

$$a^m a^{k-1}=a^m\cdot\frac{a^k}{a}=a^m a^k\cdot\frac{1}{a}=a^{m+k}\cdot\frac{1}{a}=a^{m+(k-1)}.$$

これらによれば，$a^0=a^{1-1}=a\cdot\dfrac{1}{a}=1,\quad a^n\cdot a^{-n}=a^0=1,\quad a^{-n}=\dfrac{1}{a^n}.$

(2) に対しては

$$(a^m)^{k+1}=(a^m)^k a^m=a^{mk}a^m=a^{m(k+1)},$$

$$(a^m)^{k-1}=(a^m)^k\cdot\frac{1}{a^m}=a^{mk}\cdot\frac{1}{a^m}=a^{m(k-1)}.$$

(3) に対しては

$$a^{k+1}\cdot b^{k+1}=a^k ab^k b=a^k b^k ab=(ab)^k\cdot(ab)=(ab)^{k+1},$$

$$a^{k-1}\cdot b^{k-1}=a^k a^{-1}b^k b^{-1}=a^k b^k a^{-1}\cdot b^{-1}=(ab)^k\cdot\frac{1}{ab}=(ab)^{k-1}.$$

指数法則はこれで完全に証明された．

大小に関しては次の事実が成立する．

$a>b>0,\ n>0$ ならば $a^n>b^n$.

$a>b>0,\ n<0$ ならば $a^n<b^n$.

$a>1,\ m>n$ ならば $a^m>a^n$.

$1>a>0,\ m>n$ ならば $a^m<a^n$.

$a,b>0,\ a^n>b^n,\ n>0$ ならば $a>b$.

1.29.　算法の形式上不易の原則．　以上の所論をさらに概括的に考えてみよう．

自然数系 **N** においては，二数の和および積もまた **N** に属する．すなわち自然数系では加法および乗法は何らの制限なしに行うことができる．

これに反し，加法の逆の演算である減法と，乗法の逆の演算である除法とは，自然数系では共に制限なしには行われない．

自然数系 **N** を零および負数の概念の導入によって，整数系 **Z** に拡張すれば，初めて加法，乗法のほかに減法が無制限に許される．すなわち任意の二つの整数の差はまた一つの整数である．しかし除法は未だ制限なしには行われない．

除法の制限を撤去するために，我々は二つの整数の一対を新しい数と考え，以て有理数系に達した．この有理数系において，初めて零による除法を除外した加減乗除の四則が，無制限に許されるのである．有理数を支配すべき法則を制定するに当っては，特に以前の数，すなわち整数と同じ形式をとるようにした．このことをハンケルは**算法の形式上不易の原則**と名づけ，数の概念の拡張に際して我々を導く原則とした[*1]．

1.30. 群． 我々は自然数系，整数系，有理数系にあっては，それぞれ加法，乗法，減法，除法の一部分または全部が許されることを見た．この性質をより一般なる見地から眺めて見よう．

今一つの集合 (M) の任意の二つの要素 A, B の間に，ある結合関係が規定された場合を考える．例えば自然数系の集合では，要素は自然数であるから，この結合として，和，差あるいは積をとることができる．ただ結合によって第三の要素 C が常に唯一つ定まればよろしい．この結合を記号 $A \circ B$ で表そう．

もし集合 (M) が次の条件を満たすならば，(M) はこの結合に関して一つの**群**をなすという[*1]．

G_1) (M) の任意の二つの要素 A, B に対して $A \circ B$ はまた (M) の要素である．

G_2) 結合法則 $A \circ (B \circ C) = (A \circ B) \circ C$ が成立する．

G_3) 唯一つの要素 E が存在して，(M) のすべての要素 A に対し，$A \circ E = E \circ A = A$ が成立する．この E を**単位元**と名づける．

G_4) (M) のすべての要素 A に対し，$A \circ A^{-1} = A^{-1} \circ A = E$ が成立する要素 A^{-1} が唯一つ存在する．A^{-1} を A の**逆元**と名づける．

特に交換法則 $A \circ B = B \circ A$ が成立するものを，**可換群**または**アーベル群**と名づける．

例えば (M) を整数系 $\mathbf{Z}$ にとり，結合 $A \circ B$ を和 $A + B$ と解釈すれば G_1), G_2) の成立することは直ちに分かる．G_3) の単位元 E に相当するものは零である．G_4) に

§1.29,*1 Hankel, Theorie der complexen Zahlensysteme, 1867.

§1.30,*1 群の理論と，その応用とは第2巻に詳論する．

おける A の逆の要素に相当するものは，A の反数 $-A$ である．故に整数系は加法に関して一つの群，しかも可換群を作る．

有理数系もまた同様である．

次に有理数系 $\mathbf{Q}$ を (M) に，結合 $A \circ B$ を積 $A \cdot B$ にとれば，G_1), G_2) の満足されること，これまた明らかである．G_3) における単位元 E に相当するものは 1, G_4) における A の逆元 A^{-1} に相当するものは A の逆数 $1/A$ である．しかしこの場合，$A = 0$ のみは逆の要素を有しない．この唯一つの除外例があるために，有理数系は乗法に関して群を作るといい得ない．しかし有理数系 $\mathbf{Q}$ から 0 を取り去った集合 $\mathbf{Q}'$ は明らかに乗法に関し，一つの群を作る．しかもそれは可換群である．

1.31.　有理数体． 次に一つの集合 (K) の要素の間に，二種の異なる結合が規定された場合を考える．

これを $A \circ B$, $A \vartriangle B$, としてもよろしいが，便宜上 $A + B$, $A \cdot B$ を以て表そう．

今次の条件が満足される場合に，(K) は**体**[*1]をなすという．

K_1)　(K) は $A + B$ なる結合に関して群をなす．その単位元を E_0 とする．

K_2)　(K) より E_0 を除いた集合が，$A \cdot B$ なる結合に対して群をなす．その単位元を E_1 とする．

K_3)　(K) においては分配法則

$$A \cdot (B + C) = A \cdot B + A \cdot C, \quad (B + C) \cdot A = B \cdot A + C \cdot A$$

が成立する．

K_4)　(K) においては交換法則

$$A + B = B + A, \quad A \cdot B = B \cdot A$$

が成立する．

すなわち体にあっては $A + B$, $A \cdot B$ なる二つの結合に対し，結合法則，交換法則および分配法則が成立する．なお

$$A + X = B, \quad A \cdot Y = B$$

---

§1.31,*1　体の公理的研究は Huntington–Dickson, Trans. American Math. Soc. 4 (1903), 6 (1905); または Loewy, Algebra, §7, 10 参照.

が成立する要素 X, Y の存在することが証明される．

有理数系 $\mathbf{Q}$ では和および積の二つの結合に対して上の条件が満足され，$E_0 = 0$, $E_1 = 1$ である．故に一つの体を作る．これを**有理数体**と名づける．

第2章　有理数体の数論[†]

第1節　素　　数

2.1. **素数.** 我々は第1章において，整数を支配する法則を論じた．本章においては，専ら個々の整数の組立てに関する性質を研究しよう．これが狭義の**数論**である．

すでに §1.23 において定義したように，整数 a が整数 b にて整除される場合，換言すれば，$a = bc$ が成立する第三の整数 c が存在する場合，a を b の**倍数**，b を a の**約数**または**因数**という．a はまた c の倍数，c は a の約数である．

定義によれば，$a \cdot 1 = a$ であるから，1 および a 自身は整数 a の約数であるが，それ以外に約数をもたない正整数がある．それらを**素数**と名づける．1 および自己以外に約数をもつ正整数を**合成数**と名づける．1 は合成数ではないが，便宜のため，素数の内には加えないことにする．

2 を約数とする正整数を**偶数**といい，その他の正整数を**奇数**という．2 は唯一の偶数の素数である．他のすべての素数は当然奇数でなければならない．このことが素数中 2 がしばしば特別の取扱いを要求する原因になる．

2.2. **エラトステネスの篩.** 我々の第一の問題は，与えられた正整数 a が素数なるか否かを，いかにして決定すべきかである．

a が合成数ならば，$a = bc$, $(b,\ c \geqq 2)$ なる形をとる．$b \leqq c$ とすれば $a \geqq b^2$，従って b は $k^2 \leqq a < (k+1)^2$ が成立する k を超え得ない．故に a が素数なることを確かめるには，$2, 3, 4, \ldots, k$ のいずれをも約数にもたないことを見ればよい．然るに $2, 3, 4, \ldots, k$ の一つ n がすでにそれより以前の数を約数にもてば，n が a の約数な

† 本章に関しては，Dirichlet, Vorlesungen über Zahlentheorie, 4 Aufl., 1894; Bachmann, Niedere Zahlentheorie I, 1902; 竹内博士, 整数論, 1925; Cahen, Théorie des nombres 1 (1914), 2 (1924) 参照．文献は Dickson, History of the theory of numbers 1, 2, 1919, 1920 に詳しい．

るか否かを調べる必要がない．故に次のように行えば，手数は少なからず省き得られると同時に，a を超えないすべての素数が一挙にして求められる．これはギリシャの昔から知られ**エラトステネスの篩**（ふるい）と呼ばれているものである．

例えば，これを $a = 20$ について説明してみよう．まず

$$2,\ 3,\ 4^*,\ 5,\ 6^*,\ 7,\ 8^*,\ 9^*,\ 10^*,\ 11,\ 12^*,$$
$$13,\ 14^*,\ 15^*,\ 16^*,\ 17,\ 18^*,\ 19,\ 20^*$$

の内，2 の倍数を消す．これは 2 より始めて，二つ目を消していけばよろしい（消したものは * 印にて表す）．次に残った最初の数，すなわち 3 の倍数を消す．これは 3 より始めて三つ目を消していけばよい．$4^2 < 20 < 5^2$ であるから，4 までやればよろしい．然るに 4 はすでに消されているから，改めて 4 の倍数を消す労をとるに及ばない．このようにしてふるい残された数，すなわち 2, 3, 5, 7, 11, 13, 17, 19 が 20 を超えない素数の全体である．

2.3. 素数の表. この方法で，100 を超えない素数を定めれば，次の 25 個が得られる．

$$2,\ 3,\ 5,\ 7,\ 11,\ 13,\ 17,\ 19,\ 23,\ 29,\ 31,\ 37,\ 41,$$
$$43,\ 47,\ 53,\ 59,\ 61,\ 67,\ 71,\ 73,\ 79,\ 83,\ 89,\ 97.$$

10^4 以下の素数の表は，チェビシェフ (Tchebycheff), Theorie der Kongruenzen, 1889 の巻末にある．より広い範囲の素数の表は，Carnegie-Institution から刊行せられた，レーマー (Lehmer), List of prime numbers from 1 to 10006721, Washington, 1914 である．

2.4. 無限に多くの素数の存在. 素数の数には限りがあるか．この問いに対しては，早くすでにユークリッドが，彼の幾何学原本第九巻，命題 20 において，次の答を与えている．

定理. 素数は無限に多く存在する.

任意の正整数は，少なくとも一つの素数を約数にもつ．何となれば，正整数 a 自身が素数ならば，いうまでもない．a が合成数ならば，$\geqslant 2$ なる二つの約数の積 $b \cdot c$ と

して表される．もちろん $b<a$ である．a より小なる正整数が素数の約数を有すれば，a も同様である．然るにこのことは 2 については成立する．故に数学的帰納法によって，一般に成立する^{*1}．

今仮に素数の数を有限であるとし，これを大きさの順序に並べたものを $p_1, p_2, p_3, \ldots, p_n$ とすれば，このほかに素数はないはずである．然るに

$$a = p_1 p_2 p_3 \cdots p_n + 1$$

は最大の素数 p_n よりさらに大であるから，素数ではない．故に a は少なくとも $p_1, p_2, \ldots, p_n$ のいずれか一つで整除されなければならない．しかし実際に除法を行ってみると 1 が残る．故に素数は有限個よりないとの仮定は許されない．

2.5. **素数の分布問題．** 素数が無限に多く存在することはこれで確かめられたが，その分布の状態はすこぶる不規則である．例えば n を一億とし，$n!+2, n!+3, \ldots, n!+n$ なる連続する $n-1$ 個の整数を見るに，それぞれ $2, 3, 4, \ldots, n$ で整除される．故にこれらはいずれも素数でない．従ってその前後にある二つの素数の差は，少なくとも一億でなければならない．n はいかほどでも大にとることができるから，相隣れる二つの素数の差がいかほどでも大なるものが存在することになる．然るに一方，(29, 31), (41, 43), (59, 61), (71, 73) の如く，相隣れる二つの素数の差が僅かに 2 であるものがある．このような一対を**双子素数**と名づける．双子素数が果して無数に存在し得るか否かということは，未だ解決されない数論の一問題である．現今知られた素数の範囲（レーマーの表参照）では (10014467, 10014469), (10001441, 10001443) の如き大なる双子素数が存在している．

次に x を超えない素数の数を $\pi(x)$ で表せば，かなり大なる x に対しては $\dfrac{x}{\log x}$, $\displaystyle\int_2^x \frac{dx}{\log x}$ が $\pi(x)$ に近似することは，ルジャンドル，ガウスが計算によって推測し

---

§2.4, *1 〔**編者注**：2^m を超えず 1 より大なる整数は必ず素数を約数に含むことを証明する．$m=2$ に対しこの主張は正しい．$m(\geqslant 2)$ に対し正しいと仮定する．a が $2^m < a \leqslant 2^{m+1}$ なる合成数ならば，$a=bc$ となる正整数 b, c が存在する．$b \leqslant c$ とすれば，$2 \leqslant b \leqslant 2^m$ でなければならない．（さもなくば，$bc > (2^m)^2 > 2^{m+1}$ となるから．）仮定により，b は一つの素数 p を約数とする．従って a もまた p を約数とする．以上により，すべての $m \geqslant 2$ に対して主張が正しいことが分かる．〕

た結果である[*1]. ガウスの 1849 年の書簡によれば，彼が僅かに十五歳のとき，このような問題を考えたということである．一方リーマンは，ガウスの推測が未だ世に公にならなかった 1859 年に，$\int_2^x \frac{dx}{\log x}$ が $\pi(x)$ の近似関数になることの証明を発表している．ルジャンドル，ガウス，リーマンのこれらの結果を厳密に証明するには，近代の数学解析の発展を待たねばならなかった．これは十九世紀の終りから，二十世紀の初めにかけて，アダマール (1893)，マンゴルト (1896)，ヴァレープーサン (1896)，ランダウ (1908) によってなし遂げられた．素数分布問題は実に近時の解析的数論の主要なる部分を占めるものである．詳細は Landau, Handbuch über die Theorie der Verteilung der Primzahlen, 1909 を参照されたい．

第2節　整数の素因数分解

2.6. 素因数分解の基本定理. 任意の正整数 a が少なくとも一つの素数を約数にもつことは，すでに §2.4 に証明された．$a = pb$ (p は素数) とすれば，$b = 1$ なるか，然らざれば $2 \leqq b < a$. 故に数学的帰納法により，a は有限個の素数の積に分解できることが証明される．問題はこれが二様の異なる分解を許すか否かにある．これに対しては次の定理が成立する．

定理. **正整数は有限個の素数の積に，唯一通りに分解せられる.**

これを証明するには次の準備を要する．

今二つの正整数 a, b に共通の約数があれば，これを a, b の**公約数**という．a, b の公約数中，最大のものを**最大公約数**という．a, b の倍数を a, b の**公倍数**といい，公倍数の中，最小のものを**最小公倍数**という．

a, b が 1 以外に公約数をもたない場合に，a, b は**互いに素**であるという．二つ以上の整数についても，この言葉を適用することにする．

数論の根本的定理の一つは，すでに §1.23 に証明した次のものである．

---

§2.5,*1　$\pi(x)$ と $x/(\log x - 1.08366)$ との比較表は，Legendre, Théorie des nombres, 3 éd. 2, p.65; $x = 5 \cdot 10^6$ までの素数について，$\pi(x)$ と $\int_2^x \frac{dx}{\log x}$ との比較は Gauss, Werke 2, p.435; Reports of British Association, 1880, p.37 には両方のより詳しい表がある．

定理. $a, b\ (b > 0)$ **を整数とすれば**

$$a = bq + r, \qquad (0 \leqq r < b)$$

を満足する整数 q, r **が必ず存在する.**

2.7. モジュール. この定理から出発して，任意に与えられた n 個の正整数 $a_1, a_2, a_3, \ldots, a_n$ の最大公約数 d が，必ず存在することを証明しよう．このためモジュール (Modul) なる概念を導入する.

今一つの集合 (M) の任意の要素 A, B 間に，和 $A + B$, および差 $A - B$ の二つの結合関係が定められたとする．(M) の要素 A, B に対して，$A + B, A - B$ もまた (M) に属する場合に (M) は**モジュール**[*1]をつくるという.

例えば，整数系 $\mathbf{Z}$ は明らかに一つのモジュールをつくる．有理数系もまた一つのモジュールをつくる.

今与えられた整数 $a_1, a_2, \ldots, a_n$ に対し

$$a_1x_1 + a_2x_2 + \cdots + a_nx_n$$

の $x_1, x_2, \ldots, x_n$ に，あらゆる整数の値をとらしめると，整数を要素とする一つの無限集合 (M) が得られる．その任意の二つの要素 A, B は

$$A = a_1\alpha_1 + a_2\alpha_2 + \cdots + a_n\alpha_n, \quad B = a_1\beta_1 + a_2\beta_2 + \cdots + a_n\beta_n$$

の形でなければならない．ただし $(\alpha_k), (\beta_k)$ はある整数を表す．この場合，その和および差

$$A \pm B = a_1(\alpha_1 \pm \beta_1) + a_2(\alpha_2 \pm \beta_2) + \cdots + a_n(\alpha_n \pm \beta_n)$$

は明らかに (M) に属するから，(M) は一つのモジュールをつくる．このモジュールは $a_1, a_2, \ldots, a_n$ によって定まる故，これを $[a_1, a_2, \ldots, a_n]$ を以て表そう．整数 a のあらゆる倍数よりなる集合は，一つのモジュール $[a]$ である.

さてモジュール (M) : $[a_1, a_2, \ldots, a_n]$ は整数の集合であって，正整数も無限に多く含まれている．それらの正整数の内には，必ず最小のものがなければならない．これを d とすれば，(M) と $[d]$ とは同一の集合である.

---

§2.7,*1 〔**編者注：加群**ともいう．原著ではドイツ語に従い，モーヅル (Modul) と呼んでいる.〕

これを証明するため (M) 内に d の倍数にならない整数 b があったとする．§2.6 に述べた定理により

$$b = qd + r, \quad 0 < r < d$$

でなければならない．b および qd は (M) に属する故その差 r もまた (M) に属する．然るに $0 < r < d$ であるから，d より小なる正整数 r が (M) に含まれることになり，d が (M) に属する最小の正整数なりとの仮定に矛盾する．故にこのような b は存在しない．すなわち $(M) = [d]$ でなければならない．

これにより，d が $a_1, a_2, \ldots, a_n$ の最大公約数なることが結論せられる．何となれば，$a_1, a_2, \ldots, a_n$ は (M) に属するから，すべて d の倍数である，すなわち d は $a_1, a_2, \ldots, a_n$ の公約数である．次に d は $[a_1, a_2, \ldots, a_n]$ に属するから，定義により $d = a_1x_1 + a_2x_2 + \cdots + a_nx_n$ が成立する整数 $x_1, x_2, \ldots, x_n$ が存在する．従って $a_1, a_2, \ldots, a_n$ の公約数はまた d の約数でなければならない．故に d は $a_1, a_2, \ldots, a_n$ の最大公約数である．

かくして，$a_1, a_2, \ldots, a_n$ の最大公約数 d の存在と同時に

$$a_1x_1 + a_2x_2 + \cdots + a_nx_n = d$$

を満足する整数 $x_1, x_2, \ldots, x_n$ の存在が証明された．

すなわち次の定理が得られる．

定理. $a_1, a_2, \ldots, a_n$ の最大公約数を d とすれば

$$a_1x_1 + a_2x_2 + \cdots + a_nx_n = d$$

を満足する整数 $x_1, x_2, \ldots, x_n$ が必ず存在する．

$n = 2$ の特別な場合には，次の形をとる．

正整数 a, b の最大公約数を d とすれば

$$ax + by = d$$

を満足する整数 x, y は必ず存在する．

2.8. 互いに素な数に関する定理.

$d = 1$ の場合に上の定理は次の形をとる．

定理 1. 正整数 a, b が互いに素ならば

$$ax + by = 1$$

を満足する整数 x, y は必ず存在する.

これより容易に次の定理を導き出すことができる.

定理 2. 正整数 a, c が互いに素で, c が a, b の積の約数ならば, c はまた b の約数である.

a, c は互いに素なる故に, 定理 1 により

$$ax + cy = 1$$

を満たす整数 x, y が存在する. この両辺に b をかけて

$$abx + bcy = b.$$

ab は c の倍数なる故に, 左辺は c の倍数である. 故に右辺の b はまた c の倍数でなければならない.

定理 3. c が a および b と互いに素ならば, c はまた ab と互いに素である.

もし c が ab と互いに素でないとすれば, ab と c との最大公約数 d は 1 でない. a と c と互いに素であるから, a は c の約数 d とも互いに素である. ab は d の倍数であるから, 定理 2 により, b は d の倍数である. これは b と c が互いに素なることに矛盾する.

定理 4. ab が素数 p で割り切れるときは, a, b のいずれか一つは, p で割り切れる. 二つ以上の積についても同様である.

a, b が共に p で割り切れなければ, a および b は p と互いに素である. 従って定理 3 により, ab が p と互いに素でなければならない. これは仮定に反する.

2.9. 素因数分解の基本定理の証明. 以上の諸定理から, 我々の目的とした整数の素因数分解の基本定理を, 次のように証明することができる.

任意の正整数が, 常に素数の積に分解し得られることは, すでに §2.6 に証明した. すべての素数は $\geqq 2$ なる故にその素因数の個数は $a \leqq 2^k$ が成立する k より多くはあり得ない. 故に有限である.

今仮に a が二通りの異なる方法で素因数分解を許したとする：

$$a = p_1 p_2 p_3 \cdots p_r = q_1 q_2 q_3 \cdots q_s.$$

ここに p_i, q_k はいずれも素数を表し，$p_1, p_2, \ldots, p_r$ の内には相等しいものがあってもよろしい．$q_1, q_2, \ldots, q_s$ も同様である．

$q_1 q_2 \cdots q_s$ なる積が素数 p_1 で割り切れるから，定理4により $q_1, q_2, \ldots, q_s$ のいずれか一つ，例えば q_1 が p_1 で割り切れる．q_1 自身も素数であるから，$q_1 = p_1$ でなければならない．従って両辺を $p_1 = q_1$ で除すれば

$$p_2 p_3 \cdots p_r = q_2 q_3 \cdots q_s.$$

これに対して同様の論法を施せば，p_2 は $q_2, q_3, \ldots, q_s$ のいずれか一つ，例えば q_2 と相等しくなる．このようにして遂には $r = s, p_i = q_i$ $(i = 1, 2, \ldots, r)$ なる結果となり，a は結局唯一通りの素因数分解を許すことが分かる．

この定理を念のため再び次に述べておく．

基本定理． **正整数は有限個の素数の積に，唯一通りに分解せられる．**

素数は実に整数を構成する要素である[*1]．

例題 1． a, b の積は a, b の最大公約数，最小公倍数の積に等しい．

二つの整数 a, b を素数に分解したものを

$$a = p_1^{\alpha_1} p_2^{\alpha_2} p_3^{\alpha_3} \cdots p_n^{\alpha_n}, \quad b = p_1^{\beta_1} p_2^{\beta_2} p_3^{\beta_3} \cdots p_n^{\beta_n}$$

とする．$p_1, p_2, \ldots, p_n$ は互いに異なる素数を表し指数 α_i, β_i は正の整数，または零とする．p_1 が a の約数であって，b の約数にならない場合には，$\beta_1 = 0$ とすればよろしい．

α_k, β_k の大なる方を γ_k, 小なる方を δ_k とすれば

$$d = p_1^{\delta_1} p_2^{\delta_2} \cdots p_n^{\delta_n}, \quad m = p_1^{\gamma_1} p_2^{\gamma_2} \cdots p_n^{\gamma_n}$$

はそれぞれ a, b の最大公約数，最小公倍数を表す．従って

$$a \cdot b = d \cdot m.$$

例えば

$$a = 15400 = 2^3 \cdot 5^2 \cdot 7 \cdot 11, \quad b = 1170 = 2 \cdot 3^2 \cdot 5 \cdot 13,$$

$$d = 2 \cdot 5, \quad m = 2^3 \cdot 3^2 \cdot 5^2 \cdot 7 \cdot 11 \cdot 13.$$

例題 2． a の約数の個数を求める．a の約数は

---

§2.9,*1 10^7 までの整数の素因数分解は Lehmer, Factor tables, 1909 を用いれば簡単に求められる．

$$\delta = {p_1}^{e_1}{p_2}^{e_2}{p_3}^{e_3}\cdots{p_n}^{e_n}$$

の形であって，$0 \leqq e_1 \leqq \alpha_1, 0 \leqq e_2 \leqq \alpha_2, \ldots, 0 \leqq e_n \leqq \alpha_n$ なる任意の $(e_1, e_2, \ldots, e_n)$ を取り得る．$e_1 = e_2 = \cdots = e_n = 0$ に相当する約数は 1, $e_1 = \alpha_1$, $e_2 = \alpha_2$, …, $e_n = \alpha_n$ に相当する約数は a それ自身である．

故に 1, a をも約数の内に含めると，a のあらゆる約数は $e_k = 0, 1, \ldots, \alpha_k$ の $\alpha_k + 1$ 個のうち，任意の一つを選び与えて $k = 1, 2, \ldots$ に対するあらゆる組合せを作れば求められる．従ってその個数は

$$(1+\alpha_1)(1+\alpha_2)\cdots(1+\alpha_n)$$

に等しい．

例題 3.　a の約数の k 乗の和を求める．

a のあらゆる約数の k 乗の和は

$$\sum \delta^k = \sum ({p_1}^{e_1}{p_2}^{e_2}\cdots)^k = \sum {p_1}^{e_1 k}{p_2}^{e_2 k}\cdots$$

に等しい．ただし記号 $\sum$ は，$e_h = 0, 1, 2, \ldots, \alpha_h$ $(h = 1, 2, \ldots, n)$ のすべてについてとった総和を表すものとする．これは結局

$$(1+{p_1}^k+{p_1}^{2k}+\cdots+{p_1}^{k\alpha_1})(1+{p_2}^k+{p_2}^{2k}+\cdots+{p_2}^{k\alpha_2})\cdots$$

なる連乗積を展開した形に等しい．然るに

$$(1+c+c^2+\cdots+c^m)(c-1) = c^{m+1}-1$$

であるから，$c = {p_i}^k, m = \alpha_i$ とすれば

$$(1+{p_i}^k+{p_i}^{2k}+\cdots+{p_i}^{k\alpha_i}) = ({p_i}^{k(1+\alpha_i)}-1)/({p_i}^k-1),$$

故に

$$\sum \delta^k = \frac{({p_1}^{(1+\alpha_1)k}-1)({p_2}^{(1+\alpha_2)k}-1)\cdots}{({p_1}^k-1)({p_2}^k-1)\cdots}.$$

$k = 0$ の場合には，約数の数を与える．$1 + {p_i}^k + \cdots = 1 + \alpha_i$ となるから，これは例題 2 に得た結果と一致する．

上の公式においては，a の約数の内に，1 と a それ自身を含んでいることを忘れてはならない．

例えば $a = 60$ の約数は 1, 60 を加えて次の 12 である．

1, 2, 3, 4, 5, 6, 10, 12, 15, 20, 30, 60.

その和は 168 となる．上の公式によれば，$60 = 2^2 \cdot 3 \cdot 5$ なる故に，$p_1 = 2, p_2 = 3, p_3 = 5$, $\alpha_1 = 2, \alpha_2 = 1, \alpha_3 = 1$．故に約数の数は

$$(1+\alpha_1)(1+\alpha_2)(1+\alpha_3) = 3\cdot 2\cdot 2 = 12,$$

約数の和は

$$\frac{(2^{1+\alpha_1}-1)(3^{1+\alpha_2}-1)(5^{1+\alpha_3}-1)}{(2-1)(3-1)(5-1)}$$
$$=\frac{(2^3-1)(3^2-1)(5^2-1)}{(2-1)(3-1)(5-1)}=7\cdot4\cdot6=168.$$

これは直接に出した結果と一致する.

例題 4. N より小なる N の約数の和が, N に等しい数を, ユークリッドは**完全数**と名づけた.

偶数の完全数 N は常に $2^k(2^{k+1}-1)$ の形に表される*2. ただし $p=2^{k+1}-1$ は素数とする.

今

$$N=2^k p^a q^b\cdots,\qquad (p,\,q,\,\ldots\ \text{は奇数の素数})$$

とすれば, 例題 3 により, N の約数の和 (N をも約数の内に入れて) は

$$(2^{k+1}-1)(1+p+p^2+\cdots+p^a)(1+q+q^2+\cdots+q^b)\cdots=(2^{k+1}-1)s$$

に等しく, s は $p^aq^b\cdots=m$ の約数の和を表す. 仮定によれば, これが

$$2N=2^{k+1}p^aq^b\cdots=2^{k+1}m$$

に等しい. これより

$$s=2N/(2^{k+1}-1)=(2^{k+1}p^aq^b\cdots)/(2^{k+1}-1)$$
$$=\frac{2^{k+1}m}{2^{k+1}-1}=m+\frac{m}{2^{k+1}-1}.$$

従って m は必ず $2^{k+1}-1$ にて整除されなければならない. その商は m の約数の一つである. これを m' とすれば $s=m+m'$ となり, s すなわち m の約数の和が m の二つの約数 $m,\,m'$ の和に等しくなる. これは m が素数の場合に限り成立し, かつ $m'=1$ でなければならない. よって $N=2^kp,\,p=2^{k+1}-1$ となる. 例えば $k=1,\,2,\,4,\,6,\,12,\,16$ とすれば $p=3,\,7,\,31,\,127,\,8191,\,131071;\ N=6,\,28,\,496,\,8128,\,33550336,\,8589869056$. なおこのほかに $k=18,\,30,\,60,\,88,\,106,\,126$ に対する N が完全数なることが知られている.

例題 5. n の階乗 $n!=1\cdot2\cdot3\cdots n$ を整除し得る素数 p の最高冪の指数は $\left[\dfrac{n}{p}\right]+\left[\dfrac{n}{p^2}\right]+$

---

*2 この形の数が完全数なることは, ユークリッドの幾何学原本第九巻, 命題 36 に示されている. この形の定理は Euler が証明した. 奇数の完全数の存在は未だ一つも知られていない. また全然存在しないとも証明されていない. 奇数の完全数がもしあるとすれば, 少なくとも五個または五個以上の素因数を有しなければならないことは Sylvester (Comptes Rendus, Paris 106, 1888, Collected Papers 4, pp.588–615) が証明した.

$\left[\dfrac{n}{p^3}\right]+\cdots$ に等しい．ただし $[a]$ は a の含む最大の整数を表すものとする（$[a]$ を**ガウスの記号**と呼ぶ）．

定義により，$a-1<[a]\leqq a$ である．a, b を任意の分数とすれば

$$[a+b]\geqq[a]+[b]$$

となる．何となれば，$a=[a]+\varepsilon,\ b=[b]+\varepsilon',\ 0\leqq\varepsilon,\ \varepsilon'<1$ であるから，$a+b=[a]+[b]+\varepsilon+\varepsilon'$．故に $0\leqq\varepsilon+\varepsilon'<1$ なるか，$1\leqq\varepsilon+\varepsilon'<2$ なるかに従い

$$[a+b]=[a]+[b]\quad \text{または}\quad [a]+[b]+1.$$

今 $1\cdot2\cdot3\cdots n=n!$ の n 個の因数の内，

$$p,\ 2p,\ 3p,\ \ldots,\ \left[\frac{n}{p}\right]p$$

なる $\left[\dfrac{n}{p}\right]$ 個は p によって整除される．その内

$$p^2,\ 2p^2,\ 3p^2,\ \ldots,\ \left[\frac{n}{p^2}\right]p^2$$

なる $\left[\dfrac{n}{p^2}\right]$ 個は p^2 によって整除され，

$$p^3,\ 2p^3,\ \ldots,\ \left[\frac{n}{p^3}\right]p^3$$

なる $\left[\dfrac{n}{p^3}\right]$ 個は p^3 によって整除される．故に $1, 2, 3, \ldots, n$ の内，p^k の倍数であるが，p^{k+1} の倍数ではないものの数を n_k とすれば，明らかに

$$\begin{aligned} n_1+n_2+n_3+\cdots&=\left[\frac{n}{p}\right],\\ n_2+n_3+\cdots&=\left[\frac{n}{p^2}\right],\\ n_3+\cdots&=\left[\frac{n}{p^3}\right],\\ &\cdots\cdots\cdots\cdots\cdots \end{aligned}$$

である．然るに $n!$ が含む p の最高冪の指数 r は

$$r=n_1+2n_2+3n_3+\cdots$$

であるから，上の式から

$$r=\left[\frac{n}{p}\right]+\left[\frac{n}{p^2}\right]+\left[\frac{n}{p^3}\right]+\cdots$$

が得られる．

これより次のことが示される.

$[a+b] \geqq [a]+[b]$ より, $m!n!$ の含む p の最高冪の指数は $(m+n)!$ のそれを超えることはできない. これはすべての素数についていえるから, $(m+n)!$ は $m!n!$ の倍数である. 然るに

$$\binom{m+n}{n} = \frac{(m+n)!}{m!n!} = \frac{(m+n)(m+n-1)\cdots(n+1)}{m!}$$

であるから, これはまた次の形に述べられる.

連続する m 個の正整数の積は $m!$ によって整除される.

2.10. ユークリッド互除法. 二つの正整数 a, b の最大公約数を求める方法は, すでにユークリッドの幾何学原本第七巻の劈頭にある. いわゆる素因数分解によるよりも実際上簡単である.

この方法もまた §2.6 の基礎定理に基づく.

今 $a > b > 1$ なる二つの正整数 a, b をとり, a を b にて除すれば, 必ず $a = qb + r$, $0 \leqq r < b$ を満たす q, r が唯一組存在する. $r \neq 0$ ならば, $b > r > 0$ なる故に, b を r で除すれば, $b = q_1 r + r_1$, $0 \leqq r_1 < r$ なる q_1, r_1 が得られる. $r_1 \neq 0$ ならば, さらに r を r_1 で除する. このような方法を繰返せば

$$\begin{aligned} a &= qb + r, & 0 &< r < b, \\ b &= q_1 r + r_1, & 0 &< r_1 < r, \\ r &= q_2 r_1 + r_2, & 0 &< r_2 < r_1, \\ &\cdots\cdots\cdots\cdots & &\cdots\cdots\cdots \end{aligned}$$

$b > r > r_1 > r_2 > \cdots$ であるから, 有限回続けていけば, 遂には剰余が零となる. この 0 となる剰余を r_{m+1} とすれば, 上の演算は

$$\begin{aligned} r_{m-2} &= q_m r_{m-1} + r_m, \quad 0 < r_m < r_{m-1}, \\ r_{m-1} &= q_{m+1} r_m \end{aligned}$$

で終る. 故に r_m は r_{m-1} の約数になる. 従って終りより二番目の関係式によって, r_m はまた r_{m-2} の約数なることが分かる. このように漸次遡れば, 遂には r_m が b および a の約数なることが分かる. 逆に, 最初の関係式より, a, b の任意の約数 δ はまた r の約数なることが分かる. 次に第二の関係式より, δ は r_1 の約数なることが分かる. このようにして順次下に及ぼせば, 遂に δ が r_m の約数なることに達する.

故に r_m は a, b の最大公約数なることが結論される．

この方法を**ユークリッド互除法**[*1]という．

第3節　合　同　式

2.11.　合同式．　二数 a, b の差が m で整除される場合に，a, b は m を**法**として互いに**合同**[*1]であるといい，これを記号

$$a \equiv b \pmod{m}$$

で以て表す．このような表し方を**合同式**と名づける．

この定義より直ちに次のことが分かる．

1.　$a \equiv b,\ b \equiv c \pmod{m}$ ならば $a \equiv c \pmod{m}$．

2.　$a \equiv b,\ a' \equiv b' \pmod{m}$ ならば $a + a' \equiv b + b',\ a - a' \equiv b - b' \pmod{m}$．

3.　$a \equiv b,\ a' \equiv b' \pmod{m}$ ならば $aa' \equiv bb' \pmod{m}$．

特に，$a \equiv b \pmod{m}$ ならば $ac \equiv bc \pmod{m}$, $a^k \equiv b^k \pmod{m}$．

ただし k は正の整数とする．

何となれば，$aa' - bb' = a(a' - b') + b'(a - b)$ の右辺は m で整除されるからである．

4.　m, m' が互いに素であり，$a \equiv b \pmod{m}$, $a \equiv b \pmod{m'}$ ならば

$$a \equiv b \pmod{mm'}$$

である．

何となれば，仮定により，$a - b$ は m および m' の倍数であり，m, m' は互いに素であるから，$a - b$ は mm' の倍数である．

5.　$a \equiv b \pmod{m}$ ならば $ac \equiv bc \pmod{mc}$．

6.　$ac \equiv bc \pmod{m}$ にして，c と m との最大公約数が d ならば

---

§2.10,*1　〔**編者注**：原著では**ユークリッド法式**と呼んでいる．〕

§2.11,*1　〔**編者注**：原著では**相合**と呼んでいる．〕

$$a \equiv b \quad \left(\mathrm{mod}\ \frac{m}{d}\right).$$

特に $ac \equiv bc \pmod{m}$ にして，c と m とが互いに素ならば

$$a \equiv b \pmod{m}.$$

仮定により，$ac - bc = c(a-b)$ は m で整除される．c と m の最大公約数が d であるから，c/d と m/d とは互いに素である．$(a-b)/d$ は m/d で整除されるから，$a-b$ は m/d で整除される．すなわち

$$a \equiv b \quad \left(\mathrm{mod}\ \frac{m}{d}\right).$$

例題.　整数が 9, 11 で整除される条件．

正整数 n を十進法で表せば

$$n = a_0 + a_1 10 + a_2 10^2 + \cdots + a_m 10^m, \quad 0 \leqq a_0, a_1, \ldots, a_m \leqq 9.$$

普通の記法によれば，これは $n = a_m a_{m-1} \ldots a_1 a_0$ であり，$a_m \neq 0$ ならば $m+1$ 桁の数である．然るに $10^k \equiv 1 \pmod{9}$, $10^k \equiv (-1)^k \pmod{11}$．よって

$$\begin{aligned} n &\equiv a_0 + a_1 + a_2 + \cdots + a_m \pmod{9}, \\ n &\equiv a_0 - a_1 + a_2 - \cdots + (-1)^m a_m \pmod{11}, \\ &\equiv (a_0 + a_2 + \cdots) - (a_1 + a_3 + \cdots) \pmod{11}. \end{aligned}$$

故に $a_0 + a_1 + a_2 + \cdots + a_m$ が 9 によって整除されるときに限り，n は 9 によって整除される．これは九除の条件である．

次に $(a_0 + a_2 + \cdots) - (a_1 + a_3 + \cdots)$ が 11 によって整除されることが，十一除の条件である．

2.12.　**一次合同方程式.**　与えられた任意の整数 a, b, m に対して

$$ax \equiv b \pmod{m}$$

の成立する整数 x が存在する場合に，これを**一次合同方程式の根**と名づける．一次合同方程式の根が常に存在するか否かは，これから論じようとする所である．

$ax \equiv b \pmod{m}$ の根が存在すれば

$$ax + my = b$$

を満たす整数の一対 (x, y) が存在する．従って a, m の最大公約数 d は b の約数でなければならない．

d が b の約数ならば，$a = a'd$, $b = b'd$, $m = m'd$ とおけば，a', m' は互いに素である．従って §2.8 により

$$a'x' + m'y' = 1$$

を満たす整数 x', y' が存在する．故に $x = b'x'$, $y = b'y'$ は

$$ax + my = b$$

を満足する．すなわち $ax \equiv b \pmod{m}$ の根が存在する．

もし k, k' を二つの根とすれば

$$ak \equiv b, \quad ak' \equiv b \pmod{m}$$

から

$$a(k - k') \equiv 0 \pmod{m}.$$

d が a, m の最大公約数であるから

$$a'(k - k') \equiv 0 \pmod{m'}.$$

a', m' は互いに素であるから

$$k \equiv k' \pmod{m'}.$$

すなわち $k' = k + lm'$ の形でなければならない．

さて $k + lm'$ $(l = 0, 1, 2, \ldots, d-1)$ のいずれの二つも法 m に対して合同ではない．またこの d 個以外の l に対応する k' は，これら d 個のいずれかに合同である．故に次の定理が得られる．

定理．　一次合同方程式

$$ax \equiv b \pmod{m}$$

の根が存在するための必要にして充分なる条件は，a **と** m **との最大公約数** d **が** b **の約数なることである．**

この条件が満たされる場合には，法 m に対し互いに合同でない d 個の根が存在する．

a と m とが互いに素なるときは，常に根を有し，すべての根は法 m に対し互いに合同である．

例題 1.　　$15x \equiv 3 \pmod{18}$.

15, 18 の最大公約数は 3 であるから，これは

$$5x \equiv 1 \pmod 6$$

に直される．$x = -2, -1, 0, 1, 2, 3$ を代入して試みると，$x = -1$ のみが上の合同方程式を満足する．故に

$$x \equiv -1 + 6k \pmod{18},\ (k = 0, 1, 2)$$

すなわち

$$x \equiv 17, 5, 11 \pmod{18}$$

が求める解である．

例題 2. 次の三つの合同方程式を同時に満足する x を求める．

$$x \equiv 2 \ (\mathrm{mod}\ 3), \quad x \equiv 3 \ (\mathrm{mod}\ 5), \quad x \equiv 8 \ (\mathrm{mod}\ 13).$$

第一式の $x \equiv 2 \ (\mathrm{mod}\ 3)$ を解けば，$x = 2 + 3y$ となる．これを第二式に代入して

$$2 + 3y \equiv 3 \ (\mathrm{mod}\ 5), \quad \text{すなわち} \quad 3y \equiv 1 \ (\mathrm{mod}\ 5),\ y \equiv 2 \ (\mathrm{mod}\ 5).$$

故に $y = 2 + 5z$, $x = 8 + 15z$ となる．これを第三式に代入して

$$8 + 15z \equiv 8 \ (\mathrm{mod}\ 13), \quad \text{すなわち} \quad 15z \equiv 0 \ (\mathrm{mod}\ 13).$$

これを解けば

$$z \equiv 0 \pmod{13},$$

従って

$$x \equiv 8 \pmod{3 \cdot 5 \cdot 13}.$$

これが求める解である．

これはまた

$$x_1 \equiv 1 \ (\mathrm{mod}\ 3), \quad x_1 \equiv 0 \ (\mathrm{mod}\ 5), \quad x_1 \equiv 0 \ (\mathrm{mod}\ 13),$$
$$x_2 \equiv 0 \ (\mathrm{mod}\ 3), \quad x_2 \equiv 1 \ (\mathrm{mod}\ 5), \quad x_2 \equiv 0 \ (\mathrm{mod}\ 13),$$
$$x_3 \equiv 0 \ (\mathrm{mod}\ 3), \quad x_3 \equiv 0 \ (\mathrm{mod}\ 5), \quad x_3 \equiv 1 \ (\mathrm{mod}\ 13)$$

を満たす x_1, x_2, x_3 を求め

$$x \equiv 2x_1 + 3x_2 + 8x_3 \pmod{3 \cdot 5 \cdot 13}$$

とおいてもよろしい．

$$x_1 = 5 \cdot 13 y_1 \equiv 1 \ (\mathrm{mod}\ 3), \qquad y_1 \equiv 2 \ (\mathrm{mod}\ 3),$$
$$x_2 = 3 \cdot 13 y_2 \equiv 1 \ (\mathrm{mod}\ 5), \qquad y_2 \equiv 4 \ (\mathrm{mod}\ 5),$$
$$x_3 = 3 \cdot 5 y_3 \equiv 1 \ (\mathrm{mod}\ 13), \qquad y_3 \equiv 7 \ (\mathrm{mod}\ 13)$$

なる故に

$$x_1 \equiv 130, \quad x_2 \equiv 156, \quad x_3 \equiv 105 \pmod{3 \cdot 5 \cdot 13 = 195}.$$

従って

$$x \equiv 2x_1 + 3x_2 + 8x_3 \equiv 8 \pmod{195}.$$

この方法は，$m_1, m_2, \ldots, m_n$ が二つずつ互いに素なるとき

$$x \equiv b_1 \pmod{m_1}, \quad x \equiv b_2 \pmod{m_2}, \quad \ldots, \quad x \equiv b_n \pmod{m_n}$$

に適用される．

a_i と m_i と互いに素なる場合には

$$a_1 x \equiv b_1 \pmod{m_1}, \quad a_2 x \equiv b_2 \pmod{m_2}, \quad \ldots$$

はまた上の形に直される．

例題3.

$$3x + 5y + z \equiv 4 \pmod{12}, \tag{1}$$

$$2x + 3y + 2z \equiv 7 \pmod{12}, \tag{2}$$

$$4x - y + 3z \equiv 6 \pmod{12} \tag{3}$$

を解け．

(1) に 2 を乗じて (2) を減ずれば

$$4x + 7y \equiv 1 \pmod{12}. \tag{4}$$

(1) に 3 を乗じて (3) を減ずれば

$$5x + 4y \equiv 6 \pmod{12}. \tag{5}$$

(4) に 4, (5) に 7 を乗じて相減ずれば

$$7x \equiv 2 \pmod{12}, \tag{6}$$

従って

$$x \equiv 2 \pmod{12}.$$

これを (4) に代入して

$$y \equiv 11 \pmod{12}.$$

(1) に代入して

$$z \equiv 3 \pmod{12},$$

すなわち

$$x \equiv 2, \quad y \equiv 11, \quad z \equiv 3 \pmod{12}$$

が求める解である*1.

---

§2.12,*1 連立一次合同方程式が解を有するための条件については，第 2 巻で論じよう．

第4節 フェルマーの定理

2.13. **剰余全系.** あらゆる整数は法 m に対し次の m 個の類[*1]に分たれる：

$$0,\ \pm m,\ \ \pm 2m,\ \ \pm 3m, \ldots,\ \ \pm nm, \ldots;$$
$$1,\ 1\pm m,\ 1\pm 2m,\ 1\pm 3m, \ldots,\ 1\pm nm, \ldots;$$
$$2,\ 2\pm m,\ 2\pm 2m,\ 2\pm 3m, \ldots,\ 2\pm nm, \ldots;$$
$$\cdots\ \cdots\ \cdots\ \cdots\ \cdots\ \cdots\ \cdots\ \cdots\ \cdots\ \cdots\ \cdots\ \cdots$$
$$m-1,\ m-1\pm m,\ m-1\pm 2m, \ldots,\ m-1\pm nm, \ldots$$

いかなる整数もこのいずれか一つに含まれる．同一の類に属する二数は法 m に対して合同であり，異なる類に属する二数は決して法 m に対して合同とはならない．

この m 個の類を m の**剰余類**[*2]と名づける．その各々より代表数として，任意に一つずつ取り出した

$$k_0m,\ 1+k_1m,\ 2+k_2m, \ldots,\ m-1+k_{m-1}m$$

$(k_0, k_1, \ldots, k_{m-1}$ は任意の整数）を，法 m に対する**剰余全系**と名づける．最も簡単なのは $(0, 1, 2, \ldots, m-1)$ である．

$(0, 1, 2, \ldots, m-1)$ の内，m と互いに素なる数を $a_1, a_2, \ldots, a_k$ とし，これが属する類を $C_1, C_2, \ldots, C_k$ とする．$C_1, C_2, \ldots, C_k$ の各々より一つずつ取り出した k 個の数を，m **と互いに素なる剰余系**という．$(a_1, a_2, \ldots, a_k)$ はその一つである．

$(a_1, a_2, \ldots, a_k)$ の二数の積もまた m と互いに素である．故にこれもまた C_1, $C_2, \ldots, C_k$ のいずれか一つに属する．C_i, C_j に属する二数の積は必ず $C_1, C_2, \ldots$, C_k の内の一定のものに属する．これを仮に C_l とすれば，この事実を $C_iC_j = C_l$ で表し，C_l を C_i, C_j の積と名づける．

1 は m と互いに素であるから，1 の属する類が存在する．これを C_1 とすれば，$C_iC_1 = C_1C_i = C_i$ である．故に C_1 は乗法における単位元の役を演ずる．

---

§2.13, *1 〔**編者注**：原著では階級と呼んでいる.〕

*2 〔**編者注**：原著では剰余階級と呼んでいる.〕

$(a_1a_i,\ a_2a_i,\ \ldots,\ a_ka_i)$ もまた m と互いに素なる k 個の整数を表し，それらは法 m に対して互いに合同ではない．もし $a_1a_i \equiv a_2a_i \pmod{m}$ ならば，$a_i(a_1 - a_2) \equiv 0 \pmod{m}$ となり，a_i は m と互いに素であるから，$a_1 - a_2 \equiv 0 \pmod{m}$ となる．これは仮定に反する．故に $(a_1a_i,\ a_2a_i, \ldots,\ a_ka_i)$ もまた m と互いに素なる剰余系である．従ってその内に 1 と合同なる数がなければならない．それを a_ja_i とすれば，$a_ja_i \equiv 1 \pmod{m}$．すなわち類 $C_i,\ C_j$ は互いに逆の要素の役を演ずる．

以上の結果から次の定理が得られる．

定理． m **と互いに素なる剰余系を** $(a_1,\ a_2,\ \ldots,\ a_k)$ **とすれば，これが属する類** $C_1, C_2, \ldots, C_k$ **は，乗法に関し，一つの群を作る．**

単位元に相当するものは，1 の属する類である[*3]．

2.14. ウィルスンの定理． 合同の概念を導入したのはガウス[*1]である．このお陰で数論は非常に透明になった．

m が素数 p に等しい場合には，$(1,\ 2,\ 3,\ \ldots,\ p-1)$ が p と互いに素なる剰余系である．a を p と互いに素なる任意の数とすれば，上の定理により

$$aa' \equiv 1 \pmod{p}$$

を満たす a' は必ず存在する．これより，次の定理が証明される．

定理． p **を素数とすれば**

$$(p-1)! \equiv -1 \pmod{p}.$$

これを**ウィルスンの定理**[*2]と名づける．

$1,\ 2,\ 3,\ \ldots,\ p-1$ のいずれを a としても，§2.12 の定理により

$$aa' \equiv 1 \pmod{p}$$

---

*3　m に対し $(1,\ 2,\ \ldots,\ m-1)$ の属する $m-1$ 個の類は，m が合成数ならば，必ずしも乗法に対して群を作らない．何となれば，$m = ab$ とすれば，a, b の属する類の積は，0 の属する類となるからである．

§2.14,*1　Gauss, Disquisitiones Arithmeticae, 1801, §2.

*2　この Wilson の定理は初めて Waring, Meditationes Algebraicae, 1770 に公にされた．証明を初めて公にしたのは Lagrange であるが，ここの証明は Gauss, Disqu. Arith., §24 のものである．

の成立する a' が存在する．これが a と一致するのは $a^2 \equiv 1 \pmod{p}$，すなわち $(a-1)(a+1) \equiv 0 \pmod{p}$ が満たされるときに限る．これは $a \equiv 1$ または $a \equiv -1 \pmod{p}$，すなわち $a=1$, $a=p-1$ の二つのみである．これを除いた $2, 3, \ldots, p-2$ は二つずつ a, a' のような対になっている．従ってその積は $(p-2)! \equiv 1 \pmod{p}$ である．これを $p-1$ 倍して

$$(p-1)! \equiv p-1 \equiv -1 \pmod{p}$$

が得られる．

例題. $$\left\{\left(\frac{p-1}{2}\right)!\right\}^2 \equiv (-1)^{\frac{p+1}{2}} \pmod{p} \quad \text{(Waring)}.$$

ウィルスンの定理を書直せば

$$(p-k)!(p-1)(p-2)\cdots(p-k+1) \equiv -1 \pmod{p}.$$

ところが

$$\text{左辺} \equiv (p-k)!(-1)(-2)\cdots(-k+1) \pmod{p},$$

すなわち

$$\text{左辺} \equiv (-1)^{k+1}(p-k)!(k-1)! \pmod{p}.$$

故に

$$(k-1)!(p-k)! \equiv (-1)^k \pmod{p}.$$

特に $k = \dfrac{p+1}{2}$ とおけば

$$\left\{\left(\frac{p-1}{2}\right)!\right\}^2 \equiv (-1)^{\frac{p+1}{2}} \pmod{p}.$$

2.15. オイラーの関数. 我々の次の問題は，与えられた正整数 m より小さく，m と互いに素なる数の個数を定めることである．この数を $\varphi(m)$ によって表す．これはオイラー*1が初めて定めたから，**オイラーの関数**と名づける．

例えば 60 よりも小さくて，これと互いに素なる数は，1, 7, 11, 13, 17, 19, 23, 29, 31, 37, 41, 43, 47, 49, 53, 59 である．故に $\varphi(60) = 16$.

まず m を互いに素なる二数の積 m_1m_2 とする．m を超えない任意の正数 a をとれば，これは

$$a = qm_1 + r, \qquad 0 \leqq r < m_1$$

の形に表される．ただし $0 \leqq q \leqq m_2$.

---

§2.15,*1 Euler, Opera omnia (1) 2, p.531.

a が m_1 と互いに素なるためには，r が m_1 と互いに素でなければならない．故に $0 \leqq q \leqq m_2$ を満たす q を一つ定めておけば，qm_1+r の形で m_1 と互いに素なる数は $\varphi(m_1)$ 個ある．その一つを $a = qm_1+r_1$ とすれば，これがまた m_2 と互いに素となるように幾通り q を定めることができるかを考える．q の代わりに $0, 1, 2, \ldots, m_2-1$ を代入したものを，$a_0, a_1, a_2, \ldots, a_\nu$，$(\nu = m_2-1)$ とすれば，そのいずれの二つの差をとっても $q'm_1$ の形となり，$|q'| < m_2$ である．従って m_1 と m_2 が互いに素なることを考え合わせると，$q'm_1$ は決して m_2 の倍数にならない．すなわち $a_0, a_1, a_2, \ldots, a_\nu$ なる m_2 個の数は，m_2 を法とする剰余全系を作る．故にその内 m_2 と互いに素なる数は $\varphi(m_2)$ 個ある．

このように $\varphi(m_1)$ 個ある r の各々に対して，$\varphi(m_2)$ 個のものが得られるから，m_1 および m_2 と互いに素にして $m = m_1m_2$ を超えない数は $\varphi(m_1)\varphi(m_2)$ 個ある．すなわち

$$\varphi(m) = \varphi(m_1)\varphi(m_2)$$

となる．

m を素因数に分解したものを $m = p^a q^b r^c \cdots$ とし，$p, q, r, \ldots$ を互いに異なる素数とすれば，上に証明した事実によって

$$\varphi(m) = \varphi(p^a)\varphi(q^b)\varphi(r^c)\cdots.$$

然るに m が素数 p の乗冪 p^a に等しい場合には，m を超えないで p なる約数をもつ数は

$$p,\ 2p,\ 3p,\ \ldots,\ p^{a-1}\cdot p$$

の p^{a-1} 個である．故に p^a より小さく，これと互いに素なる数は $p^a - p^{a-1} = p^a\left(1-\dfrac{1}{p}\right)$ 個である．すなわち

$$\varphi(p^a) = p^a\left(1-\frac{1}{p}\right).$$

これより次の定理が得られる．

定理． m_1, m_2 **が互いに素なる場合には**

$$\varphi(m_1m_2) = \varphi(m_1)\varphi(m_2)$$

であって，$m = p^a q^b r^c \cdots$ **とすれば**

$$\varphi(m) = m\left(1 - \frac{1}{p}\right)\left(1 - \frac{1}{q}\right)\left(1 - \frac{1}{r}\right)\cdots$$

である.

例えば, $m = 60 = 2^2 \cdot 3 \cdot 5$ とすれば

$$\varphi(60) = 60\left(1 - \frac{1}{2}\right)\left(1 - \frac{1}{3}\right)\left(1 - \frac{1}{5}\right) = 16.$$

これはさきに直接に求めた結果と一致する.

例題. n より小にして, n と最大公約数 d を有するものの数は $\varphi(n/d)$ に等しい.

n より小にして約数 d を有する数は

$$d,\ 2d,\ 3d,\ \ldots,\ \frac{n}{d}\cdot d$$

である. その内の一つ kd と n との最大公約数がちょうど d なるためには, k と n/d とが互いに素なることが必要にして充分である. n/d より小にして n/d と互いに素なる k の数は $\varphi(n/d)$ 個ある. 故にこれが求める数である.

n の約数を $d_1, d_2, \ldots, d_h$ とすれば, 任意の整数と n との最大公約数は, これらの d_i のいずれか一つである. 故に $\sum_{i=1}^{h} \varphi\left(\frac{n}{d_i}\right) = n$ でなければならない. n/d は d と同時に n の約数であるから, $n/d_1, n/d_2, \ldots, n/d_h$ は $d_1, d_2, \ldots, d_h$ の順序を換えたものに等しい. 故に

$$\sum_{i=1}^{h} \varphi(d_i) = n.$$

例えば, $n = 60$ とすれば

$$\varphi(1) = 1,\ \ \varphi(2) = 1,\ \ \varphi(3) = 2,\ \ \varphi(4) = 2,\ \ \varphi(5) = 4,\ \ \varphi(6) = 2,$$

$$\varphi(10) = 4,\ \ \varphi(12) = 4,\ \ \varphi(15) = 8,\ \ \varphi(20) = 8,\ \ \varphi(30) = 8,\ \ \varphi(60) = 16.$$

その和は 60 となる.

2.16. フェルマーの定理. すでに §2.13 に証明したように, m と互いに素なる剰余系を

$$a_1,\ a_2,\ \ldots,\ a_k \qquad (k = \varphi(m))$$

とすれば, これを含む k 個の類が一つの群を作る. 故に a を m と互いに素なる任意の数とすれば

$$aa_1,\ aa_2,\ \ldots,\ aa_k$$

はまたこれらの $k = \varphi(m)$ 個の類の代表数である. 故に順序を度外視すれば, 全体としては $a_1, a_2, \ldots, a_k$ と合同である. よって両者の積は互いに合同でなければならな

い．すなわち

$$a^k \cdot a_1 a_2 \cdots a_k \equiv a_1 a_2 \cdots a_k \pmod{m}.$$

然るに $a_1 a_2 \cdots a_k$ は m と互いに素であるから，これを両辺より除き去れば，次の定理が得られる．

定理. a, m **が互いに素ならば**

$$a^{\varphi(m)} \equiv 1 \pmod{m}.$$

これを**拡張されたフェルマーの定理**といい，数論において重要な位置を占めるものの一つである．

p を素数とすれば，$\varphi(p) = p - 1$ であるから

$$a^{p-1} \equiv 1 \pmod{p}$$

が成立する．これを**フェルマーの定理**という．

これはフェルマーが証明なしに述べた定理であって，最初の証明はライプニッツが 1680 年に与えたが，永く世に知られなかった．初めて公にされた証明はオイラーが 1736 年に与えた．これを上の一般の形に拡張したのも彼である[*1]．

第 5 節　平方剰余

2.17. 平方剰余と平方非剰余.

例えば

$$1^2 \equiv 1,\ 2^2 \equiv 4,\ 3^2 \equiv 2,\ 4^2 \equiv 2,\ 5^2 \equiv 4,\ 6^2 \equiv 1 \pmod{7}$$

の示すように，m および D を任意に与えたとき，二次合同方程式

$$x^2 \equiv D \pmod{m}$$

を満たす整数 x は必ずしも常には存在しない．

---

§2.16, *1　Fermat は彼の定理を 1640 年に Frénicle への手紙の中に述べている (Oeuvres 2, p.209)．Euler の証明は Opera omina (1) 2, p.493, 531．ここの証明は Dirichlet, Vorlesungen, §19．Leibniz の証明に関しては Bibliotheca Math. (3) 13, 1912–13 にある Mahnke の論文参照．

もし根が存在する場合には，D を m の**平方剰余**（あるいは**二次剰余**）と名づけ，根が存在しない場合には，D を m の**平方非剰余**（あるいは**二次非剰余**）と名づける．

D を任意に与えたとき，これが m の平方剰余なるか否かをいかにして決定するか．次にこれを論じよう．

まず m が奇数の素数 p に等しい場合から始める．

$1, 2, 3, \ldots, p-1$ の半数 $\dfrac{p-1}{2}$ 個は p の平方剰余，残りの半数は p の平方非剰余である．

何となれば，$1, 2, \ldots, \dfrac{p-1}{2}$ の平方は $p-1, p-2, \ldots, \dfrac{p+1}{2}$ の平方と，法 p に対して合同である．これは $(p-x)^2 = p^2 - 2px + x^2 \equiv x^2 \pmod{p}$ が示している．$1, 2, \ldots, \dfrac{p-1}{2}$ の平方のいずれの二つも，法 p に対して合同とならない．これは ${x_1}^2 - {x_2}^2 = (x_1 + x_2)(x_1 - x_2)$ において x_1, x_2 はいずれも $\leqq \dfrac{p-1}{2}$ なる故に，$x_1 + x_2, x_1 - x_2$ は共に p と互いに素であるからである．故に法 p に対して互いに合同でない平方剰余は $1^2, 2^2, \ldots, \left(\dfrac{p-1}{2}\right)^2$ の $\dfrac{p-1}{2}$ 個に限られる．従って平方非剰余もまた $\dfrac{p-1}{2}$ 個ある．

$1, 2, \ldots, p-1$ の内，p の平方剰余，平方非剰余をそれぞれ

$$r_1, r_2, \ldots, r_\mu;\ s_1, s_2, \ldots, s_\mu \qquad \left(\mu = \frac{p-1}{2}\right)$$

とすれば

$$x^2 \equiv r_i \pmod{p}$$

は根をもつ．これを x_i とする．従って平方剰余 r_i, r_k に対して

$$(x_i x_k)^2 \equiv r_i r_k \pmod{p}$$

となるから，$r_i r_k$ もまた一つの平方剰余である．

$$r_1, r_2, \ldots, r_\mu, s_1, s_2, \ldots, s_\mu$$

の全体は，p より小さく，p と互いに素なる剰余系を表す．また r_i は p と互いに素なる故

$$r_i r_1, r_i r_2, \ldots, r_i r_\mu;\ r_i s_1, r_i s_2, \ldots, r_i s_\mu$$

は p と互いに素なる剰余系である．故に法 p に対しては，順序を考えなければ全体としては

$$r_1,\ r_2,\ \ldots,\ r_\mu,\ s_1,\ s_2,\ \ldots,\ s_\mu$$

と合同である．然るに $r_ir_1,\ r_ir_2,\ \ldots,\ r_ir_\mu$ は平方剰余であるから，これは全体として $r_1,\ r_2,\ \ldots,\ r_\mu$ と合同である．従って $r_is_1,\ r_is_2,\ \ldots,\ r_is_\mu$ は全体として $s_1,\ s_2,\ \ldots,\ s_\mu$ と合同でなければならない．すなわち平方剰余と非剰余との積は非剰余である．

r_i をかける代わりに s_i をかけると

$$s_ir_1,\ s_ir_2,\ \ldots,\ s_ir_\mu;\ s_is_1,\ s_is_2,\ \ldots,\ s_is_\mu$$

を得る．これはまた全体として $r_1,\ r_2,\ \ldots,\ r_\mu,\ s_1,\ s_2,\ \ldots,\ s_\mu$ と合同である．然るに $s_ir_1,\ s_ir_2,\ \ldots,\ s_ir_\mu$ は平方非剰余であるから，$s_is_1,\ s_is_2,\ \ldots,\ s_is_\mu$ は平方剰余でなければならない．すなわち次の定理を得る．

定理． **奇数の素数 p に対し，これと互いに素にして相互に合同でない平方剰余は $\dfrac{p-1}{2}$ 個，平方非剰余もまた $\dfrac{p-1}{2}$ 個ある．**

二つの平方剰余，または二つの平方非剰余の積は平方剰余である．一つの平方剰余と一つの平方非剰余との積は平方非剰余である．

2.18. ルジャンドルの記号．

D が p の平方剰余ならば $\left(\dfrac{D}{p}\right)=+1$ とし，平方非剰余ならば $\left(\dfrac{D}{p}\right)=-1$ とする．この記号 $\left(\dfrac{D}{p}\right)$ を**ルジャンドルの記号**と名づける．

上の定理によれば，直ちに

$$\left(\frac{D_1}{p}\right)\left(\frac{D_2}{p}\right)=\left(\frac{D_1D_2}{p}\right) \tag{1}$$

なる関係が得られる．

また $D_1\equiv D_2 \pmod{p}$ ならば，明らかに

$$\left(\frac{D_1}{p}\right)=\left(\frac{D_2}{p}\right) \tag{2}$$

である．

$\left(\dfrac{D}{p}\right)$ の $+1$ か，-1 かを定める問題は，D を素因数に分解して考えれば，(1) によって

$$\left(\frac{-1}{p}\right),\quad \left(\frac{2}{p}\right),\quad \left(\frac{q}{p}\right) \qquad (q \text{ は奇数の素数})$$

を定める問題に帰着させられる．以下順次これを論じよう．

2.19. オイラーの判定条件． p を2と異なる素数とし，D を p と互いに素なる整数とする．§2.12 により，p と互いに素なる任意の a に対し

$$ax \equiv D \pmod p$$

を満たす整数 x は必ず存在する．これを p より小なる正数に限れば，唯一つより存在しない．これを a' とする．

$a = a'$ となり得るのは

$$a^2 \equiv D \pmod p$$

が成立する場合，すなわち D が p の平方剰余となる場合に限る．D が p の平方非剰余ならば a, a' が一致することは決してない．

$1, 2, \ldots, p-1$ の任意の一つを a とすれば，a' もまたこの内の一つであるから，この $p-1$ 個の整数は (a, a') のような対にまとめられる．$\left(\dfrac{D}{p}\right) = -1$ の場合には，$a = a'$ とならないから，その全体の積は

$$(p-1)! \equiv D^{\frac{p-1}{2}} \pmod p$$

である．

$\left(\dfrac{D}{p}\right) = +1$ の場合には，$a = a'$ となり得るものは $x^2 \equiv D \pmod p$ の根である．この根は $1, 2, \ldots, p-1$ の内に二つある．一つを c とすれば他は $p - c$ である．その他のものは (a, a') のような対にまとめられる．故に

$$\begin{aligned}(p-1)! &\equiv c(p-c)D^{\frac{p-3}{2}} \pmod p \\ &\equiv -c^2 D^{\frac{p-3}{2}} \equiv -D^{\frac{p-1}{2}} \pmod p,\end{aligned}$$

すなわち $\left(\dfrac{D}{p}\right) = +1,\ -1$ なるに従って

$$D^{\frac{p-1}{2}} \equiv -(p-1)!,\ (p-1)! \pmod p$$

となる．

これはもちろん $D = 1$ の場合にも成立する．$D = 1$ ならば明らかに $\left(\dfrac{D}{p}\right) = +1$ であるから，$1 \equiv -(p-1)! \pmod p$．これはさきに得たウィルスンの定理 (§2.14) に

ほかならない．故に

$$\left(\frac{D}{p}\right) \equiv D^{\frac{p-1}{2}} \pmod{p}.$$

これを**オイラーの判定条件**[*1]という．

両辺を平方すれば，$1 \equiv D^{p-1} \pmod{p}$．これはフェルマーの定理にほかならない．

オイラーの判定条件から直ちに $D=-1$ として

$$\left(\frac{-1}{p}\right) \equiv (-1)^{\frac{p-1}{2}}$$

なる結果が得られる[*2]．従って

$$\left(\frac{-1}{p}\right) = (-1)^{\frac{p-1}{2}}.$$

$D=2$ とすれば

$$\left(\frac{2}{p}\right) \equiv 2^{\frac{p-1}{2}} \pmod{p}$$

となるが，p が大なる場合には，$2^{\frac{p-1}{2}}$ の計算がやや困難である．故に $\left(\frac{2}{p}\right)$ の決定はオイラーの判定条件を変形した次のガウスの補助定理による．

2.20. ガウスの補助定理[*1]**．法 p に対し $D, 2D, \ldots, \frac{p-1}{2}D$ と合同であり，$\left(-\frac{p}{2}, +\frac{p}{2}\right)$ 内に落ちるものの内，負数の数を $\mu(p, D)$ とすれば**

$$\left(\frac{D}{p}\right) = (-1)^{\mu}$$

である．

これを証明するため，$D, 2D, 3D, \ldots, \frac{p-1}{2}D$ と合同であって，$\left(-\frac{p}{2}, \frac{p}{2}\right)$ 内に落ちる数を定め，その内において正なるものを $(r_1, r_2, \ldots, r_\lambda)$，負なるものを $(-r'_1, -r'_2, \ldots, -r'_\mu)$ とすれば，$\lambda+\mu=\frac{p-1}{2}$，ただし $0<r_i,\ r'_k<\frac{p}{2}$ である．これらの積を作れば

---

§2.19,*1　Euler, Opera omnia (1) 2, p.493.

*2　Euler, Opera omnia (1) 2, p.328.

上のように Wilson の定理を出し，$D^{(p-1)/2} \equiv \pm 1 \pmod{p}$ を平方して Fermat の定理を出すことは，Dirichlet, Journ. f. Math. 3, 1828 (Werke I, p.105, Vorlesungen, §34) に出ている．

§2.20,*1　Gauss, Comm. Göttingen 16, 1808 (Werke 2, p.4); 独訳は Maser, Gauss Untersuchungen über höhere Arithmetik, 1889, p.458.

$$D^{\frac{p-1}{2}}\left(\frac{p-1}{2}\right)! \equiv (-1)^{\mu} r_1 r_2 \cdots r_{\lambda} r'_1 r'_2 \cdots r'_{\mu} \pmod{p}.$$

然るに $(r_1, r_2, \ldots, r_{\lambda})$ のいずれの二つも互いに合同とならない．$(r'_1, r'_2, \ldots, r'_{\mu})$ もまた同様である．r_i と r'_k ともまた合同でない．何となれば，$r_i - r'_k = r_i + (-r'_k)$ は $D, 2D, \ldots, \dfrac{p-1}{2}D$ のある二数の和と合同である．D は p と互いに素であるから，この和は決して p の倍数でない．故に $(r_1, r_2, \ldots, r_{\lambda}, r'_1, r'_2, \ldots, r'_{\mu})$ のいずれの二つも法 p に対して合同でない．この $\dfrac{p-1}{2}$ 個の数はすべて $\left(0, \dfrac{p}{2}\right)$ の間にあるから，全体としては $\left(1, 2, 3, \ldots, \dfrac{p-1}{2}\right)$ に等しい．従って

$$r_1 r_2 \cdots r_{\lambda} r'_1 r'_2 \cdots r'_{\mu} = \left(\frac{p-1}{2}\right)!.$$

よって

$$\left(\frac{p-1}{2}\right)! \, D^{\frac{p-1}{2}} \equiv (-1)^{\mu} \left(\frac{p-1}{2}\right)! \pmod{p}.$$

然るに $\left(\dfrac{p-1}{2}\right)!$ と p とは互いに素であるから

$$D^{\frac{p-1}{2}} \equiv (-1)^{\mu} \pmod{p}$$

を得る．オイラーの判定条件

$$\left(\frac{D}{p}\right) \equiv D^{\frac{p-1}{2}} \pmod{p}$$

より

$$\left(\frac{D}{p}\right) = (-1)^{\mu}$$

に達する．

2.21. $\left(\dfrac{2}{p}\right)$ **の決定．** ガウスの補助定理により次の関係が導かれる．

$$\left(\frac{2}{p}\right) = (-1)^{\frac{p^2-1}{8}}.$$

$D = 2$ なる場合には，$\dfrac{p-1}{2}$ が奇数ならば，$2, 4, 6, \ldots, \dfrac{p-1}{2} \cdot 2$ の内で $\left(2, 4, \ldots, \dfrac{p-3}{2}\right)$ は $\left(0, \dfrac{p}{2}\right)$ の間に存在し，かつまた $\left(\dfrac{p+1}{2}, \dfrac{p+5}{2}, \ldots, p-1\right)$ はそれぞれ

$$\equiv -\frac{p-1}{2}, \ -\frac{p-5}{2}, \ \ldots, \ -1 \pmod{p}$$

となり，右辺の数は $\left(-\frac{p}{2}, 0\right)$ の間にある．故にガウスの補助定理における μ は $\frac{p+1}{4}$ に等しい．

$\frac{p-1}{2}$ が偶数ならば，$\left(2, 4, \ldots, \frac{p-1}{2}\right)$ が $\left(0, \frac{p}{2}\right)$ の間にあり，$\left(\frac{p+3}{2}, \frac{p+7}{2}, \ldots, p-1\right)$ がそれぞれ

$$\equiv -\frac{p-3}{2},\ -\frac{p-7}{2},\ \ldots,\ -1 \pmod p$$

となり，右辺の数は $\left(-\frac{p}{2}, 0\right)$ の間にある．故にこの場合には $\mu = \frac{p-1}{4}$ である．

すなわち $\frac{p-1}{2}$ が奇数ならば

$$p \equiv 3 \pmod 4, \qquad \left(\frac{2}{p}\right) = (-1)^{\frac{p+1}{4}}.$$

$\frac{p-1}{2}$ が偶数ならば，

$$p \equiv 1 \pmod 4, \qquad \left(\frac{2}{p}\right) = (-1)^{\frac{p-1}{4}}.$$

然るに $\frac{p-1}{2}$ が奇数ならば

$$\frac{p-1}{2} \equiv 1,\ \frac{p+1}{4} \equiv \frac{p-1}{2} \cdot \frac{p+1}{4} \equiv \frac{p^2-1}{8} \pmod 2.$$

$\frac{p-1}{2}$ が偶数ならば

$$\frac{p+1}{2} \equiv 1,\ \frac{p-1}{4} \equiv \frac{p+1}{2} \cdot \frac{p-1}{4} \equiv \frac{p^2-1}{8} \pmod 2.$$

故に，次式[*1]が得られる．

$$\left(\frac{2}{p}\right) = (-1)^{\frac{p^2-1}{8}}.$$

第6節　反転法則

2.22.　反転法則． D が p の平方剰余なるか否やを決定する問題は，$\left(\frac{-1}{p}\right)$，

§2.21,*1　これは Fermat がすでに述べているが，証明は Lagrange (Nouv. Mém. Acad. Berlin, 1775, Oeuvres 3, p.695) が初めて与えた．

$\left(\frac{2}{p}\right)$ および $\left(\frac{q}{p}\right)$ (q は奇数の素数) の決定によって解決されることは，すでにこれを述べた．我々は以上において $\left(\frac{-1}{p}\right)$, $\left(\frac{2}{p}\right)$ を定め得た．残る所は $\left(\frac{q}{p}\right)$ のみである．これに対してオイラーは帰納的に

$$\left(\frac{p}{q}\right)\left(\frac{q}{p}\right)=(-1)^{\frac{p-1}{2}\cdot\frac{q-1}{2}}$$

なる著しい関係の成立することを知り，ルジャンドルはその証明を企てたが，ガウスによって初めて厳密な証明が与えられた[*1]．これを**反転法則**（あるいは**相互法則**）と名づける．これが中心となって，数論の種々な方面の発展がうながされた．

この反転法則に対し，ガウスは前後十数年に亘って，八種の証明を与えた．ガウス以後の数論の学者はほとんどすべて新しい証明を寄与したから，今日においては証明の数六十に及んでいる．その詳細はバッハマン (Bachmann)，Niedere Zahlentheorie, I, 1902, pp.200–204 および Neuere Zahlentheorie, 2. Aufl. 1921, p.53 を参照されたい．

§2.24 に述べる幾何学的証明は，アイゼンシュタイン[*2]の与えたものを，さらに簡単にした高木博士の証明である[*3]．

これには次の平行格子のことを説明しておかなければならない．

2.23. 平行格子.

数論の問題を幾何学的に論ずるに当り，欠くことのできないのは平行格子の概念である．

ここに直交する二直線をとり，これを横軸，縦軸と名づけ，その交点 O を原点という．O より出発し，横軸上に各々 1 の距離を隔てる点 A_1, A_2, A_3, ..., A_{-1}, A_{-2}, ...

---

§2.22,*1　Euler, Opera omnia (1) 3, p.497, Legendre Hist. de l'acad. de sci. Paris, 1785 (Théorie des nombres, 2 partie, §6).

Gauss の第一第二の証明は Disquisitiones Arith. §135, §262 (Werke I).

第三より第六までの証明は，Commentationes Göttingen, 1808, 1809, 1818 (Werke II, pp.1–64; 独訳は Maser, Gauss' Untersuchungen über höhere Arithmetik, 1889, pp.457–510)．第七，第八の証明は遺稿にあったものである (Werke II, p.233)．この第一より第六までの証明は Ostwald's Klassiker, No.122 にまとめてある．

*2　Eisenstein, Journ. f. Math. 28, 1844.

*3　高木，東京数学物理学会記事 第2巻，1903．Frobenius は Berliner Ber., 1914 に，高木博士の証明の存在を知らずにこれとほとんど同様の証明を公にした．

をしるす．すなわち OA_n, OA_{-n} の長さはそれぞれ n であり，OA_n と OA_{-n} とは方向が反対である．

これと同様に，O より出発し，縦軸上に，各々 1 の距離を隔てる点 B_1, B_2, B_3, ..., B_{-1}, B_{-2}, ... をしるす．すなわち OB_n, OB_{-n} の長さは n で，方向が反対である．(A_n) の点を通じて縦軸に平行な直線を引き，また (B_n) を通じて横軸に平行な直線を引く．このようにすれば，これらの直線は格子状になる．その一つずつの格子の目は正方形であるから，これらの直線よりなる図形を**正方形格子**と名づける．

格子を形成する直線の交点を**格子点**という．解析幾何学の言葉をかりていえば，格子点はその直角座標 (x, y) が整数である点にほかならない．

A_m を通る縦軸の平行線と，B_n を通る横軸の平行線との交点である格子点を (m, n) で表すことにする．この (m, n) の一対をこの格子点の座標と名づける．

正方形格子の概念はこれを少しく拡張することができる．

第一に横軸上の点 (A_n) の内，相隣る二点間の距離は必ずしも 1 なるを要しない．これを a とする．同様に縦軸上の点 (B_n) の相隣る二点間の距離を b とする．$a \neq b$ なる場合には，我々はこれを**矩形格子**と名づける．

さらに横軸，縦軸が直交しない場合を考えると，無限に多くの平行直線の二組よりなる図形が得られる．これを一般に**平行格子**と名づける．

格子の概念はさらにこれを三次元空間，または多次元空間に拡張することができる．これは単に数論における基礎的な意義を有するのみではない．物理学における原子構造論においてもまた重要なる役を演ずる．

2.24.　高木博士の証明．　我々はこれだけを前置きとして，反転法則の高木博士の証明に移る．

p, q を奇数の素数とし，法 p に対し q, $2q$, $3q$, ..., $\dfrac{p-1}{2}q$ と合同であって，$\left(-\dfrac{p}{2}, \dfrac{p}{2}\right)$ 内にある負数の個数を $\mu(p, q)$ で表せば，ガウスの補助定理により

$$\left(\frac{q}{p}\right) = (-1)^{\mu(p,q)}$$

となる．同様に

$$\left(\frac{p}{q}\right) = (-1)^{\mu(q,p)}.$$

故に反転法則

$$\left(\frac{p}{q}\right)\left(\frac{q}{p}\right) = (-1)^{\frac{p-1}{2}\cdot\frac{q-1}{2}}$$

を証明するには

$$\mu(p,q) + \mu(q,p) \equiv \frac{p-1}{2}\cdot\frac{q-1}{2} \pmod 2$$

を証明すればよろしい．

まず $\mu(p,q)+\mu(q,p)$ の幾何学的な意義を調べてみよう．

今正方形格子において，$m=(p+1)/2,\ n=(q+1)/2$ なる正整数をとり，横軸上に A_m，縦軸上に B_n を定める．$\mathrm{OA}_m,\ \mathrm{OB}_n$ を二辺とする矩形を作り，$\mathrm{OA}_m\mathrm{C}_0\mathrm{B}_n$ とする．すなわち C_0 は (m,n) を表す格子点である．次に $\mathrm{A}_m\mathrm{A}_{m-1}$ の中点を A，$\mathrm{B}_n\mathrm{B}_{n-1}$ の中点を B とし，OA, OB を二辺とする矩形 OACB を作る．AC と $\mathrm{B}_n\mathrm{C}_0$ との交点を B', BC と $\mathrm{A}_m\mathrm{C}_0$ との交点を A' とする．さらに OA_1 の中点を A_0, OB_1 の中点を B_0 とし，OC, $\mathrm{A}_0\mathrm{A}'$, $\mathrm{B}_0\mathrm{B}'$ を結ぶとき，この三直線が互いに平行なることは，$\mathrm{OA}_0=\mathrm{CA}'$, $\mathrm{OB}_0=\mathrm{CB}'$ なることによって明らかである（図 2–1）．

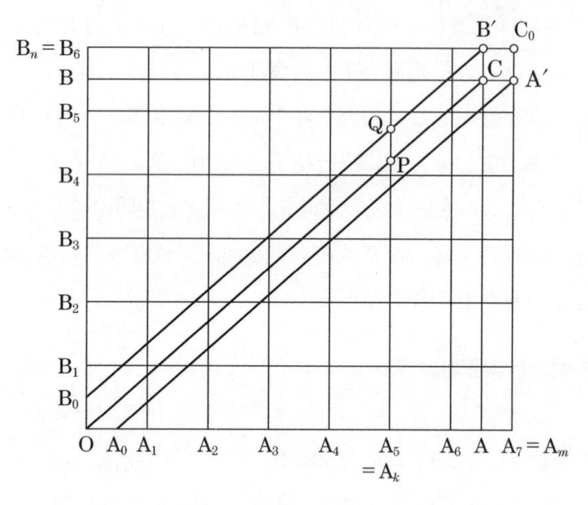

図 2–1

今 A_k を通り縦軸に平行なる直線が OC, $\mathrm{B}_0\mathrm{B}'$ と交わる点をそれぞれ P, Q とすれば，$\mathrm{A}_k\mathrm{P}$ の長さが kq/p に等しいことは，相似三角形 OAC, $\mathrm{OA}_k\mathrm{P}$ を考えれば直ちに分かる．$\mathrm{QP}=\mathrm{B}'\mathrm{C}=\mathrm{B}_0\mathrm{O}=1/2$ なる故に，QP なる線分上に格子点 M が存在

するとし，MA_k の長さを整数 h とすれば，$\mathrm{MA}_k - \mathrm{PA}_k = \mathrm{MP} < 1/2$．故に

$$0 < h - k\frac{q}{p} < \frac{1}{2}.\quad \text{すなわち}\quad 0 > kq - hp > \frac{-p}{2}.$$

すなわち法 p に対し kq と合同であって，$(-p/2, p/2)$ 内に落ちる数は負である．もし QP 上に格子点がない場合には，PA_k 上に P との距離が 1/2 より小なる格子点が必ずある．この場合に上と同様に考えれば，法 p に対し kq と合同にして $(-p/2, p/2)$ 内に落ちる数は正になる．故に $\mu(p,q)$ の値は $\mathrm{OCB'B_0}$ なる帯状形の内部にある格子点の数に等しい．

OC 上には格子点は存在しない．仮に格子点 (r,s) があるとすれば $r/s = p/q$, $rq = sp$ となる．p, q は互いに異なる素数であるから，r は p の倍数でなければならない．これは $r < p$ に矛盾する．故に OC 上には格子点はない．

p と q とを入換えれば，横軸と縦軸とが入換わる．故に $\mu(q,p)$ は帯状形 $\mathrm{OA_0A'C}$ 内の格子点の数に等しい．然るに三角形 $\mathrm{OA_0B_0}$, $\mathrm{CA'B'}$ 内，および $\mathrm{A_0B_0}$, $\mathrm{CA'}$, $\mathrm{CB'}$ 辺上には格子点がないから，帯状形 $\mathrm{OB_0B'C}$, $\mathrm{OA_0A'C}$ 内の格子点の数の和は，平行四辺形 $\mathrm{A_0B_0B'A'}$ 内の格子点の数に等しい．この平行四辺形の対角線の交点 S の座標は $((p+1)/4, (q+1)/4)$ である．これが格子点となるのは，$p \equiv -1$, $q \equiv -1 \pmod 4$ となる場合に限る．上の平行四辺形内の格子点の分布は，S に対し対称であるから，この平行四辺形内の格子点の数は，S が格子点となる場合には奇数であり，S が格子点とならない場合には偶数である．換言すれば，$p \equiv -1$, $q \equiv -1 \pmod 4$ の場合には

$$\mu(p,q) + \mu(q,p) \equiv 1 \pmod 2$$

となり，その他の場合には

$$\mu(p,q) + \mu(q,p) \equiv 0 \pmod 2.$$

然るに $\dfrac{p-1}{2}\cdot\dfrac{q-1}{2} \equiv 1 \pmod 2$ となるのは，$p \equiv -1$, $q \equiv -1 \pmod 4$ の場合に限る．故に

$$\mu(p,q) + \mu(q,p) \equiv \frac{p-1}{2}\cdot\frac{q-1}{2} \pmod 2.$$

これが我々が証明しようとした所のものである．

$\mathrm{A_0A'B'B_0}$ 内の格子点の数を N, $\mathrm{A'A}_m\mathrm{A_0}$, $\mathrm{B_0B}_n\mathrm{B'}$ 内の格子点の数を N_1, N_2 とすれば，$N + N_1 + N_2$ は $\mathrm{OA}_m\mathrm{C_0B}_n$ 内の格子点の数 $\dfrac{p-1}{2}\cdot\dfrac{q-1}{2}$ に等しい．$N_1 = N_2$

なる故に $N \equiv \dfrac{p-1}{2} \cdot \dfrac{q-1}{2} \pmod 2$. これはフロベニウスが注意した所である.

例題. $x^2 + 1000 \equiv 0 \pmod{29}$ を満たす x が存在するか.

$$-1000 = -2^3 \cdot 5^3, \qquad \left(\frac{-1000}{29}\right) = \left(\frac{-1}{29}\right)\left(\frac{2}{29}\right)^3\left(\frac{5}{29}\right)^3$$
$$= \left(\frac{-1}{29}\right)\left(\frac{2}{29}\right)\left(\frac{5}{29}\right).$$
$$\left(\frac{-1}{29}\right) = (-1)^{\frac{29-1}{2}} = (-1)^{14} = +1,$$
$$\left(\frac{2}{29}\right) = (-1)^{\frac{(29)^2-1}{8}} = (-1)^{7\cdot 15} = -1,$$
$$\left(\frac{5}{29}\right) = (-1)^{\frac{5-1}{2}\cdot\frac{29-1}{2}}\left(\frac{29}{5}\right) = \left(\frac{29}{5}\right) = \left(\frac{4}{5}\right)$$
$$= \left(\frac{2}{5}\right)^2 = +1.$$

故に $\left(\dfrac{-1000}{29}\right) = -1$, すなわち -1000 は 29 の平方非剰余である.

第7節　合成数の平方剰余

2.25. 合成数の平方剰余. 前二節では専ら素数の平方剰余について論じた. ここではさらに合成数 $m = 2^\lambda p^\mu q^\nu \cdots$ を法としたときの平方剰余について考えよう. ただし, $p, q, \ldots$ は奇数の素数とする.

今

$$x^2 \equiv D \pmod m \tag{1}$$

の根が存在するとすれば, それはまた同時に

$$x^2 \equiv D \pmod{2^\lambda}, \quad x^2 \equiv D \pmod{p^\mu}, \quad x^2 \equiv D \pmod{q^\nu}, \ \ldots \tag{2}$$

の根でなければならない. これらの二次合同方程式の少なくとも一つが満足されない場合には, D は m の平方非剰余である.

(2) の合同方程式がそれぞれ根 $a, b, c, \ldots$ を有すれば

$$x \equiv a \pmod{2^\lambda}, \quad x \equiv b \pmod{p^\mu}, \quad x \equiv c \pmod{q^\nu}, \ \ldots \tag{3}$$

なる一次合同方程式の一組を満足する x は (2) を満たし, 従って §2.11 により (1) を

満たすことが分かる.

故に (1) の一つの根に対しては, (2) の根の一組 $(a, b, c, \ldots)$ が対応する. このような $(a, b, c, \ldots)$ は幾組あるであろうか.

今 $x^2 \equiv D \pmod{2^\lambda}$, $x^2 \equiv D \pmod{p^\mu}$, $\ldots$ の互いに合同でない根の数をそれぞれ $\alpha, \beta, \ldots$ とすれば, $(a, b, c, \ldots)$ の組は全体で $\alpha\beta\cdots$ 個存在する. 故に (1) の互いに合同でない根の数は $\alpha\beta\cdots$ に等しい.

このように問題は素数の冪を法とした特別の場合に帰着せしめられる. この際素数が 2 となるか, ならないかによって非常な相違が起る. 2 の場合は別に論じなければならない.

2.26. **p^μ の場合.** まず奇数の素数 p に対する

$$x^2 \equiv D \pmod{p^\mu} \tag{4}$$

の根について論じよう. ただし D は p と互いに素である.

これが成立するためには, もちろん

$$x^2 \equiv D \pmod{p} \tag{5}$$

が成立せねばならない. すなわち $\left(\dfrac{D}{p}\right) = +1$ なることを要する.

我々は次に (5) の根の存在から, (4) の根の存在を数学的帰納法を以て証明しよう.

このためには

$$x^2 \equiv D \pmod{p^\pi} \tag{6}$$

の根 k の存在を仮定し, これから

$$x^2 \equiv D \pmod{p^{\pi+1}} \tag{7}$$

の根の存在を証明すればよろしい.

仮定により, $k^2 - D$ は p^π の倍数であるから, $k^2 - D = p^\pi h$ とおく. 故に $l = k + p^\pi r$ とおけば

$$l^2 - D = (k + p^\pi r)^2 - D \equiv k^2 + 2krp^\pi - D \equiv p^\pi(h + 2kr) \pmod{p^{\pi+1}}.$$

$2k$ は p と互いに素であるから, $h + 2kr \equiv 0 \pmod{p}$ となるように r が定められる. よって

$$l^2 \equiv D \pmod{p^{\pi+1}}.$$

すなわち (7) の根の存在が証明された.

然らば (4) の互いに合同とならない根の数はどれほどあるか.

α, β を (4) の二つの根とすれば

$$\alpha^2 \equiv \beta^2 \pmod{p^\mu},$$

故に

$$(\alpha+\beta)(\alpha-\beta) \equiv 0 \pmod{p^\mu}.$$

もし $\alpha+\beta, \alpha-\beta$ が共に p を約数にもてば，その和 2α，従って α もまた p を約数とする．これは D が p と互いに素なることに矛盾する．故に $\alpha+\beta, \alpha-\beta$ のいずれか一つが p^μ を約数とし，他は p を約数としてはならない．すなわち

$$\alpha \equiv \beta \quad \text{または} \quad -\beta \pmod{p^\mu}.$$

故に互いに合同とならない (4) の根は二つに限ることが分かる．これを次の定理にまとめる.

定理. $x^2 \equiv D \pmod{p^\mu}$ において，D を p と互いに素なる整数とすれば，これが根を有するために必要にしてかつ充分なる条件は，$\left(\dfrac{D}{p}\right) = +1$ である．この場合に，合同ならざる根は二つに限る．これを α, β とすれば $\alpha \equiv -\beta \pmod{p^\mu}$ である.

2.27. 2^λ **の場合.** 次に我々は

$$x^2 \equiv D \pmod{2^\lambda} \tag{8}$$

の場合に移る.

(i) $\lambda = 1$. D が奇数ならば，(8) は常に根を有し，互いに合同ならざる根の数は 1 である.

(ii) $\lambda = 2$. 奇数の平方 $\equiv 1 \pmod 4$ なる故に，$D \equiv 1 \pmod 4$ の場合にのみ (8) は根を有し，$x = 1, x = -1$ が合同ならざる根の全部である.

(iii) $\lambda = 3$. 奇数は常に $4k \pm 1$ の形に書けるから，その平方は常に $\equiv 1 \pmod 8$ である．故に $D \equiv 1 \pmod 8$ のときに限り (8) は根を有し，互いに合同ならざる根は $x = 1, 3, 5, 7$ の四個である.

(iv) $\lambda > 3$.　(8) の根が存在すれば，それはもちろん

$$x^2 \equiv D \pmod 8$$

の根でなければならない．従って $D \equiv 1 \pmod 8$ なるを要する．

この場合には，任意の $\lambda \geqq 3$ に対し (8) の根の存在を数学的帰納法を以て証明することができる．

このため

$$x^2 \equiv D \pmod{2^a}$$

が根 k をもつと仮定する．$k^2 - D = 2^a h$ とおくことができるから，$l = k + 2^{a-1} r$ とすれば

$$l^2 - D = (k + 2^{a-1} r)^2 - D \equiv k^2 - D + 2^a rk \equiv 2^a (h + rk) \pmod{2^{a+1}}.$$

§2.26 の場合にならって $l = k + 2^a r$ とすれば，かえって証明が停頓する．r を $h + rk \equiv 0 \pmod 2$ なるように定められるから，l は

$$x^2 \equiv D \pmod{2^{a+1}}$$

の根である．故に $x^2 \equiv D \pmod 8$ の根の存在より一般に (8) の根の存在が分かる．

然らば互いに合同ならざる (8) の根の数はいくつあるか．

α, β を (8) の二つの根とすれば

$$\alpha^2 - \beta^2 = (\alpha + \beta)(\alpha - \beta) \equiv 0 \pmod{2^\lambda}.$$

ここに，α, β はともに奇数なる故に，$\alpha + \beta, \alpha - \beta$ は共に偶数である．故にこれを $2u, 2v$ とおけば

$$u + v = \alpha,\ uv \equiv 0 \pmod{2^{\lambda-2}}.$$

u, v が同時に偶数となるならば，その和 α もまた偶数となるが，仮定によりそのようなことは起らない．故に u, v のいずれか一つは奇数である．故に

$$u \equiv 0 \pmod{2^{\lambda-2}}, \quad v \equiv 0 \pmod{2^{\lambda-2}}$$

のいずれか一つは必ず成立する．これはそれぞれ

$$2u = \alpha + \beta \equiv 0 \pmod{2^{\lambda-1}}, \quad 2v = \alpha - \beta \equiv 0 \pmod{2^{\lambda-1}}$$

となるから，

$$\alpha \equiv \beta \quad \text{または} \quad \alpha \equiv -\beta \pmod{2^{\lambda-1}}.$$

故に (8) は互いに合同ならざる四根

$$\alpha, \quad \alpha + 2^{\lambda-1}, \quad -\alpha, \quad -\alpha - 2^{\lambda-1}$$

をもつ．よって次の定理が得られる．

定理． $x^2 \equiv D \pmod{2^\lambda}$ において，D を奇数とすれば

(i) $\lambda = 1$ ならば，互いに合同ならざる根は唯一つである．

(ii) $\lambda = 2$ ならば，$D \equiv 1 \pmod 4$ のときに限り根を有し，互いに合同ならざる根は二個存在する．

(iii) $\lambda \geqq 3$ の場合には，$D \equiv 1 \pmod 8$ のときに限り根をもつ．互いに合同ならざる根の数は 4 である．

2.28. 一般の場合.

以上の結果より，合成数

$$m = 2^\lambda p^\mu q^\nu \cdots$$

に対し

$$x^2 \equiv D \pmod m$$

の根の存在について次の定理が得られる．

定理． m と互いに素なる D に対し

$$x^2 \equiv D \pmod m$$

が根を有するための必要にして充分なる条件は

$$\left(\frac{D}{p}\right) = +1, \quad \left(\frac{D}{q}\right) = +1, \ \ldots$$

と，$\lambda = 2$ の場合には $D \equiv 1 \pmod 4$，$\lambda \geqq 3$ の場合には $D \equiv 1 \pmod 8$ である．これらの条件が成立するとき，m の含む互いに異なる奇数の素数の数を ρ とすれば，互いに合同ならざる根の数は

$$\begin{array}{lll} \lambda = 0,\ 1 & \text{ならば} & 2^\rho, \\ \lambda = 2 & \text{ならば} & 2^{\rho+1}, \\ \lambda \geqq 3 & \text{ならば} & 2^{\rho+2} \end{array}$$

である．

何となれば，奇数の素数 $p, q, \ldots$ に対しては

$$x^2 \equiv D \ (\mathrm{mod}\ p^\mu), \quad x^2 \equiv D \ (\mathrm{mod}\ q^\nu), \ \ldots$$

の互いに合同ならざる根が 2 ずつであるから

$$x^2 \equiv D \quad (\mathrm{mod}\ p^\mu q^\nu \cdots)$$

の互いに合同ならざる根の数は 2^ρ に等しい．然るに $x^2 \equiv D\ (\mathrm{mod}\ m)$ の根の数はこの 2^ρ と $x^2 \equiv D\ (\mathrm{mod}\ 2^\lambda)$ の互いに合同ならざる根の数との積に等しい．よって定理の後の部分の成立することが分かる．これで平方剰余の問題は完全に解決された．

第 8 節　高次合同方程式

2.29. **高次合同方程式の根.** 我々は第 5，6，7 の三節において，$x^2 - D \equiv 0\ (\mathrm{mod}\ m)$ を満たす x の有無について論じた．ここにこれを拡張し

$$f(x) = a_0x^n + a_1x^{n-1} + \cdots + a_{n-1}x + a_n$$

の $(a_0, a_1, \ldots, a_n)$ をすべて整数とし，x にある整数 k を代入したとき

$$f(x) \equiv 0 \quad (\mathrm{mod}\ m)$$

が成立するか否かの問題を論じよう．もしこのような k が存在すれば，k を**高次合同方程式 $f(x) \equiv 0\ (\mathrm{mod}\ m)$ の根**と名づける．

この際 $a_0 \not\equiv 0\ (\mathrm{mod}\ m)$ ならば，n をこの高次合同方程式の**次数**という．

例えば p を一つの素数とすれば

$$f(x) = x^{p-1} - 1 \equiv 0 \quad (\mathrm{mod}\ p)$$

は $x = 1, 2, 3, \ldots, p-1$ により満たされることは，フェルマーの定理の示すところである．故に $x = 1, 2, 3, \ldots, p-1$ がこの $p-1$ 次合同方程式の根である．

高次合同方程式は必ずしも常に根を有しないことは

$$f(x) = x^2 - D \equiv 0 \quad (\mathrm{mod}\ p)$$

に対し $\left(\dfrac{D}{p}\right) = -1$ の場合を見れば明らかである．しかし根の存在する場合には次の

定理が成立する.

定理.　法 p に対する n 次の合同方程式の互いに合同ならざる根の数は決してその次数を超えない. ただし p は素数とする[*1].

しかし次数より少ないことは可能である.

これを証明するため, $n-1$ 次の合同方程式については, 定理がすでに成立したものと仮定する.

もし与えられた n 次の合同方程式

$$f(x) = a_0x^n + a_1x^{n-1} + \cdots + a_{n-1}x + a_n \equiv 0 \pmod{p}$$

に一つも根がないならば定理は成立する. もし一つでも根があるとして, これを k とすれば, $f(k) \equiv 0 \pmod{p}$. 従って

$$f(x) \equiv f(x) - f(k) \pmod{p}.$$

然るに

$$f(x) - f(k) = a_0(x^n - k^n) + a_1(x^{n-1} - k^{n-1}) + \cdots + a_{n-1}(x-k)$$

となり, 一般に $x^n - k^n = (x-k)(x^{n-1} + x^{n-2}k + x^{n-3}k^2 + \cdots + xk^{n-2} + k^{n-1})$ であるから

$$f(x) - f(k) = (x-k)g(x),$$

$$g(x) = b_0x^{n-1} + b_1x^{n-2} + \cdots + b_{n-2}x + b_{n-1}$$

の形におくことができる. 故に

$$f(x) \equiv (x-k)g(x) \pmod{p}.$$

もし与えられた合同方程式の根として, k 以外に k と合同ならざる k' が存在すると仮定すれば

$$f(k') \equiv (k'-k)g(k') \equiv 0 \pmod{p}.$$

仮定により $k' \equiv k \pmod{p}$ でないから

$$g(k') \equiv 0 \pmod{p}$$

§2.29,*1　Lagrange, Mém. Acad. Berlin 24, (1768) 1770, Oeuvres 2, p.655.

でなければならない．然るに $g(x) \equiv 0 \pmod{p}$ の次数は $n-1$ であるから，仮定により，互いに合同でない根の数は $n-1$ を超えない．すなわち k' のような根の個数は $n-1$ を超えない．従って $f(x) \equiv 0 \pmod{p}$ の互いに合同ならざる根の個数は n を超えない．

一次合同方程式

$$a_0x + a \equiv 0 \pmod{p}, \quad (a_0 \not\equiv 0 \pmod{p})$$

の互いに合同ならざる根の数は 1 であるから，数学的帰納法により，一般に定理の成立が結論せられる．

さきに例にとった

$$f(x) = x^{p-1} - 1 \equiv 0 \pmod{p}$$

の場合は，互いに合同ならざる根の数は $p-1$ を超えないから，$x = 1, 2, 3, \ldots, p-1$ が合同ならざる根の全体である．

さきの証明におけるように，1 が一つの根であるから

$$f(x) \equiv f(x) - f(1) \equiv (x-1)f_1(x) \pmod{p}.$$

$x = 2$ もまたこの根であるから，これは $f_1(x) \equiv 0 \pmod{p}$ の根となる．故に

$$f_1(x) \equiv f_1(x) - f_1(2) \equiv (x-2)f_2(x) \pmod{p}.$$

この方法を繰返せば，遂には次式[*2]

$$f(x) \equiv (x-1)(x-2)(x-3)\cdots(x-p+1) \pmod{p}$$

に達する．

これはあらゆる x に対して成立する関係式であるから，特に $x = 0$ とおけば

$$-1 \equiv (-1)^{p-1}(p-1)! \pmod{p}$$

を得る．$p > 2$ ならば $p-1$ は偶数なる故に

$$(p-1)! \equiv -1 \pmod{p}.$$

これは明らかに $p = 2$ の場合にも成立する．これはウィルスンの定理 (§2.14) にほか

[*2] この $x^{p-1} - 1$ の因数分解は Fermat の定理から得たのであるが，逆に，これを証明すれば，それから Fermat の定理を導くことができる．Lagrange がとった経路である．Lagrange, Nouv. Mém. Acad. Berlin, 1773 (1771), Oeuvres 3, p.425.

ならない.

2.30. 素数の原始 δ 乗根. a が素数 p と互いに素ならば，フェルマーの定理により $a^{p-1} \equiv 1 \pmod{p}$ が成立する.

しかし $p-1$ より小さいある k に対して，すでに

$$a^k \equiv 1 \pmod{p}$$

が成立する場合がある.

例えば $p=5, a=4$ とすれば，$4^2 \equiv 1 \pmod{5}$ となる.

a に対し

$$a^k \equiv 1 \pmod{p}$$

が成立する最小の指数を δ とすれば，a を法 p に対し，指数 δ に属する数，または p の**原始 δ 乗根**[*1]と名づける. δ を法 p に対し a **が属する指数**という.

フェルマーの定理によれば，常に $a^{p-1} \equiv 1 \pmod{p}$ であるから，a が属する指数 δ は必ず $\delta \leqq p-1$ でなければならない. さらに次の考察によって，δ は $p-1$ の約数なることが証明される.

このため，仮に

$$a^h \equiv 1,\ a^k \equiv 1 \pmod{p}$$

とし，h, k の最大公約数を d とすれば，§2.7 により

$$\alpha h + \beta k = d$$

を満足する整数 α, β が存在する. 故に

$$a^d \equiv (a^h)^\alpha (a^k)^\beta \equiv 1 \pmod{p}.$$

$k=\delta$ とすれば，δ が最小指数なることから，$d=\delta$ とならなければならない. すなわち δ は h の約数でなければならない.

$p-1$ を h とすれば，δ は $p-1$ の約数なることが分かる.

a を p の原始 δ 乗根とすれば

$$a^\delta \equiv 1 \pmod{p}.$$

§2.30,*1 〔**編者注**：原著では**単純 δ 乗根**と呼んでいる.〕

故に $x = 1, a, a^2, a^3, \ldots, a^{\delta-1}$ なる δ 個の数は

$$x^\delta \equiv 1 \pmod p$$

の互いに合同ならざる根である．然るに §2.29 により，この互いに合同ならざる根の個数は δ を超えない．

故に $x = 1, a, a^2, \ldots, a^{\delta-1}$ が

$$x^\delta \equiv 1 \pmod p$$

の互いに合同ならざる根の全部である．

次にこの δ 個の根のうち，真に δ に属するものはいくつあるかを吟味してみよう．

今 a^k $(k < \delta)$ が指数 δ' $(\leqq \delta)$ に属するものとすれば

$$(a^k)^{\delta'} \equiv 1 \pmod p.$$

故に上に証明した所によれば，$h = k\delta'$ は δ の倍数でなければならない．k と δ とが互いに素ならば，δ' が δ の倍数となり，$\delta' \leqq \delta$ なる仮定から $\delta' = \delta$ とならなければならない．

k と δ との最大公約数を d とし，$k = k_1 d, \delta = \delta_1 d$ とすれば，$k_1\delta'$ が δ_1 の倍数になる．k_1, δ_1 は互いに素なる故に，δ' が δ_1 の倍数になる．故に δ' の最小となるのは $\delta_1 = \dfrac{\delta}{d}$ に等しくなる場合である．すなわち a^k は $\dfrac{\delta}{d}$ なる指数に属する．

これより見れば，$x = 1, a, a^2, \ldots, a^{\delta-1}$ の内，真に指数 δ に属するものは，a の指数が δ と互いに素なるもの $\varphi(\delta)$ 個に限られる．

a の属する指数 δ は $p-1$ の約数であるが，逆に $p-1$ の任意の約数に属する数が果して存在するか．

これを決定するため，$p-1$ の任意の約数を δ とすれば

$$x^\delta \equiv 1 \pmod p$$

の根は一つも存在しないか，然らざれば互いに合同ならざる $\varphi(\delta)$ 個の根がある．

然るに $a = 1, 2, 3, \ldots, p-1$ とするとき，その各々に対して，それが属する指数が一つずつ定まり，それらはすべて $p-1$ の約数である．その総数は $p-1$ であるから，§2.15 の例題で証明した

$$p - 1 = \sum \varphi(\delta)$$

から見れば，$p-1$ の約数のいずれか一つに対し

$$x^{\delta} \equiv 1 \pmod{p}$$

の根が存在しないことはあり得ない．故に次の定理を得る．

定理. **$p-1$ の任意の約数 δ に属する原始 δ 乗根は常に存在し，互いに合同ならざる根の数は $\varphi(\delta)$ に等しい．**

2.31. **p の原始根.** $p-1$ に属するもの $\varphi(p-1)$ 個，すなわち p の原始 $p-1$ 乗根を，特に略して **p の原始根**と名づける．その一つを g とすれば

$$1,\ g,\ g^2,\ g^3,\ \ldots,\ g^{p-2}$$

が全体としては，法 p に対し $1, 2, 3, \ldots, p-1$ と合同である．従って p と互いに素なる任意の数 a に対しては

$$a \equiv g^{\alpha} \pmod{p}$$

を満足する $0 \leqq \alpha \leqq p-2$ なる整数 α が必ず存在する．α を**底** g に対する a の**標数**[*1]という．

この標数はちょうど対数（§3.15）と同様の性質を有する．すなわち

$$a \equiv g^{\alpha},\ \ b \equiv g^{\beta} \pmod{p}$$

ならば

$$ab \equiv g^{\alpha+\beta} \pmod{p}.$$

換言すれば，a, b の標数をそれぞれ α, β とすれば，積 ab の標数は標数 α, β の和に等しい．

故に合同に対しては，標数の表が対数表と同一の役割を果たす[*2]．

例題 1. $p=11$ の原始根を求めよ．

---

§2.31,*1 〔**編者注**：これを**指数**と呼ぶ書物もある．本書では体の標数を論じないので原著のままとする．〕

*2 標数表は，例えば Jacobi, Canon Arithmeticus, 1839; Tchebycheff, Theorie der Kongruenzen, 1889; Kraïtchik, Théorie des nombres, 1924 にある．p の原始根の表は Tchebycheff の上出の書 ($p < 10000$) および Possé, Acta Mathematica 35, 1912 ($p < 5000$); Cunningham–Woodall–Creak, Proc. London Math. Soc. (2) 2, 1923（$p < 25410$ の最小の原始根）にある．

$2^{10} \equiv 1,\ 3^5 \equiv 1,\ 4^5 \equiv 1,\ 5^5 \equiv 1,\ 6^{10} \equiv 1,\ 7^{10} \equiv 1,\ 8^{10} \equiv 1,\ 9^5 \equiv 1,\ 10^2 \equiv 1 \pmod{11}.$

故に $p = 11$ の原始根は $g = 2, 6, 7, 8$ の $\varphi(10) = 4$ 個である．

$p - 1 = 10$ の約数は $\delta = 1, 2, 5, 10$ であって，その各々に対して，δ に属する数が $\varphi(\delta)$ 個ずつ存在することが分かる．

$g = 2$ とすれば

$$g^0 \equiv 1,\ g \equiv 2,\ g^2 \equiv 4,\ g^3 \equiv 8,\ g^4 \equiv 5,\ g^5 \equiv 10,$$

$$g^6 \equiv 9,\ g^7 \equiv 7,\ g^8 \equiv 3,\ g^9 \equiv 6,\ g^{10} \equiv 1.$$

すなわち

数	1	2	3	4	5	6	7	8	9	10
標　数	0	1	8	2	4	9	7	3	6	5

これによれば，例えば $x^2 \equiv 4 \pmod{11}$ は次のように解ける．(x の標数) $\times 2 \equiv$ (4 の標数) (mod 10)．表により $\equiv 2 \pmod{10}$．故に x の標数 $\equiv 1,\ 6 \pmod{10}$．さらに表により $x \equiv 2,\ 9 \pmod{11}$．すなわち $x = 2, 9$ が $x^2 \equiv 4 \pmod{11}$ の根である．

例題 2.　ウィルスンの定理[*3]．g を素数 p の原始根の一つとすれば，$(1, 2, 3, \ldots, p-1)$ は法 p に対し，順序はとにかく，全体としては $(1, g, g^2, \ldots, g^{p-2})$ と合同である．故にその積は

$$(p-1)! \equiv g^{1+2+\cdots+(p-2)} \equiv g^{(p-2)\frac{p-1}{2}} \pmod{p}.$$

然るに

$$(p-2)\frac{p-1}{2} \equiv \frac{p-1}{2} \pmod{p-1}$$

であるから，これと

$$g^{p-1} \equiv 1 \pmod{p}$$

より

$$(p-1)! \equiv g^{\frac{p-1}{2}} \pmod{p}$$

が得られる．然るに

$$0 \equiv g^{p-1} - 1 \equiv (g^{\frac{p-1}{2}} - 1)(g^{\frac{p-1}{2}} + 1) \pmod{p}$$

であるから

$$g^{\frac{p-1}{2}} \equiv 1 \text{ または } -1 \pmod{p}.$$

g は $p-1$ に属するから

$$g^{\frac{p-1}{2}} \equiv 1 \pmod{p}$$

[*3] Euler, Opuscula Analytica 1, 1773, および Gauss, Disquis. Arith. §75.

は成立しない．故に当然

$$g^{\frac{p-1}{2}} \equiv -1 \pmod{p}$$

とならなければならない．よって

$$(p-1)! \equiv -1 \pmod{p}.$$

これはウィルスンの定理である（§2.14）．

例題 3. オイラーの判定条件．素数 p の倍数でなく，また互いに合同ならざる数は 1, $g, g^2, \ldots, g^{p-2}$ を以て表される．故にその平方数は $1, g^2, g^4, \ldots, g^{p-3}$ のいずれかと合同である．従って p の平方剰余は g の偶数冪 $g^2, g^4, \ldots, g^{p-3}, g^{p-1} \equiv 1$ であり，平方非剰余は g の奇数冪 $g, g^3, \ldots, g^{p-2}$ である．

二つの平方剰余，または二つの非剰余の積は平方剰余であり，一つの平方剰余と一つの非剰余の積がまた平方非剰余なることも直ちに分かる．

今 $\left(\dfrac{D}{p}\right) = +1$ ならば

$$D \equiv g^{2k} \pmod{p}$$

を満たす k が存在するから

$$D^{\frac{p-1}{2}} \equiv g^{k(p-1)} \equiv 1 \pmod{p}.$$

これに反して $\left(\dfrac{D}{p}\right) = -1$ ならば

$$D \equiv g^{2k+1} \pmod{p}$$

なる k が存在するから

$$D^{\frac{p-1}{2}} \equiv g^{\frac{p-1}{2}(2k+1)} \equiv g^{\frac{p-1}{2}} \equiv -1 \pmod{p}.$$

故に

$$\left(\frac{D}{p}\right) \equiv D^{\frac{p-1}{2}} \pmod{p}.$$

これはオイラーの判定条件にほかならない (§2.19).

2.32. 合成数の原始根[*1]． 我々は次に合成数の原始根を論じよう．

a が m と互いに素なる場合には，フェルマーの定理により

$$a^{\mu} \equiv 1 \pmod{m}, \quad \mu = \varphi(m)$$

が成立する．もし δ に対しては

$$a^{\delta} \equiv 1 \pmod{m}$$

§2.32, *1 Gauss, Disquis. Arith. §82–93.

が成立し，δ より小なる δ' に対しては決して

$$a^{\delta'} \equiv 1 \pmod{m}$$

が成立しない場合に，δ を a **の属する指数**といい，a を m **の原始** δ **乗根**と名づける．

前節と同様にして，δ は常に $\mu = \varphi(m)$ の約数なることが証明される．

$\delta = \varphi(m)$ に属する a を称して m **の原始根**という．この原始根の性質を論ずるのが我々の目的である．

2.33. p^α **の場合．** まず $m = p^\alpha$ の場合から始める．

仮に $p^{\alpha+1}$ $(\alpha \geqq 1)$ の原始根が存在したとし，これを g とする．g の法 p^α に対する指数を δ とすれば

$$g^{\delta} \equiv 1 \pmod{p^\alpha}$$

となり，δ より小なる δ' については成立しない．

この関係より，$g^\delta = 1 + hp^\alpha$ とおかれるから

$$\begin{aligned} g^{\delta p} = (1 + hp^\alpha)^p &= 1 + p \cdot hp^\alpha + \binom{p}{2} h^2 p^{2\alpha} + \cdots \\ &\equiv 1 \pmod{p^{\alpha+1}} \end{aligned}$$

となる．然るに仮定により g は $p^{\alpha+1}$ の原始根であるから，法 $p^{\alpha+1}$ に対する g の指数は $\varphi(p^{\alpha+1})$ である．故に δp は $\varphi(p^{\alpha+1}) = (p-1)p^\alpha$ の倍数でなければならない．よって δ は $(p-1)p^{\alpha-1} = \varphi(p^\alpha)$ の倍数である．然るに一方 δ は法 p^α に対する g の指数であるから，δ は $\varphi(p^\alpha)$ の約数でなければならない．よって $\delta = \varphi(p^\alpha)$ となる．すなわち $p^{\alpha+1}$ の原始根があれば，それはまた p^α の原始根である．

この際 $g^{\varphi(p^\alpha)} = 1 + hp^\alpha$ とおけば，h は p の倍数にならない．

何となれば，h が p の倍数ならば

$$g^{\varphi(p^\alpha)} \equiv 1 \pmod{p^{\alpha+1}}$$

となり，$\varphi(p^\alpha) < \varphi(p^{\alpha+1})$ より，g が $p^{\alpha+1}$ の原始根であるという仮定に反するからである．

逆に g を p^α の原始根とし，法 $p^{\alpha+1}$ に対する g の指数を δ とすれば

$$g^{\delta} \equiv 1 \pmod{p^{\alpha+1}}.$$

従ってこれは法 p^α についても成立する．故に δ は $\varphi(p^\alpha)$ の倍数でなければならない．然るに一方では，$\varphi(p^{\alpha+1})$ は δ の倍数であるから，δ は $\varphi(p^\alpha)$ に等しいか，然らざれば $\varphi(p^{\alpha+1})$ に等しい．このいずれが起るかは，$g^{\varphi(p^\alpha)} = 1 + hp^\alpha$ とおいたとき，h が p の倍数となるか否かによって定まる．

何となれば，h が p の倍数ならば

$$g^{\varphi(p^\alpha)} \equiv 1 \pmod{p^{\alpha+1}}.$$

従って $\varphi(p^\alpha)$ は δ の倍数となるから，結局 $\delta = \varphi(p^\alpha)$ とならなければならない．h が p の倍数にならないときは

$$g^{\varphi(p^\alpha)} \equiv 1 \pmod{p^{\alpha+1}}$$

は成立しないから，$\delta = \varphi(p^{\alpha+1})$ となる．すなわち p^α の原始根 g があれば，$g^{\varphi(p^\alpha)} = 1 + hp^\alpha$ とおかれる．h が p の倍数でなければ，これはまた $p^{\alpha+1}$ の原始根である．

この場合

$$g^{\varphi(p^{\alpha+1})} = (1 + hp^\alpha)^p \equiv 1 + hp^{\alpha+1} \pmod{p^{\alpha+2}}$$

となる．故に $g^{\varphi(p^{\alpha+1})} = 1 + h'p^{\alpha+1}$ とおけば，$h' \equiv h \pmod{p}$ となり，h は p の倍数でないから，h' もまた p の倍数でない．よって g はまた $p^{\alpha+2}$ の原始根でなければならない．

故に p の原始根 g をとり，$g^{p-1} - 1$ が p^2 を約数にしていないときには，上に証明した所により，g は $p^2, p^3, p^4, \ldots$ の原始根となることが結論される．

逆に p^α の原始根は $p^{\alpha-1}, p^{\alpha-2}, \ldots, p$ の原始根である．

定理． **p^α の原始根は p の原始根 g のうち $g^{p-1} - 1 \not\equiv 0 \pmod{p^2}$ を満たすものに限る．**

以上の所論により，我々に残された問題は

$$g^{p-1} \not\equiv 1 \pmod{p^2}$$

を満たす p の原始根 g の有無である．

今 p の原始根の一つを f とすれば，$g = f + px$ もまた p の原始根である．これは

$$g^p = (f + px)^p \equiv f^p \pmod{p^2}$$

を満たす．然るに

$$f^p \equiv f \pmod{p}$$

であるから

$$f^p \equiv f + f'p \pmod{p^2}$$

の形に表される．よって

$$g^p - g \equiv p(f' - x) \pmod{p^2}$$

となる．x を $x \not\equiv f' \pmod{p}$ なるように選べば

$$g^p - g \not\equiv 0 \pmod{p^2}.$$

従って

$$g^{p-1} \not\equiv 1 \pmod{p^2}.$$

故にこのような g は p^α $(\alpha \geqq 1)$ の原始根となる．

x の選び方は $p-1$ 個あるから，一つの f に対し，このような g は法 p^2 に対し合同でないないものが $p-1$ 個存在する．一方 f は法 p に対し互いに合同でないものが $\varphi(p-1)$ 個あるから，任意の α について，p^α の原始根は法 p^2 に対し互いに合同でないものが $(p-1)\varphi(p-1)$ 個ある．

例えば $p = 11$ とすれば，p の原始根は $\varphi(10) = 4$ 個ある．これは $2, 6, 7, 8$ である．$2^p \equiv 2 + 10p \pmod{p^2}$ であるから，$f = 2$ とすれば $f' = 10$．従って $x \not\equiv f'$ $\pmod{11}$ を満たすものは

$$x = 1, 2, 3, 4, 5, 6, 7, 8, 9, 11.$$

故に 11 の任意の乗冪の原始根は $f = 2$ に対しては

$$g \equiv 13, 24, 25, 46, 57, 68, 79, 90, 101, 123 \pmod{11^2}$$

である．

2.34. 2^λ **の場合**．次に $m = 2^\lambda$ の場合に移る．

すべての奇数が 2 の原始根となることは明らかである．

$\lambda = 2$ の場合，$2^\lambda = 4$ の原始根は 3 である．故に任意の奇数 n に対し

$$n \equiv (-1)^\alpha \pmod{4}$$

を満足する α を定めることができる．すなわち

$$n \equiv 1 \pmod 4 \text{ ならば}, \quad \alpha \equiv 0 \pmod 2,$$

$$n \equiv 3 \pmod 4 \text{ ならば}, \quad \alpha \equiv 1 \pmod 2.$$

$\lambda \geqq 3$ の場合には，n を奇数とすれば

$$n^{\frac{1}{2}\varphi(2^\lambda)} = n^{2\lambda-2} \equiv 1 \pmod{2^\lambda} \tag{a}$$

となることが数学的帰納法により次のように証明される．

仮にこれが成立するとすれば

$$n^{2^{\lambda-2}} = 1 + 2^\lambda h$$

とおかれる．これを二乗すれば

$$n^{2^{\lambda-1}} = (1 + 2^\lambda h)^2 \equiv 1 \pmod{2^{\lambda+1}}$$

となる．すなわち，(a) が λ のとき成立すれば，$\lambda + 1$ のときにも成立することが分かった．然るに $\lambda = 3$ の場合には明らかに

$$n^2 \equiv 1 \pmod{2^3}$$

が成立する．故に (a) が一般に成立することが分かる．

よって $\lambda \geqq 3$ の場合には，2^λ の原始根は存在しない．

以上の結果を一つにまとめると次の定理になる．

定理． 2^λ **の原始根は** $\lambda = 1, 2$ **の場合にのみ存在する．**

然らば $\dfrac{1}{2}\varphi(2^\lambda) = 2^{\lambda-2}$ に属する奇数が存在するか否かを見ると，5 はまさに法 2^λ に対し指数 $2^{\lambda-2}$ に属する．何となれば

$$5 \equiv 1 + 4 \pmod{2^3}, \qquad 5^2 \equiv 1 + 8 \pmod{2^4},$$

$$5^{2^2} \equiv 1 + 16 \pmod{2^5}, \qquad \ldots,$$

故に一般に

$$5^{\frac{1}{2}\varphi(2^\lambda)} \equiv 1 + 2^\lambda \pmod{2^{\lambda+1}}, \quad \equiv 1 \pmod{2^\lambda}.$$

ただし

$$5^{\frac{1}{4}\varphi(2^\lambda)} \equiv 1 + 2^{\lambda-1} \pmod{2^\lambda}, \quad \not\equiv 1 \pmod{2^\lambda}.$$

故に 5 は確かに法 2^λ に対し指数 $\frac{1}{2}\varphi(2^\lambda)$ に属する．

今 $\frac{1}{2}\varphi(2^\lambda) = b$ とおけば

$$5^0 = 1,\ 5,\ 5^2,\ 5^3,\ \ldots,\ 5^{b-1}$$

は法 2^λ に対し互いに合同ではない．

$$-5^0 = -1,\ -5,\ -5^2,\ -5^3,\ \ldots,\ -5^{b-1}$$

も同様である．これも併せて 2^λ と互いに素なる $\varphi(2^\lambda)$ 個の剰余系が得られる．

故に n を任意の奇数とすれば

$$n \equiv (-1)^\alpha 5^\beta \pmod{2^\lambda}$$

が成立する α, β を定めることができる．β が偶数または奇数なるに従い

$$n \equiv \pm 1 \quad \text{または} \quad \pm 3 \pmod 8$$

である．これを一括すれば，次の定理となる．

定理.　n を任意の奇数とすれば，

$$n \equiv (-1)^\alpha 5^\beta \pmod{2^\lambda}$$

なる α, β が定まる．

$\lambda = 0,\ 1$ の場合には，　$a = b = 1$ とし，

$\lambda \geqq 2$ の場合には，　$a = 2,\ b = \frac{1}{2}\varphi(2^\lambda)$ とし，

α には法 a に対する剰余全系，

β には法 b に対する剰余全系

の値を与え，α, β のあらゆる組合せを作れば，全体で 2^λ と互いに素なる $\varphi(2^\lambda) = a \cdot b$ 個の剰余系が得られる．

2.35.　標数系.　以上においては，m が唯一つの素数の乗冪に等しい場合について論じた．これを総合して一般の場合を論じよう．

m の素因数分解を

$$m = 2^\lambda p^\mu q^\nu \cdots$$

とする．ただし $p, q, \ldots$ は互いに異なる奇数の素数を表す．

m と互いに素なる整数 n をとれば

$$n \equiv (-1)^{\alpha} 5^{\beta} \pmod{2^{\lambda}}$$
$$\equiv g^{\gamma} \pmod{p^{\mu}}$$
$$\equiv g'^{\gamma'} \pmod{q^{\nu}}$$
$$\cdots\cdots\cdots\cdots\cdots\cdots\cdots\cdots$$

が成立する $(\alpha, \beta, \gamma, \gamma', \ldots)$ なる正の整数を定めることができる．ここに g は p^{μ} の原始根，g' は q^{ν} の原始根，$\ldots$ とする．$(\alpha, \beta, \gamma, \gamma', \ldots)$ を法 m に対する n の**標数系**と名づける．

a, b は上の定理にある数とし，$\varphi(p^{\mu}) = c, \varphi(q^{\nu}) = c', \ldots$ とすれば，$(\alpha, \beta, \gamma, \gamma', \ldots)$ の各々はそれぞれ $a, b, c, c', \ldots$ を法として定まる．

$a, b, c, c', \ldots$ の積は $\varphi(2^{\lambda})\varphi(p^{\mu})\varphi(q^{\nu})\cdots = \varphi(m)$ に等しい．

故に m と互いに素なる $\varphi(m)$ 個の数 n の各々に対し，標数系が対応する．

次に考える問題は m の原始根である．今

$$x^{\delta} \equiv 1 \pmod{m}$$

は成立するが，δ より小なる δ' に対しては決して

$$x^{\delta'} \equiv 1 \pmod{m}$$

が成立しないもの，すなわち δ に属する数を n とすれば，$2^{\lambda}, p^{\mu}, q^{\nu}, \ldots$ の各々を法としても

$$n^{\delta} \equiv 1$$

が成立する．

故に δ は $2^{\lambda}, p^{\mu}, q^{\nu}, \ldots$ の各々を法としたときの n の指数の各々の倍数である．逆に $2^{\lambda}, p^{\mu}, q^{\nu}, \ldots$ の各々を法にしたときの n の指数の最小公倍数を δ' とすれば，明らかに

$$n^{\delta'} \equiv 1 \pmod{2^{\lambda} p^{\mu} q^{\nu} \cdots}$$

故に δ はこの最小公倍数と一致しなければならない．

然るに $2^{\lambda}, p^{\mu}, q^{\nu}, \ldots$ の各々を法としたときの n の指数は，それぞれ $\varphi(2^{\lambda}), \varphi(p^{\mu}), \varphi(q^{\nu}), \ldots$ の約数である．故に δ は $\varphi(2^{\lambda}), \varphi(p^{\mu}), \varphi(q^{\nu}), \ldots$ の最小公倍数の約数で

ある．

n が m の原始根ならば，$\delta = \varphi(m)$ であるから，δ が $\varphi(2^\lambda)$, $\varphi(p^\mu)$, $\varphi(q^\nu)$, $\ldots$ の最小公倍数の約数となるには，$\varphi(2^\lambda)$, $\varphi(p^\mu)$, $\varphi(q^\nu)$, $\ldots$ がすべて二つずつ互いに素であり，従ってその最小公倍数がそれらの積 $\varphi(m)$ に等しい場合に限る．然るに $\varphi(p^\mu)$, $\varphi(q^\nu)$, $\ldots$ は常に偶数であるから，これらが互いに素でない場合には，奇数の素数は唯一つより含まれてはならない．もし一つの奇数の素数 p が含まれたとすれば，$\varphi(p^\mu)$ と $\varphi(2^\lambda)$ とが互いに素なるためには $\varphi(2^\lambda)$ が奇数でなければならない．これは $\lambda = 0, 1$ のほかにない．奇数の素数が一つも含まれないならば $m = 2^\lambda$ である．このとき m の原始根が存在するのは $\lambda = 1, 2$ に限る．故に次の定理を得る．

定理． m **の原始根が存在する場合は，**$m = 1, 2, 4, p^\mu, 2p^\mu$ **なるときに限る．**

例えば法 $2^3 \cdot 3 \cdot 5^2 = 600$ に対し 11 の標数系を求めてみよう．

2 は 3 および 5^2 の原始根である．

$$11 \equiv -5 \pmod 8, \quad 11 \equiv 2 \pmod 3, \quad 11 \equiv 2^{16} \pmod{5^2},$$

故に $\alpha = 1, \beta = 1, \gamma = 1, \gamma' = 16$ が 11 の標数系である．

第 9 節　ディオファンタス方程式

2.36. **ディオファンタス解析．** §2.8 において，a, b が互いに素ならば

$$ax + by = 1$$

が成立する整数 x, y の存在が証明された．

二個ないし数個の変数 $x, y, z, \ldots$ の間に成立する

$$ax - by = c, \quad x^2 + y^2 = z^2, \quad x^2 - Dy^2 = 1, \ \ldots$$

なるような整数 $x, y, z, \ldots$ を求める方法を論ずるものを**ディオファンタス解析**という．このような関係式を**ディオファンタス方程式**または**不定方程式**という．これはディオファンタス（紀元後 250 年頃）が初めてこのような方程式の有理数の解を論じたからである．整数解を論ずることはインドの数学者が最も古い．欧州にあってはバシェ

が初めて一次ディオファンタス方程式の整数解を論じた[*1].

2.37. 一次ディオファンタス方程式.　まず一次の場合

$$ax - by = c$$

から始める.

a, b が最大公約数 d を有すれば，c もまた d を約数としなければ，この方程式は成立しない．故に初めから a, b は互いに素であるとし，まず $ax - by = 1$ を解こう．

これは

$$ax \equiv 1 \pmod b$$

と書かれるから，フェルマーの定理

$$a^{\varphi(b)} \equiv 1 \pmod b$$

によれば

$$x_1 = a^{\varphi(b)-1}$$

が一つの解を与える．y の値は

$$y_1 = (a^{\varphi(b)} - 1)/b$$

とすればよろしい.

故に $x_0 = cx_1$, $y_0 = cy_1$ が　$ax - by = c$　の一つの解である.

一般の解を (x, y) とすれば

$$ax - by = c, \quad ax_0 - by_0 = c$$

より

$$a(x - x_0) = b(y - y_0).$$

a, b は互いに素であるから，$x - x_0$ は b の倍数である.

故に

$$x - x_0 = bt$$

とおけば

§2.36,*1　Diophantus, Arithmetica (Heath, Diophantus of Alexandria, 2 ed., 1910), Colebrooke, Algebra of Hindoos, 1817, p.112, 156, 325; Bachet, Problèmes plaisants et dilectables qui se font par les nombres, 1612.

$$y - y_0 = at.$$

従って一般の解は

$$x = x_0 + bt, \quad y = y_0 + at$$

である．ただし t は任意の整数とする．

以上において，$ax - by = 1$ の一つの解 (x, y) を求めるにあたり，$x_1 = a^{\varphi(b)-1}$ とすれば，形は簡単であるが，a, b が大なる場合には計算は困難である．故に実際上は，むしろユークリッドの互除法によるのが便利である．これを次に述べよう．

ユークリッド互除法（§2.10）において，a, b を互いに素とすれば

$$a = qb + r, \quad b = q_1 r + r_1, \quad r = q_2 r_1 + r_2, \quad \ldots$$

$$r_{k-2} = q_k r_{k-1} + r_k, \quad \ldots$$

$$r_{m-2} = q_m r_{m-1} + r_m, \quad r_m = 1$$

の形の関係式が得られる．これを逆の順序にかけば

$$1 = r_{m-2} - q_m r_{m-1},$$

$$r_{m-1} = r_{m-3} - q_{m-1} r_{m-2},$$

$$\cdots\cdots\cdots\cdots\cdots\cdots$$

$$r_1 = r_{-1} - q_1 r_0,$$

$$r_0 = r_{-2} - q_0 r_{-1}$$

となる．ただし $q_0 = q$, $r_0 = r$, $r_{-1} = b$, $r_{-2} = a$.

第一式より

$$1 = -(A_m r_{m-1} - B_m r_{m-2}), \quad A_m = q_m, \quad B_m = 1$$

を得る．これに第二式の r_{m-1} を代入すると

$$1 = A_{m-1} r_{m-2} - B_{m-1} r_{m-3}, \quad A_{m-1} = 1 + q_{m-1} q_m, \quad B_{m-1} = A_m$$

を得る．これより一般に

$$1 = (-1)^{m-k}(A_{k+1} r_k - B_{k+1} r_{k-1})$$

の形に達する．A_k, B_k を定めるため

$$r_k = -q_k r_{k-1} + r_{k-2}$$

を代入すると

$$1 = (-1)^{m-k+1}[r_{k-1}(B_{k+1} + q_k A_{k+1}) - r_{k-2}A_{k+1}]$$

となる．これは

$$= (-1)^{m-k+1}(A_k r_{k-1} - B_k r_{k-2})$$

となるはずであるから

$$A_k = B_{k+1} + q_k A_{k+1}, \quad B_k = A_{k+1},$$

従って

$$A_k = A_{k+2} + q_k A_{k+1}$$

なる関係式が成立しなければならない．$A_{m+1} = 1$ と仮定すれば，この関係式は $k = m-1, \ldots, 1, 0, -1$ に対して成立することが分かる．故に $k = -1$ として

$$1 = (-1)^{m+1}(A_0 b - A_1 a)$$

に達する．これより

$$ax - by = 1$$

の整数解の一組は

$$x_1 = (-1)^m A_1, \quad y_1 = (-1)^m A_0$$

であることが分かる．

A_0, A_1 の計算は，次のように行えば簡単である．

$$q_m,\ q_{m-1},\ q_{m-2},\ \ldots,\ q_2,\ q_1,\ q_0$$

を書き並べ，q_m, q_{m-1} の下に $A_{m+1} = 1, A_m = q_m$ をおく．q_{m-1} とその下の A_m との積を A_{m+1} の下におき，その和 A_{m-1} を q_{m-2} の下に書く．次に $q_{m-2}A_{m-1}$ の積を A_m の下においてその和 A_{m-1} を q_{m-2} の下に書く．このようにして進めば A_1, A_0 に達する．

これを表の形に表せば

q_m	q_{m-1}	q_{m-2}	$\cdots$	q_2	q_1	q_0	
A_{m+1}	A_m	A_{m-1}	$\cdots$	A_3	A_2	A_1	A_0
$q_{m-1}A_m$	$q_{m-2}A_{m-1}$	$\cdots$	$\cdots$	q_1A_2	a_0A_1		
A_{m-1}	A_{m-2}	$\cdots$	$\cdots$	A_1	A_0		

例題. $365x + 1887y = 11$ の整数解を求めよ.

まず $1887Y - 365X = 1$ を解く.

$$1887 = 365 \cdot 5 + 62,\ 365 = 62 \cdot 5 + 55,\ 62 = 55 \cdot 1 + 7,\ 55 = 7 \cdot 7 + 6,\ 7 = 6 \cdot 1 + 1$$

すなわち

$$q_0 = 5,\ q_1 = 5,\ q_2 = 1,\ q_3 = 7,\ q_4 = 1,\ m = 4,\ A_m = q_m = 1,\ A_{m+1} = 1.$$

よって

1	7	1	5	5		
1	1	8	9	53	274	$A_1 = 53,\ A_0 = 274$
7	8	45	265			
8	9	53	274			

故に

$$Y = (-1)^m A_1 = 53, \quad X = (-1)^m A_0 = 274,$$

従って $365x + 1887y = 11$ の一つの解は

$$x_0 = -11 \times 274 = -3014, \quad y_0 = 11 \times 53 = 583.$$

一般の解は

$$x = -3014 + 1887\,t, \quad y = 583 - 365\,t$$

である.

2.38. フェルマーの最後定理[*1]**.** 直角三角形の三辺の長さを x, y, z とすれば, $x^2 + y^2 = z^2$ が成立することは, ピタゴラスの定理として知られている. $(3,4,5)$ なる整数の一組が $x^2 + y^2 = z^2$ を満足することは, すでにエジプトにおいて知られ, これが直角を作ることに利用せられていた. インドにおいても古くから $(3,4,5)$ のほかに $x^2 + y^2 = z^2$ が成立する整数解が知られていた. この整数解のやや一般なる形はピタゴラスおよびプラトンによって示されたが, 完全なる解は初めてインド数学者の手によって与えられた.

数論の真の意味における開祖というべきフェルマーはディオファンタスの算術書 Arithmetica の欄外に

$n > 2$ ならば, n 乗数は二つの n 乗数の和に分かつことはできない. その証明を記

§2.38,*1 〔**編者注**：フェルマーの最後定理（フェルマーの最終定理）は, 1995 年 A. Wiles（と R. Taylor）によって証明された (Ann. of Math. (2) 141, 443–551; *ibid.* 553–572).〕

すにはこの欄外は狭過ぎる.

という有名な数語を書いた[*2]. 今日に至るまで証明されていないがこの定理（推定上の）を**フェルマーの最後定理**と名づける.

$n=4$ の場合はフレニクルが 1676 年に証明し, $n=3$ はオイラー, $n=5$ はルジャンドル, ディリクレ, $n=7$ はラメ, ルベッグが証明をなし遂げた. クンマーはこれを一般に証明しようとする努力から, 理想数 (ideale Zahlen) の概念に到達したが, 元来の目的は達せられなかった. しかし素数 p がベルヌーイ数

$$B_1,\ B_2,\ \ldots,\ B_k\ \left(k=\frac{p-3}{2}\right)$$

の分母に含まれない場合には, $x^p+y^p=z^p$ を満たす (x,y,z) がないことを証明した. 100 以下の素数で, このクンマーの条件に適合しないのは 37, 59, 67 のみである.

$p=37$ のとき, フェルマーの最後定理が成立することはミリマノフが証明した.

クンマーは別に, $x^p+y^p+z^p=0$ が p と互いに素なる解を有するための必要条件を与えたが, すこぶる複雑なものであった. 然るにウィーフェリッヒ[*3]がこのクンマーの条件を極めて簡単な

$$2^{p-1}\equiv 1 \pmod{p^2}$$

になおした. その証明をフロベニウスがさらに簡単にした[*4]. ついでミリマノフは[*5]

$$3^{p-1}\equiv 1 \pmod{p^2}$$

が必要条件なることを示した.

このウィーフェリッヒの条件は一時フェルマーの最後定理の解決を容易ならしめるだろうとの一縷の望みをかけさせた. 然るにマイスナー[*6]は

$$2^{p-1}\equiv 1 \pmod{p^2}$$

が $p=1093$ に対し成立することを公にした. 彼の計算によると, 2000 以下の素数の

---

*2 Fermat, Oeuvres 3, p.272.

*3 Wieferich, Journ. f. Math. 136, 1909.

*4 Frobenius, Journ. f. Math. 137, 1910 = Berliner Ber., 1909; Berliner Ber., 1910, 1914 参照.

*5 Mirimanoff, Comptes Rendus, 1910.

*6 W. Meissner, Berliner Ber., 1913.

うち，この合同方程式に適合するものは独り $p = 1093$ である．ついでビーガー[*7]は (2000–3700) の間の素数のうちで，$p = 3511$ のみが上の合同方程式に適合することを公にした．

これで見ると，フェルマーの最後定理の解決は前途なお遠い．しかし 3700 以下の素数に対しては，$p = 3511$ のときだけは成立不明であるが，そのほかの素数については

$$x^p + y^p = z^p$$

に適合し，p と互いに素なる整数は存在しないことが断言できる．これは $p = 1093$ についてはミリマノフの条件 $3^{p-1} \equiv 1 \pmod{p^2}$ が満足されないことが証明されるからである ($3^{p-1} \equiv 1 \pmod{p^2}$ は $p = 11$ で以て満足されることはヤコビがすでに認めている)．なお詳細はバッハマン (Bachmann)，Das Fermatproblem in seiner bisherigen Entwicklung, 1919 を参照されたい．

次には最も簡単な $n = 2, 4$ の場合のみを述べる．

2.39. ピタゴラスの方程式 $x^2 + y^2 = z^2$.　x, y, z の二つが公約数を有すれば，残りの数もこの約数を有しなければならない．故に初めから x, y, z はいずれの二つも公約数をもたないと仮定する．

奇数の平方は $\equiv 1 \pmod 4$．偶数の平方は $\equiv 0 \pmod 4$ である．故に x, y が双方ともに奇数ならば，$x^2 + y^2 \equiv 2 \pmod 4$ となるから $z^2 \equiv 0, 1 \pmod 4$ と両立しない．すなわち x, y は偶数と奇数でなければならない．仮に x を奇数，y を偶数とすれば，z は奇数である．

$y, z + x, z - x$ は偶数であるから

$$y = 2v, \quad z + x = 2u, \quad z - x = 2w$$

とおけば，$y^2 = z^2 - x^2 = (z + x)(z - x)$ より $v^2 = uw$ を得る．

u, w は公約数をもたない．何となれば u, w に公約数があれば，$u + w = z, u - w = x$ の公約数となりこれは仮定に反する．

u, w は公約数を有しないから，$v^2 = uw$ より

$$u = m^2, \quad w = n^2, \quad v = mn$$

[*7] Beeger, Messenger of Math. 51, 1921–22.

の形にならなければならない．よって

$$x = m^2 - n^2, \quad y = 2mn, \quad z = m^2 + n^2.$$

x, z は奇数であるから，m, n の一つは偶数，他は奇数である．故に次の定理を得る．

定理. $x^2 + y^2 = z^2$ において，(x, y, z) のいずれの二つも公約数をもたない整数解は $x = m^2 - n^2$, $y = 2mn$, $z = m^2 + n^2$ で尽される．ただし m, n の一つは奇数，他は偶数で任意の整数である．

$m + n = u$, $m - n = v$ とおけば，u, v は共に奇数であって

$$x = uv, \quad y = \frac{u^2 - v^2}{2}, \quad z = \frac{u^2 + v^2}{2}$$

の形におくことができる．

$x^2 - Dy^2 = \pm 1$, ± 4 の形の二次ディオファンタス方程式（いわゆるペル方程式）については，第4章，§4.17, §4.18 に論ずる．

2.40. 四次のフェルマー方程式 $x^4 + y^4 = z^4$.

フェルマーの最後の定理は果してフェルマーが証明し得たものか否か，全然不明である．フェルマーはこのほか，種々の定理を述べてはいるが，ほとんど全部，その証明を公にしていない．唯一つフェルマー自身の証明が残っているのは，$x^4 - y^4 = z^2$ が整数解を有しないという定理だけである．その方法は**無限逓下法** (method of infinite descent)[*1]と名づけられるもので，これは (x, y, z) なる整数解があれば，必ず $x_1 < x$, $y_1 < y$, $z_1 < z$ のいずれか一定の一つが満足されるような (x_1, y_1, z_1) もまた一つの解であることを証明し，順次簡単なものに導けば，最後に不合理を起すことによって，もとの方程式に整数解なきことを証明する方法である．

この無限逓下法を示す一例として，$x^4 + y^4 = z^4$ を論じよう．

今

$$x^4 + y^4 = z^4$$

が整数解をもつとすれば，もちろん

$$x^4 + y^4 = t^2$$

§2.40,*1　〔**編者注：無限降下法**などともいう．〕

も整数解を有する．後者の不成立が分かれば，前者の不成立は自ずから明らかである．

x, y, t はいずれの二つも公約数をもたないものと考えてよろしい．この場合には

$$x^2 = mn, \quad y^2 = \frac{m^2 - n^2}{2}, \quad t = \frac{m^2 + n^2}{2}, \quad (m,\ n \text{ は奇数})$$

とおかれる．m, n に公約数があれば x, y, t に公約数が存在することになる．これは仮定に反する．故に m, n は互いに素である．従って $x^2 = mn$ より

$$m = a^2, \quad n = b^2, \quad x = ab \quad (a,\ b \text{ は互いに素なる奇数}).$$

a, b は奇数であるから，$a + b = 2u$, $a - b = 2v$ とおける．従って

$$a = u + v, \quad b = u - v, \quad y^2 = \frac{m^2 - n^2}{2} = \frac{a^4 - b^4}{2} = 4uv(u^2 + v^2).$$

故に

$$\left(\frac{y}{2}\right)^2 = uv(u^2 + v^2).$$

然るに a, b は互いに素であるから，u, v も互いに素である．奇数 $ab = u^2 + v^2$ と $(a + b)/2 = u$ および $(a - b)/2 = v$ とは互いに素である．故に $uv(u^2 + v^2)$ が $y/2$ の平方数なることから，その因数の各々が平方数とならねばならない．すなわち

$$u = {x_1}^2, \quad v = {y_1}^2, \quad u^2 + v^2 = {t_1}^2$$

とすれば

$${x_1}^4 + {y_1}^4 = {t_1}^2.$$

これは与えられた方程式と同一の形である．然るに

$${t_1}^2 = u^2 + v^2 = \frac{a^2 + b^2}{2} = \frac{m + n}{2} < \frac{m^2 + n^2}{2} = t$$

なることは，$m = n = 1$ でないことから出てくる．

すなわち $x^4 + y^4 = t^2$ が一つの整数解 (x, y, t) を有すれば，$t_1 < t$ なる (x_1, y_1, t_1) もまた一つの解を与える．この方法を続けると，一つの不合理に達するであろう．何となれば，すべての整数解中，t の最小なるものがなければならない．然るに上の証明によれば，さらにそれより小なる解が存在することになるからである．よって $x^4 + y^4 = z^4$ の整数解は存在しない．

このフェルマーの方法は不幸にして一般の $x^n + y^n = z^n$ には適用されない．従ってフェルマーがこれを証明し得たものと仮定して，果していかなる方法によったか全然想像がつかない．

$x^3+y^3=z^3$ の不可能なることのオイラーの証明は，カーマイクル (Carmichael), Diophantine Analysis, pp.67–72 を参照されたい．

このディオファンタス解析は，未だ一般に通ずる方法が極めて少ない．故に現在では特殊の問題に対して特殊の方法をとるという状態を脱していない．すでに解かれた特殊のディアファンタス方程式については，ディクスン (Dickson), History of the Theory of Numbers, II, 1920 を参照するのが最も便利である．十九世紀以前に知られていたものはオイラーの代数学に尽されている．林，小野両氏訳オイレル不定解析 (大正三年) を参照されたい．

第10節　加法的数論

2.41. 加法的性質．以上論じてきた整数の性質は，主としてその約数に関係している．いかなる数を以て整除されるか，二数が果して第三の数に対して合同となるか否か等がそれである．このような性質を**乗法的性質**といってもよろしかろう．

これに対して**加法的性質**ともいうべきものがある．

例えば，偶数 8 は二つの素数の和として

$$8=1+7=3+5$$

と二様に表される．任意の偶数は果して素数の和として表されるか否か．もし可能ならば幾個の表し方があるか．

13 はこれを四個の平方数の和 $13=1^2+2^2+2^2+2^2$ として表される．然らば四個の平方数の和として表され得るものはいかなる数であろうか．

これらがすなわち加法的性質である．

乗法的性質を論ずる数論は大いに発達したが，加法的性質を論ずる数論は未だ発展の初期にある*1．

我々は次にその一二を論じ，唯それがいかなるものであるかの概念だけを与えるに

---

§2.41,*1 〔**編者注**：最近の発展を知るには，例えば，H.-D. Ebbinghaus, et al., Zahlen, Springer, 1988. 邦訳：H.D. エビングハウス他著，数（下），シュプリンガーフェアラーク東京，1991, 2004, 第 7〜10 章をみよ．〕

止める.

2.42. 二つの平方数の和.

定理. $p \equiv 1 \pmod 4$ **なる素数** p **は二つの平方数の和として表される.** $p \equiv 3 \pmod 4$ **ならば, それは不可能である.**

偶数の平方は $\equiv 0 \pmod 4$, 奇数の平方は $\equiv 1 \pmod 4$ であるから, 二平方数の和は $\equiv 0,\ 1,\ 2 \pmod 4$ のいずれかでなければならない. 従って奇数の素数 p が $x^2 + y^2$ の形になる場合は $p \equiv 1 \pmod 4$ のほかにない.

今 $p \equiv 1 \pmod 4$ とすれば $\left(\dfrac{-1}{p}\right) = (-1)^{\frac{p-1}{2}} = 1$ であるから

$$-1 \equiv x^2 \pmod p$$

に適合する x が存在する. 従って

$$x^2 + y^2 \equiv 0 \pmod p$$

に適合する (x, y) が存在する ($y = 1$ とすればよろしい).

これより

$$x^2 + y^2 = pm$$

が成立する. ここに $m < p$ と仮定してよろしい. 何となれば

$$\begin{aligned}(x - p\xi)^2 + (y - p\eta)^2 &= x^2 + y^2 + p(p\xi^2 + p\eta^2 - 2x\xi - 2y\eta)\\ &= p\left\{m + p\xi^2 + p\eta^2 - 2x\xi - 2y\eta\right\} = pm'\end{aligned}$$

であって, ξ, η は $|x - p\xi| < \dfrac{p}{2}$, $|y - p\eta| < \dfrac{p}{2}$ なるように定められるから, 左辺は $2 \cdot \dfrac{p^2}{4} = \dfrac{p^2}{2}$ より小であり, 従って $m' < \dfrac{p}{2}$ となる. 故に初めから

$$x^2 + y^2 = pm, \quad m < p$$

としておく.

この関係が満たされるような m の最小値は必ず 1 でなければならない. 何となれば, $m > 1$ とすれば

$$(x - mx_1)^2 + (y - my_1)^2 = mm_1$$

となり, x_1, y_1 を

$$|x - mx_1| < \frac{m}{2},\ |y - my_1| < \frac{m}{2}$$

なるように定めれば $m_1 < m$ となる．故に $x' = x - mx_1$, $y' = y - my_1$ とすれば

$$x'^2 + y'^2 = mm_1 \quad (m_1 < m).$$

然るに

$$(x^2 + y^2)(x'^2 + y'^2) = (xx' + yy')^2 + (xy' - x'y)^2$$

なる関係式により，左辺は pm^2m_1 となり，右辺は

$$\begin{aligned}
&(x(x - mx_1) + y(y - my_1))^2 + (x(y - my_1) - y(x - mx_1))^2 \\
&= (x^2 + y^2 - mxx_1 - myy_1)^2 + (mx_1y - mxy_1)^2 \\
&= m^2\left\{(p - xx_1 - yy_1)^2 + (x_1y - xy_1)^2\right\}
\end{aligned}$$

となるから，

$$(p - xx_1 - yy_1)^2 + (x_1y - xy_1)^2 = pm_1 \quad (m_1 < m).$$

これは $X^2 + Y^2 = pm'$ が m より小なる m' に対して成立しないという仮定に矛盾する．よって

$$x^2 + y^2 = p$$

は必ず成立する．

$(a^2 + b^2)(c^2 + d^2)$ はまた二つの平方の和なること，および $2 = 1^2 + 1^2$ なることより，直ちに次の定理が得られる．

定理. **$n = k^2 \cdot m$ という形の整数において，m の素因数が 2 または $p \equiv 1 \pmod 4$ の形の奇数の素数のみよりなるときは，n は二つの平方の和として表される．**

2.43. 四個の平方の和.

定理. **すべての正整数は四個の平方数の和として表される**（ただし平方和のあるものは零を許すものとする）．

これはフェルマーの述べた定理であるが，証明はラグランジュが初めて与えた[*1]．

---

§2.43,*1 Lagrange, Mém. de l'acad. de Berlin, 1770, Oeuvres 3, p.189. Euler は Lagrange の証明を Acta Petrop. 1, 2, (1772) 1775 で簡単にした．Legendre, Théorie des nombres; Bachmann, Arithmetik der quadratischen Formen 1 にあるのはそれである．Jacobi の証明は竹内博士，函数論 2, p.594 参照．

四個の平方和に関しては

$$({a_1}^2+{a_2}^2+{a_3}^2+{a_4}^2)({b_1}^2+{b_2}^2+{b_3}^2+{b_4}^2)={c_1}^2+{c_2}^2+{c_3}^2+{c_4}^2,$$

$$c_1=a_1b_1+a_2b_2+a_3b_3+a_4b_4$$

$$c_2=a_1b_2-a_2b_1+a_3b_4-a_4b_3$$

$$c_3=a_1b_3-a_2b_4-a_3b_1+a_4b_2$$

$$c_4=a_1b_4+a_2b_3-a_3b_2-a_4b_1$$

が成立する．これと

$$2=1^2+1^2+0^2+0^2$$

より，奇数の素数 p が四個の平方数の和として表されることさえ証明されれば，一般の場合の証明はすむ．

我々はまずラグランジュの補助定理から始めよう．

補助定理． A, B が素数 p の倍数でなければ

$$x^2-Ay^2-B\equiv 0 \pmod p$$

を満足する (x,y) は必ず存在する．

$A=B=-1$ の場合はオイラーが証明したのである．この定理の証明は種々あるが，ボルツァーノの証明[*2]が最も簡単である．

x^2 $(x=0, 1, 2, \dots, p-1)$ の法 p に対して合同ならざる剰余は $\dfrac{p+1}{2}$ 個ある．同様に Ay^2+B $(y=0, 1, 2, \dots, p-1)$ の法 p に対して合同ならざる剰余もまた $\dfrac{p+1}{2}$ 個ある．この双方に共通のものがなければ，法 p に対して合同ならざる剰余が $p+1$ 個あることになり，これは矛盾である．故に x^2 と Ay^2+B とは x, y のある適当な値に対し，法 p に対して合同でなければならない．これで補助定理の証明が終わった．

この補助定理において，$A=B=-1$ とすれば

$$x^2+y^2+1\equiv 0 \pmod p \tag{1}$$

---

*2　Bolzano の遺稿より von Sterneck が公にした．Monatshefte f. Math. u. Phys. 15, 1904.

に適合する (x,y) の存在が分かる．従って

$$x^2+y^2+z^2+u^2 \equiv 0 \pmod p \tag{2}$$

に適合する (x,y,z,u) の存在も分かる．(1) の解の一つを (x,y) とすれば $(x,y,1,0)$ が (2) の解となるからである．

我々は二平方数の和の場合と平行に進むことができる．

(2) の一つの解を (x_0,y_0,z_0,u_0) とすれば

$$x_0{}^2+y_0{}^2+z_0{}^2+u_0{}^2=pP_0$$

の形におかれる．P_0 は p より小としてよろしい．

何となれば，$(x_0-\xi p, y_0-\eta p, z_0-\zeta p, u_0-\rho p)$ もまた (2) の解であって，その平方の和を pP' とおけば，ξ, η, ζ, ρ を適当に定めると $(x_0-\xi p)^2$, $(y_0-\eta p)^2$, $(z_0-\zeta p)^2$, $(u_0-\rho p)^2<\left(\dfrac{p}{2}\right)^2$ が成立つようにできる．故に $pP'<4\left(\dfrac{p}{2}\right)^2=p^2$, 従って $P'<p$. 故に初めから $P_0<p$ としておいても差支えがない．

$P_0=1$ ならば，(x_0,y_0,z_0,u_0) は

$$p=x^2+y^2+z^2+u^2 \tag{3}$$

の解である．

$P_0>1$ ならば，(2) の第二の解 (x_1,y_1,z_1,u_1) を定めて

$$x_1{}^2+y_1{}^2+z_1{}^2+u_1{}^2=pP_1, \quad P_1<P_0$$

ならしめることができれば，遂には (3) の解に達する．

これを証明するため

$$x'=x_0-P_0\xi, \quad y'=y_0-P_0\eta, \quad z'=z_0-P_0\zeta, \quad u'=u_0-P_0\rho$$

とおけば

$$x'^2+y'^2+z'^2+u'^2=P_0Q$$

の形になる．前と同様にして (ξ,η,ζ,ρ) を適当にとれば x'^2, y'^2, z'^2, u'^2 の各々を $\left(\dfrac{P_0}{2}\right)^2$ より小ならしめられる．従って

$$P_0Q<P_0{}^2, \quad Q<P_0$$

ならしめられる．この (x_0,y_0,z_0,u_0) と (x',y',z',u') より

$$\left({x_0}^2+{y_0}^2+{z_0}^2+{u_0}^2\right)\left(x'^2+y'^2+z'^2+u'^2\right)={x_1}^2+{y_1}^2+{z_1}^2+{u_1}^2$$

とすれば，左辺は $p{P_0}^2Q$ となる．右辺の x_1, y_1, z_1, u_1 は

$$\begin{aligned}x_1 &= x_0x'+y_0y'+z_0z'+u_0u'\\&= {x_0}^2+{y_0}^2+{z_0}^2+{u_0}^2-P_0(x_0\xi+y_0\eta+z_0\zeta+u_0\rho)\\&= P_0(p-x_0\xi-y_0\eta-z_0\zeta-u_0\rho),\\y_1 &= x_0y'-y_0x'+z_0u'-u_0z'\\&= x_0(y_0-P_0\eta)-y_0(x_0-P_0\xi)+z_0(u_0-P_0\rho)-u_0(z_0-P_0\zeta)\\&= P_0(y_0\xi-x_0\eta+u_0\zeta-y_0\rho).\end{aligned}$$

z_1, u_1 も同様に求められる．すなわち x_1, y_1, z_1, u_1 はすべて約数 P_0 をもつ．この約数を除いたものを x, y, z, u とすれば

$$x^2+y^2+z^2+u^2=pP_1$$

となり，$P_1=Q<P_0$ である．

これで定理は完全に証明された．

三平方数の和の問題にはガウスが次の定理を与えた[*3]．

定理． $n\equiv 0 \pmod 4$ または $n\equiv 7 \pmod 8$ を満たさない n は，三つの平方数の和で表される．

2.44. ウェアリングの問題．

平方数の代わりに n 乗数としたらどうか．これに対しては次の定理が成立する．

定理．任意の正整数 N は常に

$$N={x_1}^n+{x_2}^n+\cdots+{x_\nu}^n \quad (x_i \text{ は正の整数または } 0)$$

の形に表される．ν は n のみに関係して定まる有限数で N には全く無関係である．

これはウェアリングがその著 Meditationes Algebraicae (1770) において述べたもので，その推測を初めて証明したのはヒルベルト[*1]である．これは解析的数論の領域

---

*3　Gauss, Diquis. Arith. §291, Werke 1, p.343.
§2.44,*1　Hilbert, Göttinger Nachr., 1909=Math. Ann. 67, 1909.

に属するから，ここにはその証明を述べられない．

n に対する ν の正確な値が分かっているのは

$$n = 2, \quad \nu = 4;$$

$$n = 3, \quad \nu = 9$$

のみである．前者は上にあげたラグランジュの定理である．後者はウィーフェリッヒ[*2]が証明した．$n \geqq 4$ の場合には未だ ν の正確な値は分からない．

2.45. 数論の発展． 数論の発展の歴史は Gauss の Disquisitiones Arithmeticae, 1891 (Werke I; 独訳は Maser, Gauss' Untersuchungen über höhere Arithmetik, 1889) の出現を以て前後二期に画せられる．Gauss 以前の数論は個々独立した問題の研究に過ぎなかったが，この書によって初めて組織ある一体系となった．

Gauss は数論を以て数学の女王と唱え，多方面の研究中，特に重きを数論においた．この画期的な書も当時は難解であったため，これに近づく学者は少なかった．Dirichlet は Gauss のなせる多くの部分を平易にし，これを一般に普及せしめるに与って力があった．彼はまた解析の思想を数論に導入して解析的数論の基を拓き，数論の領域を拡張した．

Gauss 以前にあって，数論の発展をうながした第一人者は Fermat である．彼はギリシャの Diophantus の Arithmetica（Heath, Diophantus of Alexandria, 2 ed., 1910 参照）を研究して多くの新事実を発見し，これをこの書の欄外に附記し，証明を残すことをしなかった．Fermat の残した定理に証明を与え，かつこれを拡張継続したのは Euler, Lagrange, Legendre である．この十八世紀末の数論の内容はことごとく Legendre, Essai sur la théorie des nombres, 1798 に収められている．これを Gauss の Disquisitiones Arithmeticae と比較すれば，いかにこの間に大飛躍があったかということが明らかになるであろう．

Gauss は平方剰余に関する反転法則を証明した後，さらに四次剰余に研究に入り，ここに複素数を数論に導入する考えに到達した．かくして有理数体の数論が一躍して複素数体における数論にまで拡張された．この方向の発展は遂に Kummer, Dedekind,

---

[*2] Wieferich, Math. Ann. 66, 1909.

Kronecker の一般の代数的数体の数論を生むに至った．これは本書第 2 巻に論ぜられるであろう．

Dirichlet が創めた解析的数論は数学解析によって数論の問題を論ずるものであって，最近 Landau, Hardy, Littlewood 等によって長足の発展をなしつつある．これは本書の範囲外に属する分科である[*1]．

さらに数の幾何学の名の下に，Minkowski が幾何学の思想によって数論の問題を論ずることを創めた．これもすこぶる興味あるものであるが，本書に収めることができないのを遺憾とする[*2]．

§2.45, *1　Dirichlet, Vorlesungen über Zahlentheorie, Anhang; Landau, Handbuch der Lehre von der Verteilung der Primzahlen 1, 2, 1909; Vorlesungen über Zahlentheorie 1–3, 1927 参照.

*2　Minkowski, Geometrie der Zahlen, 1910; Diophantische Approximationen, 1907.

第2章　演習問題

1. 親和数． $P = 2^n a$, $Q = 2^n bc$ とし, $a = 3^2 \cdot 2^{2n-1} - 1$, $b = 3 \cdot 2^{n-1} - 1$, $c = 3 \cdot 2^n - 1$ が素数ならば，P の約数の和は Q に等しく，Q の約数の和は P に等しいことを証明せよ．

注意． このような性質をもつ二数を親和数[*1]と名づける．これはギリシャにおいてすでに知られていたが，上の事実はアラビアの Tabit ben Korrah が初めて述べた．例えば

n	a	b	c	P	Q
2	71	5	11	284	220
4	1151	23	47	18416	17296
7	73727	191	383	9437056	9363584

2. 七除および十三除の法則． 整数 N を十進法により表したものを $a_n a_{n-1} \cdots a_2 a_1$ とすれば

$$a_3 a_2 a_1 - a_6 a_5 a_4 + a_9 a_8 a_7 - \cdots$$

が 7 または 13 によって整除されるときは，N はそれぞれ 7 または 13 によって整除される．

3. 整数 N を十進法によって表したのを $N = abc$ とする．N が 27 の倍数ならば，bca, cab もまた 27 の倍数である．

4. Fermat の数． $a^k + 1$ が素数なるためには，a が偶数，k が 2 の乗冪なるを要することを証明せよ．

（k が奇数ならば $x^k + 1$ は $x + 1$ で整除されることに注意せよ．）

注意． $2^{2^k} + 1$ の形の数を Fermat の数という．彼はこれらの数がすべて素数であると信じていたが，Euler は初めて $k = 5$ の場合

$$2^{2^k} + 1 = 641 \times 6700417$$

なることを示してその誤りを正した．

$k = 1, 2, 3, 4$ ならば素数，$k = 5, 6, 7, 8, 9, 11, 12, 18, 23, 36, 38, 73$ ならば素数でない．(Kraïtchik, Théorie des nombres, 1923 参照．Cunningham, Proc. London Math. Soc. (2) 1, 1903–4 に文献がある．)

5. Mersenne の数． $a^k - 1$ が素数なるためには，$a = 2$ にして，k が素数なるを要することを証明せよ．

[*1] 〔**編者注：友愛数**ともいう．〕

注意.　2^p-1 の形の数を Mersenne の数という．これは完全数（§2.9, 例題 4）に関連して生じた数である．この Mersenne 数は必ずしも素数ではない．

p が 1, 2, 3, 5, 7, 13, 17, 19, 31, 61, 89, 107, 127 ならば素数である．（Kraïtchik の書および Lehmer, Bull. American Math. Soc. 32, 1926 参照.）

オイラー判定条件（§2.19）および §2.21 の結果を用いれば，$p \equiv -1 \pmod 4$ であり，かつ p, $2p+1$ ともに素数ならば，2^p-1 は $2p+1$ によって整除される（Euler）．例えば，$2^{11}-1$, $2^{23}-1$ 等は素数でないことが分かる．

6.　$10^{6n+2}+10^{3n+1}+1$ および $10^{6n+4}+10^{3n+2}+1$ はいずれも 111 にて整除される．

7.　$10^{3^n}-1$ は 3^{n+2} によって整除される．すなわち 1 を 3^n 個並べた数は 3^n の倍数である．

（数学的帰納法を用いよ.）

8.　$5^{2^n}-1$ は 2^{n+2} で整除され，2^{n+3} では整除されないことを証明せよ．

（数学的帰納法を用いよ.）

9.　p を素数とすれば

$$\binom{p}{k} = \frac{p(p-1)\cdots(p-k+1)}{1\cdot 2\cdots k} \equiv 0, \quad \binom{p-1}{k} \equiv (-1)^k,$$
$$\binom{p-2}{k} \equiv (-1)^k(k+1), \quad \binom{p-3}{k} \equiv (-1)^k\frac{(k+1)(k+2)}{2} \qquad (\mathrm{mod}\ p)$$

なることを証明せよ．

10.　100 より小なる数の平方数の一位と十位との数字が相等しいものを求めよ．

（12, 38, 62, 88 および 10, 20, ..., 90）

11.　四桁を超えない整数 N を 9 倍すれば，数字の順が逆になる数を求めよ．（$N=1089$.）桁数を制限せずに論ぜよ．(Burg, Berliner Math. Ges., 1916 (Archiv d. Math. (3) 25, 1917))．

（1089 1089, 1099 $\cdots$ 989 の如きはそれである.）

12.　整数 N とその平方が一位および十位の数字を同じくするような N を定めよ．

($N \equiv 0, 1, 25, 76 \pmod{100}$)．

一位，十位，百位の三数字が N, N^2 において一致するものを求む．

($N \equiv 0, 1, 376, 625 \pmod{10^3}$)．

13.　3 より大なる三個の素数の平方の和は素数となり得ない．

（$p>3$ ならば $p^2 \equiv 1 \pmod 3$ なることに注意せよ.）

14. $f(x)=a_0x^n+a_1x^{n-1}+\cdots+a_n$ は x が任意の整数の値をとるとき，常に素数を表すことは不可能である．(Euler.)　　$(f(n)=N$ とおけば $f(n+kN)\equiv 0 \pmod N)$.

15. a, b, c を隣る三つの整数とすれば，$(a+b+c)^3-3(a^3+b^3+c^3)$ は 108 の倍数である．

16. a, b が互いに素ならば

$$\left[\frac{a}{b}\right]+\left[\frac{2a}{b}\right]+\left[\frac{3a}{b}\right]+\cdots+\left[\frac{(b-1)a}{b}\right]=\left[\frac{b}{a}\right]+\left[\frac{2b}{a}\right]+\cdots+\left[\frac{(a-1)b}{a}\right]$$
$$=\frac{(a-1)(b-1)}{2}$$

なることを証明せよ．

$\left(\left[\frac{ka}{b}\right]+\left[\frac{(b-k)a}{b}\right]=a-1\right.$ を利用せよ．またこれを幾何学的に考えよ.$\Big)$

17. m, n が互いに素ならば，$(m+n-1)!$ は $m!n!$ によって整除される．(Catalan, Nouv. Annales (2) 13, 1874.)

18. $(a+b+c+\cdots)!$ は $a!b!c!\cdots$ によって整除される．

19. $(nm)!$ は $(m!)^n$ によって整除されるのみならず，$n!(m!)^n$ にても整除される．(Polignac, Comptes Rendus 96, 1883, Bull. Soc. math. France 32, 1904.)

$\left(\binom{nm}{m}=n\binom{nm-1}{m-1}\right.$ に注意せよ.$\Big)$

20. $(2m)!(2n)!$ は $(m+n)!m!n!$ にて整除される．(Bachmann, Zeits. f. Math. u. Phys. 20, 1875.)　$\left(\left[\frac{2m}{k}\right]+\left[\frac{2n}{k}\right]\geqq\left[\frac{m}{k}\right]+\left[\frac{n}{k}\right]+\left[\frac{m+n}{k}\right]\right.$ なることを利用せよ.$\Big)$

これを一般にすれば

$$(km_1)!(km_2)!\cdots(km_k)! \text{ は } m_1!m_2!\cdots m_k!(m_1+m_2+\cdots+m_k)!$$

によって整除される．(Bourguet, Nouv. Annales (2) 14, 1875.)

21. p が素数なるとき $(m_1+m_2+\cdots+m_k)^p\equiv {m_1}^p+{m_2}^p+\cdots+{m_k}^p \pmod p$ を証明せよ．$m_1=m_2=\cdots=m_k=1$ とおけばこれより Fermat の定理が出る．(Leibniz, Euler の証明.)　　(§6.6 の多項定理を用いよ.)

22. $1+2^n+4^n\equiv 0 \pmod 7$ に適合する n を求む．

$(n\not\equiv 0 \pmod 3)$ ならばよろしい.)

23. x^4+4 は $x\neq 1$ の場合には素数を表さない．

24. m が 3 の倍数ならざる奇数ならば，$4^{2m}-2^{2m}+1$ は素数ではないことを証明せよ．

25. $\dfrac{x^5}{5}+\dfrac{x^4}{2}+\dfrac{x^3}{3}-\dfrac{x}{30}$ は x が整数ならば常に整数を表す．

26. $2^{4m}\equiv 16+240(m-1) \pmod{6!}$ を証明せよ．

27. p を素数とし，$mx\equiv 1 \pmod{p}$ に適合する x を $\dfrac{1}{m}$ によって表せば

$$\frac{2^p-2}{p}\equiv 1-\frac{1}{2}+\frac{1}{3}-\frac{1}{4}+\cdots-\frac{1}{p-1} \pmod{p},$$

$$\frac{2^{p-1}-1}{p}\equiv 1+\frac{1}{3}+\frac{1}{5}+\frac{1}{7}+\cdots+\frac{1}{p-2} \pmod{p}$$

なることを証明せよ．(Eisenstein, Berliner Monatsber., 1850.)　($(1+1)^p$ を展開せよ．)

28. p を素数とすれば，m が $p-1$ の倍数なるか，否かに従い

$$1^m+2^m+3^m+\cdots+(p-1)^m\equiv -1 \text{ または } 0 \pmod{p}$$

なることを証明せよ．(Eisenstein, Journ. f. Math. 27, 28, 1844.)

(p の原始根の存在を利用せよ．)

より一般に，$S_m(x_1,x_2,\dots,x_{p-1})$ を $x_1,\ x_2,\ \dots,\ x_{p-1}$ の m 次の対称同次有理整関数 (§6.27, §6.28) とすれば，m が $p-1$ の倍数でなければ

$$S_m(1,2,3,\dots,p-1)\equiv 0 \pmod{p}$$

である．(Hensel, Archiv d. Math. (3) 1, 1901.)

29. $(x-1)(x-2)(x-3)\cdots(x-p+1)=x^{p-1}-A_1x^{p-2}+A_2x^{p-3}-\cdots+A_{p-1}$ とすれば

$$A_1,\ A_2,\ \dots,\ A_{p-2}\equiv 0 \pmod{p}$$

を証明せよ．(Lagrange, Nouv. Mém. l'acad. Berlin, 1773, Oeuvres 3, p.425.)

(問題 28 によれ．)

30. $A_{p-2}\equiv 0 \pmod{p^2}$ を証明せよ．(Wolstenholme, Quarterly J. 5, 1862.)

(問題 29 の関係式において $x=p$ とおいて考えよ．)

31. 前問を利用して

$$(2p)!-2(p!)^2\equiv 0 \pmod{p^5} \quad \text{および} \quad \binom{2p-1}{p}\equiv 1 \pmod{p^3}$$

を証明せよ．

32. $f(x)=a_0x^n+a_1x^{n-1}+\cdots+a_n$ とおくとき，$f(0)$, $f(1)$ が奇数ならば $f(x)=0$ は整数解をもたない．$f(0)$, $f(-1)$, $f(1)$ が 3 の倍数でなければ，$f(x)=0$ は整数解をもたない．(Lucas, Théorie des nombres, p.49.)

33.　N より小にして N と互いに素なる正整数の和は $\frac{1}{2}N\varphi(N)$ に等しいことを証明せよ. (Crelle, Journ. f. Math. 29, 1845.)（N と互いに素なる数を $a_1, a_2, \ldots, a_\nu$, $(\nu = \varphi(N))$ とすれば，全体としては $N - a_1, N - a_2, \ldots, N - a_\nu$ と等しいことに注意せよ.）

34.　**Wilson 定理の逆.**　$(n-1)! + 1 \equiv 0 \pmod n$ が成立すれば，n は素数なることを証明せよ.（Lagrange.）

35.　n が素数なるか，4 なるかの二つの場合を除けば，$(n-1)!$ は常に n で整除される.

36.　**Wilson 定理の拡張.**　N より小にして, N と互いに素なる数を $a_1, a_2, \ldots, a_\nu$ $(\nu = \varphi(N))$ とすれば, N が p^α, $2p^\alpha$, 4 の形なるか, 否かに従い, $a_1a_2\cdots a_\nu \equiv -1, +1 \pmod N$ である.（Gauss, Disquistiones Arith. §78.）

（§2.13 の方法を用いて，$x^2 \equiv 1 \pmod N$ の解の数に対して §2.28 の結果を利用せよ.）

37.　$[x+1] = [x]+1$, $[-x] = -[x]-1$, $\left[-x+\frac{1}{2}\right] = -\left[x+\frac{1}{2}\right]$, $[x]+[k-x] = k-1$ を証明せよ.

38.　$R(x) = x - \left[x+\frac{1}{2}\right]$ とすれば，$R(x+1) = R(x)$, $R(-x)+R(x) = 0$ および

$$\operatorname{sgn} R(x) = (-1)^{[2x]};\ k \text{ が奇数ならば }\ \operatorname{sgn} R(x) = (-1)^{[k-2x]}$$

を証明せよ．ただし $\operatorname{sgn}\alpha$ は α が正なるか，負なるかに従い，$+1$, -1 を表すものとする.（$x - [x] < \frac{1}{2}$ または $\geqq \frac{1}{2}$ なるかに従い，すなわち $[2x]-2[x] = 0$ または 1 なるかに従い，$R(x) > 0$ または < 0 なることに注意せよ.）

39.　p, q を奇数とし，$\frac{p-1}{2} = P$, $\frac{q-1}{2} = Q$ とおけば

$$\operatorname{sgn}\prod_{h=1}^{P} R\left(\frac{hq}{p}\right) = (-1)^{\mu(q,p)}$$

なることを証明せよ．ただし $\mu(q,p)$ はガウスの補助定理（§2.20）における記号である.

40.　$\operatorname{sgn}\prod_{h=1}^{P} R\left(\frac{hq}{p}\right) = (-1)^{\sum_{h=1}^{P}\left[\frac{hq}{p}\right]}$ を証明せよ.　　　　（問題 39 による.）

41.　$\sum_{h=1}^{P}\left[\frac{hq}{p}\right] + \sum_{k=1}^{Q}\left[\frac{kp}{q}\right] = P\cdot Q = \frac{p-1}{2}\cdot\frac{q-1}{2}$ を証明せよ.　(Dirichlet, Vorlesungen §44.)　またこれを (§2.24) の幾何学的な見地より証明せよ.

問題 40, 41 より反転法則が証明される．これは Eisenstein の方法である.

42.　$997x \equiv 113 \pmod{720}$ を解け.　　　　$(x \equiv 29 \pmod{720})$

43.　$x \equiv 4 \pmod{16}$,　$x \equiv 1 \pmod 9$,　$x \equiv 27 \pmod{73}$ を解け.

$(x \equiv 100 \pmod{9 \cdot 16 \cdot 73})$

44. $2x - 3y - 5z \equiv 7,\ 3x - 6y - 8z \equiv 11,\ 8x + y + 2z \equiv 2 \pmod{101}$ を解け．

$(x \equiv 52,\ y \equiv 42,\ z \equiv 75 \pmod{101})$

45. $3x + 5y + z \equiv 4,\ 2x + 3y + 2z \equiv 7,\ 5x + y + 3z \equiv 6 \pmod{12}$ を解け．

$(x \equiv 11, 2, 5, 8;\ y \equiv 11, 11, 11, 11;\ z \equiv 0, 3, 6, 9 \pmod{12})$

46. $p = 7$ の原始根を求め，かつ標数表を作れ．

（原始根は 2, 3, 5.

2 を底とする標数表は：　0, 1, 5, 2, 4, 3.

3 を底とする標数表は：　0, 2, 1, 4, 5, 3.）

47. $p = 13$ の最小原始根を求め，それを底とする標数表を作れ．

（13 の最小原始根 2, これを底とする標数表は 0, 1, 4, 2, 9, 5, 11, 3, 8, 10, 7, 6）

48. $625x - 38y = 13$ の最小なる正整数解を求む．　$(x = 3,\ y = 49)$

49. 法 60 に対する 19, 37 の標数系を求む．

第2章 諸定理

1. Möbius の関数. $n=1$ のとき $\mu(n)=1$, n に平方の約数あるときは $\mu(n)=0$, n が互いに異なる k 個の素因数よりなるときは $\mu(n)=(-1)^k$ と定義される $\mu(n)$ を Möbius の関数と名づける．(Journ. f. Math. 10, 1831.) n のすべての約数 d に対してとった総和は

$$n>1 \text{ ならば}, \quad \sum_{d|n}\mu(d)=0, \qquad n=1 \text{ ならば} \quad =1$$

である．ただし記号 $\sum_{d|n}$ は n のあらゆる約数 d についてとった総和を表す.

2. Dedekind の反転公式. 正整数 n に対し $f(n)$ は常に整数となるものとする.

$$\sum_{d|n} f(d)=F(n)$$

ならば

$$f(n)=\sum_{d|n}\mu(d)F\left(\frac{n}{d}\right)$$

が成立する.

特別に $f(n)=\varphi(n)$ とすれば，$\sum\varphi(d)=n$ であるから

$$\varphi(n)=n\sum d\mu(d)$$

が得られる． (Dedekind, Journ. f. Math. 54, 1857; Landau, Verteilung der Primzahlen, 2, §152 参照.)

3. Fermat 定理の逆. n と互いに素なるすべての a に対し，$a^{n-1}\equiv 1 \pmod n$ が成立しても，n は必ずしも素数ではない．$n=5\cdot 13\cdot 17$ はこの条件を満足する．(Carmichael, American Math. Monthly 19, 1912.)

4. Fermat 定理の拡張. 1. の記号を用い

$$\sum_{d|n} F(d)\equiv 0 \pmod n$$

ならば

$$\sum_{d|n} F(d)a^{\frac{n}{d}}\equiv 0 \pmod n$$

は n と互いに素なる a に対して成立する．(Gegenbauer, Monatshefte f. Math. u. Phys. 11, 1900; Axer, ibid. 22, 1911.)

Euler 関数 $\varphi(n)$, Möbius 関数 $\mu(n)$ は $\sum\varphi(d)=n$, $\sum\mu(d)=0$ を満たすから

$$\sum_{d|n} \varphi(d) a^{\frac{n}{d}} \equiv 0 \pmod{n},$$

$$\sum_{d|n} \mu(d) a^{\frac{n}{d}} \equiv 0 \pmod{n}$$

が成立する．（前者は MacMahon, Proc. London Math. Soc. 23, 1891–2, 後者は Serret, Nouv. Annales (1) 14, 1855; Dickson, Annals of Math. (2) 1, 1899–1900.）

n が素数ならば，いずれも Fermat 定理となる．

5. $f(x) \equiv 0 \pmod{p}$ **の根の数.**

$$f(x) = a_0 x^{p-2} + a_1 x^{p-3} + \cdots + a_{p-2} \equiv 0 \pmod{p}$$

($a_{p-2} \not\equiv 0 \pmod{p}$) の互いに合同ならざる根の数が k に等しいための必要にして充分なる条件は，行列式（第7章）

$$D = |a_{i+k}|, \qquad (i, k = 0, 1, \ldots, p-2)$$

（ただし $i \equiv k \pmod{p-1}$ ならば $a_i \equiv a_k \pmod{p}$ とする）の $p-1-k$ 次の小行列式のうち，$\not\equiv 0 \pmod{p}$ なるものが少なくとも一つあり，$p-1-k$ より高い次数の小行列式はすべて $\equiv 0 \pmod{p}$ なることである．（Kronecker–Koenig の定理．証明は Koenig, Rados, Journ. f. Math. 99, 1886; より簡単なものは Gegenbauer, Wiener Ber. 95, 1887; Kronecker, Zahlentheorie, 1901, pp.390–415.）

---

6. **Bernoulli の数.**

$$1 - \frac{x}{2} \cot \frac{x}{2} = B_1 \frac{x^2}{2!} + B_2 \frac{x^4}{4!} + B_3 \frac{x^6}{6!} + \cdots$$

または

$$x \operatorname{cosec} x = 1 + 2(2-1) B_1 \frac{x^2}{2!} + 2(2^3-1) B_2 \frac{x^4}{4!} + 2(2^5-1) B_3 \frac{x^6}{6!} + \cdots$$

の係数に出てくる数 B_n を第 n Bernoulli 数と名づける．

$2(2^{2n}-1)B_n$ は整数であって

$$(-1)^n B_n = G_n + \frac{1}{2} + \frac{1}{\alpha} + \frac{1}{\beta} + \cdots + \frac{1}{\lambda}$$

の形に表せる．$\alpha, \beta, \gamma, \ldots, \lambda$ は奇数の素数とし，G_n を正または負の整数とする．$\alpha - 1$, $\beta - 1, \ldots, \lambda - 1$ はすべて $2n$ の約数である．

これを von Staudt–Clausen の定理という．（von Staudt, Journ. f. Math. 21, 1840; Clausen, Astron. Nachr. 17, 1840; 証明は Bachmann, Niedere Zahlentheorie II, p.43, または Nielsen, Traité élémentaire des nombres de Bernoulli, 1923, p.245 参照.）

なお $nB_{n+\mu} \equiv (-1)^{\mu}(n+\mu)B_n \pmod{p}$, $\mu = \dfrac{p-1}{2}$ が成立する. (Kummer, Journ. f. Math. 41, 1851; Nielsen, p.277.)

Bernoulli 数は Jakob Bernoulli が Ars conjectandi 1713 に初めて導入したもので, これに関しては Nielsen の書または Saalschütz, Vorlesungen über die Bernoullischen Zahlen, 1893 に詳しい.

$$B_1 = \frac{1}{6},\quad B_2 = \frac{1}{30},\quad B_3 = \frac{1}{42},\quad B_4 = \frac{1}{30},\quad B_5 = \frac{5}{66},$$
$$B_6 = \frac{691}{2730},\quad B_7 = \frac{7}{6},\quad B_8 = \frac{3617}{510}.$$

7. Euler の数と正接係数. Bernoulli 数と関連するものに

$$\sec x = 1 + E_1\frac{x^2}{2!} + E_2\frac{x^4}{4!} + E_3\frac{x^6}{6!} + \cdots$$
$$\tan x = T_0\frac{x}{1!} + T_1\frac{x^3}{3!} + T_2\frac{x^5}{5!} + \cdots$$

として定義される E_n, T_n がある. これらはそれぞれ Euler 数, 正接係数と名づけられ, ともに正の整数である. これに対し

$$T_n = \frac{2^{2n}(2^{2n}-1)}{2n}B_n$$

なる関係が成立する. E_n, T_n についても Saalschütz, Nielsen 参照.

8. $y = a_0 + \dfrac{a_1 x}{1!} + \dfrac{a_2 x^2}{2!} + \cdots + \dfrac{a_n x^n}{n!} + \cdots$ (a_i は整数) が

$$F(x, y, y', y'', \ldots, y^{(n)}) = 0$$

なる整係数の代数的微分方程式を満足するとき, $x = 0$ において $\dfrac{\partial F}{\partial y^{(n)}} = a \neq 0$ ならば, a と互いに素なる任意の整数 m に対し, ある n よりさきは $a_n, a_{n+1}, \ldots$ が法 m に対し循環する, すなわち $a_n \equiv a_{n+k} \pmod{m}$ が成立する k が存在する. (藤原, Tôhoku Math. J. 2, 1912. 条件の拡張は掛谷, Science Reports of Tôhoku University 4, 1915; これらの条件なしには必ずしも成立しないことは, Pólya, Tôhoku Math. J. 22, 1922.)

9. $(1, 2, \ldots, p-1)$ **の対称関数.** p を素数とし

$$S_m = 1^m + 2^m + 3^m + \cdots + (p-1)^m$$

とする. $m \not\equiv 0 \pmod{p-1}$ ならば, $S_m \equiv 0 \pmod{p}$ なることは Eisenstein の結果である (問題 28). なお一歩進んで, m が奇数にして $\not\equiv 1 \pmod{p-1}$ なるか, 奇数にして $m \equiv 0 \pmod{p}$ ならば, $S_m \equiv 0 \pmod{p^2}$ である. (Bouniakowsky, Bull. Acad. Petersbourg 4, 1838.)

これは $S_m = \sum (p-k)^m$ より $2S_m \equiv mpS_{m-1} \pmod{p^2}$ が得られ, それより直ちに

出る．

$(1, 2, \ldots, p-1)$ より r ずつとった積の和を A_r とすれば

$$(x-1)(x-2)\cdots(x-p+1) = x^{p-1} - A_1 x^{p-2} + A_2 x^{p-3} - \cdots + A_{p-1}$$

となる．$A_{p-1} = (p-1)! \equiv -1 \pmod{p}$, A_1, A_2, …, $A_{p-2} \equiv 0 \pmod{p}$ はすでに説明した (問題 29)．さらに A_3, A_5, …, $A_{p-2} \equiv 0 \pmod{p^2}$ が成立する．(Nielsen, Nombres de Bernoulli, p.326; Nielsen, Nyt Tidsskrift B, 4, 1893; $A_3 \equiv 0 \pmod{p^2}$ は Wolstenholme, Quarterly J. 5, 1862; 最も簡単な証明は Mason, Tôhoku Math. J. 5, 1914.)

B_n を Bernoulli 数とすれば

$$A_{2k} \equiv (-1)^k \frac{B_k}{2k} p \pmod{p^2},$$

$$A_{2k+1} \equiv (-1)^{k+1} \frac{(2k+1)B_k}{4k} p^2 \pmod{p^3},$$

$$A_{p-1} + 1 = (p-1)! + 1 \equiv 1 - p + (-1)^{\frac{p+1}{2}} p B_{\frac{p-1}{2}} \pmod{p^2}.$$

(Glaisher, Quarterly J. 31, 1900, p.325; Messenger of Math. 30, 1901.)

10.　N より小にして，N と互いに素なる正整数の r 乗の和は

$$\frac{N^{r+1}}{r+1}\Pi\left(1-\frac{1}{p}\right) + \frac{rB_1}{2!}N^{r-1}\Pi(1-p) - \frac{r(r-1)(r-2)}{4!}B_3 N^{r-2}\Pi(1-p^3) + \cdots$$

に等しい．ただし Π は N の素因数 p についてとった連乗積を表す．(Thacker, Journ. f. Math. 40, 1850.)

11.　$p \equiv 3 \pmod{4}$ ならば

$$\left(\frac{p-1}{2}\right)! \equiv (-1)^\lambda \pmod{p}.$$

ただし λ は $\dfrac{p}{2}$ より小なる p の平方非剰余の個数を表す． (Dirichlet, Journ. f. Math. 3, 1828, Werke, I, p.101.)

$p \equiv 3 \pmod{4}$ とし，k を p の平方非剰余の奇数の個数とすれば

$$1 \cdot 3 \cdot 5 \cdots (p-2) \equiv (-1)^k \pmod{p}.$$

(Vecchi, Periodico di Mat. (3) 4, 1907.)

12.　$p = 2q+1$ にして，p, q はともに素数とする．$q \equiv 1 \pmod{4}$ ならば，2 は p の原始根である．$q \equiv -1 \pmod{4}$ ならば，-2 は p の原始根である．

$p = 4q+1$ にして，p, q が素数ならば，2, -2 はともに p の原始根である．(Tchebycheff, Theorie der Kongruenzen, p.307.)

13. Tchebycheff の定理. $a > 3$ ならば $a < p \leqq 2a - 2$ なる素数 p は必ず存在する. (Tchebycheff, Journ. de Math. (1) 17, 1852, Oeuvres 1, p.51.)

14. k, l を互いに素なる二整数とすれば, $kx + l$ なる算術級数内に無数の素数が含まれる. (Dirichlet, Abhandlungen Berliner Akad., 1837, Werke 1, p.313.) Dirichlet は解析を用いて証明した. これが解析的数論の礎石である. 解析を用いない証明は未だ一般の場合には知られていない. ただし $kx + 1$, $kx + (k-1)$ の場合には, Genocchi, Annali di Mat. (2) 2, 1868–69, Torino Atti 11, 1875–76, Comptes Rendus 98, 1884; Wendt, Journ. f. Math. 115, 1895; Bauer, Journ. f. Math. 131, 1906 が解析なしに証明した. なお Schur, Archiv d. Math. (3) 20, 1912 参照.)

15. 整数 30 の性質. n より小にして, これと互いに素なる数がすべて素数となるような最大数は 30 である.

(Schatunowsky, 1893; Landau, Archiv d. Math. (3) 1, 1901; Bonse, ibid. (3) 12, 1907; Remak, ibid. (3) 15, 1909.)

16. Fermat 最後定理の必要条件. $x^p + y^p + z^p = 0$ が素数 p と互いに素なる解 (x, y, z) を有するならば

$$r^{p-1} \equiv 1 \pmod{p^2}$$

が成立しなければならない.

ただし $r = 2$ (Wieferich, Journ. f. Math. 136, 1909; Frobenius, ibid. 137, 1910).

$r = 3$ (Mirimanoff, Comptes Rendus, 1910).

$r = 5$ (Vandiver, Journ. f. Math. 144, 1914).

$r = 11, 17$ (Frobenius, Berliner Ber., 1914).

$r = 7, 13, 19$. ただし $p \equiv -1 \pmod 6$ (Frobenius, Berliner Ber., 1914).

r が x, y, z のいずれか一つの任意の約数なる場合 (Furtwängler, Wiener Ber., 1910).

Furtwängler の結果には $r = 2, 3$ が含まれる.

別の必要条件は

$$1 + \frac{1}{2^2} + \frac{1}{3^2} + \cdots + \frac{1}{\left[\frac{p}{3}\right]^2} \equiv 0 \pmod{p}$$

である. (Vandiver, Annals of Math. (2) 26, 1924.)

また

$$\xi^p + \eta^p + \zeta^p \equiv 0 \pmod{q}$$

が q の倍数ならざる解 (ξ, η, ζ) を有することである. ただし素数 q は $q \not\equiv 1 \pmod{p^2}$ なる

か，$q = 1 + mp$, $m < 10p$ である．(Vandiver, Annals of Math. (2) 27, 1925.)

17.　$x^p + y^p + z^p \equiv 0 \pmod{q}$ は N を適当に大にとれば，$q \geqq N$ なるすべての素数に対し，q の倍数でない解を有する．

(Dickson, Journ. f. Math. 135, 1909, $N = (p-1)^2(p-2)^2 + (6p-2)$.)

これは

$$ax^p + by^p + cz^p \equiv 0 \pmod{q}$$

に対しても成立する．(Hurwitz, Journ. f. Math. 136, 1909.)

q は必ずしも素数なるを要しない．$q \geqq ep! + 1$ ならば成立する．(Schur, Jahresber. Deutsche Math. Vereinigung 25, 1916.)（Jänichen, Math. Zeits. 17, 1923 に拡張がある.）

18.　すべての整数 n が常に $ax^2 + by^2 + cz^2 + dw^2$ の形に表され得るために (a, b, c, d) のとるべき値は 55 の場合があり，それだけに限る．（この詳細の値は Ramanujan, Proc. Cambridge Phil. Soc. 19, 1917.）

19.　${x_1}^2 + {x_2}^2 + \cdots + {x_n}^2 = \lambda x_1 x_2 \cdots x_n$ は $\lambda > n$ ならば整数解がない．$\lambda \leqq n$ ならば ${x'}_1 = \lambda x_2 x_3 \cdots x_n - x_1$ とおくことによって $(x_1, x_2, \ldots, x_n)$ なる一組の解から新しい解 $({x'}_1, x_2, \ldots, x_n)$ が得られる．$\lambda = n$ ならば $x_1 = x_2 = \cdots = x_n = 1$ なる解より出発し，上の方法によりすべての解が得られる．$\lambda < n$ の場合には，そういうわけにいかない．(Hurwitz, Archiv d. Math. (3) 11, 1907.)

$\lambda = n = 3$ の場合：${x_1}^2 + {x_2}^2 + {x_3}^2 = 3x_1x_2x_3$ が成立する (x_1, x_2, x_3) を **Markoff の数**という．（その性質については Markoff, Math. Ann. 17, 1880; Frobenius, Berliner Ber., 1913 に詳論がある.）

20.　$x^3 + y^3 = z^3$ は解けないが，$x^3 + y^3 = u^3 + v^3$ は解ける．この一般の有理解は

$$x = -\alpha\beta + 1, \quad y = \gamma\beta - 1, \quad u = -\beta^2 + \gamma, \quad v = \beta^2 - \alpha,$$

($\alpha = a - 3b$, $\beta = a^2 + 3b^2$, $\gamma = a + 3b$; a, b は任意の有理数)，またはその倍数である．(Euler の公式．Binet (Comptes Rendus 12, 1841, p.248) が簡単にしたもので，証明は例えば Carmichael, Diophantine Analysis, p.65 参照．Hermite は Nouv. Ann. (2) 11, 1872, Oeuvres 3, p.115 に幾何学的にこれを証明した．藤原, Tôhoku Math. Journ. 1, 1911, Archiv d. Math. (3) 19, 1912 参照.)

21.　**Thue の定理．**　$f(x, y)$ が整係数の m 次の同次有理整関数（一次または二次の有理整関数の乗冪とならないもの）ならば，$f(x, y) = c$ $(c \neq 0)$ なるディオファンタス方程式は有

限個の整数解を有するのみである．(Thue, Journ. f. Math. 135, 1909; Landau–Ostrowski, Proc. London Math. Soc. (2) 19, 1921 の注意参照.)

22. $n \geqq 3$, a, $d \neq 0$, $b^2 - 4ac \neq 0$ ならば $ay^2 + by + c = dx^n$ は有限個の整数解を有するのみである．(Landau–Ostrowski, Proc. London Math. Soc. (2) 19, 1921.)

23. $Ax^3 + By^3 = C$ はただ有限個の整数解を有するのみであることは (21) の Thue の定理が示しているが，この 0 ならざる解は多くとも一つである．ただし $2x^3 + y^3 = 3$ だけは $(1,1)$, $(4,-5)$ なる二つの解を有する．(Nagell, Journ. de Math. (9) 4, 1925; Math. Zeits. 24, 1925.)

24. 有理係数を有する Genus 0 の有理整関数 $f(x,y,z)$*1の次数が奇数ならば，$f(x,y,z) = 0$ は常に無数の有理解を有する．次数が偶数ならば，有理解は無数にあるか，一つもないか，有限個ならば必ず $\dfrac{\partial f}{\partial x} = 0$, $\dfrac{\partial f}{\partial y} = 0$, $\dfrac{\partial f}{\partial z} = 0$ の共通の解に限る．(Hilbert–Hurwitz, Acta Math. 14, 1890–91.)*2

25. $Ax^2 + By^2 \equiv 1 \pmod{p^\alpha}$ が任意の素数 p, 任意の α に対し解を有すれば，$Ax^2 + By^2 = 1$ は整数解を有する．高次の場合には必ずしも成立しない．例として $y^2 + 7(x^2+1)(x^2-2)^2(x^2+2)^2 = 0$. (Hilbert, Göttinger Nachr., 1897.)

26. 奇数 k, l が $\dfrac{k^2}{4} \leqq l \leqq \dfrac{k^2}{3}$ を満足すれば

$$k = x_1 + x_2 + x_3 + x_4,$$
$$l = {x_1}^2 + {x_2}^2 + {x_3}^2 + {x_4}^2$$

が成立する $x_1, x_2, x_3, x_4 \geqq 0$ なる整数解が存在する．(Kamke, Math. Ann. 83, 1921.)

27. 任意の有理数は三個の立方数の和として表される． (Richmond, Messenger of Math. 51, 1922.)

28. 任意の正整数は多くとも n 個の n 角数の和として表される．ただし，n 角数とは $(n-2)\dfrac{\mu(\mu-1)}{2} + \mu$ の形を有する数であって，1 より始まり $n-2$ ずつ増える算術級数の n 項の和である．三角数は $\dfrac{\mu(\mu+1)}{2}$ の形，四角数は μ^2 の形を有する．(これは Fermat が述べ，Cauchy が Mém. l'Institut de France (1) 14, 1815, Oeuvres (2) 6, p.320 で証明した．ただし n 個のうち $n-4$ は 0 または 1 となる.)

---

*1 〔**編者注**：$f(x,y,z) = 0$ が定義する曲面の幾何種数が 0 であることをいう.〕

*2 〔**編者注**：原著では Hilbcrt Hurwitz ではなく Hilbert Minkowski としているが，同誌当該巻には Minkowski による論文はない.〕

N を適当に大にすれば，$m \geqq N$ なる m は多くとも 5 個の n 角数の和として表される．(Legendre, Théorie des nombres; Bachmann, Arithmetik der quadratischen Formen 1, pp.155–162 参照．)

29.　N を適当に大なる整数とすれば，N より大なる n は常に 8 個の立方数の和として表される．(Landau, Math. Ann. 66, 1903.)

N より大なる n は常に多くとも 21 個の四乗数の和として表される．(Hardy–Littlewood, Math. Zeits. 9, 1921.)

30.　$f(x,y)$ を整係数の有理整関数とし，$f(x,y)=0$ が有理係数の有理整関数 $y=f(x)$ により決して満足されないとき，$f(x,y)=0$ が $0<x_1<x_2<x_3<\cdots$ なる無限に多くの x の整数値に対し，整数解 y を有するときは，充分大なる ν に対し

$$x_{\nu+m}-x_\nu > {x_\nu}^\alpha$$

なる m, α が定まる．(Dörge, Math. Zeits. 24, 1925.)　$\lim \dfrac{x_\nu}{\nu}=\infty$ なることは Skolem (Videnskaps selskapets Skrifter, 1921) が証明した．

31.　$n=2^\lambda m$（m は奇数）とすれば，n を $x^2+y^2+z^2+w^2$ の形に表す仕方の数は，$\lambda=0$ ならば $8\,s(m)$. $\lambda>0$ ならば $24\,s(m)$ に等しい．ただし $s(m)$ は m の約数の和を表す．この表し方においては，x, y, z, w は負の値を許すものとする．(Jacobi, Journ. f. Math. 80, 1875, Werke 1, p.423.)

32.　**Goldbach の推測定理.**　2 より大なる任意の偶数は二つの素数の和として表される．

これは Goldbach が 1742 年に Euler への書簡中に述べたもので，未だ証明されない．10000 までの偶数について成立することは Haussner (Abh. Leopol. Carol. Akad. 72, 1897) が検算により確かめた．(Hardy–Littlewood, Acta Math. 44, 1923; Math. Tidsskrift, 1922; Proc. London Math. Soc. (2) 22, 1924 参照．)

第3章　無　理　数[†]

第1節　循環小数

3.1. **収束数列.**　有理数の無限に続く数列

$$a_1,\ a_2,\ a_3,\ \ldots,\ a_n,\ \ldots$$

と，有理数 a とがあって，ε をいかに小なる正の有理数としても，正整数 n_0 を定めて，n_0 より大なるすべての n に対し常に

$$|a - a_n| < \varepsilon$$

が成立するならば，a を数列 $(a_1, a_2, \ldots, a_n, \ldots)$ の**極限**と名づける．この数列は a に**収束**（あるいは**収斂**）するともいう．

例えば

$$\left(1, \frac{3}{2}, \frac{4}{3}, \frac{5}{4}, \ldots, \frac{n+1}{n}, \ldots\right)$$

を見ると，ε をいかに小さくとっても，$n > n_0 > \dfrac{1}{\varepsilon}$ とすれば

$$\left|1 - \frac{n+1}{n}\right| < \varepsilon$$

となる．故に

$$\left(1, \frac{3}{2}, \frac{4}{3}, \frac{5}{4}, \ldots, \frac{n+1}{n}, \ldots\right)$$

の極限は 1 である．

極限を有する数列を**収束数列**と名づける．

収束数列については次の定理が成立する．

定理.　有理数列 $(a_1, a_2, \ldots, a_n, \ldots)$, $(b_1, b_2, \ldots, b_n, \ldots)$ がそれぞれ有理数 a, b に収束すれば，$(a_1 + b_1, a_2 + b_2, \ldots, a_n + b_n, \ldots)$, $(a_1 - b_1, a_2 - b_2, \ldots, a_n - b_n, \ldots)$,

† 本章に関しては，第 1 章にあげた Loewy, Pringsheim の書の他に，Perron, Irrationalzahlen, 1921 を参照されたい．

$(a_1b_1, a_2b_2, \dots, a_nb_n, \dots)$ はそれぞれ $a+b$, $a-b$, ab に収束する.

我々はこのうち，第三のみを証明し，他は同様であるから省略することにする.

仮定により，ε を任意に与えると，$n > n_1$ なるすべての n に対し $|a-a_n| < \varepsilon$ となるような n_1 と，$n > n_2$ なるすべての n に対し $|b-b_n| < \varepsilon$ となる n_2 が定まる. n_1, n_2 の大なる方を n_0 とすれば，$n > n_0$ に対し常に $|a-a_n|$, $|b-b_n| < \varepsilon$ となる.

然るに

$$ab - a_nb_n = a(b-b_n) + b_n(a-a_n)$$

であるから，絶対値に関する §1.26 の定理より

$$|ab - a_nb_n| \leqq |a||b-b_n| + |b_n| \cdot |a-a_n|$$

が得られる. $n > n_0$ に対しては $|b-b_n| < \varepsilon$ なる故に，$|b_n| < |b| + \varepsilon$. 故に $n > n_0$ に対しては

$$|ab - a_nb_n| < (|a| + |b| + \varepsilon)\varepsilon$$

となる. $|a| + |b| + \varepsilon$ は有限であるから，ε を充分に小さくとれば，$(|a| + |b| + \varepsilon)\varepsilon$ をいかに小なる有理数 ε' よりも，さらに小にすることができる. 従って任意の ε' に対し，n_0 を定め，$n > n_0$ なるすべての n に対し $|ab - a_nb_n| < \varepsilon'$ とできる.

すなわち数列 $(a_1b_1, a_2b_2, \dots, a_nb_n, \dots)$ は ab に収束する.

同様にして次の定理が証明される.

定理. 数列 $(a_1, a_2, \dots, a_n, \dots)$, $(b_1, b_2, \dots, b_n, \dots)$ がそれぞれ有理数 a, b に収束し，$b \neq 0$ ならば，$\left(\dfrac{a_1}{b_1}, \dfrac{a_2}{b_2}, \dots, \dfrac{a_n}{b_n}, \dots\right)$ は $\dfrac{a}{b}$ に収束する.

仮定により，任意の ε に対し n_0 を定め，$n > n_0$ なるすべての n に対し $|a-a_n| < \varepsilon$, $|b-b_n| < \varepsilon$ とできる. 然るに

$$\frac{a}{b} - \frac{a_n}{b_n} = \frac{a-a_n}{b} + a_n\frac{b_n-b}{bb_n},$$

従って

$$\left|\frac{a}{b} - \frac{a_n}{b_n}\right| \leqq \frac{|a-a_n|}{|b|} + \frac{|a_n| \cdot |b_n-b|}{|b_n| \cdot |b|}.$$

$n > n_0$ に対しては $|a_n| < |a| + \varepsilon$, $|b_n| > |b| - \varepsilon$. $b \neq 0$ であるから，ε を初めから充分小さくとれば，$|a| + \varepsilon < |a| + 1$, $|b| - \varepsilon > \dfrac{1}{2}|b|$ となるようにできる. 従って,

$n > n_0$ に対し

$$\left|\frac{a}{b} - \frac{a_n}{b_n}\right| < \varepsilon\left(\frac{1}{|b|} + \frac{2(|a|+1)}{|b|^2}\right)$$

となる．右辺は ε を充分小さくすることにより，任意に与えられた ε' より小にできる．

故に $\left(\frac{a_1}{b_1}, \frac{a_2}{b_2}, \ldots, \frac{a_n}{b_n}, \ldots\right)$ は $\frac{a}{b}$ に収束する．

3.2. **g を基数とする小数.** 正整数 m, g (>1) を任意にとれば，m はただ一通りに

$$m = a_0 + a_1 g + a_2 g^2 + \cdots + a_n g^n$$
$$(0 \leqq a_0, a_1, \ldots, a_n < g)$$

の形に表される．これは m を g によって除し，その整商をさらに g によって除し，このようにして商が g より小さくなる所で止めれば

$$m = m_1 g + a_0,\ m_1 = m_2 g + a_1,\ \ldots,\ m_{n-1} = m_n g + a_{n-1},\ m_n = a_n < g$$

となり，上の形になる．$g = 10$ の場合が十進法による普通の記数法である．

次に正の分数 $\frac{r}{q}$ をとり，r と q とは互いに素であるとする．このような分数を**既約分数**という．既約分数 $\frac{r}{q}$ が $(0,1)$ 内にあるときは，gr を q にて除し，その整商を b_1，剰余を r_1 とすれば，$r < q$ なる故に，$b_1 < g$, $0 < r_1 < q$ である．次に gr_1 について同様のことを行い，これを続けていけば

$$\begin{aligned} &gr = b_1 q + r_1, \\ &gr_1 = b_2 q + r_2, \qquad 0 \leqq r_1,\ r_2,\ \ldots < q, \\ &gr_2 = b_3 q + r_3, \qquad 0 \leqq b_1,\ b_2,\ \ldots < g \\ &\cdots\cdots\cdots\cdots\cdots \end{aligned}$$

により $(b_1, b_2, b_3, \ldots)$ なる整数列が得られる．これは有限の所で切れることも可能である．

これより

$$\begin{aligned} g\frac{r}{q} &= b_1 + \frac{r_1}{q}, \\ g\frac{r_1}{q} &= b_2 + \frac{r_2}{q}, \end{aligned}$$

$$g\frac{r_2}{q} = b_3 + \frac{r_3}{q},$$

$$\cdots\cdots\cdots\cdots\cdots\cdots$$

$$g\frac{r_{n-1}}{q} = b_n + \frac{r_n}{q},$$

従って

$$\frac{r}{q} = \frac{b_1}{g} + \frac{b_2}{g^2} + \frac{b_3}{g^3} + \cdots + \frac{b_n}{g^n} + \frac{1}{g^n}\cdot\frac{r_n}{q}.$$

故に

$$a_n = \frac{b_1}{g} + \frac{b_2}{g^2} + \frac{b_3}{g^3} + \cdots + \frac{b_n}{g^n}$$

とおけば，$(a_1, a_2, \ldots, a_n, \ldots)$ なる有理数列は $\dfrac{r}{q}$ に収束する．

何となれば，

$$\left|\frac{r}{q} - a_n\right| = \left|\frac{1}{g^n}\cdot\frac{r_n}{q}\right| < \frac{1}{g^n}$$

であって，$g > 1$ なる故に，n を充分大にすれば $1/g^n$ をどれほどでも小さくできるからである．

$(a_1, a_2, \ldots, a_n, \ldots)$ が収束するとき

$$\frac{b_1}{g} + \frac{b_2}{g^2} + \cdots + \frac{b_n}{g^n} + \cdots$$

が収束するという．この場合 r/q が g **を基数とする小数**によって表されたという．これを記号 $\dfrac{r}{q} = \{b_1, b_2, \ldots, b_n, \ldots\}$ で表すことにする．

有限の所で切れないものを**無限小数**という．

$g = 10$ の場合には，b_1, b_2, …, b_n, … はすべて (0, 1, 2, …, 9) のいずれかである．これが普通の小数である．

(0, 1) 間の既約分数 $\dfrac{r}{q}$ を g を基数とする小数で表すとき，これが二様の形

$$\begin{aligned}\frac{r}{q} &= \frac{b_1}{g} + \frac{b_2}{g^2} + \cdots + \frac{b_n}{g^n} + \cdots, \quad 0 \leqq b_i < g,\\ &= \frac{c_1}{g} + \frac{c_2}{g^2} + \cdots + \frac{c_n}{g^n} + \cdots, \quad 0 \leqq c_i < g\end{aligned}$$

に表されないであろうか．

まずその差をとって g を乗ずれば

$$b_1 - c_1 = \frac{c_2 - b_2}{g} + \frac{c_3 - b_3}{g^2} + \cdots$$

となる．故に

$$|b_1 - c_1| \leqq \frac{|b_2 - c_2|}{g} + \frac{|b_3 - c_3|}{g^2} + \cdots$$
$$\leqq (g-1)\left(\frac{1}{g} + \frac{1}{g^2} + \cdots\right) = 1.$$

ここに等号の成立するのは

$$b_i = g-1, \quad c_i = 0, \quad (i = 2, 3, \ldots)$$

であるか，反対に

$$c_i = g-1, \quad b_i = 0, \quad (i = 2, 3, \ldots)$$

であるかの二つの場合に限る．それ以外では，整数 $|b_1 - c_1|$ が <1 となるから，これは $b_1 = c_1$ のほかにはあり得ない．

$b_1 = c_1$ ならば

$$b_2 - c_2 = \frac{c_3 - b_3}{g} + \frac{c_4 - b_4}{g^2} + \cdots$$

に対して同様のことを繰返す．

このように進み行けば，r/q が二様の表し方を許す場合は，ある有限数 n に対し，

$$b_1 = c_1,\ b_2 = c_2,\ \ldots,\ b_{n-1} = c_{n-1},$$
$$b_n = c_n + 1,\ b_{n+k} = 0,\ c_{n+k} = g-1, \quad (k = 1, 2, \ldots)$$

であるか，b と c とを入換えたものに限る．換言すれば

$$\frac{r}{q} = \{b_1, b_2, \ldots, b_{n-1}, b_n - 1, g-1, g-1, \ldots\}$$
$$= \{b_1, b_2, \ldots, b_{n-1}, b_n\}$$

の場合に限る．これを次の定理にまとめておく．

定理. (0, 1) **間の有理数は，常に** g **を基数とした小数で表される．これが有限小数** $\{b_1, b_2, \ldots, b_n\}$ $(b_n \geqq 2)$ **に等しい場合には，これはまた無限小数** $\{b_1, b_2, \ldots, b_{n-1}, b_n - 1, g-1, g-1, \ldots\}$ **の形に表される．その他の場合には，ただ一通りに表される．**

3.3. 循環小数. 以上において，既約分数 r/q は常に有限小数または無限小数に表され得ることを知ったが，任意の無限小数は果して分数を表し得るかどうか．これを決定するため，さきの

$$\begin{aligned} gr &= b_1 q + r_1, \\ gr_1 &= b_2 q + r_2, \qquad 0 \leqq r_1,\, r_2,\, \ldots < q, \\ gr_2 &= b_3 q + r_3, \\ &\cdots\cdots\cdots\cdots\cdots, \\ gr_{k-1} &= b_k q + r_k \end{aligned}$$

を再び考えてみる．

この関係より直ちに分かることは

$$gr_{k-1} \equiv r_k \pmod q$$

である．故に

$$r_m \equiv gr_{m-1} \equiv g^2 r_{m-2} \equiv \cdots \equiv g^m r \pmod q \tag{1}$$

が得られる．然るに r/q を小数に表したとき，これが有限小数なるための必要にして充分なる条件は，ある m に対し $r_m = 0$ となることである．$r_m = 0$ ならば (1) より

$$g^m r \equiv 0 \pmod q$$

となり，r は q と互いに素であるから

$$g^m \equiv 0 \pmod q \tag{2}$$

とならなければならない．従って q に含まれる素数の約数はすべて g の約数でなければならない．

もし q の素数の約数がすべて g の約数ならば，m を充分大にとれば明らかに (2) は満たされる．従って $g^m r \equiv r_m \equiv 0 \pmod q$．然るに r_m は q より小なる数であるから，$r_m \equiv 0 \pmod q$ となるのは $r_m = 0$ の場合に限る．よって次の定理が得られる．

定理． **既約分数 r/q が有限小数に表され得るための必要にして充分なる条件は，q の素なる約数がすべて g の約数となることである．**

$g = 10$ の場合には，r/q を通常の小数に直したとき，これが有限なるためには，q の素なる約数は 2, 5 のほかにないことが必要にして充分である．

我々は次に q の素因数のあるものが g の約数とならない場合を考える．

$0 < r_1, r_2, \ldots < q$ なる故に，$(r_1, r_2, \ldots, r_q)$ の内相等しいものが必ず存在する．

仮に

$$r_m = r_{m-h} \tag{3}$$

とすれば

$$gr_m = b_{m+1}q + r_{m+1}, \qquad gr_{m-h} = b_{m-h+1}q + r_{m-h+1},$$
$$gr_{m+1} = b_{m+2}q + r_{m+2}, \quad gr_{m-h+1} = b_{m-h+2}q + r_{m-h+2},$$
$$\cdots\cdots\cdots\cdots\cdots\cdots \quad \cdots\cdots\cdots\cdots\cdots\cdots\cdots$$

より

$$b_{m+1} = b_{m-h+1},\ b_{m+2} = b_{m-h+2}, \ldots,\ b_{m+h} = b_m$$

が成立する．故に

$$\frac{r}{q} = \{b_1, b_2, \ldots, b_{m-h}, b_{m-h+1}, \ldots, b_m, b_{m-h+1}, \ldots, b_m, \ldots\}$$

のうちに $(b_{m-h+1}, \ldots, b_m)$ なる h 個の数が循環的に現れてくる．

このようなものを**循環小数**といい，$\{b_1, b_2, \ldots, b_{m-h}, \overline{b_{m-h+1}, \ldots, b_m}\}$ によって表す．$(b_{m-h+1}, \ldots, b_m)$ を**循環節**と名づける．

$r_m = r_{m-h}$ をさきに得た

$$r_m \equiv g^m r, \qquad r_{m-h} \equiv g^{m-h} r \pmod q$$

に代入して考えれば，r は q と互いに素であるから

$$g^m \equiv g^{m-h} \pmod q,$$

すなわち

$$g^{m-h}(g^h - 1) \equiv 0 \pmod q \tag{4}$$

が得られる．逆に，これが成立すれば，$r_m \equiv r_{m-h} \pmod q$ が成立し，従って q より小なる $|r_m - r_{m-h}|$ が q の倍数となることより，$r_m = r_{m-h}$ が得られる．

すなわち $r_m = r_{m-h}$ が成立するために必要にしてかつ充分なる条件は，(4) が成立することである．

g と q とが互いに素ならば，(4) より

$$g^h \equiv 1 \pmod q$$

が得られる．故に h を法 q に対し，g の属する指数にとればよろしい．m は任意で

よいが，最小の値は $m=h$ である．この場合には循環節は最初の b_1 から始まる．このようなものを**純循環小数**という．

g と q とが互いに素でなければ，$m=h$ とならない．

もし $m=h$ ならば

$$g^h \equiv 1 \pmod{q}$$

は，q と g との公約数を p とすれば，$0 \equiv 1 \pmod{p}$ なる矛盾が起きるからである．従ってこの場合の循環節は b_1 から始まらない．このような場合に**混循環小数**と名づける．

$g=10$ の場合には，$q=2^\alpha \cdot 5^\beta \cdot n$（$n$ は 10 と互いに素）とおけば，

$n=1$ ならば有限小数になる．$\alpha=\beta=0$ ならば純循環小数となり，その循環節の数字の数は

$$10^h \equiv 1 \pmod{n}$$

を満足する最小数 h である．

$n>1$ として α, β の少なくとも一つが $\neq 0$ ならば，α, β の大なる方を γ とし，h を

$$10^h \equiv 1 \pmod{n}$$

を満足する最小数とすれば，明らかに

$$10^\gamma(10^h-1) \equiv 0 \pmod{q}$$

となり，γ, h はこれより小さくはできない．故に循環節は $b_{\gamma+1}$ より始まり，h 個の数字よりなる．

例えば $q=13$ とすれば

$$10^6 \equiv 1 \pmod{13}$$

となるから，$\dfrac{1}{13}$ は純循環小数となり，循環節は 6 個の数字よりなる．実際 $\dfrac{1}{13} = 0.\overline{076923}$ である．

$q=2^2 \cdot 5 \cdot 13 = 260$ とすれば，$\gamma=2, h=6$ となり，循環節は $\gamma+1=3$ 位から始まる．実際 $\dfrac{1}{260} = 0.00\overline{384615}$ となる．

すべての循環小数の循環節の数，およびそれが始まるところは，分数の分母にのみ関係し，分子には無関係である．

次に我々は分子がいかなる点に影響するかを考えてみることにしよう．

g と q とは互いに素であるとし，$g^x \equiv 1 \pmod{q}$ が成立する最小の x を h とする．$1/q$ は循環節が h 個の数字よりなる純循環小数に直される．これを

$$\frac{1}{q} = 0.\overline{b_1 b_2 \cdots b_h}$$

とする．r_i/q を小数に直せば，数字は b_{i+1} から始まる．故に

$$\frac{r_i}{q} = 0.\overline{b_{i+1} b_{i+2} \cdots b_h b_1 b_2 \cdots b_i}$$

となる．すなわちこれは $1/q$ の小数を i 桁だけ循環的にずらしたものに等しい．

q を素数とし，g を q の原始根とすれば，h は $q-1$ に等しい．然るに

$$gr \equiv r_1, \quad gr_1 \equiv r_2, \quad \ldots \quad \pmod{q}, \quad (r=1)$$

であるから，$r_1, r_2, \ldots$ はすべて q と互いに素である．故に

$$r_1,\ r_2,\ \ldots,\ r_h$$

は q と互いに素なる剰余全系である（§2.13）．

$$r_i \equiv g^i r = g^i \pmod{q}$$

なる故に，$r_i = \nu$ とおけば i は ν の標数（指数）である（§2.31）．ν/q を小数に直せば，$1/q$ の小数を ν の標数 i だけ循環的にずらしたものになる．

例．$q=7$ ならば $g=10$ が q の原始根の一つである．標数の表は

与　数	1	2	3	4	5	6
標　数	0	2	1	4	5	3

故に $\frac{1}{7}$, $\frac{3}{7}$, $\frac{2}{7}$, $\frac{6}{7}$, $\frac{4}{7}$, $\frac{5}{7}$ を小数に直せば，一桁ずつずらしたものが得られる．実際計算すれば

$$\frac{1}{7} = 0.\overline{142857},$$
$$\frac{3}{7} = 0.\overline{428571},$$
$$\frac{2}{7} = 0.\overline{285714},$$
$$\frac{6}{7} = 0.\overline{857142},$$

$$\frac{4}{7} = 0.\overline{571428},$$
$$\frac{5}{7} = 0.\overline{714285}.$$

これらの分数に $10^6 - 1$ を乗ずれば

$$N = 142857 = \frac{10^6 - 1}{7}$$

なる故に，$N, 3N, 2N, 6N, 4N, 5N$ はその数字を循環的にずらしたものに等しいことが分かる．

$$N = 142857, \quad 3N = 428571, \quad 2N = 285714,$$
$$6N = 857142, \quad 4N = 571428, \quad 5N = 714285,$$
$$7N = 999999.$$

このような性質はしばしば奇妙な数として人の好奇心をそそる所のものである．

第2節　メレーおよびカントルの無理数論

3.4. 無理数の概念の発展． 以上論じた所によると，無限小数

$$\frac{b_1}{g} + \frac{b_2}{g^2} + \cdots + \frac{b_n}{g^n} + \cdots$$

が有理数を表すためには，これは必ず循環小数でなければならない．これが循環ならざる場合には，今まで定義してきた有理数の範囲内では全然意味のないものである．我々はここにまた数の概念を拡張する必要に迫られる．

有理数を拡張する必要は，もっと簡単な次の事実からも認められる．

正および負の整数の平方は共に正の整数 1, 4, 9, 16, ... となる．故に例えば

$$x^2 = 2, \ x^2 = 3, \ x^2 = 5$$

の一つを満たす整数 x は存在しない．これは整数の範囲においてはもちろん，有理数の範囲においても不可能である．

これを証明するために，a を平方数でない正整数とし，$x^2 = a$ が既約分数 r/q で満たされたとすれば

$$r^2 = aq^2$$

とならなければならない．r は q と互いに素であるから，r の素因数の一つを p とすれば，a が p^2 の倍数でなければならない．従って a は平方数とならざるを得ない．これは仮定に反する．

$x^2 = 2$ に適合する有理数の存在しないことは，辺の長さが 1 なる正方形の対角線の平方が 2 であることから，すでにユークリッド（幾何学原論第十巻命題九）により証明されている．故に平方が 2 に等しい新しい数の存在は，量の概念よりして，必然的な量と考えられる．ギリシャでは $x^2 = 2$ 等を満足するものを**公約をもたない量**と名づけた．

しかし量の概念から独立して純数論的に無理数の概念を導入し，厳密にこれを論じ出したのは，十九世紀の後半であって，ほとんど同時にワイエルシュトラス，カントル，デデキント，メレーによって論ぜられた．

ワイエルシュトラスの理論は彼がベルリン大学の 1859–60 年，1884–85 年における講義で論じたもので，ダンチャー (Dantscher) の Weierstrass'sche Theorie der irrationalen Zahlen, 1908 に詳しい．

デデキントの理論は 1872 年に出版された単行本, Stetigkeit und irrationale Zahlen において公にされたものである．これは後節において詳論する．

カントルの理論は Über die Ausdehnung eines Satzes aus der Theorie der trigonometrischen Reihen, Math. Annalen 5, 1872 に公にされた．その後 Über unendliche, lineare Mannigfaltigkeiten, Math. Annalen 21, 1883 において，彼の理論とデデキントおよびワイエルシュトラスの理論との比較論評をやっている．メレーはカントルより少し早く，1869 年に Revue des sociétés savantes (2) 4 において同様の理論を樹立した．これは彼の著，Nouveau précis d'Analyse infinitésimale, 1872, pp.2–7 に述べられている．

我々はまずメレーおよびカントルの理論を論じ，ついでデデキントの理論に及ぼし，最後にこれら両者の関係を論ずることにする．

3.5.　収束数列と基本数列．　我々は §3.1 において有理数列 $(a_1, a_2, \ldots, a_n, \ldots)$ の収束について論じた．その定義によれば，有理数 a と任意の小なる有理数 ε を与えたとき整数 n_0 を定めて，$n > n_0$ なるすべての n に対して常に $|a - a_n| < \varepsilon$ ならし

め得るとき，$(a_1, a_2, \ldots, a_n, \ldots)$ は a に収束するという．

我々はこの収束の意味を拡張し，これを次のように改める．

ε をいかに小なる有理数としても，$m = 1, 2, 3, \ldots$ に対し

$$|a_n - a_{n+m}| < \varepsilon$$

となるような n が定められる場合に，有理数列 $(a_1, a_2, \ldots, a_n, \ldots)$ をカントルに従い**基本数列**という．これを $\{a_n\}$ によって表すことにする．

さきに与えた収束数列の定義は，この特別な場合である．

何となれば，ε に対し n_0 を定めて，$n > n_0$ なるすべての n に対し $|a - a_n| < \varepsilon$ ならしめ得れば，$m = 1, 2, 3, \ldots$ に対し $|a - a_{n+m}| < \varepsilon$ となるのはもちろんである．故に $n > n_0$ に対し

$$|a_n - a_{n+m}| \leqq |a - a_n| + |a - a_{n+m}| < 2\varepsilon.$$

3.6. 有界数列と単調数列． 有限数 M が存在して，すべての n に対し，$a_n < M$ が成立するとき，この数列 $\{a_n\}$ を**上に有界な数列**という．$a_n > -M$ ならば，**下に有界な数列**といい，$|a_n| < M$ ならば**有界数列**と名づける[*1]．

もし $a_1 \leqq a_2 \leqq a_3 \leqq \cdots$ ならば，$\{a_n\}$ を**単調に増加する数列**といい，$a_1 \geqq a_2 \geqq a_3 \geqq \cdots$ ならば，**単調に減少する数列**といい，この二つを総称して**単調数列**という．

これらの定義より次の定理が得られる．

定理 1．上に有界な数列 $(a_1, a_2, a_3, \ldots)$ が単調に増加すれば，これは基本数列である．下に有界な数列が単調に減少すれば，これも基本数列である．

仮に基本数列でないとすれば，正の有理数 δ を適当に選べば，$n < n_1 < n_2 < n_3 < \cdots$ を満たし，かつ

$$|a_{n_1} - a_n|,\ |a_{n_2} - a_{n_1}|,\ \ldots \geqq \delta \tag{1}$$

なる正整数列 $(n, n_1, n_2, \ldots)$ が存在しなければならない．これを否定すれば，δ をいかにとっても $|a_n - a_{n+m}| < \delta$ なること，すなわち与えられた数列が基本数列であることになる．

---

§3.6, *1 〔**編者注**：原著では「上方を限られた数列」，「下方を限られた数列」，「限られた数列」と呼んでいる．〕

単調増加数列の場合には，(1) より $a_{n_1} \geqq a_n + \delta$, $a_{n_2} \geqq a_{n_1} + \delta$, ..., 従って $a_{n_k} \geqq a_n + k\delta$ となる．k を充分大にとれば，δk を任意にとった整数 N より大ならしめられる．従って $a_{n_k} > N$ となる．これは与えられた数列が上に有界であるということに矛盾する．故に $(a_1, a_2, \ldots, a_n, \ldots)$ は基本数列でなければならない．

定理 2.　基本数列は有界な数列である.

仮定により，ε を与えたとき，n を適当にとれば，$m = 1, 2, \ldots$ に対し常に

$$|a_n - a_{n+m}| < \varepsilon$$

であるから，$|a_{n+m}| < |a_n| + \varepsilon$ となる．$|a_1|$, $|a_2|$, ..., $|a_n|$ の最大値を M とすれば，$|a_i| < M + \varepsilon$ である．故に $\{a_n\}$ は有界数列である．

この定理により，§3.1 の証明を少し変更すれば，次に定理が得られる．

定理 3.　$\{a_n\}$, $\{b_n\}$ **が基本数列であれば，**$\{a_n \pm b_n\}$, $\{a_n \cdot b_n\}$ **も基本数列である．また** $|b_n| > k > 0$ **ならば，** $\left\{\dfrac{a_n}{b_n}\right\}$ **も基本数列である.**

念のためその一つを証明しておこう．

$\{a_n\}$, $\{b_n\}$ が基本数列であるから ε をいかに小さくとっても，n', n'' を適当にとれば $m = 1, 2, 3, \ldots$ に対し

$$|a_{n'} - a_{n'+m}| < \varepsilon,\ |b_{n''} - b_{n''+m}| < \varepsilon$$

が満たされる．n', n'' の大なる方を n とすれば

$$|a_n - a_{n+m}|,\ |b_n - b_{n+m}| < 2\varepsilon \tag{2}$$

となる．これは $n > n'$ ならば $|a_{n'} - a_n| < \varepsilon$, $|a_{n'} - a_{n+m}| < \varepsilon$ となり，従って $|a_n - a_{n+m}| < 2\varepsilon$ となるからである．

(2) より

$$|a_n b_n - a_{n+m} b_{n+m}| = |a_n(b_n - b_{n+m}) + b_{n+m}(a_n - a_{n+m})|$$
$$< 2\varepsilon(|a_n| + |b_{n+m}|).$$

$\{a_n\}$, $\{b_n\}$ は定理 2 により，有界数列であるから，$|a_n| < M$, $|b_{n+m}| < M$ なる M が存在する．故に

$$|a_n b_n - a_{n+m} b_{n+m}| < 4M\varepsilon.$$

ε' を任意に与えると，$4M\varepsilon < \varepsilon'$ なるように ε が定められる．故に ε' に対し n を定め，$m = 1, 2, \ldots$ に対し常に

$$|a_n b_n - a_{n+m} b_{n+m}| < \varepsilon'$$

ならしめられる．故に $\{a_n \cdot b_n\}$ は基本数列である．

これは §3.1 における a, b の代わりに a_{n+m}, b_{n+m} をとり，前定理を併せて考えれば，§3.1 と全く同様の証明法である．

基本数列の一例は無限小数

$$\frac{b_1}{g} + \frac{b_2}{g^2} + \frac{b_3}{g^3} + \cdots + \frac{b_n}{g^n} + \cdots, \quad 0 \leqq b_i < g,$$

より生ずる $\{a_n\}$ である．ただし

$$a_n = \frac{b_1}{g} + \frac{b_2}{g^2} + \cdots + \frac{b_n}{g^n}$$

とする．何となれば

$$\begin{aligned} |a_n - a_{n+m}| &= \left| \frac{b_{n+1}}{g^{n+1}} + \frac{b_{n+2}}{g^{n+2}} + \cdots + \frac{b_{n+m}}{g^{n+m}} \right| \\ &\leqq \frac{g-1}{g^{n+m}} \left(1 + g + g^2 + \cdots + g^{m-1}\right) \\ &= \frac{(g-1)(g^m - 1)}{g^{n+m}(g-1)} = \frac{g^m - 1}{g^{n+m}} < \frac{g^m}{g^{n+m}} = \frac{1}{g^n} \end{aligned}$$

である故に，n を充分大にとれば $m = 1, 2, 3, \ldots$ に対し，$|a_n - a_{n+m}| < \varepsilon$ とできるからである．

然るにこれが有理数に収束すれば，必ず循環小数とならなければならない．循環小数ならざる無限小数は，基本数列であるにもかかわらず有理数を表さない．

3.7. メレーおよびカントルの無理数の定義． 我々はメレーおよびカントルに従い，有理数の基本数列 $\{a_n\}$ を以て一つの新しい数を定義し，これを**実数**と名づける．これを $\{a_n\} = \alpha$ で表すことにする．

この新しい数に関して，相等，大小，和，差，積および商を次のように定義する．

(I) 相等．ε をいかに小さく定めた正の有理数としても $m = 1, 2, \ldots$ に対し

$$|a_{n+m} - b_{n+m}| < \varepsilon$$

を満足する n が存在するときに，$\{a_n\} = \alpha$, $\{b_n\} = \beta$ は相等しいと定義し，これを

$\alpha = \beta$ によって表す．

(II)　大小．正の有理数 δ と正整数 n とを適当に選べば，$m = 1, 2, 3, \ldots$ に対し

$$a_{n+m} - b_{n+m} > \delta$$

が成立する場合に，$\{a_n\} = \alpha$ は $\{b_n\} = \beta$ より大なりと定義し，$\alpha > \beta$ によって表す．

α が β より大ならば，β は α より小なりと定義する．これを $\beta < \alpha$ によって表す．

(III)　$\{a_n\} = \alpha$, $\{b_n\} = \beta$ の和および差は $\{a_n + b_n\}$, $\{a_n - b_n\}$ と定義する．これを $\alpha + \beta$, $\alpha - \beta$ によって表す．

(IV)　$\{a_n\} = \alpha$, $\{b_n\} = \beta$ の積は $\{a_n b_n\}$ と定義する．これを $\alpha \cdot \beta$ によって表す．

(V)　$(a, a, a, \ldots)$ なる同一有理数よりなる数列は a に収束する．この数列は加減乗除の演算に対し，有理数 a と全く同一の法則に従う．故にこれが有理数 a を表すものと見なしてもよろしい．これは §1.25 において，二整数の対として $(a, 1)$ と整数 a とは概念上同一のものではないが，加減乗除の演算に対しては全く同様である所から，$(a, 1)$ を a と同一視したのと同じ考え方である．

故に $(a, a, \ldots) = a$ と定義する．

$(a, a, \ldots)$ に等しい $\{a_n\}$ については，定義により，ε を任意にとれば，正整数 n' を選んで $m = 1, 2, 3, \ldots$ に対し

$$|a_{n'+m} - a| < \varepsilon$$

が満たされるようにできる．すなわち $n > n'$ なるすべての n に対し

$$|a_n - a| < \varepsilon$$

となる．これは $\{a_n\}$ が有理数 a に収束することである (§3.1)．すなわち $\{a_n\}$ が有理数 a に収束すれば，$\{a_n\}$ が a に等しいと定義することになる．

もちろん実数のうちには有理数以外の新しい数が含まれている．これを**無理数**と名づける．

(VI)　$\{a_n\} = \alpha$, $\{b_n\} = \beta \neq 0$ ならば，$\left\{\dfrac{a_n}{b_n}\right\}$ を β によって α を除した商と定義し，これを $\dfrac{\alpha}{\beta}$ または α/β によって表す．

以上の定義によれば，実数は加法，乗法に対し，交換法則，結合法則，分配法則に従うことが分かる．

また相等および大小の関係に関するすべての規定が満たされることを知るのは困難ではない．

例えば，二つの実数 α, β の間には，$\alpha = \beta, \alpha > \beta, \alpha < \beta$ のいずれか一つが成立し，それらのいずれの二つも同時には成立しないことは，次のようにして証明される．

$\alpha = \{a_n\}, \beta = \{b_n\}$ ならば，ε を与えたとき $m = 1, 2, 3, \ldots$ に対し

$$|a_n - a_{n+m}| < \varepsilon, \quad |b_n - b_{n+m}| < \varepsilon$$

となるような n が存在する．すなわちこのような n に対しては

$$a_n - \varepsilon < a_{n+m} < a_n + \varepsilon, \qquad b_n - \varepsilon < b_{n+m} < b_n + \varepsilon.$$

故に

$$(a_n - b_n) - 2\varepsilon < a_{n+m} - b_{n+m} < (a_n - b_n) + 2\varepsilon.$$

もし $(a_n - b_n) - 2\varepsilon, (a_n - b_n) + 2\varepsilon$ が同一の符号を有するように ε と n とが選ばれ得る場合に，これが正ならば

$$a_n - b_n > 2\varepsilon, \qquad a_{n+m} - b_{n+m} > a_n - b_n - 2\varepsilon > 0$$

となるから $\alpha > \beta$ である．負ならば

$$a_n - b_n < -2\varepsilon, \qquad a_{n+m} - b_{n+m} < (a_n - b_n) + 2\varepsilon < 0$$

となるから $\alpha < \beta$ である．もしまた $(a_n - b_n) - 2\varepsilon, (a_n - b_n) + 2\varepsilon$ が ε をいかに選んでも異なる符号を有する場合には，$|a_n - b_n| < 2\varepsilon$，従って

$$|a_{n+m} - b_{n+m}| < 4\varepsilon.$$

故に $\alpha = \beta$ である．

$\alpha = \beta, \alpha > \beta, \alpha < \beta$ のいずれの二つも，同時には成立し得ないことは，定義から直ちに分かる．

以上の所論より，二つの実数の和，差，積および商（ただし除数は $\neq 0$ とする）もまた実数であって，かつこれを支配する法則は有理数体におけると全く同一なることが知られた．

よって §1.31 により次の定理が得られる．

定理.　**実数の全体は一つの数体を形成する（これを実数体と名づける）. 有理数体はその一部分である.**

3.8.　**実数の絶対値.**　α を負の実数とすれば, $-\alpha$ は正の実数である. $-\alpha$ を α の**絶対値**と名づけ, $|\alpha|$ にて表す. α が正の実数なるか, 0 なるときは, それ自身を絶対値といい, やはり $|\alpha|$ を以て表す. これは有理数のときと同様である.

α, β を任意の実数とすれば, §1.26 と同様に

$$|\alpha+\beta| \leqq |\alpha|+|\beta|$$

が成立する. 等号が成立するのは α と β が共に正, または共に負の場合に限る. また

$$|\alpha+\beta| \geqq |\alpha|-|\beta|$$

が成立する. 等号は α, β が反対の符号を有するときに限る.

さらに

$$|\alpha \cdot \beta| = |\alpha| \cdot |\beta|,$$

および $\beta \neq 0$ ならば

$$\left|\frac{\alpha}{\beta}\right| = \frac{|\alpha|}{|\beta|}$$

の成立することも容易に分かる.

3.9.　**無理数の稠密分布.**　実数の分布に関しては次の定理が成立する.

定理.　**無理数の分布は稠密である.**

$\alpha=\{a_n\}, \beta=\{b_n\}$ を $\alpha>\beta$ なる任意の無理数とすれば, 正整数 n と正有理数 δ とを適当に選んで, すべての $m=0, 1, 2, 3, \ldots$ に対し $a_{n+m}-b_{n+m}>\delta$ が成立するようにできる. さらに, $0<\varepsilon<\dfrac{\delta}{2}$ なる任意の有理数 ε を与えたとき, n を充分大きくとり直せば, $m=0, 1, 2, 3, \ldots$ に対し

$$|a_n-a_{n+m}|<\varepsilon, \quad |b_n-b_{n+m}|<\varepsilon, \quad a_{n+m}-b_{n+m}>\delta>0$$

が満たされるとしてよい.

有理数の分布が稠密なることは, すでに §1.27 に証明した. 故に二つの有理数 $\delta-\varepsilon$, ε の間には, 無数の有理数が存在する. その一つを a とすれば, 有理数 $a_n-a=c$ は $\alpha>c>\beta$ を満たす. 何となれば, $m=1, 2, \ldots$ に対し

$$a_{n+m} - c = a_{n+m} - (a_n - a) = a + (a_{n+m} - a_n) > a - \varepsilon > 0,$$

$$c - b_{n+m} = (a_n - a) - b_{n+m} = (a_n - b_n) + (b_n - b_{n+m}) - a > \delta - \varepsilon - a > 0$$

が成立するから，$m \to \infty$ として

$$\alpha - c \geqq a - \varepsilon > 0,\ c - \beta \geqq \delta - \varepsilon - a > 0$$

となるからである．

故に任意の相異なる二つの無理数 α, β の間には，無数の有理数が存在する．

次に二つの有理数 a, b $(a > b)$ の間には少なくとも一つの無理数が存在する．何となれば，a, b の間にある循環しない無限小数を定めることができるからである．故に無理数の分布は稠密である．

3.10. 実数の数列. これまでは数列 $\{a_n\}$ の要素 a_n はすべて有理数であったが，実数を要素とする基本数列 $\{\alpha_n\}$ がさらに新しい数の導入を必要とはしないであろうか．この疑問に対して，次のように答えられる．

定理. 実数を要素とする基本数列は，常に一つの実数を表す．

ここに実数数列 $(\alpha_1, \alpha_2, \alpha_3, \ldots)$ が基本数列であるということは，任意の正の実数（有理数と限ることを必要としない）ε を与えたとき，正整数 n が定まりすべての $m = 1, 2, 3, \ldots$ に対し

$$|\alpha_n - \alpha_{n+m}| < \varepsilon$$

が成立することと定義する．これはもちろんさきの有理数の基本数列の定義を含む．

実数を要素とする基本数列 $\{\alpha_n\}, \{\beta_n\}$ に対し，相等，大小，和，差，積および商は §3.7 と全く同様に定義する．

また α を実数とするとき，有理数 a の数列 $(a, a, a, \ldots)$ を a としたと同様に，$\{\alpha\} = (\alpha, \alpha, \alpha, \ldots)$ を α と定義する．

今実数 α_n を要素とする基本数列 $\{\alpha_n\}$ を考える．α_k, α_{k+1} の間には少なくとも一つの有理数がある．これを a_k とする．

仮定により，任意の正の有理数 ε をとれば，n を定めて $m = 1, 2, 3, \ldots$ に対し

$$|\alpha_n - \alpha_{n+m}| < \varepsilon$$

が満たされるようにできる．故に $|\alpha_n - a_n| < \varepsilon$, $|\alpha_{n+m} - a_{n+m}| < \varepsilon$，従って

$$|a_n - a_{n+m}| \leqq |a_n - \alpha_n| + |\alpha_n - \alpha_{n+m}| + |\alpha_{n+m} - a_{n+m}| < 3\varepsilon.$$

すなわち $\{a_n\}$ は基本数列である．

定義により

$$\{\alpha_n\} - \{a_n\} = \{\alpha_n - a_n\}$$

であって，かつ

$$|\alpha_n - a_n| < |\alpha_n - \alpha_{n+1}|.$$

故に ε を任意に与えると，n_0 を適当に定め，$n > n_0$ に対し

$$|\alpha_n - \alpha_{n+1}| < \varepsilon, \qquad \text{従って} \quad |\alpha_n - a_n| < \varepsilon$$

が成り立つようにできる．これは基本数列の相等の定義により

$$\{\alpha_n\} = \{a_n\}$$

なることを示す．$\{a_n\}$ は基本数列であるから，これは一つの実数 α を表す．故に実数 α_n を要素とする基本数列 $\{\alpha_n\}$ は実数 α を表す．

実数を要素とする数列に対しては，有理数を要素とする数列に対すると全く同一の方法を以て，§3.6 の定理と同様のものが証明される．

定理 1.　上に有界な数列 $\{\alpha_n\}$ が単調に増加すれば基本数列である．下に有界な数列 $\{\alpha_n\}$ が単調に減少すればこれもまた基本数列である．

定理 2.　基本数列は有界数列である．

定理 3.　$\{\alpha_n\}, \{\beta_n\}$ がそれぞれ α, β を表せば，$\{\alpha_n \pm \beta_n\}, \{\alpha_n\beta_n\}, \left\{\dfrac{\alpha_n}{\beta_n}\right\}$ はそれぞれ $\alpha \pm \beta, \alpha\beta, \alpha/\beta$ を表す．ただし，$\left\{\dfrac{\alpha_n}{\beta_n}\right\}$ に対しては $\beta \neq 0$ と仮定する．

3.11.　極限の概念.　実数数列 $(\alpha_1, \alpha_2, \ldots, \alpha_n, \ldots)$ および一つの実数 α を与えたとき，任意に小なる正の実数 ε に対し，n_0 を定め，$n > n_0$ なるすべての n に対して

$$|\alpha - \alpha_n| < \varepsilon$$

が成立する場合に，α を数列 $\{\alpha_n\}$ の**極限**と名づけ，これを記号

$$\lim_{n\to\infty} \alpha_n = \alpha$$

で以て表す．lim はラテン語 limes（極限）の略字である．

この定義においては，極限 α の存在については何ら言う所がない．すなわち $\{\alpha_n\}$ なる数列を与えたとき，極限 α があるか否かはこの定義のうちには含まれていない．

しかし $\{\alpha_n\}$ が極限をもっているとすれば，唯一つに限ることは，この定義から結論することができる．

何となれば，仮に二つの異なる極限 α, α' があれば

$$|\alpha - \alpha_n| < \varepsilon, \quad |\alpha' - \alpha_n| < \varepsilon$$

が $n > n_0$ に対し同時に成立するから

$$|\alpha - \alpha'| \leqq |\alpha - \alpha_n| + |\alpha' - \alpha_n| < 2\varepsilon$$

となる．これは ε をいかほどにも小さく取り得ることに矛盾する．

さて実数を要素とする基本数列 $\{\alpha_n\}$ があれば，これが表す実数が必ず存在する．これを α とすれば，α は上の定義にいう $\{\alpha_n\}$ の極限である．

何となれば

$$\{\alpha_n\} = \{\alpha\} = \alpha$$

であるから，ε に対し n_0 を定め，$n > n_0$ なるすべての n に対し $|\alpha - \alpha_n| < \varepsilon$ ならしめられる．これは

$$\lim_{n\to\infty} \alpha_n = \alpha$$

にほかならない．

逆に $\{\alpha_n\}$ が極限 α をもてば，これは基本数列である．

何となれば

$$|\alpha - \alpha_n| < \varepsilon$$

が $n > n_0$ について成立すれば，$|\alpha - \alpha_{n+m}| < \varepsilon$ も成立するから，$m = 1, 2, 3, \ldots$ に対し $|\alpha_n - \alpha_{n+m}| < 2\varepsilon$ が成立する．故に $\{\alpha_n\}$ は基本数列である．すなわち

定理． **実数を要素とする基本数列 $\{\alpha_n\}$ は一つの実数 α を表す．α はこの数列の極限である．逆に極限を有する数列 $\{\alpha_n\}$ は基本数列である．**

極限の概念はこのようにして実数の概念の上に立てられた．実数の概念なしには極

限の概念は立てられない.

極限の概念は数学解析の根本概念の一つである. それは無理数の理論が樹立せられて初めて確実な基礎を得たのである.

第 3 節　乗冪と対数

3.12. n **乗根.** a を 0 でない任意の実数とし, n を正または負の整数とするとき

$$a^1 = a, \qquad a^{-1} = \frac{1}{a}, \qquad a^{n+1} = a^n a$$

を以て定義された a^n を a の n 乗あるいは n **乗冪**と名づける. これに対し指数法則

$$a^m \cdot a^n = a^{m+n}, \qquad (a^m)^n = a^{mn}, \qquad a^n \cdot b^n = (ab)^n$$

が成立することは, §1.28 と同様に証明される.

この逆として, 実数 a を与えたとき, 正整数 n に対し

$$x^n = a$$

に適合する実数 x が存在すれば, これを a **の** n **乗根**といい, $\sqrt[n]{a}$ を以て表す. ただし $n = 2$ の場合に限り $\sqrt[2]{a}$ を単に $\sqrt{a}$ で以て表すことにする. $\sqrt{a}$, $\sqrt[3]{a}$ は二乗根, 三乗根という代わり, **平方根**, **立方根**ともいう. $a = 0$ の場合は $\sqrt[n]{0} = 0$ と定める.

有理数体においては, a の平方根は一般に存在しないが, 無理数の導入により初めて正数の平方根の存在が確かめられる.

我々は次に任意の正の実数 a に対し, $x^n = a$ に適合する正の実数 x の存在を証明しよう.

正の実数 a が有理数の n 乗に等しい場合はいうに及ばない. 故に等しくないと仮定すれば, a は

$$0, 1^n, 2^n, 3^n, \ldots, m^n, \ldots$$

なる増加数列のいずれかの相続いた二者の間に落ちなければならない. 例えば

$$a_0{}^n < a < (a_0 + 1)^n$$

とする. 次に a は

$$a_0{}^n, \left(a_0 + \frac{1}{10}\right)^n, \left(a_0 + \frac{2}{10}\right)^n, \ldots, \left(a_0 + \frac{9}{10}\right)^n, (a_0 + 1)^n$$

の相続く二者の間に落ちなければならない．例えば

$$\left(a_0+\frac{b_1}{10}\right)^n < a < \left(a_0+\frac{b_1+1}{10}\right)^n, \quad (0 \leqq b_1 \leqq 9)$$

とする．次に a は

$$\left(a_0+\frac{b_1}{10}\right)^n,\ \left(a_0+\frac{b_1}{10}+\frac{1}{10^2}\right)^n,\ \left(a_0+\frac{b_1}{10}+\frac{2}{10^2}\right)^n,\ \ldots,$$
$$\ldots,\left(a_0+\frac{b_1}{10}+\frac{9}{10^2}\right)^n,\ \left(a_0+\frac{b_1+1}{10}\right)^n$$

の相続く二者の間に落ちる．これを

$$\left(a_0+\frac{b_1}{10}+\frac{b_2}{10^2}\right)^n < a < \left(a_0+\frac{b_1}{10}+\frac{b_2+1}{10^2}\right)^n, \quad (0 \leqq b_2 \leqq 9)$$

とする．このように続けていけば，m をいかに大なる整数としても

$$\left(a_0+\frac{b_1}{10}+\frac{b_2}{10^2}+\cdots+\frac{b_m}{10^m}\right)^n < a < \left(a_0+\frac{b_1}{10}+\frac{b_2}{10^2}+\cdots+\frac{b_m+1}{10^m}\right)^n$$
$$0 \leqq b_1,\, b_2,\, \ldots,\, b_m \leqq 9$$

を満足する非負整数 $a_0, b_1, b_2, \ldots, b_m$ が定まる．

上の不等式においては $\leqq$ の一つが $=$ となることを許さない．これは a が有理数の n 乗に等しくないからである．

今

$$a_m = a_0+\frac{b_1}{10}+\frac{b_2}{10^2}+\cdots+\frac{b_m}{10^m}$$

とおけば

$$a_m{}^n < a < \left(a_m+\frac{1}{10^m}\right)^n$$

となり，有理数列 $(a_0, a_1, a_2, \ldots, a_m, \ldots)$ は収束である．その極限を α とすれば

$$\lim_{m\to\infty} a_m = \alpha = a_0+\frac{b_1}{10}+\frac{b_2}{10^2}+\cdots.$$

然るに有理数列 $\left(a_0, a_1+\dfrac{1}{10}, a_2+\dfrac{1}{10^2}, \ldots, a_m+\dfrac{1}{10^m}, \ldots\right)$ はまた収束であって，その極限は α に等しい．$a_m{}^n$, $\left(a_m+\dfrac{1}{10^m}\right)^n$ の極限は共に α^n であるから，$a_m{}^n < a < \left(a_m+\dfrac{1}{10^m}\right)^n$ より

$$\alpha^n = a$$

とならなければならない．すなわち α は a の n 乗根である．

a の正の n 乗根は唯一つ存在する．何となれば，$a > 0$ として $x^n = a$ に適合する二つの正の実数 $x = \alpha, \beta$ があるとすれば，$\alpha \lessgtr \beta$ なる故に $\alpha^n \lessgtr \beta^n$ となり，$\alpha^n = a$, $\beta^n = a$ に矛盾する．

よって次の定理が得られる．

定理.　正の実数 a の正の n 乗根は，常に唯一つ存在する．

3.13. 有理数を指数とする乗冪.　α を任意の正の実数とするとき，正または負の整数 q に対し，$\alpha^{\frac{1}{q}}$ をもって $x^q = \alpha$ に適合する正の実数を表すものと定義する．

§3.12 により，$q > 0$ ならば $\alpha^{\frac{1}{q}} = \sqrt[q]{\alpha}$ であり，$q = -q' < 0$ ならば $\alpha^{\frac{1}{q}} = \sqrt[q']{\dfrac{1}{\alpha}}$ である．

p, q が正または負の整数にして，α が任意の正の実数なるとき，$\alpha^{\frac{p}{q}}$ を $\left(\alpha^{\frac{1}{q}}\right)^p$ と定義する．

この定義の下に，α, β を任意の正の実数とし，λ, μ を任意の有理数とすれば

$$\alpha^\lambda \cdot \alpha^\mu = \alpha^{\lambda+\mu}, \tag{1}$$

$$(\alpha^\lambda)^\mu = \alpha^{\lambda\mu}, \tag{2}$$

$$\alpha^\lambda \cdot \beta^\lambda = (\alpha\beta)^\lambda, \tag{3}$$

$$\frac{\alpha^\lambda}{\beta^\lambda} = \left(\frac{\alpha}{\beta}\right)^\lambda \tag{4}$$

が成立する．これは指数法則の拡張であって，α, β が正の有理数の場合は，すでに §1.28 に証明された．

ここでは α, β は共に正数，$\alpha^\lambda, \beta^\lambda$ 等はすべて正の実数を表すものと考えている．これを忘れると誤りに陥る．

次に (1)–(4) を証明しよう．まず

$$(\alpha^p)^{\frac{1}{q}} = \left(\alpha^{\frac{1}{q}}\right)^p = \alpha^{\frac{p}{q}}$$

なることの証明から始める．

$\alpha^{\frac{1}{q}} = \beta$, $(\alpha^p)^{\frac{1}{q}} = \gamma$ とすれば，$\alpha = \beta^q$, $\alpha^p = \beta^{pq} = \gamma^q$．すなわち $(\beta^p)^q = \gamma^q$ より

$$\gamma = \beta^p = \left(\alpha^{\frac{1}{q}}\right)^p = \alpha^{\frac{p}{q}}$$

となる．

(1) を証明するため，$\lambda = \dfrac{p}{q}$, $\mu = \dfrac{r}{s}$ とおく．

(1) の左辺を β とすれば

$$\beta^{qs} = \left(\alpha^{\frac{p}{q}}\right)^{qs} \left(\alpha^{\frac{r}{s}}\right)^{qs}.$$

然るに

$$\left(\alpha^{\frac{p}{q}}\right)^{q} = \left\{(\alpha^{p})^{\frac{1}{q}}\right\}^{q} = \alpha^{p}$$

となるので

$$\beta^{qs} = \alpha^{ps} \cdot \alpha^{qr} = \alpha^{ps+qr}.$$

故に

$$\beta = \alpha^{\frac{ps+qr}{qs}} = \alpha^{\frac{p}{q}+\frac{r}{s}} = \alpha^{\lambda+\mu}.$$

(2) を証明するには

$$(\alpha^{\lambda})^{\mu} = \left(\alpha^{\frac{p}{q}}\right)^{\frac{r}{s}} = \left[\left\{\left(\alpha^{\frac{1}{q}}\right)^{p}\right\}^{r}\right]^{\frac{1}{s}} = \left\{\left(\alpha^{\frac{1}{q}}\right)^{pr}\right\}^{\frac{1}{s}} = \left\{\alpha^{\frac{pr}{q}}\right\}^{\frac{1}{s}} = \alpha^{\frac{pr}{qs}}$$

とすればよろしい．

(3) を証明するには，$\lambda = \dfrac{p}{q}$ とすれば

$$\left(\alpha^{\frac{p}{q}} \cdot \beta^{\frac{p}{q}}\right)^{q} = \left(\alpha^{\frac{p}{q}}\right)^{q} \left(\beta^{\frac{p}{q}}\right)^{q} = \alpha^{p} \cdot \beta^{p} = (\alpha\beta)^{p},$$

故に

$$\alpha^{\frac{p}{q}} \cdot \beta^{\frac{p}{q}} = (\alpha\beta)^{\frac{p}{q}}.$$

(3) において，α, β の代わりに $\dfrac{\alpha}{\beta}$, β とすれば

$$\left(\frac{\alpha}{\beta}\right)^{\lambda} \cdot \beta^{\lambda} = \left(\frac{\alpha}{\beta} \cdot \beta\right)^{\lambda} = \alpha^{\lambda}.$$

故に

$$\left(\frac{\alpha}{\beta}\right)^{\lambda} = \frac{\alpha^{\lambda}}{\beta^{\lambda}}.$$

3.14.　無理数を指数とする乗冪．　我々はさらに指数が無理数なる場合に進もう．これには次の定理を証明しておかねばならない．

定理．　α を任意の正の実数とし，λ を正の有理数とすれば，$\alpha \gtreqless 1$ なるに従い，$\alpha^{\lambda} \gtreqless 1$ である．

$\alpha > 1$ とする．もし $\alpha^\lambda \leqq 1$ であるとすれば，$\lambda = p/q$, $(p, q > 0)$ に対し $(\alpha^\lambda)^q = \alpha^p \leqq 1$ となる．然るに $\alpha > 1$ ならば，$\alpha^p > 1$ であるから，$\alpha^\lambda \leqq 1$ は許されない．故に $\alpha > 1$ ならば $\alpha^\lambda > 1$ でなければならない．

同様に，$\alpha < 1$ ならば $\alpha^\lambda < 1$ が証明される．$\alpha = 1$ ならば $\alpha^\lambda = 1$ なることは明らかである．

これより直ちに次のことが示される．

$\alpha > \beta > 0$ とすれば，$\dfrac{\alpha}{\beta} > 1$ なる故に，$\left(\dfrac{\alpha}{\beta}\right)^\lambda > 1$，すなわち $\alpha^\lambda > \beta^\lambda$．

λ, μ を有理数とし，$\lambda > \mu > 0$ とすれば

$$\alpha > 1 \quad \text{ならば，} \quad \alpha^\lambda > \alpha^\mu,$$

$$\alpha = 1 \quad \text{ならば，} \quad \alpha^\lambda = \alpha^\mu,$$

$$1 > \alpha > 0 \quad \text{ならば，} \quad \alpha^\lambda < \alpha^\mu.$$

何となれば，$\lambda - \mu > 0$ は正の有理数なる故に $\alpha \gtreqless 1$ に従い

$$\alpha^{\lambda-\mu} \gtreqless 1, \quad \text{すなわち} \quad \alpha^\lambda \gtreqless \alpha^\mu.$$

さてこれだけの準備の下に，指数が無理数の場合に，いかにして乗冪を定義するかを示そう．

今 α を $\alpha \geqq 1$ なる実数とし，λ を正の実数とする．実数 λ は小数を以て表されるから，λ を有理数の単調収束数列

$$(a_1, a_2, a_3, \ldots, a_n, \ldots), \quad (0 < a_1 < a_2 < a_3 < \cdots < a_n < \cdots)$$

の極限と考えることができる．$\alpha \geqq 1$, $a_n > 0$ なる故に

$$\alpha^{a_n} \geqq \alpha^{a_{n-1}}.$$

然るに $\lambda < r$ なる有理数 r をとれば，$r > a_n$ なる故に

$$\alpha^r \geqq \alpha^{a_n}.$$

すなわち $(\alpha^{a_1}, \alpha^{a_2}, \alpha^{a_3}, \ldots, \alpha^{a_n}, \ldots)$ は上に有界な単調増加数列である．従って §3.6 の定理 1 により，この数列は基本数列である．それが表す実数を α^λ と定義する．

$1 > \alpha > 0$ ならば，$0 < \alpha^{a_n} < \alpha^{a_{n-1}}$．故に $(\alpha^{a_1}, \alpha^{a_2}, \ldots, \alpha^{a_n}, \ldots)$ は下に有界な単調減少数列である．故に基本数列である．これが表す実数を α^λ と定義する．

この α^λ は実数 λ を表す有理数列の形には影響されない.

このことを確かめるため, λ は $(a_1, a_2, a_3, \ldots)$ のほかに有理数の別の収束数列 $(b_1, b_2, b_3, \ldots)$ を以て定義されたとする.

$\lambda > 0$ なる故に, $b_n > 0$ としてよろしい.

$(a_1, a_2, \ldots)$, $(b_1, b_2, \ldots)$ は同一の λ を定義するから, ε をどのように小さい正の有理数としても, n_0 を定めて, $n > n_0$ に対しては $|a_n - b_n| < \varepsilon$ とできる. 故に $a_n - \varepsilon < b_n < a_n + \varepsilon$ である.

$\alpha \geqq 1$ とすれば, ε を充分小さくとれば $a_n - \varepsilon > 0$ となる故に

$$\alpha^{a_n - \varepsilon} \leqq \alpha^{b_n} \leqq \alpha^{a_n + \varepsilon},$$

$$\alpha^{a_n}\left(\frac{1}{\alpha^\varepsilon} - 1\right) \leqq \alpha^{b_n} - \alpha^{a_n} \leqq \alpha^{a_n}(\alpha^\varepsilon - 1).$$

δ をいかに小なる正数としても ε を充分小さくとれば,

$$1 - \delta < \alpha^\varepsilon < 1 + \delta$$

とできる. 何となれば, δ がいかに小さくとも $\delta > 0$ なる故に, m を充分大とすれば, $(1+\delta)^m > \alpha$ となる.

従って

$$1 + \delta > \alpha^{\frac{1}{m}}, \quad \alpha^{-\frac{1}{m}} > \frac{1}{1+\delta} > 1 - \delta$$

となる.

$\alpha \geqq 1$ なる故に, $\dfrac{1}{m} > \varepsilon > -\dfrac{1}{m}$ ならば

$$1 + \delta > \alpha^{\frac{1}{m}} \geqq \alpha^\varepsilon > \alpha^{-\frac{1}{m}} \geqq 1 - \delta$$

となる. これで $1 - \delta < \alpha^\varepsilon < 1 + \delta$ なる ε の存在することが証明された.

α^{a_n} は 0 と α^r (r は λ より大なる有理数の一つ) の間にあるから, n を充分大にすれば, $|\alpha^{b_n} - \alpha^{a_n}| < \alpha^r \delta$ とできる. 故に数列 $\{\alpha^{a_n}\}$ と $\{\alpha^{b_n}\}$ とは同一の実数を定める.

λ が負なる場合には, α^λ を $\dfrac{1}{\alpha^{-\lambda}}$ と定義し, かつ $\alpha^0 = 1$ と定義すれば, $\alpha > 0$ ならば任意の実数 λ に対して, α^λ は定義されたことになる. これに関しては, λ, μ を任意の実数とするとき

$$\text{(1)} \qquad \alpha^\lambda \cdot \alpha^\mu = \alpha^{\lambda+\mu},$$

$$(2) \qquad (\alpha^\lambda)^\mu = \alpha^{\lambda\mu},$$
$$(3) \qquad \alpha^\lambda\beta^\lambda = (\alpha\beta)^\lambda,$$
$$(4) \qquad \frac{\alpha^\lambda}{\beta^\lambda} = \left(\frac{\alpha}{\beta}\right)^\lambda$$

の成立することは，$\lambda = \{a_n\}$, $\mu = \{c_n\}$ とすれば，

$$\alpha^{a_n} \cdot \alpha^{c_n} = \alpha^{a_n + c_n}, \quad (\alpha^{a_n})^{c_n} = \alpha^{a_n c_n},$$
$$\alpha^{a_n}\beta^{a_n} = (\alpha\beta)^{a_n}, \quad \frac{\alpha^{a_n}}{\beta^{a_n}} = \left(\frac{\alpha}{\beta}\right)^{a_n}$$

の極限を考えることによって証明される．

3.15. 対数. α を任意の正の実数とし，λ を任意の実数とするとき

$$x^\lambda = \alpha$$

に適合する実数 x の存在はすでに知った．それでは逆に x が正の実数として与えられたときに，これを満足する実数 λ が存在するかどうか．

これは次のように考えることによって肯定される．

今 α, β を正の実数とし，$\beta > 1$ と仮定する．

$$\ldots,\ \beta^{-3},\ \beta^{-2},\ \beta^{-1},\ \beta^0,\ \beta^1,\ \beta^2,\ \beta^3,\ \ldots$$

なる数列は単調増加数列であって，n を大にすれば β^n はいかほどでも大になり，また，β^{-n} はいかほどでも 0 に近くなる．故に正の実数 α に対しては

$$\beta^{b_0} \leqq \alpha < \beta^{b_0+1}$$

が成立する整数 b_0 が存在しなければならない．

左辺の等号が成立しない場合は

$$\beta^{b_0},\ \beta^{b_0+\frac{1}{10}},\ \beta^{b_0+\frac{2}{10}},\ \ldots,\ \beta^{b_0+\frac{9}{10}},\ \beta^{b_0+1}$$

は漸次増加する数列なる故に，α はこの相隣る二数の間に落ちなければならない．すなわち

$$\beta^{b_0+\frac{b_1}{10}} \leqq \alpha < \beta^{b_0+\frac{b_1+1}{10}}$$

が成立する整数 b_1 $(0 \leqq b_1 \leqq 9)$ が存在しなければならない．

このことを繰返していけば，ある有限の整数 n に対し

$$\beta^{a_n} = \alpha, \quad a_n = b_0 + \frac{b_1}{10} + \frac{b_2}{10^2} + \cdots + \frac{b_n}{10^n}, \quad 0 \leqq b_0, b_1, \ldots, b_n \leqq 9$$

を満足する $b_0, b_1, b_2, \ldots, b_n$ が存在するか，またはいかなる n に対しても常に

$$\beta^{a_n} < \alpha < \beta^{a_n + \frac{1}{10^n}}, \quad n = 0, 1, 2, 3, \ldots, \quad (0 \leqq b_i \leqq 9)$$

を満たす $(a_1, a_2, a_3, \ldots)$ が存在するかである．

前者の場合においては，有理数 $\lambda = a_n$ が

$$\beta^\lambda = \alpha$$

を満足する．後者においては，$(a_0, a_1, a_2, \ldots)$ の表す実数を λ とすれば，$\{\beta^{a_n}\}$, $\left\{\beta^{a_n + \frac{1}{10^n}}\right\}$ は共に β^λ に収束するから，λ が

$$\beta^\lambda = \alpha$$

を満たす．

$\beta^\lambda = \alpha$ に適合する実数 λ は唯一つに限る．何となれば

$$\beta^\lambda = \alpha, \quad \beta^\mu = \alpha$$

とすれば，$\lambda \gtrless \mu$ なるに従い $\beta^\lambda \gtrless \beta^\mu$ となるからである．

この λ を β を**底**とする α の**対数**と名づけ，これを

$$\lambda = \log_\beta \alpha$$

で以て表す．

以上においては，$\beta > 1$ としたが，$0 < \beta < 1$ の場合には不等号が反対になるだけの相違である．故にこの場合にも対数は存在する．

$$\lambda = \log_\beta \alpha, \quad \lambda' = \log_\beta \alpha'$$

とすれば

$$\beta^\lambda = \alpha, \quad \beta^{\lambda'} = \alpha'.$$

故に

$$\beta^{\lambda + \lambda'} = \alpha\alpha', \quad \beta^{\lambda - \lambda'} = \frac{\alpha}{\alpha'}.$$

故に

$$\log_\beta(\alpha\alpha') = \lambda + \lambda', \quad \log_\beta\left(\frac{\alpha}{\alpha'}\right) = \lambda - \lambda'.$$

これは対数の最も重要な性質である．

$\beta > 1,\ \alpha \geqq 1$ ならば $b_0 \geqq 0$，　故に $\lambda = \log_\beta \alpha \geqq 0$.

$\beta > 1,\ 0 < \alpha < 1$ ならば $b_0 < 0$，　故に $\lambda = \log_\beta \alpha < 0$.

$0 < \beta < 1$ ならば反対になる．

3.16. **自然対数の底** e.　今次の二つの有理数列 $\{a_n\}$, $\{b_n\}$ を考える．

$$a_1 = \left(1 + \frac{1}{1}\right),\ a_2 = \left(1 + \frac{1}{2}\right)^2,\ a_3 = \left(1 + \frac{1}{3}\right)^3,\ \ldots,$$

$$a_n = \left(1 + \frac{1}{n}\right)^n,\ \ldots,$$

$$b_2 = \left(1 - \frac{1}{2}\right)^{-2},\ b_3 = \left(1 - \frac{1}{3}\right)^{-3},\ \ldots,$$

$$b_n = \left(1 - \frac{1}{n}\right)^{-n},\ \ldots.$$

この二つは同一の実数に収束する．その極限を e で表す．

これを証明するため，$\alpha > \beta > 0$ なる場合

$$\frac{\alpha^n - \beta^n}{\alpha - \beta} = \alpha^{n-1} + \alpha^{n-2}\beta + \alpha^{n-3}\beta^2 + \cdots + \alpha\beta^{n-2} + \beta^{n-1}$$

より

$$n\alpha^{n-1} > \frac{\alpha^n - \beta^n}{\alpha - \beta} > n\beta^{n-1},\ \ n(\alpha-\beta)\alpha^{n-1} > \alpha^n - \beta^n > n(\alpha-\beta)\beta^{n-1}$$

なる不等式を導いておく．

この第二の不等式の左辺において，$\alpha = 1 + \dfrac{1}{n-1}$, $\beta = 1 + \dfrac{1}{n}$ とおけば

$$\frac{1}{n-1}\left(1 + \frac{1}{n-1}\right)^{n-1} > \left(1 + \frac{1}{n-1}\right)^n - \left(1 + \frac{1}{n}\right)^n,$$

すなわち

$$\left(1 + \frac{1}{n}\right)^n > \left(1 + \frac{1}{n-1}\right)^{n-1},$$

すなわち $a_n > a_{n-1}$ が得られ，第二の不等式の右辺において，$\alpha = 1 - \dfrac{1}{n}$, $\beta = 1 - \dfrac{1}{n-1}$ とおけば

$$\left(1 - \frac{1}{n}\right)^n - \left(1 - \frac{1}{n-1}\right)^n > \frac{1}{n-1}\left(1 - \frac{1}{n-1}\right)^{n-1},$$

すなわち

$$\left(1-\frac{1}{n}\right)^n > \left(1-\frac{1}{n-1}\right)^{n-1},$$

すなわち $b_n < b_{n-1}$ が得られる．故に $\{a_n\}$ は単調増加数列，$\{b_n\}$ は単調減少数列である．然るに

$$\left(1+\frac{1}{n}\right)\left(1-\frac{1}{n}\right) = 1-\frac{1}{n^2} < 1$$

であるから

$$\left(1+\frac{1}{n}\right)^n < \left(1-\frac{1}{n}\right)^{-n},$$

すなわち $a_n < b_n$．よって $a_n < b_n < b_2$, $b_n > a_n > a_1$ となり，$\{a_n\}$ は上に有界であり，$\{b_n\}$ は下に有界である．故に共に収束する．

然るに

$$b_{n+1} = \left(1-\frac{1}{n+1}\right)^{-n-1}$$
$$= \left(\frac{n+1}{n}\right)^{n+1} = a_n\left(1+\frac{1}{n}\right)$$

となり, $\{a_n\}$, $\{b_n\}$ は収束であるから, その極限をそれぞれ α, β とすれば, $\lim a_n = \alpha$, $\lim b_{n+1} = \beta$．故に上の関係から

$$\beta = \lim\left(1+\frac{1}{n}\right)\cdot\alpha = \alpha$$

が得られる．この共通の極限は e であるから

$$\left(1+\frac{1}{n}\right)^n < e < \left(1-\frac{1}{n+1}\right)^{-n-1} = \left(1+\frac{1}{n}\right)^{n+1}.$$

実際の計算によれば，$e = 2.718281828459\cdots$ となる．

e を底とする対数を**自然対数**と名付け，e を**自然対数の底**という．10 を底とする対数を**常用対数**という．

第4節 デデキントの無理数論

3.17. デデキントの理論. メレーおよびカントルの無理数の理論は，有理数の収束数列の概念の上に立てられた．これに対しデデキントは有理数体 $\mathbf{Q}$ の切断なる新しい概念の上に立つ．以下これを論じよう．

有理数体は大小の関係により順序づけられている．故に一つの有理数 a をとり，a

より小なる有理数の全体を (R_1) とし，a より大なる有理数の全体を (R_2) とする．a それ自身を (R_1) に入れると，有理数体 $\mathbf{Q}$ が a によって二つの部分 (R_1), (R_2) に分かれたことになる．

(R_1) 中の数は (R_2) 中の数より小さくて，(R_1) 中の数の最大なるものは a それ自身である．(R_2) 中には最小数が存在しない．a より大なる有理数の中で，最小なるものはないからである．このように $\mathbf{Q}$ が (R_1), (R_2) に分たれたものを，a による**切断**といい，$(\mathrm{R}_1 \mid \mathrm{R}_2)$ を以て表す．(R_1) を下組，(R_2) を上組と名づける．

もし a を (R_1) に入れる代わりに，(R_2) に入れると，やはり一つの切断が得られる．ただし今度は (R_2) には最小数 a が存在するが，(R_1) には最大数が存在しないことになる．

然るに，a より大なるもの，小なるものとして切断を作る代わりに，平方が 2 より大なる正の有理数の全体を (R_2) とし，平方が 2 より小なる正の有理数の全体と，零および負の有理数の全体とを (R_1) とすれば，$\mathbf{Q}$ は (R_1), (R_2) に分たれ，(R_1) 中の数は (R_2) 中の数より小なること前と同様である．しかしここに前と異なる点は，(R_1) に最大数なきと同時に，(R_2) にも最小数が存在しないことである．

何となれば，(R_2) に最小の有理数 a ありとすれば，$a^2 > 2$ である．$0 < a - a' < \delta$ なる有理数 a' は δ をいかに小さくとっても存在する．故に $\delta < \dfrac{a^2-2}{2a}$ なるように δ をとれば

$$
\begin{aligned}
{a'}^2 > (a-\delta)^2 &= a^2 - 2a\delta + \delta^2 \\
&> a^2 - (a^2 - 2) + \delta^2 > 2,
\end{aligned}
$$

すなわち a' は (R_2) に属するはずであるが，$a' < a$ であるから，これは a が (R_2) の最小数なりという仮定に反する．

同様にして (R_1) に最大数のないことが確かめられる．

これだけを前置きにして，切断の一般の定義を述べよう．

3.18.　切断の定義．　あらゆる有理数を次の性質を有する二つの組 (R_1), (R_2) に分ける．

I　(R_1), (R_2) は各々少なくとも一つの数を含む．

II (R_1) 中の数は (R_2) 中の数より小である.

このような有理数体の分割を**切断**といい, $(\mathrm{R}_1 \mid \mathrm{R}_2)$ を以て表す. (R_1) を**下組**, (R_2) を**上組**と呼ぼう[*1].

切断は, 上組, 下組のいずれか一つを与えれば自然に定まる. 何となれば, 上組は下組に属しない有理数の全体よりなり, 下組は上組に属しない有理数の全体よりなるからである.

しかし有理数の一つの集合 M を勝手にとったのでは, 必ずしも一つの切断の上組または下組となり得ない. それが切断の上組となるためには, 次の条件が必要でかつ充分である.

(1) M に属しない有理数が存在する.

(2) a が M に属すれば, a より大なる有理数がすべて M に属する.

これを証明するのはすこぶる容易である.

同様に, M が一つの切断の下組なるために, 必要にしてかつ充分なる条件は, 上に挙げた (1) と,

(2′) a が M に属すれば, a より小なる有理数がすべて M に属する.

とである.

切断 $(\mathrm{R}_1 \mid \mathrm{R}_2)$ には次の三種類がある.

(I) (R_1) に最大数なく, (R_2) に最小数なき場合.

(II) (R_1) に最大数あり, (R_2) に最小数なき場合.

(III) (R_1) に最大数なく, (R_2) に最小数ある場合.

(R_1) に最大数 a があり, かつ (R_2) に最小数 b ある場合は決して起り得ない. もしあるとすれば, $a < b$ であるから, a, b 間の無数の有理数は (R_1), (R_2) のいずれにも属し得ないからである.

(II) および (III) の切断には, それぞれ (R_1) の最大数または (R_2) の最小数なる有

---

§3.18, *1 Dedekind による切断の加減乗除の論じ方は, Perron, Irrationalzahlen, 1921 にあるのが最も簡単であるから, 以下主としてそれによる.

理数が対応する．これを切断 $(\mathrm{R}_1 \mid \mathrm{R}_2)$ に対応する有理数という．(I) の切断にはこのような有理数は存在しない．

(III) の場合に, (R_2) の最小数を (R_1) に移せば, (II) の場合となる．以下 §3.19–3.25 においては，しばらくこの (I) および (II) の切断のみを考える．これをそれぞれ**第一種**，**第二種の切断**と呼ぶ．

すなわち，§3.19–3.25 において切断といえば，上組に最小数の存在しないものを意味する．このようにすれば議論が非常に簡明になる．

3.19. 切断の相等および大小.　まず切断の相等および大小の意義を定めよう．

二つの切断 $\alpha = (A_1 \mid A_2)$, $\beta = (B_1 \mid B_2)$ において，A_1 が B_1 と一致すれば，この切断は**相等しい**と定義し，$\alpha = \beta$ を以て表す．この場合，A_2 が B_2 と一致することはもちろんである．

B_1 が A_1 以外の有理数，すなわち A_2 のある数を含めば，切断 β は切断 α より**大なり**といい，$\beta > \alpha$ または $\alpha < \beta$ を以てこれを表す．

この場合には，B_2 は完全に A_2 に含まれる．

何となれば，仮定により，A_2 の一つの数 a_2 が B_1 に属し，B_2 の数はすべて a_2 より大なる故に，B_2 の数はすべて A_2 に含まれる．

A_1 が B_1 以外の数，すなわち B_2 のある数を含めば，A_2 は B_2 に含まれる．この場合，切断 β は切断 α より**小なり**といい，$\beta < \alpha$ または $\alpha > \beta$ を以てこれを表す．

二つの切断 α, β に対しては，$\alpha = \beta$, $\alpha > \beta$, $\alpha < \beta$ のいずれか一つが必ず成立する．またその一つが成立すれば，他の二つは決して成立しないことも容易に分かる．

この相等および大小の定義は, 相等および大小に関するすべての公理 $\mathrm{E}_1)$–$\mathrm{E}_6)$, $\mathrm{I}_1)$–$\mathrm{I}_5)$ (§1.3, 1.7, 1.11, 1.19) を満足することも簡単に証明される．

α, β が共に第二種である場合，α, β に対応する有理数をそれぞれ a, b とすれば，$\alpha = \beta$, $\alpha > \beta$, $\alpha < \beta$ なるに従い，それぞれ $a = b$, $a > b$, $a < b$ である．

3.20. 切断の正負.　0 に対応する第二種の切断を $(O_1 \mid O_2)$ とすれば，O_1 は負の有理数の全体と 0 とよりなり，O_2 は正の有理数の全体よりなる．

切断 α が $(O_1 \mid O_2)$ より大ならば，これを**正の切断**といい，$(O_1 \mid O_2)$ より小ならば，**負の切断**と名づける．

正の切断 $\alpha = (A_1 \mid A_2)$ においては，定義により，A_2 の数はすべて正であって，A_1 にも必ず正の有理数が含まれている．

第二種の正の切断に対応する有理数は正であり，第二種の負の切断に対応する有理数は負である．

3.21. 切断の和. 二つの切断 $\alpha = (A_1 \mid A_2), \beta = (B_1 \mid B_2)$ をとり，A_2 の一数と B_2 の一数との和として表される有理数の全体を C_2 とする．この C_2 は明らかに切断の上組の条件を備えている．何となれば

1° A_1 の一数と B_1 の一数との和は C_2 に含まれない．すなわち C_2 に含まれない有理数が必ず存在する．

2° C_2 の一数 c は A_2 の数 a と B_2 の数 b との和として表される．すなわち $c = a + b$. $c' > c$ なる c' をとれば，$c' = c + d = (a + d) + b, (d > 0)$. a より大なる $a + d$ は A_2 に属する．従って c' は A_2 の一数 $a + d$ と B_2 の一数 b との和であるから，必ず C_2 に含まれる．

3° A_2, B_2 にはいずれも最小数がないから，C_2 にもまた最小数がない．

この 3° は第一種または第二種の切断の上組となるために必要なる条件である．

このように C_2 は一つの切断の上組となり得るから，これは一つの切断 $(C_1 \mid C_2)$ を定める．これを $\alpha = (A_1 \mid A_2), \beta = (B_1 \mid B_2)$ の**和**と名づけ，$\alpha + \beta$ を以て表す．

この定義より加法の交換，結合法則：

$$\alpha + \beta = \beta + \alpha, \quad \alpha + (\beta + \gamma) = (\alpha + \beta) + \gamma,$$

および $\alpha < \beta$ ならば $\alpha + \gamma < \beta + \gamma$ なることが出てくる．

α, β が共に第二種の切断であって，これに対応する有理数をそれぞれ a, b とすれば，$\alpha + \beta$ に対応する有理数は $a + b$ に等しい．何となれば，$\alpha + \beta = (C_1 \mid C_2)$ とすれば，C_2 は $a + b$ より大なる数のみを含み，C_1 の最大数は $a + b$ となるからである．

3.22. 切断の差. $\alpha = (A_1 \mid A_2), \beta = (B_1 \mid B_2)$ において，A_2 の一数 a と B_1 の一数 b との差 $a - b$ の全体を C_2 とすれば，C_2 は一つの切断の上組を作る．次にこれを証明する．

1° A_1 の数と B_2 の数との差は C_2 に含まれない．

2°　c を C_2 の数にとれば，これは A_2 の一数 a と，B_1 の一数 b との差 $a-b$ として表される．$c' > c$ とすれば，$c' = c+d = (a+d)-b$, $(d > 0)$ となる．すなわち c' は A_2 の一数 $a+d$ と B_1 の一数 b との差として表される．故にまた C_2 に属する．

3°　A_2 に最小数なき故に，C_2 にも最小数がない．

以上の事実は C_2 が一つの切断の上組をなすことを示す．

この切断 $(C_1 \mid C_2)$ を α, β の**差**と名づけ，$\alpha - \beta$ を以て表す．

α が $(O_1 \mid O_2)$ に等しい場合に，$\alpha-\beta$ を $-\beta$ にて表す．$\beta = (B_1 \mid B_2)$ が正ならば，B_2 の数はすべて正数であって，B_1 にもまた正数が含まれる．故に $-\beta = (\overline{B_1} \mid \overline{B_2})$ とすれば，$\overline{B_2}$ には負数が含まれ，$\overline{B_1}$ はすべて負数よりなる．すなわち β が正ならば $-\beta$ は負である．逆に β が負ならば $-\beta$ は正である．

α, β が共に第二種の切断であって，それらに対応する有理数をそれぞれ a, b とすれば，$\alpha - \beta$ はまた第二種の切断であって，これに対応する有理数は $a-b$ である．$(O_1 \mid O_2)$ に対応する有理数は 0 であるから，$-\beta$ に対応する有理数は $-b$ である．

切断の差の定義から，$\beta + (\alpha - \beta) = \alpha$ なることが次のように証明される．

$\alpha = (A_1 \mid A_2)$, $\beta = (B_1 \mid B_2)$, $\alpha - \beta = (C_1 \mid C_2)$, $\beta + (\alpha - \beta) = (D_1 \mid D_2)$ とすれば，D_2 は C_2, B_2 の数 c_2, b_2 の和の形になる有理数の全体である．また C_2 の数は A_2 の数 a_2 と B_1 の数 b_1 との差の形になる．従って D_2 の数は $a_2 - b_1 + b_2$ の形である．$b_2 > b_1$ であるから $a_2 - b_1 + b_2 = a_2 + (b_2 - b_1) > a_2$．故に D_2 の数はすべて A_2 に含まれる．

逆に A_2 の任意の数 a をとれば，A_2 に最小数なき故に，a より小さいある有理数 a' が A_2 に属しなければならない．$a = a' + d$, $(d > 0)$ とすれば，$d = b_2 - b_1$ に適合し，それぞれ B_1, B_2 に属する数 b_1, b_2 の存在が分かれば，a は $a' - b_1 + b_2$ の形になるから，A_2 の数は D_2 に含まれる．故に A_2 と D_2 とは一致し，従って $\beta + (\alpha - \beta)$ は α に等しい．

$\beta = (B_1 \mid B_2)$ において，$d > 0$ をいかに小さくとるとも，B_1, B_2 内にそれぞれ b_1, b_2 をとって $b_2 - b_1 = d$ が成り立つようにできることは，次のように証明される．今 B_1 の任意の数 b より出発して，$b+d, b+2d, b+3d, \ldots$ を作っていけば，ついには B_2 の数が出てくる．初めて B_2 の数となるものを $b + nd = b_2$ とすれば，$b + (n-1)d = b_1$ は B_1 に属する．従って $b_2 - b_1 = d$.

3.23. 切断の積. $\alpha=(A_1 \mid A_2)$, $\beta=(B_1 \mid B_2)$ を共に正の切断とすれば，A_2, B_2 の数はすべて正であって，A_1, B_1 にもまた正の有理数が含まれている．A_2, B_2 の数の積として表される有理数の全体を C_2 とすれば，これが一つの切断の上組を作ることは，次の三条件で明らかである．

1° A_1, B_1 に含まれる正数の積は C_2 に含まれない．

2° A_2, B_2 の数 a_2, b_2 の積 a_2b_2 より大なる有理数 c をとれば，$c=a_2b_2k$, $(k>1)$ の形に表される．$a_2k>a_2$ であるから，a_2k は A_2 に属する．故に c は A_2 の数 a_2k と B_2 の数 b_2 との積として表される．従ってまた C_2 に属する．

3° A_2, B_2 にはともに最小数なき故に，C_2 にもまた最小数がない．

今 C_2 が定める切断を $(C_1 \mid C_2)$ とすれば，これは第一種または第二種である．これを α, β の**積**といい，$\alpha\cdot\beta$ によって表す．$(C_1 \mid C_2)$ はまた正の切断である．

負の切断の積は次のように定義される．ただし α, β はいずれも正の切断とする．

$$\alpha(-\beta)=-(\alpha\beta), \quad (-\alpha)\beta=-(\alpha\beta), \quad (-\alpha)(-\beta)=\alpha\beta.$$

我々はまた

$$\gamma\cdot(O_1 \mid O_2)=(O_1 \mid O_2)\cdot\gamma=(O_1 \mid O_2)$$

と定義する．ただし γ は任意の切断を表す．

以上の定義から，乗法に関する交換，結合，分配の諸法則の成立が証明される．

その代表として分配法則 $(\alpha+\beta)\gamma=\alpha\gamma+\beta\gamma$ を証明しよう．

今 $\alpha=(A_1 \mid A_2)$, $\beta=(B_1 \mid B_2)$, $\gamma=(C_1 \mid C_2)$, $(\alpha+\beta)\gamma=(D_1 \mid D_2)$, $\alpha\gamma+\beta\gamma=(E_1 \mid E_2)$ とすれば，定義により，D_2 の数は $(a_2+b_2)c_2$ の形であって，E_2 の数は $a_2c_2+b_2c_2'$ の形である．ただし a_2, b_2 は A_2, B_2 の数，c_2, c_2' は C_2 の数を表す．

$c_2'>c_2$ とすれば，$c_2'/c_2=k>1$ であるから，$a_2c_2+b_2c_2'=(a_2+b_2k)c_2$ となる．$b_2k=b_2'$ は b_2 より大であるから，B_2 の数である．故に E_2 の数は D_2 に含まれる．

逆に $(a_2+b_2)c_2$ は $a_2c_2+b_2c_2$ に等しいから，D_2 の数は E_2 に含まれる．すなわち D_2 と E_2 とは一致し，従って $(\alpha+\beta)\gamma=\alpha\gamma+\beta\gamma$ となる．

α, β が共に第二種であって，それらに対応する有理数をそれぞれ a, b とすれば，積 $\alpha\beta$ もまた第二種であって，それに対応する有理数は $a\cdot b$ である．

3.24. **切断の商.** 今 $\alpha = (A_1 \mid A_2)$, $\beta = (B_1 \mid B_2)$ を共に正の切断とする. A_2 の数 a_2（これはすべて正）を B_1 に含まれた正数 b_1 によって除した商 a_2/b_1 の全体を C_2 とすれば，これは一つの正の切断の上組を作る．このことは次の条件が満たされることによって明らかである．

1°　A_1 に含まれる正数を B_2 の数（すべて正）で除した商は C_2 に含まれない．

2°　a_2/b_1 より大なる c をとれば，$c = ka_2/b_1$, $(k > 1)$ である．ka_2 は a_2 より大なる故に，A_2 の数である．従って c は C_2 に含まれる．

3°　A_2 に最小数なき故に，C_2 にもまた最小数がない．

C_2 の定める切断を $(C_1 \mid C_2)$ とすれば，C_2 の数はすべて正であって，かつ C_2 に属さない正数が存在するから，$(C_1 \mid C_2)$ は正の切断である．$(C_1 \mid C_2)$ を α, β の**商**と名づけ，α/β によって表す．

負の切断の商については次のように定義する．

α, β を正の切断とすれば

$$\frac{(-\alpha)}{\beta} = -\frac{\alpha}{\beta}, \quad \frac{\alpha}{(-\beta)} = -\frac{\alpha}{\beta}, \quad \frac{(-\alpha)}{(-\beta)} = \frac{\alpha}{\beta}.$$

また

$$\frac{(O_1 \mid O_2)}{\beta} = (O_1 \mid O_2)$$

と定義する．

α, β が第二種の切断ならば α/β もまた第二種であって，α, β に対応する有理数をそれぞれ a, b とすれば，α/β に対応する有理数は a/b である．

上の定義より

$$\beta \cdot \frac{\alpha}{\beta} = \alpha$$

が次のように証明される．

まず，α, β を正の切断とする．$\dfrac{\alpha}{\beta} = (C_1 \mid C_2)$, $\beta \cdot \dfrac{\alpha}{\beta} = (D_1 \mid D_2)$ とすれば，定義により，D_2 の数は $b_2(a_2/b_1)$ の形である．ただし a_2, b_1, b_2 はそれぞれ A_2, B_1, B_2 に含まれる正数を表す．$b_2 > b_1$ であるから，$b_2a_2/b_1 > a_2$，故に D_2 の数はすべて A_2 に含まれる．逆に A_2 の任意の数 a をとれば，A_2 には最小数なき故に，a より小なるある数 a' が A_2 に含まれる．$a/a' = k$ とすれば $k > 1$ である．B_1, B_2 から正数 b_1, b_2 を $b_2/b_1 = k$ となるようにとることが許されたならば，$a = a'b_2/b_1$ な

る故にこれは D_2 に含まれる．従って A_2 と D_2 との一致が証明される．

$b_2/b_1 = k > 1$ となるように，B_1, B_2 内に正数 b_1, b_2 が定められることは，次のように考えれば明らかである．

B_1 から一つの正数 b をとり，$(k-1)b = \varepsilon$ とおけば，ε は正の有理数である．§3.22 の終りに証明した通りに，B_1, B_2 よりそれぞれ正数 b_1', b_2' を定め，$b_2' - b_1' = \varepsilon$ ならしめることができる．$b = b_1'$ ならば $b_2 = b_2'$, $b_1 = b_1' = b$ とすれば $b_2 - b_1 = \varepsilon = (k-1)b_1$．すなわち $b_2 = kb_1$ となる．$b > b_1'$ ならば，$b = b_1' + d$ なる正数 d が定められる．故に $b_2' + d = b_2$, $b = b_1$ とおけば，$b_2 - b_1 = (b_2' + d) - (b_1' + d) = b_2' - b_1' = \varepsilon = (k-1)b_1$．従って $b_2 = kb_1$ となる．$b < b_1'$ ならば $b_2' - b_1' = \varepsilon = (k-1)b < (k-1)b_1'$．従って $b_2 - kb_1 = (k-1)b_1' - d$, $(d > 0)$ とされる．$b_1 = b_1'$, $b_2 = b_2' + d$ とおけば，$b_2 - b_1 = (b_2' + d) - b_1' = (k-1)b_1' = (k-1)b_1$．故に $b_2 = kb_1$ となる．いずれにしても，$k > 1$ を与えれば，B_1, B_2 より正数 b_1, b_2 を選んで $b_2 = kb_1$ ならしめることができる．

α, β のいずれか一つ，あるいは双方とも負となる場合には，負の切断の商の定義を考え合わせれば $\beta \cdot \dfrac{\alpha}{\beta} = \alpha$ が証明される．

3.25. 切断による無理数の定義． 以上において，切断の加減乗除を支配する法則が，有理数の場合と全く同一なることを見た．かつ切断が第二種の場合には，それを支配する法則は，切断に対応する有理数のそれと同一であって，一方を以て他方に代えることができる．

故に第二種の切断（第三種の切断も同様）を以てこれに対応する有理数を定義すると考えても差支えがない．第一種の切断の場合には，これに対応する有理数は存在しない．この場合，我々は第一種の切断を以て**無理数**を定義する．すなわちこの切断そのものを無理数と定義するのである．これを支配する法則は上に示したように，全く従来の有理数体の場合と同一である．

デデキントはこの第一種の切断が無理数に対応する，あるいは切断が無理数を定めると述べているが，我々はウェーバーにならい，切断そのものを以て無理数と定義したのである．従って第二種，第三種の切断を以て有理数と定義することになる．この場合にいう有理数とは，従来定義してきたものと形式は異なるが，加減乗除の演算に対して，一をもって他に代えることができるから，両者を同等のものと見なして，その間に何らの差異を認めないことにしたのである．

我々は §3.11 において，メレーおよびカントルの見地から，数列の極限について論じたが，これはデデキントの見地からも論ずることができる．詳細は Perron, Irrationalzahlen で見られたい．

切断の加減乗除を論ずるのに，上とは反対に，まず切断の定義より相等大小を定義し，しかる後直ちに極限の概念を導入して，関数の連続を論じ，その特別の場合として，和，差，積，商等を定義することができる．この方法はベール（Baire）が彼の著 Sur les nombres irrationnels, des limites et la continuité で初めて論じた所であって，コワレフスキ（Kowalewski, Grundzüge der Differential-und Integralrechnung）はこれを発展させた．

3.26. 実数体と切断. 以上においては，有理数体の切断により実数を導入してきたが，実数体の切断は何を意味するであろうか．これはカントルの理論における実数の基本数列がまた実数を表すか否かの問題と平行する．

α を任意の実数とし，α より小なる実数の全体を (K_1), α より大なる実数の全体を (K_2) とし，α それ自身は (K_1) または (K_2) に入れることにより，実数体の切断が得られる．これは実数 α を定めるものと考える．

一般に，実数体を二つの組 (K_1), (K_2) に分け，

1　(K_1), (K_2) の各々は少なくとも一つの数を含み，

2　(K_1) 中の数は (K_2) 中の数より小さいとする．

これを**実数体の切断**と名づける．

この切断はまた一つの実数を定める．これは次のように証明される．

(K_1), (K_2) 内の有理数の全体を，それぞれ (R_1), (R_2) とすれば，$(\mathrm{R}_1 \mid \mathrm{R}_2)$ は有理数体の切断である．これが定める実数を α で表しておく．

今 α より大なる任意の実数 β をとり，β を定める有理数体の切断を $(\mathrm{R}_1' \mid \mathrm{R}_2')$ とすれば，(R_1') に含まれ，(R_1) に含まれない無限に多くの有理数が存在する．その一つを a とすれば，a は (R_2) に属し，従って (K_2) に属する．β は $\beta > a$ なる故に，また (K_2) に属する．同様に $\beta < \alpha$ ならば，β は (K_1) に属することが証明される．

すなわち α より大なる実数は (K_2) に属し，α より小なる実数は (K_1) に属するから，α それ自身は (K_2) の最小数か，(K_1) の最大数かでなければならない．故に切断 $(\mathrm{K}_1 \mid \mathrm{K}_2)$ は α を定める．

このように，実数体の切断 $(\mathrm{K}_1 \mid \mathrm{K}_2)$ においては (K_2) に最小数があるか，(K_1) に最大数があるかである．これが有理数体の切断と異なる点である．

第5節　無理数の二つの理論の調和

3.27. メレー–カントル，デデキントの定義による無理数の対応． 無理数に対して，我々はメレー–カントルおよびデデキントによる二様の定義を与えた．この両者の調和を示すためには，この二つの形式は相違してはいるが，一方の定義による α, β には，必ず他方の定義による α', β' が対応し，$\alpha = \beta, \alpha > \beta, \alpha < \beta$ ならば $\alpha' = \beta'$, $\alpha' > \beta', \alpha' < \beta'$ となり，$\alpha \pm \beta, \alpha\beta, \alpha/\beta$ にはまた $\alpha' \pm \beta', \alpha'\beta', \alpha'/\beta'$ が対応することを明らかにしなければならない．

まずカントルの定義による一つの実数に，デデキントの定義による一つの実数が対応することの証明から始めよう．

一つの実数 α が，メレー–カントルに従い，有理数の基本数列 $(a_1, a_2, a_3, \ldots, a_n, \ldots)$ により定義されたとする．

r を任意の有理数とすれば，r はまた $(r, r, r, \ldots)$ なる基本数列によって表される．故に $\alpha - r = \{a_n - r\}$ である．

$\alpha - r \neq 0$ ならば，$n > n_0$ に対して $a_n - r$ が常に一定の符号を有するように n_0 を選ぶことができる．もし $a_n - r < 0$ ならば，r を (R_2) に入れ，$a_n - r > 0$ ならば (R_1) に入れる．このいずれにも属しない場合には，必ず $\alpha = r$ でなければならない．この場合には r を (R_1), (R_2) のいずれかに入れる．このようにして得られた $(\mathrm{R}_1 \mid \mathrm{R}_2)$ は有理数体の一つの切断である．これがカントルの定義による α に対応する．

しかしカントルの定義によれば，実数 α を定める基本数列は唯一つではない．故に $\{a_n\} = \alpha$ に対応する切断 $(\mathrm{R}_1 \mid \mathrm{R}_2)$ と，α を表す別の基本数列 $\{b_n\} = \alpha$ に対応する切断 $(\mathrm{R}_1' \mid \mathrm{R}_2')$ とが，果して一致するかどうかを調べなければならない．

r を任意の有理数とすれば，$\{a_n - r\} = \{b_n - r\} = \alpha - r$ である．故にある n_0 より大なる n に対しては $a_n - r$, $b_n - r$ は共に正，または共に負でなければならない，ただし $\alpha \neq r$ とする．

故に r が (R_2) に属すれば，同時に (R_2') に属し，r が (R_1) に属すれば，同時にまた (R_1') に属しなければならない．ただ $\alpha = r$ なるときには，r が (R_2) に属して (R_2') に属しないことがある．この場合には，r は (R_1') に属して (R_1) に属しない．いずれにしても $(\mathrm{R}_1 \mid \mathrm{R}_2)$, $(\mathrm{R}_1' \mid \mathrm{R}_2')$ の定める実数は α である．

すなわちカントルの定義による実数 α を定める無数の基本数列に対応する切断は，すべてデデキントの定義による同一の実数 α を定める．

次に逆の問題を考えよう．

デデキントの定義により，一つの実数 α が切断 $(\mathrm{R}_1 \mid \mathrm{R}_2)$ によって定められたとする．

(R_1) に属する有理数 a と，(R_2) に属する有理数 b を適当に選べば，$b - a < \varepsilon$ ならしめることができる (§3.22)．ただし ε は任意の正の有理数とする．

r を (R_1) の任意の有理数とし，s を (R_2) の任意の有理数とすれば，(R_1), (R_2) に属する a, b を適当に選んで $r \leqq a < b \leqq s$, $b - a < \varepsilon$ となるようにできる．これは n を充分大にとれば $(s - r)/n < \varepsilon$ とできるから，$\varepsilon' = (s - r)/n$ に対し ε と同様に考えれば直ちに分かるであろう．

さて 0 を定める一つの基本数列を $\{\varepsilon_n\}$ とする．ただし $\varepsilon_n > 0$ と仮定する．

(R_1) より a_1, (R_2) より b_1 を選び，$b_1 - a_1 < \varepsilon_1$ となるようにする．次に (R_1) より a_2, (R_2) より b_2 を選び，$a_1 \leqq a_2 < b_2 \leqq b_1$, $b_2 - a_2 < \varepsilon_2$ とする．同様に (R_1), (R_2) よりそれぞれ $(a_3, a_4, a_5, \ldots)$, $(b_3, b_4, b_5, \ldots)$ を取り出して，$a_1 \leqq a_2 \leqq a_3 \leqq a_4 \leqq \cdots$, $\cdots \leqq b_4 \leqq b_3 \leqq b_2 \leqq b_1$, $b_3 - a_3 < \varepsilon_3$, $b_4 - a_4 < \varepsilon_4$, $\ldots$ とすることができる．

$a_n < b_1$ であるから数列 $(a_1, a_2, a_3, \ldots)$ は上に有界な単調増加数列である．故にこれは基本数列である (§3.6)．

$b_n > a_1$ であるから数列 $(b_1, b_2, b_3, \ldots)$ は下に有界な単調減少数列である．故にこれもまた基本数列である．この二つの数列は $b_n - a_n < \varepsilon_n$ および $\{\varepsilon_n\} = 0$ より，同一の実数を定めることが分かる．

今 (R_2) の一つの有理数 a をとる．a が (R_2) の最小数でなければ，a より小なるある数 a' が (R_2) に含まれる．故に $a - a_n = a - a' + a' - a_n > a - a'$，すなわち $a - a_n$ は正数 $a - a'$ より大きいから，決して 0 に近づくことはない．よって $\{a\} > \{a_n\} = \{b_n\}$ である．

同様に (R_1) に属する有理数 a が (R_1) の最大数でなければ，$\{a\} < \{b_n\} = \{a_n\}$ である．

故に (R_2) に最小数なく，(R_1) に最大数なければ，切断 $(\mathrm{R}_1 \mid \mathrm{R}_2)$ の定める実数 α は $\{a_n\} = \{b_n\}$ に等しくなければならない．

もし，(R_2) に最小数 b があれば，$(\mathrm{R}_1 \mid \mathrm{R}_2)$ の定める数は b であるので，数列 $(b_1, b_2, \ldots)$ を作るにあたり，常に $b_1 = b_2 = b_3 = \cdots = b$ とおかれるから，$\{b_n\} = \{a_n\} = \{b\}$ となる．故に $(\mathrm{R}_1 \mid \mathrm{R}_2)$ の定める実数 b には，カントルの定義による $\{a_n\}$ なる実数が対応する．

(R_2) に最小数がなく，(R_1) には最大数が存在する場合にも同様に論ぜられる．

以上の対応において，相等，大小の関係が保たれ，かつ和，差，積，商がそれぞれ対応することは容易に証明することができるから，両者の無理数の理論は形式において趣を異にするも，内容においては一を以て他に代えられることが確かめられる．

3.28. 一直線上の点列． 水平の位置にある一直線 L 上に一点 O をとり，これを原点とし，O より右方に任意の一点 U をとり，O より OU の長さの整数倍の距離にある点をしるして，これらを整数 1, 2, 3, ... に対応させる．同様にして O より左方にとった点を −1, −2, −3, ... に対応させ，O を零に対応させる．次に正の有理数 a/b には，O より右方への距離が OU を b 等分した長さの a 倍となるような点を対応させ，$-a/b$ には，O の左方にとった同様の点を対応させる．

このように，有理数体の一つの数に対応する直線 L 上の点を，便宜のため L 上の**有理点**と名づけよう．

二つの有理数 a, b の間の大小の関係は，それらに対応する有理点 A, B の直線上の位置の関係を定める．$a > b$ ならば，A は B の右，$a < b$ ならば A は B の左にある．すなわち有理数体が大小の関係により順序づけられたと同様に，有理点は直線 L 上に，左右の関係により順序づけられている．

有理数の分布は稠密である(§1.27). すなわち任意の二つの有理数の間には, 無限に多くの有理数が存在する. 故に任意の二つの有理点の間には, また無限に多くの有理点が存在する.

このことを直線上の有理点の分布は稠密であるという.

デデキントによれば, 有理数体の一つの切断 $(\mathrm{R}_1 \mid \mathrm{R}_2)$ は一つの実数を定義する.

この実数に対応する点を**実点**と名づける. このような点の存在を公理とすることにより, 初めて**直線の連続性**が成立する.

我々はこの事実を次のように言い表すことができる.

一直線 L 上の有理点の全体を二つに分けて $(\mathrm{R}_1), (\mathrm{R}_2)$ とする.

1. $(\mathrm{R}_1), (\mathrm{R}_2)$ の各々は少なくとも一つの有理点を含むものとし,
2. (R_1) の点は (R_2) の点の左にあるものとする.

これを**有理点の切断**と名づけると, この切断により一つの実点 P が定まる.

これを**デデキントの公理**という.

(R_2) の最左端の点があれば, P はこの有理点を表す. (R_1) に最右端の点があれば, P はこの有理点を表す. (R_2) に最左端の点なく, (R_1) に最右端の点なければ, P を**無理点**と名づける. (R_2) の点はすべて P の右に, (R_1) の点はすべて P の左に位する.

直線 L は有理点および無理点の全体よりなるものと考える.

カントルの見地によりすれば, 実数は有理数列の極限として導入せられた (§3.7). このことを有理点の場合に及ぼすには, 極限点の概念を導入しなければならない.

直線 L 上の点列 $\mathrm{P}_1, \mathrm{P}_2, \mathrm{P}_3, \ldots$ を与えた場合に, ε を任意の正数とし, n_0 を適当に定めて, $n > n_0$ なるすべての n に対し, 一点 P と P_n との距離を ε より小ならしめることができるとき, P を $(\mathrm{P}_1, \mathrm{P}_2, \ldots, \mathrm{P}_n, \ldots)$ の**極限点**と名づける.

基本数列に対応する点列を**基本点列**という.

カントルの見地よりすれば, 実点の存在を規定するは, 有理点の基本点列の極限点の存在を規定することである.

直線の連続性は単にこれを構成する点の分布の稠密なることだけでは成立しない. これに加えて, 任意の基本点列の極限点の存在を仮定して初めて完成するものである.

このことを初めて確立したのはデデキントであって, 彼の著 Stetigkeit und irrationale Zahlen, 1872 で初めて公にした.

以上の所論により，実数体の数と直線上の点との間に一対一の対応がつけられた．これにより実数の幾何学表示として，直線上の点を以てすることが可能になる．これが解析幾何学の基礎をなすものである．

第4章　有理数による無理数の近似[†]

第1節　連分数の主要性質

4.1. **小数による無理数の近似.**　前章において，我々は有理数の収束数列を以て無理数を定義した．これによれば，任意の無理数は有理数を以て漸次これに近づけることができる．このことを**有理数による無理数の近似**という．これに関する我々の第一の問題は，無理数を与えたとき，これに近似する有理数列をどのようにして定めるかということである．

この問題の解答として，二つの方法を挙げることができる．一は小数によるもので，他は連分数によるものである．

まず小数による無理数の近似から論じよう．

実数 ω と正の整数 g $(\geqq 2)$ をとり，次の演算を行う．

$[x]$ を以てガウスの記号，すなわち $x-1<[x]\leqq x$ を満たす整数を表すものとすれば

$$
\begin{aligned}
a_0 &= [\omega], & \omega_1 &= \omega - a_0,\\
a_1 &= [g\omega_1], & \omega_2 &= g\omega_1 - a_1,\\
a_2 &= [g\omega_2], & \omega_3 &= g\omega_2 - a_2,\\
&\cdots\cdots\cdots & &\cdots\cdots\cdots\cdots\\
a_n &= [g\omega_n], & \omega_{n+1} &= g\omega_n - a_n,\\
&\cdots\cdots\cdots & &\cdots\cdots\cdots\cdots
\end{aligned}
$$

により順次整数 $a_0, a_1, a_2, \ldots$ が定まる．a_0 は ω の如何により 0 または正負のいず

---

† 本章に関しては，Perron, Die Lehre von den Kettenbrüchen, 1913; Pringsheim, Zahlen- und Funktionenlehre I. 3, 1921 参照.

れともなるが, $\omega_1, \omega_2, \ldots$ はすべて 1 より小なる正数である. 従って, a_1, a_2, a_3, $\ldots$ は $0 \leqq a_i < g$ を満足する整数である. これより

$$\omega = a_0 + \omega_1, \quad \omega_1 = \frac{a_1}{g} + \frac{\omega_2}{g}, \quad \frac{\omega_2}{g} = \frac{a_2}{g^2} + \frac{\omega_3}{g^2}, \ \ldots,$$

従って

$$\omega = a_0 + \frac{a_1}{g} + \frac{a_2}{g^2} + \frac{a_3}{g^3} + \cdots + \frac{a_n}{g^n} + \frac{\omega_{n+1}}{g^n}$$

が導かれる. ω と分数

$$b_n = a_0 + \frac{a_1}{g} + \frac{a_2}{g^2} + \frac{a_3}{g^3} + \cdots + \frac{a_n}{g^n}$$

との差 ω_{n+1}/g^n は $1/g^n$ より小である. $g \geqq 2$ である故に, n を充分大にすれば, この差は任意に与えられた正数 ε よりも小にすることができる. すなわち $(b_0, b_1, b_2, \ldots)$ なる収束数列の極限は ω に等しくて

$$\omega = a_0 + \frac{a_1}{g} + \frac{a_2}{g^2} + \frac{a_3}{g^3} + \cdots + \frac{a_n}{g^n} + \cdots$$

となる.

実数 ω が有理数を表すための必要条件は, 上の級数が有限の所で切れるか, または循環小数となることである. これはすでに §3.3 で論じた所である. これがまた充分条件となることは, 次のように考えれば明らかである.

有限で切れる場合に有理数を表すことはいうまでもない.

循環小数であれば, その循環節を $(a_m, a_{m+1}, \ldots, a_{m+k-1})$ とすれば,

$$g^k\omega = \left(a_0 + \frac{a_1}{g} + \cdots + \frac{a_{m+k-1}}{g^{m+k-1}}\right) g^k + \frac{a_{m+k}}{g^m} + \frac{a_{m+k+1}}{g^{m+1}} + \cdots,$$

$$g^k\omega - \omega = \left(a_0 + \frac{a_1}{g} + \cdots + \frac{a_{m+k-1}}{g^{m+k-1}}\right) g^k - \left(a_0 + \frac{a_1}{g} + \cdots + \frac{a_{m-1}}{g^{m-1}}\right)$$

となる. この右辺は一つの有理数であり, 左辺は $(g^k - 1)\omega$ であるから, ω は有理数でなければならない.

すなわち次の定理が得られる.

定理. **実数 ω を, g を底とする小数**

$$\omega = a_0 + \frac{a_1}{g} + \frac{a_2}{g^2} + \frac{a_3}{g^3} + \cdots + \frac{a_n}{g^n} + \cdots$$

に展開した場合に, ω が有理数となるための必要にして充分な条件は, この小数展開が有限で切れるか, または循環小数となることである.

従って無理数は必ず無限小数に展開されなければならない．これが唯一通りに表されることは，$a_0, a_1, a_2, \ldots$ の定義から容易に看取されるであろう．

定理. **無理数は常に唯一通りの無限小数に展開される.**

4.2. 有限連分数.

有理数による無理数の第二の近似方法は，我々が次に述べようとする連分数である．

ω を任意の実数とすれば

$$
\begin{aligned}
\omega &= a_0 + \frac{1}{\omega_1}, & a_0 &= [\omega], \\
\omega_1 &= a_1 + \frac{1}{\omega_2}, & a_1 &= [\omega_1], \\
\omega_2 &= a_2 + \frac{1}{\omega_3}, & a_2 &= [\omega_2], \\
&\cdots\cdots\cdots\cdots\cdots & &\cdots\cdots\cdots \\
\omega_n &= a_n + \frac{1}{\omega_{n+1}}, & a_n &= [\omega_n], \\
&\cdots\cdots\cdots\cdots\cdots & &\cdots\cdots\cdots
\end{aligned}
$$

なる演算より，整数 $a_0, a_1, a_2, \ldots$ が一通りに定まる．ω の如何により a_0 は正，負または零のいずれともなるが，$\omega_1, \omega_2, \ldots$ はすべて 1 より大なる正数である．従って $a_1, a_2, \ldots$ はすべて正の整数である．

ある ω_n が整数となる場合に限り，この演算は $\omega_n = a_n$ で切れる．

上の関係から

$$
\omega = a_0 + \cfrac{1}{a_1 + \cfrac{1}{a_2 + \ddots + \cfrac{1}{a_n + \cfrac{1}{\omega_{n+1}}}}}
$$

が得られる．便宜のためこれを

$$
\omega = a_0 + \frac{1}{a_1} + \frac{1}{a_2} + \frac{1}{a_3} + \cdots + \frac{1}{a_n} + \frac{1}{\omega_{n+1}}
$$

または単に

$$\omega = [a_0, a_1, a_2, a_3, \ldots, a_n, \omega_{n+1}]$$

と書く．これを

$$\omega = a_0 + \frac{1|}{|a_1} + \frac{1|}{|a_2} + \frac{1|}{|a_3} + \cdots + \frac{1|}{|a_n} + \frac{1\ |}{|\omega_{n+1}},$$

または

$$\omega = a_0 + 1 : a_1 + 1 : a_2 + 1 : a_3 + 1 : \cdots : a_n + 1 : \omega_{n+1}$$

等と書く人もあるが，我々は上にあげた形をとろう．

(1) の右辺が a_n で切れる場合

$$a_0 + \frac{1}{a_1 +} \frac{1}{a_2 +} \frac{1}{a_3 +} \cdots \frac{1}{+ a_n}$$

を**有限連分数**と名づけ，有限で切れない場合

$$a_0 + \frac{1}{a_1 +} \frac{1}{a_2 +} \frac{1}{a_3 +} \cdots \frac{1}{+ a_n +} \cdots$$

を**無限連分数**と名づける．

例題 1. $\omega = \sqrt{3}$ を連分数に展開せよ．

$$\omega = \sqrt{3} = 1 + (\sqrt{3} - 1) = 1 + \frac{1}{\omega_1}, \qquad a_0 = 1,$$

$$\omega_1 = \frac{1}{\sqrt{3} - 1} = \frac{\sqrt{3} + 1}{2} = 1 + \frac{\sqrt{3} - 1}{2} = 1 + \omega_2, \qquad a_1 = 1,$$

$$\omega_2 = \frac{2}{\sqrt{3} - 1} = \sqrt{3} + 1 = 2 + (\sqrt{3} - 1) = 2 + \frac{1}{\omega_1}, \qquad a_2 = 2.$$

故に

$$\sqrt{3} = [1,\ 1,\ 2,\ 1,\ 2,\ 1,\ 2,\ \ldots]$$

$$= 1 + \frac{1}{1 +} \frac{1}{2 +} \frac{1}{1 +} \frac{1}{2 +} \cdots$$

数字 $(1, 2)$ は循環する．

例題 2. π の近似値 3.14159 を連分数に展開せよ．

分数 $\dfrac{314159}{100000}$ を連分数に展開すれば

$$\omega = \frac{314159}{100000} = 3 + \frac{14159}{100000} = 3 + \frac{1}{\omega_1}, \qquad a_0 = 3,$$

$$\omega_1 = \frac{100000}{14159} = 7 + \frac{887}{14159} = 7 + \frac{1}{\omega_2}, \qquad a_1 = 7,$$

$$\omega_2 = \frac{14159}{887} = 15 + \frac{854}{887} = 15 + \frac{1}{\omega_3}, \qquad a_2 = 15,$$

$$\omega_3 = \frac{887}{854} = 1 + \frac{33}{854} = 1 + \frac{1}{\omega_4}, \qquad a_3 = 1,$$

$$\omega_4 = \frac{854}{33} = 25 + \frac{29}{33} = 25 + \frac{1}{\omega_5}, \qquad a_4 = 25,$$
$$\omega_5 = \frac{33}{29} = 1 + \frac{4}{29} = 1 + \frac{1}{\omega_6}, \qquad a_5 = 1,$$
$$\omega_6 = \frac{29}{4} = 7 + \frac{1}{4} = 7 + \frac{1}{\omega_7}, \qquad a_6 = 7,$$
$$\omega_7 = 4.$$

故に

$$3.14159 = 3 + \frac{1}{7} + \frac{1}{15} + \frac{1}{1} + \frac{1}{25} + \frac{1}{1} + \frac{1}{7} + \frac{1}{4}.$$

4.3. ユークリッド互除法との関係. 有限連分数はまたユークリッド互除法からも出る．これを示すため，一つの分数 a/b $(b \geqq 1)$ の分母と分子に対しユークリッド互除法を施したものを

$$a = bq + r, \qquad 0 < r < b,$$
$$b = rq_1 + r_1, \quad 0 < r_1 < r,$$
$$r = rq_2 + r_2, \quad 0 < r_2 < r_1,$$
$$\cdots\cdots\cdots\cdots \qquad \cdots\cdots\cdots$$
$$r_{m-1} = r_m q_{m+1}, \quad 0 < r_m < r_{m-1}$$

とする (§2.10)．これを

$$\frac{a}{b} = q + \frac{r}{b}, \qquad q = \left[\frac{a}{b}\right],$$
$$\frac{b}{r} = q_1 + \frac{r_1}{r}, \qquad q_1 = \left[\frac{b}{r}\right],$$
$$\frac{r}{r_1} = q_2 + \frac{r_2}{r_1}, \qquad q_2 = \left[\frac{r}{r_1}\right],$$
$$\cdots\cdots\cdots\cdots\cdots \qquad \cdots\cdots\cdots\cdots$$
$$\frac{r_{m-1}}{r_m} = q_{m+1}, \qquad q_{m+1} = \left[\frac{r_{m-1}}{r_m}\right] = \frac{r_{m-1}}{r_m}$$

の形に書直せば，ちょうど実数 ω についてさきに行った演算と同様な形となる．故に分数 a/b は

$$\frac{a}{b} = q + \frac{1}{q_1} + \frac{1}{q_2} + \cdots + \frac{1}{q_{m+1}}$$

なる有限連分数に表される．

逆に有限連分数が一つの有理数を表すことは極めて明白である．よって次の定理が得られる．

定理． **有理数は必ず有限の連分数に表される．逆に有限の連分数は有理数を表す．すなわち連分数が有理数を表すための必要にして充分なる条件は，連分数が有限なることである．**

4.4. 連分数の近似分数． 無理数 ω を連分数に展開したものを

$$\omega = a_0 + \frac{1}{a_1} + \frac{1}{a_2} + \cdots + \frac{1}{a_n} + \frac{1}{\omega_{n+1}} \tag{1}$$

とすれば

$$\frac{P_n}{Q_n} = a_0 + \frac{1}{a_1} + \frac{1}{a_2} + \cdots + \frac{1}{a_n}, \quad (Q_n > 0) \tag{2}$$

なる分数を ω の連分数展開の第 n 近似分数という．これを略して，ω の**第 n 近似分数**ともいう．我々はまずこの近似分数の分母と分子がいかなる法則に従うかを調べて見よう．

定義により

$$\begin{aligned} \frac{P_0}{Q_0} &= a_0 = \frac{a_0}{1}, \\ \frac{P_1}{Q_1} &= a_0 + \frac{1}{a_1} = \frac{a_0 a_1 + 1}{a_1}, \\ \frac{P_2}{Q_2} &= a_0 + \frac{1}{a_1} + \frac{1}{a_2} = \frac{a_0 a_1 a_2 + a_0 + a_2}{a_1 a_2 + 1} \end{aligned}$$

であるから，$P_0 = a_0, Q_0 = 1$ でなければならない．次に $a_1, a_0 a_1 + 1$ は互いに素であるから，$P_1 = a_0 a_1 + 1, Q_1 = a_1$ である．$a_0 a_1 a_2 + a_0 + a_2 = a_0(a_1 a_2 + 1) + a_2$ と $a_1 a_2 + 1$ とも互いに素であるから，$P_2 = a_2(a_0 a_1 + 1) + a_0, Q_2 = a_1 a_2 + 1$ とならねばならない．これらの間には明らかに

$$P_2 = a_2 P_1 + P_0, \qquad Q_2 = a_2 Q_1 + Q_0$$

なる関係が成立する．

もし $P_{-1} = 1, Q_{-1} = 0$ なる二つを借りてくれば

$$P_1 = a_1 P_0 + P_{-1}, \qquad Q_1 = a_1 Q_0 + Q_{-1}$$

が成立する．我々はこれらの関係が一般に成立すること，すなわち

$$P_n = a_n P_{n-1} + P_{n-2}, \qquad Q_n = a_n Q_{n-1} + Q_{n-2} \tag{I}$$

なることを数学的帰納法で証明しよう．

このために，(I) が $n \leqq m$ に対して成立するという仮定の下で

$$\frac{P_{m+1}}{Q_{m+1}} = a_0 + \frac{1}{a_1} + \frac{1}{a_2} + \cdots + \frac{1}{a_m} + \frac{1}{a_{m+1}}$$

と

$$\frac{P_m}{Q_m} = a_0 + \frac{1}{a_1} + \frac{1}{a_2} + \cdots + \frac{1}{a_m}$$

とを比較すれば，前者は明らかに後者において a_m の代わりに $a_m + \dfrac{1}{a_{m+1}}$ を代入したものに等しい．然るに仮定によって

$$P_m = a_m P_{m-1} + P_{m-2}, \qquad Q_m = a_m Q_{m-1} + Q_{m-2},$$

かつ $P_{m-1}, P_{m-2}, Q_{m-1}, Q_{m-2}$ は a_m とは無関係であるから，$\dfrac{P_{m+1}}{Q_{m+1}}$ は

$$\frac{P_m}{Q_m} = \frac{a_m P_{m-1} + P_{m-2}}{a_m Q_{m-1} + Q_{m-2}}$$

において，右辺の分母と分子の a_m を $a_m + \dfrac{1}{a_{m+1}}$ で置換えたものに等しくならねばならない．よってその分母と分子に a_{m+1} をかければ

$$\frac{P_{m+1}}{Q_{m+1}} = \frac{(a_m P_{m-1} + P_{m-2})a_{m+1} + P_{m-1}}{(a_m Q_{m-1} + Q_{m-2})a_{m+1} + Q_{m-1}} = \frac{a_{m+1} P_m + P_{m-1}}{a_{m+1} Q_m + Q_{m-1}}. \tag{3}$$

この右辺の分母と分子

$$Q' = a_{m+1} Q_m + Q_{m-1}, \ P' = a_{m+1} P_m + P_{m-1}$$

は互いに素である．何となれば，(I) は $n \leqq m$ に対し成立するから

$$P_n Q_{n-1} - P_{n-1} Q_n = -(P_{n-1} Q_{n-2} - P_{n-2} Q_{n-1})$$

は $n \leqq m$ に対して成立する．n を一つずつ小さくしていけば，遂には $P_0 Q_{-1} - P_{-1} Q_0 = -1$ に達する．故に

$$P_n Q_{n-1} - P_{n-1} Q_n = (-1)^{n-1} \tag{II}$$

が成立する．

然るに

$$P' Q_m - P_m Q' = -(P_m Q_{m-1} - P_{m-1} Q_m)$$

であるから，右辺は (II) により $(-1)^m$ に等しい．これは P', Q' が互いに素なることを示す．

$a_1, a_2, a_3, \ldots \geqq 1$ なる故に，$Q_1, Q_2, \ldots, Q_m > 0$，従って $Q' > 0$．故に (3) から

$$P_{m+1} = P' = a_{m+1}P_m + P_{m-1}, \quad Q_{m+1} = Q' = a_{m+1}Q_m + Q_{m-1}$$

を得る．よって数学的帰納法により (I) および (II) が一般に成立することが証明される．

この (I), (II) は連分数の種々の性質を引き出す鍵である．

$\dfrac{P_n}{Q_n}$ において a_n の代わりに $a_n + \dfrac{1}{\omega_{n+1}}$ をおけば，(1) により ω が得られる．(I), (II) は a_n が整数でなくても成立するから

$$\omega = \frac{\left(a_n + \dfrac{1}{\omega_{n+1}}\right)P_{n-1} + P_{n-2}}{\left(a_n + \dfrac{1}{\omega_{n+1}}\right)Q_{n-1} + Q_{n-2}},$$

すなわち

$$\omega = \frac{\omega_{n+1}P_n + P_{n-1}}{\omega_{n+1}Q_n + Q_{n-1}}. \tag{III}$$

これより

$$\omega - \frac{P_n}{Q_n} = \frac{P_{n-1}Q_n - P_nQ_{n-1}}{Q_n(\omega_{n+1}Q_n + Q_{n-1})} = \frac{(-1)^n}{Q_n(\omega_{n+1}Q_n + Q_{n-1})},$$

従って

$$\left|\omega - \frac{P_n}{Q_n}\right| < \frac{1}{Q_n(a_{n+1}Q_n + Q_{n-1})} = \frac{1}{Q_nQ_{n+1}} < \frac{1}{{Q_n}^2}. \tag{IV}$$

次に (III) の分母を払えば

$$\omega_{n+1}(Q_n\omega - P_n) = -(Q_{n-1}\omega - P_{n-1})$$

となる．$\omega_{n+1} > 1$ であるから $Q_n\omega - P_n$, $Q_{n-1}\omega - P_{n-1}$ は符号を異にし，かつその絶対値に関しては

$$|Q_n\omega - P_n| < |Q_{n-1}\omega - P_{n-1}| \tag{V}$$

が成立する．これよりまた $\omega - \dfrac{P_n}{Q_n}$, $\omega - \dfrac{P_{n-1}}{Q_{n-1}}$ が符号を異にし，かつ

$$\left|\omega - \frac{P_n}{Q_n}\right| < \left|\omega - \frac{P_{n-1}}{Q_{n-1}}\right| \tag{VI}$$

の成立することが分かる．

これと $\omega - \dfrac{P_0}{Q_0} = \omega - a_0 > 0$ より，数列

$$\left(\frac{P_0}{Q_0}, \frac{P_2}{Q_2}, \frac{P_4}{Q_4}, \dots, \frac{P_{2n}}{Q_{2n}}, \dots\right)$$

は単調に増加し，数列

$$\left(\frac{P_1}{Q_1}, \frac{P_3}{Q_3}, \frac{P_5}{Q_5}, \dots, \frac{P_{2n+1}}{Q_{2n+1}}, \dots\right)$$

は単調に減少することが分かる．これらの二数列は ω を挟む．以上の結果から次の定理が得られる．

定理．　無理数 ω は唯一通りに無限連分数に展開せられる．その第 n 近似分数を $\dfrac{P_n}{Q_n}$ とすれば

$$\frac{P_0}{Q_0} < \frac{P_2}{Q_2} < \frac{P_4}{Q_4} < \cdots < \omega < \cdots < \frac{P_5}{Q_5} < \frac{P_3}{Q_3} < \frac{P_1}{Q_1},$$

$$\left|\omega - \frac{P_n}{Q_n}\right| < \left|\omega - \frac{P_{n-1}}{Q_{n-1}}\right|$$

が成立する．

例題 1．　$\omega = \sqrt{3} = 1 + \dfrac{1}{1+}\dfrac{1}{2+}\dfrac{1}{1+}\dfrac{1}{2+}\cdots$ (§4.2, 例題 1).

$\sqrt{3}$ の近似分数の $\dfrac{P_0}{Q_0}$ より $\dfrac{P_{11}}{Q_{11}}$ までを計算すれば

$$\frac{1}{1}, \frac{2}{1}, \frac{5}{3}, \frac{7}{4}, \frac{19}{11}, \frac{26}{15}, \frac{71}{41}, \frac{97}{56}, \frac{265}{153}, \frac{362}{209}, \frac{989}{571}, \frac{1351}{780}.$$

ギリシャのアルキメデス*1はすでに不等式

$$\frac{1351}{780} > \sqrt{3} > \frac{265}{153}$$

を証明なしに出している．これは上の近似分数で書けば正に

$$\frac{P_{11}}{Q_{11}} > \sqrt{3} > \frac{P_8}{Q_8}$$

に相当する．彼がいかにしてこのように精密な近似値に達し得たかは全く不明であるが，実に驚くべき事実ではないか．

例題 2．　$\pi = 3.14159 = 3 + \dfrac{1}{7+}\dfrac{1}{15+}\dfrac{1}{1+}\dfrac{1}{25+}\dfrac{1}{1+}\dfrac{1}{7+}\dfrac{1}{4}$ (§4.2, 例題 2).

この近似分数は

---

§4.4,*1　Heath, The works of Archimedes, 1897 参照．

$$\frac{P_0}{Q_0}=3,\quad \frac{P_1}{Q_1}=\frac{22}{7},\quad \frac{P_2}{Q_2}=\frac{333}{106},\quad \frac{P_3}{Q_3}=\frac{355}{113},\quad \frac{P_4}{Q_4}=\frac{9208}{2931},$$
$$\frac{P_5}{Q_5}=\frac{9563}{3044},\quad \frac{P_6}{Q_6}=\frac{76149}{24239},\quad \frac{P_7}{Q_7}=\frac{314159}{100000}$$

である．そのうち，

$$\frac{P_1}{Q_1}=\frac{22}{7},\ \frac{P_3}{Q_3}=\frac{355}{113}$$

が π の近似値として最も普通に用いられているものである．前者はアルキメデスが与え，後者はメチウス (1527–1607) が与えた．

π の近似値として 3.14159 の代わりに 3.1416 をとれば，連分数は [3, 7, 16, ...] となり，三番目の数から変化が生ずる．π の近似値として小数点以下 35 桁のものをとり，これで計算した連分数は [3, 7, 15, 1, 292, 1, 1, 1, 2, 1, 3, 1, 14, 2, 1, 1, 2, 2, 2, 2, 1, 84, 2, 1, 1, 15, 3, 13, 1, 4, 2, 6, 6, 1, ...] となる．近似分数は

$$\frac{3}{1},\ \frac{22}{7},\ \frac{333}{106},\ \frac{355}{113},\ \frac{103993}{33102},\ \cdots$$

である．P_3/Q_3 までは 3.14159 から計算した結果と一致する．

例題 3. 一年は 365 日 5 時間 48 分 49 秒である．これを 365 日 6 時間とすれば，一年を 365 日とし，四箇年毎に一日の閏をおけばよろしい．然るにこれは実際より多すぎる．今

$$\frac{24\text{ 時間}}{5\text{ 時間 }48\text{ 分 }49\text{ 秒}}=\frac{86400}{20929}$$

を連分数に直せば

$$4+\frac{1}{7}+\frac{1}{1}+\frac{1}{3}+\frac{1}{1}+\frac{1}{16}+\frac{1}{1}+\frac{1}{1}+\frac{1}{15}$$

となり，その近似分数は

$$\frac{4}{1},\ \frac{29}{7},\ \frac{33}{8},\ \frac{128}{31},\ \frac{161}{39},\ \frac{2704}{655},\ \frac{2865}{694},\ \frac{5569}{1349},\ \frac{86400}{20929}$$

となる．

太陽暦では 400 年に 97 日の閏をおくことになっているが，二つの近似分数 $\frac{128}{31}$, $\frac{161}{39}$ の間に $\frac{128+161\times 2}{31+39\times 2}=\frac{450}{109}$ が落ちることから，450 年間に 109 日の閏をおけばより正確になる．

例題 4. 一次ディオファンタス方程式 (§2.37) の連分数による解法．

分数 a/b を連分数に展開したものを

$$\frac{a}{b}=[a_0,\, a_1,\, \ldots,\, a_m]$$

とし，その第 n 近似分数を P_n/Q_n とすれば，

$$\frac{a}{b}=\frac{P_m}{Q_m}$$

である．然るに $P_mQ_{m-1}-P_{m-1}Q_m=(-1)^{m-1}$ なる関係式から，a, b が互いに素なる

場合には，ディオファンタス方程式 $ax - by = 1$ の一組の解は明らかに

$$x = (-1)^{m-1} Q_{m-1}, \qquad y = (-1)^{m-1} P_{m-1}$$

なることが分かる．これは直接にユークリッドの互除法から導かれるもの (§2.37) と，内容は同一であるが，ただ形の上で簡単と考えられる．

例えば，

$$161x + 39y = 1$$

を解くために，これを

$$161x - 39(-y) = 1$$

とし，$\dfrac{161}{39}$ を連分数に直せば

$$\frac{161}{39} = 4 + \frac{5}{39}, \quad \frac{39}{5} = 7 + \frac{4}{5}, \quad \frac{5}{4} = 1 + \frac{1}{4}$$

であるから

$$\frac{P_3}{Q_3} = \frac{161}{39} = 4 + \frac{1}{7} \underset{+}{} \frac{1}{1} \underset{+}{} \frac{1}{4},$$

$$\frac{P_2}{Q_2} = 4 + \frac{1}{7} \underset{+}{} \frac{1}{1} = \frac{33}{8}, \quad m = 3.$$

故に一つの解は

$$x = (-1)^2 8, \qquad -y = (-1)^2 33,$$

すなわち

$$x = 8, \quad y = -33.$$

従って一般の解は

$$x = 8 + 39t, \qquad y = -33 - 161t.$$

4.5. 無限連分数. 次に ω から離れて，一つの任意の無限連分数

$$a_0 + \frac{1}{a_1} \underset{+}{} \frac{1}{a_2} \underset{+}{} \cdots \underset{+}{} \frac{1}{a_n} \underset{+}{} \cdots = [a_0, a_1, a_2, \ldots], \qquad (a_1, a_2, \ldots, a_n, \ldots \geqq 1)$$

を考え，その第 n 近似分数を P_n/Q_n とすれば，もちろん (I), (II) (§4.4) は成立する．$a_1, a_2, \ldots \geqq 1$ なることから，$Q_1, Q_2, Q_3, \ldots > 0$，従って

$$Q_n = a_n Q_{n-1} + Q_{n-2} > a_n Q_{n-1} \geqq Q_{n-1}.$$

然るに

$$\frac{P_n}{Q_n} - \frac{P_{n-1}}{Q_{n-1}} = \frac{P_n Q_{n-1} - P_{n-1} Q_n}{Q_{n-1} Q_n} = \frac{(-1)^{n-1}}{Q_{n-1} Q_n}, \tag{4}$$

$$\frac{P_n}{Q_n} - \frac{P_{n-2}}{Q_{n-2}} = \frac{P_n Q_{n-2} - P_{n-2} Q_n}{Q_{n-2} Q_n} = \frac{a_n (P_{n-1} Q_{n-2} - P_{n-2} Q_{n-1})}{Q_{n-2} Q_n}$$
$$= \frac{(-1)^n a_n}{Q_{n-2} Q_n}. \tag{5}$$

(5) より

$$\frac{P_{2n+1}}{Q_{2n+1}} - \frac{P_{2n-1}}{Q_{2n-1}} < 0, \qquad \frac{P_{2n}}{Q_{2n}} - \frac{P_{2n-2}}{Q_{2n-2}} > 0.$$

従って数列 $\left(\frac{P_0}{Q_0}, \frac{P_2}{Q_2}, \frac{P_4}{Q_4}, \ldots, \frac{P_{2n}}{Q_{2n}}, \ldots\right)$ は単調に増加し, 数列 $\left(\frac{P_1}{Q_1}, \frac{P_3}{Q_3}, \frac{P_5}{Q_5}, \ldots, \frac{P_{2n+1}}{Q_{2n+1}}, \ldots\right)$ は単調に減少する. (4) より

$$\frac{P_{2n+1}}{Q_{2n+1}} - \frac{P_{2n}}{Q_{2n}} = \frac{1}{Q_{2n+1} Q_{2n}} > 0$$

となるから

$$\frac{P_2}{Q_2} < \frac{P_{2n}}{Q_{2n}} < \frac{P_{2n+1}}{Q_{2n+1}} < \frac{P_1}{Q_1}.$$

故に $\left(\frac{P_0}{Q_0}, \frac{P_2}{Q_2}, \frac{P_4}{Q_4}, \ldots\right)$ は上に有界で, $\left(\frac{P_1}{Q_1}, \frac{P_3}{Q_3}, \frac{P_5}{Q_5}, \ldots\right)$ は下に有界な数列である. 従って §3.6 により双方ともに基本数列である. 然るに

$$Q_n = a_n Q_{n-1} + Q_{n-2} > 2Q_{n-2}$$

従って

$$Q_{2n} > 2Q_{2n-2} > 2^2 Q_{2n-4} > \cdots > 2^{n-1} Q_2 > 2^n Q_0 = 2^n,$$
$$Q_{2n+1} > 2Q_{2n-1} > \cdots > 2^n Q_1 > 2^n.$$

故に (4) により

$$\frac{P_{2n+1}}{Q_{2n+1}} - \frac{P_{2n}}{Q_{2n}} = \frac{1}{Q_{2n+1} Q_{2n}} < \frac{1}{2^{2n}}.$$

n が充分大になれば, これはどれほどでも小さくなる. 故に $\left(\frac{P_0}{Q_0}, \frac{P_2}{Q_2}, \frac{P_4}{Q_4}, \ldots\right)$, $\left(\frac{P_1}{Q_1}, \frac{P_3}{Q_3}, \frac{P_5}{Q_5}, \ldots\right)$ なる二つの基本数列は同一の実数を表す. これを ω とすれば, P_{2n}/Q_{2n} および P_{2n+1}/Q_{2n+1} の極限は共に ω である. 故に $\left(\frac{P_0}{Q_0}, \frac{P_1}{Q_1}, \frac{P_2}{Q_2}, \ldots\right)$ の極限が ω となる. よって次の定理が得られる.

定理.　無限連分数は常に一つの無理数を表す.

4.6. 同等なる無理数.　二つの無理数 ω, ω' が

$$\omega' = \frac{\alpha\omega + \beta}{\gamma\omega + \delta}, \quad \alpha\delta - \beta\gamma = \pm 1, \quad (\alpha, \beta, \gamma, \delta \text{ は整数})$$

により結合された場合に，ω' は ω と**同等**であるという．

$\alpha = \delta = 1, \beta = \gamma = 0$ とすれば，$\omega = \dfrac{1 \cdot \omega + 0}{0 \cdot \omega + 1}$ なる故に，ω はそれ自身と同等である．また上の関係から

$$\omega = \frac{\alpha'\omega' + \beta'}{\gamma'\omega' + \delta'}, \quad \begin{pmatrix} \alpha' = \delta, \ \beta' = -\beta \\ \gamma' = -\gamma, \ \delta' = \alpha \end{pmatrix}, \quad \alpha'\delta' - \beta'\gamma' = \alpha\delta - \beta\gamma = \pm 1$$

となるから，ω' が ω と同等ならば，ω は ω' と同等である．

次に ω' が ω と同等，ω'' が ω' と同等ならば

$$\omega' = \frac{\alpha\omega + \beta}{\gamma\omega + \delta}, \qquad \alpha\delta - \beta\gamma = \pm 1,$$

$$\omega'' = \frac{\alpha'\omega' + \beta'}{\gamma'\omega' + \delta'}, \qquad \alpha'\delta' - \beta'\gamma' = \pm 1$$

であるから

$$\omega'' = \frac{\alpha'(\alpha\omega + \beta) + \beta'(\gamma\omega + \delta)}{\gamma'(\alpha\omega + \beta) + \delta'(\gamma\omega + \delta)} = \frac{\alpha''\omega + \beta''}{\gamma''\omega + \delta''}$$

を得る．ただし

$$\alpha'' = \alpha'\alpha + \beta'\gamma, \qquad \beta'' = \alpha'\beta + \beta'\delta,$$

$$\gamma'' = \gamma'\alpha + \delta'\gamma, \qquad \delta'' = \gamma'\beta + \delta'\delta,$$

$$\alpha''\delta'' - \beta''\gamma'' = (\alpha\delta - \beta\gamma)(\alpha'\delta' - \beta'\gamma') = \pm 1.$$

故に ω'' は ω と同等である．

すなわち無理数の同等の概念は §1.3 における相等と同様の性質を有している．

一つの無理数 ω の連分数の展開を $[a_0, a_1, a_2, \ldots]$ とすれば，$\omega_n = [a_n, a_{n+1}, \ldots]$ は ω と同等である．これは

$$\omega = \frac{P_{n-1}\omega_n + P_{n-2}}{Q_{n-1}\omega_n + Q_{n-2}}, \quad P_{n-1}Q_{n-2} - P_{n-2}Q_{n-1} = (-1)^n$$

より明らかである．

従って任意の二つの無理数 ω, ω' を連分数に展開したとき，ある所よりさきが一致すれば，例えば

$$\omega = [a_0, a_1, a_2, \ldots, a_{m-1}, c_0, c_1, c_2, \ldots],$$

$$\omega' = [b_0,\ b_1,\ b_2,\ \ldots,\ b_{n-1}, c_0, c_1,\ c_2, \ldots]$$

ならば，ω, ω' は互いに同等である．何となれば

$$\omega_0 = [c_0, c_1, c_2, \ldots]$$

とおけば，ω, ω' はともに ω_0 と同等となるからである．

我々はこの逆，すなわち ω, ω' が同等ならば，その連分数はある所よりさきは，互いに一致することを証明することができる．

その予備としてまず次の定理を証明しよう．

定理. λ, μ $(\mu > 1)$ **を任意の実数とし，**P, Q, R, S **は**

$$PS - QR = \pm 1, \qquad Q > S > 0$$

を満足する整数とする．もし

$$\lambda = \frac{P\mu + R}{Q\mu + S}$$

が成立すれば，$R/S, P/Q$ **は** λ **の相隣る近似分数である**[*1].

$PS - QR = \pm 1$ が満たされるから P, Q は互いに素である．$Q > 0$ なる故に，P/Q を連分数に展開したものを

$$\frac{P}{Q} = a_0 + \frac{1}{a_1} + \frac{1}{a_2} + \cdots + \frac{1}{a_{n-1}}$$

とする．この際 $a_{n-1} \geqq 2$ ならば，これを

$$a_0 + \frac{1}{a_1} + \cdots + \frac{1}{(a_{n-1} - 1)} + \frac{1}{1}$$

と書直すことができる．もし $a_{n-1} = 1$ ならば

$$a_0 + \frac{1}{a_1} + \cdots + \frac{1}{(a_{n-2} + 1)}$$

とすることができる．いずれにしても分数を連分数に表したときに限り，その表し方は一通りではない．故に P/Q の連分数が a_{n-1} で終った場合，$(-1)^{n-2}$ が定められた ± 1 のいずれか一つと一致するように書直すことができる．故に我々は初めから $(-1)^{n-2} = PS - QR$ と仮定して進むことにする．

P/Q の第 m 近似分数を P_m/Q_m とすれば，$P = P_{n-1}, Q = Q_{n-1}$ であるから

§4.6,*1 〔**編者注**：R/S が λ の第 k 近似分数ならば，P/Q は第 $k+1$ 近似分数であることを意味する.〕

$$PQ_{n-2} - QP_{n-2} = (-1)^{n-2}$$

となる．これと

$$PS - QR = \pm 1 = (-1)^{n-2}$$

より

$$P(S - Q_{n-2}) = Q(R - P_{n-2})$$

が得られる．P, Q は互いに素であるから，$S - Q_{n-2}$ は Q の倍数になる．然るに $Q_{n-2} < Q$ であって，かつ仮定により $S < Q$ であるから，$S - Q_{n-2}$ が Q の倍数であるのは $S - Q_{n-2} = 0$ の場合に限る．故に $S = Q_{n-2}$，従って $R = P_{n-2}$ となる．よって

$$\lambda = \frac{P_{n-1}\mu + P_{n-2}}{Q_{n-1}\mu + Q_{n-2}}.$$

これは

$$\lambda = a_0 + \frac{1}{a_1} + \frac{1}{a_2} + \cdots + \frac{1}{a_{n-1}} + \frac{1}{\mu}$$

なることを示す．$\mu > 1$ なる故に

$$\frac{P_{n-2}}{Q_{n-2}} = \frac{R}{S}, \quad \frac{P_{n-1}}{Q_{n-1}} = \frac{P}{Q}$$

は相隣る近似分数である．

以上を前おきとして我々の問題に帰る．

ω, ω' を同等なる無理数とし

$$\omega' = \frac{\alpha\omega + \beta}{\gamma\omega + \delta}, \qquad \alpha\delta - \beta\gamma = \pm 1 \quad (\alpha, \beta, \gamma, \delta \text{ は整数})$$

とおく．ここに $\gamma\omega + \delta > 0$ と仮定する．もしそうでなければ $\alpha, \beta, \gamma, \delta$ の符号を反対にすればよろしい．

ω を連分数に展開したものを $\omega = [a_0, a_1, a_2, \ldots, a_{n-1}, \omega_n]$ とし，その m 次近似分数を P_m/Q_m とすれば

$$\omega = \frac{P_{n-1}\omega_n + P_{n-2}}{Q_{n-1}\omega_n + Q_{n-2}}.$$

これより

$$\omega' = \frac{P\omega_n + R}{Q\omega_n + S},$$

$$P = \alpha P_{n-1} + \beta Q_{n-1}, \quad R = \alpha P_{n-2} + \beta Q_{n-2},$$

$$Q = \gamma P_{n-1} + \delta Q_{n-1}, \quad S = \gamma P_{n-2} + \delta Q_{n-2}$$

が得られる．P, Q, R, S は整数であって

$$PS - QR = (\alpha\delta - \beta\gamma)(P_{n-1}Q_{n-2} - P_{n-2}Q_{n-1}) = \pm 1$$

を満足する．

§4.4, (IV) により

$$\left|\omega - \frac{P_{n-2}}{Q_{n-2}}\right| < \frac{1}{Q_{n-2}^2}, \quad \left|\omega - \frac{P_{n-1}}{Q_{n-1}}\right| < \frac{1}{Q_{n-1}^2}.$$

従って

$$P_{n-2} = Q_{n-2}\omega + \frac{\theta}{Q_{n-2}}, \qquad P_{n-1} = Q_{n-1}\omega + \frac{\theta'}{Q_{n-1}}, \quad |\theta|, |\theta'| < 1$$

とおくことができる．これを Q, S に代入すると

$$Q = (\gamma\omega + \delta)Q_{n-1} + \frac{\gamma\theta'}{Q_{n-1}}, \qquad S = (\gamma\omega + \delta)Q_{n-2} + \frac{\gamma\theta}{Q_{n-2}}$$

となる．n を充分大にとれば，Q, S はそれぞれ $(\gamma\omega + \delta)Q_{n-1}$, $(\gamma\omega + \delta)Q_{n-2}$ にどれほどでも近づかせられるから，$\gamma\omega + \delta > 0$ なる仮定から $Q > S > 0$ を得る．

このように大きくとった n に対しては

$$\omega' = \frac{P\omega_n + R}{Q\omega_n + S}, \quad Q > S > 0, \quad PS - QR = \pm 1, \quad \omega_n > 1$$

となるから，上の定理によって，P/Q, R/S は ω' の相隣る近似分数である．従って ω_n は $\omega' = [b_0, b_1, \ldots, b_{n-1}, \omega_n]$ なる形の関係を満たす．$\omega = [a_0, a_1, \ldots, a_{n-1}, \omega_n]$ であるから ω, ω' の連分数はある所よりさきは一致しなければならない．よって次の定理が得られる．

定理[*2]**．** **二つの無理数 ω, ω' の連分数が，ある所より先が互いに一致するための必要にして充分なる条件は，ω, ω' が互いに同等なることである．**

第 2 節　最良近似の問題

4.7. **最良の近似．** 連分数の史的発展の跡をたずねると，それは無理数または複雑な分数を簡単な分数で以て近似する必要から生まれたものである．連分数が最も早く

[*2] Serret, Cours d'algèbre supérieure I, 6 éd. p.34.

現れたのはイタリアのボンベリ (Bombelli)[*1]が 1572 年に著した代数書であって $\sqrt{13}$ を計算するに $\sqrt{9+4}=3+\dfrac{2}{6+}\,\dfrac{2}{6+}\,\cdots$ としている．

無理数または分数の近似分数を求めるにあたり，分母はなるべく小さく，近似の度合はなるべく精密であるのが望ましい．このような最良近似を与える分数は何であるかを吟味していくと，これが連分数の近似分数およびそれに関連したある種の分数であることが発見される．以下にこれを示そう．

ω を一つの無理数としその第 n 近似分数を P_n/Q_n とすれば，分母が Q_n を超えない既約分数 P/Q, $(Q \leqq Q_n)$ では，P_n/Q_n よりもよい近似は望めない．なお進んで

$$|Q\omega - P| \geqq |Q_{n-1}\omega - P_{n-1}| > |Q_n\omega - P_n|$$

なることが証明される．

このために二つの整数 A, B を

$$Q\omega - P = A(Q_{n-1}\omega - P_{n-1}) + B(Q_n\omega - P_n),$$

すなわち

$$Q = AQ_{n-1} + BQ_n, \quad P = AP_{n-1} + BP_n$$

なるように定める．これは

$$A = (-1)^n(PQ_n - QP_n), \quad B = (-1)^n(P_{n-1}Q - Q_{n-1}P)$$

とすればよろしい．P/Q はもちろん P_n/Q_n と異なるものと考えているから，$A=0$ とはならない．B は 0 となるかそうでなければ A と異なる符号をもたねばならない．何となれば，A と B と同符号ならば

$$Q = AQ_{n-1} + BQ_n > BQ_n \geqq Q_n$$

となり，$Q \leqq Q_n$ に矛盾するからである．

この事実と，$Q_{n-1}\omega - P_{n-1}$, $Q_n\omega - P_n$ が符号を異にすること (§4.4) を併せ考えると

$$|Q\omega - P| = |A(Q_{n-1}\omega - P_{n-1})| + |B(Q_n\omega - P_n)|$$

---

§4.7,*1　Wertheim, Zeits. f. Math. u. Phys. 43, 1898, pp.149–160 (=Abhandlungen zur Geschichte der Mathematik, Heft 8, 1898) 参照．連分数に相当する我国の零約術については林博士の論文 (Tôhoku Math. J. 6, 7, 1914–15) に詳しい．

となり，この右辺は

$$\geqq |A(Q_{n-1}\omega - P_{n-1})| \geqq |Q_{n-1}\omega - P_{n-1}| > |Q_n\omega - P_n|$$

とならねばならない．

次に ω の近似分数とならない既約分数 P'/Q' をとれば

$$|Q\omega - P| \leqq |Q'\omega - P'|, \quad Q \leqq Q'$$

を満足する既約分数 P/Q が存在する．

この証明には，$Q' = 1$ ならば，P/Q として P_0/Q_0, $(Q_0 = Q')$ をとる．

$$|Q_0\omega - P_0| = |\omega - a_0| \leqq |\omega - P'| = |Q'\omega - P'|$$

であるから，$Q' > 1$ の場合を考えればよろしい (補遺，p.545, §4.7 参照).

$Q' > 1$ ならば必ず $Q_{n-1} < Q' \leqq Q_n$ なる n が存在する．従ってさきに証明したことから，$|Q'\omega - P'| \geqq |Q_{n-1}\omega - P_{n-1}|$ となる．

すなわち P_{n-1}/Q_{n-1}, $(Q_{n-1} < Q')$ が求める分数 P/Q である．よって次の定理が得られる．

定理． **ω の第 n 近似分数を P_n/Q_n とすれば，$Q \leqq Q_n$ が成立する既約分数 P/Q に対しては，常に**

$$|Q\omega - P| \geqq |Q_{n-1}\omega - P_{n-1}| > |Q_n\omega - P_n|$$

が成立する．逆に既約分数 P'/Q' に対し

$$|Q\omega - P| \leqq |Q'\omega - P'|$$

を満たす既約分数 P/Q の分母 Q が常に $Q > Q'$ ならば，P'/Q' は必ず ω の近似分数の一つである．

この定理より，$Q \leqq Q_n$ ならば

$$\left|\omega - \frac{P}{Q}\right| > \frac{Q_n}{Q}\left|\omega - \frac{P_n}{Q_n}\right| \geqq \left|\omega - \frac{P_n}{Q_n}\right|$$

を得る．すなわち

定理． **ω の近似分数は最良近似を与える．換言すれば，$Q \leqq Q_n$ なる既約分数 P/Q をどのようにとっても**

$$\left|\omega - \frac{P}{Q}\right| > \left|\omega - \frac{P_n}{Q_n}\right|$$

が成立する.

4.8. 中間近似分数. 残る問題は，ω の最良近似を与えるものは，ω の連分数の近似分数に限るかどうかということである.

ω の近似分数 $\dfrac{P_{n-2}}{Q_{n-2}}$ と $\dfrac{P_n}{Q_n} = \dfrac{P_{n-2} + a_n P_{n-1}}{Q_{n-2} + a_n Q_{n-1}}$ との間に

$$\frac{P^{(k)}}{Q^{(k)}} = \frac{P_{n-2} + kP_{n-1}}{Q_{n-2} + kQ_{n-1}}, \quad (k = 1, 2, \ldots, a_n - 1)$$

なる分数を挿入することができる．これは $k = 0$ ならば $\dfrac{P_{n-2}}{Q_{n-2}}$ となり，$k = a_n$ ならば $\dfrac{P_n}{Q_n}$ となる.

$$P^{(k)} = P_{n-2} + kP_{n-1}, \quad Q^{(k)} = Q_{n-2} + kQ_{n-1}$$

は

$$P^{(k)}Q_{n-1} - Q^{(k)}P_{n-1} = P_{n-2}Q_{n-1} - Q_{n-2}P_{n-1} = (-1)^{n-1}$$

を満たすから，$\dfrac{P^{(k)}}{Q^{(k)}}$ はまた一つの既約分数である．かつ

$$\begin{aligned}
\omega - \frac{P^{(k)}}{Q^{(k)}} &= \frac{\omega_n P_{n-1} + P_{n-2}}{\omega_n Q_{n-1} + Q_{n-2}} - \frac{kP_{n-1} + P_{n-2}}{kQ_{n-1} + Q_{n-2}} \\
&= \frac{(\omega_n - k)(P_{n-1}Q_{n-2} - P_{n-2}Q_{n-1})}{(kQ_{n-1} + Q_{n-2})(\omega_n Q_{n-1} + Q_{n-2})} \\
&= \frac{(-1)^n(\omega_n - k)}{(kQ_{n-1} + Q_{n-2})(\omega_n Q_{n-1} + Q_{n-2})}, \quad (\omega_n > a_k > k)
\end{aligned}$$

であるから，$P^{(k)}/Q^{(k)}$ は ω に対し P_n/Q_n および P_{n-2}/Q_{n-2} と同一の側にある.

このような既約分数 $P^{(k)}/Q^{(k)}$ を**中間近似分数**と名づける．これと区別するため，普通の近似分数を**主要近似分数**という.

今既約分数 P/Q が $\left|\omega - \dfrac{P}{Q}\right| \leqq \left|\omega - \dfrac{P^{(k)}}{Q^{(k)}}\right|$ を満たせば，分母 $Q, Q^{(k)}$ の大小の関係はどうなるかを見よう．さて

$$\begin{aligned}
\left|\frac{P}{Q} - \frac{P_{n-1}}{Q_{n-1}}\right| &= \left|\left(\omega - \frac{P_{n-1}}{Q_{n-1}}\right) - \left(\omega - \frac{P}{Q}\right)\right| \\
&\leqq \left|\omega - \frac{P_{n-1}}{Q_{n-1}}\right| + \left|\omega - \frac{P}{Q}\right| \quad \left(\text{等号は } \omega - \frac{P_{n-1}}{Q_{n-1}},\ \omega - \frac{P}{Q} \text{ が異符号のとき}\right)
\end{aligned}$$

$$\leqq \left|\omega - \frac{P_{n-1}}{Q_{n-1}}\right| + \left|\omega - \frac{P^{(k)}}{Q^{(k)}}\right| \quad \left(\text{等号は } \left|\omega - \frac{P}{Q}\right| = \left|\omega - \frac{P^{(k)}}{Q^{(k)}}\right| \text{ のとき}\right)$$
$$= \left|\left(\omega - \frac{P_{n-1}}{Q_{n-1}}\right) - \left(\omega - \frac{P^{(k)}}{Q^{(k)}}\right)\right|.$$

この最後の関係は，$\omega - \dfrac{P_{n-1}}{Q_{n-1}}$ と $\omega - \dfrac{P^{(k)}}{Q^{(k)}}$ とが異符号なることから出てくる．故に

$$\left|\frac{P}{Q} - \frac{P_{n-1}}{Q_{n-1}}\right| \leqq \left|\frac{P_{n-1}}{Q_{n-1}} - \frac{P^{(k)}}{Q^{(k)}}\right| = \frac{1}{Q_{n-1}Q^{(k)}},$$

従って

$$|PQ_{n-1} - QP_{n-1}| \leqq \frac{Q}{Q^{(k)}}$$

となる．もし $Q < Q^{(k)}$ ならば，左辺は整数であるから 0 となるほかはない．これは P/Q と P_{n-1}/Q_{n-1} との一致を示す．故に P/Q が P_{n-1}/Q_{n-1} と異なれば，必ず $Q \geqq Q^{(k)}$ でなければならない．

$Q = Q^{(k)}$ となるのは $|PQ_{n-1} - QP_{n-1}| = \dfrac{Q}{Q^{(k)}} = 1$ の場合に限る．上の不等式において等号の成立するのは，この不等式の一組を導く過程について見れば，明らかに $\omega - \dfrac{P}{Q}$ が $\omega - \dfrac{P_{n-1}}{Q_{n-1}}$ と異符号，従って $\omega - \dfrac{P}{Q}$, $\omega - \dfrac{P^{(k)}}{Q^{(k)}}$ が同符号であって，かつ絶対値が等しい場合に限る．すなわち $\dfrac{P}{Q} = \dfrac{P^{(k)}}{Q^{(k)}}$ のときに限る．

故に P/Q が P_{n-1}/Q_{n-1} および $P^{(k)}/Q^{(k)}$ に等しくなければ

$$\left|\omega - \frac{P}{Q}\right| \leqq \left|\omega - \frac{P^{(k)}}{Q^{(k)}}\right|$$

ならば必ず $Q > Q^{(k)}$ となる．

$Q_{n-1} < Q^{(k)}$ であるから，

$$\left|\omega - \frac{P_{n-1}}{Q_{n-1}}\right| \leqq \left|\omega - \frac{P^{(k)}}{Q^{(k)}}\right|$$

ならば $P^{(k)}/Q^{(k)}$ は最良の近似を与えない．しかし

$$\left|\omega - \frac{P_{n-1}}{Q_{n-1}}\right| > \left|\omega - \frac{P^{(k)}}{Q^{(k)}}\right|$$

ならば，$P^{(k)}/Q^{(k)}$ は確かに最良近似を与えることが分かる．

然らばこの最後の不等式はいかなる場合に成立するかを見ると

$$\left|\omega - \frac{P_{n-1}}{Q_{n-1}}\right| > \left|\omega - \frac{P^{(k)}}{Q^{(k)}}\right| = \frac{|k(Q_{n-1}\omega - P_{n-1}) + (Q_{n-2}\omega - P_{n-2})|}{Q^{(k)}},$$

および

$$\omega_n = -\frac{Q_{n-2}\omega - P_{n-2}}{Q_{n-1}\omega - P_{n-1}}$$

より

$$(\omega_n - k)Q_{n-1} < Q^{(k)} = kQ_{n-1} + Q_{n-2},$$

すなわち

$$(2k - \omega_n)Q_{n-1} + Q_{n-2} > 0$$

を得る．$\omega_n = a_n + \dfrac{1}{\omega_{n+1}} < a_n + 1$ であるから

$$(2k - \omega_n)Q_{n-1} + Q_{n-2} > (2k - a_n - 1)Q_{n-1} + Q_{n-2},$$

従って $2k \geqq a_n + 1$ ならば左辺は正となる．しかし $\omega_n > a_n$ なる故

$$(2k - \omega_n)Q_{n-1} + Q_{n-2} < (2k - a_n)Q_{n-1} + Q_{n-2} < (2k - a_n + 1)Q_{n-1}$$

となるから，$2k \leqq a_n - 1$ ならば左辺は負となる．$2k = a_n$ ならば

$$(2k - \omega_n)Q_{n-1} + Q_{n-2} = (a_k - \omega_n)Q_{n-1} + Q_{n-2}.$$

これが正となるためには

$$a_nQ_{n-1} + Q_{n-2} = Q_n > \omega_nQ_{n-1}$$

とならねばならない．結局次の定理が得られる．

定理．　中間近似分数 $P^{(k)}/Q^{(k)}$ が最良近似を与えるための必要にして充分なる条件は

$$2k > a_n \quad \text{もしくは} \quad 2k = a_n, \quad \frac{Q_n}{Q_{n-1}} > \omega_n$$

である．

4.9.　最良近似問題の決定．　それでは主要近似分数および中間近似分数以外に，最良近似を与えるものはないであろうか．これは次に示されるように否定されるべきものである．

仮に P/Q が最良の近似を与えるとする．すでに証明したように

$$\frac{P_{-1} + P_0}{Q_{-1} + Q_0} > \frac{P_1}{Q_1} > \frac{P_3}{Q_3} > \cdots > \omega > \cdots > \frac{P_2}{Q_2} > \frac{P_0}{Q_0}$$

であるから，P/Q が主要近似分数，または中間近似分数以外の既約分数ならば

(i) $\dfrac{P_{-1}+P_0}{Q_{-1}+Q_0}=a_0+1$ より大であるか,

(ii) $\dfrac{P_0}{Q_0}=a_0$ より小であるか,

(iii) いずれか二つの相隣る近似分数（主要または中間）の間に落ちるかである.

(i) においては, $\dfrac{a_0+1}{1}$ は P/Q より ω に近い. しかも $Q \geqq 1$ であるから分母は Q より大でない. 故に P/Q は最良近似を与えない.

(ii) においては, $Q \geqq 1$ なる故に, $P_0/Q_0=a_0/1$ は P/Q より ω に近く, しかも分母は $\leqq Q$ である. 故に P/Q は最良近似を与えない.

(iii) においては, 例えば $P/Q<\omega$ の場合

$$\frac{P^{(k+1)}}{Q^{(k+1)}}>\frac{P}{Q}>\frac{P^{(k)}}{Q^{(k)}}, \quad (k \text{ は } 0,\,1,\,2,\,\ldots,\,a_n-1 \text{ のいずれか一つ})$$

とすれば

$$\left|\frac{P}{Q}-\frac{P^{(k)}}{Q^{(k)}}\right|<\left|\frac{P^{(k+1)}}{Q^{(k+1)}}-\frac{P^{(k)}}{Q^{(k)}}\right|=\frac{1}{Q^{(k+1)}Q^{(k)}}$$

より分母を払って

$$\left|PQ^{(k)}-QP^{(k)}\right|<\frac{Q}{Q^{(k+1)}}$$

となる. 然るに左辺は $\geqq 1$ であるから, $Q>Q^{(k+1)}$ となる. すなわち $P^{(k+1)}/Q^{(k+1)}$ が P/Q より ω に近く, 分母は $Q>Q^{(k+1)}$ となる. 故に P/Q は最良近似を与えない.

以上の結果を一括すれば次の定理となる.

定理*1. **最良近似を与える分数は, 主要近似分数なるか, そうでなければ** $2k>a_n$ **または** $2k=a_n$, $Q_n>Q_{n-1}\omega_n$ **が成立する中間近似分数** $\dfrac{P^{(k)}}{Q^{(k)}}=\dfrac{kP_{n-1}+P_{n-2}}{kQ_{n-1}+Q_{n-2}}$ **に限る.**

第 3 節 近似分数の判定条件

4.10. 主要近似分数の条件. 無理数 ω に対しては, §4.4, (III) において

$$\omega-\frac{P_n}{Q_n}=\frac{\omega_{n+1}P_n+P_{n-1}}{\omega_{n+1}Q_n+Q_{n-1}}-\frac{P_n}{Q_n}=\frac{(-1)^n}{Q_n(\omega_{n+1}Q_n+Q_{n-1})}$$

§4.9, *1 S. Smith, Messenger of Math. (2) 6, 1877.

なることを見た．$\omega_{n+1} = a_{n+1} + \dfrac{1}{\omega_{n+2}}$ は $(a_{n+1}, a_{n+1}+1)$ の間にあるから，不等式

$$\left|\omega - \frac{P_n}{Q_n}\right| < \frac{1}{Q_n(a_{n+1}Q_n + Q_{n-1})} = \frac{1}{Q_nQ_{n+1}},$$
$$\left|\omega - \frac{P_n}{Q_n}\right| > \frac{1}{Q_n(Q_n + a_{n+1}Q_n + Q_{n-1})} = \frac{1}{Q_n(Q_n + Q_{n+1})}$$

が得られる．これは P_n/Q_n の ω に対する近似の度合を示す．

前者より，さきに出した (§4.4)

$$\left|\omega - \frac{P_n}{Q_n}\right| < \frac{1}{Q_n^2}$$

が再び得られる．

この逆の問題すなわち既約分数 $\dfrac{P}{Q}$ が不等式 $\left|\omega - \dfrac{P}{Q}\right| < \dfrac{1}{Q^2}$ を満足すれば，果してこれが ω の近似分数となるか否かの問題は，ルジャンドルが初めて解決した[*1]．

今既約分数 P/Q に対し

$$\left|\omega - \frac{P}{Q}\right| < \frac{1}{Q^2}$$

が成立するとすれば

$$\omega - \frac{P}{Q} = \frac{\varepsilon\theta}{Q^2}, \qquad \varepsilon = \pm 1, \qquad 0 < \theta < 1$$

とおくことができる．次にこの θ の性質を考えよう．

分数 P/Q を連分数に展開したものを

$$\frac{P}{Q} = a_0 + \frac{1}{a_1} + \frac{1}{a_2} + \cdots + \frac{1}{a_{n-1}}$$

とする．この際 §4.6 で証明したように，初めから $(-1)^{n-1} = \varepsilon$ であると仮定して進むことができる．

P/Q の第 m 近似分数を P_m/Q_m とすれば，P_{n-1}/Q_{n-1} は P/Q と一致する．故に $P = P_{n-1}$，　$Q = Q_{n-1}$ となる．

次に ω' を

$$\omega = \frac{P_{n-1}\omega' + P_{n-2}}{Q_{n-1}\omega' + Q_{n-2}}, \quad \text{すなわち} \quad \omega' = \frac{Q_{n-2}\omega - P_{n-2}}{-Q_{n-1}\omega + P_{n-1}}$$

によって定義すれば

$$\frac{\varepsilon\theta}{Q^2} = \omega - \frac{P}{Q} = \frac{P_{n-1}\omega' + P_{n-2}}{Q_{n-1}\omega' + Q_{n-2}} - \frac{P_{n-1}}{Q_{n-1}} = \frac{(-1)^{n-1}}{Q_{n-1}(Q_{n-1}\omega' + Q_{n-2})}$$

§4.10,*1　Legendre, Essai sur la théorie des nombres, 2 éd., 1808.

となり，$(-1)^{n-1}=\varepsilon$ より

$$\theta=\frac{Q_{n-1}}{Q_{n-1}\omega'+Q_{n-2}},$$

従って

$$\omega'=\frac{Q_{n-1}-\theta Q_{n-2}}{\theta Q_{n-1}}$$

となる．$0<\theta<1$ であるから，明らかに $\omega'>0$ である．

ω と ω' との関係から分かるように

$$\omega=a_0+\frac{1}{a_1+}\,\frac{1}{a_2+}\cdots\frac{1}{+a_{n-1}+}\,\frac{1}{\omega'}$$

である．故にもし $\omega'>1$ ならば，ω' を連分数に展開したのを

$$\omega'=a_n+\frac{1}{a_{n+1}+}\cdots \qquad (a_n\geqq 1)$$

とすれば

$$a_0+\frac{1}{a_1+}\cdots\frac{1}{+a_{n-1}+}\,\frac{1}{a_n+}\cdots$$

は明らかに ω の連分数の展開である．無理数は唯一通りに連分数に展開できるから，P/Q が ω の近似分数の一つなることが結論される．

これに反し，$\omega'\leqq 1$ ならば，$\omega'>0$ より

$$a_{n-1}+\frac{1}{\omega'}\geqq a_{n-1}+1,$$

従って $a_{n-1}+\dfrac{1}{\omega'}$ を連分数に展開したものを

$$a'_{n-1}+\frac{1}{a'_n+}\,\frac{1}{a'_{n+1}+}\cdots$$

とすれば，$a'_{n-1}=a_{n-1}+c,\ c\geqq 1$ である．然るに

$$\omega=a_0+\frac{1}{a_1+}\cdots\frac{1}{+a_{n-2}+}\,\frac{1}{a'_{n-1}+}\,\frac{1}{a'_n+}\cdots$$

であるから，その第 $n-2$ および第 $n-1$ 近似分数は

$$\frac{P_{n-2}}{Q_{n-2}}\quad \text{および}\quad \frac{P_{n-3}+a'_{n-1}P_{n-2}}{Q_{n-3}+a'_{n-1}Q_{n-2}}=\frac{P_{n-1}+cP_{n-2}}{Q_{n-1}+cQ_{n-2}}$$

となる．然るに

$$Q_{n-2}<Q_{n-1}<Q_{n-1}+cQ_{n-2}$$

であるから，$P_{n-1}/Q_{n-1}=P/Q$ は ω の近似分数とならない．何となれば，もし P/Q が近似分数ならば，その分母の関係から，第 $n-2$ 近似分数と第 $n-1$ 近似分

数との間の近似分数とならなければならないはずであるが，それは不可能である．故に次の定理が得られる．

定理． P/Q **が** ω **の近似分数なるための必要にして充分なる条件は，**$\omega' > 1$**，すなわち**

$$\omega - \frac{P}{Q} = \frac{\varepsilon\theta}{Q^2}, \quad (\varepsilon = \pm 1)$$

としたとき

$$0 < \theta < \frac{Q}{Q+Q'}$$

が成立することである．ただし

$$\frac{P}{Q} = a_0 + \frac{1}{a_1 +} \cdots \frac{1}{+ a_{n-1}}, \qquad (-1)^{n-1} = \varepsilon,$$

$$\frac{P'}{Q'} = a_0 + \frac{1}{a_1 +} \cdots \frac{1}{+ a_{n-2}}$$

とする．

この定理において $\theta < \dfrac{1}{2}$ とすれば，明らかに $\dfrac{Q}{Q+Q'} > \dfrac{1}{2}$ となるから，上の条件が満たされる．故にまた次の定理が成立する．

定理．　既約分数 P/Q **は**

$$\left|\omega - \frac{P}{Q}\right| < \frac{1}{2Q^2}$$

を満たせば，ω **の近似分数である．**

4.11.　中間近似分数の条件．　次に既約分数 P/Q が ω の主要近似分数とはならないが，中間近似分数となる条件を考えてみよう．

上の証明中の記号をそのまま用いれば，$\omega' \leqq 1$ なる場合には ω の第 $n-2$，第 $n-1$ 主要近似分数はそれぞれ

$$\frac{P_{n-2}}{Q_{n-2}}, \quad \frac{P_{n-3} + a'_{n-1}P_{n-2}}{Q_{n-3} + a'_{n-1}Q_{n-2}}$$

となり，$a_{n-1} = a'_{n-1} - c < a'_{n-1}$ であるから

$$\frac{P}{Q} = \frac{P_{n-1}}{Q_{n-1}} = \frac{a_{n-1}P_{n-2} + P_{n-3}}{a_{n-1}Q_{n-2} + Q_{n-3}}$$

は明らかに中間近似分数の一つである．すなわち次の定理が得られる．

定理[*1]**.** **既約分数** P/Q **が**

$$\left|\omega - \frac{P}{Q}\right| < \frac{1}{Q^2}$$

を満足すれば， ω **の主要近似分数となるか，然らざれば中間近似分数となる.**

第4節 近似分数の近似度

4.12. フルウィッツの定理. 無理数 ω の主要近似分数 P/Q は，すべて $\left|\omega - \dfrac{P}{Q}\right| < \dfrac{1}{Q^2}$ を満たすが，そのうちでもっと精密な不等式を満足するものはないだろうか．これに対してエルミット[*1]は $\left|\omega - \dfrac{P}{Q}\right| < \dfrac{1}{\sqrt{3}Q^2}$ を満たすものが無数にあることを証明したが，フルウィッツは次の決定的な結果を与えた[*2].

定理. **いかなる無理数** ω **をとっても**

$$\left|\omega - \frac{P_n}{Q_n}\right| < \frac{1}{\sqrt{5}Q_n^2}$$

を満たす近似分数は無数に存在する. $\lambda > \sqrt{5}$ **ならば**

$$\left|\omega - \frac{P_n}{Q_n}\right| < \frac{1}{\lambda Q_n^2}$$

が成立する近似分数はある ω **に対しては無数には存在しない.**

これを証明するため，まず

$$Q_n|Q_n\omega - P_n| = S_n$$

とおき，これに適合する関係を調べてみよう．フルウィッツの定理の前半は $S_n < 1/\sqrt{5}$ なるものが無数に存在することを主張するのである.

$Q_n\omega - P_n$ と $Q_{n-1}\omega - P_{n-1}$ とは異符号であるから

$$|Q_{n-1}(Q_n\omega - P_n) - Q_n(Q_{n-1}\omega - P_{n-1})| = Q_{n-1}|Q_n\omega - P_n| + Q_n|Q_{n-1}\omega - P_{n-1}|$$

となる．すなわち

---

§4.11,*1 Grace, Proc. London Math. Soc. (2) 17, 1918.

§4.12,*1 Hermite, Journ. f. Math. 41, 1851, Oeuvres 1, p.169.

*2 Hurwitz, Math. Ann. 39, 1891.

$$\frac{Q_{n-1}}{Q_n}S_n + \frac{Q_n}{Q_{n-1}}S_{n-1} = |P_nQ_{n-1} - P_{n-1}Q_n| = 1 \tag{1}$$

である．これを書直せば

$$\left(2\frac{Q_n}{Q_{n-1}}S_{n-1} - 1\right)^2 = 1 - 4S_nS_{n-1} \geqq 0$$

となる．これより

$$\frac{Q_n}{Q_{n-1}} = \frac{1+\varepsilon\sqrt{1-4S_nS_{n-1}}}{2S_{n-1}}. \tag{2}$$

ただし $\varepsilon = \pm 1$．その逆数をとれば

$$\frac{Q_{n-1}}{Q_n} = \frac{1-\varepsilon\sqrt{1-4S_nS_{n-1}}}{2S_n} \tag{3}$$

となる．然るに

$$Q_n = a_nQ_{n-1} + Q_{n-2}$$

であるから

$$a_n = \frac{Q_n}{Q_{n-1}} - \frac{Q_{n-2}}{Q_{n-1}} = \frac{1+\varepsilon\sqrt{1-4S_{n-1}S_n}}{2S_{n-1}} - \frac{1-\varepsilon'\sqrt{1-4S_{n-1}S_{n-2}}}{2S_{n-1}},$$

すなわち

$$a_n = \frac{\varepsilon\sqrt{1-4S_{n-1}S_n} + \varepsilon'\sqrt{1-4S_{n-1}S_{n-2}}}{2S_{n-1}}, \quad (\varepsilon,\ \varepsilon' = \pm 1)$$

を得る．従って

$$a_n \leqq \frac{\sqrt{1-4S_{n-1}S_n} + \sqrt{1-4S_{n-1}S_{n-2}}}{2S_{n-1}}. \tag{4}$$

(2) を導くにあたり

$$1 - 4S_nS_{n-1} \geqq 0$$

なることを見た．故に S_{n-1}, S_n の小なる方を S とすれば

$$1 - 4S^2 \geqq 1 - 4S_nS_{n-1} \geqq 0$$

となる．然るに左端の不等式において等号が成立するのは $S_n = S_{n-1}$ の場合に限る．これは (1) より S_n，従って ω が分数に等しいことを示す．これは仮定に反する．故に

$$1 - 4S^2 > 0, \quad S < \frac{1}{2}$$

とならなければならない．

すなわち，**相隣る二つの近似分数のいずれか一つは常に**

$$\left|\omega - \frac{P_n}{Q_n}\right| < \frac{1}{2{Q_n}^2}$$

を満足する．これを**ファーレンの定理**[*3]という．

$a_n \geqq 1$ であるから，(4) において S_n, S_{n-1}, S_{n-2} の最小のものを S とすれば

$$1 \leqq a_n < \frac{\sqrt{1-4S^2}}{S}$$

となる．故に

$$1 < \frac{\sqrt{1-4S^2}}{S}, \qquad S < \frac{1}{\sqrt{5}}$$

が成立する．

すなわち，**相隣る三つの近似分数のうち，少なくとも一つは常に**

$$\left|\omega - \frac{P_n}{Q_n}\right| < \frac{1}{\sqrt{5}{Q_n}^2}$$

を満足する．

これはフルウィッツの定理の前半を精密にしたもので，ボレル[*4]が与えた形である．

もし $a_n \geqq 2$ ならば，(4) より

$$2 < \frac{\sqrt{1-4S^2}}{S}, \qquad S < \frac{1}{\sqrt{8}}$$

が得られる．すなわち $\nu = n, n-1, n-2$ のいずれか一つに対し

$$\left|\omega - \frac{P_\nu}{Q_\nu}\right| < \frac{1}{\sqrt{8}{Q_\nu}^2}$$

が成立する．

ω の連分数 $[a_0, a_1, a_2, a_3, \dots]$ の a_m がある m よりさき，常に 1 となる場合を除けば，数列 $\{a_n\}$ の内には $a_n \geqq 2$ なる数が無数に現れる．故に上の不等式を満たす近似分数は無数に存在する．これもフルウィッツの証明したことで，上の精密な形で言い表したのは，アンベアおよび藤原[*5]である．

次にフルウィッツの定理の後半の証明に移る．

$$\omega = [1, 1, 1, \dots]$$

とすれば

---

*3 Vahlen, Journ. f. Math. 115, 1895.

*4 Borel, Journ. de Math. (5) 9, 1903.

*5 Humbert, Journ. de Math. (7) 2, 1916; 藤原，Tôhoku Math. J. 11, 1917.

$$\omega = 1 + \frac{1}{\omega},$$

すなわち

$$\omega^2 - \omega - 1 = 0, \qquad \omega = \frac{1+\sqrt{5}}{2}$$

である．これに対しては，ω_n はすべて ω に等しいから

$$\left|\omega - \frac{P_n}{Q_n}\right| = \frac{1}{{Q_n}^2\left(\omega + \dfrac{Q_{n-1}}{Q_n}\right)}, \qquad S_n = \frac{1}{\omega + \dfrac{Q_{n-1}}{Q_n}}.$$

然るに

$$Q_n = Q_{n-1} + Q_{n-2}$$

より

$$\frac{Q_n}{Q_{n-1}} = 1 + \frac{Q_{n-2}}{Q_{n-1}}, \quad \frac{Q_{n-1}}{Q_{n-2}} = 1 + \frac{Q_{n-3}}{Q_{n-2}}, \ \ldots.$$

よって

$$\frac{Q_n}{Q_{n-1}} = [1, 1, 1, \ldots, 1]$$

となる．従ってその極限は ω に等しく，その逆数 Q_{n-1}/Q_n の極限は $1/\omega = (\sqrt{5}-1)/2$ に等しい．故に S_n の極限は $1/\left(\omega + \dfrac{1}{\omega}\right) = 1/\sqrt{5}$ となる．従って ε をいかに小なる正数としても

$$S_n < \frac{1}{\sqrt{5}+\varepsilon}$$

を満足する S_n は有限個よりない．何となれば，n を充分大にすれば S_n はどれほどでも $1/\sqrt{5}$ に近づく故に，S_n は $\dfrac{1}{\sqrt{5}+\varepsilon}$ より大になるからである．

これでフルウィッツの定理の後半が証明された．この問題にさらに深入りすれば，ある m よりさき，すべて $a_n = 1$ となるもの，およびすべて $a_n = 2$ となるものを除けば

$$\left|\omega - \frac{P_n}{Q_n}\right| < \frac{1}{\dfrac{\sqrt{221}}{5}{Q_n}^2}$$

を満足するものが無数に存在することが証明される．さらにそのさきへ進むこともできる[*6]．

*6　これについては Tôhoku Math. J. 23, 1924 の柴田博士の論文を参照されたい．

第5節　循環連分数

4.13. 循環連分数. 無限連分数 $[a_0, a_1, a_2, \ldots, a_n, \ldots]$ において

$$a_{m+k+n} = a_{m+k}, \quad (k = 0, 1, 2, 3, \ldots)$$

なる関係が成立する場合に

$$(a_{m+n}, a_{m+n+1}, \ldots, a_{m+2n-1}), \quad (a_{m+2n}, a_{m+2n+1}, \ldots, a_{m+3n-1}), \quad \ldots$$

はすべて

$$(a_m, a_{m+1}, \ldots, a_{m+n-1})$$

に等しくなる．このような連分数を**循環連分数**と名づけ，これを

$$a_0 + \frac{1}{a_1 +} \cdots \frac{1}{+ \underset{*}{a_m} +} \cdots \frac{1}{+ \underset{*}{a_{m+n-1}}},$$

または

$$[a_0, a_1, \ldots, a_{m-1}, \overset{*}{a_m}, \ldots, \overset{*}{a_{m+n-1}}]$$

によって表す．$(a_m, a_{m+1}, \ldots, a_{m+n-1})$ を**循環節**または**周期**という．

$m = 0$，すなわち循環節が a_0 から始まる場合には，**純循環連分数**といい，$m \geqq 1$ ならば**混循環連分数**と名づける．

次に一つの循環連分数が表す数はいかなる性質を有すべきかを調べてみよう．

今

$$\omega = [a_0, a_1, \ldots, a_{m-1}, \overset{*}{a_m}, \ldots, \overset{*}{a_{m+n-1}}]$$

とし，その第 n 近似分数を P_n/Q_n とする．かつ例の通り

$$\omega_\nu = [a_\nu, a_{\nu+1}, \ldots]$$

とおけば

$$\begin{aligned}\omega_m &= [\overset{*}{a_m}, a_{m+1}, \ldots, \overset{*}{a_{m+n-1}}] \\ &= [a_m, a_{m+1}, \ldots, a_{m+n-1}, \omega_m]\end{aligned}$$

となる．故に $[a_m, a_{m+1}, \ldots]$ の第 ν 近似分数を A_ν/B_ν とすれば

$$\omega_m = \frac{A_{n-1}\omega_m + A_{n-2}}{B_{n-1}\omega_m + B_{n-2}}, \quad A_{n-1}B_{n-2} - A_{n-2}B_{n-1} = (-1)^n$$

となる．すなわち ω_m は

$$B_{n-1}x^2 + (B_{n-2} - A_{n-1})x - A_{n-2} = 0$$

を満足する．このような関係式を整係数の二次方程式といい，これを満足する無理数を**二次の無理数**と名づける．

$$\omega = [a_0,\, a_1,\, \ldots,\, a_{m-1},\, \omega_m]$$

より

$$\omega = \frac{P_{m-1}\omega_m + P_{m-2}}{Q_{m-1}\omega_m + Q_{m-2}}, \quad \omega_m = \frac{Q_{m-2}\omega - P_{m-2}}{-Q_{m-1}\omega + P_{m-1}}$$

が得られるから，ω もまた整係数の二次方程式

$$a\omega^2 + b\omega + c = 0$$

を満たさなければならない．a, b, c の値は出す必要がないから略する．

これで循環連分数は常に二次無理数を表すことが分かった．

もしこれが純循環連分数ならば

$$\omega = [\overset{*}{a}_0,\, a_1, \ldots,\, \overset{*}{a}_{n-1}]$$

より $a_0 = a_n \geqq 1$ であるから $\omega > 1$ となる．次に ω の満たす二次方程式は

$$ax^2 + bx + c = 0, \quad a = Q_{n-1}, \quad b = Q_{n-2} - P_{n-1}, \quad c = -P_{n-2}$$

である．この二次方程式の ω 以外の根を $\overline{\omega}$ とし，これを ω の**共役数**と名づければ，$ax^2 + bx + c = a(x-\omega)(x-\overline{\omega})$ であるから（第 6 章参照）

$$\overline{\omega} = -\frac{b}{a} - \omega = -\left(\omega - \frac{P_{n-1}}{Q_{n-1}} + \frac{Q_{n-2}}{Q_{n-1}}\right), \quad \left|\omega - \frac{P_{n-1}}{Q_{n-1}}\right| < \frac{1}{Q_{n-1}^2}$$

から $\overline{\omega} < 0, |\overline{\omega}| < 1$ となる．

二次無理数 ω が $\omega > 1, \overline{\omega} < 0, |\overline{\omega}| < 1$ を満足する場合，これを**既約無理数**と名づければ，純循環連分数は常に二次の既約無理数を表す．

4.14. **ラグランジュの定理．** 我々は次にこれらの逆が成立するか否かを考えなければならない．これに対し次の**ラグランジュの定理**が成立する．

定理[*1]**. 無理数 ω を表す連分数が循環なるための必要にして充分なる条件は，ω が二次無理数なることである.**

二次無理数 ω が満足する整係数二次方程式を

$$ax^2 + bx + c = 0$$

とし

$$\omega = [a_0,\, a_1,\, a_2,\, \ldots,\, a_{n-1},\, \omega_n]$$

とすれば

$$\omega = \frac{P_{n-1}\omega_n + P_{n-2}}{Q_{n-1}\omega_n + Q_{n-2}}$$

であるから，これを上の方程式に代入すると，ω_n が満足する整係数二次方程式

$$a'x^2 + b'x + c' = 0$$

が得られる．新しい係数は次の形をとる.

$$a' = aP_{n-1}^2 + bP_{n-1}Q_{n-1} + cQ_{n-1}^2,$$

$$b' = 2aP_{n-1}P_{n-2} + b(P_{n-1}Q_{n-2} + P_{n-2}Q_{n-1}) + 2cQ_{n-1}Q_{n-2},$$

$$c' = aP_{n-2}^2 + bP_{n-2}Q_{n-2} + cQ_{n-2}^2.$$

これが

$$b'^2 - 4a'c' = b^2 - 4ac$$

を満たすことは容易に示されるであろう．然るに

$$\left|\omega - \frac{P_{n-1}}{Q_{n-1}}\right| < \frac{1}{Q_{n-1}^2},\quad \left|\omega - \frac{P_{n-2}}{Q_{n-2}}\right| < \frac{1}{Q_{n-2}^2},\quad \left|\omega - \frac{P_{n-2}}{Q_{n-2}}\right| < \frac{1}{Q_{n-1}Q_{n-2}}$$

であるから

$$\frac{P_{n-1}}{Q_{n-1}} - \omega = \frac{\theta}{Q_{n-1}^2},\qquad \frac{P_{n-2}}{Q_{n-2}} - \omega = \frac{\theta'}{Q_{n-2}^2} = \frac{\theta''}{Q_{n-1}Q_{n-2}}$$

$(|\theta|,\ |\theta'|,\ |\theta''| < 1)$ とおくことができる．従ってこれを

$$a' = Q_{n-1}^2\left\{a\left(\frac{P_{n-1}}{Q_{n-1}}\right)^2 + b\left(\frac{P_{n-1}}{Q_{n-1}}\right) + c\right\},$$

---

§4.14, *1 Lagrange, Mém. de l'Acad. Berlin 24, 1770, Oeuvres 2, p.74. ここに与えた証明は Charves, Bull. des sci. math. (2) 1, 1877 のものである.

$$b' = Q_{n-1}Q_{n-2}\left\{2a\frac{P_{n-1}}{Q_{n-1}}\frac{P_{n-2}}{Q_{n-2}} + b\left(\frac{P_{n-1}}{Q_{n-1}} + \frac{P_{n-2}}{Q_{n-2}}\right) + 2c\right\},$$
$$c' = Q_{n-2}^2\left\{a\left(\frac{P_{n-2}}{Q_{n-2}}\right)^2 + b\left(\frac{P_{n-2}}{Q_{n-2}}\right) + c\right\}$$

に代入し，$a\omega^2 + b\omega + c = 0$ なることに注意すれば

$$a' = \frac{a\theta^2}{Q_{n-1}^2} + (b + 2a\omega)\theta,$$
$$c' = \frac{a\theta'^2}{Q_{n-2}^2} + (b + 2a\omega)\theta',$$
$$b' = \frac{2a\theta\theta''}{Q_{n-1}^2} + (b + 2a\omega)Q_{n-1}Q_{n-2}\left(\frac{\theta}{Q_{n-1}^2} + \frac{\theta''}{Q_{n-1}Q_{n-2}}\right)$$

となる．Q_{n-1}，$Q_{n-2} > 1$ であるから

$$|a'| < M,\ |b'| < 2M,\ |c'| < M, \quad M = |a| + |b + 2a\omega|.$$

すなわち ω を与えれば, $\omega_1, \omega_2, \omega_3, \ldots$ が満足する整係数二次方程式の係数は有限個の値より取れない．従ってこれらの方程式もまた有限個よりない．故に ω_1, ω_2, ω_3, $\ldots$ の間に同一の方程式を満たすものが，無数になければならないことになる．仮に ω_i, ω_j, ω_k が同一の方程式

$$a'x^2 + b'x + c' = 0$$

を満足するとすれば，必ず ω_i は ω_j となるか $\overline{\omega_j}$ となる．ω_k もまた ω_j となるか $\overline{\omega_j}$ となる．故に $\omega_i, \omega_j, \omega_k$ の内いずれか二つは互いに一致する．仮に $\omega_i = \omega_k$ $(i < k)$ とすれば

$$\omega_i = a_i + \frac{1}{\omega_{i+1}},\ \ldots,\ a_i = [\omega_i],$$
$$\omega_k = a_k + \frac{1}{\omega_{k+1}},\ \ldots,\ a_k = [\omega_k]$$

であるから，$a_i = a_k$, $\omega_{i+1} = \omega_{k+1}$ となる．これはどこまでも続けられるから，$(a_i, a_{i+1}, \ldots, a_{k-1})$ が循環節となる．すなわち二次無理数 ω の連分数は必ず循環とならなければならない．

4.15. **ガロアの定理**.　それでは循環連分数が純循環となる条件は何か．次のガロアの定理がこれに答える．

定理[*1]. **ω が純循環連分数で表されるための必要にして充分なる条件は，ω が既約二次無理数なることである．**

この条件が必要なることは，すでに §4.13 で証明したから，次にこれが充分なることを証明しよう．

ω が満足する整係数二次方程式を

$$ax^2 + bx + c = 0, \quad (a > 0, \quad D = b^2 - 4ac > 0)$$

とし，ω を既約数と仮定する．すなわち

$$\omega > 1, \quad \overline{\omega} < 0, \quad |\overline{\omega}| < 1,$$

ただし

$$\omega = \frac{-b + \sqrt{D}}{2a}, \qquad \overline{\omega} = \frac{-b - \sqrt{D}}{2a}$$

とする．

我々はまず，ω が既約数ならば，$\omega' = -1/\overline{\omega}$，および $\omega = d + 1/\omega_1$, $(d = [\omega])$ によって定められた ω_1 もまた既約なることを証明しよう．これは既約数の定義

$$\omega > 1, \quad \overline{\omega} < 0, \quad |\overline{\omega}| < 1$$

より

$$\omega' = -\frac{1}{\overline{\omega}} > 1, \quad \overline{\omega'} = -\frac{1}{\omega} < 0, \quad |\overline{\omega'}| = \frac{1}{|\omega|} < 1,$$

が得られ，また，ω_1 の共役根は $1/(\overline{\omega} - d)$ に等しいから[*2]

$$\omega_1 = \frac{1}{\omega - [\omega]} > 1, \quad \overline{\omega_1} = \frac{1}{\overline{\omega} - d} < 0, \quad |\overline{\omega_1}| < 1$$

が従うことから明らかである．

もし d が $[\omega]$ に等しくなければ，$1/(\omega - d)$ は既約とならない．これは $d \neq [\omega]$ ならば $\omega - d > 1$ または $\omega - d < 0$ となるからである．

これによって，ω が既約ならば，$\omega_1 = \dfrac{1}{\omega - d}$, $(d = [\omega])$ は ω から唯一通りに定まるのみならず，逆に既約な ω_1 を与えれば，$\omega = d + 1/\omega_1$ を既約ならしめる整数 d は唯一通りに定まることが分かる．何となれば

§4.15, *1　Galois, Annales de Gergonne 19, 1828–29, Oeuvres, p.80.

*2　〔**編者注**：ω_1 の満たす二次方程式 $(ad^2+bd+c)x^2+(b+2ad)x+a = 0$ は $x = 1/(\omega-d)$ および $x = 1/(\overline{\omega} - d)$ を二根とすることに注意せよ.〕

$$\overline{\omega_1} = \frac{1}{\overline{\omega} - d}, \quad -\frac{1}{\overline{\omega_1}} = d + \frac{1}{-\dfrac{1}{\overline{\omega}}},$$

すなわち

$$-\frac{1}{\overline{\omega}} = \frac{1}{-\dfrac{1}{\overline{\omega_1}} - d}$$

が得られるが，先に見たように ω が既約ならば $-1/\overline{\omega}$ も既約であり，ω_1 が既約であるから $-1/\overline{\omega_1}$ も既約である．d が $[-1/\overline{\omega_1}]$ に等しくならねば，上に証明した所により，左辺の $-1/\overline{\omega}$ が既約にならない，これは矛盾である．故に $d = [-1/\overline{\omega_1}]$ でなければならない．

これらの事実により，ω が既約二次無理数なるとき

$$\omega = [a_0, a_1, a_2, \ldots]$$

の周期が a_m から始まったとして

$$\omega = [a_0, a_1, \ldots, a_{m-1}, \overset{*}{a_m}, \ldots, \overset{*}{a_{m+n-1}}]$$

と仮定すれば

$$\omega_m = \omega_{m+n}$$

となる．ω が既約なる故に $\omega_1, \omega_2, \ldots$ はすべて既約である．従って $\omega_m = \omega_{m+n}$ ならば $\omega_{m+1} = \omega_{m+n+1}$ はもちろんであるが，$\omega_{m-1} = \omega_{m+n-1}$ がまた成立する．これは ω_{m-1} が ω_m から唯一通りに定まるからである．

これを続けていけば，周期は a_0 から始まらなければならないことになる．すなわち ω は純循環連分数で表される．

4.16. **$\sqrt{D}$ の連分数展開.** 以上で循環連分数の主要なる問題は解決されたのであるが，特に $\sqrt{D}$ の連分数について一言を加えたい．

これには次のガロアの定理が必要である[*1]．

定理. **二次の無理数 ω の連分数が純循環ならば，$-1/\overline{\omega}$ の連分数もまた純循環となって，周期は逆の順序である．すなわち**

$$\omega = [\overset{*}{a_0}, a_1, a_2, \ldots, \overset{*}{a_{n-1}}]$$

§4.16,*1 Galois, Annales de Gergonne 19, 1828–29, Oeuvres, pp.1–8.

ならば

$$-\frac{1}{\overline{\omega}} = [\overset{*}{a}_{n-1},\, a_{n-2},\, \ldots,\, a_1, \overset{*}{a}_0]$$

となる.

今

$$\omega = a_0 + \frac{1}{\omega_1}, \quad \omega_1 = a_1 + \frac{1}{\omega_2}, \quad \ldots, \quad \omega_{n-1} = a_{n-1} + \frac{1}{\omega_n}, \quad (\omega_n = \omega)$$

とし，ω_k の共役数を $\overline{\omega_k}$ とすれば

$$\overline{\omega} = a_0 + \frac{1}{\overline{\omega_1}}, \quad \overline{\omega_1} = a_1 + \frac{1}{\overline{\omega_2}}, \quad \ldots, \quad \overline{\omega_{n-1}} = a_{n-1} + \frac{1}{\overline{\omega_n}}, \quad (\overline{\omega_n} = \overline{\omega})$$

となる．故にこれを反対の順序に並べて書直せば

$$-\frac{1}{\overline{\omega}} = a_{n-1} + \cfrac{1}{-\cfrac{1}{\overline{\omega_{n-1}}}},$$

$$-\frac{1}{\overline{\omega_{n-1}}} = a_{n-2} + \cfrac{1}{-\cfrac{1}{\overline{\omega_{n-2}}}},$$

$$\cdots\cdots\cdots\cdots\cdots\cdots\cdots\cdots$$

$$-\frac{1}{\overline{\omega_2}} = a_1 + \cfrac{1}{-\cfrac{1}{\overline{\omega_1}}},$$

$$-\frac{1}{\overline{\omega_1}} = a_0 + \cfrac{1}{-\cfrac{1}{\overline{\omega}}}.$$

故に

$$-\frac{1}{\overline{\omega}} = \left[a_{n-1},\, a_{n-2},\, \ldots,\, a_1,\, a_0,\, -\frac{1}{\overline{\omega}}\right]$$

となる．$a_{n-1}, a_{n-2}, \ldots, a_0 \geqq 1$ なる故に，右辺は一つの連分数を表す．従って

$$-\frac{1}{\overline{\omega}} = [\overset{*}{a}_{n-1},\, a_{n-2},\, \ldots,\, a_1,\, \overset{*}{a}_0].$$

このガロアの定理より次の定理が得られる.

定理[*2]. ω **が有理数の平方根** $\sqrt{r/s}$, $(r/s > 1)$ **に等しい場合には，常に**

$$[a_0,\, \overset{*}{a}_1,\, a_2,\, \ldots,\, a_{n-1},\, 2\overset{*}{a}_0], \quad (a_{n-1} = a_1,\, a_{n-2} = a_2,\, \ldots)$$

---

*2 Legendre, Essai sur la théorie des nombres. Legendre はもちろん Galois の定理によらず，直接証明している.

の形の混循環連分数に表される．逆もまた成立する．

$\omega = \sqrt{\dfrac{r}{s}} = a_0 + \dfrac{1}{\omega_1}$ とすれば，$\omega_1 = \dfrac{1}{\sqrt{\dfrac{r}{s}} - a_0} > 1$，かつ

$$\overline{\omega_1} = \frac{1}{-\sqrt{\dfrac{r}{s}} - a_0} < 0, \quad |\overline{\omega_1}| = \frac{1}{\sqrt{\dfrac{r}{s}} + a_0} < \frac{1}{1 + a_0} < 1$$

であるから，ω_1 は既約数である．従ってこれは純循環連分数に展開せられる．これを $\omega_1 = [\overset{*}{a}_1, a_2, \ldots, \overset{*}{a}_n]$ とすれば

$$\omega = \sqrt{\frac{r}{s}} = [a_0, \overset{*}{a}_1, \ldots, \overset{*}{a}_n]$$

となる．ガロアの定理によれば，$-1/\overline{\omega_1}$ すなわち $\sqrt{r/s} + a_0$ はまた純循環連分数に表され

$$-\frac{1}{\overline{\omega_1}} = \sqrt{\frac{r}{s}} + a_0 = [\overset{*}{a}_n, a_{n-1}, \ldots, a_2, \overset{*}{a}_1]$$

となる．これと

$$\omega = \sqrt{\frac{r}{s}} = [\overset{*}{a}_0, a_1, a_2, \ldots, \overset{*}{a}_n]$$

とを比較すれば，$[a_0, \overset{*}{a}_1, a_2, \ldots, \overset{*}{a}_n] + a_0 = [\overset{*}{a}_n, a_{n-1}, \ldots, a_2, \overset{*}{a}_1]$，すなわち

$$2a_0 + \frac{1}{a_1 +}\,\frac{1}{a_2 +}\,\cdots = a_n + \frac{1}{a_{n-1} +}\,\frac{1}{a_{n-2} +}\,\cdots$$

が得られる．無限連分数は唯一通りに表されることから

$$2a_0 = a_n, \quad a_1 = a_{n-1}, \quad a_2 = a_{n-2}, \quad \ldots$$

となる．

逆に

$$\omega = [a_0, \overset{*}{a}_1, a_2, \ldots, a_{n-1}, \overset{*}{a}_n]$$

とすれば

$$[\overset{*}{a}_1, a_2, \ldots, \overset{*}{a}_n] = \frac{1}{\omega - a_0},$$

$$[\overset{*}{a}_n, a_{n-1}, \ldots, \overset{*}{a}_1] = -\overline{\omega} + a_0,$$

$$[\overset{*}{a}_{n-1}, \ldots, a_1, \overset{*}{a}_n] = \frac{1}{-\overline{\omega} - a_0}.$$

これが $1/(\omega - a)$ に等しいことより $\overline{\omega} = -\omega$ となる．$\omega = r + s\sqrt{D}$ とすれば，$r = 0$

となり，従って $\omega = s\sqrt{D}$．すなわち ω は有理数 s^2D の平方根である．

D を平方ではない正の整数とすれば，$\sqrt{D}$ を連分数に展開すれば常に上の形の循環連分数となる[*3]．

例えば

$$\sqrt{2} = [1, \overset{*}{2}], \qquad \sqrt{8} = [2, \overset{*}{1}, \overset{*}{4}],$$

$$\sqrt{3} = [1, \overset{*}{1}, \overset{*}{2}], \qquad \sqrt{13} = [3, \overset{*}{1}, 1, 1, 1, \overset{*}{6}],$$

$$\sqrt{5} = [2, \overset{*}{4}], \qquad \sqrt{19} = [4, \overset{*}{2}, 1, 3, 1, 2, \overset{*}{8}].$$

第6節　フェルマー方程式

4.17.　いわゆるペル方程式．　D を平方ではない正の整数とするとき，二次のディオファンタス方程式

$$x^2 - Dy^2 = 1$$

を世に**ペル方程式**と呼ぶ．

これはフェルマーが英国の数学者に提出した一問題であって，ブラウンカーがこれを解いた．ペルはこの方程式に何らの関係もない．然るにオイラーが誤ってペルの名を冠してから，今日までペル方程式といわれてきたのである．これはむしろフェルマー方程式と呼ぶべきであろう．

ブラウンカーよりも数百年以前，すでにインドのブラーマグプタが解いていることは注意すべきであろう[*1]．特別の形としてはすでにギリシャに現れている．世にアルキメデスの牧牛問題として知られているのは

$$x^2 - 4729497y^2 = 1$$

に帰着されるものである．

---

*3　$D = 2-99$ に対する $\sqrt{D}$ の連分数の表は Perron, Die Lehre von den Kettenbrüche, 1913, p.103 参照．

§4.17,*1　Colebrooke, Algebra of Hindoos, 1800, pp.363–372.

フェルマー方程式を連分数の理論から完全に解いたのはラグランジュである[*2,*3]．これを次に述べよう．

無理数 $\omega = \sqrt{D}$ を連分数に展開し，その周期について研究していくと，次のことが注意せられる．

$$\omega = \sqrt{D} = a_0 + \frac{1}{\overset{}{\underset{*}{a_1}}} + \frac{1}{a_2} + \cdots + \frac{1}{\underset{*}{a_n}} = [a_0,\ \overset{*}{a_1},\ \ldots,\ \overset{*}{a_n}]$$

において

$$\omega = a_0 + \frac{1}{\omega_1}, \quad \omega_1 = a_1 + \frac{1}{\omega_2}, \quad \cdots$$

とすれば

$$\omega_\nu = \frac{\sqrt{D} + B_\nu}{A_\nu}, \quad (A_\nu,\ B_\nu > 0)$$

$$D - {B_\nu}^2 = A_\nu A_{\nu-1}$$

が成立する．これは数学的帰納法によれば，次のように容易に証明される．

まず

$$\omega_1 = \frac{1}{\sqrt{D} - a_0} = \frac{\sqrt{D} + a_0}{D - {a_0}^2} = \frac{\sqrt{D} + B_1}{A_1}$$

であるから

$$B_1 = a_0 > 0, \quad A_1 = D - {a_0}^2 > 0$$

である．次に

$$\omega_2 = \frac{1}{\omega_1 - a_1} = \frac{A_1}{\sqrt{D} + B_1 - a_1 A_1} = \frac{A_1(\sqrt{D} - B_1 + a_1 A_1)}{D - (a_1 A_1 - B_1)^2}.$$

然るに $D - {B_1}^2 = A_1$，従って $D - (a_1 A_1 - B_1)^2 = (D - {B_1}^2) - {a_1}^2 {A_1}^2 + 2a_1 A_1 B_1$ は A_1 を約数にもつ．故に

$$B_2 = a_1 A_1 - B_1, \qquad A_2 = \frac{D - {B_2}^2}{A_1}$$

はいずれも整数である．従って

$$\omega_2 = \frac{\sqrt{D} + B_2}{A_2}, \quad D - {B_1}^2 = A_1 A_2.$$

さて任意の m に対し

---

*2　この方程式の歴史の詳細は Konen, Geschichte der Gleichung $t^2 - Du^2 = 1$, 1901 にある．

*3　Lagrange, Mém. d'Acad. Berlin, 1767, Oeuvres 2, p.102.

$$\omega_m = \frac{\sqrt{D}+B_m}{A_m}, \qquad D - {B_m}^2 = A_m A_{m-1}$$

が成立したと仮定すれば

$$\omega_{m+1} = \frac{1}{\omega_m - a_m} = \frac{A_m}{\sqrt{D}+B_m - a_m A_m} = \frac{\sqrt{D}+(a_m A_m - B_m)}{\dfrac{D-(a_m A_m - B_m)^2}{A_m}}$$

となり

$$B_{m+1} = a_m A_m - B_m, \qquad A_{m+1} = \frac{D - {B_{m+1}}^2}{A_m}$$

とおけば，$D - {B_m}^2 = A_m A_{m-1}$ より A_{m+1} は整数なることが分かる．よって

$$\omega_{m+1} = \frac{\sqrt{D}+B_{m+1}}{A_{m+1}}, \quad D - {B_{m+1}}^2 = A_m A_{m+1}.$$

故に数学的帰納法は完了する．

§4.14 で証明したように，$\omega_1, \omega_2, \ldots$ はすべて既約数であるから，既約数の定義により $\omega_\nu > 1, \overline{\omega_\nu} < 0, |\overline{\omega_\nu}| < 1$，すなわち

$$0 < \frac{\sqrt{D}-B_\nu}{A_\nu} < 1 < \frac{\sqrt{D}+B_\nu}{A_\nu}.$$

これより A_ν，$B_\nu > 0$ になる．

何となれば，$A_\nu > 0, B_\nu < 0$ または $A_\nu < 0, B_\nu > 0$ ならば

$$\frac{\sqrt{D}-B_\nu}{A_\nu} > \frac{\sqrt{D}+B_\nu}{A_\nu}.$$

$A_\nu < 0, B_\nu < 0$ ならば

$$\frac{\sqrt{D}-B_\nu}{A_\nu} < 0$$

となるからである．

これよりさらに

$$0 < B_\nu < \sqrt{D}, \text{ すなわち } B_\nu \leqq a_0$$

および

$$A_\nu < \sqrt{D}+B_\nu, \text{ すなわち } A_\nu \leqq 2a_0$$

が得られる．

以上の所論には，$\sqrt{D}$ の連分数が循環なることを用いなかった．この $0 < A_\nu \leqq 2a_0$，$0 < B_\nu \leqq a_0$ から循環性を証明することができる．

さて

$$\sqrt{D} = \frac{P_\nu \omega_{\nu+1} + P_{\nu-1}}{Q_\nu \omega_{\nu+1} + Q_{\nu-1}}$$

に

$$\omega_{\nu+1} = \frac{\sqrt{D} + B_{\nu+1}}{A_{\nu+1}}$$

を代入して分母を払えば

$$Q_\nu D + \sqrt{D}(Q_\nu B_{\nu+1} + Q_{\nu+1} A_{\nu+1}) = (P_\nu B_{\nu+1} + P_{\nu-1} A_{\nu+1}) + P_\nu \sqrt{D},$$

すなわち

$$Q_\nu D - (P_\nu B_{\nu+1} + P_{\nu-1} A_{\nu+1}) = \sqrt{D}\{P_\nu - (Q_\nu B_{\nu+1} + Q_{\nu-1} A_{\nu+1})\}$$

となる．右辺は無理数で左辺は整数であるから，これは各々 0 とならなければ，決して等しくなり得ない．故に

$$P_{\nu-1} = Q_{\nu-1} B_\nu + Q_{\nu-2} A_\nu, \qquad P_\nu = Q_\nu B_{\nu+1} + Q_{\nu-1} A_{\nu+1}$$

$$Q_{\nu-1} D = P_{\nu-1} B_\nu + P_{\nu-2} A_\nu, \qquad Q_\nu D = P_\nu B_{\nu+1} + P_{\nu-1} A_{\nu+1}$$

が得られる．それぞれ P_ν, Q_ν をかけて差をとれば

$${P_\nu}^2 - D{Q_\nu}^2 = A_{\nu+1}(P_\nu Q_{\nu-1} - P_{\nu-1} Q_\nu) = (-1)^{\nu-1} A_{\nu+1}$$

となる．然るに $\sqrt{D}$ の連分数は循環であるから

$$\omega = \sqrt{D} = a_0 + \frac{1}{\dot{a}_1} + \frac{1}{a_2} + \cdots + \frac{1}{\dot{a}_n}$$

とすれば

$$\omega_1 = \omega_{n+1} = \omega_{2n+1} = \omega_{3n+1} = \cdots,$$

従って

$$A_1 = A_{n+1} = A_{2n+1} = A_{3n+1} = \cdots, \quad B_1 = B_{n+1} = B_{2n+1} = B_{3n+1} = \cdots.$$

故に

$$D - B_{\nu+1}^2 = A_\nu A_{\nu+1}$$

において $\nu = n$ とおけば，$D - {B_1}^2 = A_1 A_n$ となる．

然るに $D - {B_1}^2 = A_1$ であるから $A_n = 1$ とならねばならない．同様に A_{2n}, $A_{3n}, \ldots = 1$ となる．よって

$$P_{n-1}^2 - DQ_{n-1}^2 = (-1)^n,$$

$$P_{2n-1}^{\ 2} - DQ_{2n-1}^{\ 2} = (-1)^{2n} = 1,$$

$$P_{3n-1}^{\ 2} - DQ_{3n-1}^{\ 2} = (-1)^{3n} = (-1)^n,$$

$$\cdots\cdots\cdots\cdots\cdots\cdots\cdots\cdots\cdots$$

が得られる．すなわちフェルマー方程式 $x^2 - Dy^2 = \pm 1$ に適合する正の解として,

$$(P_{n-1}, Q_{n-1}),\ (P_{2n-1}, Q_{2n-1}),\ (P_{3n-1}, Q_{3n-1}),\ \ldots$$

が得られた．詳しくいえば，n が偶数ならば，これらはすべて

$$x^2 - Dy^2 = 1 \tag{I}$$

の解であり，n が奇数ならば，n, $3n$, $\ldots$ に対するものは

$$x^2 - Dy^2 = -1 \tag{II}$$

の解になり，$2n$, $4n$, $\ldots$ に対するものが (I) の解となる．

(x, y) を正の解とすれば，$(\pm x, \pm y)$ はもちろん与えられた方程式に適合する．$x^2 - Dy^2 = 1$ に対しては，$(1, 0)$ なる解は別にする．しかしこの

$$(P_{n-1}, Q_{n-1}),\ (P_{2n-1}, Q_{2n-1}),\ \ldots$$

以外に正の解がありはしないか．これに対しては，否定的な答が与えられる．次にこれを示そう．

今正整数 P, Q が (I) または (II) を満足したと仮定すれば $P^2 - DQ^2 = \pm 1$ であるから

$$\left|\sqrt{D} - \frac{P}{Q}\right| = \frac{1}{Q^2\left(\sqrt{D} + \dfrac{P}{Q}\right)}.$$

然るに $Q > P$ とすれば，$DQ^2 - P^2 > Q^2 - P^2 = (Q+P)(Q-P) \geqq 2$ となるから仮定に反する．よって $Q < P$ とならねばならない．これと $\sqrt{D} > a_0$ より

$$\left|\sqrt{D} - \frac{P}{Q}\right| < \frac{1}{(a_0+1)Q^2} \leqq \frac{1}{2Q^2}$$

となる．これは P/Q が $\sqrt{D}$ の連分数の近似分数なることを示す (§4.11).

然るに $P_k^{\ 2} - DQ_k^{\ 2} = (-1)^{k-1}A_{k+1}$ となり，(A_{k+1}) はまた循環的であるから，A_1, A_2, $\ldots$, A_n の内 1 となるもののみが (I), (II) の解を与える．$A_n = 1$ はすでに証明したが，A_1, A_2, $\ldots$, $A_{n-1} \neq 1$ なることは次のように示される．$A_k = 1$, $(k < n)$

であるとすれば

$$\omega_k = \sqrt{D} + B_k = (a_0 + B_k) + (\sqrt{D} - a_0) = a_0 + B_k + \frac{1}{\omega_1},$$

すなわち $\omega_{k+1} = \omega_1$ となるから，周期は $(a_1, a_2, \ldots, a_k)$ とならねばならない．これは $k < n$ に矛盾する．

このようにして我々は次の定理に達する．

定理．　正整数 P, Q が $P^2 - DQ^2 = 1$，または $P^2 - DQ^2 = -1$ を満足すれば，P/Q は必ず $\sqrt{D}$ の主要近似分数である．

従って

$$\sqrt{D} = a_0 + \frac{1}{\overset{*}{a_1}} + \frac{1}{a_2} + \cdots + \frac{1}{\overset{*}{a_n}}$$

とすれば，n が偶数ならば $(P_{n-1}, Q_{n-1}), (P_{2n-1}, Q_{2n-1}), (P_{3n-1}, Q_{3n-1}), \ldots$ が (I) のすべての正の解であり，また n が奇数ならば $(P_{n-1}, Q_{n-1}), (P_{3n-1}, Q_{3n-1}), \ldots$ は (II) の，$(P_{2n-1}, Q_{2n-1}), \ldots$ は (I) のすべての正の解をつくす．このほかに正の解はない．

これによれば，n が偶数ならば，(II) は決して整数の組 (x, y) で満足されないことが分かる．

フェルマー方程式の一つの解が分かったとき，他のものを求めるために，ラグランジュは次の方法をとった．

$(x_1, y_1), (x_2, y_2)$ を (I), (II) のいずれかの正の解とすれば

$$x_1^2 - Dy_1^2 = \pm 1, \quad x_2^2 - Dy_2^2 = \pm 1$$

となる．然るに

$$\begin{aligned}
&(x_1^2 - Dy_1^2)(x_2^2 - Dy_2^2) \\
&= (x_1 + \sqrt{D}y_1)(x_1 - \sqrt{D}y_1)(x_2 + \sqrt{D}y_2)(x_2 - \sqrt{D}y_2) \\
&= (x_1 + \sqrt{D}y_1)(x_2 + \sqrt{D}y_2)(x_1 - \sqrt{D}y_1)(x_2 - \sqrt{D}y_2) \\
&= (x_3 + \sqrt{D}y_3)(x_3 - \sqrt{D}y_3) = x_3^2 - Dy_3^2,
\end{aligned}$$

ただし

$$x_3 = x_1x_2 + Dy_1y_2,\ y_3 = x_1y_2 + x_2y_1$$

であるから，(x_3, y_3) もまた一つの正の解を与える．

故に (x_1, y_1) を以て (II) の最小の正の解とし，$(x_1+\sqrt{D}y_1)^k$ を展開したものを $x_k+\sqrt{D}y_k$ とすれば，x_k, y_k は共に正整数である．

$$(x_1+\sqrt{D}y_1)^k = x_k+\sqrt{D}y_k$$

で定義された (x_k, y_k) は，k が偶数ならば (I) に適合し，k が奇数ならば (II) に適合する．

(x_1, y_1) が最初から (I) の最小の正の解ならば，(x_k, y_k) はすべての正数の k に対し，やはり (I) の正の解を与える．

ここにもまたこれ以外に正の解がありはしないかという疑問が生ずる．仮に (X, Y) を (I) または (II) の任意の正の解とし，(x_1, y_1) を最小の正の解とすれば，$x_1+\sqrt{D}y_1>1$ なる故に k を大にすれば $(x_1+\sqrt{D}y_1)^k$ はいかほどでも大になる．故に必ず

$$(x_1+\sqrt{D}y_1)^k \leqq X+\sqrt{D}Y < (x_1+\sqrt{D}y_1)^{k+1}$$

を満足する整数 k が存在しなければならない．もし左辺において等号が成立しなければ

$$1 < (X+\sqrt{D}Y)(x_1+\sqrt{D}y_1)^{-k} < x_1+\sqrt{D}y_1$$

となる．この不等式の中間のものを $x'+\sqrt{D}y'$ とおけば，$x'^2-Dy'^2=\pm 1$ が成立する．かつ x', $y'>0$ とならねばならない．

何となれば，$x'>0$, $y'<0$ とすれば，$x'-\sqrt{D}y'$ が >1 となり

$$(x'+\sqrt{D}y')(x'-\sqrt{D}y') = \pm 1$$

より $x'+\sqrt{D}y'>1$ に矛盾するからである．

$x'<0$, $y'>0$ としてもまた $x'-\sqrt{D}y'$ の絶対値が 1 より大となるから，これも矛盾に陥る．

$x'<0$, $y'<0$ とすれば，$x'+\sqrt{D}y'>1$ と矛盾する．

故に (x', y') はまた一つの正の解であって，最小の (x_1, y_1) よりも小さいことになる．

故にいかなる正の解 (X, Y) をとっても，常に

$$X+\sqrt{D}Y = (x_1+\sqrt{D}y_1)^k$$

の関係が成立しなければならない．よって次の定理が得られる．

定理． **フェルマー方程式**

$$x^2 - Dy^2 = \pm 1$$

の最小の正の解を (x_1, y_1) **とすれば**

$$(x_1 + \sqrt{D}y_1)^k = x_k + \sqrt{D}y_k, \quad (k = 1, 2, 3, \dots)$$

により定義された (x_k, y_k), $(k = 1, 2, 3, \dots)$ **以外に正の解はない**[*4]**．**

4.18. **方程式** $x^2 - Dy^2 = \pm 4$**．** 我々は後章（第 2 巻）において，二次式の同等問題に関連してフェルマー方程式 $x^2 - Dy^2 = \pm 1$ と密接な形を有する

$$x^2 - Dy^2 = \pm 4 \qquad \text{(III)}$$

に出会うであろう．

この方程式においては，y が偶数ならば x もまた偶数とならねばならない．この場合には，$x = 2x'$, $y = 2y'$ とおけば

$$x'^2 - Dy'^2 = \pm 1$$

に帰着せしめられる．故に初めから奇数の y のみを考える．奇数の平方は $(2n+1)^2 = 4n(n+1) + 1 \equiv 1 \pmod 8$ であるから

$$D \equiv x^2 + 4 \pmod 8$$

が満たされねばならない．

x が偶数ならば，$D \equiv 0 \pmod 4$

x が奇数ならば，$D \equiv 5 \pmod 8$

となる．$x = 2x'$, $D = 4D'$ の場合は $x'^2 - D'y^2 = \pm 1$ に帰着する．

故にフェルマー方程式以外に考えねばならないのは，$D \equiv 5 \pmod 8$ の場合のみである．

---

*4 (x_1, y_1) の表は Legendre, Essai sur la théorie des nombres, 3 éd. t.1 の巻末第十表 ($D = 2$–1003). Cayley, Collected Math. Papers 13, p.431 ($D = 1001$–1500). Whitford, The Pell's equation, New York, 1912 ($D = 1501$–1700). $x^2 - Dy^2 = -1$ が解かれる $D = 2$–7000 の表は Seeling, Archiv d. Math. 52, 1871, p.48 にある．種々の表の正誤は Lehmer, Bull. American Math. Soc. 32, 1926.

(x_1, y_1), (x_2, y_2) を (III) の正の解とすれば

$$\left(\frac{x_1+\sqrt{D}y_1}{2}\right)\left(\frac{x_2+\sqrt{D}y_2}{2}\right)=\left(\frac{x_3+\sqrt{D}y_3}{2}\right),$$

$$x_3=\frac{x_1x_2+Dy_1y_2}{2},\quad y_3=\frac{x_1y_2+x_2y_1}{2}$$

で定義された (x_3, y_3) もまた正の整数であって

$$\left(\frac{x_1-\sqrt{D}y_1}{2}\right)\left(\frac{x_2-\sqrt{D}y_2}{2}\right)=\left(\frac{x_3-\sqrt{D}y_3}{2}\right)$$

をかけると

$$\frac{{x_1}^2-D{y_1}^2}{4}\cdot\frac{{x_2}^2-D{y_2}^2}{4}=\frac{{x_3}^2-D{y_3}^2}{4}$$

となり，従って (x_3, y_3) もまた (III) の正の解となる．

x_3, y_3 が正の整数なることは，x_1 は Dy_1 と，x_2 は Dy_2 と同時に奇数または偶数となることから証明される．

これより，(III) の最小の正の解を (x_1, y_1) とすれば，(III) のあらゆる正の解は

$$\left(\frac{x_1+\sqrt{D}y_1}{2}\right)^k=\frac{x_k+\sqrt{D}y_k}{2}$$

で定義された (x_k, y_k), $(k=1, 2, 3, \dots)$ で尽されることは，フェルマー方程式の場合と同様に証明される．

特に $k=3$ とすれば

$$x_3=\frac{1}{4}\left({x_1}^3+3x_1{y_1}^2D\right)=\frac{1}{4}\left({x_1}^3+3x_1({x_1}^2\mp 4)\right)={x_1}^3\mp 3x_1,$$

$$y_3=\frac{1}{4}\left(3{x_1}^2y_1+D{y_1}^3\right)=\frac{1}{4}\left(3{x_1}^2y_1+y_1({x_1}^2\mp 4)\right)=({x_1}^2\mp 1)y_1$$

は (III) の正の解であるが，x_3, y_3 は共に偶数である．故に $\left(\frac{x_3}{2}, \frac{y_3}{2}\right)$ は常に (I) または (II) の正の解を与える[*1]．

例題.　$D=29$.

$$\sqrt{D}=\sqrt{29}=5+(\sqrt{29}-5)\qquad a_0=5$$

$$\omega_1=\frac{1}{\sqrt{29}-5}=\frac{\sqrt{29}+5}{4}=2+\frac{\sqrt{29}-3}{4}\qquad a_1=2\qquad A_1=4,\quad B_1=5$$

§4.18,*1　$D\equiv 5 \pmod 8$, $D=2$–1000 なる (III) の最小の正の解の表は Cayley, Journ. f. Math. 53, 1857 (Collected papers 4, p.40); Whitford, Annals of Math. (2) 15, 1914; Cooper, Annals of Math. (2) 26, 1925.

$$\omega_2 = \frac{4}{\sqrt{29}-3} = \frac{\sqrt{29}+3}{5} = 1 + \frac{\sqrt{29}-2}{5} \qquad a_2 = 1 \qquad A_2 = 5, \quad B_2 = 3$$

$$\omega_3 = \frac{5}{\sqrt{29}-2} = \frac{\sqrt{29}+2}{5} = 1 + \frac{\sqrt{29}-3}{5} \qquad a_3 = 1 \qquad A_3 = 5, \quad B_3 = 2$$

$$\omega_4 = \frac{5}{\sqrt{29}-3} = \frac{\sqrt{29}+3}{4} = 2 + \frac{\sqrt{29}-5}{4} \qquad a_4 = 2 \qquad A_4 = 4, \quad B_4 = 3$$

$$\omega_5 = \frac{4}{\sqrt{29}-5} = \frac{\sqrt{29}+5}{1} = 10 + (\sqrt{29}-5) \quad a_5 = 10 \qquad A_5 = 1, \quad B_5 = 5$$

$$\omega_6 = \frac{1}{\omega_1}$$

$$\sqrt{D} = 5 + \frac{1}{\underset{*}{2}} + \frac{1}{1} + \frac{1}{1} + \frac{1}{2} + \frac{1}{\underset{*}{10}}$$

$$P_0 = 5, \quad P_1 = 11, \quad P_2 = 16, \quad P_3 = 27, \quad P_4 = 70, \quad P_5 = 727$$

$$Q_0 = 1, \quad Q_1 = 2, \quad Q_2 = 3, \quad Q_3 = 5, \quad Q_4 = 13, \quad Q_5 = 135$$

$$\begin{aligned} {P_0}^2 - 29{Q_0}^2 &= -4, \\ {P_1}^2 - 29{Q_1}^2 &= 5, \\ {P_2}^2 - 29{Q_2}^2 &= -5, \\ {P_3}^2 - 29{Q_3}^2 &= 4, \\ {P_4}^2 - 29{Q_4}^2 &= -1. \end{aligned}$$

第 7 節　連分数の幾何学的表示

4.19. **クラインの方法.** クラインは格子点の思想を用いて，連分数の幾何学的表示を与えた[*1]．以下これを説明しよう．

O を原点とする直交軸により，正方形格子を作る (§2.23)．格子点 (a, b) を以て分数 b/a を表すものと定める（図 4–1)．

すなわち一つの格子点は常に一つの有理数を表す．ただし縦軸上の格子点はこれを除く．しかし一つの有理数を表す格子点は一つではない．O と格子点 $\mathrm{P}(a, b)$ との連

---

§4.19,*1　Klein, Göttinger Nachrichten, Werke 2, p.209. Ausgewählte Kapitel aus Zahlentheorie, 1907. Klein とは別途にいわゆる Modular figure による幾何学的表示については Humbert, Journ. de Math. (7) 2, 1916 参照.

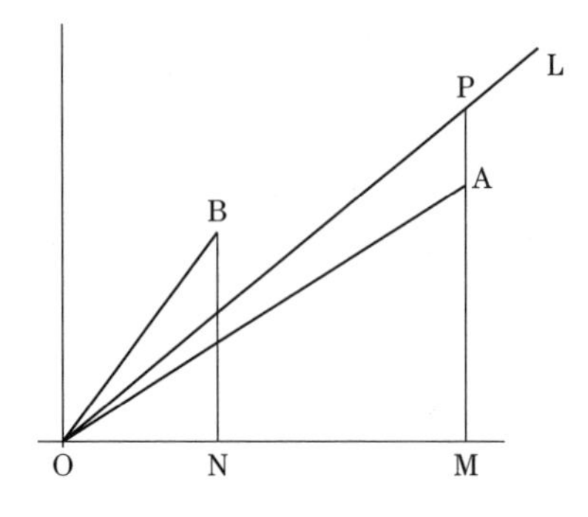

図 4–1

結線上の格子点は，O を除いてはすべて同一の有理数を表す．そのうち O に最も近い格子点が既約分数を表す．

今二つの格子点 $\mathrm{A}(q,p)$, $\mathrm{B}(q',p')$ を O に結んで生ずる三角形 OAB の面積は

$$\begin{aligned}\triangle\mathrm{OAB} &= \triangle\mathrm{OBN} + \mathrm{NBAM} - \triangle\mathrm{OAM}\\ &= \frac{1}{2}\{p'q' + (p+p')(q-q') - pq\} = \frac{1}{2}(p'q - pq')\end{aligned}$$

であるから

$$|pq' - p'q| = 2\triangle\mathrm{OAB}$$

となる．A, B が O を通る同一直線上になければ，三角形の面積は決して 0 とならない．故に

$$2\triangle\mathrm{OAB} = |pq' - p'q| \geqq 1$$

でなければならない．これが最小となるのは 1 に等しい場合である．この場合には，三角形 OAB の辺上またはその内部に，格子点は存在し得ない．何となれば，もしこのような格子点があれば，格子点を頂点とし三角形 OAB より小なる三角形が存在することになり，その面積は 1 より小となる．これは許されない．

今一つの無理数 ω をとり，仮に $\omega > 0$ とする．

座標 $x = 1$, $y = \omega$ をもつ点 E を O に結ぶ直線 L を ω 線と名づける．ω の連分数の展開を

$$\omega = a_0 + \frac{1}{a_1 +}\,\frac{1}{a_2 +}\,\cdots\,\frac{1}{a_n +}\,\cdots$$

とし，その近似分数を P_n/Q_n とする．P_{n-1}/Q_{n-1}, P_n/Q_n, P_{n+1}/Q_{n+1} を表す格

子点をそれぞれ A_{n-1}, A_n, A_{n+1} とすれば，その座標は (Q_{n-1}, P_{n-1}), (Q_n, P_n), (Q_{n+1}, P_{n+1}) である．A_i から横軸への垂線 $\mathrm{A}_i\mathrm{M}_i$ が ω 線と交わる点を B_i とする (図 4–2)．

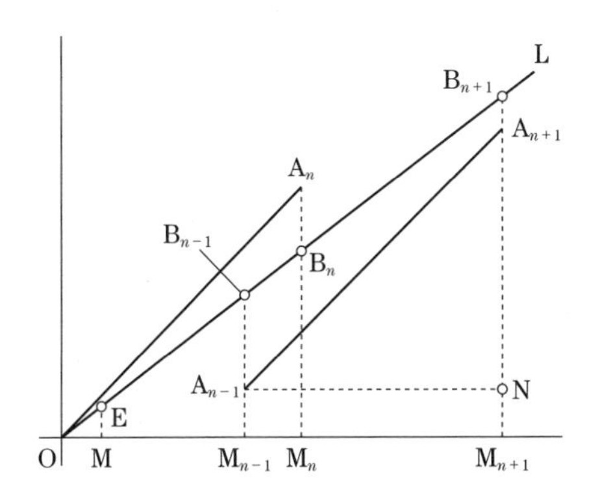

図 4–2

$$P_{n+1} = a_{n+1}P_n + P_{n-1}, \qquad Q_{n+1} = a_{n+1}Q_n + Q_{n-1}.$$

すなわち

$$P_{n+1} - P_{n-1} = a_{n+1}P_n, \qquad Q_{n+1} - Q_{n-1} = a_{n+1}Q_n$$

から明らかなように，三角形 $\mathrm{OA}_n\mathrm{M}_n$ と三角形 $\mathrm{A}_{n-1}\mathrm{A}_{n+1}\mathrm{N}$ とは相似であって，後者は前者の a_{n+1} 倍である．故に OA_n, $\mathrm{A}_{n-1}\mathrm{A}_{n+1}$ は平行であって，$\mathrm{A}_{n-1}\mathrm{A}_{n+1}$ の長さは OA_n の a_{n+1} 倍である．

$\mathrm{A}_{n-1}\mathrm{A}_{n+1}$ 上に OA の長さに等しく切りとった点を A', A'', $\ldots$, A^{ν} $(\nu = a_{n+1}-1)$ とすれば，これらは中間近似分数

$$\frac{P^{(k)}}{Q^{(k)}} = \frac{P_{n-1} + kP_n}{Q_{n-1} + kQ_n} \quad (k = 1,\, 2,\, \ldots,\, \nu)$$

を表す点である．

故に A_{n-1}, A_n が定まれば A_{n+1} の位置は容易に定められる．

A_{n-1}, A_n, A_{n+1} の ω 線に対する位置を見ると

$$\mathrm{A}_i\mathrm{M}_i = P_i, \quad \frac{\mathrm{B}_i\mathrm{M}_i}{\mathrm{OM}_i} = \frac{\mathrm{EM}}{\mathrm{OM}} = \omega, \quad \text{すなわち} \quad \mathrm{B}_i\mathrm{M}_i = \omega Q_i$$

であるから

$$\mathrm{B}_i\mathrm{A}_i = Q_i\omega - P_i$$

となる．A_i が B_i の下方にあればこれは正となり，上方にあれば負となる．$Q_n\omega - P_n$, $Q_{n-1}\omega - P_{n-1}$ が異符号なることは，A_{n-1} と A_n とが ω 線を隔ててその上下に存在することを示し

$$|Q_n\omega - P_n| < |Q_{n-1}\omega - P_{n-1}|$$

は $\mathrm{B}_{n-1}\mathrm{A}_{n-1}$ が $\mathrm{B}_n\mathrm{A}_n$ より長いことを意味する．また

$$P_nQ_{n-1} - P_{n-1}Q_n = (-1)^{n-1}$$

は $\mathrm{OA}_{n-1}\mathrm{A}_n$ の辺上およびその内部には格子点がないことを示す．

これによって，$\mathrm{A}_{-1}, \mathrm{A}_1, \mathrm{A}_3, \mathrm{A}_5, \ldots$ なる点は ω 線の上方に，A_0, A_2, A_4, A_6, ... は ω 線の下方にあって，折線 $\mathrm{L}_1\,(\mathrm{A}_{-1}\mathrm{A}_1\mathrm{A}_3\mathrm{A}_5\cdots)$ および $\mathrm{L}_2\,(\mathrm{A}_0\mathrm{A}_2\mathrm{A}_4\mathrm{A}_6\cdots)$ は共に漸次 ω 線に近づき，L_1 および L_2 の間には格子点が存在しない．

何となれば，もし $\mathrm{B}_{n-1}\mathrm{A}_{n-1}\mathrm{A}_{n+1}\mathrm{B}_{n+1}$ の辺上（$\mathrm{A}_{n-1}\mathrm{A}_{n+1}$ の上を除き）またはその内部に格子点 S があるとすれば，$\mathrm{A}_n\mathrm{S}$ と $\mathrm{A}_{n-1}\mathrm{A}_{n+1}$ との交点を T とし，（OA_n が $\mathrm{A}_{n-1}\mathrm{A}_{n+1}$ に平行であることから）三角形 $\mathrm{OA}_n\mathrm{T}$ の面積は $\mathrm{OA}_n\mathrm{A}_{n-1} = 1/2$ に等しい．従って $2\triangle\mathrm{OA}_n\mathrm{S}$ は 1 より小となる．これは矛盾である．

折線 L_1, L_2 の辺上には，中間近似分数を表す格子点のみが存在することも容易に証明される．

上の幾何学的表示から，ω 線が与えられていれば，順次 $\mathrm{A}_{-1}, \mathrm{A}_0, \mathrm{A}_1, \mathrm{A}_2, \ldots$ を幾何学的に定めることができる．

まず A_{-1} は $(0,1)$ である．$(1,0)$ を通る縦軸の平行線上で，ω 線の下方にあってこれに最も近い格子点が A_0 である．A_{-1}, A_0 が定まれば A_{-1} を通って OA_0 に平行線を引き，その上にある格子点のうち ω 線の上方にあってこれに最も近い格子点を求めればこれが A_1 である．すなわちこの直線上に，A_{-1} より計って OA_0 の長さを切りとっていき，この次に切りとれば ω 線を超えるという所で止める．これが A_1 である．以下同様にして $\mathrm{A}_2, \mathrm{A}_3, \ldots$ が定まる．これにより $a_1, a_2, a_3, \ldots$ が理論上定まるわけである．実際の作図においては，A_n は極めて急に ω 線に近づき，OA_n が ω 線と別ち難くなるから，もちろんこの幾何学方法を以て $a_1\,a_2, a_3, \ldots$ の値を定めることは実行されない．

4.20.　連分数の諸性質の幾何学的証明.　上のように ω に対して $a_0, a_1, a_2, \ldots$ を定め，従って $\mathrm{A}_0, \mathrm{A}_1, \mathrm{A}_2, \ldots$ を定めると，連分数の種々の性質を幾何学的に出すことができる.

OA_n が $\mathrm{A}_{n-1}\mathrm{A}_{n+1}$ と平行することから，$\triangle\mathrm{OA}_{n-1}\mathrm{A}_n = \triangle\mathrm{OA}_n\mathrm{A}_{n+1}$ となる.従ってこれは $\triangle\mathrm{OA}_{-1}\mathrm{A}_0 = 1/2$ に等しいことが分かる.故に線分 OA_n 上には O, A_n 以外には格子点がない.これは A_n の表す分数 P_n/Q_n が既約なることを意味する.これより

$$P_{n+1} = a_{n+1}P_n + P_{n-1}, \qquad Q_{n+1} = a_{n+1}Q_n + Q_{n-1},$$

および

$$|P_nQ_{n-1} - P_{n-1}Q_n| = 1$$

が得られる.

$\triangle\mathrm{OA}_n\mathrm{B}_n < \triangle\mathrm{OA}_n\mathrm{A}_{n-1} = 1/2$ と，$2\triangle\mathrm{OA}_n\mathrm{B}_n = Q_n|Q_n\omega - P_n|$ から

$$\left|\omega - \frac{P_n}{Q_n}\right| < \frac{1}{Q_n^2}$$

が導かれる.

次に $\mathrm{A}_{n-1}\mathrm{A}' = \mathrm{OA}_n$ とし，A_{n-1} を通って ω 線に平行なる L' を引き，A' より横軸への垂線 $\mathrm{A}'\mathrm{M}'$ との交点を B' とすれば，三角形 $\mathrm{OA}_n\mathrm{M}_n$, $\mathrm{A}_{n-1}\mathrm{A}'\mathrm{N}$ は相似の位置にあって等しいから

$$\mathrm{A}_n\mathrm{B}_n = \mathrm{A}'\mathrm{B}' < \mathrm{A}_{n-1}\mathrm{B}_{n-1}.$$

これは

$$|Q_{n-1}\omega - P_{n-1}| < |Q_n\omega - P_n|$$

を表す (図 4–3).

第 8 節　ディオファンタス近似

4.21.　ディオファンタス近似.　連分数の理論により，我々は任意の無理数 α に対し，常に $|Q\alpha - P| < \dfrac{1}{Q}$ を満足する無数の分数 P/Q の存在を知った.Q はいくらでも大にできるから，$1/Q$ はいくらでも小さくなり得る.換言すれば，ε をいかに

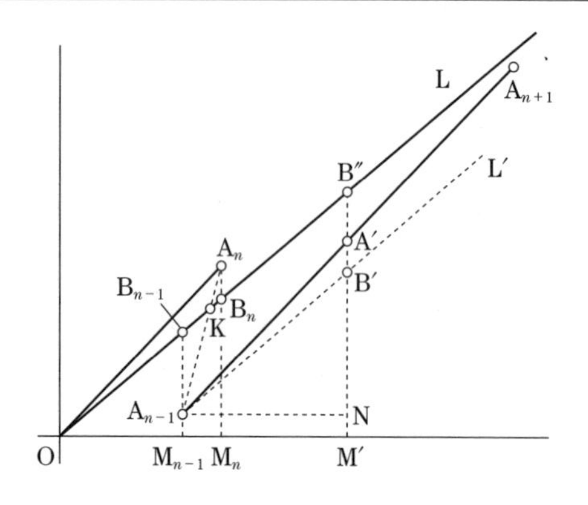

図 4–3

小さくとっても

$$|\alpha x - y| < \varepsilon$$

に適合する整数の一組 (x, y) は常に存在する.

さらに言葉を換えていえば, x, y に適当な整数の値を与えて, $\alpha x - y$ を任意に 0 に近づけることができる.

このような種類の近似, すなわち変数に整数値を与えることによる近似を**ディオファンタス近似**と名づける. この語はミンコフスキー[*1]が用い始めたものである.

$\alpha x - y$ を 0 に近似させる代わりに, 任意の実数 β に近づかせることが可能であろうか. すなわち ε をいかに小さくとっても

$$|\alpha x - y - \beta| < \varepsilon$$

に適合する整数の一組 (x, y) が存在し得るであろうか. これもまたディオファンタス近似の問題の一つである.

我々は以下これらのディオファンタス近似問題を論じよう.

4.22. **ディリクレの定理**[*1]. 一つの無理数 α を有理数 x/y で近似する問題は, 連分数によって解かれた. これを拡張して, 無理数 $\alpha_1, \alpha_2, \ldots, \alpha_n$ を同一の分母を有する有理数 $x_1/y, x_2/y, \ldots, x_n/y$ で近似する問題は, 連分数の考えを拡張して論

---

§4.21,*1 Minkowski, Diophantische Approximationen, 1909.

§4.22,*1 Dirichlet, Abh. Berliner Akad., 1842, Werke 1, p.635.

じ得るであろうとは，何人にも想像できる．連分数の拡張はすでにヤコビが三次の無理数を論ずる目的を以て導入し，ペロンがこれを発展させたが，不幸にしてその理論によっては我々のディオファンタス近似の問題を解くに足らないことが分かった[*2]．

これには次に述べるディリクレの簡単でかつ有力な論法を利用する．

簡単のため $n = 3$ の場合をとる．

今 α, β, γ を任意に与えられた無理数とし

$$\xi = x_1 - \alpha y, \qquad \eta = x_2 - \beta y, \qquad \zeta = x_3 - \gamma y$$

とおく．y にそれぞれ $0, 1, 2, \ldots, N^3$ の値を与え，これに対応して，整数 x_1, x_2, x_3 をそれぞれ $0 \leqq \xi < 1$, $0 \leqq \eta < 1$, $0 \leqq \zeta < 1$ となるように定めることができる．従って $N^3 + 1$ 組の (ξ, η, ζ) がすべて $0 \leqq \xi, \eta, \zeta < 1$ を満足する．幾何学の言葉を借りていえば，$N^3 + 1$ 個の点 (ξ, η, ζ) が $0 \leqq \xi < 1$, $0 \leqq \eta < 1$, $0 \leqq \zeta < 1$ で表される各辺が 1 なる長さを有する正立方体内に落ちることになる．この正立方体を各辺の長さ $\dfrac{1}{N}$ なる N^3 個の正立方体に細分すれば，$N^3 + 1$ 個の点の各々はこの N^3 個の正立方体のいずれか一つの内に落ちねばならない．従って少なくとも一つの小立方体内には，二個の点が落ちねばならない．この二つの点を (ξ_1, η_1, ζ_1), (ξ_2, η_2, ζ_2) とすれば，$\xi_1 - \xi_2$, $\eta_1 - \eta_2$, $\zeta_1 - \zeta_2$ の絶対値はいずれも $1/N$ より小とならねばならない．これは

$$|x_1 - \alpha y|,\ |x_2 - \beta y|,\ |x_3 - \gamma y| < \frac{1}{N}$$

に適合する整数 x_1, x_2, x_3, y の存在を示す．ただし $0 \leqq y \leqq N^3$ であるから，とりも直さず

$$\left|\alpha - \frac{x_1}{y}\right| < \frac{1}{y^{\frac{4}{3}}}, \qquad \left|\beta - \frac{x_2}{y}\right| < \frac{1}{y^{\frac{4}{3}}}, \qquad \left|\gamma - \frac{x_3}{y}\right| < \frac{1}{y^{\frac{4}{3}}}$$

に適合する整数 (x_1, x_2, x_3, y) の存在が証明されたことになる．

この論法はそのまま与えられた無理数が n 個の場合に適用される．よって次のディリクレの定理が得られる．

定理.　n **個の無理数** $\alpha_1, \alpha_2, \ldots, \alpha_n$ **を任意に与えたとき必ず**

---

*2　Jacobi, Journ. f. Math. 69, 1868, Werke 6, p.385; Perron, Math. Ann. 64, 1907. Münchener Berichte 37 (1907), 38 (1908), 52 (1922), Archiv d. Math. (3) 17, 1911.

$$\left|\alpha_k - \frac{x_k}{y}\right| < \frac{1}{y^{\frac{n+1}{n}}}, \quad (k = 1, 2, \ldots, n)$$

に適合する整数 $(x_1, x_2, \ldots, x_n, y)$ $(y > 0)$ **の一組が存在する.**

このような不等式に適合する整数解の一組 $(\overline{x_1}, \overline{x_2}, \ldots, \overline{x_n}, \overline{y})$ があれば，第二の整数解がある．何となれば，$1/N < |\alpha_k \overline{y} - \overline{x_k}|$，$(k = 1, 2, 3, \ldots, n)$ を満たす N をとって，上の論法によって $|\alpha_k y - x_k| < \dfrac{1}{N}$，$(k = 1, 2, \ldots, n)$ を成立させる $(x_1, x_2, \ldots, x_n, y)$ を定めることができる．この整数解 $(x_1, x_2, \ldots, x_n, y)$ は明らかに $(\overline{x_1}, \overline{x_2}, \ldots, \overline{x_n}, \overline{y})$ と一致しない.

故に $\left|\alpha_k - \dfrac{x_n}{y}\right| < \dfrac{1}{y^{\frac{n+1}{n}}}$ に適合する整数解は無数に存在する.

4.23. $\alpha x - y - \beta$ **の問題.**　我々は次に $\alpha x - y$ を任意の β に近づかしめる問題を考えよう.

まず，β を任意の正の実数とし，$\varepsilon < \beta$ なる任意の正数 ε が与えられたとする．このとき，$|\alpha x - y| < \varepsilon$ を満足する整数 x, y は必ず存在する．その一組を (x_0, y_0) とし $\alpha x_0 - y_0 = z$ とおく．x_0, y_0 の符号を適当に定めれば，$0 < z < \varepsilon$ とできる．次に β を z で除し，商を μ，剰余を ρ とすれば

$$\beta = \mu z + \rho, \qquad 0 \leqq \rho < z.$$

ε を充分小さくとれば $z < \varepsilon < \beta$ とできるから，$\mu \geqq 1$ である．故に $\mu x_0 = x$, $\mu y_0 = y$ とすれば

$$\alpha x - y - \beta = \mu(\alpha x_0 - y_0) - \beta = \mu z - \beta = -\rho,$$

従って

$$|\alpha x - y - \beta| < \varepsilon$$

となる．また，β が負の実数ならば，$\beta = -|\beta|$ だから，$|\beta|$ に対する上の結果から，$|\alpha x - y - |\beta|| < \varepsilon$ なる整数 x, y が存在する．従って $|\alpha(-x) - (-y) + |\beta|| < \varepsilon$，すなわち $|\alpha(-x) - (-y) - \beta| < \varepsilon$ が成立する．$\beta = 0$ の場合は，すでに論じてあるから，以上により，このディオファンタスの近似問題は任意の実数 β に対して解くことができる.

定理.　α **を任意の無理数とし，**β **を任意の実数とすれば，**$|\alpha x - y - \beta| < \varepsilon$ **に適合**

する整数 (x, y) **は，** ε **をいかに小さくしても常に存在する．しかも，適当な整数** m, n **により** $\beta = m\alpha + n$ **と表されない限り，無数に存在する．**

少なくとも一組の整数 (x, y) の存在は上に証明されたが，無数に存在することは次のようにすれば明らかになる．

ε を与えたとき，$|\alpha x - y - \beta| < \varepsilon$ を満足する (x, y) の一つを (x_0, y_0) とする．β に対する仮定により $\alpha x - y \neq \beta$ であるから，$|\alpha x_0 - y_0 - \beta| > \varepsilon_1$ なる ε_1 をとることができ，$|\alpha x - y - \beta| < \varepsilon_1$ を満足する (x, y) は少なくとも一組存在する．これを (x_1, y_1) とすれば

$$|\alpha x_1 - y_1 - \beta| < \varepsilon_1 < |\alpha x_0 - y_0 - \beta| < \varepsilon$$

であるから (x_0, y_0) と (x_1, y_1) とは一致しない．

次に $|\alpha x_1 - y_1 - \beta| > \varepsilon_2$ なる ε_2 を定め，$|\alpha x - y - \beta| < \varepsilon_2$ を満足する (x, y) は必ず存在するから，これを (x_2, y_2) とすれば，これはまた (x_0, y_0), (x_1, y_1) のいずれとも一致しない．この方法を繰返せば，$|\alpha x - y - \beta| < \varepsilon$ に適合する (x, y) が無数に存在することが分かる．

$\varepsilon_1, \varepsilon_2, \varepsilon_3, \ldots$ を初めから 0 に近づく数列とすれば

$$|\alpha x_n - y_n - \beta| < \varepsilon_n, \qquad (n = 0, 1, 2, \ldots)$$

となる．

β は最初から $(0, 1)$ の間にあるものとしても差支えがない．何となれば，$\beta > 1$ か $\beta < 0$ かならば，整数 x, y を変化させてその目的を達せしめることができるからである．

故に αx_n の内に含まれる最大の整数 $[\alpha x_n]$ が y_n でその小数の部分 $\alpha x_n - [\alpha x_n] = \alpha x_n - y_n$（これを (αx_n) によって表す）は $(\beta - \varepsilon_n, \beta + \varepsilon_n)$ の間に落ちる．ε_n は 0 に近づくから (αx_n) は β に近づく．

すなわち上の定理はまたこれを次の形に述べることができる．

定理． α **を任意の無理数とし，** β **を** $(0, 1)$ **間の任意の実数とすれば，整数列** $(x_1, x_2, x_3, \ldots)$ **を適当にとれば**

$$\alpha x_n - [\alpha x_n] = (\alpha x_n)$$

を β に収束させることができる.

4.24. 数列 $(n\alpha)$ の分布. $(\alpha), (2\alpha), (3\alpha), \ldots, (n\alpha), \ldots$ なる数列はすべて $(0,1)$ 間の数を表す. 上に証明した所によって, その適当な部分数列をとれば, $(0,1)$ 間の任意の数 β に収束させることができる. 故に次の定理が得られる.

定理. **α を任意の無理数とすれば, 数列 $(\alpha), (2\alpha), (3\alpha), \ldots$ の表す直線上の点は, 区間 $(0,1)$ 上において稠密である.**

この定理を次のように幾何学的に解釈することができる.

今半径 $1/2\pi$ (従ってその周の長さは 1) の円周上の一点 O を出発点とし, $\alpha, 2\alpha, 3\alpha, \ldots$ の距離に結び目を有する無限の糸を円周に巻きつけたと考えると, この糸の結び目が円周上にくる点を $P_1, P_2, P_3, \ldots$ とすれば, これらは円周上に稠密に分布せられることになる.

円周を O において切断してこれを一直線に引き延ばせば, $P_1, P_2, \ldots$ の分布は区間 $(0,1)$ 上の $(n\alpha)$ の分布になる.

これはまた次のように考えることもできる.

ここに §2.23 で説明した平行格子を考える. O を原点とし, O より右の横軸上の格子点を $A_1, A_2, A_3, \ldots$ とし, O より上方の縦軸上の格子点を $B_1, B_2, B_3, \ldots$ とする. 次に座標 $(x=\alpha, y=1)$ をもつ点を P_1 とし, O, P_1 を通る直線 (解析幾何学の語をかりれば $x=\alpha y$ なる直線) を L とする. α は無理数であるから, L 上には O 以外の格子点は存在しない.

この直線 L と, B_n を通る横軸の平行線との交点を P_n とし, P_n より横軸上に下した垂線の足を M_n とすれば, $P_1M_1/OM = 1/\alpha$ であるから, $P_nM_n/OM_n = n/n\alpha$, 故に $OA_1 = OB_1 = 1$ とすれば, $M_n = n\alpha$ となる. M_n は決して (A_k) の一つと一致することはない. 故に仮に M_n が (A_k, A_{k+1}) 内にあるとすれば, $OA_k = [n\alpha]$. 従って $A_kM_n = n\alpha - [n\alpha] = (n\alpha)$ となる. 故に線分 A_kA_{k+1} を OA_1 上にずらせ M_n が M_n' の位置を占めたとすれば, 線分 OA_1 上の $M_1', M_2', M_3', \ldots$ の分布が $(n\alpha)$ の分布になる.

さらに次のように考えることもできる (図 4–4).

各辺の長さが 1 なる正方形 $OA_1C_1B_1$ をとり, その一頂点 O より L 線に平行に直

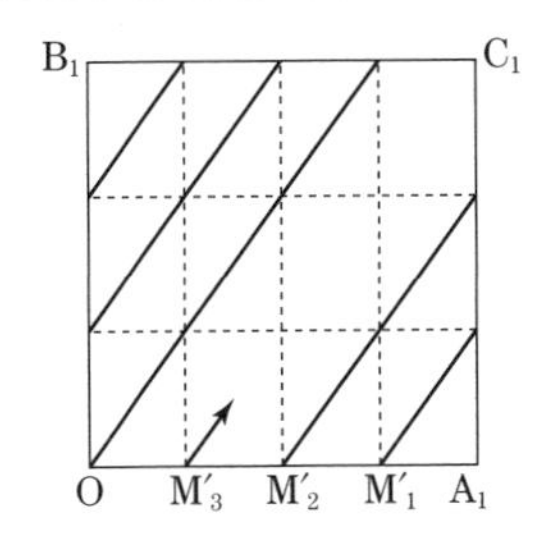

図 4–4

線を引き，これと正方形の辺との交点 Q より他の辺に平行線を引き，これが正方形の辺と交わる点を Q' とする．Q' より L 線に平行線を引き，上と同様に Q'', Q''' を作る．これを繰返せば正方形内に，辺の平行線と L の平行線よりなる折線が得られるであろう．$Q, Q', Q'', \ldots$ のうち OA_1 上に落ちる点を順次に $M_1', M_2', M_3', \ldots$ とすれば，(M_k') なる点列が $(n\alpha)$ の点列を表すことは容易に証明される．

今この正方形を四等分し，$OA_1C_1B_1$ 内の上の折線を四等分線に対して反射させると，四等分された小正方形内の折線に変わる．これがその辺に対し等角をなすことも容易に証明される．すなわち正方形の撞球台 OACB があるとし，O から L と平行の方向に球をつけば，台の縁で反射して球の進む路は正に我々の折線に一致するであろう．もし球に摩擦なく，一度ついた球が永久に進むものと考えると，球の路は OACB 内のいかなる点にも近づくことができる．ただし L の方向を定める α が有理数となれば，この路はいつかはもとの点に帰り，一つの周期的な路となる（図 4–5).

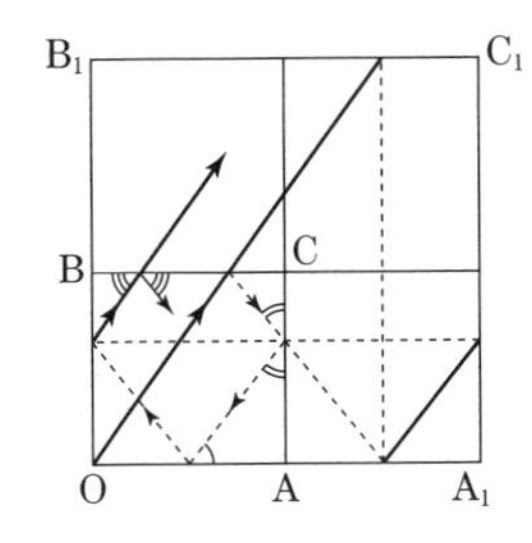

図 4–5

O から出発せず，OA 上の任意の点より出発しても全く同様のことがいえる．

これらの証明により，上の定理が種々の方面に応用できることが分かる．これはまた天文学における平均運動の理論にも密接な関係を有することが，初めてボール*1によって示された．

4.25. $(n\alpha)$ **の分布の均等性．** 以上において，α が任意の無理数ならば，$(n\alpha)$ $(n = 1, 2, 3, \dots)$ なる点列が $(0, 1)$ 上に到る所稠密に分布していることを見たが，さらに一歩進んで，この分布は到る所均等に稠密である．換言すれば，$(0, 1)$ 内に同じ長さ l の二つの線分 (a_1, b_1), (a_2, b_2) をとるとき，(α), (2α), $\dots$, $(n\alpha)$ なる n 個の点のうち，それぞれ (a_1, b_1), (a_2, b_2) 内に落ちるものの数を n_1, n_2 とすれば n_1/n, n_2/n は n を増大せしめれば共に同一の値 l に収束する．すなわち (α), (2α), $\dots$, $(n\alpha)$ のうち，ある線分 L 上に落ちる数 N と n との商はその線分の位置には無関係であって，ただその長さにのみ関係することが証明される（図 4–6）．これはボール，シェルピンスキー，ワイルがほとんど同時に各独立に証明した定理である*1．

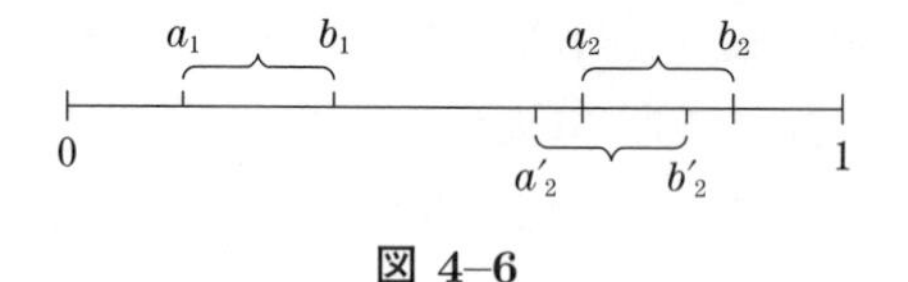

図 4–6

定理． α **を任意の無理数とすれば，** (α), (2α), $\dots$, $(n\alpha)$, $\dots$ **の** $(0, 1)$ **上の分布は到る所均等に稠密である．**

次の簡単な証明はボーア (Bohr)*2が与えたものである．

今 N を充分大なる整数とし, (α), (2α), $\dots$, $(N\alpha)$ のうち最も小なるものを $(M\alpha) = m$ とする．

(a_1, b_1), (a_2, b_2) を同一の長さを有する $(0, 1)$ 内の二つの線分とする．$a_1 < a_2$ とすれば，$a_1 + Lm \leqq a_2 < a_1 + (L+1)m$ なる L を定めることができる．ここに $a_1 + Lm = a'_2$, $b_1 + Lm = b'_2$ とおく．

---

§4.24, *1 Bohl, Journ. f. Math. 135, 1909; Weyl, L'Enseignement math. 16, 1914 参照.

§4.25, *1 Bohl, Journ. f. Math. 135, 1909; Sierpinski, Krakau Anzeiger, 1910; Weyl, Rend. Palermo 30, 1910.

*2 Weyl, Math. Ann. 77, 1916, p.316 参照.

$(\alpha), (2\alpha), \ldots, (n\alpha)$ のうち，$(a_1, b_1), (a_2, b_2), (a_2', b_2')$ 内に落ちる点の数をそれぞれ n_1, n_2, n_2' とする．

$(h\alpha)$ が (a_1, b_1) 内に落ちれば，$((h+LM)\alpha)$ は明らかに (a_2', b_2') 内に落ちる．

$(k\alpha)$ が (a_2', b_2') 内に落ちれば，$((k-LM)\alpha)$ は明らかに (a_1, b_1) 内に落ちる．

ただし $(\alpha), (2\alpha), \ldots, (n\alpha)$ だけについて考えると，$h+LM>n$ ならば，$(h\alpha)$ は (a_1, b_1) 内に落ちるが，(a_2', b_2') 内に落ちるものはない．故に

$$\lambda + LM \leqq n < (\lambda+1) + LM$$

なる λ を定め，$((\lambda+1)\alpha), ((\lambda+2)\alpha), \ldots, (n\alpha)$ のうち (a_1, b_1) 内に落ちるものの数を N_1 とする．(a_2', b_2') 内に落ちるものの数は 0 である．

次に $k-LM \leqq 0$ ならば，$(k\alpha)$ が (a_2', b_2') 内に落ちるとき，(a_1, b_1) 内に落ちるものは，$(\alpha), (2\alpha), \ldots, (n\alpha)$ のうちには存在しない．故に $(\alpha), (2\alpha), \ldots, (LM\alpha)$ のうち，(a_2', b_2') 内に落ちるものを N_2 とする．(a_1, b_1) 内に落ちるものは 0 である．$((LM+1)\alpha), \ldots, (\lambda\alpha)$ のうち (a_1, b_1) 内に落ちるものの数は (a_2', b_2') 内に落ちるものの数に等しい．故に

$$|n_2' - n_1| = |N_1 - N_2|$$

である．然るに

$$N_1 \leqq n - \lambda \leqq LM + 1, \quad N_2 \leqq LM$$

であるから

$$|n_2' - n_1| = |N_1 - N_2| \leqq LM + 1.$$

次に $(h\alpha), (k\alpha)$ が (a_2', a_2) 内に落ちれば，$k>h$ の場合には，$((k-h)\alpha) < m$ であるから，仮定により $(\alpha), (2\alpha), \ldots, (N\alpha)$ のうちに $((k-h)\alpha)$ は存在しない．これは $(\alpha), \ldots, (N\alpha)$ のすべては $\geqq m$ であるからである．故に $k-h>N$ とならねばならない．従って初めて (a_2', a_2) 内に落ちるものを $(h\alpha)$ とすれば，その次の $(k\alpha)$ は $k>h+N$ を満たし，その次の $(k'\alpha)$ は $k'>h+2N$ を満足する．故に (a_2', a_2) 内に落ちる $(\alpha), (2\alpha), \ldots, (n\alpha)$ の数が n_3 ならば

$$n_3 \leqq \left[\frac{n}{N}\right] + 1$$

である．従って (a_2, b_2') 内に落ちるものの数を n_3' とすれば

$$n_3' \geqq n_2' - \left[\frac{n}{N}\right] - 1$$

が成立する．然るに (a_2, b_2) は (a_2, b_2') を含むから

$$n_2 \geqq n_3' \geqq n_2' - \left[\frac{n}{N}\right] - 1.$$

然るに $|n_2' - n_1| \leqq LM + 1$．すなわち $n_2' \geqq n_1 - LM - 1$ であるから

$$n_2 \geqq n_1 - \left[\frac{n}{N}\right] - 2 - LM,$$

すなわち

$$n_1 - n_2 \leqq \left[\frac{n}{N}\right] + 2 + LM \leqq \frac{n}{N} + 2 + LM.$$

ただし LM は n に無関係の常数である．故に

$$\frac{n_1 - n_2}{n} \leqq \frac{1}{N} + \frac{2 + LM}{n}.$$

N はいくらでも大にできるから $\dfrac{1}{N} < \dfrac{\varepsilon}{2}$ ならしめることができる．また LM は n に無関係であるから，n を充分大にすれば $\dfrac{2 + LM}{n} < \dfrac{\varepsilon}{2}$ とすることができる．故に n を充分大にとれば

$$\frac{n_1 - n_2}{n} < \varepsilon$$

となる．

次に (a_1, b_1), (a_2, b_2) を入換えて考える．$a_2 > a_1$ であるから L を $a_2 + Lm \leqq a_1 + 1 < a_2 + (L+1)m$ なるように定め，$a_2 + Lm - 1 = a_1'$, $b_2 + Lm - 1 = b_1'$ とおけば，前と全く同様に論ぜられる．故に

$$\frac{n_1 - n_2}{n} < \varepsilon \qquad すなわち \qquad \frac{n_2 - n_1}{n} > -\varepsilon,$$

が得られる．これとさきの $\dfrac{n_1 - n_2}{n} < \varepsilon$ より

$$\lim_{n\to\infty} \frac{n_1 - n_2}{n} = 0$$

が得られる．

今 $(0, 1)$ を m 等分し，(α), (2α), $\ldots$, $(n\alpha)$ のうち，その一つずつの線分内に落ちるものの数を，それぞれ $n_1, n_2, \ldots, n_m$ とすれば，$n_1 + n_2 + \cdots + n_m = n$ である．上の証明によれば $\dfrac{n_1 - n_2}{n}, \dfrac{n_1 - n_3}{n}, \ldots, \dfrac{n_1 - n_m}{n}$ はすべて 0 に収束する．故にその和をとれば

$$\lim_{n\to\infty}\frac{mn_1-(n_1+n_2+\cdots+n_m)}{n}=\lim_{n\to\infty}\left(m\frac{n_1}{n}-1\right)=0,$$

故に

$$\lim_{n\to\infty}\frac{n_1}{n}=\frac{1}{m},$$

すなわち長さ $\dfrac{1}{m}$ の線分に対しては $\lim\limits_{n\to\infty}\dfrac{n_1}{n}=\dfrac{1}{m}$ となる．

長さ l が有理数 p/q で表される場合には，この極限は明らかに p/q となる．もし l が無理数ならば，$p_1/q_1<l<p_2/q_2$ なる有理数 p_1/q_1, p_2/q_2 をとれば，(α), (2α), $\ldots$, $(n\alpha)$ のうち，長さがそれぞれ p_1/q_1, p_2/q_2, l の線分（それぞれその一端を共通にする）上に落ちる点の数を N_1, N_2, N とすれば，明らかに $N_1\leqq N\leqq N_2$ である．然るに N_1/n, N_2/n の極限はそれぞれ p_1/q_1, p_2/q_2 であるから，N/n の極限は p_1/q_1, p_2/q_2 の間に落ちる．有理数 p_1/q_1, p_2/q_2 を用いて両側より l に近似させることよって N/n の極限が l に等しいことが証明される．これで上の定理が完全に証明された[*3]．

以上の問題を拡張して，n 個の無理数 α_1, α_2, $\ldots$, α_n を与えたとき

$$(\alpha_1x)\to\beta_1,\quad(\alpha_2x)\to\beta_2,\quad\ldots,\quad(\alpha_nx)\to\beta_n$$

が成立する整数列 (x) の存在問題については，行列式の概念を要するから，§7.24* に論ずるであろう．ディオファンタス近似の問題は近時の解析的数論で盛んに論ぜられている．

---

*3　この問題の拡張については Weyl, Math. Ann. 77, 1916; Hardy–Littlewood, Acta Math. 42, 1915; 掛谷，Science Reports, Tôhoku University 5, 1916 参照．

第4章　演習問題

1.　既約分数 a/b, $(a,\ b > 0)$ の分母を素因数に分解したものを $p^\alpha q^\beta r^\gamma \cdots$ とすれば, $\dfrac{a}{b} = \dfrac{A}{p^\alpha} + \dfrac{B}{q^\beta} + \dfrac{C}{r^\gamma} + \cdots$, $(A,\ B,\ C,\ \ldots > 0)$ の形に表されることを証明せよ. (Kronecker, Zahlentheorie, 1901, pp.426–428.)

2.　既約分数 a/b は常に分子が1なる分数（これを幹分数と名づける）の和に分解される. $b = aq - r$, $b = rq_1 - r_1$, $b = rq_2 - r_2$, $\ldots$, $0 < r < a$, $0 < r_1 < r$, $0 < r_2 < r_1$, $\ldots$ なるように $q, q_1, \ldots$ を定めていけば, いつかは $r_{n+1} = 0$ に達する. このようにして

$$\frac{a}{b} = \frac{1}{q} + \frac{1}{qq_1} + \frac{1}{qq_1q_2} + \cdots + \frac{1}{qq_1\cdots q_n}$$

の形が得られる. (Lagrange, Journ. l'Ecole polyt. Cah. 5, 1798, pp.93–114, Oeuvres 7, p.291.) ただし a/b を幹分数の和に表す方法は一通りではない. いくつの和として表されるのが最も少ないかという問題は未だ論ぜられていない.

3.　1より大なる既約分数 P/Q を連分数に展開したものを

$$\frac{P}{Q} = a_0 + \frac{1}{a_1} + \frac{1}{a_2} + \cdots + \frac{1}{a_n}$$

とし, その第 $n-1$ 近似分数を

$$\frac{P'}{Q'} = a_0 + \frac{1}{a_1} + \frac{1}{a_2} + \cdots + \frac{1}{a_{n-1}}$$

とすれば

$$\frac{P}{P'} = a_n + \frac{1}{a_{n-1}} + \frac{1}{a_{n-2}} + \cdots + \frac{1}{a_0}$$

なることを証明せよ.

これより $\dfrac{P}{Q} = [a_0,\ a_1,\ \ldots,\ a_n]$ において $a_0 = a_n$, $a_1 = a_{n-1}$, $\ldots$ なる関係が成立するために（このようなものを対称連分数という）, 必要かつ充分な条件は, $Q^2 \pm 1$ が P の倍数なることである. ただし $Q^2 \pm 1$ の $\pm$ は n の奇偶に従い $+$ または $-$ をとるものとする. (Serret, Journ. de Math. 13, 1848.)

4.　$\sqrt{a^2+1}$ を連分数に展開すれば, $[a, \overset{*}{2a}]$ なる循環連分数となる. 逆に $\sqrt{D}$ が循環の部分が唯一つなる循環連分数になれば, D は a^2+1 の形に表されることを証明せよ. (Euler, Novi Comm. Petrop. 11, 1765.)

5.　$m > n$ とし,

$$\frac{P_m}{Q_m} = [a_0, a_1, a_2, \ldots, a_m],$$

$$\frac{P_{n,m}}{Q_{n,m}}=[a_{n+1},a_{n+2},\ldots,a_m],\quad \frac{P_n}{Q_n}=[a_0,a_1,\ldots,a_n]$$

とすれば

$$P_m=P_nP_{n,m}+P_{n-1}Q_{n,m}$$

$$Q_m=Q_nP_{n,m}+Q_{n-1}Q_{n,m}$$

$$P_mQ_n-P_nQ_m=(-1)^nQ_{n,m}$$

なることを証明せよ.

6.　$n<m<l$ とすれば

$$Q_lQ_{nm}-Q_nQ_{ml}=(-1)^{m-n+1}Q_mQ_{nl}$$

なることを証明せよ.

7.　§4.10 の定理より，$|P^2-\omega^2Q^2|<\omega$ ならば P/Q は ω の近似分数なることを証明せよ．(Perron, Kettenbrüche, p.46.)

これより $x=P$, $y=Q$ が $x^2-Dy^2=A$, $(|A|<\sqrt{D})$ を満足すれば P/Q は $\sqrt{D}$ の連分数の近似分数なることが従う．$A=\pm1$ のときはすでに論じた.

8.　§4.19 の幾何学的表示において，$2\triangle \mathrm{OA}_n\mathrm{B}_n=Q_n|Q_n\omega-P_n|=S_n$ なることを利用して Vahlen の定理 (§4.12) を証明せよ.

9.　最良近似問題を幾何学的に論ぜよ．(深澤，Japanese J. of Math. 3, 1926.)

10.　$a_0+\dfrac{b_1}{a_1+}\dfrac{b_2}{a_2+}\cdots\dfrac{b_n}{+a_n}=\dfrac{P_n}{Q_n}$ とすれば

$$P_n=a_nP_{n-1}+b_nP_{n-2},\qquad P_0=a_0,\quad P_1=a_1a_0+b_1,$$

$$Q_n=a_nQ_{n-1}+b_nQ_{n-2},\qquad Q_0=1,\qquad Q_1=a_1,$$

および

$$P_nQ_{n-1}-P_{n-1}Q_n=(-1)^{n-1}b_1b_2\cdots b_n$$

なることを証明せよ.

11.　$a_0+\dfrac{b_1}{a_1+}\dfrac{b_2}{a_2+}\dfrac{b_3}{a_3+}\cdots$ と

$$a_0+\frac{c_1b_1}{c_1a_1+}\frac{c_1c_2b_2}{c_2a_2\ +}\frac{c_2c_3b_3}{c_3a_3\ +}\cdots$$

との第 n 近似分数が相等しいことを証明せよ.

12.　$a+\dfrac{1}{x}$ を $[a,\,x]$ と記せば

a が偶数ならば　　$[a,\,x]=a+[0,\,x],$

$$a \text{ が奇数ならば} \qquad [a,\, x] = a - 1 + [1,\, x]$$

なること，および

$$\frac{[1,\, x]}{2} = \frac{x+1}{2x} = \left[0,\, 1,\, 1,\, \frac{x-1}{2}\right],$$
$$\frac{[0,\, x]}{2} = [0,\, 2x], \quad 2[a,\, x] = \left[2a,\, \frac{x}{2}\right]$$

なることを証明し，これより $\omega = [a_0,\, a_1,\, a_2,\, \ldots]$ が与えられた場合には，それより 2ω, $\dfrac{\omega}{2}$ の連分数展開が導かれることを示せ．（Koppe, Archiv d. Math. (3) 25, 1917; 3ω, $\dfrac{\omega}{3}$, 5ω, $\dfrac{\omega}{5}$ 等についても同様の問題が論じてある.）

第 4 章　諸定理

特別の無限級数または無限乗積による無理数の表示

1. (0, 1) における任意の無理数は唯一通りに

$$x=\frac{a_1}{e_1}+\frac{a_2}{e_1e_2}+\frac{a_3}{e_1e_2e_3}+\cdots$$

の形に表される．ただし $e_1, e_2, \ldots$ は $\geqq 2$ なる与えられた整数，a_i は $0 \leqq a_i \leqq e_i - 1$ なる整数とする．(G. Cantor, Zeits. für Math. 14, 1869.)

2. 有理数を上の形の級数に直すとき，必ず有限の所で切れるための必要にして充分なる条件は，q をいかなる整数としても，正整数 n_0 を定めて $n \geqq n_0$ なる n に対し $e_1e_2\cdots e_n$ が q によって整除されるようにできることである．

例えば $e_n = n$ なる場合が正にその一つである．

これより

$$e-1=\frac{1}{2!}+\frac{1}{3!}+\frac{1}{4!}+\cdots$$

は無理数なることが従う．(Faber, Math. Ann. 60, 1905; Stephanos, Bull. Soc. Math. de France 8, 1879.)

3. (0, 1) 間の任意の実数は唯一通りに

$$\sum_{\nu=0}^{\infty}\frac{1}{q_1q_2\cdots q_{\nu+1}}, \qquad q_1 \geqq 2, \quad q_{\nu+1} \geqq q_\nu, \quad (\nu \geqq 1),$$

の形に表される．

ある ν よりさきが常に $q_\nu = q_{\nu+1}$ となる場合に限り，この級数は有理数を表す．

また (0, 1) 間の任意の実数は唯一通りに

$$\sum_{\nu=0}^{\infty}\frac{1}{Q_{\nu+1}}, \quad Q_1 \geqq 2, \quad Q_{\nu+1} \geqq (Q_\nu - 1)Q_\nu + 1,$$

の形に表される．

ある ν よりさきが常に $Q_{\nu+1} = (Q_\nu - 1)Q_\nu + 1$ なるときに限り，この級数は有理数を表す．(Engel, 1913; Perron, Irrationalzahlen, pp.116–122 参照.)

4. 1 より大なる実数は常に唯一通りに

$$\prod_{\nu=0}^{\infty}\left(1+\frac{1}{q_\nu}\right)$$

の形に表される．q_ν はすべては 1 でない整数とし，かつ $q_{\nu+1} \geqq {q_\nu}^2$ とする．

この無限乗積が有理数を表すのは，ある ν からさきが常に $q_{\nu+1} = {q_\nu}^2$ となる場合に限る．(G. Cantor, Zeits. für Math. 14, 1869.)

有理数による無理数の近似

5. Farey 数列． 分母と分子の絶対値が n を超えない既約分数を大きさの順序に並べたものを第 n 次の Farey 数列と名づける．

例えば第三次の Farey 数列は

$$\frac{-3}{1},\ \frac{-2}{1},\ \frac{-3}{2},\ \frac{-1}{1},\ \frac{-2}{3},\ \frac{-1}{2},\ \frac{-1}{3},\ \frac{0}{1},\ \frac{1}{3},\ \frac{1}{2},\ \frac{2}{3},\ \frac{1}{1},\ \frac{3}{2},\ \frac{2}{1},\ \frac{3}{1}.$$

これは 0 を中心として左右対称である．正のもののみをとれば，1 を中心として左右互いに逆数となる．

r/u, s/v を第 n 次 Farey 数列の相隣る二つとすれば，$us - vr = 1$ となる．逆もまた成立する．(Haros, Journ. l'École polyt. cah. 11, 1802; Farey, Phil. Magazine (1) 47, 48, 1816, 1817.)

第 $n+1$ 次 Farey 数列は第 n 次の相隣る r/u, s/v の間に $(r+s)/(u+v)$（ただし $r+s$, $u+v \leqq n+1$ のときに限る）を挿入したものである．

実数 α をはさむ第 n 次 Farey 数列の数を r/u, s/v とすれば

$$\alpha - \frac{r}{u} < \frac{1}{uv}, \qquad \frac{s}{v} - \alpha < \frac{1}{uv}$$

となる．故に r/u, s/v のいずれかは $\left|\alpha - \dfrac{x}{y}\right| < \dfrac{1}{y^2}$ を満足する．

これは連分数によらない無理数の有理数による近似の一方法である．(Bachmann, Niedere Zahlentheorie I, p.124; Hurwitz, Math. Ann. 44, 1894 参照．)

6. ω, p, q, P, Q が $\dfrac{p}{q} < \omega < \dfrac{P}{Q}$, $|Pq - Qp| = 1$ なる任意の実数ならば

$$\omega - \frac{p}{q} \leqq \frac{1}{2q^2} \quad \text{なるか} \quad \frac{P}{Q} - \omega \leqq \frac{1}{2Q^2}$$

となる．(Pipping, Acta Acad. Aboensis 3, 1924．これは Vahlen の定理の拡張と見られる．)

7. 無理数 ω を連分数に展開したものを $\omega = [a_0, a_1, a_2, \ldots, a_n, \ldots]$ とする．$a_{n+1} = 2$, $a_{n+2} = 1$ ならば

$$\left|\omega - \frac{P_\nu}{Q_\nu}\right|, \quad \nu = n-1,\ n,\ n+3$$

のいずれか一つは

$$\left|\omega - \frac{P_\nu}{Q_\nu}\right| < \frac{1}{\dfrac{\sqrt{221}}{5}{Q_\nu}^2}$$

を満足する．(深澤，Japanese Journ. of Math. 3, 1925.)

その拡張については，このほか，藤原，Proc. Imperial Academy 2, 1926; 柴田，Proc. Imperial Academy 2, 1926 参照．

8. Hurwitz, Borel の定理 (§4.12) は幾何学的にも証明される．Klein の表示によるものは深澤，Japanese Journ. of Math. 2, 1925. Humbert の modular figure によるものは Ford, Proc. Edinburgh Math. Soc. 35, 1916–17.

9. ω を任意の複素数（第 5 章）とし，p, q を複素整数（実数部も虚数部も整数なる複素数）とすれば，$\left|\omega - \dfrac{p}{q}\right| < \dfrac{1}{\sqrt{3}|q|^2}$ を満足する p/q は無数に存在する．$\sqrt{3}$ を少しでも大にすれば，この定理は成立しない．

これは Hurwitz の定理の拡張である．Ford が Trans. American Math. Soc. 27, 1925 において modular figure の拡張 (Ford, Trans. American Math. Soc. 19, 1918) を用いて証明した．

10. 複素数 α を複素整数による連分数 $[a_0, a_1, a_2, \ldots]$ に展開する問題は Hurwitz, Acta Math. 11, 1887–88; Auric, Journ. de Math. (5) 8, 1902; Mathews, Proc. London Math. Soc. (2) 11, 1912–13 に論ぜられた．

α の近似分数の相隣る二つのいずれか一つは

$$\left|\alpha - \frac{P_n}{Q_n}\right| \leqq \frac{1}{\lambda|Q_n|^2}, \qquad \lambda = \frac{2}{7}(2\sqrt{2} - 1),$$

従って

$$\left|\alpha - \frac{P_n}{Q_n}\right| < \frac{2}{|Q_n|^2}$$

を満足する．これは Vahlen の定理の拡張と見られる．（藤原，Tôhoku Math. J. 14, 1918.）

11. $\left|\omega - \dfrac{p}{q}\right| < \dfrac{1}{3q^2}$ を満足する p/q が有限個よりなければ，ω は必ず二次の無理数である．　(Markoff, Math. Ann. 15, 1879.)

連分数に関する定理

12. 整数の平方根 $\sqrt{D}$ を連分数に展開すれば，$[a_0, \overset{*}{a_1}, \ldots, a_{n-1}, 2\overset{*}{a_1}]$ の形になり，$a_1 = a_{n-1}, a_2 = a_{n-2}, \ldots$ を満足する (§4.16)．逆に $a_1 = a_{n-1}, a_2 = a_{n-2}, \ldots$ を満足する $(a_1, a_2, \ldots, a_{n-1})$ を任意にとるとき，$[a_0, \overset{*}{a_1}, a_2, \ldots, a_{n-1}, 2\overset{*}{a_0}]$ がある $\sqrt{D}$ の連分数を表すために，a_0 の満足すべき必要にして充分なる条件は

$$a_0 = \frac{1}{2}(mP'_{n-2} - (-1)^n P'_{n-3}Q'_{n-3})$$

である．ただし $P'/Q' = [a_1, a_2, \ldots, a_n]$, m は任意の整数とする．この場合この連分数は

$$\sqrt{D} = \sqrt{{a_0}^2 + mP'_{n-3} - (-1)^n Q'_{n-3}}$$

を表す．(Euler, Novi Comm. Petrop. 11, 1765; Perron, Kettenbrüche, p.98.)

13. 互いに共役な二次無理数の連分数の循環節は逆の順序に並ぶ．(Serret, Cours d'algèbre supérieure, 1, 6 éd., p.49.)

ただし $\dfrac{14-\sqrt{37}}{3} = [2,\ 1\,1\,\overset{*}{1}\,3\,\overset{*}{2}]$, $\dfrac{14+\sqrt{37}}{3} = [6,\ \overset{*}{1}\,2\,\overset{*}{3}]$ の示すように，後者を $[6,\ 1\,\overset{*}{2}\,3\,\overset{*}{1}]$ と書き改めなければ，この定理は成立しない．

14. Minkowski の対角連分数． 無理数 ω の近似として，普通の連分数の近似分数 P/Q をとれば，$\left|\omega - \dfrac{P}{Q}\right| < \dfrac{1}{Q^2}$ であって，相続く二つのいずれか一つは $\left|\omega - \dfrac{P}{Q}\right| < \dfrac{1}{2Q^2}$ を満足することは Vahlen の定理が示している．Minkowski は

$$a_0 + \frac{b_1}{a_1} + \frac{b_2}{a_2} + \cdots$$

なる形の特殊な連分数を定義し，その近似分数 P/Q を常に $\left|\omega - \dfrac{P}{Q}\right| < \dfrac{1}{2Q^2}$ ならしめることができた．彼はこれを**対角連分数**と名づけた．(Minkowski, Math. Ann. 54, 1901; Werke, p.320; Perron, Kettenbrüche, p.182.)

15. 連分数が無理数を表す条件．普通の連分数 $[a_0,\ a_1,\ a_2,\ \ldots]$ は有限でなければ常に無理数を表すが，

$$\omega = a_0 + \frac{b_1}{a_1} + \frac{b_2}{a_2} + \frac{b_3}{a_3} + \cdots, \qquad (a_\nu \geqq 0,\ b_\nu \lesseqgtr 0,\ a_\nu,\ b_\nu \text{ 共に整数})$$

の形の連分数は必ずしも無理数を表さない．これが無理数を表すための充分条件のあるものは次の形に述べられる．

1° $a_\nu \geqq |b_\nu|$, ただし $b_{\nu+1} < 0$ のとき $a_\nu \geqq |b_\nu| + 1$ ならば ω は無理数を表す．ただしある所よりさき常に $a_\nu = |b_\nu| + 1,\ b_\nu < 0$ となる場合を除く．(Tietze, Math. Ann. 70, 1910.)

2° $a_{3\nu-2}a_{3\nu-1}a_{3\nu} \geqq b_{3\nu-2}b_{3\nu-1}b_{3\nu}$ ならば，ω は無理数を表す．(Bernstein–Szász, Math. Ann. 76, 1915.)

3° $b_\nu \geqq 1,\ a_\nu \geqq 0,\ a_{2\nu-2}a_{2\nu} + b_{2\nu} \geqq b_{2\nu-1}b_{2\nu}$ $(\nu = 1,\ 2,\ \ldots)$ ならば ω は無理数を表す．ただしある所よりさき常に $a_{2\nu}a_{2\nu-1} = 0$ の場合は除く．特に $b_{2\nu-1} = 1$ ならば，ω は無理数を表す．

$b_\nu \geqq 1,\ a_\nu \geqq 0$ とし，$(b_1,\ b_2,\ \ldots)$ の相続く二つが決して同時に $\geqq 2$ とならなければ，ω は無理数を表す．

$a_\nu \geqq 1,\ b_\nu \geqq 1,\ a_{3\nu+1}a_{3\nu+2}a_{3\nu+3} + b_{3\nu+2}a_{3\nu+3} + b_{3\nu+3}a_{3\nu+1} \geqq b_{3\nu+1}b_{3\nu+2}b_{3\nu+3}$ ならば，ω は無理数を表す．

特に $a_{3\nu+2} \geqq b_{3\nu+2} = 1$, $a_{3\nu+1} \geqq b_{3\nu+1}$ ならばよろしい.

これらの条件から連分数の変換により，Tietze の条件を導き出すことができる.（藤原, Science Reports, Tôhoku University 8, 1919.）

16.　自然対数の底 e を連分数に展開すれば

$$e = [2, 1, 2, 1, 1, 4, 1, 1, 6, 1, 1, 8, 1, 1, \ldots]$$

となる.（Euler, Comm. Petrop. 9, 1737; Perron, Kettenbrüche, p.132.）これより e の無理数なることが出る.

$$\frac{e+1}{e-1} = [2, 6, 10, 14, 18, \ldots, 2(2n+1), \ldots].$$

（Lambert, Hist. l'acad. Berlin, 1761; Perron, Kettenbrüche, p.353. Lambert はこれより e が無理数なることを証明した.）

17.　$\tan z$ を連分数に展開すれば

$$\tan z = \frac{z}{1+} \; \frac{-z^2}{3+} \; \frac{-z^2}{5+} \; \frac{-z^2}{7+} \cdots$$

（Lambert, Hist. l'acad. Berlin, 1761, Perron, Kettenbrüche, p.353.）これより z が有理数ならば，$\tan z$ が無理数なることが証明される．この特別の場合として，π の無理数なることが出る.（Pringsheim, Münchener Ber. 28, 1898 参照.）

18.　$x \neq 0$ は実数または複素数（第 5 章参照）とし，r, s は実数または複素数の整数とする．$|s| > |r|^3$ ならば，$\displaystyle\sum_{\nu=0}^{\infty} q^{\nu^2} x^{\nu}$ は無理数を表す.（Szász, Math. Ann. 76, 1915.）

ディオファンタス近似

19.　$|x - \alpha y - \beta|$ に関する Minkowski の定理 (§4.23) の結果はより精密にできる．最初 Tchebycheff (Oeuvres 1, p.637) が $|x - \alpha y - \beta| < \dfrac{1}{2y}$ を満たす (x, y) の存在を証明し，ついで Hermite が $|x - \alpha y - \beta| < 1\Big/\sqrt{\dfrac{27}{2}}y$ にし，Minkowski はついにこれを

$$|x - \alpha y - \beta| < \frac{1}{4y}$$

にした.（Hermite, Journ. f. Math. 88, 1879, Oeuvres, 3, p.513; Minkowski, Diophantische Approximationen, 1909; Remak, Journ. f. Math. 142, 1913; Scherrer, Math. Ann. 89, 1923. 比較的簡単な証明は，深澤，Japanese Journ. of Math. 3, 1926; 藤原，Proc. Imperial Academy 2, 1926 参照.）

20.　上の Minkowski の定理において，4 はこれより大きくすることはできない.（Grace,

Proc. London Math. Soc. (2) 17, 1918.) この問題に関する詳細の研究は深澤，Japanese Journ. of Math. 3, 1926; 4, 1927 参照.

21. 任意の α に対し β を適当に定めると，$|x-\alpha y-\beta| < \dfrac{c}{y}$ を満足する整数 x, y が存在しないような c が定まる．ただし c は α, β に無関係である．(Khintchine, Rend. Palermo 50, 1926; 深澤, Japanese Journ. of Math. 4, 1927.)

22. Dirichlet の定理の拡張．Dirichlet の定理 (§4.22) は α, β を与えれば

$$\left|\alpha - \frac{x}{z}\right| < \frac{1}{z^{\frac{3}{2}}}, \quad \left|\beta - \frac{y}{z}\right| < \frac{1}{z^{\frac{3}{2}}}$$

を満足する整数 (x, y, z) の無数の存在を主張する．Minkowski はこれを精密にして

$$\left|\alpha - \frac{x}{z}\right| < \sqrt{\frac{8}{19}}\frac{1}{z^{\frac{3}{2}}}, \quad \left|\beta - \frac{y}{z}\right| < \sqrt{\frac{8}{19}}\frac{1}{z^{\frac{3}{2}}}$$

なることを証明した．(Minkowski, Bull. des sciences math. (2) 25, 1901, Werke 1, p.353.)

23. Furtwängler の定理．$k < (23)^{\frac{1}{4}}$ とすれば

$$\left|\alpha - \frac{x}{z}\right| < \frac{k}{z^{\frac{3}{2}}}, \qquad \left|\beta - \frac{y}{z}\right| < \frac{k}{z^{\frac{3}{2}}}$$

は有限個のみの整数解を有するような α, β が存在する．

$k < (276)^{\frac{1}{6}}$ ならば，

$$\left|\alpha_1 - \frac{x_1}{z}\right| < \frac{k}{z^{\frac{4}{3}}}, \quad \left|\alpha_2 - \frac{x_2}{z}\right| < \frac{k}{z^{\frac{4}{3}}}, \quad \left|\alpha_3 - \frac{x_3}{z}\right| < \frac{k}{z^{\frac{4}{3}}}$$

は $(\alpha_1, \alpha_2, \alpha_3)$ を適当にとれば，無数の解を持ち得ない．

n 個の α についても論ぜられる．(Furtwängler, Math. Ann. 96, 1926; 99, 1928.)

24. $[x]$ を Gauss の記号 (§2.9) とすれば

$$\text{(a)} \qquad [\alpha],\ [2\alpha],\ [3\alpha],\ \ldots$$

$$\text{(b)} \qquad [\beta],\ [2\beta],\ [3\beta],\ \ldots$$

なる二つの数列 (a), (b) が共通のものを含まず，また (a), (b) を合わせればあらゆる整数を含むための必要にして充分なる条件は $\dfrac{1}{\alpha} + \dfrac{1}{\beta} = 1$ である．(Bricard, Nouv. Annales (6) 1, 1925.)

25. $|x_1 - \alpha_1 y - \beta_1| < \dfrac{c}{\sqrt{y}}$, $|x_2 - \alpha_2 y - \beta_2| < \dfrac{c}{\sqrt{y}}$ が常に無限に多くの整数解 (x_1, x_2, y) を有するような常数 c ($\alpha_1, \alpha_2, \beta_1, \beta_2$ に無関係とする) は存在しない．(Khintchine, Rend. Palermo 50, 1926.)

第5章　複　素　数

第1節　複素数体

5.1.　数の概念の最後の拡張.　前数章において，我々は自然数より出発し，数度の拡張によって実数体に到達した．この数体では零による除法を除いては加減乗除が何らの拘束なしに行われる．しかし開平方，すなわち a を与えて $x^2 = a$ が成立する x を求めることに関し，a が負の場合に，我々は再び一つの障壁に直面しなければならない．何となれば，実数の平方は決して負とならないからである．

この制限を撤去して開平方が再び自由に行われるために数の概念の最後の拡張を行い，ここに複素数なる新しい数を導入する[*1]．

5.2.　複素数の定義.　整数より有理数に進む場合に整数の一対を考えたと同様に，我々はここでは実数の一対 (a, b) を新しい数と考えて，これを**複素数**と名づける．相等，和および積に関しては次の定義をおく[*1]．

I.　$a = c, b = d$ なるときに限り $(a, b) = (c, d)$ とする．

II.　$(a, b) + (c, d) = (a + c, b + d)$.

III.　$(a, b) \cdot (c, d) = (ac - bd, ad + bc)$.

これより相等に関するすべての規定 (§1.3, 1.7, 1.11)，および交換，結合，分配法則は複素数によって満足されることが容易に証明されるであろう．

$(a, b) = (x, y) + (c, d)$ を満足する (x, y) を $(a, b), (c, d)$ の差と定義する．上の和および相等の定義より

---

§5.1,*1　〔**編者注**：数の概念はさらに四元数，ケイリー数などに拡張された．これについては第2巻，第12章で論ずる．〕

§5.2,*1　この定義のしかたは，Hamilton, Theory of conjugate functions or algebraic couples, Dublin, 1835（Trans. Irish Academy 17, 1837 より）に始まる．

$$a = c + x, \quad b = d + y, \quad \text{従って} \quad x = a - c, \quad y = b - d$$

となる．すなわち減法は常に一通りに可能であって

$$(a, b) - (c, d) = (a - c, b - d)$$

が二つの複素数の差を表す．

(a, b) を (c, d) で除した商を定義するには

$$(a, b) = (c, d) \cdot (x, y)$$

を満足する (x, y) を以てする．故に定義により $a = cx - dy$, $b = cy + dx$ となる．$c^2 + d^2 = 0$ すなわち $c = d = 0$ の場合を除けば

$$x = \frac{ac + bd}{c^2 + d^2}, \qquad y = \frac{bc - ad}{c^2 + d^2}$$

となる．すなわち除法は除数が $(0, 0)$ の場合を除けば常に一通りに可能であって，商は次の形で表される．

$$\frac{(a, b)}{(c, d)} = \left(\frac{ac + bd}{c^2 + d^2}, \frac{bc - ad}{c^2 + d^2}\right).$$

すなわち次の定理が得られる．

定理． **複素数の全体は一つの数体をつくる．**

この数体を**複素数体**と名づける．

特別な場合として：

$$a = b \text{ のときに限り}, (a, 0) = (b, 0).$$

$$(a, 0) + (b, 0) = (a + b, 0).$$

$$(a, 0) - (b, 0) = (a - b, 0).$$

$$(a, 0) \cdot (b, 0) = (ab, 0).$$

$$\frac{(a, 0)}{(b, 0)} = \left(\frac{a}{b}, 0\right), \quad (b \neq 0)$$

が成立する．これによれば，$(a, 0)$ の形の複素数は実数 a と全く同一の法則に支配される．故に $(a, 0)$ なる特別の複素数と，実数 a とを同一のものと見なして差支えがない．故に以下

$$(a, 0) = a$$

と定めることにする．従って複素数体には実数体が含まれることになる．

次に和および積の定義より

$$(a,\,b)=(a,\,0)+(0,\,b),\qquad (0,\,b)=(b,\,0)\cdot(0,\,1),$$
$$(0,\,1)\cdot(0,\,1)=(-1,\,0)$$

となる．故にオイラーに従い $(0,\,1)$ を記号 i で表せば

$$i^2=(-1,0)=-1,\quad (0,\,b)=bi,$$

従って

$$(a,\,b)=a+bi$$

と書くことができる．この記法によれば，複素数の加減乗除は

$$(a+bi)+(c+di)=(a+c)+(b+d)i,$$
$$(a+bi)-(c+di)=(a-c)+(b-d)i,$$
$$(a+bi)(c+di)=(ac-bd)+(bc+ad)i,$$
$$\frac{a+bi}{c+di}=\frac{ac+bd}{c^2+d^2}+\frac{bc-ad}{c^2+d^2}i,\quad (c,\,d)\neq(0,\,0)$$

となる．

5.3. **複素数の絶対値**．複素数 $\alpha=a+bi$ において，a,b をそれぞれ**実数部**，**虚数部**と名づけ，$\mathrm{R}(\alpha),\mathrm{I}(\alpha)$ を以て表す．

虚数部が零ならば実数である．実数部が零なるものを特に**純虚数**と名づける．

虚数部の符号を異にする二複素数 $a+bi,\,a-bi$ は互いに**共役**であるという．一つを α とするときに他を $\overline{\alpha}$ によって表す．

互いに共役なる二数 $\alpha=a+bi,\,\overline{\alpha}=a-bi$ の積 a^2+b^2 を α および $\overline{\alpha}$ の**ノルム** (Norm) といい，これを $\mathrm{N}(\alpha)(=\mathrm{N}(\overline{\alpha}))$ で表す[*1]．

α のノルムの平方根の正なるもの $\sqrt{a^2+b^2}$ を α の**絶対値**と名づけ，$|\alpha|(=|\overline{\alpha}|)$ を以て表す．α が実数なる特別の場合には，§3.8 に定義した $|\alpha|$ と一致する．

絶対値に関しては，次の二定理が成立する．

---

§5.3, *1　〔**編者注**：今日では，$\sqrt{\mathrm{N}(\alpha)}$ をノルムと呼び，ノルムをこのように定義することはしない．〕

定理 1. $|\alpha| + |\beta| \geqq |\alpha + \beta| \geqq |\alpha| - |\beta|$.

ただし等号は $\alpha : \beta$ が実数でない場合には成立しない.

定理 2. $|\alpha \cdot \beta| = |\alpha| \cdot |\beta|$, $\left|\dfrac{\alpha}{\beta}\right| = \dfrac{|\alpha|}{|\beta|}$.

この二定理は, $\alpha = a + bi$, $\beta = c + di$ とおけば結局

$$(a^2 + b^2)(c^2 + d^2) = (ac - bd)^2 + (ad + bc)^2 = (ac + bd)^2 + (ad - bc)^2$$

なる恒等式から証明される.

実際

$$|\alpha + \beta|^2 = (a + c)^2 + (b + d)^2$$
$$= (a^2 + b^2) + (c^2 + d^2) + 2(ac + bd),$$
$$-\sqrt{(a^2 + b^2)(c^2 + d^2)} \leqq ac + bd \leqq \sqrt{(a^2 + b^2)(c^2 + d^2)}$$

より定理 1 が出る. 等号は $a/c = b/d$ なるときに限りいずれか一方が成立する. 定理 2 を書換えれば, 結局上の恒等式となる.

5.4. 複素数体における 0 と 1. $(0, 0) = 0$, $(1, 0) = 1$ は複素数体においても, 実数体におけると同様の位置を占める.

$\alpha = a + bi$ を任意の複素数とすれば

$$\alpha \cdot 0 = 0 \cdot \alpha = 0, \qquad \alpha \cdot 1 = 1 \cdot \alpha = \alpha.$$

これより次の定理が成立する.

定理. 二数の積が 0 ならば, 因数の一つは必ず 0 である.

何となれば, $\alpha = a + bi$, $\beta = c + di$, $\alpha\beta = 0$ と仮定すれば, これに $\overline{\alpha}, \overline{\beta}$ を乗じて $\alpha\overline{\alpha} \cdot \beta\overline{\beta} = 0$, すなわち $(a^2 + b^2)(c^2 + d^2) = 0$ が得られる. 故に $a = b = 0$ か, 然らざれば $c = d = 0$. すなわち $\alpha = 0$ もしくは $\beta = 0$ でなければならない.

この事実は一見すこぶる平凡であるが, 複素数の最も重要な特質の一つである (§5.9 参照).

5.5. 複素数の順序. 複素数の大小については考えないのを普通とする. もし強いて順序を付けようとするならば, $\alpha = a + bi$, $\beta = c + di$ を比較して

$d > b$ ならば a, c の如何にかかわらず $\beta > \alpha$ とし，

$d = b$ ならば $c > a$ のとき $\beta > \alpha$

と定めれば順序付けられる．しかし実数体における順序と異なる一つの点がある．それはいわゆる**アルキメデスの公理**が成立しないことである．

アルキメデスの公理は次のように述べられる：

二正数 A, B があって，$A < B$ ならば，正整数 n を適当に選べば，$nA > B$ ならしめることができる．

実数がこの公理を満足することはいうまでもない．しかし $A = a$ を実数とし，$B = b + ci$ $(c > 0)$ を複素数とすれば，上の規定によれば，$A < B$ であるが，いかに正整数 n をとっても，決して $nA > B$ となることはない．

5.6. 複素数の平方根. $\alpha = a + bi$ の平方根を $z = x + yi$ とすれば

$$(x + yi)^2 = (x^2 - y^2) + 2xyi = a + bi.$$

故に

$$x^2 - y^2 = a, \quad 2xy = b, \quad x^2 + y^2 = \sqrt{a^2 + b^2}.$$

従って

$$x^2 = \frac{1}{2}(\sqrt{a^2 + b^2} + a), \quad y^2 = \frac{1}{2}(\sqrt{a^2 + b^2} - a).$$

この右辺は共に非負であるから

$$x = \pm\left[\frac{1}{2}\left(\sqrt{a^2 + b^2} + a\right)\right]^{\frac{1}{2}}, \quad y = \pm\left[\frac{1}{2}\left(\sqrt{a^2 + b^2} - a\right)\right]^{\frac{1}{2}}.$$

ただしこの $\pm$ は $2xy = b$ なるように定めなければならない．

これを考えに入れると，$\alpha = a + bi$ の平方根は

$$\sqrt{a + bi} = \pm\left\{\left[\frac{1}{2}\left(\sqrt{a^2 + b^2} + a\right)\right]^{\frac{1}{2}} + \varepsilon\left[\frac{1}{2}\left(\sqrt{a^2 + b^2} - a\right)\right]^{\frac{1}{2}}\right\},$$

$$(b > 0 \text{ ならば } \varepsilon = i, \quad b < 0 \text{ ならば } \varepsilon = -i)$$

である．

例えば，$\quad \sqrt{i} = \pm\left(\dfrac{1}{\sqrt{2}} + \dfrac{1}{\sqrt{2}}i\right), \quad \sqrt{-i} = \pm\left(\dfrac{1}{\sqrt{2}} - \dfrac{1}{\sqrt{2}}i\right),$

$$\sqrt{1+i} = \pm\left\{\sqrt{\frac{1+\sqrt{2}}{2}} + \sqrt{\frac{1+\sqrt{2}}{2}}i\right\}.$$

これにより複素数体においては開平方もまた無制限に行われることが分かった．複素数の n 乗根もまた複素数となることは次に示そう．

5.7. 複素数の n 乗根. 複素数 $\alpha = a + bi$ は常にこれを

$$\alpha = r(\cos\theta + i\sin\theta), \qquad (r \geqq 0,\quad 0 \leqq \theta < 2\pi)$$

の形に表すことができる．

これには $r\cos\theta = a$, $r\sin\theta = b$，すなわち $r = \sqrt{a^2+b^2} = |\alpha|$, $\tan\theta = \dfrac{b}{a}$ なるように r, θ を定めればよろしい．r は α の絶対値にほかならない．θ を α の**偏角** (Amplitude) と名づけ，$\mathrm{Amp}(\alpha)$ でこれを表す[*1]．

上の記法は積および商を論ずるに至極便利である．

今 $\alpha = r_1(\cos\theta_1 + i\sin\theta_1)$, $\beta = r_2(\cos\theta_2 + i\sin\theta_2)$ の積をとれば

$$\begin{aligned}\alpha\beta &= r_1r_2(\cos\theta_1 + i\sin\theta_1)(\cos\theta_2 + i\sin\theta_2)\\ &= r_1r_2\{(\cos\theta_1\cos\theta_2 - \sin\theta_1\sin\theta_2) + i(\cos\theta_1\sin\theta_2 + \sin\theta_1\cos\theta_2)\}\\ &= r_1r_2\{\cos(\theta_1+\theta_2) + i\sin(\theta_1+\theta_2)\}.\end{aligned}$$

故に

$$|\alpha\beta| = r_1r_2 = |\alpha|\cdot|\beta|,$$

$$\mathrm{Amp}(\alpha\beta) = \theta_1 + \theta_2 = \mathrm{Amp}(\alpha) + \mathrm{Amp}(\beta)$$

となる．前者はすでに (§5.3) に他の方面から証明された．

商 α/β を作れば

$$\begin{aligned}\frac{\alpha}{\beta} = \frac{\alpha\overline{\beta}}{\beta\overline{\beta}} &= \frac{r_1r_2}{{r_2}^2}(\cos\theta_1 + i\sin\theta_1)(\cos\theta_2 - i\sin\theta_2)\\ &= \frac{r_1}{r_2}\left(\cos(\theta_1-\theta_2) + i\sin(\theta_1-\theta_2)\right).\end{aligned}$$

従って

$$\left|\frac{\alpha}{\beta}\right| = \frac{r_1}{r_2} = \frac{|\alpha|}{|\beta|},$$

§5.7,*1 〔**編者注**：$\mathrm{Amp}(\alpha)$ は，$\arg(\alpha)$ と書かれることが多い (argument，偏角).〕

$$\mathrm{Amp}\left(\frac{\alpha}{\beta}\right) = \theta_1 - \theta_2 = \mathrm{Amp}(\alpha) - \mathrm{Amp}(\beta).$$

この積の関係式から一般に

$$(\cos\theta_1 + i\sin\theta_1)(\cos\theta_2 + i\sin\theta_2)\cdots(\cos\theta_n + i\sin\theta_n)$$
$$= \cos(\theta_1 + \theta_2 + \cdots + \theta_n) + i\sin(\theta_1 + \theta_2 + \cdots + \theta_n).$$

特に

$$(\cos\theta + i\sin\theta)^n = \cos n\theta + i\sin n\theta$$

が得られる．これを**ド・モアブルの定理**と名づける[*2]．

$\alpha = r(\cos\theta + i\sin\theta)$ の n 乗根を $z = \rho(\cos\varphi + i\sin\varphi)$ とおけば

$$z^n = \rho^n(\cos n\varphi + i\sin n\varphi) = \alpha = r(\cos\theta + i\sin\theta)$$

であるから

$$\rho^n \cos n\varphi = r\cos\theta, \qquad \rho^n \sin n\varphi = r\sin\theta.$$

平方して加えれば，$\rho^{2n} = r^2$，$\rho^n = r$，$\rho = \sqrt[n]{r}$ を得る．故に

$$\cos n\varphi = \cos\theta, \qquad \sin n\varphi = \sin\theta$$

となる．ここに三角法により $n\varphi$ と θ とは 2π の倍数だけが異なるのみである．すなわち

$$\varphi_k = \frac{\theta + 2k\pi}{n}, \qquad (k = 0,\ 1,\ 2,\ 3,\ \ldots)$$

とすれば，α の n 乗根として n 個の互いに異なる値

$$z_k = \sqrt[n]{r}\left(\cos\frac{\theta + 2k\pi}{n} + i\sin\frac{\theta + 2k\pi}{n}\right), \quad (k = 0,\ 1,\ 2,\ \ldots,\ n-1)$$

が得られる．

定理．　複素数の n 乗根はまた一つの複素数であって，n 個の異なる値をとる．

特に $\alpha = 1$ とすれば，$r = 1, \theta = 0$ であるから，1 の n 乗根は

$$\varepsilon_k = \cos\frac{2k\pi}{n} + i\sin\frac{2k\pi}{n}, \qquad (k = 0,\ 1,\ 2,\ \ldots,\ n-1)$$

の n 個である．これは

[*2] de Moivre, Miscellanea Analytica, 1730. 左辺を二項定理（第 6 章）で展開すれば，$\cos n\theta$, $\sin n\theta$ を $\cos\theta$, $\sin\theta$ で表す恒等式が得られる．

$$\varepsilon,\ \varepsilon^2,\ \varepsilon^3,\ \ldots,\ \varepsilon^{n-1},\ \varepsilon^n=1$$

の形に表される．

$\alpha=-1$ の n 乗根は，$r=1, \theta=\pi$ であるから

$$\cos\frac{(2k+1)\pi}{n}+i\sin\frac{(2k+1)\pi}{n}, \qquad (k=0,\ 1,\ 2,\ \ldots,\ n-1)$$

である．

5.8. 複素数の一般乗冪. α, β を複素数とし，n, m を正または負の整数とすれば，指数法則

$$\alpha^m\cdot\alpha^n=\alpha^{m+n}, \quad (\alpha^m)^n=\alpha^{mn}, \qquad \alpha^m\cdot\beta^m=(\alpha\beta)^m$$

が成立する．

α の m 乗根は複素数体においては m 個の値をとる．この点に注意しなければ往々誤謬に陥る．

例えば α を正の実数とするとき，実数体においては $(\sqrt[m]{\alpha})^n=\sqrt[m]{\alpha^n}$ であるが，複素数体においては

$$(\sqrt[m]{\alpha})^n=\alpha^{\frac{n}{m}}\left(\cos\frac{2kn\pi}{m}+i\sin\frac{2kn\pi}{m}\right), \quad (k=0,\ 1,\ 2,\ \ldots,\ m-1)$$

$$\sqrt[m]{\alpha^n}=\alpha^{\frac{n}{m}}\left(\cos\frac{2k\pi}{m}+i\sin\frac{2k\pi}{m}\right), \qquad (k=0,\ 1,\ 2,\ \ldots,\ m-1)$$

となり，n と m と互いに素でなければ全体において一致しない．例えば $\alpha=1, m=4$, $n=2$ とすれば，1 の四乗根の平方は $(i)^2=-1, (-1)^2=1, (-i)^2=-1, 1^2=1$ であるが，1 の平方の四乗根は $i, -1, -i, 1$ である．

α, β を複素数とすれば

$$\sqrt[m]{\alpha}\cdot\sqrt[m]{\beta}=\sqrt[m]{\alpha\beta}, \qquad \frac{\sqrt[m]{\alpha}}{\sqrt[m]{\beta}}=\sqrt[m]{\frac{\alpha}{\beta}}, \qquad \sqrt[n]{\sqrt[m]{\alpha}}=\sqrt[nm]{\alpha}$$

の両辺は全体として一致する．

λ が任意の実数なるとき，$\alpha=r(\cos\theta+i\sin\theta)$ の一般の乗冪 α^λ として，我々は

$$\alpha^\lambda=r^\lambda(\cos\lambda(\theta+2k\pi)+i\sin\lambda(\theta+2k\pi)), \quad (k=0,\ \pm1,\ \pm2,\ \ldots)$$

をとる．従って複素数体においては，和，差，積，商はもちろん，一般乗冪もまたこの数体の外に出ない．

5.9. 複素数の特性としての零因数の否定. §5.2 に述べた相等および和の定義は極めて自然であるが，ただ積の定義

$$(a,\, b)\cdot(c,\, d) = (ac - bd,\, ad + bc)$$

は，やや不自然の感がある．故に複素数を導入するのにこのような方法によることをさける学者もある*1．

ビーベルバッハ*2は積の定義を

$$(a,\, b)(c,\, d) = (\varphi(a, b, c, d), \psi(a, b, c, d))$$

とし，これが加法および乗法の交換，結合，分配の法則に従うためにとるべき φ, ψ の形を研究した．彼は φ, ψ を唯 a, b, c, d の連続関数 (§6.7) と仮定して，$\varphi = ac - bd$, $\psi = ad + bc$ なることを導き出すことができた．

我々はさらに他の見地から複素数を特徴づけることができる．

複素数 $a + bi$ は二つの実数 a, b と $1, i$ なる二つの単位から作られたものと考えられる．故に我々はこの考えをより一般にし，e_1, e_2 なる二単位と，a_1, a_2 なる実数より組立てられた

$$\alpha = a_1e_1 + a_2e_2$$

を新しい数と考え，これを二つの単位 (e_1, e_2) よりなる数と呼ぼう．

二つの数

$$\alpha = a_1e_1 + a_2e_2, \quad \beta = b_1e_1 + b_2e_2$$

に対し，$a_1 = b_1$, $a_2 = b_2$ のときに限り $\alpha = \beta$ とし，

$$\alpha + \beta = (a_1 + b_1)e_1 + (a_2 + b_2)e_2$$

を α, β の和と定義すれば，加法に対して

$$\alpha + \beta = \beta + \alpha, \qquad \alpha + (\beta + \gamma) = (\alpha + \beta) + \gamma$$

が成立することは容易に分かる．

α, β の積は

$$\alpha\beta = (a_1e_1 + a_2e_2)(b_1e_1 + b_2e_2)$$

---

§5.9,*1　Pringsheim, Zahlen-und Funktionenlehre I_3, 1921 はその一例である．
*2　Bieberbach, Math. Zeits. 2, 1918.

$$= a_1b_1(e_1e_1) + a_1b_2(e_1e_2) + a_2b_1(e_2e_1) + a_2b_2(e_2e_2)$$

と定め，これがまた我々の数の範囲に属するものとすれば，e_1e_1, e_1e_2, e_2e_1, e_2e_2 がそれぞれ

$$\begin{aligned} e_1e_1 &= \lambda_1e_1 + \lambda_2e_2, \quad e_1e_2 = \mu_1e_1 + \mu_2e_2, \\ e_2e_1 &= \nu_1e_1 + \nu_2e_2, \quad e_2e_2 = \rho_1e_1 + \rho_2e_2 \end{aligned} \qquad (\lambda_i,\ \mu_i,\ \nu_i,\ \rho_i \text{ は実数})$$

の形でなければならない．

この新しい数はまた $\alpha(\beta\gamma) = (\alpha\beta)\gamma$ に従うものと定める．

$\alpha = a_1e_1 + a_2e_2$ において $a_1 = a_2 = 0$ となるものを，やはり 0 とすれば，0 でない二数 α, β の積が 0 ならば，α, β を**零因数**（零因子ともいう）と名づける．もちろんこのような数は従来の実数，複素数の数体では存在しない．

我々はここには証明を略するが，もし乗法の交換法則 $\alpha\beta = \beta\alpha$ が成立しない場合には，必ず零因数の存在が証明せられる．すなわち零因数の存在を否定すれば，必ず $\alpha\beta = \beta\alpha$ でなければならないことになる．

加法，乗法の交換，結合，分配の三法則が成立するものとし，さらに零因数の存在を否定すれば，この新しい数 $\alpha = a_1e_1 + a_2e_2$ は適当に e_1, e_2 を選ぶことにより $e_1e_1 = e_1$, $e_1e_2 = e_2e_1 = e_2$, $e_2e_2 = -e_1$ を満足することが証明される．従って (e_1, e_2) を単位とする数は，$e_1 = 1$, $e_2 = i$ とした普通の複素数と全く同一の規則に支配されるから，これを複素数と見なしても差支えがない[*3]．

すなわち複素数は二つの単位よりなる数として，加法乗法の交換，結合，分配の三法則に支配されるもののうち，零因数を許さない唯一つのものであることが証明される．

§5.4 の定理，すなわち零因数の否定がいかに重要な意義を有するかは，これで明らかであろう．

第2節 複素数の幾何学的表示

5.10. ガウス平面. 今一つの平面上に直交軸をとり，この平面上の一点 P の直

[*3] 証明は Stoltz–Gmeiner, Theoretische Arithmetik II, 1913 を参照．より一般の見地からの証明は第 2 巻，多元複素数論の所で述べる．

交座標を (a, b) とし，P を以て複素数 $a+bi$ を表すものと考える．このようにすれば，平面上の点と複素数との間に，一対一の対応がつけられる．

点が複素数を表すと考えるとき，この平面を**数の平面**または**ガウス平面**という．横軸，縦軸を**実軸**，**虚軸**と名づける．

点 P を以て $\alpha = a+bi$ と表す代わりに，原点 O より P に到る方向を有する線分，すなわちベクトル $\overrightarrow{\mathrm{OP}}$ を以て α を表すと見てもよろしい．

$\alpha = a+bi$ を表す点 P の極座標を (r, θ) とすれば，明らかに

$$a = r\cos\theta,\ \ b = r\sin\theta, \qquad \alpha = r(\cos\theta + i\sin\theta)$$

である．すなわち $\alpha = r(\cos\theta + i\sin\theta)$ なる記法において，絶対値 r は OP の長さ，偏角 θ は OP が実軸となす角にほかならない．

α の共役数 $\overline{\alpha}$ は，実軸に関する P の対称点を表す．

5.11. 複素数の和と差． $\alpha = a+bi, \beta = c+di$ を表す点を P, Q とし，平行四辺形 OPRQ を作る．P, Q, R より実軸への垂線の足を P′, Q′, R′ とし，P より RR′ への垂線の足を M とすれば

$$\begin{aligned}\mathrm{OR}' &= \mathrm{OP}' + \mathrm{P}'\mathrm{R}' \\ &= \mathrm{OP}' + \mathrm{OQ}' = a+c, \\ \mathrm{RR}' &= \mathrm{MR}' + \mathrm{RM} \\ &= \mathrm{PP}' + \mathrm{QQ}' = b+d.\end{aligned}$$

故に R は $\alpha+\beta$ を表すことが分かる（図 5–1）．

これはまた次のように考えられる．

α, β を以てベクトル $\overrightarrow{\mathrm{OP}}, \overrightarrow{\mathrm{OQ}}$ を表すものとすれば，OQ と PR とは長さ相等しく互いに平行である．従ってベクトル $\overrightarrow{\mathrm{OQ}}$ は $\overrightarrow{\mathrm{PR}}$ に等しい．故にベクトルの加法によれば，$\overrightarrow{\mathrm{OP}} + \overrightarrow{\mathrm{PR}} = \overrightarrow{\mathrm{OQ}}$ であるから，これがちょうど $\alpha+\beta$ を表す．すなわち複素数の加法はベクトルの加法と同一である（図 5–2）．

$\beta, -\beta$ を表す点 Q, Q′ は O に対し対称である．故に $\alpha-\beta$ は $\alpha, -\beta$ の和であるから，OPR′Q′ を平行四辺形とすれば，R′ が $\alpha-\beta$ を表す．

ベクトルで表せば，$\alpha = \overrightarrow{\mathrm{OP}}$, $-\beta = \overrightarrow{\mathrm{OQ}'} = \overrightarrow{\mathrm{QO}} = \overrightarrow{\mathrm{PR}'}$ であるから，$\alpha-\beta$ は $\overrightarrow{\mathrm{OR}'}$,

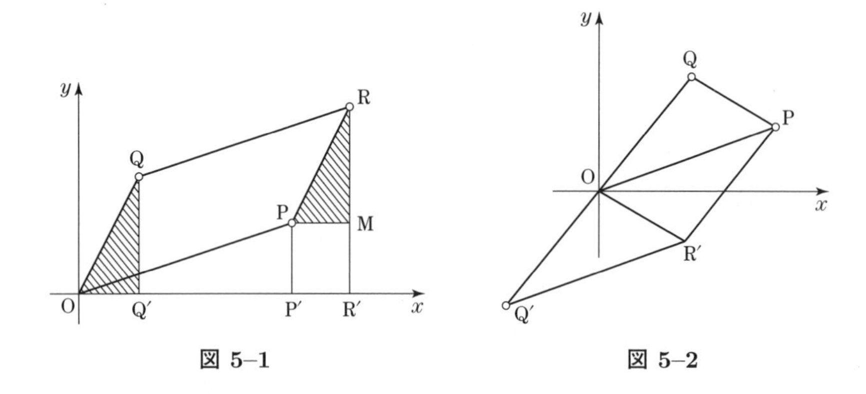

図 5–1　　図 5–2

従って $\overrightarrow{\mathrm{QP}}$ を以て表される．

すなわち α, β が P, Q なる点を表せば，$\alpha-\beta$ は $\overrightarrow{\mathrm{QP}}$ なるベクトルを表す．QP の長さは $|\alpha-\beta|$ で，$\overrightarrow{\mathrm{QP}}$ が実軸となす角は $\mathrm{Amp}\,(\alpha-\beta)$ である．

加法の交換，結合法則を幾何学的に見れば，極めて明瞭に解釈される．なお絶対値に関する定理 1 (§5.3) は，三角形の三辺の長さの関係にほかならない (図 5–3，図 5–4)．

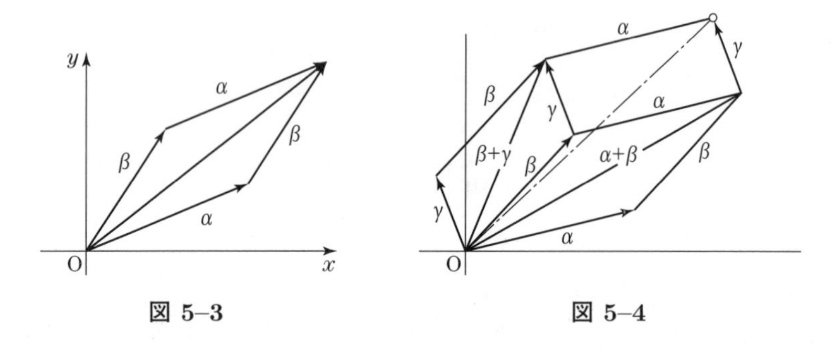

図 5–3　　図 5–4

5.12. 複素数の積と商． $\alpha=r_1(\cos\theta_1+i\sin\theta_1)$, $\beta=r_2(\cos\theta_2+i\sin\theta_2)$ を表す点を P, Q とし，1 を表す点を E とする．OQR を OEP に相似なるように作れば，R が $\alpha\beta$ を表す．これは

$$\mathrm{OR}:\mathrm{OQ}=\mathrm{OP}:\mathrm{OE}, \quad \mathrm{OR}=r_1r_2,$$

$$\angle \mathrm{RO}x=\angle \mathrm{PO}x+\angle \mathrm{ROP}$$

$$= \angle \mathrm{PO}x + \angle \mathrm{QO}x = \theta_1 + \theta_2$$

から直ちに分かるであろう．すなわち α に $\beta = r_2(\cos\theta_2 + i\sin\theta_2)$ を乗ずることは，ベクトル $\overrightarrow{\mathrm{OP}}$ の長さを r_2 倍して θ_2 だけ正の方向に回転することである．$\dfrac{1}{\beta} = \dfrac{1}{r_2}(\cos\theta_2 - i\sin\theta_2) = \dfrac{1}{r_2}(\cos(-\theta_2) + i\sin(-\theta_2))$ であるから，α/β は OP を $\dfrac{1}{r_2}$ 倍して，θ_2 だけ負の方向に回転したベクトルを表す（図 5–5）．

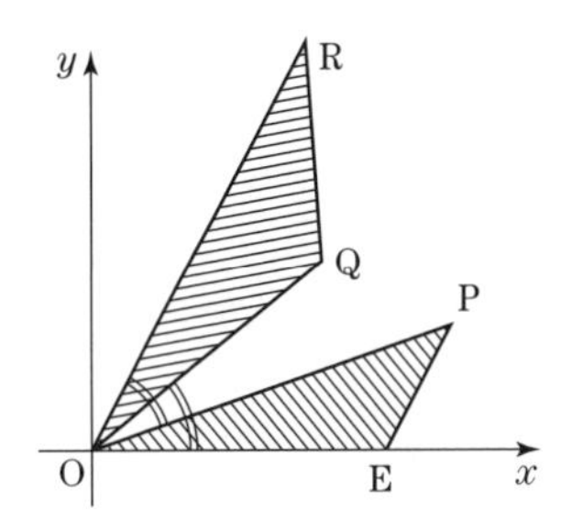

図 5–5

例題 1. 任意の四点 A, B, C, D を $\alpha, \beta, \gamma, \delta$ によって表せば，AB が CD と平行なるための条件は $(\alpha-\beta):(\gamma-\delta)$ が実数となることである．AB が CD と直交するための条件は $(\alpha-\beta):(\gamma-\delta)$ が純虚数となることである．

AB が CD と平行ならば，$\alpha-\beta, \gamma-\delta$ の偏角は相等しいか，π だけ異なる．故に $(\alpha-\beta):(\gamma-\delta)$ の偏角は 0 か π である．すなわち $(\alpha-\beta):(\gamma-\delta)$ は実数である．逆もまた成立する．

$(\alpha-\beta)$ に $\cos\dfrac{\pi}{2} + i\sin\dfrac{\pi}{2} = i$ を乗ずれば $\dfrac{\pi}{2}$ だけ回転する．故に AB と CD が直交すれば，$i(\alpha-\beta)$ と $\gamma-\delta$ とは平行のベクトルを表す．故に $(\alpha-\beta):(\gamma-\delta)$ は純虚数である．逆もまた成立する．

例題 2. 三角形 ABC の各辺上に，互いに相似なる三角形 BCA′, CAB′, ABC′ を作れば，A′B′C′ の重心は ABC の重心と一致する（図 5–6）．

A, B, C, A′, B′, C′ をそれぞれ $\alpha, \beta, \gamma, \alpha', \beta', \gamma'$ を以て表す．$(\alpha'-\beta):(\gamma-\beta)$ の絶対値は A′B/BC に等しく，偏角は $-\angle$A′BC に等しい．CBA′, ACB′, BAC′ は相似であるから

$$\frac{\alpha'-\beta}{\gamma-\beta} = \frac{\beta'-\gamma}{\alpha-\gamma} = \frac{\gamma'-\alpha}{\beta-\alpha}.$$

これを δ とおけば

$$\alpha'-\beta = \delta(\gamma-\beta), \quad \beta'-\gamma = \delta(\alpha-\gamma), \quad \gamma'-\alpha = \delta(\beta-\alpha).$$

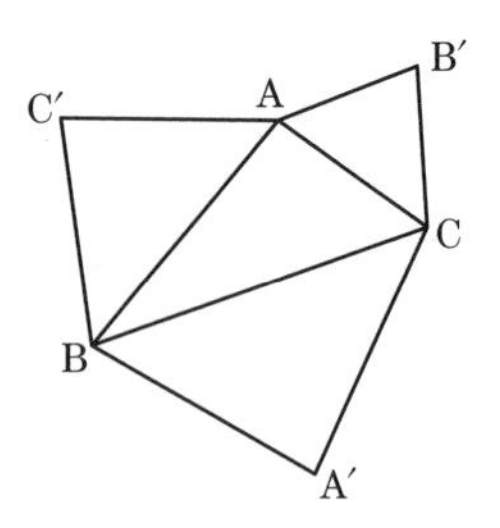

図 5–6

これを加えて 3 で除すれば $\frac{1}{3}(\alpha'+\beta'+\gamma')=\frac{1}{3}(\alpha+\beta+\gamma)$ となる．この両辺は A′B′C′, ABC の重心を表すから本題はこれで解かれたことになる．

例題 3. 三角形 ABC 内に二点 P, Q をとり，$\angle\mathrm{BAP}=\angle\mathrm{QAC}$, $\angle\mathrm{ABP}=\angle\mathrm{QBC}$ とすると，$\angle\mathrm{BCP}=\angle\mathrm{QCA}$ になる（Q を P の等角共役点という．P が三角形の外心ならば Q は垂心である）．

A, B, C, P, Q をそれぞれ $\alpha, \beta, \gamma, \delta, \delta'$ とすれば

$$\frac{1}{(\alpha-\beta)(\alpha-\gamma)}+\frac{1}{(\beta-\alpha)(\beta-\gamma)}+\frac{1}{(\gamma-\alpha)(\gamma-\beta)}$$
$$=\frac{(\gamma-\beta)+(\alpha-\gamma)+(\beta-\alpha)}{(\beta-\gamma)(\gamma-\alpha)(\alpha-\beta)}=0,$$

$$\frac{\alpha}{(\alpha-\beta)(\alpha-\gamma)}+\frac{\beta}{(\beta-\alpha)(\beta-\gamma)}+\frac{\gamma}{(\gamma-\alpha)(\gamma-\beta)}$$
$$=\frac{\alpha(\gamma-\beta)+\beta(\alpha-\gamma)+\gamma(\beta-\alpha)}{(\beta-\gamma)(\gamma-\alpha)(\alpha-\beta)}=0,$$

$$\frac{\alpha^2}{(\alpha-\beta)(\alpha-\gamma)}+\frac{\beta^2}{(\beta-\alpha)(\beta-\gamma)}+\frac{\gamma^2}{(\gamma-\alpha)(\gamma-\beta)}$$
$$=\frac{\alpha^2(\gamma-\beta)+\beta^2(\alpha-\gamma)+\gamma^2(\beta-\alpha)}{(\beta-\gamma)(\gamma-\alpha)(\alpha-\beta)}=1$$

（これは §6.11 のオイラー恒等式の特別の場合である．）

これに $\delta\delta'$, $-(\delta+\delta')$, 1 を乗じて加えると

$$\frac{(\alpha-\delta)(\alpha-\delta')}{(\alpha-\beta)(\alpha-\gamma)}+\frac{(\beta-\delta)(\beta-\delta')}{(\beta-\gamma)(\beta-\alpha)}+\frac{(\gamma-\delta)(\gamma-\delta')}{(\gamma-\alpha)(\gamma-\beta)}=1.$$

故に左辺の二つが実数ならば，残りの一つも実数である．然るに

$$\mathrm{Amp}\left(\frac{\alpha-\delta}{\alpha-\beta}\right)=\angle\mathrm{BAP},\quad \mathrm{Amp}\left(\frac{\alpha-\delta'}{\alpha-\gamma}\right)=-\angle\mathrm{QAC}.$$

従って

$$\mathrm{Amp}\left(\frac{(\alpha-\delta)(\alpha-\delta')}{(\alpha-\beta)(\alpha-\gamma)}\right)=0,\quad \frac{(\alpha-\delta)(\alpha-\delta')}{(\alpha-\beta)(\alpha-\gamma)}=\text{実数}.$$

同様に $\angle\mathrm{ABP} = \angle\mathrm{QBC}$ より $\dfrac{(\beta-\delta)(\beta-\delta')}{(\beta-\gamma)(\beta-\alpha)} =$ 実数，故に $\dfrac{(\gamma-\delta)(\gamma-\delta')}{(\gamma-\beta)(\gamma-\alpha)} =$ 実数．これより $\angle\mathrm{BCP} = \angle\mathrm{QCA}$ となる．（藤原，Tôhoku Math. J. 4, 1913–14 参照.）

例題 4. α を任意の複素数とするとき

$$|z| = 1 \text{ ならば } \left|\frac{z-\alpha}{\overline{\alpha}z-1}\right| = 1.$$

$|\alpha| > 1$ の場合には，$|z| \lesseqgtr 1$ であるのに従い $\left|\dfrac{z-\alpha}{\overline{\alpha}z-1}\right| \gtreqless 1$,

$|\alpha| < 1$ の場合には，$|z| \lesseqgtr 1$ であるのに従い $\left|\dfrac{z-\alpha}{\overline{\alpha}z-1}\right| \lesseqgtr 1$.

$|z| = 1$ ならば $z\overline{z} = 1$．すなわち $\dfrac{1}{z} = \overline{z}$．故に

$$\frac{z-\alpha}{\overline{\alpha}z-1} = -\frac{1}{z}\cdot\frac{z-\alpha}{\overline{z}-\overline{\alpha}},$$

$$\left|\frac{z-\alpha}{\overline{\alpha}z-1}\right| = \frac{1}{|z|}\left|\frac{z-\alpha}{\overline{z}-\overline{\alpha}}\right| = \left|\frac{z-\alpha}{\overline{z}-\overline{\alpha}}\right| = 1.$$

幾何学的に考えて，α, $1/\overline{\alpha}$ を表す点を A, B とする．$\alpha = r(\cos\theta + i\sin\theta)$ とすれば，$\dfrac{1}{\overline{\alpha}} = \dfrac{1}{r}(\cos\theta + i\sin\theta)$．故に A, B は O と同じ直線の上にあって $\mathrm{OA}\cdot\mathrm{OB} = 1$ である．すなわち点 A, B は中心 O，半径 1 の円，すなわち単位円に関して相反点である．$\left|\dfrac{z-\alpha}{z-\dfrac{1}{\overline{\alpha}}}\right| = k$ が成立する z は A, B よりの距離の比が k に等しい点を表すから，その軌跡はいわゆるアポロニウス円系に属する一つの円である．これが単位円となる場合は，点 1 を通る場合，すなわち $\left|\dfrac{z-\alpha}{z-\dfrac{1}{\overline{\alpha}}}\right| = \left|\dfrac{1-\alpha}{1-\dfrac{1}{\overline{\alpha}}}\right| = |\alpha|$ である．故に $\left|\dfrac{z-\alpha}{\overline{\alpha}z-1}\right| = 1$, $|\alpha| = 1$ は同時に成立する．

$|\alpha| > 1$ の場合，α が単位円外にあるから，$|z| < 1$ ならば $\left|\dfrac{z-\alpha}{z-\dfrac{1}{\overline{\alpha}}}\right| > |\alpha|$, $|z| > 1$ ならば $\left|\dfrac{z-\alpha}{z-\dfrac{1}{\overline{\alpha}}}\right| < |\alpha|$ である．$|\alpha| < 1$ の場合も同様に証明される．

5.13. 円変換.

ガウス平面上の四点 $\alpha, \beta, \gamma, \delta$ が同一円周上にあるための必要にして充分なる条件は何であるかを考えよう．

ABCD が一円周上にあれば，$\angle\mathrm{CAD} = \angle\mathrm{CBD}$ （図 5–7(a)）なるか，$\angle\mathrm{CBD} + \angle\mathrm{CAD} = \pi$ （図 5–7(b)）である．

図 (a) においては，$\angle\mathrm{CAD} = \mathrm{Amp}\left(\dfrac{\alpha-\delta}{\alpha-\gamma}\right)$, $\angle\mathrm{CBD} = \mathrm{Amp}\left(\dfrac{\beta-\delta}{\beta-\gamma}\right)$，故に

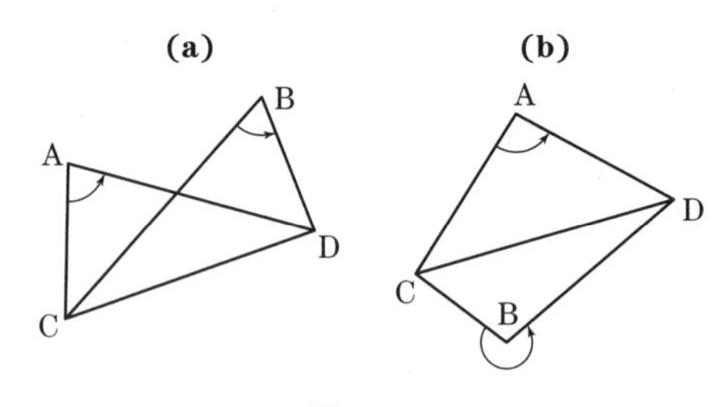

図 5–7

$\dfrac{\alpha-\gamma}{\alpha-\delta}\cdot\dfrac{\beta-\gamma}{\beta-\delta}$ の偏角は 0 である．従ってそれは実数である．

図 (b) においては，$\angle\mathrm{CAD}=\mathrm{Amp}\left(\dfrac{\alpha-\delta}{\alpha-\gamma}\right)$，　$\angle\mathrm{CBD}=\mathrm{Amp}\left(\dfrac{\gamma-\beta}{\delta-\beta}\right)$，故に $\dfrac{\alpha-\delta}{\alpha-\gamma}\cdot\dfrac{\gamma-\beta}{\delta-\beta}$ の偏角は π に等しい．従ってそれは実数である．逆もまた成立する．故に次の定理が得られる．

定理．　ガウス平面上の四点 $\alpha,\ \beta,\ \gamma,\ \delta$ が同一円周上にあるために必要にして充分なる条件は，$\dfrac{\alpha-\gamma}{\alpha-\delta}:\dfrac{\beta-\gamma}{\beta-\delta}$ が実数となることである．

$\dfrac{\alpha-\gamma}{\alpha-\delta}:\dfrac{\beta-\gamma}{\beta-\delta}$ を $\alpha,\ \beta,\ \gamma,\ \delta$ の**複比**（**非調和比**とも呼ぶ）と名づける．

$\alpha,\ \beta,\ \gamma,\ \delta$ を $\alpha\delta-\beta\gamma\neq 0$ なる任意の複素数とし，

$$z'=\frac{\alpha z+\beta}{\gamma z+\delta}$$

によって $z,\ z'$ を対応させる．

$z=z_1,\ z_2,\ z_3,\ z_4$ に対応するものを順次 ${z_1}',\ {z_2}',\ {z_3}',\ {z_4}'$ とすれば

$${z_i}'-{z_k}'=\frac{\alpha z_i+\beta}{\gamma z_i+\delta}-\frac{\alpha z_k+\beta}{\gamma z_k+\delta}=\frac{(\alpha\delta-\beta\gamma)(z_i-z_k)}{(\gamma z_i+\delta)(\gamma z_k+\delta)},$$

故に

$$\frac{{z_1}'-{z_3}'}{{z_1}'-{z_4}'}=\frac{z_1-z_3}{z_1-z_4}\cdot\frac{\gamma z_4+\delta}{\gamma z_3+\delta},$$

$$\frac{{z_1}'-{z_3}'}{{z_1}'-{z_4}'}:\frac{{z_2}'-{z_3}'}{{z_2}'-{z_4}'}=\frac{z_1-z_3}{z_1-z_4}:\frac{z_2-z_3}{z_2-z_4},$$

すなわち

$$\text{複比}\ ({z_1}',{z_2}',{z_3}',{z_4}')=\text{複比}\ (z_1,z_2,z_3,z_4).$$

故に $z_1,\ z_2,\ z_3,\ z_4$ が一円周上にあれば，${z_1}',\ {z_2}',\ {z_3}',\ {z_4}'$ もまた一円周上にある．従っ

て z が一円周上を動けば，z' もまた一円周上を動く．ただし直線は円周の特別の場合と見なすことにする．

このように z が円を描くとき，z' もまた円を描くから，z より z' への変換を**円変換**と名づける．

例えば，$i\dfrac{1-z}{1+z}$ は円変換の一つであって，$z=1$, $z=-1$, $z=i$ に対して $z'=0$, ∞, 1 が対応する．故に z が 1, -1, i を通る円，すなわち単位円上を動けば，z' は 0, ∞, 1 を通る円，すなわち実軸上を動く．

5.14. 複素数に関する史実.　新しい数の概念が導入された当初にあっては，我々が今日想像するほど容易に一般に受入れられるものではない．量の概念から入った分数や無理数は，その実在が比較的容易に了解されるが，負数に至ってはこれが学界に採用されるまでには永い歳月を要している．しかしこれも財産と負債，東への距離と西への距離というように，性質の相反した量を考えることにより，漸次一般に受入れられるようになった．独り虚数，複素数になると，すでに十六世紀文芸復興期の学者カルダノ，ボンベリ等によって使用され，十八世紀末にはその利用が大いに発達したにもかかわらず，唯計算を簡易にする手段として考え，これを実数と同等の実在性を有する数とは考え得なかったことは，その名称が明らかにこれを示している．しかし複素数の幾何学的表示の可能なることの発見は，複素数を実数と同等の位置にまで引き上げるのに有力な理由を提供した．これを明瞭に意識して，複素数の理論とその応用とを論じ，従来の実数の数論を拡張して複素数体に及ぼしたのは，実にガウスが 1831 年 Göttingen 学術協会で公にした Theoria residuorum biquadraticorum, Commentatio secunda (特に Art. 38 に幾何学的表示が論じてある)，およびその著者自身の抜粋報告である．(Gauss, Werke II 93–148, 169–178; 独訳は Maser, Gauss' Untersuchungen über höhere Arithmetik, 1889 にある．)[*1]

しかし複素数の幾何学的表示を最も早く公にしたのは，ウェッセル (Wessel) である．彼の論文は 1797 年デンマーク学士院に提出せられ，1799 年の紀要にのせられた

---

§5.14,*1　Gauss の複素数に関する研究の詳細は Fraenkel, Zahlbegriff und Algebra bei Gauss, Materialien für eine wissenschaftliche Biographie von Gauss, Heft 8, 1920 (Gauss Werke X3 所載) にある．

が，1895 年に至るまで全く学界から忘れられていた[*2].

年代においてウェッツセルよりやや遅れて，アルガン (Argand) が 1806 年に Essai sur une maniere de représenter les quantités imaginaires dans les constructions géométriques なる単行本をパリにおいて公にし，その中に複素数の幾何学的表示を詳細に論じた．これの第二版は 1874 年に彼の他の論文と一緒に Hoüel によって出版された．これも学者の注意をひくことが少なかった．

[*2] この論文は Archiv for Math. og Naturv. 18, 1896 に再録され，仏訳は C. Wessel, Essai sur la représentation analytique de la directions, Copenhague, 1897 として公にされた．L'Enseignement Math. I, 1899, pp.162–184 にある Beman の論文参照.

第5章　演習問題

1.　$v, \overline{v}$ を互いに共役なる複素数とし，$\mathrm{R}(z)$ を以て z の実数部を表せば

$$|u+v|^2 = |u|^2 + |v|^2 + 2\mathrm{R}(u\overline{v})$$

なることを証明せよ．

これより

$$|\beta u + \alpha v|^2 - |\overline{\alpha} u + \overline{\beta} v|^2 = (|\beta|^2 - |\alpha|^2)(|u|^2 - |v|^2),$$
$$|\beta u + \alpha v|^2 + |\overline{\alpha} u - \overline{\beta} v|^2 = (|\beta|^2 + |\alpha|^2)(|u|^2 + |v|^2)$$

を証明せよ．

2.　$\mathrm{R}(\alpha) < 0$ とすれば，$\mathrm{R}(z) \gtreqqless 0$ であるのに従い，$|z-\alpha| \gtreqqless |z+\overline{\alpha}|$;

$\mathrm{I}(\alpha) > 0$ とすれば，$\mathrm{I}(z) \lesseqqgtr 0$ であるのに従い，$|z-\alpha| \gtreqqless |z-\overline{\alpha}|$;

$|\alpha| < 1$ とすれば，$|z| \lesseqqgtr 1$ であるのに従い，$|z-\alpha| \gtreqqless |\overline{\alpha}z - 1|$

なることを証明せよ．

3.　恒等式 $\dfrac{\delta-\alpha}{(\alpha-\beta)(\alpha-\gamma)} + \dfrac{\delta-\beta}{(\beta-\gamma)(\beta-\alpha)} + \dfrac{\delta-\gamma}{(\gamma-\alpha)(\gamma-\beta)} = 0$ において，$\alpha, \beta, \gamma, \delta$ をガウス平面上の同一円周上の四点とすれば，これより Ptolemy の定理が得られる．また

$$\frac{(\delta-\beta)(\delta-\gamma)}{(\alpha-\beta)(\alpha-\gamma)} + \frac{(\delta-\gamma)(\delta-\alpha)}{(\beta-\gamma)(\beta-\alpha)} + \frac{(\delta-\alpha)(\delta-\beta)}{(\gamma-\alpha)(\gamma-\beta)} = 1$$

において，δ を α, β, γ を頂点とする三角形 ABC の垂心 O とすれば

$$\frac{\mathrm{OB}\cdot\mathrm{OC}}{\mathrm{AB}\cdot\mathrm{AC}} + \frac{\mathrm{OC}\cdot\mathrm{OA}}{\mathrm{BC}\cdot\mathrm{BA}} + \frac{\mathrm{OA}\cdot\mathrm{OB}}{\mathrm{CA}\cdot\mathrm{CB}} = 1$$

が得られることを示せ．（林，Tôhoku Math. J. 4, 1913–14．なお藤原，Tôhoku Math. J. 4, 1913–14 参照．）

4.　平行四辺形 ABCD の二辺 BC, CD 上に，平行四辺形の内部の方へ正三角形 PBC, QCD を作れば，APQ はまた正三角形なることを証明せよ．（掛谷，Tôhoku Math. J. 6, 1914–15.）

5.　三角形 ABC の三辺上に正三角形 BCA′, CAB′, ABC′ を外側に作れば，AA′ = BB′ = CC′ となる．また A′B′C′ の三辺上に正三角形を作り，その新しい頂点を A″, B″, C″ とすれば，A は A′A″ の中点である．BCA′, CAB′, ABC′ の重心は正三角形を作る．（Carvallo, Monatshefte f. Math. 2, 1891.）

6. 三角形の三中線，三垂線，頂角の二等分線がそれぞれ一点に会することを，複素数を用いて証明せよ.

7. A, B, C, D; A′, B′, C′, D′ が与えられた場合，AD, BD, CD がそれぞれ B′C′, C′A′, A′B′ に平行ならば，A′, B′, C′ より BC, CA, AB に平行に引いた三直線は一点に交わる.(Kürschak, Archiv d. Math. (3) 8, 1905.)

8. 四辺形 ABCD の頂角の二等分線の作る四辺形は円に内接することを証明せよ.

9. 三角形 ABC の辺上に，一点 P より下した垂線の足をそれぞれ D, E, F とする．$\dfrac{\alpha-\beta}{\gamma-\beta}:\dfrac{\alpha-\delta}{\gamma-\delta}=re^{i\theta}$ とすれば r は $\dfrac{\mathrm{DE}}{\mathrm{FE}}$ に等しく，θ は角 DEF に等しい，ただし $\alpha, \beta, \gamma, \delta$ は A, B, C, D を表すものとする．これより三角形の垂足三角形は変換 $z'=\dfrac{az+b}{cz+d}$ に対し不変なることが示される．(Schick, Münchener Ber., 1900.) P を ABC の外接円上にとればシムソンの定理を得ることを示せ.

10. 単位円上の三点 $\mathrm{A}_1, \mathrm{A}_2, \mathrm{A}_3$ を $e^{i\theta_1}, e^{i\theta_2}, e^{i\theta_3}$ によって表せば, $\mathrm{A}_1\mathrm{A}_2\mathrm{A}_3$ の垂心 H は $e^{i\theta_1}+e^{i\theta_2}+e^{i\theta_3}$, A_1 より $\mathrm{A}_2\mathrm{A}_3$ へ下した垂線の足 B_1 は $\dfrac{1}{2}(e^{i\theta_1}+e^{i\theta_2}+e^{i\theta_3}-e^{i(\theta_2+\theta_3-\theta_1)})$, $\mathrm{A}_1\mathrm{A}_2\mathrm{A}_3$ の九点円の中心は $\dfrac{1}{2}(e^{i\theta_1}+e^{i\theta_2}+e^{i\theta_3})$ によって表されることを示せ.

これより次の定理を得る.(大石，Tôhoku Math. J. 15, 1919.)

円周上の四点 $\mathrm{A}_1, \mathrm{A}_2, \mathrm{A}_3, \mathrm{A}_4$ より，三つずつとって作る四つの三角形の九点円の中心は一つの円周上にある.

円周上の五点 $\mathrm{A}_1, \mathrm{A}_2, \mathrm{A}_3, \mathrm{A}_4, \mathrm{A}_5$ より四つずつとって作った，上のような五個の円は一点を通る.

円周上の六点より，六個のこのような点を作れば，それらはまた一円周上にある．この関係はどこまでも続く.(この定理の拡張については Agronomof, Tôhoku Math. J. 11, 1917, Nouv. Annales (4) 18, 1918; 大石，Tôhoku Math. J. 15, 1919; 小林，東京物理学校雑誌, 1926 参照.)

11. $\mathrm{A}_1, \mathrm{A}_2, \mathrm{A}_3$ の A_4 に関するシムソン線（または Wallace 線）は $\dfrac{1}{2}(e^{i\theta_1}+e^{i\theta_2}+e^{i\theta_3}+e^{i\theta_4})$ を通ることを証明せよ．ただし A_k は $e^{i\theta_k}$ を表すものとする．これより $\mathrm{A}_1, \mathrm{A}_2, \mathrm{A}_3, \mathrm{A}_4$ の任意の三つが作る三角形の第四の点に関する四つのシムソン線は一点を通ることが証明される.

$\mathrm{A}_1, \mathrm{A}_2, \mathrm{A}_3, \mathrm{A}_4, \mathrm{A}_5$ よりこのような点五個を作れば，それらはまた一円周上にある．中心は $\dfrac{1}{2}(e^{i\theta_1}+e^{i\theta_2}+\cdots+e^{i\theta_5})$, 半径は $\dfrac{1}{2}$ の円である.(Amring, American Math. Monthly 23, 1916.)

12.　z_1, z_2, z_3 のなす三角形の三辺にその辺の中点において内接する楕円の焦点を ζ_1, ζ_2 とすれば，これらは $\varphi(z) = 3z^2 - 2(z_1 + z_2 + z_3)z + (z_2z_3 + z_3z_1 + z_1z_2) = 0$ を満足することを証明せよ．（$f(z) = (z - z_1)(z - z_2)(z - z_3)$ とおけば $\varphi(z) = f'(z)$ となる．第8章諸定理 (5) 参照.）

（Bôcher, Annals of Math. (1) 7, 1892–93. これには P より楕円への接線は P を焦点へ結んだ直線と等しい角をなす事実を利用する.）

13.　z_1, z_2, z_3 が正三角形の頂点を表せば

$$z_1{}^2 + z_2{}^2 + z_3{}^2 - z_2z_3 - z_3z_1 - z_1z_2 = 0$$

となる．逆にこれを満足する z_1, z_2, z_3 は常に正三角形をなすことを証明せよ．

第6章　有理整関数[†]

第1節　有理関数体

6.1. **有理整関数.** x を以て一定の数を表すものとせず，ある範囲内の有限個または無限個の数値を取り得るものと考えるとき，これを**変数**と名づけ，これに対し，一定の数値を表すものを**常数**と名づける.

常数 $a_0, a_1, \ldots, a_n$ と変数 x との結合

$$a_0 + a_1x + a_2x^2 + \cdots + a_nx^n$$

を x の**有理整関数**，または単に**整関数**と名づけ[*1]，$a_0,\ a_1,\ \ldots,\ a_n$ を**係数**，a_nx^n, $a_{n-1}x^{n-1}, \ldots, a_1x, a_0$ を**項**と名づける．特に x を含まない項 a_0 を**絶対項**という．$a_n \neq 0$ ならば，n を**次数**と呼び，上の有理整関数を n 次の有理整関数と名づける.

係数 $a_0, a_1, \ldots, a_n$ が一つの数体 K に属すれば，この有理整関数を K **の有理整関数**という．あるいは K に属するともいう.

我々はまず有理整関数の加減乗除，およびこれを支配する法則を定めねばならない.

二つの有理整関数

$$F(x) = a_0 + a_1x + \cdots + a_nx^n,$$

$$G(x) = b_0 + b_1x + \cdots + b_mx^m$$

において，$n = m, a_0 = b_0, a_1 = b_1, \ldots, a_n = b_n$ なる場合に限り，$F(x), G(x)$ は相等しいと定義し，$F(x) = G(x)$ によってこれを表す.

---

† 本章以下第 9 章までに関しては，H. Weber, Lehrbuch der Algebra I, 2. Aufl., 1912 参照.

§6.1,*1 〔**編者注**：原著では「整関数」を主たる術語として採用しているが，現代では，整関数は専ら複素変数関数論において，複素平面全体で正則な関数を指す用語として定着している．そのため，本改訂版では，有理整関数と呼ぶことにする．また，多項式と呼ぶことも多い.〕

この相等の定義は第1章にあげた相等に関するすべての公理を満足する．

$F(x)$, $G(x)$ の和，差，積としては，それぞれ（$n \geqq m$ と仮定して）

$$(a_0+b_0)+(a_1+b_1)x+\cdots+(a_m+b_m)x^m+a_{m+1}x^{m+1}+\cdots+a_nx^n,$$

$$(a_0-b_0)+(a_1-b_1)x+\cdots+(a_m-b_m)x^m+a_{m+1}x^{m+1}+\cdots+a_nx^n,$$

$$\begin{aligned}&a_0b_0+(a_0b_1+a_1b_0)x+(a_0b_2+a_1b_1+a_2b_0)x^2+\cdots\\&\quad+(a_0b_m+a_1b_{m-1}+\cdots+a_mb_0)x^m+(a_1b_m+a_2b_{m-1}+\cdots+a_{m+1}b_0)x^{m+1}\\&\quad+\cdots+(a_{n-1}b_m+a_nb_{m-1})x^{n+m-1}+a_nb_mx^{n+m}\end{aligned}$$

を以て定義し，これを $F(x)+G(x)$, $F(x)-G(x)$, $F(x)\cdot G(x)$ により表す．

これより直ちに分かることは，有理整関数の間にも数の場合と同様に

交換法則：$F(x)+G(x)=G(x)+F(x)$,　$F(x)G(x)=G(x)\cdot F(x)$.

結合法則：$F(x)+\{G(x)+H(x)\}=\{F(x)+G(x)\}+H(x)$,

$F(x)\{G(x)\cdot H(x)\}=\{F(x)G(x)\}H(x)$.

分配法則：$F(x)\{G(x)+H(x)\}=F(x)G(x)+F(x)H(x)$

が成立することである．

$F(x)$, $G(x)$ の次数を n, m とすれば，積 $F(x)\cdot G(x)$ の次数は $n+m$ である．$F(x)\pm G(x)$ の次数は，$n>m$ ならば n になるが，$n=m$ の場合には n より低くなることがある．

$F(x)$, $G(x)$ が共に数体 K の有理整関数ならば，その和，差，積もまたすべて K の有理整関数である．

6.2. 有理整関数の除法.

二つの有理整関数

$$f(x)=a_0x^n+a_1x^{n-1}+\cdots+a_{n-1}x+a_n,\quad (a_0\neq 0)$$

$$g(x)=b_0x^m+b_1x^{m-1}+\cdots+b_{m-1}x+b_m,\quad (b_0\neq 0)$$

の次数をそれぞれ n, m とし，$n \geqq m$ と仮定する．この場合

$$f(x)=g(x)q(x)+r(x) \tag{1}$$

を満足する二つの有理整関数 $q(x)$, $r(x)$ を定め，$r(x)$ の次数を $g(x)$ の次数より低くすることができる．しかもこれは唯一通りに可能である．

これを示すため

$$q(x) = c_0x^d + c_1x^{d-1} + \cdots + c_{d-1}x + c_d,\ (d = n - m)$$

とおき，$f(x) - g(x)q(x)$ における $x^n, x^{n-1}, \ldots, x^m$ の係数を求めると，それぞれ

$$a_0 - b_0c_0,$$

$$a_1 - (b_0c_1 + b_1c_0),$$

$$\cdots\cdots\cdots\cdots\cdots\cdots\cdots$$

$$a_d - (b_0c_d + b_1c_{d-1} + \cdots + b_dc_0)$$

となる，ただし $k > m$ ならば $b_k = 0$ とおく．$b_0 \neq 0$ であるから，これらをすべて 0 にするように，順次に $c_0, c_1, \ldots, c_d$ が定められる．このように $q(x)$ を定めて $f(x) - q(x)g(x) = r(x)$ とおけば，$r(x)$ の次数は明らかに m より低い．これで我々の目的は達せられた．

$q(x)$ を $g(x)$ によって $f(x)$ を除したときの**商**，$r(x)$ を**剰余**という．

(1) は整数の基本定理 $a = bq + r$ (§1.23) に対応するもので，条件 $r < b$ に代わるものは，$r(x)$ の次数が $g(x)$ の次数より低いということである．

$r(x) = 0$, すなわち $r(x)$ の係数がすべて 0 となるとき，$f(x)$ は $g(x)$ によって整除されるという．この際 $f(x)$ を $g(x)$ の**倍関数**, $g(x)$ を $f(x)$ の**約関数**または**因子**と名づける．

$f(x)$ と $g(x)$ とが共通の約関数（次数 $\geqq 1$ とする）をもたなければ，$f(x), g(x)$ は**互いに素**であるという．

$g(x)$ が一次の有理整関数 $x - \alpha$ となる場合には，$q(x)$ と $r(x)$ との形は次のように簡単になる．

$$f_k(x) = a_0x^k + a_1x^{k-1} + \cdots + a_{k-1}x + a_k, \quad (k = 0, 1, 2, \ldots, n)$$

とすれば

$$q(x) = f_0(\alpha)x^{n-1} + f_1(\alpha)x^{n-2} + \cdots + f_k(\alpha)x^{n-k-1} + \cdots + f_{n-1}(\alpha), \tag{2}$$

$$r(x) = a_0\alpha^n + a_1\alpha^{n-1} + \cdots + a_{n-1}\alpha + a_n = f_n(\alpha) = f(\alpha). \tag{3}$$

何となれば

$$q(x) = c_0x^{n-1} + c_1x^{n-2} + \cdots + c_{n-1}$$

とおいて

$$f(x) = q(x)(x - \alpha) + r \quad (r \text{ は常数})$$

の両辺における係数を比較すれば

$$\begin{aligned} a_0 &= c_0, & &\text{すなわち} & c_0 &= a_0, \\ a_1 &= c_1 - c_0\alpha, & & & c_1 &= a_1 + c_0\alpha, \\ a_2 &= c_2 - c_1\alpha, & & & c_2 &= a_2 + c_1\alpha, \\ &\cdots\cdots\cdots & & & &\cdots\cdots\cdots \\ a_{n-1} &= c_{n-1} - c_{n-2}\alpha, & & & c_{n-1} &= a_{n-1} + c_{n-2}\alpha, \\ a_n &= r - c_{n-1}\alpha, & & & r &= a_n + c_{n-1}\alpha. \end{aligned}$$

これより上の結果 (2), (3) が得られる．

この剰余の形 (3) より直ちに次の**剰余定理**が導かれる．

定理．　有理整関数 $f(x)$ が $x - \alpha$ によって整除されるために，必要にして充分なる条件は $f(\alpha) = 0$ である．

6.3.　有理関数体．　二つの有理整関数 $f(x), g(x)$ が与えられたとき，$f(x)$ は必ずしも常に $g(x)$ によって整除できない．それでちょうど我々が二整数より有理数を導入したと同様に，$\dfrac{f(x)}{g(x)}$ を以てこれと $g(x)$ との積が $f(x)$ に等しいものと定め，これを $f(x)$ を $g(x)$ によって除した商と名づける．このような関数を**有理関数**と名づけ，$f(x), g(x)$ をそれぞれその分子，分母と名づける．$f(x), g(x)$ が互いに素なる場合に $f(x)/g(x)$ は**既約**であるという．

有理関数を支配する法則は全く有理数のそれと同一なるものと規定する．従って有理関数に加減乗除の四則を施したものはまた有理関数となる．故にすべての有理関数は一つの体を作る．これを**有理関数体**という．

一つの有理関数の係数が数体 K に属するとき，これを **K の有理関数**と名づける．K の有理関数の全体はまた一つの関数体を作る．これは K の数と変数 x との間に有限回の加減乗除を施して得られるものの全体にほかならない．故にこれを K に x を

添加した関数体といい，K(x) により表す．

あらゆる有理関数の全体は，複素数体 Ω に x を添加した関数体 $\Omega(x)$ である．係数が実数なる有理関数の全体は実数体に x を添加した関数体である．

6.4.　多変数の有理整関数と有理関数． ある数体 K に一つの変数 x_1 を添加して得られる関数体 K(x_1) に，さらに他の変数 x_2 を添加した関数体を K(x_1, x_2) によって表す．それに属する関数はすべて

$$\frac{A_0 {x_2}^n + A_1 {x_2}^{n-1} + \cdots + A_n}{B_0 {x_2}^m + B_1 {x_2}^{m-1} + \cdots + B_m}$$

の形の x_2 の有理関数であって，その係数 A_i, B_k は K(x_1) に属する．すなわち x_1 の有理関数である．故に x_1 の有理関数の分母を払えば係数を x_1 の有理整関数とすることができるから，始めより A_i, B_k をすべて K における x_1 の有理整関数としても差支えがない．

常数および x_1, x_2 の冪の間には，交換，結合，分配の三法則が成立するものと規定すれば，上の有理関数の分母と分子はこれを配列し換えて $\sum a_{pq} {x_1}^p {x_2}^q$ の形に直すことができる．ここに $\sum$ とあるのは $a_{pq} {x_1}^p {x_2}^q$ において p, q にある範囲内の負でない整数の値をとらせたものの総和を意味する．

このような関数を二変数 (x_1, x_2) の有理整関数といい，a_{pq} をその係数と名づける．$p+q$ を項 $a_{pq} {x_1}^p {x_2}^q$ の次数といい，項の次数の最大値をこの**有理整関数の次数**という．

K(x_1, x_2) の関数は x_1, x_2 の有理整関数 $F(x_1, x_2)$, $G(x_1, x_2)$ の商の形で表される．これを x_1, x_2 の**有理関数**という．その係数は K の数である．

K(x_1, x_2) は K(x_1) に x_2 を添加して生じたが，これは K(x_2) に x_1 を添加しても得られる．すなわち，K$(x_1, x_2) =$ K(x_2, x_1) である．

K(x_1, x_2) にさらに第三の変数 x_3 を添加して K(x_1, x_2, x_3) を作り，漸次に x_n に及ぼして K$(x_1, x_2, \ldots, x_n)$ を定義することができる．

K$(x_1, x_2, \ldots, x_n)$ に属する関数は，x_1, x_2, $\ldots$, x_n の有理関数であって

$$F(x_1, x_2, \ldots, x_n) = \sum a_{p_1 p_2 \ldots p_n} {x_1}^{p_1} {x_2}^{p_2} \cdots {x_n}^{p_n}$$

の形の x_1, x_2, $\ldots$, x_n の有理整関数と，同様の形の有理整関数 $G(x_1, x_2, \ldots, x_n)$ との商として表される．

$a_{p_1 p_2 \cdots p_n}$ は K の数であって，これを有理整関数 $F(x_1, x_2, \ldots, x_n)$ の係数という．$p_1 + p_2 + \cdots + p_n$ を項 $a_{p_1 p_2 \cdots p_n} {x_1}^{p_1} {x_2}^{p_2} \cdots {x_n}^{p_n}$ の次数といい，項の次数の最大なるものを F の次数と名づける．

代数学の研究の主なる対象の一つは有理整関数および有理関数の性質である．

第 2 節　二項定理と多項定理

6.5. 二項定理. 有理整関数の積の定義より

$$(x+\alpha_1)(x+\alpha_2) = x^2 + (\alpha_1+\alpha_2)x + \alpha_1\alpha_2,$$

$$\begin{aligned}(x+\alpha_1)(x+\alpha_2)(x+\alpha_3) &= x^3 + (\alpha_1+\alpha_2+\alpha_3)x^2 \\ &\quad + (\alpha_2\alpha_3+\alpha_3\alpha_1+\alpha_1\alpha_2)x + \alpha_1\alpha_2\alpha_3\end{aligned}$$

が得られる．この係数の形より我々は一般に

$$\begin{aligned}(x+\alpha_1)(x+\alpha_2)\cdots(x+\alpha_n) &= x^n + (\alpha_1+\alpha_2+\cdots)x^{n-1} \\ &\quad + (\alpha_1\alpha_2+\alpha_1\alpha_3+\cdots)x^{n-2} + \cdots + (\alpha_1\alpha_2\cdots\alpha_k+\cdots)x^{n-k} \\ &\quad + \cdots + \alpha_1\alpha_2\cdots\alpha_n\end{aligned}$$

の成立を推論することができる．ここに x^{n-k} の係数は，$\alpha_1, \alpha_2, \ldots, \alpha_n$ よりあらゆる仕方で k 個を取り出し，その積の和を表すものである．これは次のように数学的帰納法によって確かめられる．

仮に上の関係式が成立したとし，その両辺に $x+\alpha_{n+1}$ を乗ずれば，x^{n+1-k} の項は $(\alpha_1\alpha_2\cdots\alpha_k+\cdots)x^{n-k}$ に x を乗じたものと，$(\alpha_1\alpha_2\cdots\alpha_{k-1}+\cdots)x^{n-k+1}$ に α_{n+1} を乗じたものとの二つの和である．故に x^{n+1-k} の係数は

$$(\alpha_1\alpha_2\cdots\alpha_k+\cdots) + \alpha_{n+1}(\alpha_1\alpha_2\cdots\alpha_{k-1}+\cdots)$$

となり，$\alpha_1, \alpha_2, \ldots, \alpha_n, \alpha_{n+1}$ よりあらゆる仕方で k 個を取り出してその積を総和したものに等しい．故に $n+1$ の場合にも同一の法則による関係式が成立することになる．$n = 2, 3$ に場合はすでに上に証明されているから，これは一般に成立する．

$\alpha_1, \alpha_2, \ldots, \alpha_n$ を α とすれば，上の関係式は次の形をとる．

$$(x+\alpha)^n = x^n + \binom{n}{1}\alpha x^{n-1} + \binom{n}{2}\alpha^2 x^{n-2} + \cdots + \binom{n}{k}\alpha^k x^{n-k} + \cdots + \binom{n}{n-1}\alpha^{n-1}x + \alpha^n. \tag{1}$$

$\binom{n}{k}$ は互いに異なる n 個のものより，k 個ずつとった組合せの数を表す．$\binom{n}{k}$, $(k = 1, 2, \ldots, n-1)$ を**二項係数**と名づけ，公式 (1) を**二項定理**という．

二項係数が

$$\binom{n}{k} = \frac{n(n-1)(n-2)\cdots(n-k+1)}{1\cdot 2\cdot 3\cdots k} \tag{2}$$

となることは次のように証明される．

(1) に $x+\alpha$ を乗ずれば左辺は $(x+\alpha)^{n+1}$ となり，右辺は

$$x^{n+1} + \left\{1 + \binom{n}{1}\right\}\alpha x^n + \left\{\binom{n}{2} + \binom{n}{1}\right\}\alpha^2 x^{n-1} + \cdots + \left\{\binom{n}{k} + \binom{n}{k-1}\right\}\alpha^k x^{n+1-k} + \cdots + \alpha^{n+1}$$

となる．これを

$$(x+\alpha)^{n+1} = x^{n+1} + \binom{n+1}{1}\alpha x^n + \cdots + \binom{n+1}{k}\alpha^k x^{n+1-k} + \cdots + \alpha^{n+1}$$

と比較すれば

$$\binom{n+1}{k} = \binom{n}{k} + \binom{n}{k-1} \tag{3}$$

が得られる．

今 (2) を仮定すれば

$$\begin{aligned}\binom{n}{k} + \binom{n}{k-1} &= \frac{n(n-1)\cdots(n-k+1)}{1\cdot 2\cdot 3\cdots k} + \frac{n(n-1)\cdots(n-k+2)}{1\cdot 2\cdot 3\cdots(k-1)} \\ &= \frac{n(n-1)\cdots(n-k+2)}{1\cdot 2\cdot 3\cdots k}((n-k+1)+k) \\ &= \frac{(n+1)n(n-1)\cdots(n+1-k+1)}{1\cdot 2\cdot 3\cdots k}\end{aligned}$$

これは (3) により $\binom{n+1}{k}$ に等しいから，(2) を仮定すれば $n+1$ の場合にも成立することが分かる．

$n = 2, 3$ の場合には，$\binom{2}{1} = 2,\quad \binom{3}{1} = 3,\quad \binom{3}{2} = 3$ となり，明らかに (2) が成立するから，数学的帰納法により一般に (2) の成立が結論される．

$1 \cdot 2 \cdot 3 \cdots k$ を $k!$ によって表し，k の**階乗**と名づける (§2.9)．この記法を用いれば

$$\binom{n}{k} = \frac{n(n-1)\cdots(n-k+1)}{1\cdot 2\cdots k}$$
$$= \frac{n(n-1)\cdots(n-k+1)(n-k)\cdots 3\cdot 2\cdot 1}{1\cdot 2\cdot 3\cdots k\cdot(n-k)(n-k-1)\cdots 3\cdot 2\cdot 1} = \frac{n!}{k!(n-k)!} \tag{4}$$

となる．従ってまた

$$\binom{n}{k} = \binom{n}{n-k} \tag{5}$$

が成立する．

例題.　$(x+\alpha)^n = x^n + \binom{n}{1}\alpha x^{n-1} + \binom{n}{2}\alpha^2 x^{n-2} + \cdots + \alpha^n$

において $x = \alpha = 1$ とおけば

$$2^n = 1 + \binom{n}{1} + \binom{n}{2} + \cdots + \binom{n}{n-1} + 1. \tag{6}$$

$x = 1, \alpha = -1$ とおけば

$$0 = 1 - \binom{n}{1} + \binom{n}{2} - \binom{n}{3} + \cdots + (-1)^k\binom{n}{k} + \cdots + (-1)^n \tag{7}$$

が得られる．

次に

$$(x+1)^n = x^n + \binom{n}{1}x^{n-1} + \binom{n}{2}x^{n-2} + \cdots + \binom{n}{k}x^{n-k} + \cdots + \binom{n}{n-1}x + 1,$$

$$(x+1)^n = 1 + \binom{n}{1}x + \binom{n}{2}x^2 + \cdots + \binom{n}{k}x^k + \cdots + \binom{n}{n-1}x^{n-1} + x^n$$

の積 $(x+1)^{2n}$ における x^n の係数は $\binom{2n}{n}$ であるが，上の二式の右辺の積における x^n の係数をとれば

$$1 + \binom{n}{1}^2 + \cdots + \binom{n}{k}^2 + \cdots + \binom{n}{n-1}^2 + 1$$

となる．故に

$$\binom{2n}{n} = 1 + \binom{n}{1}^2 + \binom{n}{2}^2 + \cdots + \binom{n}{k}^2 + \cdots + \binom{n}{n-1}^2 + 1. \tag{8}$$

$(x+1)^n$, $(x-1)^n$ の積における x^n の係数を比較し，n が偶数ならば

$$1 - \binom{n}{1}^2 + \binom{n}{2}^2 - \cdots - \binom{n}{n-1}^2 + 1 = (-1)^{\frac{n}{2}}\binom{n}{\frac{n}{2}} \tag{9}$$

なることが証明される．

6.6. **多項定理**.　二項定理を拡張して次の関係が得られる．これを**多項定理**という．

$$(x_1 + x_2 + \cdots + x_m)^n = \sum \frac{(a_1 + a_2 + \cdots + a_m)!}{a_1! a_2! \cdots a_m!} {x_1}^{a_1} {x_2}^{a_2} \cdots {x_m}^{a_m}.$$

ただし $\sum$ は $a_1 + a_2 + \cdots + a_m = n$ を満たす 0 または正整数 $a_1, a_2, \ldots, a_m$ のあらゆる値についてとった総和を示す.

例えば $m = 3, n = 5$ とすれば, $a_1 + a_2 + a_3 = 5$, $a_1, a_2, a_3 \geqq 0$ に適合するものは

a_1	5	0	0	4	4	1	0	1	0	3	3	2	0	2	0	3	1	1	2	2	1
a_2	0	5	0	1	0	4	4	0	1	2	0	3	3	0	2	1	3	1	2	1	2
a_3	0	0	5	0	1	0	1	4	4	0	2	0	2	3	3	1	1	3	1	2	2

これを証明するには, まず

$$(x_2 + x_3 + \cdots + x_m)^p = \sum \frac{(a_2 + a_3 + \cdots + a_m)!}{a_2! a_3! \cdots a_m!} {x_2}^{a_2} {x_3}^{a_3} \cdots {x_m}^{a_m},$$

$$(a_2 + a_3 + \cdots + a_m = p)$$

を仮定し $(x_1 + x_2 + \cdots + x_m)^n = (x_1 + y)^n$; $(y = x_2 + \cdots + x_m)$ に二項定理を応用すれば

$$\text{上式} = \sum_{a_1=0}^{n} \binom{n}{a_1} {x_1}^{a_1} y^{n-a_1}$$

となる. 故に

$$\text{上式} = \sum_{a_1=0}^{n} \binom{n}{a_1} {x_1}^{a_1} \sum \frac{(a_2 + a_3 + \cdots + a_m)!}{a_2! a_3! \cdots a_m!} {x_2}^{a_2} {x_3}^{a_3} \cdots {x_m}^{a_m},$$

$$(a_2 + a_3 + \cdots + a_m = n - a_1)$$

$$= \sum \frac{n! {x_1}^{a_1}}{a_1!(n - a_1)!} \sum \frac{(n - a_1)!}{a_2! a_3! \cdots a_m!} {x_2}^{a_2} \cdots {x_m}^{a_m}.$$

a_1 については 0 より n まで, $a_2, a_3, \ldots, a_m$ については $a_2 + a_3 + \cdots + a_m = n - a_1$ なるように総和するのであるから, 結局

$$= \sum \frac{(a_1 + a_2 + \cdots + a_m)!}{a_1! a_2! \cdots a_m!} {x_1}^{a_1} {x_2}^{a_2} \cdots {x_m}^{a_m}, \quad (a_1 + a_2 + \cdots + a_m = n)$$

となる. $n = 2$ の場合は二項定理そのものであって, すでに証明されているから数学的帰納法によって一般に多項定理の成立することが確かめられる.

6.7.　導関数と連続関数.　二項定理によって有理整関数の導関数[*1]を論じよう.

§6.7,*1　〔**編者注**：原著では, 誘導函数と呼んでいるが,「導関数」が定着した述語であるので, こちらを採用する.〕

すでに微積分学の初歩を学んだ読者には，この項は贅物であろうが，念のため一応述べておく．

ある区間内の x の一つの値に対し，y の値が対応する場合に y を x の**関数**と名づける．有理整関数，有理関数はその特別のものである．関数 $\varphi(x)$ に対し

$$\lim_{h\to 0}\frac{\varphi(a+h)-\varphi(a)}{h}$$

が存在すれば，これを $\varphi'(a)$ にて表し，$x=a$ における $\varphi(x)$ の**微分係数**という．一つの区間内のあらゆる x に対し $\varphi'(x)$ が存在すれば，$\varphi'(x)$ はまた x の関数である．これを $\varphi(x)$ の**導関数**と名づける．

$\varphi'(x)$ の導関数を $\varphi''(x)$ にて表し，これを $\varphi(x)$ の二次導関数と名づけ，これに対し $\varphi'(x)$ を $\varphi(x)$ の一次導関数という．このようにして一般に n 次導関数 $\varphi^{(n)}(x)$ が定義される[*2]．

n 次の有理整関数 $f(x)=a_0x^n+a_1x^{n-1}+\cdots+a_{n-1}x+a_n$ に対しては，§6.2 に示した通り

$$\frac{f(x)-f(\alpha)}{x-\alpha}=f_0(\alpha)x^{n-1}+f_1(\alpha)x^{n-2}+\cdots+f_{n-1}(\alpha),$$

$$f_k(x)=a_0x^k+a_1x^{k-1}+\cdots+a_k$$

が成立する．故に x, α の代わりに $x+h, x$ をおけば

$$\frac{f(x+h)-f(x)}{h}=f_0(x)(x+h)^{n-1}+f_1(x)(x+h)^{n-2}+\cdots+f_{n-1}(x),$$

従って

$$\begin{aligned}\lim_{h\to 0}\frac{f(x+h)-f(x)}{h}&=f_0(x)x^{n-1}+f_1(x)x^{n-2}+\cdots+f_{n-1}(x)\\&=a_0x^{n-1}+(a_0x+a_1)x^{n-2}+(a_0x^2+a_1x+a_2)x^{n-3}\\&\qquad+\cdots+(a_0x^{n-1}+a_1x^{n-2}+\cdots+a_{n-1}),\end{aligned}$$

すなわち

$$f'(x)=na_0x^{n-1}+(n-1)a_1x^{n-2}+(n-2)a_2x^{n-3}+\cdots+a_{n-1}$$

となる．これはまた $f(x+h)=a_0(x+h)^n+a_1(x+h)^{n-1}+\cdots+a_{n-1}(x+h)+a_n$ の右辺の展開において，h を含まないものは $f(x)$ に等しく，h の係数は

[*2] 〔**編者注**：現在では，一階導関数，二階導関数，n 階導関数と呼ぶことの方が多い．〕

$$na_0x^{n-1}+(n-1)a_1x^{n-2}+\cdots+a_{n-1}$$

に等しいことからも分かる．

$f(x)$ から $f'(x)$ が導かれると同様に，$f'(x)$ から順次

$$f''(x)=n(n-1)a_0x^{n-2}+(n-1)(n-2)a_1x^{n-3}+\cdots+2\cdot 1\,a_{n-2},$$

$$f'''(x)=n(n-1)(n-2)a_0x^{n-3}+(n-1)(n-2)(n-3)a_1x^{n-4}+\cdots+3\cdot 2\cdot 1\,a_{n-3},$$

$$\cdots\cdots\cdots\cdots\cdots\cdots$$

$$f^{(n)}(x)=n(n-1)(n-2)\cdots 2\cdot 1\,a_0$$

が得られる．$f(x+h)$ の展開において，h^k の係数を見れば

$$\begin{aligned}&a_0\binom{n}{k}x^{n-k}+a_1\binom{n-1}{k}x^{n-k-1}+\cdots+a_{n-k}\\&=\frac{1}{k!}\big(n(n-1)\cdots(n-k+1)a_0x^{n-k}+(n-1)(n-2)\cdots(n-k)a_1x^{n-k-1}\\&\qquad+\cdots+k(k-1)\cdots 2\cdot 1\,a_{n-k}\big)\\&=\frac{1}{k!}f^{(k)}(x),\end{aligned}$$

故に

$$f(x+h)=f(x)+hf'(x)+\frac{h^2}{2!}f''(x)+\cdots+\frac{h^n}{n!}f^{(n)}(x)$$

となる．変数 x と h とを入換えて

$$f(x+h)=f(h)+xf'(h)+\frac{x^2}{2!}f''(h)+\cdots+\frac{x^n}{n!}f^{(n)}(h).$$

これを $f(x+h)$ の**テイラー展開式**という．

x を一定にしておけば，$f'(x), f''(x)/2!, f'''(x)/3!, \ldots, f^{(n)}(x)/n!$ の絶対値は有限である．その最大のものを M とし，$|h|$ を 1 より小さくとれば

$$|f(x+h)-f(x)|\leqq M(|h|+|h|^2+\cdots+|h|^n)<\frac{M|h|}{1-|h|}.$$

故に $\varepsilon>0$ をいかに小さくとっても

$$|f(x+h)-f(x)|<\varepsilon$$

となるようにするには，$\dfrac{M|h|}{1-|h|}<\varepsilon$, すなわち $|h|<\dfrac{\varepsilon}{M+\varepsilon}$ とすればよろしい．すなわち $|h|$ を充分小さくすれば，$|f(x+h)-f(x)|$ をいかほどにも小さくすることが

できる．我々はこのことを $f(x)$ が x において**連続**であるという．ある区間のすべての x において連続ならば，この区間において**連続関数**であるという．この言葉を用いれば，有理整関数は到る所連続な関数である．

もし $f(x)$ の係数がすべて実数となる場合には

$$f(x+h)-f(x)=hf'(x)+\varphi(x)$$

とおけば，

$$|\varphi(x)| \leqq M(|h|^2+|h|^3+\cdots+|h|^n) < \frac{M|h|^2}{1-|h|}$$

である．故に $|h|$ が充分小ならば，$\varphi(x)$ は $hf'(x)$ に比較して非常に小である．従って左辺の $f(x+h)-f(x)$ は $|h|$ が充分小なる範囲においては $hf'(x)$ と同じ符号をとる．故に $f'(x_0)>0$ ならば $h \gtrless 0$ に対し $f(x_0+h) \gtrless f(x_0)$ となり，$f'(x_0)<0$ ならば，$h \gtrless 0$ に対し $f(x_0+h) \lessgtr f(x_0)$ となる．すなわち $f'(x_0)>0$ ならば $f(x)$ は $x=x_0$ の近傍において x と共に増加するが，$f'(x_0)<0$ ならば，x が増加すれば $f(x)$ は減少する．

二つの有理整関数 $f(x), g(x)$ の積を $H(x)=f(x)g(x)$ とすれば，$f(x+h), g(x+h)$ における h の係数はそれぞれ $f'(x), g'(x)$ であるから，$H(x+h)$ における h の係数は $f'(x)g(x)+f(x)g'(x)$ である．故に $H(x)$ の導関数は $H'(x)=f'(x)g(x)+f(x)g'(x)$ である．これは

$$\frac{H'(x)}{H(x)}=\frac{f'(x)}{f(x)}+\frac{g'(x)}{g(x)}$$

と書換えることができる．

これにより

$$f(x)=a_0(x-\alpha_1)(x-\alpha_2)\cdots(x-\alpha_n)$$

ならば

$$\frac{f'(x)}{f(x)}=\frac{1}{x-\alpha_1}+\frac{1}{x-\alpha_2}+\cdots+\frac{1}{x-\alpha_n}.$$

次にまた $(\alpha_1,\alpha_2,\ldots,\alpha_n)$ のうち同一のものが存在すると考え

$$f(x)=a_0(x-\alpha_1)^{a_1}(x-\alpha_2)^{a_2}\cdots(x-\alpha_m)^{a_m}$$

とすれば

$$\frac{f'(x)}{f(x)}=\frac{a_1}{x-\alpha_1}+\frac{a_2}{x-\alpha_2}+\cdots+\frac{a_m}{x-\alpha_m}$$

となる．

連続の概念は多くの変数の関数に拡張される．

最後に我々は連続関数に関する次の重要な定理を述べるにとどめ，証明は微積分学の書に譲る．

定理． $f(x)$ **が区間** $a \leqq x \leqq b$ **において連続ならば，この区間内に** $f(x)$ **が最大値および最小値をとる点がある．** $f(x,y)$ **が** $|x| \leqq a$, $|y| \leqq b$ **なるすべての** (x,y) **に対して連続ならば，この領域** $(|x| \leqq a,\ |y| \leqq b)$ **内に** $f(x,y)$ **が最大および最小となる点が必ず存在する．**

第3節　ユークリッド互除法

6.8. ユークリッド互除法[*1]．　二つの有理整関数の共通の約関数を**公約関数**といい，最高の次数の公約関数を**最大公約関数**と名づける．

二つの整数の最大公約数はユークリッド互除法により定められる (§2.10)．その根拠は基本定理 (§1.23) にあった．これと全く平行に，$f(x)$, $g(x)$ に対し常に

$$f(x) = g(x)q(x) + r(x)$$

に適合する $q(x)$, $r(x)$ の存在（ただし $r(x)$ の次数は $g(x)$ の次数より低いとする）(§6.2) より，ユークリッド互除法と同様の法式[*2]が得られる．我々はこれにもユークリッド互除法の名を冠しよう．

$f(x)$, $g(x)$ より出発して，順次商と剰余とを次のように定める．

$$\begin{aligned} f(x) &= g(x)q(x) + r(x), \\ g(x) &= r(x)q_1(x) + r_1(x), \\ r(x) &= r_1(x)q_2(x) + r_2(x), \\ &\cdots\cdots\cdots\cdots\cdots\cdots \end{aligned}$$

---

§6.8,*1 〔**編者注**：原著では，「ユークリッド法式」と呼んでいるが，現在広く使われている用語を採用する．〕

*2 〔**編者注**：algorithm．算法ともいう．〕

$$r_{k-2}(x) = r_{k-1}(x)q_k(x) + r_k(x),$$

$$r_{k-1}(x) = r_k(x)q_{k+1}(x) + r_{k+1}(x).$$

ここに $g(x)$, $r(x)$, $r_1(x)$, ... の次数は順次低下するから，このような除法を有限回続けると，いつかは剰余の次数が 0 になる．仮に $r_{k+1}(x)$ の次数が 0 となったとすれば，これは一つの常数を表す．これを c とすれば，$c=0$ の場合と，$c \neq 0$ の場合とがある．

もし $c=0$ ならば, 明らかに $r_k(x)$ は $r_{k-1}(x)$ の約関数である．従ってまた $r_{k-2}(x)$ の約関数になる．このようにして順次上の方に遡れば，遂には $r_k(x)$ が $f(x)$, $g(x)$ の公約関数なることが分かる．

逆に $f(x)$, $g(x)$ の約関数は $r(x)$, $r_1(x)$, $r_2(x)$, ... の約関数である．従って $r_k(x)$ の約関数とならねばならない．

故に $r_k(x)$ は $f(x)$, $g(x)$ の最大公約関数である．

ただしここに注意すべきは，二つの整数の最大公約数は唯一つに限られたが，二つの有理整関数の最大公約関数は必ずしも一つに限らないことである．何となれば，$g(x)$ が $f(x)$ の一つの約関数ならば，$kg(x)$ (k は 0 でない常数) もまた一つの約関数であるからである．この常数の因子を除いては，最大公約関数は唯一つより存在し得ない．

$c \neq 0$ ならば，$f(x)$, $g(x)$ には公約関数がない．すなわち $f(x)$, $g(x)$ は互いに素である．何となれば，§2.10 と同様に

$$\begin{aligned} c &= r_{k-1}(x) - q_{k+1}(x)r_k(x) \\ &= r_{k-1}(x)\left(1 + q_{k+1}(x)q_k(x)\right) - q_{k+1}(x)r_{k-2}(x) \\ &= \cdots\cdots\cdots\cdots\cdots\cdots\cdots\cdots\cdots\cdots\cdots\cdots \end{aligned}$$

として順次進み行けば，遂には

$$c = A(x)f(x) + B(x)g(x)$$

の形に到達する．ここに $A(x)$, $B(x)$ は有理整関数である．$c \neq 0$ であるから，$A(x)$, $B(x)$ を c で除したものを $G(x)$, $F(x)$ とすれば

$$f(x)G(x) + g(x)F(x) = 1$$

となる．故に $f(x)$, $g(x)$ に公約関数があれば，それは右辺の 1 の約関数でなければ

ならない．故に $f(x)$, $g(x)$ は互いに素である．

よって次の定理が得られる．

定理 1. $f(x)$, $g(x)$ **が互いに素ならば**

$$f(x)G(x) + g(x)F(x) = 1 \tag{1}$$

に適合する有理整関数 $F(x)$, $G(x)$ **が存在する．**

$F(x)$, $G(x)$, $r(x)$, $r_1(x)$, $\ldots$, $r_k(x)$, $r_{k+1}(x)$ は，$f(x)$, $g(x)$ から加法，減法，乗法の三演算によって得られたものである．故に次の定理が得られる．

定理 2. $f(x)$, $g(x)$ **が数体** K **に属すれば，**$F(x)$, $G(x)$, $r(x)$, $r_1(x)$, $\ldots$, $r_k(x)$, $r_{k+1}(x)$ **もまた** K **に属する．**

$f(x)$, $g(x)$ の最大公約関数を $D(x)$ とすれば，$f(x)$, $g(x)$ は $D(x)$ にて整除される．その商を各々 $f_1(x)$, $g_1(x)$ とすれば，これは互いに素であるから，$f_1(x)G(x) + g_1(x)F(x) = 1$ を満足する $F(x)$, $G(x)$ が定まる．$f(x) = f_1(x)D(x)$, $g(x) = g_1(x)D(x)$ であるから

$$f(x)G(x) + g(x)F(x) = D(x)$$

が成立する．これを定理として述べておく．

定理 3. $f(x)$, $g(x)$ **の最大公約関数を** $D(x)$ **とすれば**

$$f(x)G(x) + g(x)F(x) = D(x) \tag{2}$$

に適合する有理整関数 $F(x)$, $G(x)$ **が存在する．**$f(x)$, $g(x)$ **が数体** K **に属すれば，**$D(x)$, $F(x)$, $G(x)$ **もまた** K **に属する．**

$f(x)$, $g(x)$ が互いに素なる場合に

$$f(x)G(x) + g(x)F(x) = 1$$

に適合する $F(x)$, $G(x)$ は一通りではない．例えば

$$F_1(x) = F(x) + f(x)\varphi(x), \quad G_1(x) = G(x) - g(x)\varphi(x)$$

はまた

$$f(x)G_1(x) + g(x)F_1(x) = 1$$

を満足する．故に $F(x)$, $G(x)$ をそれぞれ $f(x)$, $g(x)$ で除した場合，その商と剰余とをそれぞれ $q_1(x)$, $F_0(x)$; $q_2(x)$, $G_0(x)$ とすれば

$$F(x) = f(x)q_1(x) + F_0(x), \qquad G(x) = g(x)q_2(x) + G_0(x)$$

となり，従って (1) は

$$(fG_0 + gF_0) + fg\,(q_1(x) + q_2(x)) = 1$$

となる．然るに $1 - fG_0 - gF_0$ の次数は f, g の次数の和より低いが，$fg(q_1 + q_2)$ の次数は，$q_1 + q_2$ が 0 でなければ f, g の次数の和に等しいか，それより高い．次数の異なる有理整関数は相等しくはなり得ないから

$$q_1(x) + q_2(x) = 0,$$

従って

$$fG_0 + gF_0 = 1$$

でなければならない．故に定理 1 は少し精密にして次のように述べられる．

定理 1a. $f(x)$, $g(x)$ **が互いに素ならば**

$$f(x)G_0(x) + g(x)F_0(x) = 1$$

に適合する $F_0(x)$, $G_0(x)$ **が存在する．ただし** $F_0(x)$, $G_0(x)$ **の次数はそれぞれ** $f(x)$, $g(x)$ **の次数より低くすることができる．**

次にこれらの定理の応用を考えて見よう．

6.9. 有理関数の分解.

一つの分数の分母が合成数なる場合，それに含まれた素数またはその乗幂を分母とする分数の和に分解できる（第 4 章 演習問題 1）．これと平行に有理関数 $g(x)/f(x)$ の分母が

$$f(x) = (x - \alpha_1)^{m_1}(x - \alpha_2)^{m_2} \cdots (x - \alpha_n)^{m_n}$$

の形に表される場合，これを $(x - \alpha_k)^{m_k}$ の各々を分母とする有理関数の和に分解することができる．

これの基礎となるべきものは，§6.8 の定理 1 である．

今 $f(x)$ を互いに素なる二つの因子 $f_1(x)$, $f_2(x)$ の積とすれば

$$f_1(x)g_2(x) + f_2(x)g_1(x) = 1$$

に適合する有理整関数 $g_1(x), g_2(x)$ が存在する．故に

$$\frac{1}{f(x)} = \frac{g_1(x)}{f_1(x)} + \frac{g_2(x)}{f_2(x)},$$

従って

$$\frac{g(x)}{f(x)} = \frac{g(x)g_1(x)}{f_1(x)} + \frac{g(x)g_2(x)}{f_2(x)}$$

となる．

$g(x)g_1(x)$ を $f_1(x)$ で除した商を $\psi_1(x)$, 剰余を $\varphi_1(x)$ とし，$g(x)g_2(x)$ を $f_2(x)$ で除した商，剰余をそれぞれ $\psi_2(x), \varphi_2(x)$ とすれば

$$\frac{g(x)}{f(x)} = \{\psi_1(x) + \psi_2(x)\} + \frac{\varphi_1(x)}{f_1(x)} + \frac{\varphi_2(x)}{f_2(x)}$$

となり，$\varphi_1(x), \varphi_2(x)$ の次数はそれぞれ $f_1(x), f_2(x)$ の次数より低くなる．もし $g(x)$ の次数が $f(x)$ の次数より低い場合には，$\psi_1(x) + \psi_2(x)$ は消失する．何となれば，$f(x)$ を両辺に乗ずれば

$$g(x) = f(x)(\psi_1 + \psi_2) + \varphi_1 f_2 + \varphi_2 f_1$$

となり，$g(x)$ および $\varphi_1 f_2 + \varphi_2 f_1$ の次数は f の次数より低い．$\psi_1 + \psi_2$ が 0 にならなければ，$g - \varphi_1 f_2 - \varphi_2 f_1$ の次数は $f(x)(\psi_1 + \psi_2)$ の次数と等しくなり得ない．

すなわち $g(x)$ の次数が $f(x)$ の次数より低ければ

$$\frac{g(x)}{f(x)} = \frac{\varphi_1(x)}{f_1(x)} + \frac{\varphi_2(x)}{f_2(x)}$$

となる．φ_1, φ_2 の次数はそれぞれ f_1, f_2 の次数より低い．

このことをまず

$$f_1(x) = (x - \alpha_1)^{m_1},\ f_2(x) = (x - \alpha_2)^{m_2} \cdots (x - \alpha_n)^{m_n}$$

に施して

$$\frac{g(x)}{f(x)} = \frac{A_1(x)}{(x - \alpha_1)^{m_1}} + \frac{\varphi_2(x)}{f_2(x)}$$

とし，$f_2(x)$ をさらに $(x - \alpha_2)^{m_2}$ と $(x - \alpha_3)^{m_3} \cdots (x - \alpha_n)^{m_n}$ とに分けて順次進み行けば，遂には

$$\frac{g(x)}{f(x)} = \frac{A_1(x)}{(x - \alpha_1)^{m_1}} + \frac{A_2(x)}{(x - \alpha_2)^{m_2}} + \cdots + \frac{A_n(x)}{(x - \alpha_n)^{m_n}}$$

の形に達する．ただし $A_k(x)$ の次数は分母の次数 m_k より低い．

次に $A_1(x)$ は

$$a_0 + a_1(x-\alpha_1) + a_2(x-\alpha_1)^2 + \cdots + a_{m_1-1}(x-\alpha_1)^{m_1-1}$$

の形に表される(§6.7)．故に

$$\frac{A_1(x)}{(x-\alpha_1)^{m_1}} = \frac{a_0}{(x-\alpha_1)^{m_1}} + \frac{a_1}{(x-\alpha_1)^{m_1-1}} + \cdots + \frac{a_{m_1-1}}{x-\alpha_1}.$$

従って $g(x)/f(x)$ はこのような有理関数の和として表される．このように表すことを**部分分数式**に分解するという．

6.10. ラグランジュの補間公式.

特に $m_1, m_2, \ldots$ が各々 1 となる場合には

$$f(x) = (x-\alpha_1)(x-\alpha_2)\cdots(x-\alpha_n)$$

となり，$\alpha_1, \alpha_2, \ldots, \alpha_n$ は互いに異なるものとして

$$\frac{g(x)}{f(x)} = \frac{A_1}{x-\alpha_1} + \frac{A_2}{x-\alpha_2} + \cdots + \frac{A_n}{x-\alpha_n}$$

なる関係が得られる．

$A_1, A_2, \ldots$ は分母より次数が低いから常数である．これを決定するため，両辺に $f(x)$ をかけると，$h \neq k$ ならば $\dfrac{f(x)}{x-\alpha_h}$ は因子 $x-\alpha_k$ を含むから，$x=\alpha_k$ とおけば 0 となる．ここで $\dfrac{f(x)}{x-\alpha_k}$ だけにおいて x を α_k に近づけると

$$\lim_{x\to\alpha_k}\frac{f(x)}{x-\alpha_k} = \lim_{x\to\alpha_k}\frac{f(x)-f(\alpha_k)}{x-\alpha_k} = \lim_{h\to 0}\frac{f(\alpha_k+h)-f(\alpha_k)}{h} = f'(\alpha_k)$$

である(§6.7)．故に

$$g(\alpha_k) = A_k f'(\alpha_k), \quad A_k = \frac{g(\alpha_k)}{f'(\alpha_k)}$$

となる．

すなわち次の定理が得られる．

定理. **$g(x)$ の次数が $f(x)=(x-\alpha_1)(x-\alpha_2)\cdots(x-\alpha_n)$ の次数 n より低い場合には**

$$\frac{g(x)}{f(x)} = \sum_{k=1}^{n}\frac{A_k}{x-\alpha_k}, \qquad A_k = \frac{g(\alpha_k)}{f'(\alpha_k)} \tag{3}$$

となる．

これに $f(x)$ を乗ずれば

$$g(x) = \sum_{k=1}^{n}\frac{G_k}{f'(\alpha_k)}\frac{f(x)}{x-\alpha_k} \qquad (G_k = g(\alpha_k)) \tag{4}$$

となる．これは $\alpha_1, \alpha_2, \ldots, \alpha_n$ においてそれぞれ与えられた値 $G_1, G_2, \ldots, G_n$ をとり，次数が $n-1$ を超えない有理整関数である．(4) を**ラグランジュの補間公式**という[*1]．

補間公式の名は次の事実に基づく．

未知の関数があって，$x = \alpha_1, \alpha_2, \ldots, \alpha_n$ に対する値 $G_1, G_2, \ldots, G_n$ のみが観測あるいは実験から知られた場合に，$\alpha_1, \alpha_2, \ldots, \alpha_n$ 以外の x に対する値の近似値を定めるため，未知関数に代えて上の $g(x)$ を採用するのが一つの方法である．$\alpha_1, \alpha_2, \ldots, \alpha_n$ の間の値を補う意味から，補間公式の名が出たのである．

6.11.　オイラーの恒等式． (4) は n より低い次数の任意の有理整関数に対して成立するから，$g(x) = x^{n-1} + c_1 x^{n-2} + \cdots + c_{n-1}$ とおいて，両辺における x^{n-1} の係数を比較すれば，左辺では 1 となり，右辺では

$$\sum \frac{g(\alpha_k)}{f'(\alpha_k)} = \sum \frac{{\alpha_k}^{n-1}}{f'(\alpha_k)} + c_1 \sum \frac{{\alpha_k}^{n-2}}{f'(\alpha_k)} + \cdots + c_{n-1} \sum \frac{1}{f'(\alpha_k)}$$

となる．これは $c_1, c_2, \ldots, c_{n-1}$ の如何にかかわらず成立するから

$$\left.\begin{aligned} 1 &= \sum \frac{{\alpha_k}^{n-1}}{f'(\alpha_k)}, \\ 0 &= \sum \frac{{\alpha_k}^{h}}{f'(\alpha_k)}, \quad (h = 0, 1, 2, \ldots, n-2) \end{aligned}\right. \tag{5}$$

なる恒等式が得られる．これを**オイラーの恒等式**[*1]という．

例えば $f(x) = (x-a)(x-b)(x-c)$ とおけば

$$\begin{aligned} 1 &= \frac{a^2}{(a-b)(a-c)} + \frac{b^2}{(b-c)(b-a)} + \frac{c^2}{(c-a)(c-b)}, \\ 0 &= \frac{a}{(a-b)(a-c)} + \frac{b}{(b-c)(b-a)} + \frac{c}{(c-a)(c-b)}, \\ 0 &= \frac{1}{(a-b)(a-c)} + \frac{1}{(b-c)(b-a)} + \frac{1}{(c-a)(c-b)} \end{aligned}$$

となる(§5.12, 例題 3 参照)．

---

§6.10,*1　Lagrange, Leçons à l'École normale, 1795, Oeuvres 7, p.283; Lagrange 以前 Waring が Phil. Trans. 69, 1779 に与えていることは Braunmühl (Bibliotheca Math. 2, 1901) が示した．

§6.11,*1　Euler, Opera omnia (1) 6, p.486.

6.12. 有理関数の展開. 有理数 a/b は常に小数

$$\frac{a}{b} = b_0 + \frac{b_1}{10} + \frac{b_2}{10^2} + \cdots + \frac{b_n}{10^n} + \cdots$$

に展開することができること，および小数が有理数を表すための必要にして充分なる条件はすでに §3.3, §4.1 に論ぜられた．これと平行に有理関数 $g(x)/f(x)$ は常に

$$q(x) + \frac{c_0}{x} + \frac{c_1}{x^2} + \frac{c_2}{x^3} + \cdots + \frac{c_{n-1}}{x^n} + \cdots$$

の形に展開できることを示そう．

$g(x)$ を $f(x)$ より次数の低い有理整関数とする．$xg(x)$ を $f(x)$ で除すれば，その商は常数 c_0 となり，剰余 $r(x)$ の次数は $f(x)$ より低くなる．$xg(x)$ の次数が $f(x)$ の次数より低い場合には $c_0 = 0$ である．次に $xr(x)$ を $f(x)$ で除し，その商を c_1，剰余を $r_1(x)$ とする．これを繰返せば

$$xg(x) = c_0 f(x) + r(x),$$

$$xr(x) = c_1 f(x) + r_1(x),$$

$$xr_1(x) = c_2 f(x) + r_2(x),$$

$$\cdots\cdots\cdots\cdots\cdots\cdots\cdots\cdots$$

従って

$$\frac{g(x)}{f(x)} = \frac{c_0}{x} + \frac{r(x)}{xf(x)},$$
$$\frac{r(x)}{f(x)} = \frac{c_1}{x} + \frac{r_1(x)}{xf(x)},$$

$$\cdots\cdots\cdots\cdots\cdots\cdots\cdots\cdots$$

$$\frac{g(x)}{f(x)} = \frac{c_0}{x} + \frac{c_1}{x^2} + \cdots + \frac{c_{n-1}}{x^n} + \frac{r_{n-1}(x)}{x^n f(x)}$$

となる．$r_k(x)$ が 0 とならなければ，どこまでも続いて

$$\frac{g(x)}{f(x)} = \frac{c_0}{x} + \frac{c_1}{x^2} + \cdots + \frac{c_{n-1}}{x^n} + \cdots \tag{6}$$

なる展開が得られる．$g(x)$ の次数が $f(x)$ の次数に等しいか，または高い場合には，$g(x)$ を $f(x)$ で除したときの商 $q(x)$ を加えればよろしい．

我々は次に展開係数 $c_0, c_1, c_2, \ldots$ が満足するための必要にして充分なる条件を論じよう．

今

$$f(x) = a_0x^n + a_1x^{n-1} + \cdots + a_{n-1}x + a_n, \quad (a_0 \neq 0)$$

とおいて，(6) の両辺に $f(x)$ をかけて $1/x^{k+1}$ の係数を比較する．左辺は有理整関数 $g(x)$ となるから，$1/x^{k+1}$ の項は存在しない．従って

$$0 = a_nc_k + a_{n-1}c_{k+1} + \cdots + a_0c_{k+n}, \quad (k = 0, 1, 2, \ldots) \tag{7}$$

となる．$c_0, c_1, \ldots, c_{n-1}$ が分かれば (7) より順次に $c_n, c_{n+1}, \ldots$ が定められる．数列 $\{c_k\}$ の相続く $n+1$ 個は同一の関係式 (7) を満足する．故に (7) を n 次の**再帰公式**と名づける．

このように分母が n 次の有理整関数ならば，(6) の係数 (c_k) は n 次の再帰公式を満たす．

逆に

$$\varphi(x) = \frac{c_0}{x} + \frac{c_1}{x^2} + \cdots + \frac{c_{n-1}}{x^n} + \cdots$$

の係数 (c_k) が n 次の再帰公式 (7) を満足すれば，$\varphi(x)f(x)$ における $1/x^{k+1}$ の係数はすべて (7) により 0 となる．

故に $\varphi(x)f(x)$ は一つの有理整関数を表す．これを $g(x)$ とすれば $\varphi(x) = g(x)/f(x)$ となる．すなわち $\varphi(x)$ は n 次の有理整関数 $f(x)$ を分母とする有理関数を表す．よって次の定理が得られる．

定理.

$$\frac{c_0}{x} + \frac{c_1}{x^2} + \cdots + \frac{c_{n-1}}{x^n} + \cdots$$

が有理関数の展開を表すために必要にして充分なる条件は，(c_k) が再帰公式を満足することである．

分母 $f(x)$ が $(x-\alpha_1)(x-\alpha_2)\cdots(x-\alpha_n)$ に等しい場合には ($\alpha_1, \alpha_2, \ldots, \alpha_n$ は互いに異なるものとする)，ラグランジュの補間公式 (§6.10) により

$$\frac{g(x)}{f(x)} = \sum_{k=1}^{n} \frac{g(\alpha_k)}{f'(\alpha_k)} \frac{1}{x-\alpha_k}.$$

然るに $\dfrac{1}{x-\alpha}$ を展開すると，$\dfrac{1}{x-\alpha} - \dfrac{1}{x} = \dfrac{\alpha}{x(x-\alpha)} = \dfrac{\alpha}{x}\dfrac{1}{x-\alpha}$ であるから

$$\frac{1}{x-\alpha} = \frac{1}{x} + \frac{\alpha}{x^2} + \frac{\alpha^2}{x^3} + \cdots + \frac{\alpha^{m-1}}{x^m} + \cdots.$$

よって

$$\frac{g(x)}{f(x)} = \sum_{k=1}^{n} \frac{g(\alpha_k)}{f'(\alpha_k)} \left(\frac{1}{x} + \frac{\alpha_k}{x^2} + \cdots \right),$$

$$c_m = \sum_{k=1}^{n} \frac{g(\alpha_k)}{f'(\alpha_k)} {\alpha_k}^m. \tag{8}$$

が得られる.

(c_k) の間に再帰公式 (7) が成立するという条件を，さらに (c_k) のみの関係式でいい換えることができる．§7.36–7.38 にこの研究を続けることにする.

第4節　代数方程式の根の存在

6.13. 代数学の基本定理. 整数は素数の積に分解できたが，有理整関数に関して素数に対応するものは何であろうか．我々は次にこの問題を解こう.

$f(x)$ を一つの有理整関数とするとき，これが 0 となるような変数 x の値が存在するであろうか．もしこのような値 $x = \alpha$ が存在すれば，α を**代数方程式** $f(x) = 0$ **の根**といい，あるいは $x = \alpha$ は代数方程式 $f(x) = 0$ を満足するという．$f(x)$ の次数が n ならば，$f(x) = 0$ を n **次の代数方程式**と名づける．$f(x)$ の係数を代数方程式 $f(x) = 0$ の係数という.

我々は次の定理を**代数学の基本定理**と呼んでいる.

定理.　代数方程式は少なくとも一つの根をもつ.

根の存在定理を証明しようと企てたのは，ダランベール (1746) であるが，厳密に証明したのはガウスである．彼は第一証明を 1799 年の博士論文で公にし，ついで第二および第三証明を Göttingen Commentiones recentiores 3, 1816 に載せ，第一証明を改良した第四証明を博士号取得五十年祝典に際し，Göttingen 学術協会の紀要 (Abhandlungen) IV, 1850 で公にした[*1].

この第一，第四証明は幾何学的であって，$f(x + iy) = u(x, y) + iv(x, y)$ としたとき，$u(x, y) = 0$, $v(x, y) = 0$ なる二曲線が n 個の点で交わることを証明するにある．そのある個所はやや厳密を欠いていることはガウス自身も認めている．オストロフス

§6.13,∗1　Gauss, Werke III, または Ostwald's Klassiker No.14, 1890 参照.

キはこれを現今の見地から厳密に Materialien für eine wissenschaftliche Biographie von Gauss, Heft 8, 1920 の附録で証明した*2.

第二の証明は終結式（第 7 章）の考えから，代数学的に論じるものであって，オイラーの考えを改良したものである．これを完全にしたのはゴルダンである*3.

第三証明は積分学によるものである．ガウスは第一証明において，それ以前のダランベール，オイラー，ラグランジュ等の証明の欠点を一々指摘している．

ガウス以後の証明はその数非常に多く，Enzyklopädie der math. Wissenschaften, 仏国版 I_5 に詳しい*4.

6.14. 代数学の基本定理の証明.

次に述べるものは大体コーシーの証明である*1.

今与えられた n 次の有理整関数

$$f(x) = a_0x^n + a_1x^{n-1} + \cdots + a_{n-1}x + a_n \ (a_0 \neq 0)$$

の係数は実数または複素数とする．$|a_1|, |a_2|, \ldots, |a_n|$ の最大なるものを M とし，$|x| = \rho$ とおけば

$$\begin{aligned} |f(x)| &\geqq |a_0|\rho^n - (|a_1|\rho^{n-1} + |a_2|\rho^{n-2} + \cdots + |a_n|) \\ &\geqq |a_0|\rho^n - M(\rho^{n-1} + \rho^{n-2} + \cdots + \rho + 1) \end{aligned}$$

---

*2　Gauss, Werke X_2 または Göttinger Nachrichten, 1920 参照.

*3　Gordan, Math. Ann. 10, 1879 = Vorlesungen über Invariantentheorie I, 1885, p.166. Weber, Kleines Lehrbuch der Algebra, p.109 参照.

*4　Lipschitz は Lehrbuch der Analysis, 1877, §61 において，根の存在を証明すると同時に，漸次に根の値に達する経路を示す証明を与えた．Weber, Algebra I, §42 はこれを Dedekind, Frobenius が簡単にした形である．

Gauss の第一証明と同じ見地に立って，Charakteristikentheorie で証明したのは Kronecker, Berliner Monatsberichte, 1878 (Werke 2, p.73) である．Weber, Algebra I, §105 を見られたい．

逐次近似法で根の存在を証明する方法は，Weierstrass, Berliner Berichte, 1891 (Werke 3, pp.251–269); Méray, Bull. des sci. mat. (2) 15, 1891; Mertens, Monatshefte f. Math. u. Phys. 3, 1892; 高木，東京数学物理学会報告 1, 1901–3 が与えた.

§6.14,*1　Cauchy が 1821, l'École polyt. で講義した Analyse algébrique (Oeuvres (2) 3, p.274) に与えたものであるが，Argand は複素数の幾何学的表示の論文 (1802) 中に同一の考えを示している．

$$= |a_0|\rho^n - M \cdot \frac{\rho^n - 1}{\rho - 1}.$$

$\rho > 1$ とすれば

$$|f(x)| > |a_0|\rho^n - \frac{M\rho^n}{\rho - 1} = |a_0|\rho^n \left(1 - \frac{M}{|a_0|}\frac{1}{\rho - 1}\right).$$

故に $\rho > 1 + M/|a_0|$ ならば $|f(x)| > 0$, $\rho > 1 + 2M/|a_0|$ ならば $|f(x)| > |a_0|\rho^n/2$ となる.

前者から，$f(x) = 0$ の根は必ず絶対値が $\leqq 1 + M/|a_0|$ とならなければならないことになる.

後者からは，$|x|$ を大にすれば，$|f(x)|$ はどれほどでも大きくなることになる．すなわち $|x| \to \infty$ ならば $|f(x)| \to \infty$ である.

$x = \xi + i\eta$, $f(x) = u(\xi, \eta) + iv(\xi, \eta)$ とすれば，$f(x)$ の実数部および虚数部 $u(\xi, \eta)$, $v(\xi, \eta)$ は二つの実変数 ξ, η の有理整関数となるから，$|f(x)|^2 = u^2(\xi, \eta) + v^2(\xi, \eta)$ は ξ, η の連続関数である．故に §6.7 の定理によって，$|\xi| \leqq \rho$, $|\eta| \leqq \rho$ なる正方形のある一点において，$|f(x)|^2$ は最小値をとらなければならない．この点を $x_0 = \xi_0 + i\eta_0$ とする.

ρ を $\rho > 1 + 2M/|a_0|$ および $\rho^n > 2\left|\dfrac{a_n}{a_0}\right|$ ととれば $|x| \geqq \rho$ に対し

$$|f(x)| > |a_0|\rho^n/2 > |a_n| = |f(0)|$$

となるから，$|x| \geqq \rho$ に対する $f(x)$ の絶対値は $x = 0$ における絶対値より大である．故に正方形 $|\xi| \leqq \rho$, $|\eta| \leqq \rho$ の辺上における $|f(x)|$ の値は，中心における値 $|f(0)|$ より大である．従って $|f(x)|^2$ の最小値を与える点 x_0 は正方形の内部になければならない.

もし $f(x_0) = 0$ ならば，x_0 は求める根であるから，その存在はこれで証明されたことになる．$f(x_0) \neq 0$ とすれば，$|f(x_0)| > 0$ である．これが一つの矛盾に導かれることを示そう.

テイラー展開 (§6.7)

$$f(x_0 + h) = f(x_0) + f'(x_0)h + \frac{f''(x_0)}{2!}h^2 + \cdots + \frac{f^{(n)}(x_0)}{n!}h^n$$

において

$$f'(x_0),\ f''(x_0),\ \ldots,\ f^{(m-1)}(x_0) = 0,\ f^{(m)}(x_0) \neq 0$$

と仮定しよう．これは別段不可能なことではない．何となれば，$f^{(n)}(x_0) = n!a_0 \neq 0$ であるから，$f'(x_0), f''(x_0), \ldots$ のすべてが 0 となることはないからである．

仮定により $f(x_0) \neq 0$ であるから

$$\frac{f(x_0+h)}{f(x_0)} = 1 + \frac{f^{(m)}(x_0)h^m}{m!f(x_0)} + \frac{f^{(m)}(x_0)h^m}{m!f(x_0)}\left\{\frac{f^{(m+1)}(x_0)h}{(m+1)f^{(m)}(x_0)} + \cdots\right\}$$

とすることができる．

$$\left|\frac{f^{(m+1)}(x_0)}{(m+1)f^{(m)}(x_0)}\right|, \left|\frac{f^{(m+2)}(x_0)}{(m+1)(m+2)f^{(m)}(x_0)}\right|, \ldots, \left|\frac{f^{(n)}(x_0)}{(m+1)\cdots nf^{(m)}(x_0)}\right|$$

の最大値を K とすれば，上式の右辺の括弧内の式の絶対値は $K(|h|+|h|^2+\cdots)$ より小さい．$|h|<\delta$ とし，δ を充分小さくとれば，上のものは 1/2 より小さくすることができる．故に

$$\left|\frac{f(x_0+h)}{f(x_0)}\right| < \left|1 + \frac{f^{(m)}(x_0)h^m}{m!f(x_0)}\right| + \frac{1}{2}\left|\frac{f^{(m)}(x_0)h^m}{m!f(x_0)}\right|.$$

今

$$\frac{f^{(m)}(x_0)}{m!f(x_0)} = A(\cos\alpha + i\sin\alpha), \quad (A>0),$$

$$h = r(\cos\theta + i\sin\theta), \qquad (r>0)$$

とすれば

$$\frac{f^{(m)}(x_0)h^m}{m!f(x_0)} = Ar^m\{\cos(\alpha+m\theta) + i\sin(\alpha+m\theta)\}$$

となる．故に θ を $m\theta+\alpha=\pi$ となるように定めれば，右辺は $-Ar^m$ となる．よって r を充分小さくして $1>Ar^m$ となるようにすると

$$\left|\frac{f(x_0+h)}{f(x_0)}\right| < 1 - Ar^m + \frac{1}{2}Ar^m = 1 - \frac{1}{2}Ar^m < 1.$$

すなわち $h = r(\cos\theta + i\sin\theta)$ の絶対値 r を充分小さくとり，θ を $\alpha+m\theta=\pi$ となるようにとれば

$$|f(x_0+h)| < |f(x_0)|$$

となる．x_0 は正方形 $|\xi|, |\eta| \leqq \rho$ 内の一点であって，r を充分小さくすれば，x_0+h もまたこの正方形内の一点を表す．これは x_0 が正方形内で $|f(x)|^2$ の最小値を与える点であるという仮定に矛盾する．故に $f(x_0)=0$ でなければならない．これで代数方程式 $f(x)=0$ の根の存在が証明された．

6.15. **n 個の根の存在.**　この基本定理より直ちに次の定理を得る.

定理.　**n 次の代数方程式は n 個の根をもち, n より多くの根をもたない.**

$f(x)$ を n 次の有理整関数とし, x^n の係数を $a_0(\neq 0)$ とする.

$f(x)=0$ は少なくとも一つの根をもつ. これを α_1 とすれば, §6.2 の定理により, $f(x)$ は $x-\alpha_1$ で整除される. すなわち

$$f(x)=(x-\alpha_1)f_1(x)$$

となり, $f_1(x)$ は $n-1$ 次の有理整関数を表す. 次に $f_1(x)=0$ は少なくとも一つの根をもつから, これを α_2 とすれば

$$f_1(x)=(x-\alpha_2)f_2(x)$$

となる. $f_2(x)$ は $n-2$ 次の有理整関数である. これを続けていけば, 遂には

$$f_{n-1}(x)=(x-\alpha_n)f_n(x)$$

となり, $f_n(x)$ は 0 次の有理整関数となる. これを c とすれば

$$f(x)=c(x-\alpha_1)(x-\alpha_2)\cdots(x-\alpha_n)$$

となり, $f(x)$ における x^n の係数を比較すれば, $c=a_0$ となることが分かる. すなわち

$$f(x)=a_0(x-\alpha_1)(x-\alpha_2)\cdots(x-\alpha_n)$$

となり, 明らかに $\alpha_1, \alpha_2, \ldots, \alpha_n$ は $f(x)=0$ の根である.

$\alpha_1, \alpha_2, \ldots, \alpha_n$ のいずれにも等しくない根 β は存在しない. 何となれば, もし $f(\beta)=0$ ならば

$$a_0(\beta-\alpha_1)(\beta-\alpha_2)\cdots(\beta-\alpha_n)=0$$

とならなければならない. これは矛盾である.

これより明らかなことは, 次数が n を超えない代数方程式 $f(x)=0$ に相異なる $n+1$ 個の根があれば, $f(x)$ は実は 0 を表す. すなわち, すべての係数が 0 でなければならないことである.

これより直ちに §6.13 の冒頭に提起した問題の一つの解答が得られる.

定理.　**有理整関数は常に一次式の因子の積として表される.**

6.16. **重根.** n 次の代数方程式 $f(x)=0$ の n 個の根 $\alpha_1, \alpha_2, \ldots, \alpha_n$ は必ずしも互いに異ならなくてもよろしい.

今 $f(x)=0$ の一つの根を α とし, $f(x)$ は $(x-\alpha)^\mu$ （ただし $\mu \geqq 2$）なる因子をもつが $(x-\alpha)^{\mu+1}$ なる因子をもたないとき, α を μ 次の**重根**[*1]と名づける. $\mu=1$ の場合には**単根**という. μ を**根の次数**または**重複度**という.

定理. α **が** $f(x)=0$ **の** μ **次の重根なるための必要にして充分なる条件は,** $f(\alpha)=0$, $f'(\alpha)=0, \ldots, f^{(\mu-1)}(\alpha)=0$, $f^{(\mu)}(\alpha)\neq 0$ **である.**

これを証明するため, $f(x)$ にテイラー展開を施せば

$$f(x)=f(\alpha)+\frac{f'(\alpha)}{1!}(x-\alpha)+\frac{f''(\alpha)}{2!}(x-\alpha)^2+\cdots+\frac{f^{(\mu-1)}(\alpha)}{(\mu-1)!}(x-\alpha)^{\mu-1}$$
$$+\frac{f^{(\mu)}(\alpha)}{\mu!}(x-\alpha)^\mu+\cdots+\frac{f^{(n)}(\alpha)}{n!}(x-\alpha)^n$$

となる. $f(x)$ が $(x-\alpha)^\mu$ なる因子を有するためには

$$f(\alpha)=f'(\alpha)=\cdots=f^{(\mu-1)}(\alpha)=0$$

が必要でかつ充分である. $f(x)$ が $(x-\alpha)^{\mu+1}$ なる因子を有しないためには, $f^{(\mu)}(\alpha)\neq 0$ が必要でかつ充分である. これで目的の証明は完了した.

6.17. **共役根.** 今までは $f(x)$ の係数は任意であったが, ここではこれを実数体に属するものと制限しよう. $\alpha=\beta+i\gamma$ なる複素数が $f(x)=0$ の根ならば

$$f(\beta+i\gamma)=u+iv$$

は 0 となる. すなわち $u=v=0$ となる. 然るに $f(\beta+i\gamma)=u+iv$ ならば $f(\beta-i\gamma)=u-iv$, 従って $u=v=0$ より $f(\beta-i\gamma)=0$ となる[*1]. すなわち $\beta-i\gamma$ もまた $f(x)=0$ の一つの根なることが分かる. 故に次の定理が得られる.

定理. **実係数の代数方程式に** $\beta+i\gamma$ **なる根があれば,** $\beta-i\gamma$ **もまた一つの根である.**

---

§6.16,*1　〔**編者注**：原著では**複根**と呼んでいる.〕

§6.17,*1　〔**編者注**：$f(\beta+i\gamma)=\sum_{m=0}^{n} a_{n-m}\sum_{k=0}^{m}\binom{m}{k}\beta^{m-k}(i\gamma)^k=u(\beta,\gamma)+iv(\beta,\gamma)$ であるから u は k として偶数をとった和であり, v は k として奇数をとった和である. これより, $u(\beta,-\gamma)=u(\beta,\gamma)$, $v(\beta,-\gamma)=-v(\beta,\gamma)$ が分かる.〕

方程式の根が実数ならば**実根**，複素数ならば**虚根**と名づける．互いに共役なる複素数が根ならば，これを**共役根**と名づける．上の定理は実係数の代数方程式が虚根を有すれば，常に共役根の一対を有することを示す．

$x-(\beta+i\gamma)$, $x-(\beta-i\gamma)$ の積は $(x-\beta)^2+\gamma^2$ であって実係数の二次式である．故に次の定理を得る．

定理． **実係数の有理整関数は実係数の一次，または二次の有理整関数の因子に分けることができる．**

例題． 常に正なる有理整関数．$f(x)=a_0x^n+a_1x^{n-1}+\cdots+a_n$ の係数が実数であるとし，あらゆる x の実数の値に対し，常に $f(x)\geqq 0$ なるためには，n は偶数であり，$a_0>0$ であることを要する．何となれば，$a_0<0$ ならば充分大なる $x>0$ に対し $f(x)<0$ となる．n が奇数ならば $|x|$ が充分大ならば $f(x)$ は x, $-x$ に対し異符号となる．

また $f(x)=0$ のいずれの実根も偶数次でなければならない．従って $n=2m$ とすれば，常に

$$\begin{aligned}f(x)&=(x-\alpha_1)^{2k_1}(x-\alpha_2)^{2k_2}\cdots(x-\alpha_h)^{2k_h}(x-\beta_1-i\gamma_1)\cdots(x-\beta_\lambda-i\gamma_\lambda)\\&\qquad(x-\beta_1+i\gamma_1)\cdots(x-\beta_\lambda+i\gamma_\lambda)\\&=[(x-\alpha_1)^{k_1}(x-\alpha_2)^{k_2}\cdots(x-\alpha_h)^{k_h}]^2[P(x)+iQ(x)][P(x)-iQ(x)]\\&=A(x)^2(P^2(x)+Q^2(x))={G_1}^2(x)+{G_2}^2(x)\end{aligned}$$

の形に表されなければならない．故にまた

$$f(x)=(u_0+u_1x+u_2x^2+\cdots+u_mx^m)(\overline{u_0}+\overline{u_1}x+\cdots+\overline{u_m}x^m)$$

の形に表されなければならない．逆にこの形の $f(x)$ はあらゆる実数の x に対し $f(x)\geqq 0$ である．ただし $\overline{u}$ は u の共役数を表すものとする．(Landau, Math. Ann. 62, 1906.)

第5節　有理整関数の既約性

6.18. **既約の定義．** ここに任意の数体 K をとり，K に属する有理整関数について考える．

K の一つの有理整関数 $f(x)$ が，K に属する二つの有理整関数の積として表されない場合に，$f(x)$ は K において**既約**であるという．既約の反対を**可約**という．

この定義は多変数の有理整関数についても適用される．

$f(x)$ が K において既約なるとき，代数方程式 $f(x) = 0$ もまた K において既約なりという．

K の任意の有理整関数は既約整関数の積として表すことができる．整数と有理整関数との平行性はここにも現れる．素数に対応するものは既約関数である．

既約の概念は数体 K に関係して定まる．K において既約なるものも，さらに広い数体 K′ においては必ずしも既約ではない．

§6.15 によれば，複素数体 Ω の有理整関数はすべて一次式に分解することができるから，Ω における既約有理関数は一次式に限られている．

これを実数体に限れば，§6.17 に示したように，既約有理関数は一次式であるか，然らざれば $(x-\alpha)^2+\beta^2$ の形の二次式である．この二次式は実数体においては既約であるが，Ω においては $(x-\alpha-i\beta)$, $(x-\alpha+i\beta)$ の二つに分けられるから可約である．

6.19. ガウスの定理. 以下しばらく有理数体 $\mathbf{Q}$ の有理整関数のみについて考える．

$\mathbf{Q}$ における有理整関数 $f(x) = a_0x^n + a_1x^{n-1} + \cdots + a_n$ の係数を特に整数とする．ただし，$a_0, a_1, \ldots, a_n$ のすべてに共通な約数は存在しないものと仮定する．

$f(x)$ が $\mathbf{Q}$ において可約ならば，少なくも二つの $\mathbf{Q}$ における有理整関数の積として表される．その係数は $\mathbf{Q}$ の数，すなわち有理数であるから，これらの有理整関数の係数の分母の最小公倍数を m とすれば

$$mf(x) = (b_0x^\mu + b_1x^{\mu-1} + \cdots + b_\mu)(c_0x^\nu + c_1x^{\nu-1} + \cdots + c_\nu) \qquad (\mu+\nu=n) \tag{1}$$

の形に表されなければならない．ただし $b_0, b_1, \ldots, c_0, c_1, \ldots$ はすべて整数とする．

$b_0, b_1, \ldots, b_\mu$ に公約数 d があれば，これは m の約数なるか，然らざれば $f(x)$ の係数の公約数とならなければならない．前者ならば，始めから m を d で割っておく．後者は仮定に反する．故に $b_0, b_1, \ldots, b_\mu$ には公約数がないものとしておく．同様に $c_0, c_1, \ldots, c_\nu$ にも公約数がないものとする．

(1) の両辺の x^n の係数を比較すれば，$ma_0 = b_0c_0$ となる．

今 m に含まれる素数の一つを p とすれば，b_0, c_0 の少なくとも一つは p で整除されなければならない．故に一般に

$$b_0,\ b_1,\ \ldots,\ b_{h-1},\ c_0,\ c_1,\ \ldots,\ c_{k-1} \equiv 0 \pmod p,$$

$$b_h,\ c_k \not\equiv 0 \pmod p$$

と仮定する．

$a_0,\ a_1,\ \ldots,\ a_n \equiv 0 \pmod p$ のときに限り $a_0x^n + a_1x^{n-1} + \cdots + a_n \equiv 0 \pmod p$ と定めれば，(1) より

$$0 \equiv (b_h x^{\mu-h} + \cdots + b_\mu)(c_k x^{\nu-k} + \cdots + c_\nu) \pmod p$$

が得られる．右辺の x の最高冪の係数は $b_h c_k$ であって p で整除されない．これは矛盾である．この矛盾を取り去るためには，$(b_0, b_1, \ldots, b_\mu)$ か $(c_0, c_1, \ldots, c_\nu)$ のすべてが p で整除されるとするか，そうでなければ p なる素数は実際存在せず，初めから $m = 1$ としなければならない．前者はさきの仮定に反するから，結局 $m = 1$ でなければならない．

よって次の**ガウスの定理**が得られる．

定理．　整係数の有理整関数 $f(x)$ が有理数体における二つの有理整関数 $g(x)$, $h(x)$ の積に分けられる場合には，$g(x)$, $h(x)$ の係数はすべて整数とすることができる．

これより $f(x)$ の最高冪の係数が 1 ならば，$g(x)$, $h(x)$ の最高冪の係数もまた 1 である．

$f(x) = 0$ の係数が整数であって，最高冪の係数が 1 なる場合，一つの根 α が有理数ならば，$f(x)$ は $\mathbf{Q}$ の有理整関数 $x - \alpha$ で整除され，その商はまた $\mathbf{Q}$ の有理整関数でなければならない．故にガウスの定理より，α は整数でなければならない．従って $f(0)$ の約数である．よって次の定理が得られる．

定理．　最高冪の係数が 1 となる整係数の代数方程式に有理数の根があれば，それは必ず整数でなければならない．

この整数根は $f(0)$ の約数である．

6.20. 整係数の有理整関数の既約条件．

有理整関数

$$f(x) = a_0x^n + a_1x^{n-1} + \cdots + a_{n-1}x + a_n$$

の係数が整数なる場合，これが有理数体 $\mathbf{Q}$ において既約であるか否かを決定する条件

は何であろうか.

これは理論上, 有限回数の有理演算によって決定されるべきものである.

何となれば, $f(x)$ が $\mathbf{Q}$ において可約であるとすれば, $f(x)$ は一つの整係数の既約有理整関数 $g(x)$ で整除されなければならない. $g(x)$ の次数を k とすれば, $k \leqq \left[\frac{n}{2}\right]$ と仮定しても差支えがない. 整数 $\alpha_0, \alpha_1, \ldots, \alpha_k$ を任意にとり

$$\varphi(x) = (x - \alpha_0)(x - \alpha_1)\cdots(x - \alpha_k)$$

とおけば, ラグランジュの補間公式により

$$g(x) = \sum_{i=0}^{k} \frac{A_i}{\varphi'(\alpha_i)} \frac{\varphi(x)}{x - \alpha_i}, \quad A_i = g(\alpha_i)$$

とすることができる. $g(x)$ は $f(x)$ の約関数であるから, $f(\alpha_i)$ は $g(\alpha_i)$ で整除される. 故に $A_i = g(\alpha_i)$ の取り得る値は有限個しかない. 従って $f(\alpha_i)$ の任意の約数の一つを A_i として

$$\sum_{i=0}^{k} \frac{A_i}{\varphi'(\alpha_i)} \frac{\varphi(x)}{x - \alpha_i}$$

を作れば, このような有理整関数は有限個しか存在しない. k をそれぞれ $1, 2, \ldots, \left[\frac{n}{2}\right]$ として考えれば, 結局有限個の $g(x)$ しか得られない. その一つ一つで果して $f(x)$ が整除されるか否かを吟味すればよろしい. すなわち $f(x)$ が $\mathbf{Q}$ で既約なるか否かの問題は, 有限回数の加減乗除の有理演算で決定される.

例題. $f(x) = x^4 + x^3 + x^2 + x + 1$ は $\mathbf{Q}$ において既約である.

$k = 1$ ならば, $\alpha_0 = 0, \alpha_1 = 1, \varphi(x) = x(x-1)$ として,

$$f(\alpha_0) = f(0) = 1, \quad A_0 = \pm 1, \quad \varphi'(\alpha_0) = -1,$$

$$f(\alpha_1) = f(1) = 5, \quad A_1 = \pm 1, \pm 5, \quad \varphi'(\alpha_1) = 1.$$

$$g(x) = -A_0(x-1) + A_1 x, \text{ すなわち } \pm(2x-1), \pm(6x-1), \pm(4x+1).$$

$k = 2$ ならば, $\alpha_0 = 0, \alpha_1 = 1, \alpha_2 = -1$. $\varphi(x) = x(x^2 - 1)$ として,

$$f(\alpha_0) = 1, \quad A_0 = \pm 1, \qquad \varphi'(\alpha_0) = -1;$$

$$f(\alpha_1) = 5, \quad A_1 = \pm 1, \pm 5, \quad \varphi'(\alpha_1) = 2;$$

$$f(\alpha_2) = 1, \quad A_2 = \pm 1, \qquad \varphi'(\alpha_2) = 2.$$

$$g(x) = -A_0(x^2 - 1) + \frac{1}{2}A_1 x(x+1) + \frac{1}{2}A_2 x(x-1),$$

すなわち

$$\pm(2x^2-1),\ \pm(x^2+x-1),\ \pm(x^2-x-1),\ \pm(4x^2+2x-1),$$
$$\pm(2x^2+2x+1),\ \pm(3x^2+3x-1),\ \pm(x^2+3x+1).$$

ガウスの定理によれば，$f(x)$ の約関数となり得るものは最高冪の係数が 1 でなければならない．故に

$$x^2\pm x-1,\quad x^2+3x+1$$

の三つが $f(x)$ の約関数なるか否かを吟味すればよい．これは確かに約関数ではないから，$f(x)$ は既約である．

以上の方法は唯理論的に可能であるというに止まる．故に簡単な判定条件を求める必要がある．これを次に論じよう．

6.21. アイゼンシュタインおよびシェーネマンの既約条件.

整係数の有理整関数

$$f(x)=a_0x^n+a_1x^{n-1}+\cdots+a_{n-1}x+a_n$$

の $\mathbf{Q}$ における既約条件の簡単な形を定めることは，比較的困難な問題である．次に示す判定条件は最も簡単なものの一つであって，普通アイゼンシュタインの名で知られているが，シェーネマンは彼より数年早く発表している[*1]．

定理. **p を素数とし，$a_0\not\equiv 0\ (\mathrm{mod}\ p)$, $a_1, a_2, \ldots, a_n\equiv 0\ (\mathrm{mod}\ p)$, かつ $a_n\not\equiv 0\ (\mathrm{mod}\ p^2)$ ならば，$f(x)$ は $\mathbf{Q}$ において既約である.**

仮に $f(x)$ が $\mathbf{Q}$ において可約であるとすれば，ガウスの定理により整係数の二つの有理整関数の積に分解される．これを

$$f(x)=(b_0x^\mu+b_1x^{\mu-1}+\cdots+b_\mu)(c_0x^\nu+c_1x^{\nu-1}+\cdots+c_\nu),\quad \mu+\nu=n$$

とすれば

$$b_\mu c_\nu=a_n\equiv 0\pmod p,\quad \not\equiv 0\pmod{p^2}$$

であるから，b_μ, c_ν の一方のみが p で整除されねばならない．仮に $b_\mu\equiv 0$, $c_\nu\not\equiv 0\ (\mathrm{mod}\,p)$ とすれば，x の係数の比較より

$$a_{n-1}=b_\mu c_{\nu-1}+b_{\mu-1}c_\nu\equiv b_{\mu-1}c_\nu\pmod p$$

---

§6.21,*1 Eisenstein, Journ. f. Math. 39, 1850; Schönemann, Journ. f. Math. 32, 1846; 40, 1850.

となり，a_{n-1} は p で整除され，かつ $c_\nu \not\equiv 0 \pmod p$ であるから，$b_{\mu-1}$ が p で整除されねばならない．

次に x^2 の係数を比較して，$b_{\mu-2} \equiv 0 \pmod p$ が得られる．このように進めば遂には $b_0 \equiv 0 \pmod p$ に達する．これは $a_0 = b_0c_0 \not\equiv 0 \pmod p$ に矛盾する．故に $f(x)$ は $\mathbf{Q}$ において既約でなければならない．

例題． p を素数とすれば

$$f(x) = x^{p-1} + x^{p-2} + \cdots + x + 1$$

は $\mathbf{Q}$ において既約である．

上の判定条件は直接には適用されないが，x の代わりに $y+1$ を代入した $f(y+1)$ が既約なることを証明すればよろしい．

$$(x-1)f(x) = x^p - 1$$

であるから，$x = y+1$ とおけば

$$yf(y+1) = (y+1)^p - 1,$$

従って

$$f(y+1) = y^{p-1} + \binom{p}{1}y^{p-2} + \binom{p}{2}y^{p-3} + \cdots + \binom{p}{p-2}y + p$$

となる．$\binom{p}{k}$ は p で整除される（第 2 章 演習問題 9）．絶対項は p であるから，もちろん p^2 で整除されない．故に上の判定条件が適用される．

6.22. 二つの凸多角形の平均形．

アイゼンシュタインおよびシェーネマンの既約条件の拡張は，ケーニヒスベルガー，ペロン，その他によって論じられたが，デュマ[*1]の幾何学的方法が最も明透である．デュマの考えはさらに二つの凸多角形の平均形の概念を導入すれば一層分かりやすくなる．これを次に示そう．

二つの凸多角形 (A), (B) の内部または周辺上の任意の点をそれぞれ P, Q とする．PQ の中点 M の全体よりなる図形 (C) を (A), (B) の**平均形**と名づける．

まず (C) がいかなる形となるかを考えて見よう．

一つの凸多角形 (A) の一辺 EF を含む直線，または (A) の一つの頂点 V を通り，しかも (A) を横切らない直線を名づけて，凸多角形の**触線**といい，これと (A) とに

§6.22,*1　Dumas, Journ. de Math. (6) 2, 1906; 藤原，Science Reports, Tôhoku University 5, 1916 参照．

共通なる点（一辺 EF 上のすべての点または頂点 V）を**触点**という．

凸多角形はその触線に対し，常にその一方の側にある．

今二つの凸多角形 (A), (B) の一対の平行触線 L, L′ をとり，(A), (B) は共にそれぞれ L, L′ の同じ側にあるものとする．L, L′ の触点がそれぞれ (A), (B) の頂点 V, V′ ならば，VV′ の中点 V″ を横切り，L, L′ に平行な直線を L″ とする．V″ は (A), (B) の平均形上の一点であって，その他の (C) の点は L″ の一方の側に位置することが分かる．

もし L の触点が (A) の頂点 V であって，L′ の触点が (B) の一辺 E′F′ 上のすべての点よりなる場合には，VE′, VF′ の中点を E″, F″ とすれば，線分 E″F″ 上のすべての点は (A), (B) の平均形 (C) の点である．それ以外の (C) の点は E″F″ の連結線 L″ の一方の側に位置する．

もし L, L′ の触点がそれぞれ (A), (B) の辺 EF, E′F′ 上の点ならば，EE′, FF′ の中点を E″, F″ とすれば，線分 E″F″ 上の点は (C) の点となり，それ以外の点は E″F″ の連結線 L″ の一方の側に位置する（図 6–1）．

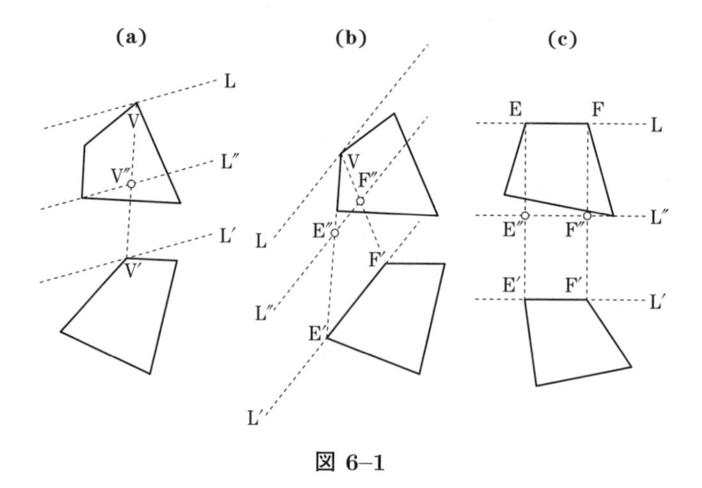

図 6–1

あらゆる平行の触線 L, L′ について上記のように L″ を作れば，L″ は一つの凸多角形を包み，L″ はその触線となる．すなわち (A), (B) の平均形 (C) はこの凸多角形にほかならない．

L, L′ の方向を連続的に変化させていけば，L, L′ のいずれか一つが一辺と一致するまでは，L″ の触点は一定して動かない．これは (C) の一つの頂点である．L, L′ のうち一つが多角形 (A), (B) の一辺と一致すれば，L″ は (C) と線分 E″F″ を共有する．E″F″ の長さはこれと平行な (A), (B) の一辺の長さの半分に等しい．L, L′ が二つとも (A), (B) の辺に一致する場合には，L″ はまた (C) と線分 E″F″ を共有する．この場合 E″F″ は (C) の一辺となり，その長さは EF, E′F′ の和の半分に等しい．

すなわち二つの凸多角形 (A), (B) の平均形 (C) はまた一つの凸多角形であって，(A), (B) の周辺をその方向の順序に従い，それぞれ半分の長さにつなぎ合わせたものである．従って (C) の辺数は (A), (B) の辺数の和に等しい．ただし同方向の辺が一対存在すれば，(C) の辺数は一つだけ減ずる（図 6–2）．

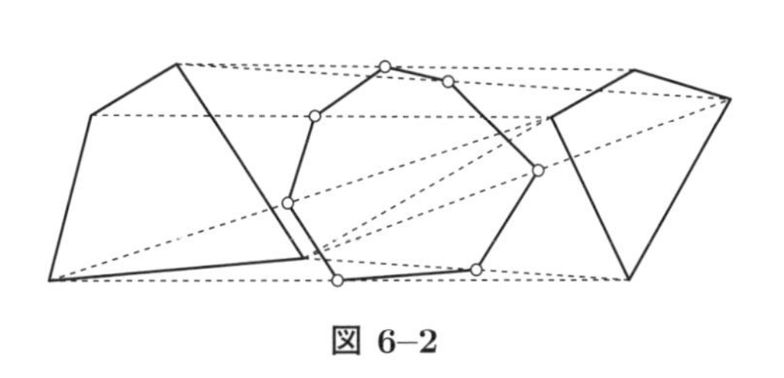
図 6–2

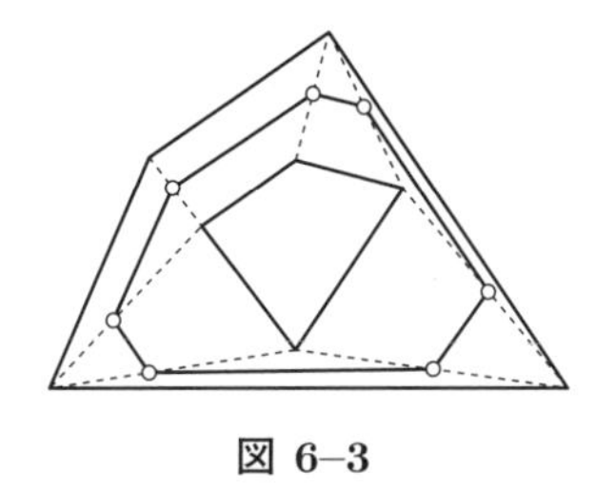
図 6–3

これから分かることは，平均形 (C) の頂点は (A), (B) の唯一対の頂点 V, V′ の連結線の中点であって，決して二対以上の頂点の連結線の中点となり得ないことである．これは極めて重要な意義を有する事実である（図 6–3）．証明は読者にまかそう．

二点 P, Q の中点を M とすれば，原点 O から M までの線分を延長して $\mathrm{OM}' = 2{\cdot}\mathrm{OM}$ とするとき，M′ を P, Q の**和の点**と名づける．凸多角形 (A), (B) の任意の二点 P, Q の和の点 M′ の全体は (A), (B) の平均形 (C) を O に対し相似に保ちつつ二倍に延ばしたものにほかならない．これを (A), (B) の**和の形**と呼ぶ．

6.23.　有理整関数のニュートン多角形.　これだけを予備として我々は再び既約条件の問題に帰る．

有理整関数 $f(x)$ の係数が整数である場合，素数 p のいかなる冪で整除されるかを吟味して，これを下の形におく．

$$f(x) = a_0 x^n + a_1 p^{m_1} x^{n-1} + \cdots + a_k p^{m_k} x^{n-k} + \cdots + a_n p^{m_n}.$$

ただし $a_0, a_1, \ldots, a_n$ は p と互いに素なる整数とする.

$f(x)$ が $\mathbf{Q}$ において可約ならば，ガウスの定理により

$$f(x) = g(x)h(x),$$

$$\begin{aligned} g(x) &= b_0 x^\mu + b_1 p^{\alpha_1} x^{\mu-1} + b_2 p^{\alpha_2} x^{\mu-2} + \cdots + b_\mu p^{\alpha_\mu}, \\ h(x) &= c_0 x^\nu + c_1 p^{\beta_1} x^{\nu-1} + c_2 p^{\beta_2} x^{\nu-2} + \cdots + c_\nu p^{\beta_\nu} \end{aligned} \qquad (\mu + \nu = n)$$

とおくことができる．$a_0 = b_0 c_0$ であるから，b_0, c_0 は p と互いに素である．$b_1, b_2, \ldots, b_\mu, c_1, c_2, \ldots, c_\nu$ はまた p と互いに素であると仮定する.

今直交座標軸をとり，座標が (k, m_k) となる点を F_k とする*1．$\mathrm{F}_0, \mathrm{F}_1, \ldots, \mathrm{F}_n$ なる $n+1$ 個の点を含む最小の凸多角形を直線 $\mathrm{F}_0\mathrm{F}_n$ で分けた下半分を (A) とする．同様に座標が $(k, \alpha_k), (k, \beta_k)$ なる点をそれぞれ $\mathrm{G}_k, \mathrm{H}_k$ とし，$\mathrm{G}_0, \mathrm{G}_1, \ldots, \mathrm{G}_\mu$ を含む最小凸多角形を $\mathrm{G}_0\mathrm{G}_\mu$ で分けた下半分を (B) とし，$\mathrm{H}_0, \mathrm{H}_1, \ldots, \mathrm{H}_\nu$ を含む最小凸多角形を $\mathrm{H}_0\mathrm{H}_\nu$ で分けた下半分を (C) とする．このような凸多角形 (A), (B), (C) をそれぞれ $f(x), g(x), h(x)$ の**ニュートン多角形**と名づけよう．ただし x^{n-k} の項が欠けていれば，F_k はないものと考える.

$g(x), h(x)$ の積を作れば，$\sum b_i c_k p^{\alpha_i + \beta_k} x^{n-i-k}$ となる．故に

$$a_h p^{m_h} = \sum_{i+k=h} b_i c_k p^{\alpha_i + \beta_k}$$

となる．この右辺において，$\alpha_i + \beta_k\ (i+k=h)$ なる和のうち，最小なるものが唯一つならば，これは明らかに m_h に等しい．この場合には，格子点 $\mathrm{F}_h(h, m_h)$ は G_i と H_k の和として唯一通りに表される．もしまた $\alpha_i + \beta_k\ (i+k=h)$ なる和の最小なるものが，少なくとも二つ

$$\alpha_i + \beta_k = \alpha_j + \beta_l \quad (i+k = j+l = h)$$

あれば，$(b_i c_k + b_j c_l) p^{\alpha_i + \beta_k}$ なる二項の和の係数 $b_i c_k + b_j c_l$ は，あるいは p で整除されるかも分からない．故にこの場合には $m_h \geqq \alpha_i + \beta_k$ となる．すなわち格子点 $\mathrm{F}_h(h, m_h)$ は $\mathrm{G}_i(i, \alpha_i), \mathrm{H}_k(k, \beta_k)$ の和の点より上方に位置する.

§6.23,*1 〔**編者注**：本小節冒頭の仮定の下では $m_0 = 0$ であるが，以下では m_0 は一般に非負整数として論じる．後出の α_0, β_0 についても同様である.〕

故に $(G_0, G_1, \ldots, G_\mu)$, $(H_0, H_1, \ldots, H_\nu)$ の各々から一つずつとって組合せ，その二点の和を作れば，(A) の周辺上にあるか，あるいは時としてそれより上部にある．しかし (A) の頂点は (B), (C) の唯一対の頂点の和となり得るのみであるから，(A) は (B), (C) の和の形でなければならない．

例えば，

$$g = x^3 - 2x^2 + 5^2x - 3 \cdot 5^2, \quad h = 5x^3 + x^2 - 7 \cdot 5^2x + 6 \cdot 5,$$

$$f = g \cdot h = 5x^6 - 9x^5 - 52x^4 + 6 \cdot 5x^3 - 5 \cdot 902x^2 + 5^3 \cdot 111x - 18 \cdot 5^3$$

についてそれぞれ (G_i), (H_i), (F_i) を作れば，g, h, f のニュートン多角形 (A), (B), (C) はそれぞれ $G_0G_1G_3$, $H_0H_1H_3$, $F_0F_1F_2F_4F_6$ となる．G_0, G_1, G_2, G_3 を含む最小凸多角形 $G_0G_1G_3G_2$ と，H_0, H_1, H_2, H_3 を含む最小凸多角形 $H_0H_1H_3H_2$ の和の形は $F_0F_1F_2F_4F_6K''K'K$ である．(C) の頂点 F_0, F_1, F_2, F_4, F_6 は (A), (B) の頂点の和の点である $F_0 = H_0 + G_0$, $F_1 = G_0 + H_1$, $F_2 = G_1 + H_1$, $F_4 = G_1 + H_3$, $F_6 = G_3 + H_3$ となり，その他の $G_i + H_k$ の形の点はすべて $F_0F_1F_2F_4F_6$ の上部に位する（図 6–4）．

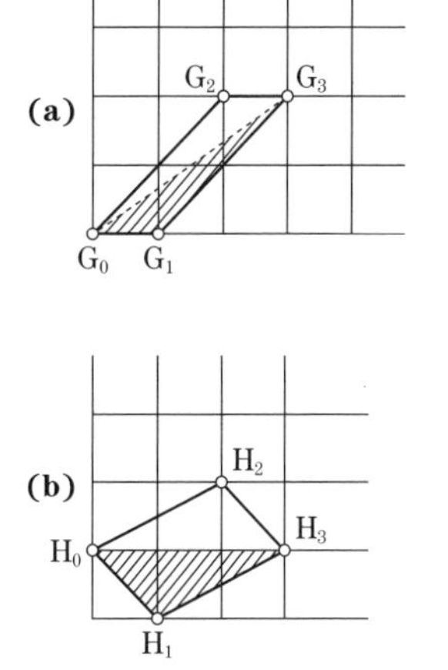

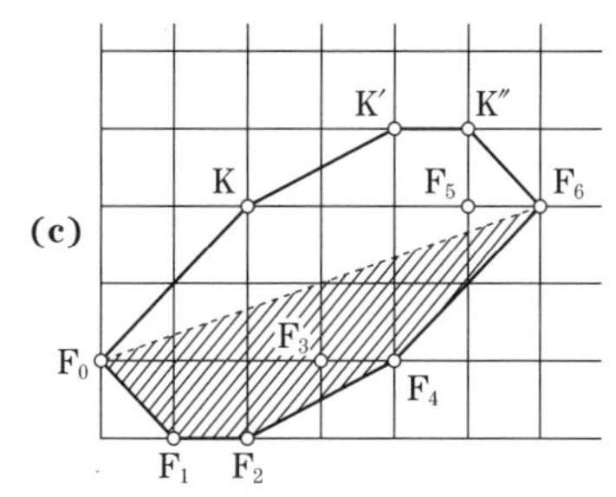

図 6–4

よって次の定理が得られる．

定理. $f(x), g(x), h(x)$ **のニュートン多角形を A, B, C とすれば,** $f(x)=g(x)h(x)$ **ならば, A は B, C の和の形である.**

この事実より直ちに次のことがいえる．もし $f(x)$ に対する凸多角形 (A) が線分 F_0F_n のみからなる場合に，その線分上に両端のほかは一つも格子点がなければ，(A) は決して二つの凸多角形 (B), (C) の和となり得ない．故に $f(x)$ は既約である（図 6–5).

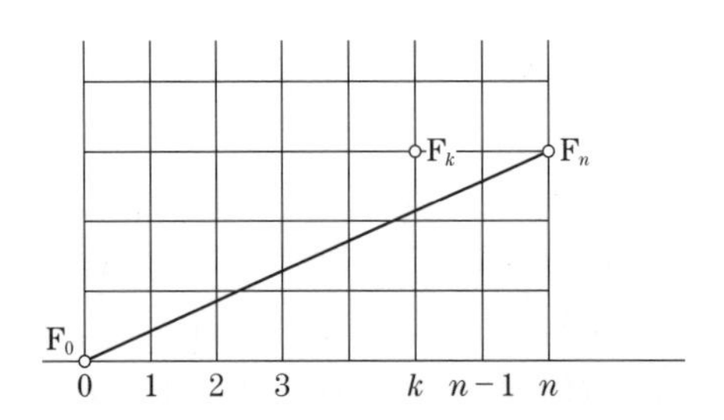

図 6–5

$F_k(k, m_k)$ が F_0F_n の上方にあることは $\frac{m_k}{k} > \frac{m_n}{n}$ である．また F_0F_n 上に格子点がないことは n と m_n とが互いに素なることである．故に上の事実を言い換えれば，次の定理が得られる．

定理. $f(x)=a_0x^n+a_1p^{m_1}x^{n-1}+a_2p^{m_2}x^{n-2}+\cdots+a_np^{m_n}$ **において,** n **と** m_n **とが互いに素であって, かつ**

$$\frac{m_k}{k} > \frac{m_n}{n}, \quad (k=1, 2, \ldots, n-1)$$

ならば, $f(x)$ **は Q において既約である.**

これはケーニヒスベルガーが与えた条件であって，$m_n=1$ なる場合がさきに論じたアイゼンシュタインおよびシェーネマンの条件にほかならない[*2].

第6節 有理整関数の合同

6.24. 有理整関数を法とする合同. 整数の性質を論ずるためにガウスの導入し

[*2] $f(x)$ のニュートン多角形が三角形をなす場合には，もっと一般な条件が得られる．大石，Tôhoku Math. J. 20, 1921 参照.

た合同の概念がいかに必要であるかということは，すでに第 2 章でこれを見た．我々はこの合同の考えを有理整関数の場合に拡張しよう．

今 $\mathbf{Q}$ における整係数の n 次の既約有理整関数

$$f(x) = a_0x^n + a_1x^{n-1} + \cdots + a_n$$

を考える．$F(x), G(x)$ を二つの整係数の有理整関数とするとき，その差 $F(x) - G(x)$ が $f(x)$ で整除される場合には，$F(x), G(x)$ は $f(x)$ **を法として互いに合同**であると定義する．これを

$$F(x) \equiv G(x) \pmod{f(x)}$$

によって表す．

この定義は数論におけるものと同様であるから，整数の場合と全く平行に進むことができる．

$A(x), B(x), C(x), D(x)$ 等をすべて整係数の有理整関数とすれば，次の定理が容易に証明されるであろう．

1　$A(x) \equiv B(x), B(x) \equiv C(x) \pmod{f(x)}$ ならば，$A(x) \equiv C(x) \pmod{f(x)}$.

2　$A(x) \equiv B(x), C(x) \equiv D(x) \pmod{f(x)}$ ならば，$A(x)+C(x) \equiv B(x)+D(x)$,

$$A(x)C(x) \equiv B(x)D(x) \pmod{f(x)}.$$

3　$A(x)C(x) \equiv B(x)C(x) \pmod{f(x)}, C(x) \not\equiv 0 \pmod{f(x)}$ ならば，

$$A(x) \equiv B(x) \pmod{f(x)}.$$

この (3) は $f(x)$ が既約なることから証明される．

しかし数論の場合と少しその趣きを異にする点がある．

整数 m を法とする場合には，剰余類の個数は有限であった．然るに $f(x)$ を法とする場合には必ずしもそうでない．例えば，$f(x)$ の次数 n が $n > 1$ である場合には，$ax + b$,（a, b 整数）の形の一次式は無限にある．これらはすべて $f(x)$ を法として合同ではない．

故に整数の場合と平行に進むためには，考え方を少し変更しなければならない．

6.25. $p, f(x)$ **を法とする合同.**　$f(x) = a_0x^n + \cdots + a_n$ を整係数の既約

有理整関数とし，p を素数とする．ただし，$a_0 \not\equiv 0 \pmod{p}$ とする．$A(x)$, $B(x)$ の差が $f(x)F(x) + pG(x)$ の形に表され，$F(x)$, $G(x)$ が共に整係数の有理整関数ならば，$A(x)$, $B(x)$ は，p **および** $f(x)$ **を法として互いに合同**であるといい，$A(x) \equiv B(x) \pmod{\!d\ p,\ f(x)}$ で以て表す[*1]．

この場合にも容易に次のことが証明される．

(1) $A(x) \equiv B(x)$, $B(x) \equiv C(x)$ ならば，$A(x) \equiv C(x)$.

(2) $A(x) \equiv B(x)$, $C(x) \equiv D(x)$ ならば，$A(x) + C(x) \equiv B(x) + D(x)$，および

$$A(x)C(x) \equiv B(x)D(x).$$

(3) $A(x)C(x) \equiv B(x)C(x)$, $C(x) \not\equiv 0$ ならば，$A(x) \equiv B(x)$.

例えば (3) を証明するために，仮に $A(x) \equiv B(x)$ でないとする．

$$A(x) - B(x) \equiv f(x)F(x) + H(x), \quad C(x) \equiv f(x)F_1(x) + H_1(x) \pmod{p}$$

とすれば[*2]，$H(x) \not\equiv 0$, $H_1(x) \not\equiv 0 \pmod{p}$ であるから

$$C(x)\,(A(x) - B(x)) \equiv f(x)\Phi(x) + \Psi(x) \pmod{p}$$

となり，$H(x)H_1(x) = \Psi(x)$ は $\not\equiv 0 \pmod{p}$ である．これは $A(x)C(x) \equiv B(x)C(x)$ $(\mathrm{modd}\ p, f(x))$ に矛盾する．

今任意の整係数の有理整関数 $F(x) = c_0x^m + c_1x^{m-1} + \cdots + c_m$ をとる．$c_0 \equiv 0 \pmod{p}$ ならば $F(x) \equiv c_1x^{m-1} + \cdots + c_m \pmod{p}$ となり，従って $F(x)$ は p を法として次数の低いものに合同となる．

もし $c_0 \equiv 0 \pmod{p}$ でなければ，$c_0 \equiv a_0b \pmod{p}$ を満足する b が定まる．故に $m \geqq n$ ならば

$$F(x) - bx^{m-n}f(x) \equiv (c_1 - ba_0)x^{m-1} + \cdots \pmod{p}.$$

すなわち右辺は $F(x)$ より次数の低いものとなる．このことを続けていけば，遂には

$$F(x) \equiv F_0(x) \quad (\mathrm{modd}\ p, f(x))$$

---

§6.25,*1 Schönemann, Journ. f. Math. 31, 1846; Dedekind, Journ. f. Math. 54, 1857.

*2 〔**編者注**：例えば第一式は適当な整係数の有理整関数 $K(x)$ を用いて $A(x) - B(x) = f(x)F(x) + H(x) + pK(x)$ と表されることを意味する.〕

に達する．ただし $F_0(x)$ は次数が n より低く，その係数は $0, 1, \ldots, p-1$ の一つをとる．このような有理整関数の数は p^n 個ある．ただし 0 もそのうちに含まれている．それらの各々は $(p, f(x))$ を法として互いに合同とならない．すなわち $(p, f(x))$ を法とする場合の剰余全系の数は p^n であって，0 を除けば p^n-1 である．これを $f_1,\ f_2,\ \ldots,\ f_\nu,\ (\nu = p^n-1)$ とする．

今 $F(x) \not\equiv 0 \pmod{\!d\ p, f(x)}$ なる任意の $F(x)$ をとれば，$f_1F,\ f_2F, \ldots, f_\nu F$ のいずれの二つも $(p, f(x))$ を法として合同とならない．故に全体としては $\equiv f_1,\ f_2, \ldots,\ f_\nu$ (modd $p, f(x)$) である．故に全部の積をとれば，

$$f_1 f_2 \cdots f_\nu F(x)^\nu \equiv f_1 f_2 \cdots f_\nu \quad (\text{modd}\ p, f(x)),$$

従って

$$F(x)^\nu \equiv 1 \quad (\text{modd}\ p, f(x)),\ (\nu = p^n - 1).$$

これはフェルマー定理の拡張である．

$f(x)$ が既約でない場合には，上の所論がいかに変更されるべきか，また数論と平行に平方剰余，反転法則等がいかにこの場合に移されるかという問題については，我々はここに深入りしないことにする[*3]．

第 7 節　同次関数と対称関数

6.26. 代数方程式の根と係数との関係. 代数方程式

$$f(x) = a_0x^n + a_1x^{n-1} + \cdots + a_{n-1}x + a_n = 0$$

の根を $\alpha_1, \alpha_2, \ldots, \alpha_n$ とすれば，基本定理により

$$f(x) = a_0(x-\alpha_1)(x-\alpha_2)\cdots(x-\alpha_n)$$

となるから，右辺を展開して両辺の係数を比較すれば

$$\alpha_1 + \alpha_2 + \cdots + \alpha_n = \sum \alpha_i = -\frac{a_1}{a_0},$$

[*3] $(p, f(x))$ を法として互いに合同なるものを一つの類にまとめて剰余類を作れば p^n 個生ずる．これを p^n 次の Galois field と名づけ，Dickson は $GF[p^n]$ を以て表した．Dickson, Linear groups with an exposition of the Galois field theory, 1901 参照．

$$\alpha_1\alpha_2 + \alpha_1\alpha_3 + \cdots + \alpha_{n-1}\alpha_n = \sum \alpha_i\alpha_j = \frac{a_2}{a_0},$$
$$\alpha_1\alpha_2\alpha_3 + \cdots + \alpha_{n-2}\alpha_{n-1}\alpha_n = \sum \alpha_i\alpha_j\alpha_k = -\frac{a_3}{a_0},$$
$$\cdots\cdots\cdots\cdots\cdots\cdots\cdots\cdots\cdots\cdots$$
$$\alpha_1\alpha_2\cdots\alpha_n = (-1)^n\frac{a_n}{a_0}$$

なる関係式が得られる．すなわち $(-1)^k a_k/a_0$ は n 個の根 $\alpha_1, \alpha_2, \ldots, \alpha_n$ から，あらゆる方法で（重複を許さず）k 個ずつの積を作り，それらの和をとったものに等しい．

$\alpha_1, \alpha_2, \ldots, \alpha_n$ を変数と考えると，これらの左辺の式は，著しい性質をもっている．第一，いずれの項もみな同一の次数を有する．第二，$\alpha_1, \alpha_2, \ldots, \alpha_n$ をいかなる順序に書換えても，全体としては変わらない．前者の性質を有するものを**同次関数**，後者の性質を有するものを**対称関数**と呼ぶ．我々は次にその一般の性質を論じよう．

6.27. 同次有理整関数.　n 個の変数の有理整関数の一般の形はすでに §6.4 に示した通り

$$\sum A_{m_1 m_2 \cdots m_n} x_1^{m_1} x_2^{m_2} \cdots x_n^{m_n}$$

である．この各項の次数 $m_1 + m_2 + \cdots + m_n$ が等しい場合に**同次有理整関数**と名づけ，この相等しい次数を同次有理整関数の**次数**という．

$f(x_1, x_2, \ldots, x_n)$ を m 次の同次有理整関数とし，$x_1, x_2, \ldots, x_n$ の代わりに $x_1 t$, $x_2 t, \ldots, x_n t$ をおけば，その各項に新たに因子として t の $m_1 + m_2 + \cdots + m_n$ 乗冪が現れてくる．$f(x_1, x_2, \ldots, x_n)$ は同次であるからこの因子は t^m に等しい．故に同次有理整関数の特有の性質は

$$f(x_1 t, x_2 t, \ldots, x_n t) = t^m f(x_1, x_2, \ldots, x_n)$$

の成立することである．

n 個の変数の m 次の同次有理整関数はこれを **n 元 m 次形式**と名づけることがある．

例えば　$a_1x_1 + a_2x_2 + \cdots + a_nx_n$ を n 元一次形式，

$$\sum_{i,k=1}^{n} a_{ik}x_ix_k \quad (a_{ik} = a_{ki}) \text{ を } n \text{ 元二次形式}$$

と名づける．

任意の m 次の有理整関数 $F(x_1, x_2, \ldots, x_n)$ において，$x_k = y_k/y_0$ とおき，${y_0}^m$ を乗じて

$$ {y_0}^m F\left(\frac{y_1}{y_0}, \frac{y_2}{y_0}, \ldots, \frac{y_n}{y_0}\right) = f(y_0, y_1, \ldots, y_n) $$

とし，y_0, y_1, $\ldots$, y_n の代わりに $y_0 t$, $y_1 t$, $\ldots$, $y_n t$ とおけば，左辺は

$$ t^m {y_0}^m F\left(\frac{y_1}{y_0}, \ldots, \frac{y_n}{y_0}\right) = t^m f(y_0, y_1, \ldots, y_n) $$

となる．すなわち

$$ f(y_0 t, y_1 t, \ldots, y_n t) = t^m f(y_0, y_1, \ldots, y_n). $$

すなわち m 次の有理整関数 $F(x_1, x_2, \ldots, x_n)$ に $x_k = y_k/y_0$ $(k = 1, 2, \ldots, n)$ を代入して分母を払えば，y_0, y_1, $\ldots$, y_n の m 次の同次有理整関数 $f(y_0, y_1, \ldots, y_n)$ となる．

$f(y_0, y_1, \ldots, y_n)$ において $y_0 = 1$, $y_k = x_k$ とおけば，再びもとの $F(x_1, x_2, \ldots, x_n)$ に帰る．

6.28. **対称有理整関数.** 有理整関数 $f(x_1, x_2, \ldots, x_n)$ において変数 $(x_1, x_2, \ldots, x_n)$ の順序を任意に換えても，f の形が変化しない場合に，これを**対称有理整関数**と名づける．

対称有理整関数を次数の異なる同次関数の和に分けるときはそれらの各々の同次関数がまた対称関数でなければならない．何となれば，一つの項の次数は変数の入換えによって変わらないからである．

故に対称有理整関数を論ずるには同次対称有理整関数を考えればよろしい．

すでに §6.25 において論じた x_1, x_2, $\ldots$, x_n よりあらゆる組合せで作った k 個の積の和

$$ s_1 = \sum x_i, $$

$$ s_2 = \sum x_i x_j, $$

$$ s_3 = \sum x_i x_j x_k, $$

$$ \cdots\cdots\cdots\cdots\cdots\cdots $$

$$ s_n = x_1 x_2 \cdots x_n $$

はそれぞれ $x_1, x_2, \ldots, x_n$ の一次，二次，… ，n 次の対称有理整関数である．これを特に**基本対称関数**と名づける．これに関しては次の重要な定理が成立する．

定理[*1]． **任意の対称有理整関数 $f(x_1, x_2, \ldots, x_n)$ は基本対称関数 $(s_1, s_2, \ldots, s_n)$ の有理整関数として，唯一通りに表される．**

これを証明するには，$f(x_1, \ldots, x_n)$ を m 次の同次対称有理整関数と限ってもよろしい．

$f(x_1, \ldots, x_n)$ の任意の二つの項

$$Ax_1^{p_1}x_2^{p_2}\cdots x_n^{p_n}, \quad Bx_1^{q_1}x_2^{q_2}\cdots x_n^{q_n}$$

において

$$p_1 - q_1,\ p_2 - q_2,\ \ldots,\ p_n - q_n$$

なる数列中で 0 とならない最初の数が正ならば，前者を後者より高級の項と見なす．

例えば，$n = 3$ の場合に，x_1^3 は $x_1x_2^2$ より高級，$x_1x_2^2$ は x_2^3 より高級である．$x_1x_2^2$ はまた $x_1x_2x_3$ よりも高級である．

f の最高級の項を $Ax_1^{\nu_1}x_2^{\nu_2}\cdots x_n^{\nu_n}$ とすれば，明らかに

$$\nu_1 \geqq \nu_2 \geqq \cdots \geqq \nu_n$$

である．何となれば，$\nu_2 > \nu_1$ とすれば，f は対称であるから x_1, x_2 を入換えた $Ax_1^{\nu_2}x_2^{\nu_1}x_3^{\nu_3}\cdots x_n^{\nu_n}$ なる項は必ず f 内に存在する．従ってさきの示した項は最高級でないことになり，仮定に反する．同様にして $\nu_2 \geqq \nu_3 \geqq \cdots$ が証明される．

次に

$$s_1^{\nu_1-\nu_2}s_2^{\nu_2-\nu_3}\cdots s_{n-1}^{\nu_{n-1}-\nu_n}s_n^{\nu_n} = F(x_1, \ldots, x_n)$$

なる積を考える．これはもちろん対称でかつ同次であり，その次数は

$$(\nu_1 - \nu_2) + 2(\nu_2 - \nu_3) + 3(\nu_3 - \nu_4) + \cdots + (n-1)(\nu_{n-1} - \nu_n) + n\nu_n$$
$$= \nu_1 + \nu_2 + \cdots + \nu_n = m$$

である．この F の最高級の項は $s_1, s_2, \ldots$ からそれぞれ最高級の項をとって，それらの乗冪の積を作れば得られるから，x_1 の指数は $(\nu_1 - \nu_2) + (\nu_2 - \nu_3) + \cdots = \nu_1$, x_2 の指数

§6.28,*1 Waring, Meditationes Algebricae, 1770. Cauchy (Exercises de Math. Oeuvres (2) 6) の別証明は Weber, Algebra I, §48 参照.

は $(\nu_2-\nu_3)+\cdots+\nu_n=\nu_2$ となり，以下同様に考えられる．故に F の中で最高級の項は ${x_1}^{\nu_1}{x_2}^{\nu_2}\cdots{x_n}^{\nu_n}$ である．従って $f(x_1,\ldots,x_n)-AF(x_1,\ldots,x_n)=f_1(x_1,\ldots,x_n)$ は m 次の同次対称関数であるが，その最高級の項は f のそれより低くなる．

f_1 について同様の方法を施し漸次進み行けば，最高級の項が漸次低くなっていくから，遂には残りがなくなる．このようにして f が基本対称関数の有理整関数として表されることが分かる．

もしこの表し方が二通りあれば，$s_1, s_2, \ldots, s_n$ のある有理整関数が 0 とならなければならない．これは $x_1, x_2, \ldots, x_n$ が互いに独立した変数であることに矛盾する．上の定理はこれで完全に証明された．

さて上述の方法で f を $s_1, s_2, \ldots, s_n$ の有理整関数として表して

$$f(x_1,x_2,\ldots,x_n)=G(s_1,s_2,\ldots,s_n)$$

とすれば，G の次数は f における x_1 の最高指数 ν_1 に等しく，その係数は f の係数の一次式であって，この一次式の係数は整数なることは，上の構成を見れば明らかである．

G の一つの項を $C{s_1}^{p_1}{s_2}^{p_2}\cdots{s_n}^{p_n}$ とすれば，s_k の添字 k とその指数 p_k との積の和 $p_1+2p_2+\cdots+np_n$ をこの項の**重さ**と名づける．各項が同じ重さをもつ場合に，これを**同重関数**と名づけ，この共通の重さをこの**関数の重さ**という．

$G(s_1,s_2,\ldots,s_n)$ の各項の重さは F について見られる通り

$$(\nu_1-\nu_2)+2(\nu_2-\nu_3)+\cdots+(n-1)(\nu_{n-1}-\nu_n)+n\nu_n=m$$

であるから，G は重さ m の同重関数である．よって次の定理が得られる．

定理.　**m 次の同次対称関数 $f(x_1,x_2,\ldots,x_n)$ を基本対称関数によって表した $G(s_1,s_2,\ldots,s_n)$ は，重さ m の同重関数であって，その係数は f の係数の一次式である．この一次式の係数は整数である．G の次数は x_1 の最高指数に等しい．**

例題.　$n=3$ として，${x_1}^3(x_2+x_3)+{x_2}^3(x_3+x_1)+{x_3}^3(x_1+x_2)$ を s_1, s_2, s_3 によって表せ．

f の最高級の項は ${x_1}^3x_2$ であるから，$\nu_1=3, \nu_2=1, \nu_3=0$.

故に $f-{s_1}^2s_2=f_1$ とすれば

$$f_1=f-(x_1+x_2+x_3)^2(x_1x_2+x_1x_3+x_2x_3)$$

$$= -2({x_1}^2{x_2}^2 + {x_1}^2{x_3}^2 + {x_2}^2{x_3}^2) - 5({x_1}^2x_2x_3 + {x_2}^2x_3x_1 + {x_3}^2x_1x_2).$$

この最高級の項は $-2{x_1}^2{x_2}^2$ である．故に $\nu_1 = 2, \nu_2 = 2, \nu_3 = 0$．従って $f_1 + 2{s_2}^2 = f_2$ とすれば

$$f_2 = f_1 + 2(x_1x_2 + x_1x_3 + x_2x_3)^2 = -({x_1}^2x_2x_3 + {x_2}^2x_3x_1 + {x_3}^2x_1x_2)$$

となる．f_2 の最高級の項は $-{x_1}^2x_2x_3$ である．従って $\nu_1 = 2$, $\nu_2 = 1$, $\nu_3 = 1$．故に $f_2 + s_1s_3 = f_3$ とすれば

$$f_3 = f_2 + x_1x_2x_3(x_1 + x_2 + x_3) = 0,$$

すなわち

$$f = {s_1}^2s_2 - 2{s_2}^2 - s_1s_3$$

となり，f は s_1, s_2, s_3 の四次の同重関数となる．

f が四次の同重関数となることを，あらかじめ知っていれば，四次の重さの項は ${s_1}^4$, ${s_1}^2s_2$, s_1s_3, ${s_2}^2$ の四つの他にないから

$$f = a{s_1}^4 + b{s_1}^2s_2 + cs_1s_3 + d{s_2}^2$$

の形をとらなければならない．この両辺の係数の比較により，a, b, c, d を定めることができる．多くの場合にはこの方が簡単である．

6.29. 根の対称関数.

n 次の代数方程式

$$f(x) = a_0x^n + a_1x^{n-1} + \cdots + a_{n-1}x + a_n = 0$$

の根を $\alpha_1, \alpha_2, \ldots, \alpha_n$ とすれば，根と係数との関係によって

$$-\frac{a_1}{a_0} = s_1 = \sum \alpha_i$$
$$\frac{a_2}{a_0} = s_2 = \sum \alpha_i\alpha_j$$
$$-\frac{a_3}{a_0} = s_3 = \sum \alpha_i\alpha_j\alpha_k$$
$$\cdots\cdots\cdots\cdots\cdots\cdots\cdots\cdots\cdots$$
$$(-1)^n\frac{a_n}{a_0} = s_n = \alpha_1\alpha_2\cdots\alpha_n.$$

故に根の m 次の同次対称有理整関数 $f(\alpha_1, \alpha_2, \ldots, \alpha_n)$ は

$$G(s_1, s_2, \ldots, s_n) = G\left(-\frac{a_1}{a_0}, \frac{a_2}{a_0}, \ldots, (-1)^n\frac{a_n}{a_0}\right)$$

の形に表される．

G の次数は f における α_1 の最高冪の指数 ν に等しい．故に $G\left(-\dfrac{a_1}{a_0}, \dfrac{a_2}{a_0}, \ldots, (-1)^n\dfrac{a_n}{a_0}\right)$ に ${a_0}^\nu$ をかけると，a_0, a_1, …, a_n の同次有理整関数が得られる．これを $H(a_0, a_1, \ldots, a_n)$ とすれば

$$f(\alpha_1, \alpha_2, \ldots, \alpha_n) = \frac{1}{{a_0}^\nu} H(a_0, a_1, \ldots, a_n)$$

となる．$G(s_1, s_2, \ldots, s_n)$ は $(s_1, s_2, \ldots, s_n)$ の同重関数である．従って $H(a_0, a_1, \ldots, a_n)$ もまた $(a_0, a_1, \ldots, a_n)$ の同重関数でなければならない．これは a_0 なる因子の重さが 0 なることから分かる．

よって次の定理が得られる．

定理． **根の** m **次の同次対称関数** $f(\alpha_1, \alpha_2, \ldots, \alpha_n)$ **は常に** $H(a_0, a_1, \ldots, a_n)/{a_0}^\nu$ **の形に表される．**$H(a_0, a_1, \ldots, a_n)$ **は同次同重の有理整関数であって，**ν **は** f **における** α_1 **の最高冪の指数を示す．**

6.30. **根の冪和．** 特別の場合として根の m 乗の和

$$\sigma_m = {\alpha_1}^m + {\alpha_2}^m + \cdots + {\alpha_n}^m, \quad (\sigma_0 = n)$$

を $(s_1, s_2, \ldots, s_n)$ または代数方程式の係数を以て表そう．

$$f(x) = a_0(x - \alpha_1)(x - \alpha_2)\cdots(x - \alpha_n)$$

であるから，§6.7 より

$$\begin{aligned} f'(x) &= \sum_{k=1}^{n} \frac{f(x)}{x - \alpha_k} = \sum_{k=1}^{n} \frac{f(x) - f(\alpha_k)}{x - \alpha_k} \\ &= \sum_{k=1}^{n}\sum_{h=0}^{n-1} \left(a_0{\alpha_k}^h + a_1{\alpha_k}^{h-1} + \cdots + a_h\right) x^{n-h-1} \\ &= \sum_{h=0}^{n-1} (a_0\sigma_h + a_1\sigma_{h-1} + \cdots + a_h\sigma_0)\, x^{n-h-1}. \end{aligned}$$

然るに

$$f'(x) = na_0x^{n-1} + (n-1)a_1x^{n-2} + \cdots + (n-h)a_hx^{n-h-1} + \cdots + a_{n-1}$$

であるから，両辺の係数の比較により

$$a_0\sigma_h + a_1\sigma_{h-1} + \cdots + a_h\sigma_0 = (n-h)a_h,$$

すなわち

$$a_1 + a_0\sigma_1 = 0,$$

$$2a_2 + a_1\sigma_1 + a_0\sigma_2 = 0,$$

$$3a_3 + a_2\sigma_1 + a_1\sigma_2 + a_0\sigma_3 = 0,$$

$$\cdots\cdots\cdots\cdots\cdots\cdots$$

$$ha_h + a_{h-1}\sigma_1 + \cdots + a_1\sigma_{h-1} + a_0\sigma_h = 0,$$

$$\cdots\cdots\cdots\cdots\cdots\cdots$$

$$(n-1)a_{n-1} + a_{n-2}\sigma_1 + \cdots + a_0\sigma_{n-1} = 0$$

なる関係が得られる．これより順次 $\sigma_1, \sigma_2, \ldots, \sigma_{n-1}$ が係数 $(a_0, a_1, \ldots, a_n)$ の有理関数として表される．例えば,

$$\sigma_1 = -\frac{a_1}{a_0},$$

$$\sigma_2 = \frac{1}{{a_0}^2}({a_1}^2 - 2a_0a_2),$$

$$\sigma_3 = \frac{1}{{a_0}^3}(-{a_1}^3 + 3a_0a_1a_2 - 3{a_0}^2a_3),$$

$$\sigma_4 = \frac{1}{{a_0}^4}({a_1}^4 - 4a_0{a_1}^2a_2 + 2{a_0}^2{a_2}^2 + 4{a_0}^2a_1a_3 - 4{a_0}^3a_4),$$

$$\sigma_5 = \frac{1}{{a_0}^5}(-{a_1}^5 + 5a_0{a_1}^3a_2 - 5{a_0}^2a_1{a_2}^2 - 5{a_0}^2{a_1}^2a_3$$
$$+ 5{a_0}^3a_2a_3 + 5{a_0}^3a_1a_4 - 5a_0^4a_5).$$

詳しくいえば，σ_k は ${a_0}^k$ を分母とし，分子は $(a_0, a_1, \ldots, a_k)$ の k 次の対称有理整関数であって，その係数は次数 n に無関係な整数である．

$m \geqq n$ または $m < 0$ なる場合には

$$0 = f(\alpha_k) = a_0{\alpha_k}^n + a_1{\alpha_k}^{n-1} + \cdots + a_n$$

に ${\alpha_k}^h$ をかけて総和すれば，正または負の整数 h に対し常に

$$a_0\sigma_{n+h} + a_1\sigma_{n+h-1} + \cdots + a_n\sigma_h = 0$$

が成立する．これより漸次 $\sigma_n, \sigma_{n+1}, \ldots$ および $\sigma_{-1}, \sigma_{-2}, \ldots$ が求められる．

以上の結果を一括すれば次の定理となる．

定理． 根の m 乗の和 σ_m $(m > 0)$ は $H(a_0, a_1, \ldots, a_n)/{a_0}^m$ の形に表される．H は整係数の m 次の同次同重有理整関数である．

$0 < m < n$ ならば $H(a_0, a_1, \ldots, a_n)$ には a_n, a_{n-1}, …, a_{m+1} が現れてこない．そのときの係数は n に無関係である．

逆に s_1, s_2, …, s_n は σ_1, σ_2, …, σ_n の有理整関数として表される．その係数は有理数である．

従って根の対称有理整関数 f は $(\sigma_1, \sigma_2, \ldots, \sigma_n)$ の有理整関数として表される．その係数は f の係数の一次式であって，この一次式の係数は有理数である．

σ_m を $(a_0, a_1, \ldots, a_n)$ の関数として表す式は**ニュートンの公式**と呼ばれている．これはニュートンおよびライプニッツが各々独立に与えたものである[*1]．

s_1, s_2, … を σ_1, σ_2, … で表せば

$$\begin{aligned}
s_1 &= \sigma_1, \\
s_2 &= \frac{1}{2!}({\sigma_1}^2 - \sigma_2), \\
s_3 &= \frac{1}{3!}({\sigma_1}^3 - 3\sigma_1\sigma_2 + 2\sigma_3), \\
s_4 &= \frac{1}{4!}({\sigma_1}^4 - 6{\sigma_1}^2\sigma_2 + 8\sigma_1\sigma_3 + 3{\sigma_2}^2 - 6\sigma_4), \\
&\cdots\cdots\cdots\cdots\cdots\cdots
\end{aligned}$$

根の対称有理整関数を $(a_0, a_1, \ldots, a_n)$ で表す実際の形は

重さ 1–10 の場合， Salmon, Modern higher algebra, 4 ed., 1885, p.350.

重さ 1–11 の場合， Faa di Bruno, Théorie des formes binaires, 1876, Tables I–III.

重さ 12, 14 の場合，Durfee, American J. of Math. 5, 1882–9, 1887.

重さ 13 の場合， MacMahon, American J. of Math. 6, 1884.

σ_m $(m = 1, 2, \ldots, 10)$ の表は Faa di Bruno 参照．

---

§6.30,*1 Newton, Arithmetica universalis, 1707. Leibniz, 遺稿．（Mahnke, Bibliotheca Mathematica (3) 13, 1912–13 参照．）

第8節 根の連続性

6.31. 係数の連続関数としての根. 代数方程式の根と係数の間に一定の関係式が成立することはすでにこれを見た．これによれば，根は係数の変化に伴って変化するものであるが，次に示すように，係数の僅少の変化に対しては根の変化もまた僅少である．換言すれば

定理． 代数方程式の根は係数の連続関数である．

今与えられた代数方程式を

$$f(x) = a_0x^n + a_1x^{n-1} + \cdots + a_{n-1}x + a_n = 0$$

とし，係数に小なる変化を与えて生じた新しい方程式を

$$g(x) = b_0x^n + b_1x^{n-1} + \cdots + b_n = 0$$

とする．すなわち ε を充分小なる正数とするときは，$f(x)$, $g(x)$ の係数は次の不等式を満足するものとする．

$$|b_k - a_k| < \varepsilon, \quad (k = 0, 1, 2, \ldots, n).$$

$f(x) = 0$ の互いに異なる根を $(\alpha_1, \alpha_2, \ldots, \alpha_p)$ とし，α_k を m_k 次の重根とする．ただし $m_1 + m_2 + \cdots + m_p = n$ である．我々の目的はガウス平面上において ρ をいかに小さくとっても，ε を適当にとれば，α_k を中心とし，半径 ρ なる円 C_k のうちにある $g(x) = 0$ の根が m_k 個だけ存在することを証明するにある．これは係数 $(a_0, a_1, \ldots, a_n)$ が $(b_0, b_1, \ldots, b_n)$ に変化したとき，$g(x) = 0$ の根は $f(x) = 0$ の根の近傍にあることを意味する．

α_1, α_2, …, α_p は互いに異なる数であるから，ρ を充分小さくとって，円 C_1, C_2, …, C_p の各々が互いに他の円の外にあるようにする．次にこれらのすべての円を含み，O を中心とし，半径 R の円 C を描く．R を充分大にとっておけば，$g(x) = 0$ の根がすべて C 内にあるようにすることができる．$g(x) - f(x) = h(x)$ とおけば

$$h(x) = (b_0 - a_0)x^n + (b_1 - a_1)x^{n-1} + \cdots + (b_n - a_n)$$

となる．$g(x) = 0$ の一つの根を β とすれば，$|b_k - a_k| < \varepsilon$ より

$$|f(\beta)| = |h(\beta)| < \varepsilon\left(|\beta|^n + |\beta|^{n-1} + \cdots + |\beta| + 1\right)$$
$$< \varepsilon(R^n + R^{n-1} + \cdots + R + 1) = \varepsilon\frac{R^{n+1}-1}{R-1}.$$

故に ε を充分小さくとれば，これを $|a_0|\rho^n$ より小さくすることができる．すなわち

$$|f(\beta)| < |a_0|\rho^n.$$

C 内にあって同時に $C_1, C_2, \ldots, C_p$ の外にある点よりなる領域を D とすれば，D の点 x に対しては，$|x-\alpha_k| > \rho$ であるから

$$|f(x)| = |a_0(x-\alpha_1)^{m_1}(x-\alpha_2)^{m_2}\cdots(x-\alpha_p)^{m_p}| > |a_0|\rho^n$$

となる．故に β が D 内にあることは不可能である．故に β は $C_1, C_2, \ldots, C_p$ のいずれか一つのうちになければならない．

今 C_1 内にある $g(x)=0$ の根を $\beta_1, \beta_2, \ldots, \beta_\lambda$ とし（互いに異なるものとは限らない）

$$g(x) = (x-\beta_1)(x-\beta_2)\cdots(x-\beta_\lambda)\psi(x), \quad f(x) = (x-\alpha_1)^{m_1}\varphi(x)$$

とおく．C_1 上または C_1 内の点 x に対しては $|x-\alpha_1| \leqq \rho$ である．このような x に対して

$$|\varphi(x)| > A, \quad |\psi(x)| < B$$

を満足する正数 A, B を定めることができる．x を C_1 上にとれば，$|x-\alpha_1| = \rho$, $|x-\beta_i| = |x-\alpha_1+\alpha_1-\beta_i| < 2\rho$ であるから

$$|f(x)| \leqq |g(x)| + |h(x)|$$

より

$$A\rho^{m_1} \leqq B(2\rho)^\lambda + |h(x)|$$

となる．然るにすでに示した通り $|h(x)| < \varepsilon\dfrac{R^{n+1}-1}{R-1}$ であるから，ε を充分小さくとって $|h(x)| < \dfrac{A}{2}\rho^{m_1}$ なるようにする．従って

$$\frac{A}{2}\rho^{m_1} < 2^\lambda B\rho^\lambda, \quad \frac{A}{2} < 2^\lambda B\rho^{\lambda-m_1}.$$

これは ρ をいかに小さくとっても成立するから，$\lambda \leqq m_1$ でなければならない．$\lambda > m_1$ ならば，右辺は ρ を充分小さくすれば A より小となるからである．すなわち C_1 内

の $g(x)=0$ の根の数 λ は m_1 より多くなり得ない.

$C_2, C_3, \ldots, C_p$ についても同様に論ずることができる. 故に $m_1+m_2+\cdots+m_p=n$ から $\lambda<m_1$ とはなり得ない. 従って $\lambda=m_1$ でなければならない. すなわち ε を充分小さくすることにより C_k 内の $g(x)=0$ の根は m_k 個存在し, それ以上ないことが証明された. これで我々の証明は完了する.

6.32. ルーシェの定理. 上の定理の応用として次のルーシェの定理が証明される[*1].

定理. ガウス平面上の一つの閉曲線 C 上で

$$|f(x)|>|\varphi(x)|$$

ならば, C 内にある

$$f(x)=0, \quad f(x)+\varphi(x)=0$$

の根の数は相等しい.

いま $0 \leqq \lambda \leqq 1$ なる λ をとり, 次の代数方程式を考える.

$$F(x)=f(x)+\lambda\varphi(x)=0.$$

§6.31 の定理により, この方程式の根は λ の連続関数である.

λ が 0 から 1 まで連続的に変化すれば, $F(x)=0$ の根もまた連続的に変化する.

$\lambda=0$ のときは $F(x)=f(x)$ となり, $\lambda=1$ ならば $F(x)=f(x)+\varphi(x)$ となる. もし C 内にある $f(x)=0$, $f(x)+\varphi(x)=0$ の根の数が相等しくなければ, λ が 0 から 1 まで連続的に変化するとき, 根のあるものは C 内より C 外に, あるいは C 外から C 内に移らなければならない. 従って λ の $(0,1)$ の間のある値に対して少なくとも一つの根が C 上にくるであろう. この λ の値を λ_0 とし, α を C 上の根とすれば, $0<\lambda_0 \leqq 1$ であるから

$$f(\alpha)+\lambda_0\varphi(\alpha)=0,$$

すなわち

$$|f(\alpha)|=|\lambda_0||\varphi(\alpha)| \leqq |\varphi(\alpha)|$$

---

§6.32,*1　Rouché, Journ. de l'École polyt. cah. 39, 1862.

となる．これは C 上においては常に $|f(x)|>|\varphi(x)|$ であるという仮定に矛盾する．故に λ が 0 から 1 まで変化する間に，$F(x)=0$ の根は決して C を通過して内より外に，または外より内に移ることはない．すなわち $f(x)=0$ と $f(x)+\varphi(x)=0$ との C 内の根の数は相等しい．

例題 1. $f(x)=a_0x^n+a_1x^{n-1}+\cdots+a_n=0$ において

$$|a_k|>|a_0|+|a_1|+\cdots+|a_{k-1}|+|a_{k+1}|+\cdots+|a_n|$$

ならば，$x=0$ を中心とする単位円（すなわち半径 1 の円）内に $n-k$ 個の根が存在し，残りの k 個の根は円外にある[*2]．

$\varphi(x)=a_kx^{n-k}$, $f(x)=\varphi(x)+\psi(x)$ とおけば単位円上においては

$$\left|\frac{\psi(x)}{\varphi(x)}\right| \leqq \frac{|a_0|+|a_1|+\cdots+|a_{k-1}|+|a_{k+1}|+\cdots+|a_n|}{|a_k|}<1.$$

故に単位円内における $f(x)=0$ の根の数は $\varphi(x)=a_kx^{n-k}=0$ の根の数 $n-k$ に等しい．単位円上に根のないことは明らかである．

$f(x)=0$ に ± 1 なる根がないことが分かっていれば

$$|a_k|=|a_0|+|a_1|+\cdots+|a_{k-1}|+|a_{k+1}|+\cdots+|a_n|$$

の場合にも成立する．

特別の場合として，我々は次の定理を得る．

$$|a_0|>|a_1|+|a_2|+\cdots+|a_n|$$

ならばすべての根は単位円内にある．

例題 2. $|a_1|>1+|a_2|+\cdots+|a_n|$ でかつ $a_1,\ldots,a_n$ が整数ならば，

$$f(x)=x^n+a_1x^{n-1}+\cdots+a_n$$

は有理数体において既約である．

例題 1 の定理において $k=1$ とすれば

$$|a_1|>1+|a_2|+\cdots+|a_n|$$

の場合，$f(x)=0$ の根は唯一つを除くほかはすべて単位円内にある．もし $f(x)$ が可約ならば，ガウスの定理により整係数の二つの有理整関数の積として表される．これを

$$f(x)=g(x)h(x)=(x^\mu+b_1x^{\mu-1}+\cdots+b_\mu)(x^\nu+c_1x^{\nu-1}+\cdots+c_\nu)$$

とする．$f(x)=0$ の根を $\alpha_1,\alpha_2,\ldots,\alpha_n$ とし，そのうち $(\alpha_1,\alpha_2,\ldots,\alpha_\mu)$ を $g(x)=0$ の根，$(\alpha_{\mu+1},\ldots,\alpha_n)$ を $h(x)=0$ の根とすれば，$(\alpha_1,\alpha_2,\ldots,\alpha_\mu)$, $(\alpha_{\mu+1},\alpha_{\mu+2},\ldots,\alpha_n)$ の

[*2] D. Mayer, Nouv. Ann. d. Math. (3) 10, 1891; Lévy, ibid. (3) 11, 1892.

いずれか一方に含まれる根はすべて単位円内にある．故にその積の絶対値は 1 より小である．これは b_μ, c_ν が整数なることに矛盾する．よって $f(x)$ は既約でなければならない．

$f(\pm 1) \neq 0$ ならば $|a_1| = 1 + |a_2| + \cdots + |a_n|$ の場合にも既約である[*3]．

例題 3. α の共役数を $\overline{\alpha}$ とし，$f(x)$ の係数をすべて共役数で置換えたものを $\overline{f}(x)$ とする場合に

$$f(x) = a_0 x^n + a_1 x^{n-1} + \cdots + a_n = 0,$$

$$f^*(x) = x^n \overline{f}\left(\frac{1}{x}\right) = \overline{a_n} x^n + \overline{a_{n-1}} x^{n-1} + \cdots + \overline{a_0} = 0$$

とすれば $|\lambda| < 1$ のとき，$f(x) = 0$ と $f_1(x) = f(x) + \lambda f^*(x) = 0$ の単位円内における根の数は相等しい[*4]．

$f(x) = 0$ の根を $\alpha_1, \alpha_2, \ldots, \alpha_n$ とすれば $f^*(x) = 0$ の根は $1/\overline{\alpha_1}, 1/\overline{\alpha_2}, \ldots, 1/\overline{\alpha_n}$ であるから，単位円上の根があれば両方に共通である．

故に $f(x) = 0$ の根が単位円上にない場合を考えればよろしい．

単位円上では $|f^*(x)| = \left|x^n \overline{f}\left(\frac{1}{x}\right)\right| = \left|\overline{f}\left(\frac{1}{x}\right)\right| = \left|f\left(\frac{1}{\overline{x}}\right)\right| = |f(x)|$ であるから，$|\lambda| < 1$ ならば $|f(x)| > |\lambda f^*(x)|$．故にルーシェの定理によって，$f(x) = 0$, $f_1(x) = f(x) + \lambda f^*(x) = 0$ の単位円内の根の数は相等しい．

---

*3 Perron, Journ. f. Math. 132, 1907.

*4 Cohn, Math. Zeits. 14, 1922.

第6章　演習問題

1.　$m > n$ とすれば

$$1 + \binom{m}{1}\binom{n}{1} + \binom{m}{2}\binom{n}{2} + \cdots + \binom{m}{n}\binom{n}{n} = \binom{m+n}{n}$$

なることを証明せよ．

2.　$1 - \binom{n}{1} + \binom{n}{2} - \binom{n}{3} + \cdots + (-1)^r\binom{n}{r} = (-1)^r\binom{n-1}{r}$ を証明せよ．

3.　オイラー恒等式 (§6.11) より逆にラグランジュ補間公式を出せ．(Netto, Algebra, 1896, 1, p.41 参照．)

4.　$f(x) = x^n + a_1x^{n-1} + \cdots + a_n = 0$ の根を $\alpha_1, \alpha_2, \ldots, \alpha_n$ とするとき $\displaystyle\sum_{k=1}^{n} \frac{1}{{\alpha_k}^m f'(\alpha_k)}$ を $f(x)$ の係数にて表せ．

$m = 1$ ならば $-1/a_n$ なることを示せ．

5.　前項において根の k 羃和を s_k とし，$\dfrac{\alpha_i + \alpha_k}{2}$ を根とする方程式 $F(x) = 0$ の根の k 羃和を S_k とすれば

$$S_k = -\frac{s_k}{2} + \frac{1}{2^{k+1}} \sum_{\nu=0}^{k} \binom{k}{\nu} s_\nu s_{k-\nu}$$

なることを証明せよ．

$\left(K(x) = \left(\dfrac{x+\alpha_1}{2}\right)^k + \left(\dfrac{x+\alpha_2}{2}\right)^k + \cdots + \left(\dfrac{x+\alpha_n}{2}\right)^k\right.$ とおいて

$K(\alpha_1) + K(\alpha_2) + \cdots + K(\alpha_n)$ を計算せよ．$\Big)$

6.　$a + b + c = 0,\ a^2 + b^2 + c^2 = 0$ ならば

$$\left(\frac{a}{b-c} + \frac{b}{c-a} + \frac{c}{a-b}\right)\left(\frac{b-c}{a} + \frac{c-a}{b} + \frac{a-b}{c}\right) = 9.$$

一般に $s_1, s_2, \ldots, s_{n-1} = 0$ とすれば

$$\left(\sum_{k=1}^{n} \alpha_k f'(\alpha_k)\right)\left(\sum_{k=1}^{n} \frac{1}{\alpha_k f'(\alpha_k)}\right) = n^2$$

なることを証明せよ．(Nanson, Messenger of Math. 33, 1904.)

第 6 章　諸定理

1.　$f(x) = a_0x^n + a_1x^{n-1} + \cdots + a_n = 0$ の根の k 冪和を s_k とすれば，係数と s_k との関係は

$$\frac{a_k}{a_0} = \sum \frac{\left(\frac{-s_1}{1}\right)^{\lambda_1}\left(\frac{-s_2}{2}\right)^{\lambda_2}\cdots\left(\frac{-s_k}{k}\right)^{\lambda_k}}{\lambda_1!\lambda_2!\cdots\lambda_k!}.$$

ただし $\sum$ は $\lambda_1 + 2\lambda_2 + 3\lambda_3 + \cdots + k\lambda_k = k$, $\lambda_i \geqq 0$ なるあらゆる整数についてとられた総和を表す．

次に

$$s_p = p\left(-\frac{1}{a_0}\right)^p \sum \frac{(-1)^{\lambda_0}(p-\lambda_0-1)!}{\lambda_1!\lambda_2!\cdots\lambda_n!} {a_0}^{\lambda_0}{a_1}^{\lambda_1}\cdots{a_n}^{\lambda_n}.$$

ただし $\sum$ は $\lambda_0+\lambda_1+\cdots+\lambda_n = p$, $\lambda_1+2\lambda_2+\cdots+n\lambda_n = p$ の $\lambda_i \geqq 0$ なる整数解についてとられた総和である． (Waring, Miscellanea Analytica, 1762; Netto, Algebra I, p.100.)

2.　対称関数 $\sum {x_1}^{p_1}{x_2}^{p_2}\cdots{x_k}^{p_k}$ は冪和 s_k によって次の形に表される．

$$\begin{vmatrix} s_{p_1} & (s_{p_1}) & (s_{p_1}) & \cdots & (s_{p_1}) \\ (s_{p_2}) & s_{p_2} & (s_{p_2}) & \cdots & (s_{p_2}) \\ \cdots & \cdots & \cdots & \cdots & \cdots \\ (s_{p_k}) & (s_{p_k}) & \cdots & \cdots & s_{p_k} \end{vmatrix}$$

ただしこの行列式を展開するとき，$(s_{p_1})(s_{p_2})\cdots(s_{p_k})$ なる項はこれを $s_{p_1+p_2+\cdots+p_k}$ に直すものとする．例えば

$$\begin{vmatrix} s_{p_1} & (s_{p_1}) & (s_{p_1}) \\ (s_{p_2}) & s_{p_2} & (s_{p_2}) \\ (s_{p_3}) & (s_{p_3}) & s_{p_3} \end{vmatrix}$$

$$= s_{p_1}s_{p_2}s_{p_3} + 2(s_{p_1})(s_{p_2})(s_{p_3}) - s_{p_1}(s_{p_2})(s_{p_3}) - s_{p_2}(s_{p_1})(s_{p_3}) - s_{p_3}(s_{p_1})(s_{p_2})$$

$$= s_{p_1}s_{p_2}s_{p_3} + 2s_{p_1+p_2+p_3} - s_{p_1}s_{p_2+p_3} - s_{p_2}s_{p_3+p_1} - s_{p_3}s_{p_1+p_2}$$

とする．(Faa di Bruno, Théorie des formes binaires, §1.)

3.　$x_1, x_2, \ldots, x_n$ の対称有理整関数は冪和 $s_1, s_2, \ldots, s_n$ の有理整関数として表されるほか，また $s_1, s_3, s_5, \ldots, s_{2n-1}$ の有理関数として表される．(Borchardt, Berliner Monatsber., 1857, Werke p.107; Vahlen, Acta Math. 23, 1900 参照.)

これが $s_{k_1}, s_{k_2}, \ldots, s_{k_n}$ の有理関数として表されるためのより広い充分な条件は次の形

に述べられる．

0 および正のあらゆる整数よりなる集合から $k_1, k_2, \ldots, k_n$ を除いた集合を M とする．M に属する任意の二つの和が M に属すれば $s_{k_1}, s_{k_2}, \ldots, s_{k_n}$ が上の性質を有する．（掛谷，Japanese Journ. of Math. 2, 1925; 4, 1927; 中村，Ibid 4, 1927.）

4.　$f(x) = x^n + a_1x^{n-1} + a_2x^{n-2} + \cdots + a_n$ の係数が整数であって

$$\sqrt{a_2} \geqq 4^{n-1}(|a_1| + |a_3| + |a_4| + \cdots + |a_n|)$$

ならば，$f(x)$ は有理数体 $\mathbf{Q}$ において既約である．

$$n \geqq 5, \quad \sqrt{a_2} \geqq \left(\frac{7}{2}\right)^{n-1}(|a_1| + |a_3| + |a_4| + \cdots + |a_n|)$$

ならば，$f(x)$ は $\mathbf{Q}$ において既約である．

$$A = |a_1| + |a_2| + \cdots + |a_n| \quad \text{とし}$$

$$f\left(\frac{A+1}{2}\right) < 0 \quad \text{あるいは} \quad (-1)^n f\left(-\frac{A+1}{2}\right) < 0$$

ならば，$f(x)$ は $\mathbf{Q}$ において既約である．(Perron, Journ. f. Math. 132, 1907.)

5.　$f(x) = a_0x^n + a_1p^{m_1}x^{n-1} + a_2p^{m_2}x^{n-2} + \cdots + a_np^{m_n} = 0$

において，p は素数，$a_0, a_1, \ldots, a_n$ は p と互いに素なる整数とする．

$$\frac{m_k}{k} > \frac{m_\nu}{\nu}, \quad (k = 1, 2, \ldots, \nu - 1),$$

$$\frac{m_k - m_\nu}{k - \nu} > \frac{m_n - m_\nu}{n - \nu} > \frac{m_\nu}{\nu}, \quad (k = \nu + 1, \ldots, n - 1)$$

とし，かつ m_ν と ν; $m_n - m_\nu$ と $n - \nu$ とは互いに素であるとする．もし a_n のいずれの約数も $\not\equiv \pm a_\nu \pmod p$ ならば，$f(x)$ は $\mathbf{Q}$ において既約である．（大石，Tôhoku Math. J. 20, 1921.）

$\nu = n$ の場合は，§6.23 の Koenigsberger の条件になる．

$\nu = 1$, $m_1 = 0$ の場合は，Perron, Math. Ann. 60, 1905 にある．

6.　Hilbert の定理.　$F(x, t)$ を整係数の x, t の既約有理整関数とすれば，t に適当な整数を代入すると，これが依然として既約なるようにすることができる．

$F(x_1, x_2, \ldots, x_n; t_1, t_2, \ldots, t_m)$ を $(x_1, x_2, \ldots, x_n; t_1, t_2, \ldots, t_m)$ についての整係数の既約有理整関数とすれば，$t_1, t_2, \ldots, t_m$ に適当な整数を代入しても依然として既約であるようにできる．（Hilbert, Journ. f. Math. 110, 1892; 別の証明は Mertens, Wiener Ber., 1911, p.1485.）

Skolem は Videnskaps Selskapets Christiania, 1921, Math. Ann. 95, 1925 において，$F(x, t)$ が既約であるとき，t に整数を代入して，これが可約となるような t の値を $0 < t_1 <$

$t_2 < t_3 < \cdots$ とすれば，n より小なる $t_1, t_2, \ldots$ の数 $N(n)$ は $\lim_{n\to\infty}\frac{N(n)}{n} = 0$ を満足することを証明した．Dörge は Math. Ann. 95, 1925; 96, 1926 において $F(x_1, x_2, \ldots, x_n, t)$ が既約で，t に正の整数を代入したとき，可約となる値を $0 < t_1 < t_2 < \cdots$ とし，n より小なる t_i の数を $N(n)$ とすれば，$0 < \alpha < 1$ なる α を定めて $\lim_{n\to\infty}\frac{N(n)}{n^\alpha} = 0$ とできることを証明した．

7. $f(x)$ が整係数の既約有理整関数なる場合に，すべての p^λ（p は任意の正整数，λ は任意の正整数または 0 とする）を法として可約となることが可能である．$f(x) = x^3 + 13x^2 + 81$ はその一つである．(Hilbert, Göttinger Nachrichten, 1897.)

---

8. $f(x) = x^n + a_1x^{n-1} + \cdots + a_n$ なる整係数の n 次の有理整関数が法 p に対し既約であるとし，$\varphi(x)$ を整係数の n より低次の有理整関数とする．$\varphi(x)/f(x)$ を展開した形を

$$\frac{c_0}{x} + \frac{c_1}{x^2} + \frac{c_2}{x^3} + \cdots$$

とすれば $c_N \equiv c_0$, $c_{N+1} \equiv c_1$, ..., $c_{2N-1} \equiv c_{N-1} \pmod p$ である．ただし N は $x^N \equiv 1$ (modd $p, f(x)$) なる整数である．

9. 整数列 $c_1, c_2, c_3, \ldots$ が再帰公式

$$a_n^{(k)}c_k + a_{n-1}^{(k)}c_{k+1} + \cdots + a_1^{(k)}c_{k+n-1} + c_{k+n} = 0, \quad (k = 1, 2, 3, \ldots)$$

を満足し，かつ $1 > a_1^{(k)} > a_2^{(k)} > \cdots > a_n^{(k)}, \quad (k = 1, 2, 3, \ldots)$

ならば，ある k より先の c_n はすべて 0 である．(Perron, Münchener Ber., 1920.)

10. $f(x) = a_0x^n + a_1x^{n-1} + \cdots + a_n$ の係数が有理数であって，あらゆる実数の値 x に対し常に $f(x) \geqq 0$ ならば，$f(x)$ は有理数を係数とする有理整関数の平方の八個の和で表される．(Landau, Math. Ann. 62, 1906.)

11. $f(x)$ の係数が実数であるとき，($a_0 = 1$ とする.) すべての $x \geqq 0$ に対して $f(x) > 0$ ならば，$f(x)$ は $f_2(x)/f_1(x)$ の形に表される．ただし $f_1(x), f_2(x)$ は係数が $\geqq 0$ なる有理整関数とする．(Meissner, Math. Ann. 78, 1911.)

12. 変数がある任意の区間内の有理数であるとき，その代数関数が常に有理数の値をとるならば，これは有理係数の有理関数である．(Hilbert, Journ. f. Math. 110, 1892; 和田，Kyoto University Mem. 2, 1911．これは多くの変数の場合に拡張される．小島，Tôhoku Math. J. 8, 1915.)

13. 変数が整数なるとき，その代数関数が常に整数の値をとれば，これは必ず有理係数の有理整関数である．変数の数は一つまたは一つ以上でもよろしい．（小島，Tôhoku Math. J. 8, 1915.）

特別の場合 ： 整係数の有理整関数 $f(x)$ が x を整数とするとき，常に整数の平方数を表すならば，$f(x)$ は整係数の有理整関数の平方でなければならない．(Jentzsch, Archiv d. Math. (3) 19, 1912.)

第7章　行　列　式[†]

第1節　置　　換

7.1.　行列式の起源.　多元一次方程式の一組，例えば

$$a_1x + b_1y + c_1z = d_1, \tag{1}$$

$$a_2x + b_2y + c_2z = d_2, \tag{2}$$

$$a_3x + b_3y + c_3z = d_3 \tag{3}$$

を解くには，まず (1), (2) より z を消去するため，(1) に c_2，(2) に c_1 をかけて相減じれば

$$(a_1c_2 - a_2c_1)\,x + (b_1c_2 - b_2c_1)\,y = d_1c_2 - d_2c_1 \tag{4}$$

が得られる．(1) に c_3，(3) に c_1 をかけて相減じれば

$$(a_1c_3 - a_3c_1)\,x + (b_1c_3 - b_3c_1)\,y = d_1c_3 - d_3c_1 \tag{5}$$

となる．次に (4), (5) より y を消去するため, (4) に $(b_1c_3-b_3c_1)$, (5) に $(b_1c_2-b_2c_1)$ をかけて相減じれば

$$\begin{aligned}&\{(a_1c_2 - a_2c_1)(b_1c_3 - b_3c_1) - (a_1c_3 - a_3c_1)(b_1c_2 - b_2c_1)\}\,x\\ &= (d_1c_2 - d_2c_1)(b_1c_3 - b_3c_1) - (d_1c_3 - d_3c_1)(b_1c_2 - b_2c_1).\end{aligned} \tag{6}$$

これより x が求められる．(6) の両辺を書直せば

$$\begin{aligned}&c_1\bigl\{a_1b_2c_3 + a_2b_3c_1 + a_3b_1c_2 - a_1b_3c_2 - a_2b_1c_3 - a_3b_2c_1\bigr\}x\\ &= c_1\bigl\{d_1b_2c_3 + d_2b_3c_1 + d_3b_1c_2 - d_1b_3c_2 - d_2b_1c_3 - d_3b_2c_1\bigr\}\end{aligned}$$

---

† 本章に関しては Kowalewski, Einführung in die Determinantentheorie, 1909; Pascal, Die Determinanten, 1900 参照．文献に関しては Muir, History of determinants 1–4, 1906–1923, 特に 1 参照.

となる．この係数の形を見れば，ある一定の法則の存在が認められるであろう．これを拡張して n 個の変数を含む一次方程式の n 個の一組を考えるとき，係数を支配する法則の組織的研究が必要になる．

このような動機から行列式の概念が生まれ出たのである．欧州の数学史上で最も早くこの思想が現れたのはライプニッツが 1693 年にロピタルに送った書簡中であるが，これは 1850 年にゲルハルトがライプニッツ遺稿中から発見するまでは全く埋もれていた[*1]．従って行列式の理論の発展には直接の影響を与えなかった．

行列式の理論の実際上の源泉はクラメルが 1750 年に公にした代数曲線に関する書[*2]であって，ライプニッツと同様に，やはり一次方程式の一組の解から出発している．

しかしながら林博士[*3]は，我国の大数学者，関孝和 (?–1708) の交式斜乗の法は行列式そのものであって，関の発見年代は 1683 年以前であることを初めて公にされた．すなわちライプニッツよりさらに 10 年余早いのである．

本章において我々は行列式の理論と応用に一斑を論じる．

まず置換なる概念から始めよう．

7.2. 置換． 今ここに n 個の物をとる．それは数であってもなくてもよろしい．これを**要素**と名づけ，簡単のため数字 $1, 2, \ldots, n$ で表すことにする．

これら n 個の要素を番号の順に配列すれば，$(1, 2, 3, \ldots, n)$ となるが，これを他の任意の配列に換える．例えば，これを $(p_1, p_2, \ldots, p_n)$ とする．$p_1, p_2, \ldots, p_n$ は全体では $1, 2, \ldots, n$ に等しいが，ただその順序が異なっているに過ぎない．一つの配列から他の配列に移る演算を**置換**と名づける．$(1, 2, 3, \ldots, n)$ から $(p_1, p_2, p_3, \ldots, p_n)$ に移る置換を $\begin{pmatrix} 1 & 2 & 3 & \cdots & n \\ p_1 & p_2 & p_3 & \cdots & p_n \end{pmatrix}$ で表す．

この置換においては，1 が p_1 に，2 が p_2 に，以下順次 n が p_n に換わる点に重き

§7.1,*1 Leibniz, Math Schriften, Berlin, 1850, I, p.229, 238–240, 245; Gerhardt, Berliner Ber., 1891.

*2 Cramer, Introduction à l'Analyse des lignes courbes algébriques, 1750, pp.59–60, 656–659.

*3 林，東京数学物理学会記事 (2) 5, 1910.

をおく．故にその事実が変わらない以上は，これを $\begin{pmatrix} 2 & 3 & 1 & \cdots & n \\ p_2 & p_3 & p_1 & \cdots & p_n \end{pmatrix}$ としても，$\begin{pmatrix} n & n-1 & \cdots & 2 & 1 \\ p_n & p_{n-1} & \cdots & p_2 & p_1 \end{pmatrix}$ としても同一の置換を表すものとする．

$\begin{pmatrix} 1 & 2 & 3 & \cdots & n \\ 1 & 2 & 3 & \cdots & n \end{pmatrix}$ は何らの置換を行わないことを意味するが，これも置換の内に入れ，特に**単位置換**または**恒等置換**と名づける．

$s = \begin{pmatrix} 1 & 2 & 3 & \cdots & n \\ p_1 & p_2 & p_3 & \cdots & p_n \end{pmatrix}$ に対し $\begin{pmatrix} p_1 & p_2 & p_3 & \cdots & p_n \\ 1 & 2 & 3 & \cdots & n \end{pmatrix}$ を**逆置換**と名づけ，s^{-1} で表す．

7.3. 置換の積． 今一つの置換 $s = \begin{pmatrix} 1 & 2 & 3 & \cdots & n \\ p_1 & p_2 & p_3 & \cdots & p_n \end{pmatrix}$ にさらに他の置換 $t = \begin{pmatrix} 1 & 2 & 3 & \cdots & n \\ q_1 & q_2 & q_3 & \cdots & q_n \end{pmatrix}$ を施した結果は，また一つの置換となる．これを s, t の組合せ，または**積**と名づけ，st で表す．

$t = \begin{pmatrix} 1 & 2 & 3 & \cdots & n \\ q_1 & q_2 & q_3 & \cdots & q_n \end{pmatrix}$ において $p_1, p_2, \ldots, p_n$ がそれぞれ $r_1, r_2, \ldots, r_n$ に置換えられたとすれば，t は $\begin{pmatrix} p_1 & p_2 & \cdots & p_n \\ r_1 & r_2 & \cdots & r_n \end{pmatrix}$ と書いても差支えない．故に s に t を施せば，s によって k は p_k となり，さらに t によって r_k となるから

$$st = \begin{pmatrix} 1 & 2 & 3 & \cdots & n \\ p_1 & p_2 & p_3 & \cdots & p_n \end{pmatrix} \cdot \begin{pmatrix} p_1 & p_2 & \cdots & p_n \\ r_1 & r_2 & \cdots & r_n \end{pmatrix} = \begin{pmatrix} 1 & 2 & 3 & \cdots & n \\ r_1 & r_2 & r_3 & \cdots & r_n \end{pmatrix}$$

である[*1]．

§7.3,*1 〔**編者注**：置換の積の順序が現在とは逆で，現在の積では ts であり，いずれもまず s を行い次に t を行う操作を意味する．本書では原著通りの積の順序とする．〕

例えば $st = \begin{pmatrix} 3 & 5 & 2 & 1 & 4 \\ 1 & 4 & 3 & 5 & 2 \end{pmatrix} \begin{pmatrix} 1 & 4 & 5 & 2 & 3 \\ 4 & 1 & 5 & 3 & 2 \end{pmatrix}$ を求めてみる.

まず s によって 1 は 5 になり，5 は t によって 5 となる．同様に 2 は 2, 3 は 4, 4 は 3, 5 は 1 となる．故に

$$st = \begin{pmatrix} 1 & 2 & 3 & 4 & 5 \\ 5 & 2 & 4 & 3 & 1 \end{pmatrix}.$$

s, t の順序を変えて ts を作れば

$$ts = \begin{pmatrix} 1 & 4 & 5 & 2 & 3 \\ 4 & 1 & 5 & 3 & 2 \end{pmatrix} \begin{pmatrix} 3 & 5 & 2 & 1 & 4 \\ 1 & 4 & 3 & 5 & 2 \end{pmatrix} = \begin{pmatrix} 1 & 2 & 3 & 4 & 5 \\ 2 & 1 & 3 & 5 & 4 \end{pmatrix}.$$

この一例で st は必ずしも ts と同一でないことが分かるであろう．s と逆置換 s^{-1} の積 ss^{-1}, $s^{-1}s$ は単位置換に等しい.

7.4. 巡回置換. 今一つの置換 $s = \begin{pmatrix} 1 & 2 & 3 & \cdots & n \\ p_1 & p_2 & p_3 & \cdots & p_n \end{pmatrix}$ によって，k が k' に変わり，k' が k'' に変わり，このように進むとすれば，多くとも n 回の後には，もとの k に帰る．仮に最後の $k^{(m)}$ が k に変わったとすれば，$k, k', k'', \ldots, k^{(m)}$ が一つの環を作る．これは $\begin{pmatrix} k & k' & k'' & \cdots & k^{(m)} \\ k' & k'' & k''' & \cdots & k \end{pmatrix}$ なる置換を表す．簡単のためこれを $(k\,k'\,k''\,\cdots\,k^{(m)})$ によって表し，**巡回置換**[*1]または**環**と名づける.

もし s が $k, k', \ldots, k^{(m)}$ 以外の要素 h を含むならば，h より出発してまた一つの環 $(h\,h'\,h''\,\cdots\,h^{(l)})$ が定められる．これを続けて行えば次の定理に達する.

定理.　任意の置換は有限個の環の積として表される[*2]**.**

例えば

§7.4,*1 〔**編者注**：原著では「循環置換」と呼んでいる.〕

*2 〔**編者注**：原著では唯一通りに有限個の環の積として表されると書かれているが，正しくない．例えば $(1\,2\,3) = \begin{pmatrix} 1 & 2 & 3 \\ 2 & 3 & 1 \end{pmatrix} = (23)\,(12) = (12)\,(23)\,(12)\,(23)$.〕

$$\begin{pmatrix} 1 & 2 & 3 & 4 & 5 & 6 \\ 2 & 4 & 6 & 1 & 5 & 3 \end{pmatrix} = (124)\,(36)\,(5),$$

$$\begin{pmatrix} 1 & 2 & 3 & 4 & 5 & 6 \\ 3 & 2 & 5 & 6 & 4 & 1 \end{pmatrix} = (13546)\,(2).$$

唯一個の要素からなる環は略して書かないことにする．

次に

$$s = \begin{pmatrix} 1 & 2 & \cdots & n \\ p_1 & p_2 & \cdots & p_n \end{pmatrix},\ t = \begin{pmatrix} 1 & 2 & \cdots & n \\ q_1 & q_2 & \cdots & q_n \end{pmatrix} = \begin{pmatrix} p_1 & p_2 & \cdots & p_n \\ r_1 & r_2 & \cdots & r_n \end{pmatrix}$$

とすれば

$$t^{-1} = \begin{pmatrix} q_1 & q_2 & \cdots & q_n \\ 1 & 2 & \cdots & n \end{pmatrix}$$

であるから

$$t^{-1}s = \begin{pmatrix} q_1 & q_2 & \cdots & q_n \\ 1 & 2 & \cdots & n \end{pmatrix} \begin{pmatrix} 1 & 2 & \cdots & n \\ p_1 & p_2 & \cdots & p_n \end{pmatrix} = \begin{pmatrix} q_1 & q_2 & \cdots & q_n \\ p_1 & p_2 & \cdots & p_n \end{pmatrix}.$$

$$t^{-1}st = \begin{pmatrix} q_1 & q_2 & \cdots & q_n \\ p_1 & p_2 & \cdots & p_n \end{pmatrix} \begin{pmatrix} p_1 & p_2 & \cdots & p_n \\ r_1 & r_2 & \cdots & r_n \end{pmatrix} = \begin{pmatrix} q_1 & q_2 & \cdots & q_n \\ r_1 & r_2 & \cdots & r_n \end{pmatrix}$$

となる．$t^{-1}st$ のことを t により s を**変換**した置換という．

上の形で明らかなように，$t^{-1}st$ は $s = \begin{pmatrix} 1 & 2 & 3 & \cdots & n \\ p_1 & p_2 & p_3 & \cdots & p_n \end{pmatrix}$ におけるすべての要素を t に施したものである．詳しく言えば，t は k を q_k に，p_k を r_k に置換するから，$s = \begin{pmatrix} 1 & 2 & 3 & \cdots & n \\ p_1 & p_2 & p_3 & \cdots & p_n \end{pmatrix}$ の $1, 2, \ldots, n$ を $q_1, q_2, \ldots, q_n$ に置換え，$p_1, p_2, \ldots, p_n$ を $r_1, r_2, \ldots, r_n$ に置換えたもの $\begin{pmatrix} q_1 & q_2 & \cdots & q_n \\ r_1 & r_2 & \cdots & r_n \end{pmatrix}$ が $t^{-1}st$ と

なる．例えば

$$s = (1325)\,(46), \qquad t = (312564)$$

ならば

$$t^{-1}st = (2156)\,(34).$$

これによれば，s が m 個の環よりなるときは，$t^{-1}st$ もまた m 個の環よりなり，環内の要素の数も変わらない．

7.5. 互換と奇置換，偶置換． 任意の置換は環の積に分解されたが，環はまたより簡単なものに分解される．

一つの環 $(k\,k'\,k''\cdots k^{(m)})$ は二要素よりなる環の m 個の積

$$(kk')\,(kk'')\,(kk''')\cdots(kk^{(m)})$$

として表される．これは $(k\,k'\,k''\cdots k^{(m)})$ において，まず k と k' とを入替え，その後に k と k'' とを入替え，このようにして最後に k と $k^{(m)}$ とを入替えれば，配列 $k\,k'\,k''\,\cdots\,k^{(m)}$ は $k'\,k''\,\cdots\,k^{(m)}\,k$ となり，従って

$$(kk')\,(kk'')\,\cdots\,(kk^{(m)}) = (k\,k'\,k''\,\cdots\,k^{(m)})$$

となることが証明される．

このような二つの要素からなる環を特に**互換**と名づける．

$m+1$ 個の要素からなる環は m 個の互換の積として表される．従って任意の置換はすべて互換の積に表される．

ただし互換に分解する仕方は決して一通りではない．しかし幾通りに表されても，互換の数は常に偶数であるか，常に奇数である．

これを証明するため

$$\begin{aligned} A = (a_1-a_2)(a_1-a_3)&\cdots(a_1-a_n) \\ (a_2-a_3)&\cdots(a_2-a_n) \\ &\cdots\cdots\cdots\cdots \\ &(a_{n-1}-a_n) \end{aligned}$$

なる積を考える．a_k の k を a_k の添数と名づける．

この添数に一つの互換を施すと，A の符号が変わることは容易に示されるであろう．互換を n 回施すと A は $(-1)^n A$ となる．

今添数の一つに置換 s を施せば A は A となるか，$-A$ となる．s を互換の積に分解して，一つずつ互換を施せば，一回毎に A は符号を変えるが，最後には A または $-A$ となるから，互換の数は偶数になるか奇数になるか，常に一定している．それは互換に分解する方法の如何にかかわらない．よって次の定理が得られる．

定理．置換は常に互換の積に分解することができる．幾通りに分解されても，その互換の数は常に偶数になるか，常に奇数になるかである．

偶数個の互換の積よりなる置換を**偶置換**と名づけ，奇数個の互換の積よりなる置換を**奇置換**と名づける*1．

与えられた置換が偶置換か奇置換のいずれであるかを定めるには，環に分解するのが最も簡単である．これは一つの置換が μ 個の環 (一つの要素よりなる環も加えて) に分かれている場合には，$n-\mu$ 個の互換に分解されることを見ればよろしい．

これを示すには，μ 個の環がそれぞれ $\nu_1, \nu_2, \ldots, \nu_\mu$ 個の要素よりなるものとすれば，それぞれ $\nu_1-1, \nu_2-1, \ldots, \nu_\mu-1$ 個の互換に分かれている．故に全体で $(\nu_1-1)+(\nu_2-1)+\cdots+(\nu_\mu-1)=n-\mu$ 個の互換に分かれている．

例えば $\begin{pmatrix} 1 & 2 & 3 & 4 & 5 & 6 \\ 2 & 4 & 6 & 1 & 5 & 3 \end{pmatrix} = (124)(36)(5)$ は $n-\mu=6-3=3$ であるから奇置換である．$\begin{pmatrix} 1 & 2 & 3 & 4 & 5 & 6 \\ 3 & 2 & 5 & 6 & 4 & 1 \end{pmatrix} = (13546)(2)$ は $n-\mu=6-2=4$ であるから偶置換である．

n 個の要素 $1, 2, 3, \ldots, n$ の置換の総数は $n!$ である．

何となれば，$n-1$ 個の要素 $1, 2, \ldots, n-1$ をあらゆる方法で配列する仕方が $(n-1)!$ 個あると仮定すれば，新しい要素 n を加えて配列するには $1, 2, \ldots, n-1$ の配列の各々に n を n 個の異なる位置に挿入すればよろしい．故に $1, 2, 3, \ldots, n$ の配列の仕方は $n\cdot(n-1)!=n!$ 個ある．然るに二つの要素の配列の仕方は $2!=2$ 個あることは明らかであるから，数学的帰納法により一般に成立することが結論される．

§7.5,*1 〔**編者注**：原著では「偶数置換」,「奇数置換」と呼んでいる.〕

これら $n!$ 個の置換の半数が偶置換であって，他の半数が奇置換である．

何となれば，偶置換を $s_1, s_2, \ldots, s_\mu$ とし，奇置換を $s_1', s_2', \ldots, s_\nu'$ $(\mu+\nu=n!)$ とすれば，$s_1, s_2, \ldots, s_\mu$ の各々に一つの互換，例えば (12) をかけると，すべて互いに異なる奇置換になる．故に $\nu \geqq \mu$ でなければならない．同様に $s_1', s_2', \ldots, s_\nu'$ に (12) をかけると，すべて互いに異なる偶置換になるから $\mu \geqq \nu$ となる．故に $\mu=\nu=\dfrac{n!}{2}$ でなければならない．

以上において我々は置換に関する根本的な性質のみを論じた．行列式を論じるにはこれだけで充分である．なお第2巻においてさらに置換論を詳説するであろう．

第2節　行列式の基本性質

7.6. 行列式の定義[*1]． 今 n^2 個の数 a_{ik} $(i, k=1, 2, \ldots, n)$ を次のように配列する：

$$\begin{Vmatrix} a_{11} & a_{12} & a_{13} & \cdots & a_{1n} \\ a_{21} & a_{22} & a_{23} & \cdots & a_{2n} \\ \cdots & \cdots & \cdots & \cdots & \cdots \\ a_{n1} & a_{n2} & a_{n3} & \cdots & a_{nn} \end{Vmatrix}$$

これを**行列**[*2]と名づけ，a_{ik} をその**要素**という[*3]．

$(a_{i1}\, a_{i2}\, \cdots\, a_{in})$ を**第 i 行**と名づけ，$(a_{1k}\, a_{2k}\, \cdots\, a_{nk})$ を**第 k 列**と名づける．

要素 a_{ik} の第一の添数 i は行，第二の添数 k は列の番号を表す．a_{ik} を簡単のため (i,k) 要素と名づける．

$a_{11}, a_{22}, a_{33}, \cdots, a_{nn}$ は対角線上にある要素である．これを**対角要素**という．

---

§7.6, *1　行列式を置換で定義することは Cauchy, Journ. l'École polyt. Cah. 17, 1815, Oeuvres (2) 1, p.91, Cauchy はこの論文で Cramer より彼に到るまでのほとんどすべての結果を統一した．交代数なるものによって定義することは Grassmann, Ausdehnungslehre, 1844, Werke I_2. Scott–Mathews, Theory of determinants and their applications, 2 ed., 1904 はその流儀をくむものである．

*2 〔**編者注**：原著では方列と呼んでいる．〕方列 (Matrix) の名は，Sylvester (Phil. Magazine (3) 37, 1850, Collected Math. Papers 1, 145–151) に始まる．

*3 〔**編者注**：元素，成分ともいう．〕

さて $\begin{pmatrix} 1 & 2 & \cdots & n \\ p_1 & p_2 & \cdots & p_n \end{pmatrix}$ を $n!$ 個の置換の任意の一つとし

$$D = \sum \varepsilon(p_1 p_2 \cdots p_n)\, a_{1p_1}\, a_{2p_2} \cdots a_{np_n}$$

を作る．ここに $\sum$ は $n!$ 個の置換すべてについてとった総和を意味する．

この D は n^2 個の数 a_{ik} を互いに独立な変数と考えれば，その n 次の同次有理整関数である．また行列の一つの行または一つの列の各要素の関数と見れば，一次の同次有理整関数である．すなわち D の各々の項には，一つの行の要素は唯一つしか含まれない．一つの列の要素もまた一つより含まれない．

係数 $\varepsilon(p_1 p_2 \cdots p_n)$ は置換 $\begin{pmatrix} 1 & 2 & 3 & \cdots & n \\ p_1 & p_2 & p_3 & \cdots & p_n \end{pmatrix}$ が偶置換ならば 1，奇置換ならば -1 に等しいものと定めておく．

このように定められた D を n 次の**行列式**といい[*4]，これを

$$\begin{vmatrix} a_{11} & a_{12} & \cdots & a_{1n} \\ a_{21} & a_{22} & \cdots & a_{2n} \\ \cdots & \cdots & \cdots & \cdots \\ a_{n1} & a_{n2} & \cdots & a_{nn} \end{vmatrix}$$

で表す．あるいは単に代表的な要素をとって

$$|a_{ik}|, \qquad (i,\, k = 1, 2, \ldots, n)$$

とする．これは a_{ik} の絶対値と混同してはいけない．あるいはまた対角要素だけを書けば，その他の要素が想像できる場合には

$$\sum \pm a_{11} a_{22} \cdots a_{nn}$$

と略記することがある[*5]．

例えば $n = 3$ の場合には

---

*4　行列式は Determinant の邦訳である．この語は Gauss が二次形式 $ax^2 + 2bxy + cy^2$ において $b^2 - ac$ を呼んだ名前であるが，これを Cauchy, Jacobi が上の意味に採用したのである．

*5　〔**編者注**：この記号は現在では用いられていない．〕

$$\begin{pmatrix}1&2&3\\1&2&3\end{pmatrix},\ \begin{pmatrix}1&2&3\\2&3&1\end{pmatrix},\ \begin{pmatrix}1&2&3\\3&1&2\end{pmatrix}\quad \text{が偶置換,}$$

$$\begin{pmatrix}1&2&3\\1&3&2\end{pmatrix},\ \begin{pmatrix}1&2&3\\3&2&1\end{pmatrix},\ \begin{pmatrix}1&2&3\\2&1&3\end{pmatrix}\quad \text{が奇置換}$$

であるから

$$\begin{vmatrix}a_{11}&a_{12}&a_{13}\\a_{21}&a_{22}&a_{23}\\a_{31}&a_{32}&a_{33}\end{vmatrix} = a_{11}a_{22}a_{33}+a_{12}a_{23}a_{31}+a_{13}a_{21}a_{32} - a_{11}a_{23}a_{32}-a_{13}a_{22}a_{31}-a_{12}a_{21}a_{33}.$$

この三次の行列式に限って，これを次のように考えることが最も便利である．

まず左上から右下へ対角線に平行な方向にとった三要素の積を正とし，逆に右上から左下への対角線に平行な三要素の積を負として，これらを加え合わせれば，三次の行列式の値が得られる（図 7–1）．

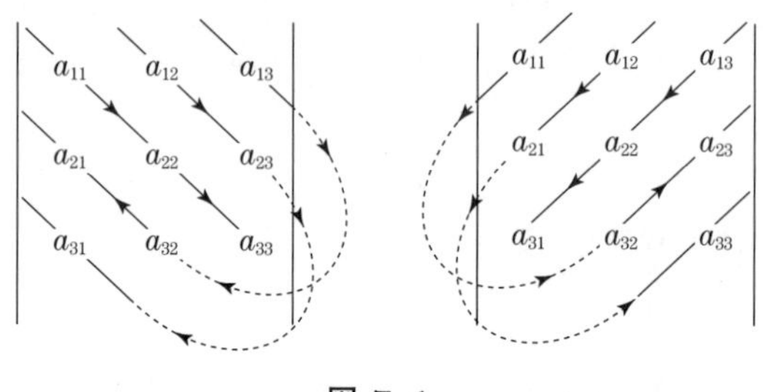

図 7–1

例題 1.

$$\begin{vmatrix}4&9&2\\3&5&7\\8&1&6\end{vmatrix} = 4\cdot5\cdot6+9\cdot7\cdot8+2\cdot1\cdot3-2\cdot5\cdot8-9\cdot3\cdot6-4\cdot1\cdot7=360.$$

例題 2.

$$\begin{vmatrix}a&b&ax+b\\b&c&bx+c\\ax+b&bx+c&0\end{vmatrix} = 2b(ax+b)(bx+c)-c(ax+b)^2-a(bx+c)^2$$

$$=(b^2-ac)(ax^2+2bx+c).$$

例題 3.

$$\begin{vmatrix} b^2+c^2 & ab & ac \\ ba & c^2+a^2 & bc \\ ca & cb & a^2+b^2 \end{vmatrix} = (b^2+c^2)(c^2+a^2)(a^2+b^2)+3a^2b^2c^2$$

$$-b^2c^2(b^2+c^2)-c^2a^2(c^2+a^2)-a^2b^2(a^2+b^2)$$

$$=4a^2b^2c^2.$$

7.7. 行列式の基本性質.

n 次の行列式

$$D = \begin{vmatrix} a_{11} & a_{12} & \cdots & a_{1n} \\ \cdots & \cdots & \cdots & \cdots \\ a_{n1} & a_{n2} & \cdots & a_{nn} \end{vmatrix} = \sum \varepsilon(p_1 p_2 \cdots p_n)\, a_{1p_1}\, a_{2p_2}\, \cdots\, a_{np_n}$$

が各行または各列の要素の一次の同次有理整関数であることはすでに述べた．この一次の同次有理整関数であることの直接の結果として次の定理が導かれる．

定理 $\mathbf{A_1}$．　任意の一つの行，または一つの列の要素の各々に定数 t をかけた行列式は元の行列式に t をかけたものに等しい．

定理 $\mathbf{A_2}$．　第 i 行の要素が

$$(a_{i1}+a'_{i1}, a_{i2}+a'_{i2}, \ldots, a_{in}+a'_{in})$$

なる行列式は，第 i 行の要素がそれぞれ

$$(a_{i1}, a_{i2}, \ldots, a_{in}), \quad (a'_{i1}, a'_{i2}, \ldots, a'_{in})$$

なる二つの行列式 (その他の要素は元のまま) の和に等しい．

列に対しても同様である．

次に行列式の係数に関する規定から次の定理を得る．

定理 $\mathbf{B_1}$．　行列式の行と列とを入替えた行列式は，元の行列式に等しい．

定理 $\mathbf{B_2}$．　行列式の任意の二つの行，または任意の二つの列を入替えたものは，元の行列式の符号を変えたものに等しい．

これらを証明するのに，行列式 D の行と列を入替えると，a_{ik} が a_{ki} となるから，D は

$$D' = \sum \varepsilon(p_1 p_2 \cdots p_n)\, a_{p_1 1} a_{p_2 2} \cdots a_{p_n n}$$

となる．

さて $a_{p_1 1} a_{p_2 2} \cdots a_{p_n n}$ を第一の添数が 1, 2, 3, ..., n の順序に並べ替えよう．これには $s = \begin{pmatrix} 1 & 2 & \cdots & n \\ p_1 & p_2 & \cdots & p_n \end{pmatrix}$ の逆置換を

$$s^{-1} = \begin{pmatrix} p_1 & p_2 & \cdots & p_n \\ 1 & 2 & \cdots & n \end{pmatrix} = \begin{pmatrix} 1 & 2 & \cdots & n \\ q_1 & q_2 & \cdots & q_n \end{pmatrix}$$

とすれば，明らかに

$$a_{p_1 1} a_{p_2 2} \cdots a_{p_n n} = a_{1 q_1} a_{2 q_2} \cdots a_{n q_n}$$

となるから

$$D' = \sum \varepsilon(p_1 p_2 \cdots p_n)\, a_{1 q_1} a_{2 q_2} \cdots a_{n q_n}$$

である．然るに $s \cdot s^{-1} = \begin{pmatrix} 1 & 2 & \cdots & n \\ 1 & 2 & \cdots & n \end{pmatrix}$ は偶置換であるから，s と s^{-1} とは同時に偶置換であるか，同時に奇置換である．故に規定により

$$\varepsilon(p_1 p_2 \cdots p_n) = \varepsilon(q_1 q_2 \cdots q_n),$$

$$D' = \sum \varepsilon(q_1 q_2 \cdots q_n)\, a_{1 q_1} a_{2 q_2} \cdots a_{n q_n} = D$$

となる．これで定理 B_1 が証明された．

次に D において第 i 行と第 k 行 $(k > i)$ とを入替えたものを D' とすれば

$$D' = \sum \varepsilon(p_1 p_2 \cdots p_n)\, a_{1 p_1} \cdots \overset{*}{a}_{i p_k} \cdots \overset{*}{a}_{k p_i} \cdots a_{n p_n}$$

($*$ のところだけ D と違う)．今係数 $\varepsilon(p_1 p_2 \cdots p_n)$ において p_i と p_k とを入替えれば，$\begin{pmatrix} 1 & 2 & \cdots & n \\ p_1 & p_2 & \cdots & p_n \end{pmatrix}$ は一つの互換を施されるから，偶置換ならば奇置換となり，奇置換ならば偶置換となる．故に

$$D' = -\sum \varepsilon(p_1 \cdots p_k \cdots p_i \cdots p_n)\, a_{1 p_1} \cdots a_{i p_k} \cdots a_{k p_i} \cdots a_{n p_n},$$

すなわち，$-D$ に等しくなる．これで定理 B_2 は証明された．

さらに定理 B_2 の直接の結果として次の定理を得る．

定理 $\mathbf{C_1}$． **行列式の二つの行，または二つの列が相等しければ，この行列式は** 0 **に等しい．**

何となれば，相等しいと仮定された二つの行または列を入替えたものを D' とすれば，定理 B_2 によって $D' = -D$ であるが，実際は等しいものを入替えたのであるから変わらないはずである．故に $D = -D$，従って $D = 0$ となる．

定理 C_1 と定理 $\mathrm{A}_1, \mathrm{A}_2$ とから次の定理を得る．

定理 $\mathbf{C_2}$． **行列式の一つの行に定数** t **をかけて，これを他の行に加えても，行列式の値は変わらない．列についても同様である．**

上のような演算を施された行列式を，定理 A_2 により二つの行列式に分ければ，定理 $\mathrm{A}_1, \mathrm{C}_1$ により一方は元の行列式に等しく，他方は 0 となる．

以上に列挙した性質 $\mathrm{A}_1, \mathrm{A}_2, \mathrm{B}_1, \mathrm{B}_2, \mathrm{C}_1, \mathrm{C}_2$ は行列式の基本性質であって，これより種々の結果を導き出すことができる．

例題 1． $D = \begin{vmatrix} 0 & a & b \\ -a & 0 & c \\ -b & -c & 0 \end{vmatrix}$ のすべての行の符号を変えれば，定理 A_1 によって $\begin{vmatrix} 0 & -a & -b \\ a & 0 & -c \\ b & c & 0 \end{vmatrix} = -D$. これは D の行と列とを入替えたものであるから，定理 B_1 により D に等しい．すなわち $D = -D$ となるから結局 $D = 0$ となる．

このことは奇数次のものならば一般に成立する．この形の行列式を**交代行列式**と名づける．

例題 2．

$$\begin{vmatrix} 1 & a & b+c \\ 1 & b & c+a \\ 1 & c & a+b \end{vmatrix} \text{第二列を第三列に加えて} = \begin{vmatrix} 1 & a & a+b+c \\ 1 & b & a+b+c \\ 1 & c & a+b+c \end{vmatrix},$$

$$\text{第三列から同一の因子を出して} = (a+b+c) \begin{vmatrix} 1 & a & 1 \\ 1 & b & 1 \\ 1 & c & 1 \end{vmatrix} = 0.$$

例題 3.

$$\begin{vmatrix} b+c & a-c & a-b \\ b-c & c+a & b-a \\ c-b & c-a & a+b \end{vmatrix} \text{第一行を第二，第三行に加えて} = \begin{vmatrix} b+c & a-c & a-b \\ 2b & 2a & 0 \\ 2c & 0 & 2a \end{vmatrix}$$

$$= 4\begin{vmatrix} b+c & a-c & a-b \\ b & a & 0 \\ c & 0 & a \end{vmatrix} \text{第二，第三行を第一行より引けば} = 4\begin{vmatrix} 0 & -c & -b \\ b & a & 0 \\ c & 0 & a \end{vmatrix} = 8abc.$$

例題 4.

$$\begin{vmatrix} -1 & 1 & 1 & 1 \\ 1 & -1 & 1 & 1 \\ 1 & 1 & -1 & 1 \\ 1 & 1 & 1 & -1 \end{vmatrix} \begin{matrix}\text{第一行に他の各行を加えれば} \\ 2,2,2,2\ \text{となるから}\end{matrix} = 2\begin{vmatrix} 1 & 1 & 1 & 1 \\ 1 & -1 & 1 & 1 \\ 1 & 1 & -1 & 1 \\ 1 & 1 & 1 & -1 \end{vmatrix},$$

$$\text{第一行を第二，第三，第四行より引けば} = 2\begin{vmatrix} 1 & 1 & 1 & 1 \\ 0 & -2 & 0 & 0 \\ 0 & 0 & -2 & 0 \\ 0 & 0 & 0 & -2 \end{vmatrix} = 2^4\begin{vmatrix} 1 & 1 & 1 & 1 \\ 0 & -1 & 0 & 0 \\ 0 & 0 & -1 & 0 \\ 0 & 0 & 0 & -1 \end{vmatrix}$$

$$\text{第二，第三，第四行を第一に加えて} = 2^4\begin{vmatrix} 1 & 0 & 0 & 0 \\ 0 & -1 & 0 & 0 \\ 0 & 0 & -1 & 0 \\ 0 & 0 & 0 & -1 \end{vmatrix} = -16.$$

例題 5.

$$D = \begin{vmatrix} 1 & 1 & \cdots & 1 \\ \alpha_1 & \alpha_2 & \cdots & \alpha_n \\ {\alpha_1}^2 & {\alpha_2}^2 & \cdots & {\alpha_n}^2 \\ \cdots & \cdots & \cdots & \cdots \\ {\alpha_1}^{n-1} & {\alpha_2}^{n-1} & \cdots & {\alpha_n}^{n-1} \end{vmatrix}$$

$$\begin{aligned} = (-1)^{\frac{1}{2}n(n-1)}(\alpha_1-\alpha_2)(\alpha_1-\alpha_3)\cdots(\alpha_1-\alpha_n) \\ (\alpha_2-\alpha_3)\cdots(\alpha_2-\alpha_n) \\ \cdots\cdots\cdots\cdots\cdots\cdots \\ (\alpha_{n-1}-\alpha_n). \end{aligned}$$

D を α_1 の関数と考えれば $n-1$ 次の有理整関数である．$\alpha_1=\alpha_2, \alpha_3, \ldots, \alpha_n$ とおけば，0 となる．故に D は $(\alpha_1-\alpha_2), (\alpha_1-\alpha_3), \ldots, (\alpha_1-\alpha_n)$ なる因子をもつ．同様にして他の因子が求められる．$\alpha_2{\alpha_3}^2\cdots{\alpha_n}^{n-1}$ の係数を比較して上の関係式が得られる．

7.8. 行列式の特有性質． 以上の六つの性質 $\mathrm{A}_1, \mathrm{A}_2, \mathrm{B}_1, \mathrm{B}_2, \mathrm{C}_1, \mathrm{C}_2$ の内，行列式を定める特有性質は何であろうか．次にこの問題を考えてみよう*1.

今 n^2 個の要素 a_{ik} よりなる行列 (a_{ik}) をとり，n^2 個の要素 a_{ik} の有理整関数 $F(a_{ik})$ に対して次の条件を与える．

I. $F(a_{ik})$ において任意の一つの行，または一つの列の要素に t をかけると $t\,F(a_{ik})$ となる．

この条件は $F(a_{ik})$ が各々の行または列の n 個の要素に対して一次の同次有理整関数であることを示す (§6.27)．従って

$$F(a_{ik})=\sum C(p_1p_2\cdots p_n)\,a_{1p_1}a_{2p_2}\cdots a_{np_n}$$

とすることができる．

さらに $F(a_{ik})$ に対し，次の条件をつける．

II_1. $F(a_{ik})$ において任意の二つの行を入替えれば $-F(a_{ik})$ となる．

これによると，例えば第一行と第二行を入替えれば，$F(a_{ik})$ は

$$\sum C(p_1p_2\cdots p_n)\,a_{1p_2}a_{2p_1}a_{3p_3}\cdots a_{np_n}$$

となり，これが $-F(a_{ik})$ に等しい．$F(a_{ik})$ における $a_{1p_2}a_{2p_1}\cdots a_{np_n}$ の係数は $C(p_2p_1p_3\cdots p_n)$ であるから

$$C(p_1p_2p_3\cdots p_n)=-C(p_2p_1p_3\cdots p_n).$$

すなわち係数 $C(p_1\cdots p_n)$ における添数のいずれか二つを入換えると符号が変わる．故に先の係数 $\varepsilon(p_1p_2\cdots p_n)$ をつければ

$$C(p_1p_2\cdots p_n)=C(1\,2\cdots n)\,\varepsilon(p_1\,p_2\,\cdots\,p_n)$$

とすることができる．これは互換によって $(1, 2, \ldots, n)$ の配列より $(p_1p_2\cdots p_n)$ の配列に移るに際し，一回毎に符号が変わるから，$\begin{pmatrix}1 & 2 & \cdots & n\\ p_1 & p_2 & \cdots & p_n\end{pmatrix}$ が偶置換なら

§7.8,*1　これは初めて Weierstrass が論じた．Werke 3, p.271.

ば $C(p_1p_2\cdots p_n)$ は $C(1\,2\cdots n)$ となり，奇置換ならば $-C(1\,2\cdots n)$ となる．この ± 1 が $\varepsilon(p_1p_2\cdots p_n)$ に等しいからである．

故に条件 I, II_1 より，$F(a_{ik})$ が行列式 D に $C(1\,2\cdots n)$ をかけたものに等しいことが結論される．II_1 において行の代わりに列としたものを II_2 とすれば，I と II_2 からも同一の結果に達する．すなわち

定理. n^2 個の要素 a_{ik} の有理整関数 $F(a_{ik})$ が，$M\,|a_{ik}|$, (M は常数) の形に表されるための必要にして充分な条件は，I と II とである (II は II_1 または II_2 のいずれでもよろしい).

この二条件 I, II は互いに独立である．

特別に $n=2$ として，$F(a_{ik})=a_{11}a_{22}+a_{21}a_{12}$ をとれば，I が成立しても II は成立しない．また $F(a_{ik})=(a_{11}-a_{22})^2-(a_{12}-a_{21})^2$ をとれば II が成立しても I は成立しないことから明らかである．さらに

III. $a_{ii}=1,\ a_{ik}=0\,(i\lessgtr k)$ なる特別の行列に対しては $F(a_{ik})=1$

なることを条件とすれば，I, II, III より $F(a_{ik})$ は必ず行列式 $|a_{ik}|$ となることになる．よって次の定理が得られる．

定理. n^2 **個の要素** a_{ik} **の有理整関数** $F(a_{ik})$ **が行列式を表すための必要にして充分な条件は，**I, II, III **である．**

注意. もし $F(a_{ik})$ を有理整関数と限定せずに，これを連続関数とのみ仮定しておくときには，一つの行または列の要素に対し一次の同次関数なることは I だけからでは出てこない．

このような場合には

IV. 一つの行の要素が $a_{i1}+a'_{i1},\ a_{i2}+a'_{i2},\ \ldots,\ a_{in}+a'_{in}$ なる場合，$F(a_{ik})$ は上の要素が $(a_{i1},\ a_{i2},\ \ldots,\ a_{in}),\ (a'_{i1},\ a'_{i2},\ \ldots,\ a'_{in})$ によって置換えて得られた二つの関数の和となる．

という条件を入れることにより，$F(a_{ik})$ が行の n 個の要素の一次の同次有理整関数となることが証明される．これは n 個の変数 $x_1,\ x_2,\ \ldots,\ x_n$ の連続関数 $f(x_1,x_2,\ldots,x_n)$ が

$$f(x_1+y_1, x_2+y_2, \ldots, x_n+y_n) = f(x_1, x_2, \ldots, x_n) + f(y_1, y_2, \ldots, y_n)$$

を満たすならば，$f(x_1, x_2, \ldots, x_n)$ は $\alpha_1 x_1 + \alpha_2 x_2 + \cdots + \alpha_n x_n$ の形となることを証明すればよい．ここでは証明を略する．

これによれば，$F(a_{ik})$ が連続関数ならば，$F(a_{ik})$ が D に等しいための必要にして充分な条件は II, III, IV である．

第 3 節　小行列式

7.9.　小行列式.　n 次の行列式

$$D = \begin{vmatrix} a_{11} & a_{12} & \cdots & a_{1n} \\ a_{21} & a_{22} & \cdots & a_{2n} \\ \cdots & \cdots & \cdots & \cdots \\ a_{n1} & a_{n2} & \cdots & a_{nn} \end{vmatrix}$$

は第一行の n 個の要素 $a_{11}, a_{12}, \ldots, a_{1n}$ については一次の同次有理整関数であるから，これを

$$D = a_{11}A_{11} + a_{12}A_{12} + \cdots + a_{1n}A_{1n}$$

とすることができる．ここに $A_{1k}\,(k=1,2,\ldots,n)$ はもはや $a_{11}, a_{12}, \ldots, a_{1n}$ を含まない．

$A_{11}, A_{12}, \ldots, A_{1n}$ の形を定めるため，D において a_{11} を含む項のみを集めると，

$$a_{11} \sum \varepsilon(1\,p_2 \cdots p_n)\, a_{2p_2} a_{3p_3} \cdots a_{np_n}$$

となる．ただし $\sum$ は 1 を変えないあらゆる置換について総和する．$\varepsilon(1p_2p_3\cdots p_n)$ は $\begin{pmatrix} 1 & 2 & 3 & \cdots & n \\ 1 & p_2 & p_3 & \cdots & p_n \end{pmatrix}$，すなわち $\begin{pmatrix} 2 & 3 & \cdots & n \\ p_2 & p_3 & \cdots & p_n \end{pmatrix}$ が偶置換または奇置換となるかに従い 1 または -1 を表す．故に a_{11} の係数

$$\sum \varepsilon(1p_2 \cdots p_n)\, a_{2p_2} a_{3p_3} \cdots a_{np_n}$$

は行列式の定義によれば，$n-1$ 次の行列式

$$\begin{vmatrix} a_{22} & a_{23} & \cdots & a_{2n} \\ a_{32} & a_{33} & \cdots & a_{3n} \\ \cdots & \cdots & \cdots & \cdots \\ a_{n2} & a_{n3} & \cdots & a_{nn} \end{vmatrix}$$

を表す．これは A_{11} であって，元の行列式 D の a_{11} の所で交差する第一行と第一列とを取り去ったものに等しい．

次に A_{1k} を考える．まず第 k 列を第一列の位置に移す．それには第 k 列を第 $k-1$ 列と入換え，次に第 $k-1$ 列を第 $k-2$ 列と入換え，順次に進んで第二列と第一列とを入換えることによって目的が達せられる．すなわち二列の入換えを $k-1$ 回行えばよろしい．その最後の結果は $(-1)^{k-1}D$ となる．

このようにして得た新しい行列式の $(1,1)$ 要素は a_{1k} であるから，a_{1k} を含む項のみをまとめると，a_{1k} の係数は

$$\begin{vmatrix} a_{21} & a_{22} & \cdots & a_{2\,k-1} & a_{2\,k+1} & \cdots & a_{2n} \\ a_{31} & a_{32} & \cdots & a_{3\,k-1} & a_{3\,k+1} & \cdots & a_{3n} \\ \cdots & \cdots & \cdots & \cdots & \cdots & \cdots & \cdots \\ a_{n1} & a_{n2} & \cdots & a_{n\,k-1} & a_{n\,k+1} & \cdots & a_{nn} \end{vmatrix}$$

となる．これは D において a_{1k} の所で交差する行と列を取り去ったものに等しい．故に A_{1k} はこの $n-1$ 次の行列式に $(-1)^{k-1}$ をかけたものに等しくなる．

以上においては第一行の要素について論じたが，第 i 行の要素 $(a_{i1},\ a_{i2},\ \ldots,\ a_{in})$ について考えればどうなるか．

D は $(a_{i1}, a_{i2}, \ldots, a_{in})$ についても一次の同次式となるから

$$D = a_{i1}A_{i1} + a_{i2}A_{i2} + \cdots + a_{in}A_{in}$$

とすれば，A_{ik} を定めるため二行の入替えを $i-1$ 回行って，第 i 行を第一行の位置に移して前と同様に考えればよろしい．このように移した行列式は $(-1)^{i-1}D$ であって，その $(1,k)$ 要素の係数は $(1,k)$ 要素の所で交差する行と列を取り去ったもの，すなわち元の行列式 D において，(i,k) 要素において交差する行，列を取り去ったものに等しい．故に

$$A_{ik} = (-1)^{i-1} \cdot (-1)^{k-1} \begin{vmatrix} a_{11} & a_{12} & \cdots & \overset{*}{a}_{1k} & \cdots & a_{1n} \\ a_{21} & a_{22} & \cdots & \overset{*}{a}_{2k} & \cdots & a_{2n} \\ \cdots & \cdots & \cdots & \cdots & \cdots & \cdots \\ \overset{*}{a}_{i1} & \overset{*}{a}_{i2} & \cdots & \overset{*}{a}_{ik} & \cdots & \overset{*}{a}_{in} \\ \cdots & \cdots & \cdots & \cdots & \cdots & \cdots \\ a_{n1} & a_{n2} & \cdots & \overset{*}{a}_{nk} & \cdots & a_{nn} \end{vmatrix}$$

なることが分かる．ただし $*$ のついた要素は消すものと定める．

D より一つずつ行と列を取り去った $n-1$ 次の行列式を D の $n-1$ 次の**小行列式**と名づける．A_{ik} を D における a_{ik} の**余因子**と名づける．これは小行列式に ± 1 をつけたものである．対角要素の余因子を**主小行列式**と名づける．

上の結果をまとめると次の定理になる．

定理． D **における** a_{ik} **の余因子を** A_{ik} **とすれば**

$$D = a_{i1}A_{i1} + a_{i2}A_{i2} + \cdots + a_{in}A_{in}, \qquad (i = 1, 2, \ldots, n), \tag{1}$$

$$D = a_{1k}A_{1k} + a_{2k}A_{2k} + \cdots + a_{nk}A_{nk}, \qquad (k = 1, 2, \ldots, n) \tag{2}$$

$$0 = a_{i1}A_{k1} + a_{i2}A_{k2} + \cdots + a_{in}A_{kn}, \qquad (i \gtrless k), \tag{3}$$

$$0 = a_{1i}A_{1k} + a_{2i}A_{2k} + \cdots + a_{ni}A_{nk}, \qquad (i \gtrless k) \tag{4}$$

が成立する．

この定理の後の部分は，D において第 k 行の代わりに第 i 行を，または第 k 列の代わりに第 i 列を入れると，D が 0 となることを見れば直ちに分かる．

(1), (2) は D を一つの行，または一つの列の要素をもって展開した公式である．

例題 1.

$$D_n = \begin{vmatrix} a_0 & 1 & 0 & 0 & \cdots & 0 & 0 \\ a_1 & x & 1 & 0 & \cdots & 0 & 0 \\ a_2 & 0 & x & 1 & \cdots & 0 & 0 \\ \cdots & \cdots & \cdots & \cdots & \cdots & \cdots & \cdots \\ a_n & 0 & 0 & 0 & \cdots & 0 & x \end{vmatrix} = a_0x^n - a_1x^{n-1} + \cdots + (-1)^n a_n.$$

最終の行の要素で展開すれば

$$D_n = (-1)^{1+(n+1)} a_n \begin{vmatrix} 1 & 0 & 0 & \cdots & 0 & 0 \\ x & 1 & 0 & \cdots & 0 & 0 \\ 0 & x & 1 & \cdots & 0 & 0 \\ \cdots & \cdots & \cdots & \cdots & \cdots & \cdots \\ 0 & 0 & 0 & \cdots & x & 1 \end{vmatrix}$$

$$+ (-1)^{(n+1)+(n+1)} x \begin{vmatrix} a_0 & 1 & 0 & 0 & \cdots & 0 \\ a_1 & x & 1 & 0 & \cdots & 0 \\ a_2 & 0 & x & 1 & \cdots & 0 \\ \cdots & \cdots & \cdots & \cdots & \cdots & \cdots \\ a_{n-1} & 0 & 0 & 0 & \cdots & x \end{vmatrix}.$$

右辺の第一項はこれを第一行の要素で展開すれば，漸次一次ずつ低くなっていき，遂に 1 に帰する．第二項の行列式は構造が D_n と相等しく，唯 n が $n-1$ となったものである．故に

$$D_n = (-1)^n a_n + x D_{n-1}.$$

然るに

$$D_1 = \begin{vmatrix} a_0 & 1 \\ a_1 & x \end{vmatrix} = -a_1 + a_0 x$$

であるから

$$D_2 = a_2 + x D_1 = a_2 - a_1 x + a_0 x^2,$$

従って一般に

$$D_n = (-1)^n a_n + (-1)^{n-1} a_{n-1} x + \cdots - a_1 x^{n-1} + a_0 x^n$$

となる．

この関係式は n 次の方程式

$$a_0 x^n - a_1 x^{n-1} + a_2 x^{n-2} - \cdots + (-1)^n a_n = 0$$

を行列式の形に表せば，$D_n = 0$ となることを示す．

例題 2. 対角要素は $a+b$ に等しく，その他の要素はすべて a に等しい n 次の行列式は

$$D = \begin{vmatrix} a+b & a & \cdots & a \\ a & a+b & \cdots & a \\ \cdots & \cdots & \cdots & \cdots \\ a & a & \cdots & a+b \end{vmatrix} = (na+b)\, b^{n-1}.$$

第 n 行に他のすべての行を加えても，D の値は変わらない．然るに第 n 行の要素はすべて $na+b$ となる．故にこの因子を括り出せば

$$D = (na+b)\begin{vmatrix} a+b & a & \cdots & a & a \\ a & a+b & \cdots & a & a \\ \cdots & \cdots & \cdots & \cdots & \cdots \\ a & a & \cdots & a+b & a \\ 1 & 1 & \cdots & 1 & 1 \end{vmatrix}$$

となる．次に第 n 行に a をかけ，他の行より引けば

$$D = (na+b)\begin{vmatrix} b & 0 & \cdots & 0 & 0 \\ 0 & b & \cdots & 0 & 0 \\ \cdots & \cdots & \cdots & \cdots & \cdots \\ 0 & 0 & \cdots & b & 0 \\ 1 & 1 & \cdots & 1 & 1 \end{vmatrix} = (na+b)b^{n-1}.$$

例題 3.

$$\Delta = \begin{vmatrix} a_{11} & a_{12} & \cdots & a_{1n} & x_1 \\ a_{21} & a_{22} & \cdots & a_{2n} & x_2 \\ \cdots & \cdots & \cdots & \cdots & \cdots \\ a_{n1} & a_{n2} & \cdots & a_{nn} & x_n \\ y_1 & y_2 & \cdots & y_n & 0 \end{vmatrix} = -\sum_{i,k=1}^{n} A_{ik}x_i y_k.$$

これを n 次の行列式 $D=|a_{ik}|$ を第 $n+1$ 列 $(x_1, x_2, \ldots, x_n, 0)$, 第 $n+1$ 行 $(y_1, y_2, \ldots, y_n, 0)$ によって**縁どられた行列式**という．

Δ を最後の列で展開すれば，$x_1, x_2, \ldots, x_n$ の一次式となる．x_i は Δ の $(i, n+1)$ 要素であるから，x_i の係数は

$$(-1)^{n+1+i}\begin{vmatrix} a_{11} & \cdots & a_{1n} & \overset{*}{x}_1 \\ a_{21} & \cdots & a_{2n} & \overset{*}{x}_2 \\ \cdots & \cdots & \cdots & \cdots \\ \overset{*}{a}_{i1} & \cdots & \overset{*}{a}_{in} & \overset{*}{x}_i \\ \cdots & \cdots & \cdots & \cdots \\ a_{n1} & \cdots & a_{nn} & \overset{*}{x}_n \\ y_1 & \cdots & y_n & \overset{*}{0} \end{vmatrix}$$

(* をつけた要素はないものと考える)

である．これをさらに最後の行の要素で展開すれば，$y_1, y_2, \ldots, y_n$ の一次式となり，y_k の係数は

$$(-1)^{n+1+i}\cdot(-1)^{n+k}\begin{vmatrix} a_{11} & \cdots & \overset{*}{a}_{1k} & \cdots & a_{1n} & \overset{*}{x}_1 \\ a_{21} & \cdots & \overset{*}{a}_{2k} & \cdots & a_{2n} & \overset{*}{x}_2 \\ \cdots & \cdots & \cdots & \cdots & \cdots & \cdots \\ \overset{*}{a}_{i1} & \cdots & \overset{*}{a}_{ik} & \cdots & \overset{*}{a}_{in} & \overset{*}{x}_i \\ \cdots & \cdots & \cdots & \cdots & \cdots & \cdots \\ a_{n1} & \cdots & \overset{*}{a}_{nk} & \cdots & a_{nn} & \overset{*}{x}_n \\ \overset{*}{y}_1 & \cdots & \overset{*}{y}_k & \cdots & y_n & \overset{*}{0} \end{vmatrix} = (-1)^{i+k+1}D\begin{pmatrix} i \\ k \end{pmatrix}$$

となる．ただし $D\begin{pmatrix} i \\ k \end{pmatrix}$ は $D=|a_{ik}|$ において，(i,k) 要素において交差する行と列とを取り去った小行列式を表す．これと a_{ik} の余因子 A_{ik} との関係は

$$(-1)^{i+k}D\begin{pmatrix} i \\ k \end{pmatrix} = A_{ik}$$

であるから，Δ における x_iy_k の係数は $-A_{ik}$ である．故に

$$\Delta = -\sum_{i,k=1}^{n} A_{ik}x_iy_k \tag{5}$$

となる．

7.10. ファンデルモンドの展開[*1]．

n 次の行列式 $D=|a_{ik}|$ より第 $p_1,p_2,\ldots,p_m$ 行と第 $q_1,q_2,\ldots,q_m$ 列とを取り去った，$n-m$ 次の行列式を D の $n-m$ 次の**小行列式**と名づけ，これを

$$D\begin{pmatrix} p_1p_2\cdots p_m \\ q_1q_2\cdots q_m \end{pmatrix}$$

により表す．

D において第 $p_1,p_2,\ldots,p_m$ 行と第 $q_1,q_2,\ldots,q_m$ 列とを残して，その他の行と列とを取り去った小行列式を

$$\Delta\begin{pmatrix} p_1p_2\cdots p_m \\ q_1q_2\cdots q_m \end{pmatrix}$$

によって表す．これらの二つを**互いに共役な小行列式**と名づける．

§7.9, (1) により，$D\begin{pmatrix} i \\ k \end{pmatrix} = (-1)^{i+k}A_{ik}$ であるから

$$D=a_{11}D\begin{pmatrix} 1 \\ 1 \end{pmatrix}-a_{12}D\begin{pmatrix} 1 \\ 2 \end{pmatrix}-\cdots+(-1)^{k-1}a_{1k}D\begin{pmatrix} 1 \\ k \end{pmatrix}+\cdots+(-1)^{n-1}a_{1n}D\begin{pmatrix} 1 \\ n \end{pmatrix}$$

§7.10,*1　Vandermonde, Histoire de l'acad. Paris, 1772 (ed. 1776).

となる．$D\begin{pmatrix}1\\k\end{pmatrix}$ をその第一行，すなわち D の第二行の要素で展開すれば，同一の考え方により

$$D\begin{pmatrix}1\\k\end{pmatrix} = a_{21}D\begin{pmatrix}1&2\\1&k\end{pmatrix} - a_{22}D\begin{pmatrix}1&2\\2&k\end{pmatrix} + \cdots + (-1)^{k-1}a_{2\,k-1}D\begin{pmatrix}1&2\\k-1&k\end{pmatrix}$$
$$+ (-1)^{k+1}a_{2\,k+1}D\begin{pmatrix}1&2\\k&k+1\end{pmatrix} + \cdots + (-1)^{n}a_{2n}D\begin{pmatrix}1&2\\k&n\end{pmatrix}$$

となる．故に D において $D\begin{pmatrix}1&2\\i&k\end{pmatrix}$ の係数を考えると

$$(-1)^{k-1}a_{1k}D\begin{pmatrix}1\\k\end{pmatrix} \text{ においては } (-1)^{k-1}a_{1k}(-1)^{i-1}a_{2i},$$

$$(-1)^{i-1}a_{1i}D\begin{pmatrix}1\\i\end{pmatrix} \text{ においては } (-1)^{i-1}a_{1i}(-1)^{k}a_{2k}$$

の他にない．故にこれらを加えた

$$(-1)^{i+k+1}\begin{vmatrix}a_{1i}&a_{1k}\\a_{2i}&a_{2k}\end{vmatrix} = (-1)^{i+k+1+2}\Delta\begin{pmatrix}1&2\\i&k\end{pmatrix}$$

が $D\begin{pmatrix}1&2\\i&k\end{pmatrix}$ の係数である．よって

$$D = \sum(-1)^{i+k+1+2}\Delta\begin{pmatrix}1&2\\i&k\end{pmatrix}D\begin{pmatrix}1&2\\i&k\end{pmatrix}$$

が得られる．$\sum$ は $i<k$ なるあらゆる (i,k) の組合せについてとった総和を意味する．

a_{ik}, $i=1,2,\ldots,m$, $k=1,2,\ldots,n$ $(m \gtreqless n)$ なる mn 個の要素を長方形に配列した

$$\begin{Vmatrix}a_{11}&a_{12}&\cdots&a_{1n}\\a_{21}&a_{22}&\cdots&a_{2n}\\\cdots&\cdots&\cdots&\cdots\\a_{m1}&a_{m2}&\cdots&a_{mn}\end{Vmatrix}$$

を**長方行列**と名づける．$m=n$ である場合にはさきに述べた行列である．これを長方行列と区別する必要があるときは，**正方行列**という．

上に得た公式は，D の第一行，第二行の要素よりなる長方行列

$$\begin{pmatrix} a_{11} & a_{12} & \cdots & a_{1n} \\ a_{21} & a_{22} & \cdots & a_{2n} \end{pmatrix}$$

から作られる二次の行列式 $\begin{vmatrix} a_{1i} & a_{1k} \\ a_{2i} & a_{2k} \end{vmatrix}$, $(i < k)$, すなわち $\Delta\begin{pmatrix} 1\,2 \\ i\,k \end{pmatrix}$ で D を展開した形である.

次に第 p 行と第 q 行の要素よりなる長方行列

$$\begin{pmatrix} a_{p1} & a_{p2} & \cdots & a_{pn} \\ a_{q1} & a_{q2} & \cdots & a_{qn} \end{pmatrix}$$

より作られる二次の行列式 $\Delta\begin{pmatrix} p\,q \\ i\,k \end{pmatrix}$, $(i < k, p < q)$ によって D を展開するためには, 第 p 行と第 q 行をそれぞれ第一行と第二行の位置に移して, 上に得た結果を適用すればよろしい.

すなわち, 第 p 行を第一行の位置に移せば, D は $(-1)^{p-1}D$ となり, さらに第 q 行を第二行の位置に移せば, $(-1)^{p-1}(-1)^{q-2}D$ となる (さきの第 p 行はすでになくなって, 第一行に移っていることに注意せよ). 故に

$$(-1)^{p+q-3}D = \sum(-1)^{i+k+1+2}D\begin{pmatrix} p\,q \\ i\,k \end{pmatrix}\Delta\begin{pmatrix} p\,q \\ i\,k \end{pmatrix}$$

従って

$$D = \sum(-1)^{i+k+p+q}D\begin{pmatrix} p\,q \\ i\,k \end{pmatrix}\Delta\begin{pmatrix} p\,q \\ i\,k \end{pmatrix} \tag{6}$$

となる.

この関係式を**ファンデルモンドの展開式**と名づける.

7.11. ラプラスの展開[*1]. ファンデルモンドの展開式を拡張して, 第 $p_1, p_2, \ldots, p_r$ 行の要素よりなる長方行列から得られる r 次の行列式 $\Delta\begin{pmatrix} p_1 p_2 \cdots p_r \\ q_1 q_2 \cdots q_r \end{pmatrix}$ によって展開する公式

---

§7.11,*1 Laplace, Histoire de l'acad. Paris, 1772 (ed. 1776), Oeuvres 8, pp.365–406. これは Laplace の名で呼ばれているが, その一部分は Vandermonde, Histoire de l'acad. Paris, 1772 (ed. 1776) に述べられ, Laplace の論文には完全には述べられていない. 一般の場合の厳密な証明は Jacobi, Journ. f. Math. 22, 1841, Werke 3, p.370 において与えられた.

$$D = (-1)^P \sum (-1)^Q D\begin{pmatrix} p_1 p_2 \cdots p_r \\ q_1 q_2 \cdots q_r \end{pmatrix} \Delta \begin{pmatrix} p_1 p_2 \cdots p_r \\ q_1 q_2 \cdots q_r \end{pmatrix} \tag{7}$$

$$(P = p_1 + p_2 + \cdots + p_r,\ Q = q_1 + q_2 + \cdots + q_r)$$

を**ラプラスの展開式**と名づける．

我々はこの展開式を数学的帰納法で証明しよう．

ここに $p_1, p_2, \ldots, p_r$ を一定としておき，$p_1 < p_2 < \cdots < p_r$ と仮定する．$q_1, q_2, \ldots, q_r$ は $1, 2, \ldots, n$ より任意にとった r 個であって，$q_1 < q_2 < \cdots < q_r$ と仮定する．上の展開式が r のときにすでに成立するという仮定の下に，r を $r+1$ としたときにも成立することを証明すれば，我々の目的は達せられる．

$p > p_r$ とし $D' = D\begin{pmatrix} p_1 p_2 \cdots p_r \\ s_1 s_2 \cdots s_r \end{pmatrix}$ を D の第 p 行の要素に対して展開する．この場合 $s_k < s < s_{k+1}$ なる s をとり，D' における

$$D'' = D\begin{pmatrix} p_1 p_2 \cdots p_k\, p_{k+1} & \cdots & p_r\, p \\ s_1 s_2 \cdots s_k\, s\, s_{k+1} & \cdots & s_{r-1} s_r \end{pmatrix}$$

の係数を調べて見よう．

まず $(a_{p1}, a_{p2}, \ldots)$ は D においては第 p 行であるが，D' においては r 行だけ除かれているから，第 $p-r$ 行となる（$p > p_r$ の仮定より）．次に a_{ps} はこの小行列式の第 $s-k$ 列である（$s > s_k$ の仮定より）．故に D' における D'' の係数は $(-1)^{p-r+s-k} a_{ps}$ である．

このことから，D における $D''' = D\begin{pmatrix} p_1 p_2 \cdots p_r p \\ q_1 q_2 \cdots q_r q \end{pmatrix}$ の係数を求めよう．D''' は

$$D\begin{pmatrix} p_1 p_2 & \cdots p_{r-1} p_r \\ q_2\, q_3 & \cdots\ q_r\ q \end{pmatrix},\ D\begin{pmatrix} p_1 p_2 \cdots p_{r-1} p_r \\ q_1 q_3\ \cdots\ q_r\ q \end{pmatrix},\ \ldots,\ D\begin{pmatrix} p_1 p_2 \cdots p_{r-1} p_r \\ q_1 q_2 \cdots q_{r-1} q \end{pmatrix}$$

なる r 個のどれかの内にのみ含まれ，D における $D\begin{pmatrix} p_1 p_2 \cdots p_{r-1} p_r \\ q_2 q_3\ \cdots\ q_r\, q \end{pmatrix}$ の係数は $(-1)^P (-1)^{Q-q_1+q} \Delta\begin{pmatrix} p_1 p_2\ \cdots\ p_r \\ q_2 q_3 \cdots\ q_r\, q \end{pmatrix}$ であるから，求める係数は

$$(-1)^P \sum (-1)^{Q+q-q_k} (-1)^{p-r+q_k-(k-1)} a_{pq_k} \Delta \begin{pmatrix} p_1 & \cdots & p_{k-1} & p_k & \cdots & p_{r-1} p_r \\ q_1 & \cdots & q_{k-1} & q_{k+1} & \cdots & q_r\quad q \end{pmatrix}$$

である．ただし $P = p_1 + p_2 + \cdots + p_r$, $Q = q_1 + q_2 + \cdots + q_r$ とする．すなわち

$$(-1)^{P+Q+p+q}\sum_k(-1)^{r+k-1}a_{p\,q_k}\Delta\begin{pmatrix}p_1 & p_2 & \cdots & p_{k-1} & p_k & \cdots & p_{r-1} & p_r\\ q_1 & q_2 & \cdots & q_{k-1} & q_{k+1} & \cdots & q_r & q\end{pmatrix}$$
$$=(-1)^{P+Q+p+q}\Delta\begin{pmatrix}p_1 & p_2 & \cdots & p_r & p\\ q_1 & q_2 & \cdots & q_r & q\end{pmatrix}$$

である．よって

$$D=\sum(-1)^{P+Q+p+q}D\begin{pmatrix}p_1p_2\cdots p_rp\\ q_1q_2\cdots q_rq\end{pmatrix}\Delta\begin{pmatrix}p_1p_2\cdots p_rp\\ q_1q_2\cdots q_rq\end{pmatrix}.$$

$r=2$ の場合はすでに証明されていたから，これで数学的帰納法は完了する．

以上の所論は行の代わりに列をとっても成立する．

例題 1.

$$D=\begin{vmatrix}a_{11} & \cdots & a_{1p} & 0 & \cdots & 0\\ \cdots & \cdots & \cdots & \cdots & \cdots & \cdots\\ a_{p1} & \cdots & a_{pp} & 0 & \cdots & 0\\ c_{11} & \cdots & c_{1p} & b_{11} & \cdots & b_{1q}\\ \cdots & \cdots & \cdots & \cdots & \cdots & \cdots\\ c_{q1} & \cdots & c_{qp} & b_{q1} & \cdots & b_{qq}\end{vmatrix}$$

のように，行列式の一角の要素がすべて 0 となる場合には，これを初めの p 行よりなる長方行列について，ラプラス展開式を作れば $\Delta\begin{pmatrix}12\cdots p\\ 12\cdots p\end{pmatrix}$. すなわち $|\,a_{ik}\,|$ の項のみが残り，他の項は 0 となるから

$$D=|\,a_{ik}\,|\cdot|\,b_{pq}\,|.$$

例題 2. $D=|\,a_{ik}\,|$ を二重に縁どられた行列式

$$\Delta=\begin{vmatrix}a_{11} & \cdots & a_{1n} & x_1 & y_1\\ a_{21} & \cdots & a_{2n} & x_2 & y_2\\ \cdots & \cdots & \cdots & \cdots & \cdots\\ a_{n1} & \cdots & a_{nn} & x_n & y_n\\ x_1 & \cdots & x_n & 0 & 0\\ y_1 & \cdots & y_n & 0 & 0\end{vmatrix}$$

の最後の二行について展開すれば

$$\Delta = \sum (-1)^{2n+1+i+k} \begin{vmatrix} x_i & x_k \\ y_i & y_k \end{vmatrix} \begin{vmatrix} a_{11} & \cdots & \overset{*}{a}_{1i} & \cdots & \overset{*}{a}_{1k} & \cdots & a_{1n} & x_1 & y_1 \\ a_{21} & \cdots & \overset{*}{a}_{2i} & \cdots & \overset{*}{a}_{2k} & \cdots & a_{2n} & x_2 & y_2 \\ \cdots & \cdots & \cdots & \cdots & \cdots & \cdots & \cdots & \cdots & \cdots \\ a_{n1} & \cdots & \overset{*}{a}_{ni} & \cdots & \overset{*}{a}_{nk} & \cdots & a_{nn} & x_n & y_n \end{vmatrix}$$

となる (* のある要素はないものと見なす). 右辺の各項の次数の大なる方の行列式を, 最後の二列について展開すれば

$$\sum (-1)^{2n-3+p+q} \begin{vmatrix} x_p & y_p \\ x_q & y_q \end{vmatrix} D\begin{pmatrix} p\ q \\ i\ k \end{pmatrix},$$

故に

$$\Delta = \sum_{i<k} \sum_{p<q} (-1)^{i+k+p+q} \begin{vmatrix} x_i & x_k \\ y_i & y_k \end{vmatrix} \begin{vmatrix} x_p & y_p \\ x_q & y_q \end{vmatrix} D\begin{pmatrix} p\ q \\ i\ k \end{pmatrix}$$

となる.

例題 3.

$$\left\| \begin{matrix} a_{11} & a_{12} & \cdots & a_{1,n-2} & \alpha_1 & \beta_1 & \gamma_1 & \delta_1 \\ a_{21} & a_{22} & \cdots & a_{2,n-2} & \alpha_2 & \beta_2 & \gamma_2 & \delta_2 \\ \cdots & \cdots & \cdots & \cdots & \cdots & \cdots & \cdots & \cdots \\ a_{n1} & a_{n2} & \cdots & a_{n,n-2} & \alpha_n & \beta_n & \gamma_n & \delta_n \end{matrix} \right\|$$

において最後の四列のうち, α, β に関する列をとって作った n 次の行列式を $D(\alpha,\beta)$ とし, 同様に $D(\alpha,\gamma)$, $D(\alpha,\delta)$, $D(\beta,\gamma)$, $D(\beta,\delta)$, $D(\gamma,\delta)$ を作り

$$\Delta = D(\beta,\gamma)D(\alpha,\delta) + D(\gamma,\alpha)D(\beta,\delta) + D(\alpha,\beta)D(\gamma,\delta)$$

を考える[*2].

$$\begin{vmatrix} a_{11} & a_{12} & \cdots & a_{1,n-2} & \xi_1 & \eta_1 \\ a_{21} & a_{22} & \cdots & a_{2,n-2} & \xi_2 & \eta_2 \\ \cdots & \cdots & \cdots & \cdots & \cdots & \cdots \\ a_{n1} & a_{n2} & \cdots & a_{n,n-2} & \xi_n & \eta_n \end{vmatrix} = D(\xi,\eta) = -\sum (-1)^{i+k} \begin{vmatrix} \xi_i & \eta_i \\ \xi_k & \eta_k \end{vmatrix} \cdot A_{ik}$$

の形に展開できるから, Δ における $(-1)^{i+k+p+q} A_{ik}A_{pq}$ の係数は

$$\begin{vmatrix} \alpha_i & \beta_i \\ \alpha_k & \beta_k \end{vmatrix} \cdot \begin{vmatrix} \gamma_p & \delta_p \\ \gamma_q & \delta_q \end{vmatrix} + \begin{vmatrix} \alpha_p & \beta_p \\ \alpha_q & \beta_q \end{vmatrix} \cdot \begin{vmatrix} \gamma_i & \delta_i \\ \gamma_k & \delta_k \end{vmatrix}$$

$$- \begin{vmatrix} \alpha_i & \gamma_i \\ \alpha_k & \gamma_k \end{vmatrix} \cdot \begin{vmatrix} \beta_p & \delta_p \\ \beta_q & \delta_q \end{vmatrix} - \begin{vmatrix} \alpha_p & \gamma_p \\ \alpha_q & \gamma_q \end{vmatrix} \cdot \begin{vmatrix} \beta_i & \delta_i \\ \beta_k & \delta_k \end{vmatrix}$$

---

*2 Frobenius, Berliner Ber., 1891.

$$+\begin{vmatrix}\beta_i & \gamma_i\\ \beta_k & \gamma_k\end{vmatrix}\cdot\begin{vmatrix}\alpha_p & \delta_p\\ \alpha_q & \delta_q\end{vmatrix}+\begin{vmatrix}\beta_p & \gamma_p\\ \beta_q & \gamma_q\end{vmatrix}\cdot\begin{vmatrix}\alpha_i & \delta_i\\ \alpha_k & \delta_k\end{vmatrix}$$

$$=\begin{vmatrix}\alpha_i & \beta_i & \gamma_i & \delta_i\\ \alpha_k & \beta_k & \gamma_k & \delta_k\\ \alpha_p & \beta_p & \gamma_p & \delta_p\\ \alpha_q & \beta_q & \gamma_q & \delta_q\end{vmatrix}$$

となる.

もし $\delta_1, \delta_2, \ldots, \delta_{n-1} = 0$, $\delta_n \neq 0$ なる場合, (i, k), (p, q) において $i < k < n$, $p < q < n$ ならば, 上の二次の行列式はすべて 0 となる. $k = n$, $q = n$ ならば個々の二次の行列式は 0 とならないが, 積の和である四次の行列式が 0 となる. いずれにしても, $\delta_1 = \delta_2 = \cdots = \delta_{n-1} = 0$ なる場合には

$$\Delta = D(\beta,\gamma)D(\alpha,\delta) + D(\gamma,\alpha)D(\beta,\delta) + D(\alpha,\beta)D(\gamma,\delta) = 0$$

が成立する.

例題 4. ハンケルの行列式

$$D_n(x) = \begin{vmatrix} 1 & x & x^2 & \cdots & x^n\\ c_0 & c_1 & c_2 & \cdots & c_n\\ c_1 & c_2 & c_3 & \cdots & c_{n+1}\\ \cdots & \cdots & \cdots & \cdots & \cdots\\ c_{n-1} & c_n & c_{n+1} & \cdots & c_{2n-1}\end{vmatrix}$$

の形の行列式を**ハンケルの行列式**という*3. 今

$$H_n = \begin{vmatrix} c_0 & c_1 & \cdots & c_{n-1}\\ c_1 & c_2 & \cdots & c_n\\ \cdots & \cdots & \cdots & \cdots\\ c_{n-2} & c_{n-1} & \cdots & c_{2n-3}\\ c_{n-1} & c_n & \cdots & c_{2n-2}\end{vmatrix},\quad H'_n = \begin{vmatrix} c_0 & c_1 & \cdots & c_{n-1}\\ c_1 & c_2 & \cdots & c_n\\ \cdots & \cdots & \cdots & \cdots\\ c_{n-2} & c_{n-1} & \cdots & c_{2n-3}\\ c_n & c_{n+1} & \cdots & c_{2n-1}\end{vmatrix}$$

とおけば

$$H_n{}^2 D_{n+1} + \left(H_n H'_{n+1} - H_{n+1} H'_n - H_n H_{n+1}\, x\right) D_n + H_{n+1}^2 D_{n-1} = 0$$

が成立する. これはヤコビが初めて与えた関係である*4.

$D_n(x)$ における第一行の要素に関する余因子を $A_0, A_1, \ldots, A_n$ とすれば

---

*3 Hankel, Göttinger Dissertation, 1861.

*4 Jacobi, Journ. f. Math. 15., 1836, Werke 3, p.297; Frobenius, Berliner Ber., 1894 参照.

$$A_0 c_i + A_1 c_{i+1} + \cdots + A_n c_{i+n} = 0, \quad (i = 0, 1, 2, \ldots, n-1),$$

$$A_0 c_n + A_1 c_{n+1} + \cdots + A_n c_{2n} = (-1)^n H_{n+1},$$

$$A_0 c_{n+1} + A_1 c_{n+2} + \cdots + A_n c_{2n+1} = (-1)^n H'_{n+1}.$$

故に

$$D_{n+1}(x) = \begin{vmatrix} 1 & x & x^2 & \cdots & x^{n+1} \\ c_0 & c_1 & c_2 & \cdots & c_{n+1} \\ \cdots & \cdots & \cdots & \cdots & \cdots \\ c_{n-1} & c_n & c_{n+1} & \cdots & c_{2n} \\ c_n & c_{n+1} & c_{n+2} & \cdots & c_{2n+1} \end{vmatrix}$$

の第二列以下にそれぞれ $A_0, A_1, \ldots, A_n$ をかけてこれらを最後の列に加え，次に第一列より第 $n+1$ 列までそれぞれ $A_0, A_1, \ldots, A_n$ をかけて，第 $n+1$ 列に加えると

$$A_n{}^2 D_{n+1}(x) = \begin{vmatrix} 1 & x & x^2 & \cdots & x^{n-1} & D_n(x) & xD_n(x) \\ c_0 & c_1 & c_2 & \cdots & c_{n-1} & 0 & 0 \\ c_1 & c_2 & c_3 & \cdots & c_n & 0 & 0 \\ \cdots & \cdots & \cdots & \cdots & \cdots & \cdots & \cdots \\ c_{n-2} & c_{n-1} & c_n & \cdots & c_{2n-3} & 0 & 0 \\ c_{n-1} & c_n & c_{n+1} & \cdots & c_{2n-2} & 0 & (-1)^n H_{n+1} \\ c_n & c_{n+1} & c_{n+2} & \cdots & c_{2n-1} & (-1)^n H_{n+1} & (-1)^n H'_{n+1} \end{vmatrix}$$

となる．これを最後の二つの列について展開すれば，$A_n = (-1)^n H_n$ であるから

$$H_n{}^2 D_{n+1}(x) = -H_{n+1}^2 D_{n-1}(x) - D_n(x)(H_{n+1}H'_n - H_n H'_{n+1} + xH_n H_{n+1})$$

が得られる．これが求める関係式である．

第 4 節　行列式の積

7.12.　二つの行列式の積.　n 次の二つの行列式

$$A = \begin{vmatrix} a_{11} & a_{12} & \cdots & a_{1n} \\ \cdots & \cdots & \cdots & \cdots \\ a_{n1} & a_{n2} & \cdots & a_{nn} \end{vmatrix}, \quad B = \begin{vmatrix} b_{11} & b_{12} & \cdots & b_{1n} \\ \cdots & \cdots & \cdots & \cdots \\ b_{n1} & b_{n2} & \cdots & b_{nn} \end{vmatrix}$$

より第三の n 次の行列式

$$C = \begin{vmatrix} c_{11} & c_{12} & \cdots & c_{1n} \\ \cdots & \cdots & \cdots & \cdots \\ c_{n1} & c_{n2} & \cdots & c_{nn} \end{vmatrix}$$

を作る．ただし

$$c_{ik} = a_{i1}b_{1k} + a_{i2}b_{2k} + \cdots + a_{in}b_{nk},$$

すなわち c_{ik} は A の第 i 行の要素と，B の第 k 列の要素をそれぞれ乗じたものの和を表すものとする．

これらに対し

$$A \cdot B = C \tag{8}$$

なる関係が成立する．すなわち C は二つの行列式 A, B の積を表す．

これを証明するために，C の要素はすべて n 項の和であるから，基本定理 (A_2) (§7.7) を応用すれば

$$C = \begin{vmatrix} a_{11}b_{11} + a_{12}b_{21} + \cdots + a_{1n}b_{n1} & a_{11}b_{12} + a_{12}b_{22} + \cdots + a_{1n}b_{n2} & \cdots \\ a_{21}b_{11} + a_{22}b_{21} + \cdots + a_{2n}b_{n1} & a_{21}b_{12} + a_{22}b_{22} + \cdots + a_{2n}b_{n2} & \cdots \\ \cdots & \cdots & \cdots \\ a_{n1}b_{11} + a_{n2}b_{21} + \cdots + a_{nn}b_{n1} & a_{n1}b_{12} + a_{n2}b_{22} + \cdots + a_{nn}b_{n2} & \cdots \end{vmatrix}$$

を分けて

$$\sum \begin{vmatrix} a_{1p_1}b_{p_1 1} & a_{1p_2}b_{p_2 2} & \cdots & a_{1p_n}b_{p_n n} \\ a_{2p_1}b_{p_1 1} & a_{2p_2}b_{p_2 2} & \cdots & a_{2p_n}b_{p_n n} \\ \cdots & \cdots & \cdots & \cdots \\ a_{np_1}b_{p_1 1} & a_{np_2}b_{p_2 2} & \cdots & a_{np_n}b_{p_n n} \end{vmatrix}$$

$$= \sum b_{p_1 1}b_{p_2 2}\cdots b_{p_n n} \begin{vmatrix} a_{1p_1} & a_{1p_2} & \cdots & a_{1p_n} \\ a_{2p_1} & a_{2p_2} & \cdots & a_{2p_n} \\ \cdots & \cdots & \cdots & \cdots \\ a_{np_1} & a_{np_2} & \cdots & a_{np_n} \end{vmatrix}$$

とすることができる．ただし $\sum$ は $(1, 2, \ldots, n)$ のあらゆる配列 $(p_1, p_2, \ldots, p_n)$ について総和すればよろしい．$p_1, p_2, \ldots, p_n$ の間に相等しいものがあれば，それに対す

る行列式は 0 となるからである．

さて

$$\begin{vmatrix} a_{1p_1} & a_{1p_2} & \cdots & a_{1p_n} \\ a_{2p_1} & a_{2p_2} & \cdots & a_{2p_n} \\ \cdots & \cdots & \cdots & \cdots \\ a_{np_1} & a_{np_2} & \cdots & a_{np_n} \end{vmatrix}$$

の列を適当に入換えると $|\,a_{ik}\,|$ になる．これを示すためには，第 $1, 2, 3, \ldots, n$ 列に $\begin{pmatrix} p_1 & p_2 \cdots p_n \\ 1 & 2 \cdots n \end{pmatrix}$ なる置換を施す．この置換を互換に分解すれば，一つの互換毎に行列式は符号が変わるから，$\begin{pmatrix} p_1 & p_2 \cdots p_n \\ 1 & 2 \cdots n \end{pmatrix}$，従って $\begin{pmatrix} 1 & 2 \cdots n \\ p_1 & p_2 \cdots p_n \end{pmatrix}$ が偶置換ならば 1，奇置換ならば -1 なる因子を付加する．そうすると上の行列式は

$$\varepsilon(p_1 p_2 \cdots p_n)\,|\,a_{ik}\,|$$

と書くことができる．$\varepsilon(p_1 p_2 \cdots p_n)$ は §7.6 の記号と同一である．よって

$$C = |\,a_{ik}\,| \sum \varepsilon(p_1 p_2 \cdots p_n)\, b_{p_1 1} b_{p_2 2} \cdots b_{p_n n}$$

となり，

$$\sum \varepsilon(p_1 p_2 \cdots p_n)\, b_{p_1 1} b_{p_2 2} \cdots b_{p_n n}$$

は $|\,b_{ik}\,|$ に等しいから，結局

$$C = A \cdot B$$

となる[*1]．

ここに注意すべきは，A, B は行と列とを入換えても変わらないから，A, B の積 C の要素は

$$\begin{aligned} c_{ik} &= a_{i1} b_{1k} + a_{i2} b_{2k} + \cdots \\ &= a_{i1} b_{k1} + a_{i2} b_{k2} + \cdots \end{aligned}$$

としても差し支えないことである．

§7.12,∗1　Cauchy, Journ. l'École polyt. cah. 17, 1815, Oeuvres (2) 1, pp.91–169.

例題 1.

$$\begin{vmatrix} a_{11} & a_{12} & a_{13} \\ a_{21} & a_{22} & a_{23} \\ a_{31} & a_{32} & a_{33} \end{vmatrix} \cdot \begin{vmatrix} b_{11} & b_{12} & b_{13} \\ b_{21} & b_{22} & b_{23} \\ b_{31} & b_{32} & b_{33} \end{vmatrix} = \begin{vmatrix} a_{11} & a_{12} & a_{13} & -1 & 0 & 0 \\ a_{21} & a_{22} & a_{23} & 0 & -1 & 0 \\ a_{31} & a_{32} & a_{33} & 0 & 0 & -1 \\ 0 & 0 & 0 & b_{11} & b_{12} & b_{13} \\ 0 & 0 & 0 & b_{21} & b_{22} & b_{23} \\ 0 & 0 & 0 & b_{31} & b_{32} & b_{33} \end{vmatrix}$$

の第 4, 5, 6 列にそれぞれ a_{11}, a_{21}, a_{31} をかけて，これらを第一列に加えると，0, 0, 0, c_{11}, c_{21}, c_{31} となる．ただし

$$c_{ik} = b_{i1}a_{1k} + b_{i2}a_{2k} + b_{i3}a_{3k}$$

とする．同様に第 4, 5, 6 列にそれぞれ a_{12}, a_{22}, a_{32} をかけて第 2 列に加えると，0, 0, 0, c_{12}, c_{22}, c_{32} となり，第 4, 5, 6 列にそれぞれ a_{13}, a_{23}, a_{33} をかけて第 3 列に加えると，0, 0, 0, c_{13}, c_{23}, c_{33} となる．故に上の行列式は

$$\begin{vmatrix} 0 & 0 & 0 & -1 & 0 & 0 \\ 0 & 0 & 0 & 0 & -1 & 0 \\ 0 & 0 & 0 & 0 & 0 & -1 \\ c_{11} & c_{12} & c_{13} & b_{11} & b_{12} & b_{13} \\ c_{21} & c_{22} & c_{23} & b_{21} & b_{22} & b_{23} \\ c_{31} & c_{32} & c_{33} & b_{31} & b_{32} & b_{33} \end{vmatrix} = \begin{vmatrix} c_{11} & c_{12} & c_{13} \\ c_{21} & c_{22} & c_{23} \\ c_{31} & c_{32} & c_{33} \end{vmatrix}$$

となる．この方法を一般にして行列式の積に関する上の定理を証明することができる．

例題 2.

$$\begin{vmatrix} 1 & 1 & \cdots & 1 \\ \alpha_1 & \alpha_2 & \cdots & \alpha_n \\ {\alpha_1}^2 & {\alpha_2}^2 & \cdots & {\alpha_n}^2 \\ \cdots & \cdots & \cdots & \cdots \\ {\alpha_1}^{n-1} & {\alpha_2}^{n-1} & \cdots & {\alpha_n}^{n-1} \end{vmatrix}^2 = \begin{vmatrix} s_0 & s_1 & s_2 & \cdots & s_{n-1} \\ s_1 & s_2 & s_3 & \cdots & s_n \\ \cdots & \cdots & \cdots & \cdots & \cdots \\ s_{n-1} & s_n & s_{n+1} & \cdots & s_{2n-2} \end{vmatrix}$$

ただし

$$s_k = {\alpha_1}^k + {\alpha_2}^k + \cdots + {\alpha_n}^k.$$

7.13. 行列式の積の拡張. 次に二つの長方行列

$$\begin{Vmatrix} a_{11} & a_{12} & \cdots & a_{1n} \\ a_{21} & a_{22} & \cdots & a_{2n} \\ \cdots & \cdots & \cdots & \cdots \\ a_{m1} & a_{m2} & \cdots & a_{mn} \end{Vmatrix}, \qquad \begin{Vmatrix} b_{11} & b_{12} & \cdots & b_{1m} \\ b_{21} & b_{22} & \cdots & b_{2m} \\ \cdots & \cdots & \cdots & \cdots \\ b_{n1} & b_{n2} & \cdots & b_{nm} \end{Vmatrix}$$

の要素を組合せて

$$c_{ik} = a_{i1}b_{1k} + a_{i2}b_{2k} + \cdots + a_{in}b_{nk}, \qquad (i,\, k = 1, 2, \ldots, m)$$

なる m^2 個の要素 c_{ik} を作り，これらより m 次の行列式

$$C = |\, c_{ik}\, |$$

を作れば，さきと全く同様に

$$C = \sum b_{p_1 1} b_{p_2 2} \cdots b_{p_n n} \begin{vmatrix} a_{1p_1} & a_{1p_2} & \cdots & a_{1p_m} \\ a_{2p_1} & a_{2p_2} & \cdots & a_{2p_m} \\ \cdots & \cdots & \cdots & \cdots \\ a_{mp_1} & a_{mp_2} & \cdots & a_{mp_m} \end{vmatrix}$$

が得られる．ただし $\sum$ は 1, 2, 3, ..., n より m 個，$p_1, p_2, \ldots, p_m$ (必ずしも互いに異なる必要はない) をとって，これらをあらゆる方法で配列したものについての総和である．

$m > n$ ならば，$p_1, p_2, \ldots, p_n$ の内に相等しいものが生じるから，上の $\sum$ 内の行列式はすべて 0 となり，従って $C = 0$ となる．$m < n$ ならば，$p_1, p_2, \ldots, p_n$ はすべて互いに異なるもののみをとればよろしい．

今 $n > m$ とし，$1, 2, \ldots, n$ より $p_1, p_2, \ldots, p_m$ を一組取り出し，これらを定めておいてそれらの順序をあらゆる方法で配列し替えると，このようなものに対する

$$b_{p_1 1}\, b_{p_2 2} \cdots b_{p_m m} \begin{vmatrix} a_{1p_1} & \cdots & a_{1p_m} \\ \cdots & \cdots & \cdots \\ a_{mp_1} & \cdots & a_{mp_m} \end{vmatrix}$$

の和は，またさきの所論と同様に

$$\begin{vmatrix} a_{1p_1} & a_{1p_2} & \cdots & a_{1p_m} \\ \cdots & \cdots & \cdots & \cdots \\ a_{mp_1} & a_{mp_2} & \cdots & a_{mp_m} \end{vmatrix} \cdot \begin{vmatrix} b_{p_1 1} & b_{p_1 2} & \cdots & b_{p_1 m} \\ \cdots & \cdots & \cdots & \cdots \\ b_{p_m 1} & b_{p_m 2} & \cdots & b_{p_m m} \end{vmatrix}$$

に等しいことが証明される．従って $n \geqq m$ ならば

$$C = \sum \begin{vmatrix} a_{1p_1} & a_{1p_2} & \cdots & a_{1p_m} \\ \cdots & \cdots & \cdots & \cdots \\ a_{mp_1} & a_{mp_2} & \cdots & a_{mp_m} \end{vmatrix} \cdot \begin{vmatrix} b_{p_1 1} & b_{p_1 2} & \cdots & b_{p_1 m} \\ \cdots & \cdots & \cdots & \cdots \\ b_{p_m 1} & b_{p_m 2} & \cdots & b_{p_m m} \end{vmatrix} \tag{9}$$

となる*1.

$n = m$ の場合には，$\sum$ は唯一つの項よりなり，さきの行列式の積を表す．$n < m$ ならば $C = 0$ である．

例題． 長方行列

$$\begin{Vmatrix} a_1 & a_2 & \cdots & a_n \\ b_1 & b_2 & \cdots & b_n \end{Vmatrix}, \qquad \begin{Vmatrix} a_1 & b_1 \\ a_2 & b_2 \\ \vdots & \vdots \\ a_n & b_n \end{Vmatrix}$$

より

$$\begin{vmatrix} {a_1}^2 + {a_2}^2 + \cdots + {a_n}^2 & a_1 b_1 + a_2 b_2 + \cdots + a_n b_n \\ a_1 b_1 + a_2 b_2 + \cdots + a_n b_n & {b_1}^2 + {b_2}^2 + \cdots + {b_n}^2 \end{vmatrix}$$
$$= \sum \begin{vmatrix} a_i & a_k \\ b_i & b_k \end{vmatrix}^2 \qquad (i < k)$$

が得られる．すなわち

$$({a_1}^2 + {a_2}^2 + \cdots + {a_n}^2)({b_1}^2 + {b_2}^2 + \cdots + {b_n}^2) - (a_1 b_1 + a_2 b_2 + \cdots + a_n b_n)^2$$
$$= \sum (a_i b_k - a_k b_i)^2.$$

a_i, b_k がすべて実数ならば，これから不等式

$$({a_1}^2 + {a_2}^2 + \cdots + {a_n}^2)({b_1}^2 + {b_2}^2 + \cdots + {b_n}^2) \geqq (a_1 b_1 + \cdots + a_n b_n)^2$$

が得られる．これは**コーシーの不等式**といわれている．

等号が成立するのは，$a_i b_k - a_k b_i = 0$，すなわち

$$\frac{a_1}{b_1} = \frac{a_2}{b_2} = \cdots = \frac{a_n}{b_n}$$

の場合に限る，ということも容易に示すことができるであろう．

§7.13,*1 Einst, Journ. l'École polyt. cah. 16, 1813.

7.14. 相反行列式[*1]. 行列式の積に関する定理の応用として，n 次行列式の小行列式を要素とする行列式について論じよう．

今

$$D = |\, a_{ik} \,|, \qquad (i, k = 1, 2, \ldots, n)$$

における a_{ik} の余因子を A_{ik} とし，これらを要素とする行列式

$$\Delta = |\, A_{ik} \,|, \qquad (i, k = 1, 2, \ldots, n)$$

を D の**相反行列式**と名づける．

D と Δ との関係は

$$\Delta = D^{n-1} \tag{10}$$

である．何となれば，D の行と列とを入替えたものと Δ との積を作れば，§7.9 の (1)–(4) により，対角要素はすべて D となり，その他の要素はすべて 0 となる．よって

$$D \cdot \Delta = \begin{vmatrix} D & 0 & \cdots & 0 \\ 0 & D & \cdots & 0 \\ \cdots & \cdots & \cdots & \cdots \\ 0 & 0 & \cdots & D \end{vmatrix} = D^n.$$

故に $D \neq 0$ ならば，$\Delta = D^{n-1}$ が得られる．しかし $D = 0$ ならば，a_{11}, a_{22}, $\ldots$, a_{nn} を $a_{11} + x$, $a_{22} + x$, $\ldots$, $a_{nn} + x$ に変えて考えれば，$D \neq 0$ なるように x を充分小さくとることができる．$D \neq 0$ なる間は $\Delta = D^{n-1}$ が成立するから，Δ, D^{n-1} が x の有理整関数，従って連続関数であることから，x を 0 としたときにも，この関係は成立する．

7.15. ヤコビの定理. 我々は次に Δ の小行列式

$$\Delta_k = \begin{vmatrix} A_{11} & A_{12} & \cdots & A_{1k} \\ A_{21} & A_{22} & \cdots & A_{2k} \\ \cdots & \cdots & \cdots & \cdots \\ A_{k1} & A_{k2} & \cdots & A_{kk} \end{vmatrix}$$

---

§7.14, *1　Cauchy, Journ. l'École polyt. cah. 17, 1815, Oeuvres (2) 1, pp.91–169 に初めて出た．

について考えてみよう.

上記を変形して

$$\begin{vmatrix} A_{11} & A_{12} & \cdots & A_{1k} & A_{1k+1} & A_{1k+2} & \cdots & A_{1n} \\ \cdots & \cdots & \cdots & \cdots & \cdots & \cdots & \cdots & \cdots \\ A_{k1} & A_{k2} & \cdots & A_{kk} & A_{kk+1} & A_{kk+2} & \cdots & A_{kn} \\ 0 & 0 & \cdots & 0 & 1 & 0 & \cdots & 0 \\ 0 & 0 & \cdots & 0 & 0 & 1 & \cdots & 0 \\ \cdots & \cdots & \cdots & \cdots & \cdots & \cdots & \cdots & \cdots \\ 0 & 0 & \cdots & 0 & 0 & 0 & \cdots & 1 \end{vmatrix}$$

とし，これと D (の行と列とを取り替えて) との積を作れば

$$\begin{vmatrix} D & 0 & \cdots & 0 & a_{1k+1} & \cdots & a_{1n} \\ 0 & D & \cdots & 0 & a_{2k+1} & \cdots & a_{2n} \\ \cdots & \cdots & \cdots & \cdots & \cdots & \cdots & \cdots \\ 0 & 0 & \cdots & D & a_{kk+1} & \cdots & a_{kn} \\ 0 & 0 & \cdots & 0 & a_{k+1k+1} & \cdots & a_{k+1n} \\ \cdots & \cdots & \cdots & \cdots & \cdots & \cdots & \cdots \\ 0 & 0 & \cdots & 0 & a_{nk+1} & \cdots & a_{nn} \end{vmatrix} = D^k \begin{vmatrix} a_{k+1k+1} & \cdots & a_{k+1n} \\ \cdots & \cdots & \cdots \\ a_{nk+1} & \cdots & a_{nn} \end{vmatrix},$$

従って

$$\Delta_k = D^{k-1} \begin{vmatrix} a_{k+1k+1} & \cdots & a_{k+1n} \\ \cdots & \cdots & \cdots \\ a_{nk+1} & \cdots & a_{nn} \end{vmatrix}$$

となる.

特に $k = 2$ ならば

$$\begin{vmatrix} A_{11} & A_{12} \\ A_{21} & A_{22} \end{vmatrix} = D \begin{vmatrix} a_{33} & \cdots & a_{3n} \\ \cdots & \cdots & \cdots \\ a_{n3} & \cdots & a_{nn} \end{vmatrix},$$

すなわち §7.10 の記法によれば,

$$D\begin{pmatrix}1\\1\end{pmatrix} D\begin{pmatrix}2\\2\end{pmatrix} - D\begin{pmatrix}1\\2\end{pmatrix} D\begin{pmatrix}2\\1\end{pmatrix} = D \cdot D\begin{pmatrix}1\ 2\\1\ 2\end{pmatrix}$$

一般に

$$D\begin{pmatrix} i \\ i \end{pmatrix} D\begin{pmatrix} k \\ k \end{pmatrix} - D\begin{pmatrix} i \\ k \end{pmatrix} D\begin{pmatrix} k \\ i \end{pmatrix} = D \cdot D\begin{pmatrix} i\ k \\ i\ k \end{pmatrix}. \tag{11}$$

これを**ヤコビの定理**という[*1].

7.16. シルヴェスターの定理. シルヴェスターはヤコビの定理を特別の場合として含む次の定理を与えた[*1].

n 次の行列式 $A = |\,a_{ik}\,|,\ (i, k = 1, 2, \ldots, n)$ の主小行列式 (§7.21)

$$A_r = \begin{vmatrix} a_{11} & a_{12} & \cdots & a_{1r} \\ a_{21} & a_{22} & \cdots & a_{2r} \\ \cdots & \cdots & \cdots & \cdots \\ a_{r1} & a_{r2} & \cdots & a_{rr} \end{vmatrix}$$

に縁をつけた A の小行列式を

$$B_{ik} = \begin{vmatrix} a_{11} & \cdots & a_{1r} & a_{1k} \\ a_{21} & \cdots & a_{2r} & a_{2k} \\ \cdots & \cdots & \cdots & \cdots \\ a_{r1} & \cdots & a_{rr} & a_{rk} \\ a_{i1} & \cdots & a_{ir} & a_{ik} \end{vmatrix}, \qquad (i, k > r)$$

とすれば

$$\begin{vmatrix} B_{r+1,r+1} & \cdots & B_{r+1,n} \\ \cdots & \cdots & \cdots \\ B_{n,r+1} & \cdots & B_{n,n} \end{vmatrix} = A \cdot {A_r}^{n-r-1}$$

が成立する.

A における a_{ik} の余因子を A_{ik} として

---

§7.15,*1　Jacobi, Journ. f. Math. 12, 1833, Werke 3, pp.191–268.

§7.16,*1　Sylvester, Phil. Mag. (4) 1, 1851, Collected Math. Papers 1, p.241. この証明は Kowalewski, Determinanten, p.102 による. Frobenius, Journ. f. Math. 86, 1874; 114, 1895; Berliner Ber., 1894 に別証明がある.

$$D = \begin{vmatrix} A_{r+1,r+1} & \cdots & A_{r+1,n} \\ \cdots & \cdots & \cdots \\ A_{n,r+1} & \cdots & A_{n,n} \end{vmatrix}$$

を作れば，§7.15 により

$$D = A_r \cdot A^{n-r-1}$$

となる．次に D において，$A_{i,k}$ において交差する行と列を除いたものを D' とすれば，これは §7.15 により

$$D' = (-1)^{i+k} \begin{vmatrix} a_{11} & \cdots & a_{1r} & a_{1k} \\ \cdots & \cdots & \cdots & \cdots \\ a_{r1} & \cdots & a_{rr} & a_{rk} \\ a_{i1} & \cdots & a_{ir} & a_{ik} \end{vmatrix} A^{n-r-2} = (-1)^{i+k} B_{ik} A^{n-r-2}$$

となる．この $(-1)^{i+k}$ は第 k 列 $(a_{1k}, a_{2k}, \ldots)$ を第 $r+1$ 列の位置に移し，第 i 行 $(a_{i1}, a_{i2}, \ldots)$ を第 $i+1$ 行の位置に移したために生じた因子である．

故に D における A_{ik} の余因子は $(-1)^{i+k}D'$，すなわち $B_{ik}A^{n-r-2}$ に等しい．従って D の相反行列式 Δ の要素は $B_{ik}A^{n-r-2}$ であるから

$$\Delta = A^{(n-r-2)(n-r)} \begin{vmatrix} B_{r+1,r+1} & \cdots & B_{r+1,n} \\ \cdots & \cdots & \cdots \\ B_{n,r+1} & \cdots & B_{n,n} \end{vmatrix}$$

となる．然るに §7.14 により

$$\Delta = D^{n-r-1} = (A_r A^{n-r-1})^{n-r-1},$$

従って以上の二つの Δ の関係より

$$\begin{vmatrix} B_{r+1,r+1} & \cdots & B_{r+1,n} \\ \cdots & \cdots & \cdots \\ B_{n,r+1} & \cdots & B_{n,n} \end{vmatrix} = A\,{A_r}^{n-r-1} \tag{12}$$

が得られる．これがシルヴェスターの定理である．

ただしこの証明では，$A \neq 0$ と仮定しなければならないが，$A = 0$ の場合には，a_{ii} の代わりに $a_{ii} + x$ とおいて，連続関数の考えから §7.14 のようにして上の関係が導かれる．

$r = n - 2$ の場合がヤコビの定理である.

7.17. アダマールの定理. n 次の行列式

$$D = |\, a_{ik} \,|$$

の要素について，それらの絶対値が M を超えない実数または複素数とすれば，D の絶対値の最大は何であろうか.

この問題を初めて提出してこれを解いたのはアダマールである[*1].

$\overline{a}$ を a の共役複素数とし，

$$\alpha_{ik} = a_{i1}\overline{a_{k1}} + a_{i2}\overline{a_{k2}} + \cdots + a_{in}\overline{a_{kn}}$$

とおけば

$$D \cdot \overline{D} = |\, a_{ik} \,| \cdot |\, \overline{a_{ki}} \,|$$

なる積は α_{ik} を要素とする行列式

$$\Delta_n = \begin{vmatrix} \alpha_{11} & \alpha_{12} & \cdots & \alpha_{1n} \\ \cdots & \cdots & \cdots & \cdots \\ \alpha_{n1} & \alpha_{n2} & \cdots & \alpha_{nn} \end{vmatrix}$$

となる．故にこれは決して負とはならない.

同様に

$$\Delta_k = \begin{vmatrix} \alpha_{11} & \alpha_{12} & \cdots & \alpha_{1k} \\ \cdots & \cdots & \cdots & \cdots \\ \alpha_{k1} & \alpha_{k2} & \cdots & \alpha_{kk} \end{vmatrix}$$

は長方行列

$$\begin{Vmatrix} a_{11} & a_{12} & \cdots & a_{1n} \\ a_{21} & a_{22} & \cdots & a_{2n} \\ \cdots & \cdots & \cdots & \cdots \\ a_{k1} & a_{k2} & \cdots & a_{kn} \end{Vmatrix}, \qquad \begin{Vmatrix} \overline{a_{11}} & \overline{a_{21}} & \vdots & \overline{a_{k1}} \\ \overline{a_{12}} & \overline{a_{22}} & \vdots & \overline{a_{k2}} \\ \vdots & \vdots & \vdots & \vdots \\ \overline{a_{1n}} & \overline{a_{2n}} & \vdots & \overline{a_{kn}} \end{Vmatrix}$$

---

§7.17,*1　Hadamard, Bull. des sci. math. (2) 17, 1893. 多くの異なる証明が知られている．例えば Wirtinger, Monatshefte f. Math. 18, 1907; Fischer, Archiv d. Math. (3) 13, 1908; Szász, Ungarn Ber. 27, 1909; Boggio, Bull. d. sci. math. 46, 1911; Blaschke, Archiv d. Math. (3) 20, 1913; 窪田，Tôhoku Math. J. 3, 1913, 等々.

の組合せにより

$$\sum \begin{vmatrix} a_{11} & a_{12} & \cdots & a_{1k} \\ \cdots & \cdots & \cdots & \cdots \\ a_{k1} & a_{k2} & \cdots & a_{kk} \end{vmatrix} \cdot \begin{vmatrix} \overline{a_{11}} & \overline{a_{21}} & \cdots & \overline{a_{k1}} \\ \cdots & \cdots & \cdots & \cdots \\ \overline{a_{1k}} & \overline{a_{2k}} & \cdots & \overline{a_{kk}} \end{vmatrix}$$

の形で表される．これらは共役複素数の積の和であるから，決して負とならない．

さて Δ_n の最後の行の要素を

$$\alpha_{n1}+0,\ \alpha_{n2}+0,\ \ldots,\ \alpha_{n\,n-1}+0,\ 0+\alpha_{nn}$$

と考えて，Δ_n を二つの行列式に分ければ

$$\Delta_n = \alpha_{nn}\,\Delta_{n-1} + P_n$$

となる．ただし

$$P_n = \begin{vmatrix} \alpha_{11} & \cdots & \alpha_{1\,n-1} & \alpha_{1n} \\ \cdots & \cdots & \cdots & \cdots \\ \alpha_{n-1\,1} & \cdots & \alpha_{n-1\,n-1} & \alpha_{n-1\,n} \\ \alpha_{n1} & \cdots & \alpha_{n\,n-1} & 0 \end{vmatrix}$$

である．これにヤコビの定理を応用すれば，$i=n-1,\ k=n$ として

$$P_n\,\Delta_{n-2} = P_{n-1}\,\Delta_{n-1} - Q\,Q'$$

となる．ただし

$$P_{n-1} = \begin{vmatrix} \alpha_{11} & \cdots & \alpha_{1\,n-2} & \alpha_{1n} \\ \cdots & \cdots & \cdots & \cdots \\ \alpha_{n-2\,1} & \cdots & \alpha_{n-2\,n-2} & \alpha_{n-2\,n} \\ \alpha_{n1} & \cdots & \alpha_{n\,n-2} & 0 \end{vmatrix},$$

$$Q = \begin{vmatrix} \alpha_{11} & \cdots & \alpha_{1\,n-2} & \alpha_{1n} \\ \cdots & \cdots & \cdots & \cdots \\ \alpha_{n-2\,1} & \cdots & \alpha_{n-2\,n-2} & \alpha_{n-2\,n} \\ \alpha_{n-1\,1} & \cdots & \alpha_{n-1\,n-2} & \alpha_{n-1\,n} \end{vmatrix}, \quad Q' = \begin{vmatrix} \alpha_{11} & \cdots & \alpha_{1\,n-1} \\ \cdots & \cdots & \cdots \\ \alpha_{n-2\,1} & \cdots & \alpha_{n-2\,n-1} \\ \alpha_{n1} & \cdots & \alpha_{n\,n-1} \end{vmatrix}$$

である．然るに $\overline{\alpha_{ik}} = \alpha_{ki}$ であり，Q の行と列とを入替えたものは Q' に等しいから，$Q'=\overline{Q}$ となる．故に

$$\Delta_{n-1} \geqq 0, \quad \Delta_{n-2} \geqq 0, \quad Q\,\overline{Q} \geqq 0$$

より，$P_{n-1} \leqq 0$ ならば $P_n \leqq 0$ が従う．

然るに

$$P_2 = \begin{vmatrix} \alpha_{11} & \alpha_{1n} \\ \alpha_{n1} & 0 \end{vmatrix} = -\alpha_{1n}\,\alpha_{n1} = -\alpha_{1n}\,\overline{\alpha_{1n}} \leqq 0$$

であるから，一般に $P_n \leqq 0$ が成立する．従って $\Delta_n = \alpha_{nn}\,\Delta_{n-1} + P_n$ より

$$D \cdot \overline{D} = \Delta_n \leqq \alpha_{nn}\,\Delta_{n-1}. \tag{13}$$

よって次の定理が得られる．

定理． $D = |\,a_{ik}\,|$ **の絶対値の平方** $D\,\overline{D}$ **は**

$$D\,\overline{D} \leqq \alpha_{11}\alpha_{22}\,\cdots\,\alpha_{nn}$$

を満たす．ただし

$$\alpha_{kk} = a_{k1}\overline{a_{k1}} + a_{k2}\overline{a_{k2}} + \cdots + a_{kn}\overline{a_{kn}}$$

とする．

a_{ik} **の絶対値がすべて** M **以下とすれば，**

$$\alpha_{kk} \leqq n\,M^2$$

である．故に D **の絶対値の平方は** $n^n\,M^{2n}$ **以下である．**

$$D\,\overline{D} \leqq n^n\,M^{2n}.$$

これを**アダマールの定理**と名づける．

この定理において等号が成立する場合は何か．

このためには $\Delta_k = \alpha_{kk}\,\Delta_{k-1}$，すなわち $P_k = 0\ (k = 2, \ldots, n)$ が成立つことが必要である．この条件は $a_{ik} = 0\ (i \gtrless k)$ と同値であることが数学的帰納法により次のようにして証明される．

まず $P_2 = 0$，すなわち $\Delta_2 = \alpha_{22}\,\Delta_1$ となるためには

$$\Delta_2 = \begin{vmatrix} \alpha_{11} & \alpha_{12} \\ \alpha_{21} & \alpha_{22} \end{vmatrix} = \alpha_{11}\,\alpha_{22}, \quad \text{すなわち} \quad \alpha_{12}\alpha_{21} = \alpha_{12}\overline{\alpha_{12}} = 0$$

であることが必要である．これは $\alpha_{12} = \alpha_{21} = 0$ にほかならない．

今 $P_1 = P_2 = \cdots = P_{n-1} = 0$，すなわち $\Delta_{n-1} = \alpha_{11}\alpha_{22}\cdots\alpha_{n-1\,n-1}$ となるた

めに，$\alpha_{ik}=0$ $(i \lessgtr k,\ i,k=1,2,\ldots,n-1)$ が必要と仮定しよう．このとき，さらに $\Delta_n=\alpha_{nn}\,\Delta_{n-1\,n-1}$ が成立つためには，$P_n=0$，すなわち

$$P_n=\begin{vmatrix} \alpha_{11} & 0 & \cdots & 0 & \alpha_{1n} \\ 0 & \alpha_{22} & \cdots & 0 & \alpha_{2n} \\ \vdots & \ddots & \ddots & \vdots & \vdots \\ 0 & \cdots & 0 & \alpha_{n-1\,n-1} & \alpha_{n-1\,n} \\ \alpha_{n1} & \cdots & \cdots & \alpha_{n\,n-1} & 0 \end{vmatrix}=0$$

が必要となる．P_n は $\begin{vmatrix} \alpha_{11} & 0 & \cdots & 0 \\ 0 & \alpha_{22} & \cdots & 0 \\ \vdots & \ddots & \ddots & \vdots \\ 0 & \cdots & 0 & \alpha_{n-1\,n-1} \end{vmatrix}$ に縁をつけた行列式であるから，§7.9，例題 3 によって

$$P_n=-\sum \alpha_{kn}\alpha_{nk}\alpha_{11}\alpha_{22}\cdots\alpha_{k-1\,k-1}\alpha_{k+1\,k+1}\cdots\alpha_{n-1\,n-1}$$

(α_{kk} だけ消されたもの).

この和の各項はすべて 0 以上であるから，これが 0 となるためには $\alpha_{nk}=0$ となることを要する ($\alpha_{ii}=0$ ならば $a_{i1}, a_{i2}, \ldots, a_{in}=0$ となり，$D=0$ となるから，初めから $\alpha_{ii}>0$ として差し支えないからである)．これで数学的帰納法が完了する．

定理. $D\overline{D} \leqq \alpha_{11}\alpha_{22}\cdots\alpha_{nn}$ **は常に成立する．等号が成立する場合は，**$\alpha_{ik}=0$, $i \gtrless k$ **の場合に限る.**

ここに一つ注意しておきたいことがある．それは

$$|\,\alpha_{ik}\,| \leqq \alpha_{11}\alpha_{22}\cdots\alpha_{nn}$$

が成立するためには，$\alpha_{ii} \geqq 0, \overline{\alpha_{ik}}=\alpha_{ki}$ および

$$D_k=\begin{vmatrix} \alpha_{11} & \alpha_{12} & \cdots & \alpha_{1k} \\ \cdots & \cdots & \cdots & \cdots \\ \alpha_{k1} & \alpha_{k2} & \cdots & \alpha_{kk} \end{vmatrix} \geqq 0, \qquad (k=1,2,\ldots,n)$$

なることが充分であって，必ずしも $|\,\alpha_{ik}\,|$ が $D\overline{D}$ となることを要しないことである．

第5節　行列式の階数

7.18. 階数. n 次の行列式 $D = |a_{ik}|$ の k 次の小行列式がことごとく 0 となるならば，$k+1$ 次の小行列式はもちろん 0 となる.

$D \neq 0$ ならば D の**階数**が n であるという．もし $D = 0$ であって，D の $n-1$ 次の小行列式の内，少なくとも一つが 0 とならない場合に，D の階数は $n-1$ であるという．一般に D の $r+1$ 次の小行列式がことごとく 0 となり，r 次の小行列式の内に少なくとも一つ 0 でないものが存在する場合，r を**行列式 D の階数**[*1]という.

一つの行列式を与えれば，必ずこれに対して階数が定まる．この階数なる概念は基本的に重要な意義をもつものであって，初めてフロベニウス[*2]によって導入されたものである.

(a_{ik}), $(i = 1, 2, \ldots, n;\ k = 1, 2, \ldots, m;\ m \gtreqless n)$ なる正方行列または長方行列より作られるすべての $r+1$ 次の行列式は 0 となり，r 次の行列式の内，少なくとも一つが 0 でない場合には，r をこの正方行列または長方行列の階数という.

7.19. 行列式の積の階数. n 次の二つの行列式 $|a_{ik}|$, $|b_{ik}|$ の積を $|c_{ik}|$ とすれば，その k 次の小行列式は

$$\begin{vmatrix} c_{p_1 q_1} & c_{p_1 q_2} & \cdots & c_{p_1 q_k} \\ c_{p_2 q_1} & c_{p_2 q_2} & \cdots & c_{p_2 q_k} \\ \cdots & \cdots & \cdots & \cdots \\ c_{p_k q_1} & c_{p_k q_2} & \cdots & c_{p_k q_k} \end{vmatrix}$$

の形であって，これは

$$\left\|\begin{matrix} a_{p_1 1} & a_{p_1 2} & \cdots & a_{p_1 n} \\ a_{p_2 1} & a_{p_2 2} & \cdots & a_{p_2 n} \\ \cdots & \cdots & \cdots & \cdots \\ a_{p_k 1} & a_{p_k 2} & \cdots & a_{p_k n} \end{matrix}\right\|, \qquad \left\|\begin{matrix} b_{1 q_1} & b_{2 q_1} & \cdots & b_{n q_1} \\ b_{1 q_2} & b_{2 q_2} & \cdots & b_{n q_2} \\ \cdots & \cdots & \cdots & \cdots \\ b_{1 q_k} & b_{2 q_k} & \cdots & b_{n q_k} \end{matrix}\right\|$$

---

§7.18,*1　〔**編者注**：行列 (a_{ik}) の**階数**ともいう.〕

*2　Frobenius は Journ. f. Math. 82, 1877 にこの概念を導入し，階数 (Rang) なる名は Journ. f. Math. 86, 1879 で初めて用いた.

より組立てられた行列式であるから，$|c_{ik}|$, $|b_{ik}|$ の k 次の小行列式の積の和として表される．故に $|a_{ik}|$ の k 次の小行列式が残らず 0 ならば，$|c_{ik}|$ の k 次の小行列式はまたことごとく 0 となる．故に次の定理が得られる．

定理. **二つの行列式** $|a_{ik}|$, $|b_{ik}|$ **の積** $|c_{ik}|$ **の階数は** $|a_{ik}|$, $|b_{ik}|$ **の階数のいずれよりも大とならない.**

7.20. クロネッカーの定理[*1]. §7.16 と同様に

$$A = |a_{ik}|, \ (i,k=1,2,\ldots,n), \ \ A_r = |a_{ik}|, \ \ (i,k=1,2,\ldots,r),$$

$$B_{ik} = \begin{vmatrix} a_{11} & \cdots & a_{1r} & a_{1k} \\ \cdots & \cdots & \cdots & \cdots \\ a_{r1} & \cdots & a_{rr} & a_{rk} \\ a_{i1} & \cdots & a_{ir} & a_{ik} \end{vmatrix}, \qquad (i,\,k=r+1,r+2,\ldots,n)$$

とおけば，次のクロネッカーの定理が成立する．

定理. $A_r \neq 0,\ B_{ik}=0,\ (i,k=r+1,\ldots,n)$ **ならば，** $A=|a_{ik}|$ **の階数は** r **に等しい.**

この定理は，$A_r \neq 0$ のほかに，あらゆる $r+1$ 次の小行列式が 0 になるという代わりに，その内の特別な $(n-r)^2$ 個の B_{ik} が 0 となることが分かれば，A の階数が r に等しいことを示す．

今 B'_{ik} を B_{ik} の要素 a_{ik} だけを 0 としたもの，すなわち

$$B'_{ik} = \begin{vmatrix} a_{11} & \cdots & a_{1r} & a_{1k} \\ \cdots & \cdots & \cdots & \cdots \\ a_{r1} & \cdots & a_{rr} & a_{rk} \\ a_{i1} & \cdots & a_{ir} & 0 \end{vmatrix}$$

とすれば

$$B_{ik} = B'_{ik} + a_{ik}A_r$$

となることは，B_{ik} の最後の列の要素は

---

§7.20,*1 Kronecker, Journ. f. Math. 72, 1870, Werke I, p.235. この証明は Frobenius, Journ. f. Math. 114, 1895 による．

$$a_{1k}+0,\quad a_{2k}+0,\quad \ldots,\quad a_{rk}+0,\quad 0+a_{ik}$$

と考えて二つの行列式の和に分ければ得られる．

$$(\lambda_1,\lambda_2,\ldots,\lambda_s),\quad (\mu_1,\mu_2,\ldots,\mu_s)$$

を $(1,2,3,\ldots,n)$ から任意の s 個をとったものとし，

$$A'=\begin{vmatrix} a_{11} & \cdots & a_{1r} & a_{1\,\lambda_1} & \cdots & a_{1\,\lambda_s} \\ \cdots & \cdots & \cdots & \cdots & \cdots & \cdots \\ a_{r1} & \cdots & a_{rr} & a_{r\,\lambda_1} & \cdots & a_{r\,\lambda_s} \\ a_{\mu_1\,1} & \cdots & a_{\mu_1\,r} & 0 & \cdots & 0 \\ \cdots & \cdots & \cdots & \cdots & \cdots & \cdots \\ a_{\mu_s\,1} & \cdots & a_{\mu_s\,r} & 0 & \cdots & 0 \end{vmatrix}$$

にシルヴェスターの定理 (§7.16) を応用する．

さきの B_{ik} に対するものは B'_{ik} であるから

$$\begin{vmatrix} B'_{\mu_1\,\lambda_1} & B'_{\mu_1\,\lambda_2} & \cdots & B'_{\mu_1\,\lambda_s} \\ \cdots & \cdots & \cdots & \cdots \\ B'_{\mu_s\,\lambda_1} & B'_{\mu_s\,\lambda_2} & \cdots & B'_{\mu_s\,\lambda_s} \end{vmatrix} = {A_r}^{s-1}A'$$

となる．この A' の右下の一角の要素がすべて 0 であるから，$s>r$ ならば，最後より s 個の列を取り去り，これにラプラスの展開を施せば A' は 0 となる．すなわち

$$\Delta=\begin{vmatrix} B'_{\mu_1\,\lambda_1} & \cdots & B'_{\mu_1\,\lambda_s} \\ \cdots & \cdots & \cdots \\ B'_{\mu_s\,\lambda_1} & \cdots & B'_{\mu_s\,\lambda_s} \end{vmatrix}=0,\quad (s>r).$$

故に

$$A_r\neq 0,\quad B_{ik}=0,\ \ (i,k=r+1,\ldots,n)$$

とすれば，B_{ik} において $i,\,k$ の少なくとも一つが $(1,2,\ldots,r)$ の数ならばもちろん $B_{ik}=0$ となるから，$B_{ik}=0,\ (i,\,k=1,2,\ldots,n)$ となる．故に

$$B'_{ik}=-a_{ik}\,A_r,\quad (i,\,k=1,2,\ldots,n)$$

となる．従って

$$\Delta = (-1)^s A_r^s \begin{vmatrix} a_{\mu_1 \lambda_1} & \cdots & a_{\mu_1 \lambda_s} \\ \cdots & \cdots & \cdots \\ a_{\mu_s \lambda_1} & \cdots & a_{\mu_s \lambda_s} \end{vmatrix} = 0$$

となる．$A_r \neq 0$ であるから次数 $s \geqq r+1$ の小行列式はこのようにしてことごとく 0 となることが証明された．

故に $A_r \neq 0$ と合わせて考えれば，A の階数は r に等しいことが結論される．

7.21. 対称行列式の階数. n 次の行列式 $D = |\,a_{ik}\,|$ において，$a_{ik} = a_{ki}$ を満たすものを**対称行列式**という．

対称行列式に対しては次の定理が成立する．

定理 1. 対称行列式の階数が r ならば，r 次の主小行列式のうち少なくとも一つは 0 にならない[*1]**.**

今階数 r の対称行列式 D の r 次の主小行列式がことごとく 0 であるとする．D の階数が r であるので，

$$D_{r+1} = \begin{vmatrix} a_{11} & a_{12} & \cdots & a_{1\,r+1} \\ a_{21} & a_{22} & \cdots & a_{2\,r+1} \\ \cdots & \cdots & \cdots & \cdots \\ a_{r+1\,1} & a_{r+1\,2} & \cdots & a_{r+1\,r+1} \end{vmatrix}$$

は 0 となる．D_{r+1} における a_{rr}，$a_{r+1\,r+1}$ の余因子は r 次の主小行列式であるから，これらもまた 0 となる．故に D_{r+1} に対しヤコビの定理を応用すれば

$$D_{r+1}\,D_{r-1} = D_{r+1}\begin{pmatrix} r \\ r \end{pmatrix} D_{r+1}\begin{pmatrix} r+1 \\ r+1 \end{pmatrix} - D_{r+1}\begin{pmatrix} r \\ r+1 \end{pmatrix} D_{r+1}\begin{pmatrix} r+1 \\ r \end{pmatrix},$$

すなわち

$$D_{r+1}\begin{pmatrix} r \\ r+1 \end{pmatrix} D_{r+1}\begin{pmatrix} r+1 \\ r \end{pmatrix} = 0$$

となる．ただし $D_{r+1}\begin{pmatrix} i \\ k \end{pmatrix}$ は D_{r+1} の第 i 行と第 k 列とを取り去った行列式を表すものとする．D は対称であるから，$D_{r+1}\begin{pmatrix} r \\ r+1 \end{pmatrix} = D_{r+1}\begin{pmatrix} r+1 \\ r \end{pmatrix}$ なることは両辺

§7.21, *1 Frobenius, Journ. f. Math. 82, 1875.

の形を見れば直ちに分かる．故に $D_{r+1}\begin{pmatrix} r \\ r+1 \end{pmatrix} = 0$ となる．

この方法によって，r 次のすべての小行列式が 0 となることが結論され，D の階数が r なることに矛盾する．

次に対称行列式

$$A = |\, a_{ik} \,|, \qquad (i, k = 1, 2, \ldots, n)$$

の階数を定めるために，クロネッカーの定理を応用しよう．今

$$A_r = \sum \pm a_{11} a_{22} \cdots a_{rr} \neq 0,$$

$$B_{ii} = \sum \pm a_{11} a_{22} \cdots a_{rr} a_{ii} = 0, \quad (i = r+1, \ldots, n),$$

$$C_{ik} = \sum \pm a_{11} \cdots a_{rr}\, a_{ii}\, a_{kk} = 0, \quad (i, k = r+1, \ldots, n)$$

と仮定すれば，ヤコビの定理により

$$A_r\, C_{ik} = B_{ii} B_{kk} - B_{ik} B_{ki}$$

となる．仮定により A は対称であるから，$B_{ik} = B_{ki}$．従って上の仮定より

$$B_{ik} = 0, \quad (i, k = r+1, \ldots, n)$$

が従う．故にクロネッカーの定理により，A の階数が r となることを得る．これを定理として述べておく．

定理 2. A **が対称ならば**

$$A_r \neq 0, \quad B_{ii} = 0 \; (i = r+1, \ldots, n), \quad C_{ik} = 0 \; (i, k = r+1, \ldots, n)$$

であるとき，A **の階数は** r **に等しい．**

この定理は A が対称ならば A の階数は主小行列式のみで決定することができることを示している．

これを少し変形すれば次のように述べられる．

定理 3. A **が対称ならば，**A **の** $r+1, r+2$ **次のあらゆる主小行列式が** 0 **なる場合，**$r+1$ **次のすべての小行列式は** 0 **となる．すなわち** A **の階数は** r **以下となる．**

定理 1 は直ちにこれより従う．

第6節 一次方程式

7.22. **n 元一次方程式の n 個の一組.** 行列式の起源が一次方程式の解法にあったことはすでに述べた (§7.1). 今行列式の理論の大体は終えたから，再びこの問題に戻って考えよう.

$f_1, f_2, \ldots, f_n$ を n 個の変数 $x_1, x_2, \ldots, x_n$ の一次の同次式

$$f_1 = a_{11}x_1 + a_{12}x_2 + \cdots + a_{1n}x_n,$$

$$f_2 = a_{21}x_1 + a_{22}x_2 + \cdots + a_{2n}x_n,$$

$$\cdots\cdots\cdots\cdots\cdots\cdots\cdots\cdots$$

$$f_n = a_{n1}x_1 + a_{n2}x_2 + \cdots + a_{nn}x_n$$

とし，一次方程式の一組

$$f_1 = b_1,\ f_2 = b_2,\ \ldots,\ f_n = b_n \tag{1}$$

を考える. この係数より作られる行列式

$$D = |\,a_{ik}\,|, \quad (i, k = 1, 2, \ldots, n)$$

における要素 a_{ik} の余因子を A_{ik} とすれば, (1) の両辺にそれぞれ $A_{1k}, A_{2k}, \ldots, A_{nk}$ をかけて加えれば, §7.9 の (1)–(4) より直ちに

$$D\,x_k = b_1A_{1k} + b_2A_{2k} + \cdots + b_nA_{nk}$$

が得られる. この右辺は D において第 k 列の代わりに $(b_1, b_2, \ldots, b_n)$ を代入したものに等しい. これを B_k とすれば

$$B_k = \begin{vmatrix} a_{11} & \cdots & a_{1\,k-1} & b_1 & a_{1\,k+1} & \cdots & a_{1n} \\ a_{21} & \cdots & a_{2\,k-1} & b_2 & a_{2\,k+1} & \cdots & a_{2n} \\ \cdots & \cdots & \cdots & \cdots & \cdots & \cdots & \cdots \\ a_{n1} & \cdots & a_{n\,k-1} & b_n & a_{n\,k+1} & \cdots & a_{nn} \end{vmatrix}$$

である. $D \neq 0$ ならば

$$x_k = \frac{B_k}{D}, \quad (k = 1, 2, \ldots, n). \tag{2}$$

すなわち (1) を満足する $(x_1, x_2, \ldots, x_n)$ が存在するとすれば, $D \neq 0$ の場合には

(2) が成立する.

逆に (2) が (1) を満足することは, (2) および §7.9, 定理より

$$
\begin{aligned}
& a_{i1}x_1 + \cdots + a_{in}x_n \\
&= \frac{1}{D}\left\{\sum_{k=1}^{n} a_{ik}\left(b_1A_{1k} + b_2A_{2k} + \cdots + b_nA_{nk}\right)\right\} \\
&= \frac{1}{D}\sum_{j=1}^{n} b_j \sum_{k=1}^{n} a_{ik}A_{jk} \\
&= b_i
\end{aligned}
$$

となることから分かる. 故に (2) が求める唯一組の (1) の解である. $b_i = 0$, $(i = 1, 2, \ldots, n)$ の場合には, (1) は

$$f_1 = 0, \quad f_2 = 0, \quad \ldots, \quad f_n = 0 \tag{3}$$

となる. これを**同次一次方程式**と名づける.

以上の結果をまとめると次の定理になる.

定理. 一次方程式の一組

$$f_1 = b_1, \quad f_2 = b_2, \quad \ldots, \quad f_n = b_n$$

は, $D = |\,a_{ik}\,| \neq 0$ **ならば, 常に唯一組の解をもつ. これは**

$$x_k = \frac{B_k}{D}$$

によって表示される.

同次一次方程式は, $D \neq 0$ **ならば,** $x_k = 0$ **のほかには解をもたない. 従って同次一次方程式の一組が** 0 **以外の解をもつためには,** $D = 0$ **なることが必要である.**

例題 1.

$$
\begin{aligned}
5x + 6y - 7z &= 8, \\
2x - 3y + 5z &= 1, \\
6x + 7y - 2z &= 3
\end{aligned}
$$

を解け.

(**解答**)

$$D=\begin{vmatrix}5&6&-7\\2&-3&5\\6&7&-2\end{vmatrix}=-165,\qquad B_1=\begin{vmatrix}8&6&-7\\1&-3&5\\3&7&-2\end{vmatrix}=-242,$$

$$B_2=\begin{vmatrix}5&8&-7\\2&1&5\\6&3&-2\end{vmatrix}=187,\qquad B_3=\begin{vmatrix}5&6&8\\2&-3&1\\6&7&3\end{vmatrix}=176,$$

$$x=\frac{B_1}{D}=\frac{242}{165},\quad y=\frac{B_2}{D}=-\frac{187}{165},\quad z=\frac{B_3}{D}=-\frac{176}{165}.$$

例題 2.

$$(b-c)x+(c-a)y+(a-b)z=d$$
$$a(b-c)x+b(c-a)y+c(a-b)z=d^2$$
$$a^2(b-c)x+b^2(c-a)y+c^2(a-b)z=d^3$$

を解け.

(**解答**)

$$D=\begin{vmatrix}b-c&c-a&a-b\\a(b-c)&b(c-a)&c(a-b)\\a^2(b-c)&b^2(c-a)&c^2(a-b)\end{vmatrix}=-(b-c)(c-a)(a-b)\begin{vmatrix}c-a&a-b\\b(c-a)&c(a-b)\end{vmatrix}$$
$$=(b-c)^2(c-a)^2(a-b)^2,$$

$$B_1=\begin{vmatrix}d&c-a&a-b\\d^2&b(c-a)&c(a-b)\\d^3&b^2(c-a)&c^2(a-b)\end{vmatrix}=-d^3(c-a)(a-b)(b-c)$$
$$+d^2(c-a)(a-b)(b-c)(b+c)$$
$$-dbc(b-c)(c-a)(a-b)$$
$$=-(b-c)(c-a)(a-b)d(d-b)(d-c),$$

$$B_2=\begin{vmatrix}b-c&d&a-b\\a(b-c)&d^2&c(a-b)\\a^2(b-c)&d^3&c^2(a-b)\end{vmatrix}=-(b-c)(c-a)(a-b)d(d-c)(d-a),$$

$$B_3=\begin{vmatrix}b-c&c-a&d\\a(b-c)&b(c-a)&d^2\\a^2(b-c)&b^2(c-a)&d^3\end{vmatrix}=-(b-c)(c-a)(a-b)d(d-a)(d-b).$$

$$x = \frac{B_1}{D} = -\frac{d(d-b)(d-c)}{(b-c)(c-a)(a-b)}, \quad y = \frac{B_2}{D} = -\frac{d(d-c)(d-a)}{(b-c)(c-a)(a-b)},$$

$$z = \frac{B_3}{D} = -\frac{d(d-a)(d-b)}{(b-c)(c-a)(a-b)}.$$

以上においては，D の階数が n である場合を論じた．次に D の階数が n より小なる場合を論ずるのに先立ち，一次式の一組の間の関係について少し考えてみよう．

7.23.　一次式の一組の独立性.　$n-1$ 個の変数 $x_1, x_2, \ldots, x_{n-1}$ を含む一次式

$$F_1 = a_{11}x_1 + a_{12}x_2 + \cdots + a_{1\,n-1}x_{n-1} + a_{1n},$$

$$F_2 = a_{21}x_1 + a_{22}x_2 + \cdots + a_{2\,n-1}x_{n-1} + a_{2n},$$

$$\cdots\cdots\cdots\cdots\cdots\cdots\cdots\cdots\cdots\cdots\cdots\cdots$$

$$F_m = a_{m1}x_1 + a_{m2}x_2 + \cdots + a_{m\,n-1}x_{n-1} + a_{mn}$$

が，どれかは 0 とならない常数 $c_1, c_2, \ldots, c_m$ のある一組に対し，常に

$$c_1F_1 + c_2F_2 + \cdots + c_mF_m = 0$$

を満たす場合に，$F_1, F_2, \ldots, F_m$ は**一次従属**である (**一次的に関連**している) という．その反対の場合には**一次独立**であるという．

$$c_1F_1 + \cdots + c_mF_m = 0$$

が変数のすべてに対して成立することは，上式を代入したとき，それらの係数がことごとく 0 となる，すなわち

$$c_1a_{1k} + c_2a_{2k} + \cdots + c_ma_{mk} = 0, \quad (k = 1, 2, \ldots, n)$$

となることと同等である．

我々は次に $F_1, F_2, \ldots, F_m$ が一次独立であるための条件を論じよう．このことについて次の定理が成立する．

定理.　m **個の一次式** $F_1, F_2, \ldots, F_m$ **(同次式とは限らない) が一次独立であるための必要充分条件は，長方行列**

$$A = \left\| \begin{matrix} a_{11} & a_{12} & \cdots & a_{1n} \\ a_{21} & a_{22} & \cdots & a_{2n} \\ \cdots & \cdots & \cdots & \cdots \\ a_{m1} & a_{m2} & \cdots & a_{mn} \end{matrix} \right\|$$

の階数 r が m に等しいことである．

$F_1, F_2, \ldots, F_m$ **が一次従属であるための必要充分条件は** $r < m$ **となることである．**

まず $m \leqq n$ なる場合から始める．

$F_1, F_2, \ldots, F_m$ が一次従属とすれば

$$c_1 a_{1k} + c_2 a_{2k} + \cdots + c_m a_{mk} = 0, \quad (k = 1, 2, \ldots, n)$$

を満たし，どれかは 0 とはならない $(c_1, c_2, \ldots, c_m)$ が存在する．従って，上式を $(c_1, c_2, \ldots, c_m)$ を変数とする同次一次方程式と見なし，これらの n 個の方程式より任意の m 個を取り出せば，§7.22 の定理により，それらの係数が作る行列式は 0 である．すなわち長方行列 A より得られるあらゆる m 次の行列式はことごとく 0 となる．これは A の階数 r が m より小なることにほかならない．

次に $r < m$ であると仮定する．階数の定義により，A より得られる r 次の行列式の少なくとも一つは 0 ではない．故に行と列を適当に入換えて

$$D_r = \begin{vmatrix} a_{11} & a_{12} & \cdots & a_{1r} \\ a_{21} & a_{22} & \cdots & a_{2r} \\ \cdots & \cdots & \cdots & \cdots \\ a_{r1} & a_{r2} & \cdots & a_{rr} \end{vmatrix} \neq 0$$

とすることができる．

次に

$$D_{r+1} = \begin{vmatrix} a_{11} & a_{12} & \cdots & a_{1\,r+1} \\ \cdots & \cdots & \cdots & \cdots \\ a_{r+1\,1} & a_{r+1\,2} & \cdots & a_{r+1\,r+1} \end{vmatrix}$$

の最後の列の要素に対する余因子をそれぞれ $c_1, c_2, \ldots, c_{r+1}$ とすれば，$c_{r+1} = D_r \neq 0$ である．§7.9 の定理によれば

$$c_1 a_{1k} + c_2 a_{2k} + \cdots + c_{r+1} a_{r+1\,k} = 0, \quad (k = 1, 2, \ldots, r)$$

が成立する．$k=r+1$ ならば，この左辺は D_{r+1} を表し，$k>r+1$ ならば D_{r+1} の最後の列の要素を $(a_{1k},\ a_{2k},\ \ldots,\ a_{r+1\,k})$ で置換えた $r+1$ 次の行列式を表す．然るに A の階数は r であるから，$r+1$ 次の行列式はことごとく 0 である．すなわち

$$c_1a_{1k}+c_2a_{2k}+\cdots+c_{r+1}a_{r+1\,k}=0,\quad (k=1,2,\ldots,n).$$

従って $c_{r+2},\ c_{r+3},\ \ldots,\ c_m=0$ とおけば

$$c_1a_{k1}+c_2a_{k2}+\cdots+c_ma_{km}=0,\quad (k=1,2,\ldots,n)$$

であって，$c_{r+1}\neq 0$．すなわち $F_1,\ F_2,\ \ldots,\ F_m$ は一次従属である．

これで $m\leqq n$ の場合の定理の後半は証明された．前半は唯同一の事実を言い換えたものに過ぎない．

$m>n$ なる場合は

$$F_k'=a_{k1}x_1+a_{k2}x_2+\cdots+a_{k\,n-1}x_{n-1}+a_{kn}x_n$$
$$+a_{k\,n+1}x_{n+1}+\cdots+a_{km}x_m$$
$$(k=1,2,\ldots,m)$$

なる $F_1',\ F_2',\ \ldots,\ F_m'$ を考えれば，前の場合と同様に行うことができる．

ここに $a_{k\,n+1},\ a_{k\,n+2},\ \ldots,\ a_{k\,m}=0\quad(k=1,2,\ldots,m)$，$x_n=1$ とおけば，F_k' は F_k となり，長方行列 A の階数と

$$\left\|\begin{matrix} a_{11} & a_{12} & \cdots & a_{1n} & \cdots & a_{1m}\\ a_{21} & a_{22} & \cdots & a_{2n} & \cdots & a_{2m}\\ \cdots & \cdots & \cdots & \cdots & \cdots & \cdots\\ a_{m1} & a_{m2} & \cdots & a_{mn} & \cdots & a_{mm}\end{matrix}\right\|$$

の階数とは相等しいから，$F_1',\ F_2',\ \ldots,\ F_m'$ の一次従属の条件は $F_1,\ F_2,\ \ldots,\ F_n$ のそれと同一である．従って $m>n$ の場合も証明されたことになる．

7.24. $D=0$ **なる場合．** 以上の準備の下に，一般に

$$f_1=a_{11}x_1+a_{12}x_2+\cdots+a_{1n}x_n=b_1,$$

$$f_2=a_{21}x_1+a_{22}x_2+\cdots+a_{2n}x_n=b_2,$$

$$\cdots\cdots\cdots\cdots\cdots\cdots\cdots\cdots$$

$$f_m = a_{m1}x_1 + a_{m2}x_2 + \cdots + a_{mn}x_n = b_m$$

なる n 個の変数の m 個の一次方程式の解を論じよう．

まず長方行列

$$A = \begin{Vmatrix} a_{11} & a_{12} & \cdots & a_{1n} \\ \cdots & \cdots & \cdots & \cdots \\ a_{m1} & a_{m2} & \cdots & a_{mn} \end{Vmatrix}, \qquad B = \begin{Vmatrix} a_{11} & \cdots & a_{1n} & b_1 \\ \cdots & \cdots & \cdots & \cdots \\ a_{m1} & \cdots & a_{mn} & b_m \end{Vmatrix}$$

の階数をそれぞれ r, s とすれば，$r \leqq s$ となることはもちろんである．

(1) $r < s$ の場合．

B より作られる s 次の行列式で 0 とならないものはどれかの b_i を含まなければならない．なぜなら b_i を全く含まない s 次の行列式の一つが 0 でなければ，これはまた A より作られる行列式であるから，$r < s$ と矛盾する．

B の行と列を適当に入換えれば

$$\begin{vmatrix} a_{11} & \cdots & a_{1\,s-1} & b_1 \\ a_{21} & \cdots & a_{2\,s-1} & b_2 \\ \cdots & \cdots & \cdots & \cdots \\ a_{s1} & \cdots & a_{s\,s-1} & b_s \end{vmatrix} \neq 0$$

と仮定することができる．

§7.23 の定理によれば $f_1, f_2, \ldots, f_s$ は一次従属であるが

$$F_1 = f_1 - b_1,\ F_2 = f_2 - b_2,\ \ldots,\ F_s = f_s - b_s$$

は一次独立である．故にどれかは 0 ではない $(c_1, c_2, \ldots, c_s)$ を適当に定めて

$$c_1 f_1 + c_2 f_2 + \cdots + c_s f_s = 0$$

となるようにすることができる．しかし同時に

$$c_1 F_1 + c_2 F_2 + \cdots + c_s F_s \neq 0$$

である．後者は

$$c_1 b_1 + c_2 b_2 + \cdots + c_s b_s \neq 0$$

となる．これは

$$f_1 = b_1,\ f_2 = b_2,\ \ldots,\ f_m = b_m$$

を満たす $(x_1, \ldots, x_n)$ の値が存在しないことを示す．なぜならもし存在するとすれば

$$c_1 f_1 + c_2 f_2 + \cdots + c_s f_s = 0$$

より当然

$$c_1 b_1 + c_2 b_2 + \cdots + c_s b_s = 0$$

になるからである．

(2)　$r = s$ の場合．

A の階数は r であるから，行や列の入換えにより

$$\begin{vmatrix} a_{11} & a_{12} & \cdots & a_{1r} \\ a_{21} & a_{22} & \cdots & a_{2r} \\ \cdots & \cdots & \cdots & \cdots \\ a_{r1} & a_{r2} & \cdots & a_{rr} \end{vmatrix} \neq 0$$

とする．

A, B より作られる $r+1$ 次の行列式はことごとく 0 であるから，

$$(F_1, F_2, \ldots, F_r, F_p) \quad (p = r+1, \ldots, m)$$

は一次従属，すなわち

$$c_1{}^{(p)} F_1 + c_2{}^{(p)} F_2 + \cdots + c_r{}^{(p)} F_r + c_p{}^{(p)} F_p = 0, \quad (p = r+1, r+2, \ldots, m)$$

を満たし，$(c_1{}^{(p)}, c_2{}^{(p)}, \ldots, c_p{}^{(p)})$ のどれかは 0 ではないものが存在しなければならない．然るに $(F_1, F_2, \ldots, F_r)$ は一次独立であるから，$c_p{}^{(p)} \neq 0$ でなければならない．故に F_p は $F_1, F_2, \ldots, F_r$ の一次式として表される．従って

$$F_1 = F_2 = \cdots = F_r = 0$$

を満たす $(x_1, x_2, \ldots, x_n)$ は当然

$$F_{r+1} = 0,\ F_{r+2} = 0,\ \ldots,\ F_m = 0$$

を満たす．

$F_1 = F_2 = \cdots = F_r = 0$ は

$$a_{11} x_1 + \cdots + a_{1r} x_r = b_1 - a_{1\,r+1} x_{r+1} - \cdots - a_{1n} x_n,$$

$$a_{21} x_1 + \cdots + a_{2r} x_r = b_2 - a_{2\,r+1} x_{r+1} - \cdots - a_{2n} x_n,$$

$$\cdots\cdots\cdots\cdots\cdots\cdots\cdots\cdots\cdots$$

$$a_{r1}x_1 + \cdots + a_{rr}x_r = b_r - a_{r\,r+1}x_{r+1} - \cdots - a_{rn}x_n$$

と書くことができる．左辺の係数のなす行列式は仮定により 0 でないから，右辺を与えられたものと見れば，これを満たす $(x_1, x_2, \ldots, x_r)$ は唯一組存在する (§7.22).

故に $x_{r+1}, x_{r+2}, \ldots, x_n$ を任意にとれば，これに対し $(x_1, x_2, \ldots, x_r)$ が定まる．詳しくいえば §7.22 の定理の B_k の形を見れば, $x_1, x_2, \ldots, x_r$ は $x_{r+1}, x_{r+2}, \ldots, x_n$ の一次式として表され，$x_{r+1}, \ldots, x_n$ は任意である．

以上の結果は一括すれば次の定理となる．

定理． **一次方程式の一組**

$$a_{11}x_1 + a_{12}x_2 + \cdots + a_{1n}x_n = b_1,$$
$$a_{21}x_1 + a_{22}x_2 + \cdots + a_{2n}x_n = b_2,$$
$$\cdots\cdots\cdots\cdots\cdots\cdots\cdots\cdots\cdots$$
$$a_{m1}x_1 + a_{m2}x_2 + \cdots + a_{mn}x_n = b_m,$$

が同時に成立つための必要充分条件は，二つの行列

$$\begin{Vmatrix} a_{11} & \cdots & a_{1n} \\ \cdots & \cdots & \cdots \\ a_{m1} & \cdots & a_{mn} \end{Vmatrix}, \qquad \begin{Vmatrix} a_{11} & \cdots & a_{1n} & b_1 \\ \cdots & \cdots & \cdots & \cdots \\ a_{m1} & \cdots & a_{mn} & b_m \end{Vmatrix}$$

の階数が一致することである．今この階数を r **とすれば，**$(x_1, x_2, \ldots, x_n)$ **の内** r **個は残りの** $n-r$ **個の一次式として表される．この** $n-r$ **個の変数は任意の値を取り得る**[*1]**.**

特に $b_1 = b_2 = \cdots = b_m = 0$ の場合には，二つの長方行列の階数は常に一致する．故に常に解をもつ．階数が r ならば，$n-r$ 個の変数の値は任意にとることができる．

これより，$b_i = 0,\ (i = 1, 2, \ldots, m)$ とおけば，次の定理を得る．

定理． **同次の一次方程式の一組**

$$f_1 = a_{11}x_1 + a_{12}x_2 + \cdots + a_{1n}x_n = 0,$$

---

§7.24,*1 定理をこの形に述べたのは Capelli, Rivista d. Mat. 2, 1892.

$$f_2 = a_{21}x_1 + a_{22}x_2 + \cdots + a_{2n}x_n = 0,$$

$$\cdots\cdots\cdots\cdots\cdots\cdots\cdots\cdots$$

$$f_m = a_{m1}x_1 + a_{m2}x_2 + \cdots + a_{mn}x_n = 0$$

は常に解をもつ．係数のなす長方行列の階数を r とすれば，$n-r$ 個の変数は任意にとることができる．その内適当な r 個の左辺の f によって残りの f が表される．$r=n$ のときに限り，$x_i = 0$ となる．

7.24.* ディオファンタス近似に関するクロネッカーの定理．

我々は §4.23 において，ディオファンタス近似の問題について次の定理を証明した．

α, β を任意の実数とすれば，$\varepsilon > 0$ をいかに小さくとっても

$$|x - \alpha y - \beta| < \varepsilon$$

を満たす整数 x, y が存在する．

この定理を拡張したクロネッカーの定理を論じるには，行列および行列式の概念が必要であるために，内容においては第 4 章に属すべきこの定理の証明を，やむなくここまでのばしておいたのである．

クロネッカーの定理は次のように述べられる[*1]．

定理． **実数 α_{ik} の長方行列**

$$A = \begin{Vmatrix} \alpha_{11} & \alpha_{12} & \cdots & \alpha_{1m} \\ \alpha_{21} & \alpha_{22} & \cdots & \alpha_{2m} \\ \cdots & \cdots & \cdots & \cdots \\ \alpha_{n1} & \alpha_{n2} & \cdots & \alpha_{nm} \end{Vmatrix} \qquad (m > n)$$

の階数を n とし，これより作られる n 次の行列式 $D_1, D_2, \ldots, D_N$ の間には決して

$$m_1 D_1 + m_2 D_2 + \cdots + m_N D_N = 0$$

を満たすような整数 $m_1, m_2, \ldots, m_N$（これらが全部 0 となる場合は除く）が存在しないものとする．(α_{ik}) の n 個の一次式

$$f_k = \alpha_{k1}x_1 + \alpha_{k2}x_2 + \cdots + \alpha_{km}x_m, \quad (k = 1, 2, \ldots, n)$$

---

§7.24*,*1 Kronecker, Berliner Ber., 1884, Werke III_1, pp.49–109.

を作れば，$\beta_1, \beta_2, \ldots, \beta_n$ をどのような実数としても，また，$\varepsilon > 0$ をいかに小さくとっても，常に

$$|f_k - \beta_k| < \varepsilon, \quad (k = 1, 2, \ldots, n)$$

を満たす整数 $(x_1, x_2, \ldots, x_m)$ の一組が存在する．

特別の場合として，長方行列 A が

$$\left\| \begin{matrix} \alpha_1 & 1 & 0 & 0 & \cdots & 0 \\ \alpha_2 & 0 & 1 & 0 & \cdots & 0 \\ \cdots & \cdots & \cdots & \cdots & \cdots & \cdots \\ \alpha_n & 0 & 0 & 0 & \cdots & 1 \end{matrix} \right\|$$

なる場合には，階数は明らかに n である．これより作られる n 次の行列式は，符号を除いては，$1, \alpha_1, \alpha_2, \ldots, \alpha_n$ となる．故に次の定理を得る．

定理．　無理数 $\alpha_1, \alpha_2, \ldots, \alpha_n$ の間に

$$m_0 + m_1\alpha_1 + m_2\alpha_2 + \cdots + m_n\alpha_n = 0$$

を満たし，どれかが 0 となるわけではないような整数 $m_0, m_1, \ldots, m_n$ が決して存在しない場合には，実数 $\beta_1, \beta_2, \ldots, \beta_n$ をどのようにとっても，また $\varepsilon > 0$ をどのように小さくとっても，常に

$$|x_k - \alpha_k x_0 - \beta_k| < \varepsilon, \quad (k = 1, 2, \ldots, n)$$

を満足するような整数の組 $(x_0, x_1, \ldots, x_n)$ が存在する．

$n = 2$ なる場合には，ヤコビ[*2]が一価解析関数は決して二つより多くの周期をもつことができないという事実の証明に用いた定理である．クロネッカーはこのヤコビの定理から出発して上の一般の形を導いた．

我々はまず $n = 1$ の場合から始める．

$\alpha_1, \alpha_2, \ldots, \alpha_m$ を実数とし

$$m_1\alpha_1 + m_2\alpha_2 + \cdots + m_m\alpha_m = 0$$

に適合する整数 $m_1, m_2, \ldots, m_m$ (どれかは 0 とはならない) は存在しないものと仮定する．

[*2] Jacobi, Journ. f. Math. 13, 1835, Werke II, p.25.

最初に，$\varepsilon > 0$ を任意に与えたとき

$$|\alpha_1 x_1 + \alpha_2 x_2 + \cdots + \alpha_m x_m| < \varepsilon$$

に適合する整数の組 $(x_1, x_2, \ldots, x_m)$ の存在を証明しよう．

今 $x_1, x_2, \ldots, x_m$ の各々に $(0, 1, 2, 3, \ldots, N)$ なる $N+1$ 個の値を勝手にとらせる．このようにすれば

$$y = \alpha_1 x_1 + \alpha_2 x_2 + \cdots + \alpha_m x_m$$

の値は $(N+1)^m$ 個だけ生じる．それら各々の絶対値は

$$|\alpha_1|\,|x_1| + \cdots + |\alpha_m|\,|x_m| \leqq N\,(|\alpha_1| + |\alpha_2| + \cdots + |\alpha_m|) = M$$

を超えない．故に区間 $(-M, M)$ を N^m 等分すれば，$(N+1)^m$ 個の y の値はすべてこの区間 $(-M, M)$ 内に落ちる．y の値の数は等分された小区間の数より多いから，そのある一つの小区間内には少なくとも $(N+1)^m$ 個の y の内の二つが落ちなければならない (ただし小区間の左端の点はこの区間の点とし，右端の点は右隣の小区間の点と考え，最右端の小区間のみは左右両端の点を含むものと定める)．この二つを

$$y' = \alpha_1 x_1' + \alpha_2 x_2' + \cdots + \alpha_m x_m', \quad y'' = \alpha_1 x_1'' + \alpha_2 x_2'' + \cdots + \alpha_m x_m''$$

とすれば

$$|y' - y''| < \frac{2M}{N^m} = \frac{2N(|\alpha_1| + |\alpha_2| + \cdots + |\alpha_m|)}{N^m}.$$

故に N を充分大にとれば，右辺はいかに小なる正数 ε よりもさらに小さくすることができる．従って $x_k' - x_k'' = x_k$ とおけば，

$$|\alpha_1 x_1 + \alpha_2 x_2 + \cdots + \alpha_m x_m| < \varepsilon$$

となり，$y' \neq y''$ であるから，$x_k' - x_k'' = x_k$ は全部が 0 となることはない．

これで

$$|\alpha_1 x_1 + \cdots + \alpha_m x_m| < \varepsilon$$

に適合する整数の組 $(x_1, x_2, \ldots, x_m)$ の存在が証明された．

次に β を任意の実数とし，上述のように $|y| < \varepsilon$ と定められた $y = \alpha_1 x_1 + \cdots + \alpha_m x_m$ によって β を除して

$$\beta = \mu\, y + \rho, \quad (|\rho| < |y|,\ \mu \text{ は整数})$$

とすれば，明らかに

$$|\mu y-\beta|=|\rho|<|y|<\varepsilon.$$

故に $\mu x_1,\ \mu x_2,\dots,\mu x_m$ を新たに $x_1,x_2,\dots,x_m$ とおけば

$$|\alpha_1x_1+\alpha_2x_2+\cdots+\alpha_mx_m-\beta|<\varepsilon.$$

これは $n=1$ の場合のクロネッカーの定理にほかならない．

我々は上述のようにして，$n=1$ の場合を証明したから，数学的帰納法により，一般の場合を証明しよう．

まず

$$f_k=\alpha_{k1}x_1+\alpha_{k2}x_2+\cdots+\alpha_{km}x_m,\quad (k=1,2,\dots,n)$$

としたとき

$$|f_k|<\varepsilon,\quad (k=1,2,\dots,n)$$

に適合する整数の組 $(x_1,x_2,\dots,x_m)$ の存在を証明しよう．この際 (α_{ik}) については何らの制限も要しない．

これには $x_1,x_2,\dots,x_m$ のそれぞれに

$$0,\ 1,\ 2,\ \dots,\ N^n$$

の値をめいめい勝手にとらせると，$(f_1,f_2,\dots,f_n)$ の値は $(N^n+1)^m$ 組生ずる．簡便のため $(f_1,f_2,\dots,f_n)$ のとる一組の値を，n 次元空間の一つの点の座標を表すものとすれば，$(N^n+1)^m$ 個の点が得られる．

$$|\alpha_{k1}|+|\alpha_{k2}|+\cdots+|\alpha_{km}|,\quad (k=1,2,\dots,n)$$

の最大値を M とおけば，f_k $(k=1,2,\dots,n)$ のとる値の絶対値は N^nM を超えない．故に

$$-N^nM\leqq y_1\leqq N^nM,\quad -N^nM\leqq y_2\leqq N^nM,\quad \dots,\quad -N^nM\leqq y_n\leqq N^nM$$

なる n 次元空間の領域 (S) (これは三次元空間の正立方体に相当する) を N^{nm} 等分すれば，$(N^n+1)^m$ 個の点はすべて (S) 内に落ち，かつ点の数が等分された小領域の数より多いから，ある一つの小領域には少なくとも二つの点が落ち込む．この二点を

$$(f_1', f_2', \ldots, f_n'), \qquad (f_1'', f_2'', \ldots, f_n'')$$

とし，これらに対する $(x_1, x_2, \ldots, x_m)$ の値をそれぞれ $(x_1', x_2', \ldots, x_m')$，$(x_1'', x_2'', \ldots, x_m'')$ とし，$x_k' - x_k'' = x_k$ とおけば，$(x_1, x_2, \ldots, x_m)$ のどれかは 0 とはならない．かつ

$$f_k = \alpha_{k1}x_1 + \alpha_{k2}x_2 + \cdots + \alpha_{km}x_m = f_k' - f_k''$$

であるから

$$|f_k| < \frac{2N^n M}{N^m} = \frac{2M}{N^{m-n}}, \quad (k = 1, 2, \ldots, n)$$

となる．これは $2N^n M$ が (S) の各々の y_k が含まれている区間の長さであり，この区間を N^m 等分すれば，(S) が N^{mn} 等分されたことになるからである．

N を充分大にすれば，$2M/N^{m-n}$ はどれほどでも小なる $\varepsilon > 0$ よりさらに小さくできるから

$$|f_k| < \varepsilon, \quad (k = 1, 2, \ldots, n)$$

に適合する整数の組 $(x_1, x_2, \ldots, x_m)$ の存在が証明されたことになるのである．

さて，(α_{ik}) に対し，これから作られる n 次の行列式 $D_1, D_2, \ldots$ の間に

$$m_1 D_1 + m_2 D_2 + \cdots = 0$$

なる関係が，どれかが 0 とはならない整数 $m_1, m_2, \ldots$ に対して成立しないと仮定すれば，上のように定められた $f_1, f_2, \ldots, f_n$ は同時に 0 となることは不可能である．

何となれば，$f_1 = 0, f_2 = 0, \ldots, f_n = 0$ とすれば，$m > n$ であるから，$D_1, D_2, \ldots$ の間に上のような関係式が成立することになるからである．

さて，$f_1, f_2, \ldots, f_n$ がすべて 0 となることはないから，0 とならないものの内，絶対値が最大なものを f_1 とする．すなわち

$$|f_1| \geqq |f_2|, \ |f_3|, \ \ldots, \ |f_n|; \quad |f_1| > 0.$$

このようにすれば，長方行列

$$\left\| \begin{matrix} \alpha_{21}f_1 - \alpha_{11}f_2 & \alpha_{22}f_1 - \alpha_{12}f_2 & \cdots & \alpha_{2m}f_1 - \alpha_{1m}f_2 \\ \alpha_{31}f_1 - \alpha_{11}f_3 & \alpha_{32}f_1 - \alpha_{12}f_3 & \cdots & \alpha_{3m}f_1 - \alpha_{1m}f_3 \\ \cdots & \cdots & \cdots & \cdots \\ \alpha_{n1}f_1 - \alpha_{11}f_n & \alpha_{n2}f_1 - \alpha_{12}f_n & \cdots & \alpha_{nm}f_1 - \alpha_{1m}f_n \end{matrix} \right\|$$

の階数は $n-1$ であり，これより生じる $n-1$ 次の行列式 $D_1', D_2', \ldots$ の間には，決して

$$\mu_1 D_1' + \mu_2 D_2' + \cdots = 0$$

なる関係式が，どれかが 0 とはならない整数 $\mu_1, \mu_2, \ldots$ について成立つことはない．この事実は上の行列から作られる $n-1$ 次の行列式，例えば

$$\begin{vmatrix} \alpha_{21}f_1 - \alpha_{11}f_2 & \cdots & \alpha_{2,n-1}f_1 - \alpha_{1,n-1}f_2 \\ \alpha_{31}f_1 - \alpha_{11}f_3 & \cdots & \alpha_{3,n-1}f_1 - \alpha_{1,n-1}f_3 \\ \cdots & \cdots & \cdots \\ \alpha_{n1}f_1 - \alpha_{11}f_n & \cdots & \alpha_{n,n-1}f_1 - \alpha_{1,n-1}f_n \end{vmatrix}$$

を見れば，これは

$$\begin{vmatrix} 1 & \alpha_{11} & \alpha_{12} & \cdots & \alpha_{1,n-1} \\ f_2 & \alpha_{21}f_1 & \alpha_{22}f_1 & \cdots & \alpha_{2,n-1}f_1 \\ f_3 & \alpha_{31}f_1 & \alpha_{32}f_1 & \cdots & \alpha_{3,n-1}f_1 \\ \cdots & \cdots & \cdots & \cdots & \cdots \\ f_n & \alpha_{n1}f_1 & \alpha_{n2}f_1 & \cdots & \alpha_{n,n-1}f_1 \end{vmatrix} = {f_1}^{n-2} \begin{vmatrix} f_1 & \alpha_{11} & \alpha_{12} & \cdots & \alpha_{1,n-1} \\ f_2 & \alpha_{21} & \alpha_{22} & \cdots & \alpha_{2,n-1} \\ \cdots & \cdots & \cdots & \cdots & \cdots \\ f_n & \alpha_{n1} & \alpha_{n2} & \cdots & \alpha_{n,n-1} \end{vmatrix}$$

であるから，${f_1}^{n-2} \neq 0$ なる共通の因子を除けば，(α_{ik}) の n 次の行列式 $D_1, D_2, \ldots$ の一次式として表されることから，容易に証明されるであろう．

故に我々は $n-1$ の場合に定理はすでに証明されたものと仮定して

$$\gamma_k = f_1\beta_k - f_k\beta_1, \quad (k = 2, 3, \ldots, n)$$

によって定義された $\gamma_2, \gamma_3, \ldots, \gamma_n$ を与えれば，

$$\Big|\gamma_k - \sum_i (\alpha_{ki}f_1 - \alpha_{1i}f_k)y_i\Big| < \frac{\varepsilon}{2}\,|f_1|, \quad (k = 2, 3, \ldots, n)$$

に適合する整数 $y_1, y_2, \ldots, y_m$ (ことごとくは 0 とはならない) が存在する．然るにさきに $|f_k| < \varepsilon$, $(k = 1, 2, \ldots, n)$ となるように定めた $(x_1, \ldots, x_m)$ より

$$\sum_{i=1}^{n} (\alpha_{ki}f_1 - \alpha_{1i}f_k)\,x_i$$

を作れば，これは $f_1 f_k - f_k f_1$ となり，0 に等しい．従って μ をどのような整数としても $z_i = y_i + \mu x_i$, $(i = 1, 2, \ldots, m)$ は

$$\left|\gamma_k - \sum_i (\alpha_{ki} f_1 - \alpha_{1i} f_k)\, z_i\right| < \frac{\varepsilon}{2}\,|f_1|$$

を満たす. $\beta_1 - \sum_i \alpha_{1i} y_i = \beta,\ \sum_i \alpha_{1i}\, x_i = \alpha$ とおけば

$$|\beta - \mu\,\alpha| < \frac{\varepsilon}{2}$$

となるように整数 μ が定められ

$$\left|\beta_1 - \sum_i \alpha_{1i}\, z_i\right| < \frac{\varepsilon}{2}$$

となる. 然るに

$$\gamma_k = f_1\,\beta_k - f_k\,\beta_1$$

であるから

$$\left|\gamma_k - \sum_i (\alpha_{ki} f_1 - \alpha_{1i} f_k) z_i\right| < \frac{\varepsilon}{2}\,|f_1|, \qquad (k = 2, 3, \ldots, n)$$

より

$$\left|f_1(\beta_k - \sum_i \alpha_{ki} z_i)\right| < \frac{\varepsilon}{2}\,|f_1| + \left|f_k(\beta_1 - \sum_i \alpha_{1i} z_i)\right|,$$

従って

$$|f_1| \cdot \left|\beta_k - \sum_i \alpha_{ki} z_i\right| < \frac{\varepsilon}{2}\,|f_1| + \frac{\varepsilon}{2}|f_k| \leqq \frac{\varepsilon}{2}\,|f_1| + \frac{\varepsilon}{2}\,|f_1| = \varepsilon\,|f_1|.$$

$|f_1| \neq 0$ であるから

$$\left|\beta_k - \sum_i \alpha_{ki} z_i\right| < \varepsilon, \qquad (k = 2, \ldots, n).$$

これと

$$\left|\beta_1 - \sum_i \alpha_{1i} z_i\right| < \frac{\varepsilon}{2}$$

を合わせて

$$\left|\beta_k - \sum_i \alpha_{ki} z_i\right| < \varepsilon, \qquad (k = 1, 2, \ldots, n)$$

の成立が確かめられる.

クロネッカーは長方行列 (α_{ik}) の階数が n より小なる場合についても詳論しているが, これは原論文の証明を簡単にした Perron, Irrationalzahlen, 1921, §41–42 で参照されたい.

第7節 終 結 式

7.25. 終結式[*1]. 我々は行列式の応用として，再び有理整関数の研究に帰る．まず二つの有理整関数

$$f(x) = a_0x^n + a_1x^{n-1} + \cdots + a_{n-1}x + a_n$$
$$g(x) = b_0x^m + b_1x^{m-1} + \cdots + b_{m-1}x + b_m$$

が与えられたとき，これらが公約関数を有するための条件を論じよう．

この問題は理論的にはユークリッド互除法（§6.8）において解決されている．すなわち $f(x)$, $g(x)$ にこの互除法を施し，最後に残った常数が 0 なることが求める条件である．この条件を $f(x)$, $g(x)$ の係数を用いて表すことがここでの当面の問題である．

まず

$$\begin{aligned}
x^{m-1}f &= a_0x^{n+m-1} + a_1x^{n+m-2} + \cdots + a_nx^{m-1},\\
x^{m-2}f &= \qquad\qquad a_0x^{n+m-2} + \cdots + a_nx^{m-2},\\
&\cdots\cdots\cdots\cdots\cdots\cdots\cdots\cdots\\
f &= \qquad\qquad\qquad a_0x^n + \cdots + a_n,\\
x^{n-1}g &= b_0x^{n+m-1} + b_1x^{n+m-2} + \cdots + b_mx^{n-1},\\
x^{n-2}g &= \qquad\qquad b_0x^{n+m-2} + \cdots + b_mx^{n-2},\\
&\cdots\cdots\cdots\cdots\cdots\cdots\cdots\cdots\\
g &= \qquad\qquad\qquad b_0x^m + \cdots + b_m
\end{aligned}$$

なる関係式を書直して

$$\begin{aligned}
a_0x^{n+m-1} + a_1x^{n+m-2} + \cdots + a_nx^{m-1} \qquad - c_1y &= 0,\\
a_0x^{n+m-2} + \cdots + a_nx^{m-2} - c_2y &= 0,\\
\cdots\cdots\cdots\cdots\cdots\cdots\cdots\cdots&
\end{aligned}$$

§7.25,*1 終結式は初めて Euler が論じた．Euler, Mém. l'acad. Berlin 4, 1748 (ed. 1750).

$$
\begin{aligned}
&a_0x^n+\cdots+a_{n-1}x-(c_m-a_n)y=0,\\
b_0x^{n+m-1}+b_1x^{n+m-2}+\cdots+b_mx^{n-1}\qquad &-d_1y=0,\\
&b_0x^{n+m-2}+\cdots+b_mx^{n-2}\quad-d_2y=0,\\
&\cdots\cdots\cdots\cdots\cdots\cdots\cdots\cdots\cdots\cdots\\
&b_0x^m+\cdots+b_{m-1}x-(d_n-b_m)y=0
\end{aligned}
$$

とする．ただし

$$y=1,\ c_1=x^{m-1}f,\ c_2=x^{m-2}f,\ \ldots,\ d_1=x^{n-1}g,\ d_2=x^{n-2}g,\ \ldots$$

とおく．これらの $n+m$ 個の関係式を $x, x^2, \ldots, x^{m+n-1}, y$ を変数とする一次方程式の一組と見なせば，これらの方程式の係数の作る行列式は 0 とならねばならない．もしそうでないとすれば，$x=0,\ y=0$ とならねばならない．これは $y=1$ なる仮定に矛盾する．

すなわち

$$
\begin{vmatrix}
a_0 & a_1 & a_2 & \cdots & \cdots & \cdots & a_n & \cdots & \cdots & a_{m+n-2} & x^{m-1}f\\
0 & a_0 & a_1 & \cdots & \cdots & \cdots & \cdots & a_n & \cdots & a_{m+n-3} & x^{m-2}f\\
\cdots & \cdots & \cdots & \cdots & \cdots & \cdots & \cdots & \cdots & \cdots & \cdots & \cdots\\
0 & 0 & 0 & \cdots & a_0 & \cdots & \cdots & \cdots & \cdots & a_{n-1} & f-a_n\\
b_0 & b_1 & b_2 & \cdots & \cdots & \cdots & b_m & \cdots & \cdots & b_{m+n-2} & x^{n-1}g\\
0 & b_0 & b_1 & \cdots & \cdots & \cdots & \cdots & b_m & \cdots & b_{m+n-3} & x^{n-2}g\\
\cdots & \cdots & \cdots & \cdots & \cdots & \cdots & \cdots & \cdots & \cdots & \cdots & \cdots\\
0 & 0 & 0 & \cdots & b_0 & \cdots & \cdots & \cdots & \cdots & b_{m-1} & g-b_m
\end{vmatrix}=0.
$$

これを最後の列の要素について二つに分け，一方を右辺に移せば

$$
\begin{vmatrix}
a_0 & a_1 & \cdots & a_n & \cdots & \cdots & \cdots & a_{n+m-1} \\
0 & a_0 & \cdots & \cdots & a_n & \cdots & \cdots & a_{n+m-2} \\
\cdots & \cdots & \cdots & \cdots & \cdots & \cdots & \cdots & \cdots \\
0 & 0 & \cdots & a_0 & \cdots & \cdots & \cdots & a_n \\
b_0 & b_1 & \cdots & \cdots & b_m & \cdots & \cdots & b_{n+m-1} \\
0 & b_0 & \cdots & \cdots & \cdots & b_m & \cdots & b_{n+m-2} \\
\cdots & \cdots & \cdots & \cdots & \cdots & \cdots & \cdots & \cdots \\
0 & 0 & \cdots & b_0 & \cdots & \cdots & \cdots & b_m
\end{vmatrix}
$$

$$
= \begin{vmatrix}
a_0 & a_1 & \cdots & a_n & \cdots & \cdots & \cdots & a_{n+m-2} & x^{m-1}f \\
0 & a_0 & \cdots & \cdots & a_n & \cdots & \cdots & a_{n+m-3} & x^{m-2}f \\
\cdots & \cdots & \cdots & \cdots & \cdots & \cdots & \cdots & \cdots & \cdots \\
0 & 0 & \cdots & a_0 & \cdots & \cdots & \cdots & a_{n-1} & f \\
b_0 & b_1 & \cdots & \cdots & b_m & \cdots & \cdots & b_{n+m-2} & x^{n-1}g \\
0 & b_0 & b_1 & \cdots & \cdots & b_m & \cdots & b_{n+m-3} & x^{n-2}g \\
\cdots & \cdots & \cdots & \cdots & \cdots & \cdots & \cdots & \cdots & \cdots \\
0 & 0 & \cdots & b_0 & \cdots & \cdots & \cdots & b_{m-1} & g
\end{vmatrix}
$$

となる．ただし $i > n$ ならば $a_i = 0$ とし，$k > m$ ならば $b_k = 0$ とする．この最後の関係式の左辺の行列式を $R(f, g)$ とし，これを $f(x)$, $g(x)$ の**終結式**と名づける．対角線の要素は a_0 が m 個，b_m が n 個続いている．

それで今

$$
G(x) = \begin{vmatrix}
a_0 & a_1 & \cdots & a_n & \cdots & \cdots & \cdots & a_{m+n-2} & x^{m-1} \\
0 & a_0 & \cdots & \cdots & a_n & \cdots & \cdots & a_{m+n-3} & x^{m-2} \\
\cdots & \cdots & \cdots & \cdots & \cdots & \cdots & \cdots & \cdots & \cdots \\
0 & 0 & \cdots & a_0 & \cdots & \cdots & \cdots & a_{n-1} & 1 \\
b_0 & b_1 & \cdots & \cdots & b_m & \cdots & \cdots & b_{m+n-2} & 0 \\
0 & b_0 & \cdots & \cdots & \cdots & b_m & \cdots & b_{m+n-3} & 0 \\
\cdots & \cdots & \cdots & \cdots & \cdots & \cdots & \cdots & \cdots & \cdots \\
0 & 0 & \cdots & b_0 & \cdots & \cdots & \cdots & b_{m-1} & 0
\end{vmatrix},
$$

$$F(x)=\begin{vmatrix} a_0 & a_1 & \cdots & a_n & \cdots & \cdots & \cdots & a_{m+n-2} & 0 \\ 0 & a_0 & \cdots & \cdots & a_n & \cdots & \cdots & a_{m+n-3} & 0 \\ \cdots & \cdots & \cdots & \cdots & \cdots & \cdots & \cdots & \cdots & \cdots \\ 0 & 0 & \cdots & a_0 & \cdots & \cdots & \cdots & a_{n-1} & 0 \\ b_0 & b_1 & \cdots & \cdots & b_m & \cdots & \cdots & b_{m+n-2} & x^{n-1} \\ 0 & b_0 & \cdots & \cdots & \cdots & b_m & \cdots & b_{m+n-3} & x^{n-2} \\ \cdots & \cdots & \cdots & \cdots & \cdots & \cdots & \cdots & \cdots & \cdots \\ 0 & 0 & \cdots & b_0 & \cdots & \cdots & \cdots & b_{m-1} & 1 \end{vmatrix}$$

とおけば，$F(x), G(x)$ はそれぞれ高くとも $n-1, m-1$ 次の有理整関数である．上の関係式の右辺の行列式の最後の列を

$$x^{m-1}f+0,\ \ldots,\ f+0,\ 0+x^{n-1}g,\ 0+x^{n-2}g,\ \ldots,\ 0+g$$

として，これらを二つの行列式に分ければ

$$R(f,g)=f(x)G(x)+g(x)F(x)$$

となる．

終結式 $R(f,g)$ は x を含まない．故にもし $f(x), g(x)$ に公約関数があれば，上の関係より，$R(f,g)$ がそれらの公約関数で整除されねばならない．故に $R(f,g)=0$ となることが必要である．逆に $R(f,g)=0$ ならば

$$f(x)G(x)+g(x)F(x)=0, \qquad \text{すなわち} \qquad f(x)G(x)=-g(x)F(x).$$

故に $f(x)$ と $g(x)$ とに公約関数がなければ，$f(x)$ は $F(x)$ の約関数でなければならない．これは $F(x)$ の次数が $f(x)$ の次数より低いことに矛盾する．故に次の定理が得られる．

定理. $f(x), g(x)$ **が公約関数を有するための必要充分条件は，終結式** $R(f,g)$ **が** 0 **となることである.**

$R(f,g)\neq 0$ なる場合には，$F(x), G(x)$ を常数 R で割ったものを $F_0(x), G_0(x)$ とすれば

$$f(x)G_0(x)+g(x)F_0(x)=1$$

となる．$f(x), g(x)$ が互いに素である場合に，このような関係を満たし，$n-1, m-1$

次を超えない $F_0(x)$, $G_0(x)$ の存在は，すでに §6.8 に証明されたが，その実際の形がここに与えられたのである．

7.26. 終結式の構造． 我々は次に終結式 $R(f,g)$ を f, g の係数 (a_i), (b_i) の関数と考えた場合，どのような性質をもつかを調べてみよう．

第一． 行列式の形から，R は $(a_0,a_1,\ldots,a_n)$ については m 次，$(b_0,b_1,\ldots,b_m)$ については n 次の有理整関数であって，係数はすべて整数であることが分かる．

第二． R を $(a_0,a_1,\ldots,a_n;b_0,b_1\ldots,b_m)$ の関数と考えると，重さ mn の同重関数である．

これらを示すには，$R(f,g)$ において a_i, b_k の代わりに a_it^i, b_kt^k を代入したものを R' とすれば

$$R'=\begin{vmatrix} a_0 & a_1t & a_2t^2 & \cdots & a_nt^n & \cdots & \cdots & a_{m+n-1}t^{m+n-1} \\ 0 & a_0 & a_1t & \cdots & \cdots & a_nt^n & \cdots & a_{m+n-2}t^{m+n-2} \\ \cdots & \cdots & \cdots & \cdots & \cdots & \cdots & \cdots & \cdots \\ 0 & 0 & \cdots & a_0 & \cdots & \cdots & \cdots & a_nt^n \\ b_0 & b_1t & \cdots & \cdots & b_mt^m & \cdots & \cdots & b_{m+n-1}t^{m+n-1} \\ 0 & b_0 & \cdots & \cdots & \cdots & b_mt^m & \cdots & b_{m+n-2}t^{m+n-2} \\ \cdots & \cdots & \cdots & \cdots & \cdots & \cdots & \cdots & \cdots \\ 0 & 0 & \cdots & b_0 & \cdots & \cdots & \cdots & b_mt^m \end{vmatrix}$$

となる．この第 $1,2,3,\ldots$ 行にそれぞれ

$$1,\ t,\ t^2,\ \ldots,\ t^{m-1},\ 1,\ t,\ \ldots,\ t^{n-1}$$

をかけると，同じ列の要素にはすべて t の同じ冪が現れる．故に第 1, 2, ... 列からそれぞれ

$$1,\ t,\ t^2,\ \ldots,\ t^{m+n-1}$$

なる因子を取り出せば，またもとの R にかえる．故に R' に

$$1,\ t,\ t^2,\ \ldots,\ t^{m-1},\ 1,\ t,\ \ldots,\ t^{n-1}$$

の積 t^μ をかけたものは R に

$$1,\ t,\ t^2,\ \ldots,\ t^{m+n-1}$$

の積 t^{ν} をかけたものに等しい．然るに

$$\mu = (1+2+\cdots+m-1)+(1+2+\cdots+n-1) = \frac{1}{2}\{m(m-1)+n(n-1)\},$$

$$\nu = 1+2+\cdots+(m+n-1) = \frac{1}{2}(m+n)(m+n-1)$$

であるから

$$R' = t^{\nu-\mu}R = t^{mn}R$$

となる．

一方，R を展開したときの一つの項を

$$C{a_0}^{p_0}{a_1}^{p_1}\cdots{a_n}^{p_n}{b_0}^{q_0}{b_1}^{q_1}\cdots{b_m}^{q_m}$$

とすれば，a_i, b_k の代わりに $a_i t^i$, $b_k t^k$ を代入すると，この項には因子として，指数

$$p_1+2p_2+\cdots+np_n+q_1+2q_2+\cdots+mq_m$$

なる t の乗冪が現れる．この指数はこの項の重さである．然るに $R'=t^{mn}R$ なることはこれらの指数がすべての項を通じて mn に等しいことを示す．故に R は重さ mn の同重関数である．

第三．R を $(a_0,a_1,\ldots,a_n;\ b_0,b_1,\ldots,b_m)$ なる $m+n+2$ 個の独立変数の関数と考えると既約である．言い換えれば，$(a_0,a_1,\ldots,a_n;\ b_0,b_1,\ldots,b_m)$ の間に何らの関係がないものと考えれば，R はこれらの変数の有理整関数の積に分かれることはない．

これを証明するため，仮に R が二つの有理整関数の積に分かれたとし，それらを b_m の乗冪に配列して

$$R = (\alpha{b_m}^p+\beta{b_m}^{p-1}+\cdots)(\gamma{b_m}^q+\delta{b_m}^{q-1}+\cdots)$$

となったとする．R における b_m の最高次の項は対角要素の積 ${a_0}^m{b_m}^n$ であるから，$\alpha\gamma={a_0}^m$, $p+q=n$ でなければならない．

次に R における ${b_m}^{n-1}$ の係数を求めるために，便宜のために R において $a_0=0$ とおけば

$$
(-1)^m b_0 \begin{vmatrix}
a_1 & a_2 & \cdots & \cdots & a_n & \cdots & \cdots & \cdots & a_{m+n-1} \\
0 & a_1 & \cdots & \cdots & \cdots & a_n & \cdots & \cdots & a_{m+n-2} \\
0 & 0 & a_1 & \cdots & \cdots & \cdots & a_n & \cdots & a_{m+n-3} \\
\cdots & \cdots & \cdots & \cdots & \cdots & \cdots & \cdots & \cdots & \cdots \\
0 & 0 & \cdots & \cdots & a_1 & \cdots & \cdots & \cdots & a_n \\
b_0 & b_1 & \cdots & \cdots & \cdots & b_m & \cdots & \cdots & b_{m+n-2} \\
0 & b_0 & \cdots & \cdots & \cdots & \cdots & b_m & \cdots & b_{m+n-3} \\
\cdots & \cdots & \cdots & \cdots & \cdots & \cdots & \cdots & \cdots & \cdots \\
0 & 0 & \cdots & b_0 & \cdots & \cdots & \cdots & \cdots & b_m
\end{vmatrix}
$$

となり，b_m の最高次の項は対角要素の積に相当する $(-1)^m b_0 {a_1}^m {b_m}^{n-1}$ となる．故に R における ${b_m}^{n-1}$ の係数は $(-1)^m b_0 {a_1}^m$ と a_0 を因子とするいくつかの項よりなる．故にこれは a_0 では整除されない．従って $\alpha\delta+\beta\gamma$ は a_0 で整除されない．

然るに $\alpha\gamma = {a_0}^m$ であるから，α, γ 共に a_0 の乗羃ならば $\alpha\delta+\beta\gamma$ は a_0 で整除されねばならない．これは許されないから，α, γ の内一方は a_0 を含まない．そこで $\alpha = {a_0}^m$, $\gamma = 1$ とする．

これらのことから

$$R = ({a_0}^m {b_m}^p + \cdots)({b_m}^q + \cdots)$$

となる．然るに R における ${a_0}^m$ の係数は ${b_m}^n$ のほかにない．故に第二の因子 $({b_m}^q + \cdots)$ は実際には ${b_m}^q$ なる一つだけの項よりならねばならない．すなわち

$$R = {b_m}^q ({a_0}^m {b_m}^p + \cdots).$$

$q \neq 0$ とすれば R は $b_m = 0$ のとき 0 とならねばならない．しかし実際には $b_m = 0$ のほかに $b_1 = b_2 = \cdots = b_{m-1} = 0$ とおいても $R = \pm {a_n}^m {b_0}^n$ となり，0 とならない．故に $q = 0$，従って R は二つの有理整関数の積に分かれない．

以上の結果をまとめて次の定理を得る．

定理． **$f(x), g(x)$ の終結式は $f(x)$ の係数については m 次，$g(x)$ の係数については n 次の整係数の有理整関数であって，f, g の両方の係数の関数と考えれば，重さ mn の同重関数であり，かつ既約である．**

7.27. シルヴェスターの消去法. 有理整関数を考える代わりに，代数方程式 $f(x)=0$, $g(x)=0$ を考えれば，これらが共通の根を有するための条件はすなわち $f(x)$, $g(x)$ が公約関数を有するための条件である．よって次の定理が得られる．

定理. **代数方程式** $f(x)=0,\ g(x)=0$ **が共通根を有するための必要充分条件は，** f, g **の終結式** $R(f,g)$ **が** 0 **となることである.**

これは直接次のように考えれば，より簡単に証明される．

$f(x)=0$, $g(x)=0$ が共通根をもてば，この根に対して，$x^i f(x)=0$, $(i=1,2,\ldots,m-1)$, $x^k g(x)=0$, $(k=1,2,\ldots,n-1)$ が同時に成立する．従って

$$
\begin{aligned}
x^{m-1}f(x) &= a_0x^{n+m-1}+\cdots+a_nx^{m-1} &&=0,\\
x^{m-2}f(x) &= \qquad a_0x^{n+m-2}+\cdots+a_nx^{m-2} &&=0,\\
&\cdots\cdots\cdots\cdots\cdots\cdots\cdots\cdots\cdots\cdots\cdots\cdots \\
f(x) &= \qquad\qquad\qquad a_0x^n+\cdots+a_n &&=0,\\
x^{n-1}g(x) &= b_0x^{n+m-1}+\cdots+b_mx^{n-1} &&=0,\\
x^{n-2}g(x) &= \qquad b_0x^{n+m-2}+\cdots+b_mx^{n-2} &&=0,\\
&\cdots\cdots\cdots\cdots\cdots\cdots\cdots\cdots\cdots\cdots\cdots\cdots \\
g(x) &= \qquad\qquad\qquad b_0x^m+\cdots+b_m &&=0
\end{aligned}
$$

が同時に成立する．これらを $x^0, x, x^2, \ldots, x^{m+n-1}$ の一次方程式と見なせば，$x^0=1$ であるから，上の方程式の係数より作られる行列式，すなわち $R(f,g)$ が 0 とならねばならない．

これらの $m+n$ 個の方程式から，x を含まない $R(f,g)=0$ を得る経路を，$m+n$ 個の方程式より変数 x を**消去する**と呼ぶこととする．これはまた $f(x)=0,\ g(x)=0$ より x を消去すれば，$R(f,g)=0$ が得られるという．上記の消去の方法はシルヴェスター[*1]が与えたものである．

終結式の形を出すには，§7.25 の方法よりも，上のシルヴェスターの方法がより簡単であるが，しかし終結式なる概念は代数方程式の根の存在の上に立つものではない．

---

§7.27,*1　Sylvester, Phil. Magazine 16, 1839, Collected Math. Papers 1, 54–57. これを Dialytic method という．

却って終結式の考えを根の存在の証明に利用できる．これはガウスの考えであって，ゴルダンがこれを完成した*2.

7.28. $f(x) = 0$, $g(x) = 0$ **の根で表された** $R(f,g)$. $f(x)$, $g(x)$ の終結式 $R(f,g)$ は f, g の係数 $(a_0, a_1, \ldots, a_n)$, $(b_0, b_1, \ldots, b_m)$ の有理整関数であるから，これは $f(x) = 0$ の根 $(\alpha_1, \alpha_2, \ldots, \alpha_n)$ の対称有理整関数であり，また $g(x) = 0$ の根 $(\beta_1, \beta_2, \ldots, \beta_m)$ の対称有理整関数である．次に R を実際に (α_i), (β_i) で表してみよう．

さて

$$f(x) = a_0(x - \alpha_1)(x - \alpha_2)\cdots(x - \alpha_n),$$
$$g(x) = b_0(x - \beta_1)(x - \beta_2)\cdots(x - \beta_m)$$

であるから

$$\begin{aligned}
\rho &= {a_0}^m g(\alpha_1)g(\alpha_2)\cdots g(\alpha_n) \\
&= (-1)^{mn}{b_0}^n f(\beta_1)f(\beta_2)\cdots f(\beta_m) \\
&= {a_0}^m {b_0}^n (\alpha_1 - \beta_1)(\alpha_1 - \beta_2)\cdots(\alpha_1 - \beta_m) \\
&\qquad (\alpha_2 - \beta_1)(\alpha_2 - \beta_2)\cdots(\alpha_2 - \beta_m) \\
&\qquad \cdots\cdots\cdots\cdots\cdots\cdots \\
&\qquad (\alpha_n - \beta_1)(\alpha_n - \beta_2)\cdots(\alpha_n - \beta_m) \\
&= {a_0}^m {b_0}^n \prod(\alpha_i - \beta_k), \qquad (i = 1, 2, \ldots, n;\ k = 1, 2, \ldots, m)
\end{aligned}$$

によって定義された ρ を考える．ただし $\prod$ は連乗積を表す記号でギリシャ文字 π の大文字である．

ρ は $(\alpha_1, \alpha_2, \ldots, \alpha_n)$ に対し mn 次の対称関数で，${a_0}^m$ なる因子があるから，$f(x)$ の係数 $(a_0, a_1, \ldots, a_n)$ の m 次の有理整関数である (§6.26)．同様に ρ は $g(x)$ の係数 $(b_0, b_1, \ldots, b_m)$ の n 次の有理整関数である．

α_i, β_k の代わりに $\alpha_i t$, $\beta_k t$ とおけば，a_p, b_q は $a_p t^p$, $b_q t^q$ となり

*2 Gauss の代数学基本定理の第二証明．§6.13, 脚注 (*3) 参照．

$$\rho = {a_0}^m {b_0}^n \prod (\alpha_i - \beta_k)$$

は

$$\rho' = t^{mn} \rho$$

となる．故に ρ は $(a_0, a_1, \ldots, a_n;\ b_0, b_1, \ldots, b_m)$ の関数と考えると，重さ mn の同重関数である．

$f(x) = 0$, $g(x) = 0$ に共通根があれば，(α_i), (β_k) に相等しい一対が存在することになる．故に ρ の形から $\rho = 0$ となる．逆に $\rho = 0$ ならば $f(x) = 0$, $g(x) = 0$ は共通根をもたねばならない．

これをさきに定義した f, g の終結式 $R(f, g)$ と比較すると，全く同一の性質をもっている．共に $(a_0, a_1, \ldots, a_n)$ および $(b_0, b_1, \ldots, b_m)$ について同次の有理整関数で，共に同重関数である．かつ $\rho = 0$ ならば $f = 0$, $g = 0$ が共通根を有するから，従って $R = 0$ となり，逆に $R = 0$ ならば $\rho = 0$ となる．然るに R は既約であるから，$R = c \cdot \rho$ でなければならない．ただし c は $(a_0, a_1, \ldots, a_n)$, $(b_0, b_1, \ldots, b_m)$ を含まない数の係数である．

c は (a_i), (b_i) に無関係であるから，$a_1 = a_2 = \cdots = a_n = 0$ としても c には影響がない．この場合には，$f = a_0 a^n$, $a_1 = a_2 = \cdots = a_n = 0$ となるから，$R = {a_0}^m {b_m}^n$, $\rho = {a_0}^m {b_m}^n$, すなわち $c = 1$ でなければならない．よって

$$R(f, g) = {a_0}^m {b_0}^n \prod (\alpha_i - \beta_k), \qquad (i = 1, 2, \ldots, n;\ k = 1, 2, \ldots, m)$$

となる．このようにして終結式が $f = 0$, $g = 0$ の根によって表示された．

例題. R と ρ とが一致することは次のように証明される．

$$u_1 = f(\beta_1), \quad u_2 = f(\beta_2), \quad \ldots, \quad u_m = f(\beta_m)$$

とおけば

$$f(x) - u = 0, \quad g(x) = 0$$

は $u = u_1, u_2, \ldots, u_n$ のとき，共通の根をもつ．$f(x) - u$, $g(x)$ の終結式 $R(f - u, g)$ は $R(f, g)$ において a_n の代わりに $a_n - u$ とおいたものである．故に $R(f - u, g)$ は u の m 次の有理整関数であって，$u = u_1, u_2, \ldots, u_m$ なるときに，$R(f - u, g) = 0$ となる．故にこの方程式の根の積 $u_1 u_2 \cdots u_m$ を計算すれば，容易に

$$(-1)^{mn} R / {b_0}^n$$

となることが証明される．よって

$$u_1 u_2 \cdots u_m = f(\beta_1) f(\beta_2) \cdots f(\beta_m) = (-1)^{mn} R / {b_0}^n.$$

これは $R = \rho$ なることを示す．

第8節 判 別 式

7.29. 判別式. 代数方程式

$$f(x) = a_0 x^n + a_1 x^{n-1} + \cdots + a_{n-1} x + a_n = 0$$

が重根 α を有するための必要充分条件は，$f(x) = 0$ と $f'(x) = 0$ とが共通根 α を有することであった (§6.16)．従ってこれは $f(x)$ と $f'(x)$ との終結式 $R(f, f')$ が 0 となることである．

$f(x) = 0$ の根を $\alpha_1, \alpha_2, \ldots, \alpha_n$ とすれば

$$f(x) = a_0 (x - \alpha_1)(x - \alpha_2) \cdots (x - \alpha_n),$$

$$\frac{f'(x)}{f(x)} = \sum_{k=1}^{n} \frac{1}{x - \alpha_k}$$

であるから

$$f'(\alpha_k) = \left(\frac{f(x)}{x - \alpha_k} \right)_{x = \alpha_k}$$

$$= a_0 (\alpha_k - \alpha_1)(\alpha_k - \alpha_2) \cdots (\alpha_k - \alpha_{k-1})(\alpha_k - \alpha_{k+1}) \cdots (\alpha_k - \alpha_n),$$

従って

$$R(f, f') = {a_0}^{n-1} f'(\alpha_1) f'(\alpha_2) \cdots f'(\alpha_n)$$

$$= {a_0}^{2n-1} \prod_{k=1}^{n} (\alpha_k - \alpha_1) \cdots (\alpha_k - \alpha_{k-1})(\alpha_k - \alpha_{k+1}) \cdots (\alpha_k - \alpha_n)$$

である．故に

$$\begin{aligned} P = (-1)^{\frac{n(n-1)}{2}} (\alpha_1 - \alpha_2)(\alpha_1 - \alpha_3) \cdots (\alpha_1 - \alpha_n) \\ (\alpha_2 - \alpha_3) \cdots (\alpha_2 - \alpha_n) \\ \cdots\cdots\cdots\cdots\cdots\cdots \\ (\alpha_{n-1} - \alpha_n) \end{aligned}$$

$$= (-1)^{\frac{n(n-1)}{2}} \prod_{i<k} (\alpha_i - \alpha_k)$$

とおけば

$$R(f, f') = (-1)^{\frac{n(n-1)}{2}} {a_0}^{2n-1} P^2 = (-1)^{\frac{n(n-1)}{2}} {a_0}^{2n-1} \prod_{i<k} (\alpha_i - \alpha_k)^2$$

なることが容易に分かるであろう．

然るに $R(f, f')$ の行列式の形からすれば，第一列の要素は a_0, $b_0 = na_0$ のほかはすべて 0 であるから，$R(f, f')$ は a_0 なる因子をもっている．故にこの因子を取り去り，これに符号 $(-1)^{\frac{n(n-1)}{2}}$ を付けた

$$(-1)^{\frac{n(n-1)}{2}} R(f, f') : a_0 = {a_0}^{2n-2} P^2 = {a_0}^{2n-2} \prod_{i<k} (\alpha_i - \alpha_k)^2$$

を名づけて，$f(x)$ および $f(x) = 0$ の**判別式**という．よって次の定理が得られる．

定理． $f(x) = 0$ **が重根をもつための必要充分条件は，判別式が** 0 **となることである．**

この判別式は代数方程式の理論において，主要な地位を占めている．

例題． 二次式 $f(x) = a_0x^2 + a_1x + a_2$ の判別式は

$$-\begin{vmatrix} a_0 & a_1 & a_2 \\ 2a_0 & a_1 & 0 \\ 0 & 2a_0 & a_1 \end{vmatrix} : a_0 = {a_1}^2 - 4a_0a_2.$$

三次式 $f(x) = a_0x^3 + a_1x^2 + a_2x + a_3$ の判別式は

$$-\frac{1}{a_0}\begin{vmatrix} a_0 & a_1 & a_2 & a_3 & 0 \\ 0 & a_0 & a_1 & a_2 & a_3 \\ 3a_0 & 2a_1 & a_2 & 0 & 0 \\ 0 & 3a_0 & 2a_1 & a_2 & 0 \\ 0 & 0 & 3a_0 & 2a_1 & a_2 \end{vmatrix} = \begin{vmatrix} a_0 & a_1 & a_2 & a_3 \\ a_1 & 2a_2 & 3a_3 & 0 \\ 3a_0 & 2a_1 & a_2 & 0 \\ 0 & 3a_0 & 2a_1 & a_2 \end{vmatrix}$$

$$= -\begin{vmatrix} a_0 & a_1 & a_2 & a_3 \\ a_1 & 2a_2 & 3a_3 & 0 \\ 0 & a_1 & 2a_2 & 3a_3 \\ 0 & 3a_0 & 2a_1 & a_2 \end{vmatrix} = -a_0\begin{vmatrix} 2a_2 & 3a_3 & 0 \\ a_1 & 2a_2 & 3a_3 \\ 3a_0 & 2a_1 & a_2 \end{vmatrix} + a_1\begin{vmatrix} a_1 & a_2 & a_3 \\ a_1 & 2a_2 & 3a_3 \\ 3a_0 & 2a_1 & a_2 \end{vmatrix}$$

$$= -4a_0{a_2}^3 - 27{a_0}^2{a_3}^2 + 18a_0a_1a_2a_3 + {a_1}^2{a_2}^2 - 4{a_1}^3a_3.$$

もし

$$f(x)=a_0x^3+3a_1x^2+3a_2x+a_3$$

とすれば，この判別式は

$$27(-4a_0{a_2}^3-{a_0}^2{a_3}^2+6a_0a_1a_2a_3+3{a_1}^2{a_2}^2-4{a_1}^3a_3)$$

となる.

7.30. 二次，三次方程式の根の性質. 実数を係数とする二次，三次の方程式においては，判別式から根の性質が導かれる.

実数を係数とする二次方程式

$$f(x)=a_0x^2+a_1x+a_2=0$$

の根を α_1, α_2 とすれば，判別式 D は

$$D={a_0}^2(\alpha_1-\alpha_2)^2$$

であるから，α_1, α_2 が実根ならば $D \geqq 0$. α_1, α_2 が共役虚根 $\beta+i\gamma, \beta-i\gamma$ ならば，$D={a_0}^2(2i\gamma)^2<0$，従って

$D>0$ ならば互いに異なる実根,

$D=0$ ならば実数の重根,

$D<0$ ならば共役虚根

の存在が分かる.

次に実数を係数とする三次方程式

$$f(x)=a_0x^3+a_1x^2+a_2x+a_3=0$$

の根を $\alpha_1, \alpha_2, \alpha_3$ とすれば，判別式 D は

$$D={a_0}^4(\alpha_1-\alpha_2)^2(\alpha_1-\alpha_3)^2(\alpha_2-\alpha_3)^2$$

となる．故に $\alpha_1, \alpha_2, \alpha_3$ が実数ならば $D>0$，そうでなければ $\alpha_1, \alpha_2, \alpha_3$ の一つは常に実根，残りの二つは共役虚根であるから

$$\alpha_1=\text{実数}, \quad \alpha_2=\beta+i\gamma, \quad \alpha_3=\beta-i\gamma$$

とすれば

$$D = {a_0}^4(\alpha_1 - \beta - i\gamma)^2(\alpha_1 - \beta + i\gamma)^2(2\gamma i)^2$$
$$= -4{a_0}^4\gamma^2\{(\alpha_1 - \beta)^2 + \gamma^2\}^2 < 0.$$

故に三次方程式においては

$D > 0$　ならば互いに異なる三つの実根,

$D = 0$　ならば三つとも実根で少なくとも二つは相等しい,

$D < 0$　ならば一つが実根，他は共役虚根.

実係数の四次方程式においては，根を $\alpha_1, \alpha_2, \alpha_3, \alpha_4$ とすれば，判別式は

$$D = {a_0}^6(\alpha_1 - \alpha_2)^2(\alpha_1 - \alpha_3)^2(\alpha_1 - \alpha_4)^2(\alpha_2 - \alpha_3)^2(\alpha_2 - \alpha_4)^2(\alpha_3 - \alpha_4)^2$$

であるから，四根共に実数ならば $D > 0$, α_1, α_2 が実数で α_3, α_4 が共役虚根ならば $D < 0$. α_1 と α_2, α_3 と α_4 が共役虚根ならば $D > 0$ なることが分かるが，$D > 0$ なるとき，第一の場合が起るか，第三の場合が起るかは，判別式だけでは区別がつかない．これに対しては §8.18 で論じよう.

7.31. 判別式のほかの形.　判別式 D は

$$D = {a_0}^{2n-2}\prod_{i<k}(\alpha_i - \alpha_k)^2$$

の形に表されたが

$$\Delta = \begin{vmatrix} 1 & 1 & \cdots & 1 \\ \alpha_1 & \alpha_2 & \cdots & \alpha_n \\ {\alpha_1}^2 & {\alpha_2}^2 & \cdots & {\alpha_n}^2 \\ \cdots & \cdots & \cdots & \cdots \\ {\alpha_1}^{n-1} & {\alpha_2}^{n-1} & \cdots & {\alpha_n}^{n-1} \end{vmatrix} = (-1)^{\frac{n(n-1)}{2}}\prod_{i<k}(\alpha_i - \alpha_k)$$

であるから (§7.7，例題 5)

$$D = {a_0}^{2n-2}\Delta^2$$

とすることができる.

σ_k によって根の k 乗の和

$$\sigma_k = {\alpha_1}^k + {\alpha_2}^k + \cdots + {\alpha_n}^k, \qquad (\sigma_0 = n)$$

を表すものとすれば，行列式の積の公式 (§7.12，例題 2) によって

$$D = {a_0}^{2n-2} \begin{vmatrix} \sigma_0 & \sigma_1 & \cdots & \sigma_{n-1} \\ \sigma_1 & \sigma_2 & \cdots & \sigma_n \\ \cdots & \cdots & \cdots & \cdots \\ \sigma_{n-1} & \sigma_n & \cdots & \sigma_{2n-2} \end{vmatrix}$$

となる．

第9節　ベズー行列式

7.32. **ベズー行列式.** 我々は以上において

$$f(x) = a_0x^n + a_1x^{n-1} + \cdots + a_n,$$

$$g(x) = b_0x^m + b_1x^{m-1} + \cdots + b_m$$

が公約関数をもつための条件を論じ，公約関数の次数の問題には触れなかった．ここでは一歩進んで，$f(x)$, $g(x)$ の最大公約関数が $n-k$ 次となるための必要充分条件を論じよう．このことは問題進展の当然の順序である．

今 $n \geqq m$ とし

$$f_k(x) = a_0x^k + a_1x^{k-1} + \cdots + a_k, \qquad F_k(x) = a_{k+1}x^{n-k-1} + \cdots + a_n$$

$$g_k(x) = b_0x^k + b_1x^{k-1} + \cdots + b_k, \qquad G_k(x) = b_{k+1}x^{m-k-1} + \cdots + b_m$$

とおけば

$$f = x^kf_{n-k} + F_{n-k}, \qquad g = x^kg_{m-k} + G_{m-k}$$

となり，従って

$$\varphi_{n-k} = gf_{n-k} - fg_{m-k} = G_{m-k}f_{n-k} - F_{n-k}g_{m-k}$$

は $k = 1, 2, \ldots, n$ に対し常に $n-1$ 次を超えない有理整関数を表す．ただし g_i の下付添数 i が負となるときは $g_i = 0$ とおく．

今

$$\varphi_{n-k} = A_{n-k,0}x^{n-1} + A_{n-k,1}x^{n-2} + \cdots + A_{n-k,n-1}, \qquad (k = 1, 2, \ldots, n)$$

とおけば，$\varphi_{n-k} = G_{m-k}f_{n-k} - F_{n-k}g_{m-k}$ であるから，その内の x^h の係数を計算

すれば

$$(k,h)+(k+1,h-1)+\cdots+(k+h,0)$$

となる．ただし

$$(p,q)=a_{n-p}b_{m-q}-a_{n-q}b_{m-p}, \qquad (p,q=0,1,\ldots,n)$$

とする．b_i の下付添数 i が負となる場合にはそれを 0 とおく．故に

$$A_{p,q}=(2n-p-q-1,0)+(2n-p-q-2,1)+\cdots+(n-p,n-q-1).$$

この係数 $A_{p,q}$ に対しては $A_{p,q}=A_{q,p}$ が成立する．

何となれば，仮に $p<q$ とすれば

$$A_{p,q}-A_{q,p}=(n-q-1,n-p)+(n-q-2,n-p+1)+\cdots+(n-p,n-q-1)$$

となり，$(i,k)=-(k,i)$ を利用すれば，始めと終りとから同じ番号にある二つの和は 0 となる．従って $A_{p,q}=A_{q,p}$ が得られる．

$f(x)$, $g(x)$ が $x=\alpha$ に対して同時に 0 となれば，$x=\alpha$ に対して

$$\varphi_k=A_{k,0}x^{n-1}+A_{k,1}x^{n-2}+\cdots+A_{k,n-1}=0, \qquad (k=0,1,\ldots,n-1)$$

となるから，係数の作る行列式

$$B=\begin{vmatrix} A_{0,0} & A_{0,1} & \cdots & A_{0,n-1} \\ A_{1,0} & A_{1,1} & \cdots & A_{1,n-1} \\ \cdots & \cdots & \cdots & \cdots \\ A_{n-1,0} & A_{n-1,1} & \cdots & A_{n-1,n-1} \end{vmatrix}$$

は 0 でなければならない．

この n 次の対称行列式を f, g の**ベズー行列式**と名づけ[*1]，これを $B(f,g)$ で表す．

次に $f(x)$, $g(x)$ が $n-k$ 次の公約関数をもつ場合を考える．

$$gf_0-fg_{m-n}=\varphi_0=A_{0,0}x^{n-1}+A_{0,1}x^{n-2}+\cdots+A_{0,n-1},$$

$$gf_1-fg_{m-n+1}=\varphi_1=A_{1,0}x^{n-1}+A_{1,1}x^{n-2}+\cdots+A_{1,n-1},$$

$$\cdots\cdots\cdots\cdots\cdots\cdots\cdots\cdots\cdots\cdots\cdots\cdots\cdots\cdots$$

---

§7.32,*1　Bézout, Mém. l'acad. Paris 38, 1764 (éd. 1768)．我々は §7.35 の Cayley の定義と一致させるため，Weber (Algebra, 1, p.180) の定義 ($m\neq n$ の場合) を少し変えることにした．

$$gf_k - fg_{m-n+k} = \varphi_k = A_{k,0}x^{n-1} + A_{k,1}x^{n-2} + \cdots + A_{k,n-1}$$

にそれぞれ c_0, c_1, ..., c_k をかけて加えれば

$$gF - fG = c_0\varphi_0 + \cdots + c_k\varphi_k = A_0x^{n-1} + A_1x^{n-2} + \cdots + A_{n-1}$$

となる．ただし

$$F = c_0f_0 + c_1f_1 + \cdots + c_nf_n, \qquad G = c_0g_{m-n} + \cdots + c_ng_{m-n+k},$$

$$A_i = c_0A_{0i} + c_1A_{1i} + \cdots + c_nA_{ni}, \qquad (i = 0, 1, \ldots, n-1).$$

$(c_0, c_1, \ldots, c_k)$ のどれかは 0 ではないとすれば，f_0, f_1, ..., f_n の次数は順次一つずつ高くなるから，F は x の値如何にかかわらず常に 0 を表すことはない．

今 $(c_0, c_1, \ldots, c_k)$ を

$$A_0 = c_0A_{00} + c_1A_{10} + \cdots + c_kA_{k0} = 0,$$

$$A_1 = c_0A_{01} + c_1A_{11} + \cdots + c_kA_{k1} = 0,$$

$$\cdots\cdots\cdots\cdots\cdots\cdots\cdots\cdots\cdots\cdots\cdots\cdots$$

$$A_{k-1} = c_0A_{0,k-1} + c_1A_{1,k-1} + \cdots + c_kA_{k,k-1} = 0$$

が成立するように定め，しかもことごとくは 0 とはならないようにすることができる．これは $(c_0, c_1, \ldots, c_k)$ の個数 $k+1$ が方程式の個数 k より一つ多いからである(§7.25)．この $(c_0, c_1, \ldots, c_k)$ の値を代入すると

$$gF - fG = A_kx^{n-1-k} + \cdots + A_{n-1}$$

となる．然るに f, g は $n-k$ 次の公約関数をもつという仮定から，$gF - fG$，従って右辺の $n-1-k$ 次の有理整関数もまたこの $n-k$ 次の有理整関数で整除されなければならない．次数の関係からこれは 0 となるよりほかにはない．故に $A_0 = A_1 = \cdots = A_{k-1} = 0$ ならば

$$gF - fG = 0, \text{ すなわち } \qquad A_k = A_{k+1} = \cdots = A_{n-1} = 0$$

となる．よって長方行列

$$\left\| \begin{array}{cccc} A_{00} & A_{10} & \cdots & A_{k0} \\ A_{01} & A_{11} & \cdots & A_{k1} \\ \cdots & \cdots & \cdots & \cdots \\ A_{0,n-1} & A_{1,n-1} & \cdots & A_{k,n-1} \end{array} \right\|$$

から作られる $k+1$ 次の行列式はすべて 0 となる．従ってこの長方行列の階数は k 以下である．

$\varphi_0, \varphi_1, \ldots, \varphi_{n-1}$ から最初の $k+1$ 個をとる代わりに，任意の $k+1$ 個をとって同様に論ずることができるから，結局，行列

$$\left\| \begin{array}{cccc} A_{00} & A_{01} & \cdots & A_{0,n-1} \\ A_{10} & A_{11} & \cdots & A_{1,n-1} \\ \cdots & \cdots & \cdots & \cdots \\ A_{n-1,0} & A_{n-1,1} & \cdots & A_{n-1,n-1} \end{array} \right\|$$

の階数は k 以下となる．すなわちベズー行列式 $B(f,g)$ の階数が k 以下となることは，f, g が $n-k$ 次の公約関数をもつための必要条件である．

逆にこの条件が充分条件であることを証明しよう．今 $B(f,g)$ の階数が k 以下であるとし，上の論法を逆に押していけば

$$A_0 = A_1 = \cdots = A_{k-1} = 0$$

となるように $(c_0, c_1, \ldots, c_k)$ を定めれば (ことごとくは 0 とならないように),

$$A_k = A_{k+1} = \cdots = A_{n-1} = 0$$

が当然成立する．従って $gF - fG = 0$ となる．

この際，G が 0 となることはない．何となれば，もし $G = 0$ ならば $gF = 0$ となり，$g(x)$ は 0 とならないから，結局 $F = 0$ となる．然るに，上に注意したように，$c_0, c_1, \ldots, c_k$ がことごとくは 0 ということでなければ x の値の如何にかかわらず常に $F = 0$ ではない．これは矛盾である．

$G \neq 0$ であるから，gF は f で整除される．$F = c_0f_0 + c_1f_1 + \cdots + c_kf_k$ の次数は k を超えないから，f は g と少なくとも $n-k$ 次の公約関数をもたなければならない．これで証明が完了する．

もし $B(f,g)$ の階数が k より小となれば，上に証明したところによって，f, g は

少なくとも $n-k+1$ 次の公約関数をもつことになる．故に f, g の最大公約関数が $n-k$ 次になるための必要充分条件は，$B(f,g)$ の階数がちょうど k となることである．故に次の定理が得られる．

定理． $f(x), g(x)$ **が** $n-k$ **次の最大公約関数をもつための必要充分条件はベズー行列式の階数が** k **に等しいことである．**

これはダルブー[*2]が与えた定理である．

7.33. $f(x), g(x)$ **の最大公約関数．** 上に導き出したダルブーの条件はさらにより簡単な次の形に改められる．

定理． $f(x), g(x)$ **の最大公約関数が** $n-k$ **次となるための必要にして充分な条件は**

$$B_n,\ B_{n-1},\ \ldots,\ B_{k+1}=0,\ B_k\neq 0$$

である．ただし $B_n=B(f,g)$ **とし，** B_{h+1} **は** B_n **の主小行列式**

$$B_{h+1}=\begin{vmatrix} A_{00} & A_{01} & \cdots & A_{0h} \\ A_{10} & A_{11} & \cdots & A_{1h} \\ \cdots & \cdots & \cdots & \cdots \\ A_{h0} & A_{h1} & \cdots & A_{hh} \end{vmatrix}$$

を表すものとする．

$f(x), g(x)$ が $n-k$ 次の公約関数をもてば，B_n の階数は k 以下であるから，k より大なる次数の行列式 $B_n, B_{n-1}, \ldots, B_{k+1}$ はことごとく 0 となる．

$B_n=0$ より f, g に公約関数の存在することが分かる．その次数を $n-h$ とし，$h>k$ と仮定すれば，$B_n, B_{n-1}, \ldots, B_{k+1}=0$ の仮定に条件 $B_h=0$ は含まれる．

§7.32 のように

$$c_0\varphi_0+c_1\varphi_1+\cdots+c_{h-1}\varphi_{h-1}=gF-fG=A_0x^{n-1}+\cdots+A_{n-1}$$

を作れば

$$F=c_0f_0+c_1f_1+\cdots+c_{h-1}f_{h-1}$$

は高々 $h-1$ 次である．

[*2] Darboux, Bull. des sci. math. 10, 12, 1876, 1877.

$(c_0, c_1, \ldots, c_{h-1})$ は $A_0, A_1, \ldots, A_{h-2} = 0$ を満足し，かつことごとくは 0 とはならないものとすれば，必ず $A_{h-1} = 0$ となる．何となれば

$$A_0 = c_0 A_{00} + c_1 A_{10} + \cdots + c_{h-1} A_{h-1\,0}$$

$$A_1 = c_0 A_{01} + c_1 A_{11} + \cdots + c_{h-1} A_{h-1\,1}$$

$$\cdots\cdots\cdots\cdots\cdots\cdots\cdots\cdots\cdots\cdots\cdots\cdots$$

$$A_{h-1} = c_0 A_{0\,h-1} + c_1 A_{1\,h-1} + \cdots + c_{h-1} A_{h-1\,h-1}$$

の係数の作る行列式は B_h であって，仮定により 0 であるからである．従って

$$gF - fG = A_h x^{n-h-1} + \cdots + A_{n-1}$$

となる．然るに f, g は $n-h$ 次の公約関数をもつから，それによって右辺が整除されるためには，これが x の如何にかかわらず 0 とならねばならない．すなわち $gF - fG = 0$ が得られた．

さきに証明したように，$G \neq 0$ であるから，gF は f で整除される．F の次数は $h-1$ を超えないから，f, g は少なくとも $n-h+1$ 次の公約関数をもつことになる．

すなわち $h > k$ である間は，f, g に $n-h$ 次の公約関数があると仮定すれば，$n-h+1$ 次の公約関数の存在が証明される．故に少なくとも $n-k$ 次の公約関数の存在が結論される．

もし $n-k+1$ 次の公約関数があれば，$B_k = 0$ とならねばならない．よって上述の定理が得られる．$f(x), g(x)$ に $n-k$ 次の最大公約関数があると仮定すれば，以上の所論からその形を定めることができる．

上の定理によれば，$B_n, B_{n-1}, \ldots, B_{k+1} = 0, B_k \neq 0$ であるから

$$\Psi(x) = \begin{vmatrix} A_{00} & A_{01} & \cdots & A_{0,k-2} & A_{0,k-1}x^{n-k} + \cdots + A_{0,n-1} \\ A_{10} & A_{11} & \cdots & A_{1,k-2} & A_{1,k-1}x^{n-k} + \cdots + A_{1,n-1} \\ \cdots & \cdots & \cdots & \cdots & \cdots \\ A_{k-1,0} & A_{k-1,1} & \cdots & A_{k-1,k-2} & A_{k-1,\,k-1}x^{n-k} + \cdots + A_{k-1,n-1} \end{vmatrix}$$

における x^{n-k} の係数は $B_k (\neq 0)$ である．故に $\Psi(x)$ の次数は正に $n-k$ に等しい．

次に第 $1, 2, \ldots, k-1$ 列にそれぞれ $x^{n-1}, x^{n-2}, \ldots, x^{n-k+1}$ をかけて，これを最後の列に加えれば，

$$\varphi_0 = gf_0 - fg_{m-n},\ \varphi_1 = gf_1 - fg_{m-n+1},\ \ldots,\ \varphi_{k-1} = gf_{k-1} - fg_{m-n+k-1}$$

となる．故に $\Psi(x)$ は $A(x)g(x) - B(x)f(x)$ の形に表される．

$f(x)$, $g(x)$ の最大公約関数は $n-k$ 次で，これは $\Psi(x)$ の公約関数とならねばならない．$\Psi(x)$ の次数は $n-k$ であるから，$\Psi(x)$ がこの最大公約関数でなければならない．

7.34. B_m **と終結式との関係.** f, g が公約関数をもつための必要にして充分な条件はベズー行列式 $B(f,g)$ が 0 となることである．すなわち $B(f,g)=0$ と $R(f,g)=0$ とは同じ内容をもつ．この $B(f,g)$ と $R(f,g)$ との関係を調べると

$$B(f,g) = (-1)^{\frac{n(n-1)}{2}} {a_0}^{n-m} R(f,g)$$

となることが見出される．

このことを示すため，$B(f,g)$ を $(a_0, a_1, \ldots, a_n)$ および $(b_0, b_1, \ldots, b_m)$ の関数と考えれば，各変数について n 次である．また $(p,q) = a_{n-p}b_{m-q} - a_{n-q}b_{m-p}$ の重さは $n+m-p-q$ であって，$A_{p,q}$ の重さは $n+m-(2n-p-q-1)$ である．故に $B(f,g)$ は $(a_0, a_1, \ldots, a_n, b_0, \ldots, b_m)$ の重さ mn の同重関数である．一方すでに証明した通り，$R(f,g)$ は $(a_0, a_1, \ldots, a_n)$ については m 次，$(b_0, b_1, \ldots, b_m)$ については n 次の有理整関数であって，$(a_0, a_1, \ldots, a_n, b_0, b_1, \ldots, b_m)$ については重さ mn の同重関数である．$R(f,g)=0$ ならば $B(f,g)=0$ となり，逆に $B(f,g)=0$ ならば $R(f,g)=0$ となる．故に $R(f,g)$ の既約性から

$$B(f,g) = R(f,g) \cdot S(a_0, a_1, \ldots, a_n)$$

の形でなければならない．ただし S は $(a_0, a_1, \ldots, a_n)$ の $n-m$ 次の有理整関数で，重さ 0 でなければならない．このような S は $c \cdot {a_0}^{n-m}$ のほかにない．数係数 c を定めるため，$f(x) = a_0\, x^n$, $g(x) = b_0\, x^m + b_m$ とすれば

$$R(f,g) = {a_0}^m {b_m}^n, \qquad B(f,g) = (-1)^{\frac{n(n-1)}{2}} (a_0 b_m)^n,$$

従って

$$c = (-1)^{\frac{n(n-1)}{2}}$$

となる．よって

$$B(f,g) = (-1)^{\frac{n(n-1)}{2}} a_0^{n-m} R(f,g)$$

が得られる．

このように $B(f,g)$ と $R(f,g)$ との関係が分かったが，我々は一歩進んで B_k と

$$R_k = \begin{vmatrix} a_0 & a_1 & \cdots & a_{h-1} & a_h & \cdots & \cdots & \cdots & a_{h+k-1} \\ 0 & a_0 & \cdots & a_{h-2} & a_{h-1} & \cdots & \cdots & \cdots & a_{h+k-2} \\ \cdots & \cdots & \cdots & \cdots & \cdots & \cdots & \cdots & \cdots & \cdots \\ 0 & 0 & \cdots & a_0 & a_1 & \cdots & \cdots & \cdots & a_k \\ b_0 & b_1 & \cdots & b_{h-1} & b_h & \cdots & \cdots & \cdots & b_{h+k-1} \\ 0 & b_0 & \cdots & b_{h-2} & b_{h-1} & \cdots & \cdots & \cdots & b_{h+k-2} \\ \cdots & \cdots & \cdots & \cdots & \cdots & \cdots & \cdots & \cdots & \cdots \\ 0 & 0 & \cdots & b_0 & b_1 & \cdots & \cdots & \cdots & b_k \\ \cdots & \cdots & \cdots & \cdots & \cdots & \cdots & \cdots & \cdots & \cdots \\ 0 & 0 & \cdots & 0 & 0 & \cdots & b_0 & \cdots & b_h \end{vmatrix} \begin{matrix} \left.\begin{matrix} \\ \\ \\ \\ \end{matrix}\right\} h = k-(n-m) \\ \left.\begin{matrix} \\ \\ \\ \\ \\ \\ \end{matrix}\right\} k \end{matrix}$$

との間に

$$B_k = (-1)^{\frac{k(k-1)}{2}} {a_0}^{n-m} R_k$$

が成立することを証明しよう．ここに $R_n = R(f,g)$ であって，R_k は $R(f,g)$ より最後の $2(n-k)$ 列と，第 m 行より第 $m-n+k+1$ 行まで，および第 $m+k+1$ 行より第 $m+n$ 行までを取り去った行列式を表す．上の行列式中においては $i > n$ ならば $a_i = 0$, $k > m$ ならば $b_k = 0$ と定めておく．

まず第 1 行から最後の行までに順次 $-b_0, -b_1, \ldots, -b_{h-1}, a_0, a_1, \ldots, a_{k-1}$ を乗じてこれを第 $h+1$ 行に加えると，R_k は $a_0 R_k$ となり，新たに生じた第 $h+1$ 行は

$$\underbrace{0, 0, \ldots, 0,}_{h}\ \underbrace{A_{k-1,0},\ A_{k-1,1},\ \ldots,\ A_{k-1,k-1}}_{k}$$

となる．このことは $A_{p,q}$ の定義と，$n-k = m-h$ を考えに入れて，少し注意して計算すれば容易に分かる．

次に第 2 行より第 h 行までに，それぞれ $-b_0, -b_1, \ldots, -b_{h-2}$ を乗じ，第 $h+2$ 行以下にそれぞれ $a_0, a_1, \ldots, a_{k-2}$ を乗じて，これらを第 $h+2$ 行に加えれば，${a_0}^2 R_k$ となると同時に，第 $h+2$ 行は

$$\underbrace{0, 0, \ldots, 0,}_{h}\ \underbrace{A_{k-2,0},\ A_{k-2,1},\ \ldots,\ A_{k-2,k-1}}_{k}$$

となる.

これを繰返せば，遂には

$$a_0{}^k R_k = \begin{vmatrix} a_0 & a_1 & a_2 & \cdots & a_h & \cdots & \cdots & \cdots & a_{h+k-1} \\ 0 & a_0 & a_1 & \cdots & a_{h-1} & \cdots & \cdots & \cdots & a_{h+k-2} \\ \cdots & \cdots & \cdots & \cdots & \cdots & \cdots & \cdots & \cdots & \cdots \\ 0 & 0 & \cdots & a_0 & a_1 & \cdots & \cdots & \cdots & a_k \\ 0 & 0 & \cdots & 0 & A_{k-1,0} & \cdots & \cdots & \cdots & A_{k-1,k-1} \\ 0 & 0 & \cdots & 0 & A_{k-2,0} & \cdots & \cdots & \cdots & A_{k-2,k-1} \\ \cdots & \cdots & \cdots & \cdots & \cdots & \cdots & \cdots & \cdots & \cdots \\ 0 & 0 & \cdots & 0 & A_{0,0} & \cdots & \cdots & \cdots & A_{0,k-1} \end{vmatrix} = (-1)^{\frac{k(k-1)}{2}} a_0{}^h B_k$$

に達する．すなわち

$$B_k = (-1)^{\frac{k(k-1)}{2}} a_0{}^{n-m} R_k$$

が得られる[*1].

従って §7.33 における条件

$$B_n,\ B_{n-1},\ \ldots,\ B_{k+1} = 0,\ B_k \neq 0$$

はまた

$$R_n,\ R_{n-1},\ \ldots,\ R_{k+1} = 0,\ R_k \neq 0$$

の形に表される.

この形の条件は直接的にも証明される．それはワイエルシュトラスがベルリン大学の講義中に述べたそうであるが，その証明を初めて公にしたのはシャイプナーである[*2].

7.35. ケイリーの公式.

ケイリー[*1]はベズー行列式の要素 $A_{i,k}$ を次の公式によって定義した.

---

§7.34,*1 $n = m$ の場合には Netto, Algebra I, p.160 には他の方法で証明されている．上の方法は $n = m$ の場合の Baltzer (Die Determinanten, 4. Aufl., 1875, p.112) の方法を $n \geqq m$ の場合に直したものである.

*2 Scheibner, Leipziger Ber. 40, 1888．別の証明は Lüroth, Zeits. f. Math. u. Phys. 40, 1895; Heffter, Math. Ann. 54, 1901; Netto, Algebra 1, pp.154–157. Heffter の証明が簡単である.

§7.35,*1 Cayley, Journ. f. Math. 3, 1857, Collected Math. Papers 4, pp.38–39.

$$G(x,y) = \frac{f(x)g(y) - f(y)g(x)}{x-y} = \sum_{i,\,k=0}^{n-1} A_{i,k}\, x^{n-1-i}\, y^{n-1-k}.$$

これは非常に重要な意義を有するものであって，§9.9 においてさらにこれを論ずる機会に出会うであろう．この上記の関係式を証明するため，書換えて

$$G(x,y) = \frac{f(x)g(y) - f(y)g(x)}{x-y} = g(y)\,\frac{f(x)-f(y)}{x-y} - f(y)\,\frac{g(x)-g(y)}{x-y}$$

とし，§6.2 に示した

$$\frac{f(x)-f(y)}{x-y} = f_0(y)x^{n-1} + f_1(y)x^{n-2} + \cdots + f_{n-1}(y),$$

$$\frac{g(x)-g(y)}{x-y} = g_0(y)x^{m-1} + g_1(y)x^{m-2} + \cdots + g_{m-1}(y)$$

を利用すれば

$$G(x,y) = \sum_{i=0}^{n-1} x^i \left\{ g(y)f_{n-i-1}(y) - f(y)g_{m-i-1}(y) \right\}$$

となる．§7.32 の関係式を代入すると

$$\begin{aligned} G(x,y) &= \sum_{i=0}^{n-1} x^i \left(A_{n-i-1,0}\, x^{n-1} + \cdots + A_{n-i-1,n-1} \right) \\ &= \sum_{i,\,k=0}^{n-1} A_{i,k}\, x^{n-1-i} y^{n-1-k} \end{aligned}$$

となる．

$A_{i,k} = A_{k,i}$ なることは，これからも直ちに分かる．何となれば $G(x,y) = G(y,x)$ であるから，右辺は x, y を入替えても変わらない．すなわち

$$\sum A_{i,k}\, x^{n-1-i}\, y^{n-1-k} = \sum A_{i,k}\, x^{n-1-k}\, y^{n-1-i}$$

となる．右辺は

$$\sum A_{k,i}\, x^{n-1-i}\, y^{n-1-k}$$

とできるから，これらから直ちに $A_{i,k} = A_{k,i}$ が見てとれる．

第 10 節　有理関数の展開係数

7.36. **有理関数の展開係数の条件．** 我々は §6.12 において

$$f(x) = a_0 x^n + a_1 x^{n-1} + \cdots + a_n, \qquad (n > m)$$
$$g(x) = b_0 x^m + b_1 x^{m-1} + \cdots + b_m$$

を分母分子とする有理関数を x^{-1} の冪に展開したものを

$$\frac{g(x)}{f(x)} = \frac{c_0}{x} + \frac{c_1}{x^2} + \cdots + \frac{c_n}{x^{n+1}} + \cdots$$

とすれば，係数 $(c_0, c_1, \ldots, c_n, \ldots)$ に対して再帰公式

$$c_k a_n + c_{k+1} a_{n-1} + \cdots + c_{k+n} a_0 = 0, \quad (k = 0, 1, 2, \ldots)$$

が満足されること，およびその逆を証明した．

我々は次に

$$\frac{c_0}{x} + \frac{c_1}{x^2} + \cdots + \frac{c_n}{x^{n+1}} + \cdots \tag{A}$$

が有理関数を表すための必要にして充分な条件を，その係数 $(c_0, c_1, \ldots)$ のみによって表そう．

今

$$C_k{}^{(n)} = \begin{vmatrix} c_k & c_{k+1} & \cdots & c_{k+n} \\ c_{k+1} & c_{k+2} & \cdots & c_{k+n+1} \\ \cdots & \cdots & \cdots & \cdots \\ c_{n+k} & c_{n+k+1} & \cdots & c_{2n+k} \end{vmatrix}$$

とすれば，再帰公式

$$c_k a_n + c_{k+1} a_{n-1} + \cdots + c_{k+n} a_0 = 0, \quad (k = 0, 1, 2, \ldots)$$

から，順次に $n+1$ 個ずつ取り出せば，それらの係数のなす行列式

$$C_0{}^{(n)},\ C_1{}^{(n)},\ C_2{}^{(n)},\ \cdots$$

はすべて 0 となることが次のようにして分かる．

実際，任意の k 次の有理整関数 $h(x)$ をとって

$$f(x)h(x) = \alpha_0\, x^{n+k} + \alpha_1\, x^{n+k-1} + \cdots + \alpha_{n+k}$$

とおけば

$$\frac{c_0}{x} + \frac{c_1}{x^2} + \cdots + \frac{c_n}{x^{n+1}} + \cdots$$

は，$f(x)h(x)$, $g(x)h(x)$ を分母分子とする有理関数の展開とも考えられるから，$(c_0,$

$c_1, \ldots)$ に対してはまた

$$c_p\alpha_{n+k} + c_{p+1}\alpha_{n+k-1} + \cdots + c_{p+n+k}\alpha_0 = 0, \quad (p = 0, 1, 2, \ldots)$$

なる再帰公式が満足されなければならない．k は任意であるから

$$C_0{}^{(n+k)},\ C_1{}^{(n+k)},\ C_2{}^{(n+k)},\ \ldots = 0, \quad (k = 0,\ 1,\ 2,\ \ldots) \tag{1}$$

でなければならない．

条件 (1) は必要ではあるが，それらの各々は必ずしも独立な条件ではなく，それらの一部分は残りの部分から当然出るものである．我々はこの余分のものを整理しなければならない．

(1) から抜き出した

$$C_0{}^{(n)},\ C_1{}^{(n)},\ C_2{}^{(n)},\ \ldots = 0, \tag{2}$$

を考える．まず

$$C_k{}^{(n)} = \begin{vmatrix} c_k & c_{k+1} & \cdots & c_{k+n-1} & c_{k+n} \\ c_{k+1} & c_{k+2} & \cdots & c_{k+n-2} & c_{k+n-1} \\ \cdots & \cdots & \cdots & \cdots & \cdots \\ c_{k+n-1} & c_{k+n} & \cdots & c_{2n+k-2} & c_{2n+k-1} \\ c_{k+n} & c_{k+n+1} & \cdots & c_{2n+k-1} & c_{2n+k} \end{vmatrix}$$

の最初と最後の行と列に対し，ヤコビの定理 (§7.15) を応用すれば

$$C_k{}^{(n)}\,C_{k+2}^{(n-2)} = C_{k+2}^{(n-1)}\,C_k{}^{(n-1)} - \left(C_{k+1}^{(n-1)}\right)^2$$

となる．故に (2) のほかにさらに $C_k{}^{(n-1)} = 0$ を仮定すれば $C_{k+1}^{(n-1)} = 0$ となる．また (2) のほかに $C_k{}^{(n-1)} \neq 0$, $C_{k+1}^{(n-1)} \neq 0$ ならば，$C_{k+2}^{(n-1)} \neq 0$ となる．(2) のほかに $C_{k+2}^{(n-1)} = 0$ が成立すれば $C_{k+1}^{(n-1)} = 0$ となる．

故に (2)，すなわち $C_k{}^{(n)} = 0$, $(k = 0, 1, 2, \ldots)$ ならば，$C_k{}^{(n-1)} \neq 0$, $(k = 0, 1, 2, \ldots)$ となるか，そうでなければ $C_k{}^{(n-1)} = 0$, $(k = 1, 2, \ldots)$ とならねばならない．

$C_k{}^{(n-1)} = 0$, $(k = 1, 2, \ldots)$ ならば，同様に $C_k{}^{(n-2)} \neq 0$, $(k = 1, 2, \ldots)$ となるか，そうでなければ $C_k{}^{(n-2)} = 0$, $(k = 2, 3, \ldots)$ とならねばならない．

故に $C_k{}^{(n)} = 0$, $(k = 0, 1, 2, \ldots)$ ならば，

(1) $C_k{}^{(n-1)} \neq 0,\ (k = 0, 1, 2, \ldots)$ となるか,

(2) $C_k{}^{(n-\lambda)} = 0,\ (k = \lambda, \lambda+1, \ldots),\ C_k{}^{(n-\lambda-1)} \neq 0,\ (k = \lambda, \lambda+1, \ldots)$ が成立するような λ が存在するか,

(3) $C_k{}^{(0)} = 0,\ (k = n, n+1, \ldots)$ となるか,

三つの内必ずその一つが成立する.

ただし (3) においては $c_n, c_{n+1}, \ldots$ はことごとく 0 となる. この場合は簡単であるからしばらく省いて考える.

(2) は (1) において n の代わりに $n-\lambda$ をとれば同様に論じることができる. 故に (1) を考えれば充分である.

さて

$$C_k{}^{(n)} = 0, \quad C_k{}^{(n-1)} \neq 0, \quad (k = 0, 1, 2, \ldots)$$

と仮定する. もちろんこれは

$$C_k{}^{(n)} = 0,\ (k = 0, 1, 2, \ldots), \quad C_0{}^{(n-1)} \neq 0, \quad C_1{}^{(n-1)} \neq 0$$

だけから出ることは上に示した通りである.

我々は次にこの条件の下には, (A) は n 次の有理整関数を分母とする有理関数となることを証明しよう.

まず $C_0{}^{(n)} = 0$ から一次方程式

$$\begin{aligned}
&c_0x_0 + c_1x_1 + \cdots + c_nx_n = 0, \\
&c_1x_0 + c_2x_1 + \cdots + c_{n+1}x_n = 0, \\
&\cdots\cdots\cdots\cdots\cdots\cdots\cdots\cdots\cdots\cdots \\
&c_nx_0 + c_{n+1}x_1 + \cdots + c_{2n}x_n = 0
\end{aligned}$$

は一組の自明でない解をもつことが分かる (§7.24). これを $(r_0, r_1, \ldots, r_n)$ とすれば $r_0 \neq 0$ である. 何となれば, もし $r_0 = 0$ とすれば, 上の最初の n 個の方程式から, $C_0{}^{(n-1)} = 0$ となり仮定に反するからである.

次に

$$c_{n+1}r_0 + c_{n+2}r_1 + \cdots + c_{2n+1}r_n = s$$

とおけば, これと

$$c_1 r_0 + c_2 r_1 + \cdots + c_{n+1} r_n = 0,$$
$$\cdots\cdots\cdots\cdots\cdots\cdots\cdots\cdots\cdots$$
$$c_n r_0 + c_{n+1} r_1 + \cdots + c_{2n} r_n = 0$$

から，$r_1, r_2, r_3, \ldots, r_n$ を消去すれば

$$\begin{vmatrix} c_1 r_0 & c_2 & \cdots & c_{n+1} \\ c_2 r_0 & c_3 & \cdots & c_{n+2} \\ \cdots & \cdots & \cdots & \cdots \\ c_{n+1} r_0 - s & c_{n+2} & \cdots & c_{2n+1} \end{vmatrix} = 0.$$

この式を第一列の要素によって二つに分けると

$$r_0 {C_1}^{(n)} - s {C_2}^{(n-1)} = 0$$

となる．${C_1}^{(n)} = 0$, ${C_2}^{(n-1)} \neq 0$ であるから，$s = 0$ となる．

この方法を繰返せば，順次に

$$c_{n+k} r_0 + c_{n+k+1} r_1 + \cdots + c_{2n+k} r_n = 0, \quad (k = 1, 2, \ldots)$$

が得られる．これは $(c_0, c_1, \ldots)$ が $n+1$ 項の再帰公式を満足することになり，従って (A) は分母の次数が n を超えない有理関数を表すことが分かる (§6.12).

分母の次数が n より低くなり得ないことは明らかに ${C_k}^{(n-1)} \neq 0$ が示している．(2) の場合にはこれと全く同様にして

$$\psi(x) = \frac{c_\lambda}{x} + \frac{c_{\lambda+1}}{x^2} + \cdots$$

は分母が $n - \lambda$ 次なる有理関数を表すことが結論される．

$$\varphi(x) = \frac{c_0}{x} + \cdots + \frac{c_{\lambda-1}}{x^\lambda} + \frac{\psi(x)}{x^{\lambda+1}}$$

であるから，$\varphi(x)$ は分母が n 次なる有理関数を表す．

定理 1.

$$\varphi(x) = \frac{c_0}{x} + \frac{c_1}{x^2} + \cdots + \frac{c_n}{x^{n+1}} + \cdots$$

の分母が n 次既約有理関数を表すために必要かつ充分な条件は

$${C_k}^{(n)} = 0, \quad (k = 0, 1, 2, \ldots), \qquad {C_0}^{(n-1)} \neq 0$$

である[*1].

§7.36,*1　Borel, Bull. des sci. math. (2) 18, 1894.

$\varphi(x)$ は

$$\frac{c_m}{x} + \frac{c_{m+1}}{x^2} + \cdots$$

と同時に有理関数となる．故に上の定理から次の定理が導かれる．

定理 2. $\varphi(x)$ **が有理関数を表すための必要にして充分な条件は，ある整数** m **を求めて，**

$$C_k{}^{(n)} = 0, \quad (k = m, m+1, \ldots)$$

が成立つようにできることである．

7.37. 条件の第二の形.

我々の条件はこれを次の形にも述べられる．

定理 3. $\varphi(x)$ **が分母が** n **次既約有理関数を表すための必要にして充分な条件は**

$$C_0{}^{(n-1)} \neq 0, \quad C_0{}^{(n)},\ C_0{}^{(n+1)},\ C_0{}^{(n+2)},\ \ldots = 0$$

である[*1]**．**

これは前と同様に直接に証明されるが，ここでは §7.36 の条件

$$C_k{}^{(n)} = 0, \quad (k = 0, 1, 2, \ldots), \quad C_0{}^{(n-1)} \neq 0$$

と，ここの条件

$$C_0{}^{(n-1)} \neq 0, \qquad C_0{}^{(n+k)} = 0, \quad (k = 0, 1, \ldots)$$

の一方から他方が出ることを示そう．

まず $C_k{}^{(n)} = 0,\ (k = 0, 1, \ldots)$ ならば

$$c_k r_0 + c_{k+1} r_1 + \cdots + c_{k+n} r_n = 0, \quad (k = 0, 1, 2, \ldots)$$

が成立する．故に

$$\left\| \begin{matrix} c_0 & c_1 & \cdots & c_n \\ c_1 & c_2 & \cdots & c_{n+1} \\ \cdots & \cdots & \cdots & \cdots \\ c_k & c_{k+1} & \cdots & c_{k+n} \\ \cdots & \cdots & \cdots & \cdots \end{matrix} \right\|$$

から作られる $n+1$ 次の行列式はことごとく 0 となる．従ってこれらを小行列式とする

§7.37,*1 Kronecker, Berliner Monatsber., 1881, Werke II, p.113.

次数が $n+2$ より大なる行列式はことごとく 0 となる．すなわち ${C_0}^{(n+k)}=0$, $(k=0,1,2,\ldots)$ となる．

逆に

$$ {C_0}^{(n-1)} \neq 0, \quad {C_0}^{(n+k)} = 0, \quad (k=0,1,2,\ldots) $$

から

$$ {C_k}^{(n)} = 0, \quad (k=0,1,2,\ldots) $$

が出る．これには

$$ {C_k}^{(m+1)} = \begin{vmatrix} c_k & c_{k+1} & \cdots & c_{k+m+1} \\ c_{k+1} & c_{k+2} & \cdots & c_{k+m+2} \\ \cdots & \cdots & \cdots & \cdots \\ c_{k+m+1} & c_{k+m+2} & \cdots & c_{k+2m+2} \end{vmatrix} $$

の第一行および列と最後の行と列に対して，ヤコビの定理を適用すれば

$$ {C_k}^{(m+1)}\, C_{k+2}^{(m-1)} = {C_k}^{(m)}\, C_{k+2}^{(m)} - \left(C_{k+1}^{(m)}\right)^2 $$

となる．故に ${C_0}^{(n+k)}=0$, $(k=0,1,\ldots)$ が成立すれば，上の関係式において $k=0$, $m=n$ とおいて ${C_1}^{(n)}=0$ が得られる．次に $k=1$, $m=n$ とおけば ${C_2}^{(n)}=0$ が得られる．このようにして進めば ${C_k}^{(n)}=0$, $(k=0,1,2,\ldots)$ の成立が確かめられる．

すなわち ${C_0}^{(n-1)}\neq 0$, ${C_0}^{(n+k)}=0$, $(k=0,1,\ldots)$ より ${C_0}^{(n-1)}\neq 0$, ${C_k}^{(n)}=0$, $(k=0,1,2,\ldots)$ が導かれる．これで我々の定理は証明された．

上の定理は次の形にすることができる．

定理 4. $\varphi(x)$ **が有理関数を表すために必要にして充分な条件は，ある定まった** m **に対し，**

$$ {C_m}^{(k)} = 0, \quad (k=n,\ n+1,\ldots) $$

となることである．

7.38. $f(x)$, $g(x)$ **の公約関数．** 我々は再び $f(x)$, $g(x)$ の公約関数の次数が $n-k$ なるための条件を，この方面から論じよう．

§7.36–7.37 にあげた条件の二つの形を見ると，第一の条件

$$C_0{}^{(n-1)} \neq 0, \quad C_k{}^{(n)} = 0, \quad (k = 0, 1, 2, \ldots)$$

に出てくる行列式の次数は n を超えない．これに反して第二の条件

$$C_0{}^{(n-1)} \neq 0, \quad C_0{}^{(n+k)} = 0, \quad (k = 0, 1, 2, \ldots)$$

の方は，行列式の次数が次第に大きくなって停止しないので，この点からいえば，第一の方が遥かに簡単である．しかし次に示すように，第二の方からは $f(x)$, $g(x)$ の公約関数の次数が $n-k$ となるための条件を導き出すことができる点において一つの長所をもつ．

今 $f(x)$, $g(x)$ が $n-k$ 次の最大公約関数をもつとする．$m \leqq n$ とすれば

$$\frac{g(x)}{f(x)} = c + \frac{c_0}{x} + \frac{c_1}{x^2} + \cdots + \frac{c_n}{x^{n+1}} + \cdots$$

となり，$m < n$ ならば $c = 0$ である．

$f(x)$ の次数を n とすれば

$$C_0{}^{(n)}, \quad C_0{}^{(n+1)}, \ \ldots = 0$$

が成立することはもちろんであるが，$g(x)/f(x)$ を既約有理関数に直せば，分母分子から $n-k$ 次の因子が除かれるから，分母は k 次になる．故に §7.37，定理 3 により

$$C_0{}^{(k-1)} \neq 0, \quad C_0{}^{(k)} = 0, \quad C_0{}^{(k+1)} = 0, \ \ldots$$

が成立しなければならない．故に求める必要条件は

$$C_0{}^{(k-1)} \neq 0, \quad C_0{}^{(k)} = 0, \ C_0{}^{(k+1)} = 0, \ \ldots, \ C_0{}^{(n-1)} = 0$$

である．

もしこの条件が成立するとすれば，$C_0{}^{(n+k)} = 0$, $(k = 0, 1, 2, \ldots)$ は初めから成立するから

$$c + \frac{c_0}{x} + \frac{c_1}{x^2} + \cdots + \frac{c_n}{x^{n+1}} + \cdots$$

は分母が k 次の有理関数を表すことになる．従って $f(x)$, $g(x)$ は正に $n-k$ 次の公約関数をもつ．故にこれはまた充分条件である．

よって次の定理が得られる．

定理[*1]**．** $f(x)$, $g(x)$ **が** $n-k$ **次の最大公約関数をもつための必要にして充分な条**

---

§7.38,*1 Kronecker, Berliner Ber., 1881, Werke II, p.115.

件は

$$C_0{}^{(k-1)} \neq 0, \quad C_0{}^{(k)} = C_0{}^{(k+1)} = \cdots = C_0{}^{(n-1)} = 0$$

である.

7.39. $C_0{}^{(k)}$ **と** B_{k+1}, R_{k+1} **との関係.**　この条件の形と §7.34 において得られた条件

$$B_n = 0,\ B_{n-1} = 0,\ \ldots,\ B_{k+1} = 0, \quad B_k \neq 0,$$

または

$$R_n = 0,\ R_{n-1} = 0,\ \ldots,\ R_{k+1} = 0, \quad R_k \neq 0,$$

とは一方から他方が出るものであるから，B_{k+1} と $C_0{}^{(k)}$ とは数係数の違いがあるのみであると考えられるであろう．これを確かめるため，まず c_i と $f(x)$, $g(x)$ の係数との間の関係を利用して $C_i{}^{(k)}$ を $(a_0, a_1, \ldots)$, $(b_0, b_1, \ldots)$ で表してみよう．

$$g(x) = f(x)\left(c + \frac{c_0}{x} + \frac{c_1}{x^2} + \cdots + \frac{c_n}{x^{n+1}} + \cdots\right)$$

における x^n, x^{n-1}, $\ldots$, x^0 の係数を比較するために

$$g(x) = b_0x^m + b_1x^{m-1} + \cdots + b_m$$

を便宜のために

$$b_0'x^n + b_1'x^{n-1} + \cdots + b_n'$$

とおけば

$$\begin{aligned}
b_0' &= a_0c, \\
b_1' &= a_0c_0 + a_1c, \\
&\cdots\cdots\cdots\cdots\cdots\cdots\cdots\cdots \\
b_n' &= a_0c_{n-1} + a_1c_{n-2} + \cdots + a_{n-1}c_0 + a_nc
\end{aligned}$$

となる．故に行列式

$$\begin{vmatrix} \overbrace{\begin{matrix} 1 & 0 & \cdots & 0 \end{matrix}}^{k+1} & \overbrace{\begin{matrix} 0 & 0 & \cdots & 0 \end{matrix}}^{k+1} \\ \begin{matrix} 0 & 1 & \cdots & 0 \end{matrix} & \begin{matrix} 0 & 0 & \cdots & 0 \end{matrix} \end{vmatrix}$$

$$\begin{vmatrix} 1 & 0 & \cdots & 0 & 0 & 0 & \cdots & 0 \\ 0 & 1 & \cdots & 0 & 0 & 0 & \cdots & 0 \\ \cdots & \cdots & \cdots & \cdots & \cdots & \cdots & \cdots & \cdots \\ 0 & 0 & \cdots & 1 & 0 & 0 & \cdots & 0 \\ c & c_0 & \cdots & c_{k-1} & c_k & \cdots & \cdots & c_{2k} \\ 0 & c & \cdots & c_{k-2} & c_{k-1} & \cdots & \cdots & c_{2k-1} \\ \cdots & \cdots & \cdots & \cdots & \cdots & \cdots & \cdots & \cdots \\ 0 & 0 & \cdots & c & c_0 & \cdots & \cdots & c_k \end{vmatrix} = \begin{vmatrix} c_k & \cdots & c_{2k} \\ c_{k-1} & \cdots & c_{2k-1} \\ \cdots & \cdots & \cdots \\ c_0 & \cdots & c_k \end{vmatrix} = (-1)^{\frac{k(k+1)}{2}} {C_0}^{(k)},$$

$$\begin{vmatrix} a_0 & a_1 & \cdots & a_{2k+1} \\ 0 & a_0 & \cdots & a_{2k} \\ \cdots & \cdots & \cdots & \cdots \\ 0 & 0 & \cdots & a_0 \end{vmatrix} = {a_0}^{2k+2}$$

の両者を相乗ずると,

$$\begin{vmatrix} a_0 & a_1 & \cdots & \cdots & \cdots & a_{2k+1} \\ 0 & a_0 & a_1 & \cdots & \cdots & a_{2k} \\ \cdots & \cdots & \cdots & \cdots & \cdots & \cdots \\ 0 & 0 & \cdots & a_0 & \cdots & a_k \\ b'_0 & b'_1 & \cdots & \cdots & \cdots & b'_{2k+1} \\ 0 & b'_0 & \cdots & \cdots & \cdots & b'_{2k} \\ \cdots & \cdots & \cdots & \cdots & \cdots & \cdots \\ 0 & 0 & \cdots & b'_0 & \cdots & b'_k \end{vmatrix} \begin{matrix} \left.\vphantom{\begin{matrix}a\\a\\a\\a\end{matrix}}\right\} k+1 \\ \left.\vphantom{\begin{matrix}a\\a\\a\\a\end{matrix}}\right\} k+1 \end{matrix}$$

となる.ここに $b_0, b'_1, \ldots, b'_{n-m-1} = 0,\ b'_{n-m} = b_0,\ \ldots,\ b'_n = b_m$ とおけば

$$
\left|\begin{array}{cccccc}
a_0 & a_1 & a_2 & \cdots & \cdots & a_\lambda \\
0 & a_0 & a_1 & \cdots & \cdots & a_{\lambda-1} \\
\cdots & \cdots & \cdots & \cdots & \cdots & \cdots \\
0 & 0 & \cdots & a_0 & \cdots & a_{k+1} \\
b_0 & b_1 & b_2 & \cdots & \cdots & b_\lambda \\
0 & b_0 & b_1 & \cdots & \cdots & b_{\lambda-1} \\
\cdots & \cdots & \cdots & \cdots & \cdots & \cdots \\
0 & 0 & \cdots & b_0 & \cdots & b_{\lambda-k}
\end{array}\right|
\begin{array}{l}
\left.\vphantom{\begin{array}{c}a\\a\\a\\a\end{array}}\right\} k+1-(n-m) \\
\left.\vphantom{\begin{array}{c}a\\a\\a\\a\end{array}}\right\} k+1
\end{array}
\qquad (\lambda = 2k+1-(n-m))
$$

となる．ただし $i > n$ ならば $a_i = 0$, $k > m$ ならば $b_k = 0$ とする．この行列式は §7.34 の R_{k+1} にほかならない．故に次式[*1]となる．

$$R_{k+1} = (-1)^{\frac{k(k+1)}{2}} {a_0}^{2k+2} {C_0}^{(k)},$$

従って §7.34 により $B_k = {a_0}^{n-m+2k} {C_0}^{(k-1)}$ が得られる．

§7.39,*1　Netto, Journ. f. Math. 116, 1896;　Netto, Algebra I, p.86.

第7章 演習問題

1.

$$\begin{vmatrix} a & b & c \\ c & a & b \\ b & c & a \end{vmatrix} = a^3+b^3+c^3-3abc = (a+b+c)(a+\omega b+\omega^2 c)(a+\omega^2 b+\omega c),\ (\omega^3=1)$$

一般に

$$\begin{vmatrix} a_1 & a_2 & \cdots & a_{n-1} & a_n \\ a_2 & a_3 & \cdots & a_n & a_1 \\ a_3 & a_4 & \cdots & a_1 & a_2 \\ \cdots & \cdots & \cdots & \cdots & \cdots \\ a_n & a_1 & \cdots & a_{n-2} & a_{n-1} \end{vmatrix} = (-1)^{\frac{1}{2}(n-1)(n-2)}\psi(\omega_1)\psi(\omega_2)\cdots\psi(\omega_n)$$

なることを証明せよ．ただし $\omega_1, \omega_2, \ldots, \omega_n$ は 1 の n 乗根を表し，$\psi(x) = a_1 + a_2 x + a_3 x^2 + \cdots + a_n x^{n-1}$ とする．この形の行列式を循環行列式と名づける．(Cremona, Annali di Mat. (1) 7, 1856, Opere 1, p.4.)

$$\left(D = \begin{vmatrix} 1 & \omega_1 & {\omega_1}^2 & \cdots & {\omega_1}^{n-1} \\ 1 & \omega_2 & {\omega_2}^2 & \cdots & {\omega_2}^{n-1} \\ \cdots & \cdots & \cdots & \cdots & \cdots \\ 1 & \omega_n & {\omega_n}^2 & \cdots & {\omega_n}^{n-1} \end{vmatrix} \text{を乗じて考えよ．} \right)$$

2.

$$\begin{vmatrix} 0 & a & b & c \\ a & 0 & C & B \\ b & C & 0 & A \\ c & B & A & 0 \end{vmatrix} = a^2A^2 + b^2B^2 + c^2C^2 - 2bcBC - 2caCA - 2abAB.$$

$$\begin{vmatrix} 0 & 1 & 1 & 1 \\ 1 & 0 & z^2 & y^2 \\ 1 & z^2 & 0 & x^2 \\ 1 & y^2 & x^2 & 0 \end{vmatrix} = -(x+y+z)(x+y-z)(x-y+z)(-x+y+z).$$

(Brioschi, Cambridge and Dublin Math. J. 9, 1853, Opere 5, p.121.)

3.

$$\begin{vmatrix} a & b & c & d \\ -b & a & -d & c \\ -c & d & a & -b \\ -d & -c & b & a \end{vmatrix} = (a^2+b^2+c^2+d^2)^2, \quad \begin{vmatrix} 0 & a & b & c \\ -a & 0 & d & -e \\ -b & -d & 0 & f \\ -c & e & -f & 0 \end{vmatrix} = (af+be+cd)^2.$$

4.

$$\begin{vmatrix} x_1 & a & a & \cdots & a \\ b & x_2 & a & \cdots & a \\ b & b & x_3 & \cdots & a \\ \cdots & \cdots & \cdots & \cdots & \cdots \\ b & b & b & \cdots & x_n \end{vmatrix} = \frac{af(b)-bf(a)}{a-b}, \quad f(x) = (x_1-x)(x_2-x)\cdots(x_n-x).$$

(Scott, Messenger of Math. (2) 8, 1879, p.134.)

これより

$$\begin{vmatrix} x_1 & a & \cdots & a & 1 \\ b & x_2 & \cdots & a & 1 \\ \cdots & \cdots & \cdots & \cdots & \cdots \\ b & b & \cdots & x_n & 1 \\ 1 & 1 & \cdots & 1 & 0 \end{vmatrix} = \frac{f(a)-f(b)}{a-b},$$

および

$$\begin{vmatrix} x_1 & a_2 & a_3 & \cdots & a_n \\ a_1 & x_2 & a_3 & \cdots & a_n \\ a_1 & a_2 & x_3 & \cdots & a_n \\ \cdots & \cdots & \cdots & \cdots & \cdots \\ a_1 & a_2 & a_3 & \cdots & x_n \end{vmatrix} = \varphi(x_1, x_2, \ldots, x_n) + \sum_{k=1}^{n} a_k \frac{\partial \varphi}{\partial x_k}$$

を導け．ただし $\varphi(x_1, x_2, \ldots, x_n) = (x_1-a_1)(x_2-a_2)\cdots(x_n-a_n)$ とする．

($y_k = x_k/a_k$ とおいて，第一の行列式の形に直して考えよ．)

5.

$$\begin{vmatrix} \frac{1}{x_1-a_1} & \frac{1}{x_1-a_2} & \cdots & \frac{1}{x_1-a_n} \\ \frac{1}{x_2-a_1} & \frac{1}{x_2-a_2} & \cdots & \frac{1}{x_2-a_n} \\ \cdots & \cdots & \cdots & \cdots \\ \frac{1}{x_n-a_1} & \frac{1}{x_n-a_2} & \cdots & \frac{1}{x_n-a_n} \end{vmatrix} = (-1)^{\frac{1}{2}n(n-1)} \frac{\prod_{i>k}(x_i-x_k)(a_i-a_k)}{\prod f(x_k)},$$

$f(x) = (x-a_1)(x-a_2)\cdots(x-a_n)$.

(Cauchy, Exercises d'analyse et de phys. math. 2, 1841, Oeuvres (2) 12, p.177, 210.)

これより $a_{ik}=\frac{1}{i+k-1}$ を要素とする行列式が

$$\begin{vmatrix} \frac{1}{1} & \frac{1}{2} & \frac{1}{3} & \cdots & \frac{1}{n} \\ \frac{1}{2} & \frac{1}{3} & \frac{1}{4} & \cdots & \frac{1}{n+1} \\ \cdots & \cdots & \cdots & \cdots & \cdots \\ \frac{1}{n} & \frac{1}{n+1} & \frac{1}{n+2} & \cdots & \frac{1}{2n-1} \end{vmatrix} = \frac{(2!\,3!\cdots(n-1)!)^3}{n!\,(n+1)!\cdots(2n-1)!}$$

なることを証明せよ. (Hilbert, Acta Math. 18, 1894.)

また r を n より小なる正整数とすれば

$$\begin{vmatrix} \frac{1}{r} & \frac{1}{r+1} & \cdots & \frac{1}{n} \\ \frac{1}{r+1} & \frac{1}{r+2} & \cdots & \frac{1}{n+1} \\ \cdots & \cdots & \cdots & \cdots \\ \frac{1}{n} & \frac{1}{n+1} & \cdots & \frac{1}{2n-r} \end{vmatrix} = \frac{(2!\,3!\,\cdots\,(n-r)!)^2\,(r-1)!\,r!\,(r+1)!\,\cdots\,(n-1)!}{n!\,(n+1)!\,\cdots\,(2n-r)!}$$

なることを証明せよ. (Dingler, Archiv d. Math. (3) 16, 1910.)

6.

$$\begin{vmatrix} 1 & 1 & 1 & \cdots & 1 \\ \binom{1}{1} & \binom{2}{1} & \binom{3}{1} & \cdots & \binom{n+1}{1} \\ \binom{2}{2} & \binom{3}{2} & \binom{4}{2} & \cdots & \binom{n+2}{2} \\ \cdots & \cdots & \cdots & \cdots & \cdots \\ \binom{n}{n} & \binom{n+1}{n} & \binom{n+2}{n} & \cdots & \binom{2n}{n} \end{vmatrix} = \begin{vmatrix} 1 & 1 & 1 & \cdots & 1 \\ 0 & \binom{1}{1} & \binom{2}{1} & \cdots & \binom{n}{1} \\ 0 & 0 & \binom{2}{2} & \cdots & \binom{n}{2} \\ \cdots & \cdots & \cdots & \cdots & \cdots \\ 0 & 0 & 0 & \cdots & \binom{n}{n} \end{vmatrix}^2 = 1$$

を証明せよ.

$$\left\{ \binom{m}{0}\binom{n}{0} + \binom{m}{1}\binom{n}{1} + \cdots + \binom{m}{n}\binom{n}{n} = \binom{m+n}{n}, \right.$$

$$\left. m \geqq n \quad \text{を用いよ.} \right\}$$

これを書直せば

$$\begin{vmatrix} 1 & 1! & 2! & \cdots & n! \\ 1! & 2! & 3! & \cdots & (n+1)! \\ \cdots & \cdots & \cdots & \cdots & \cdots \\ n! & (n+1)! & (n+2)! & \cdots & (2n)! \end{vmatrix} = \bigl(1!\,2!\,3!\,\cdots\,n!\bigr)^2$$

となる.

7.

$$\begin{vmatrix} \binom{n}{m} & \binom{n+1}{m} & \cdots & \binom{n+m}{m} \\ \binom{n+1}{m} & \binom{n+2}{m} & \cdots & \binom{n+m+1}{m} \\ \cdots & \cdots & \cdots & \cdots \\ \binom{n+m}{m} & \binom{n+m+1}{m} & \cdots & \binom{n+2m}{m} \end{vmatrix} = \pm 1, \quad \begin{vmatrix} 1 & 1 & \cdots & 1 \\ \binom{m}{1} & \binom{m+1}{1} & \cdots & \binom{m+n}{1} \\ \binom{m+1}{2} & \binom{m+2}{2} & \cdots & \binom{m+n+1}{2} \\ \cdots & \cdots & \cdots & \cdots \\ \binom{m+n-1}{n} & \binom{m+n}{n} & \cdots & \binom{m+2n-1}{n} \end{vmatrix} = 1.$$

8.

$$\begin{vmatrix} 1 & 1 & \cdots & 1 \\ \binom{m}{1} & \binom{m+1}{1} & \cdots & \binom{m+r}{1} \\ \binom{m}{2} & \binom{m+1}{2} & \cdots & \binom{m+r}{2} \\ \cdots & \cdots & \cdots & \cdots \\ \binom{m}{r} & \binom{m+1}{r} & \cdots & \binom{m+r}{r} \end{vmatrix} = 1, \quad \begin{vmatrix} 1 & \binom{m}{1} & \binom{m}{2} & \cdots & \binom{m}{r} \\ 1 & \binom{m+d}{1} & \binom{m+d}{2} & \cdots & \binom{m+d}{r} \\ 1 & \binom{m+2d}{1} & \binom{m+2d}{2} & \cdots & \binom{m+2d}{r} \\ \cdots & \cdots & \cdots & \cdots & \cdots \\ 1 & \binom{m+rd}{1} & \binom{m+rd}{2} & \cdots & \binom{m+rd}{r} \end{vmatrix} = d^{\frac{r(r+1)}{2}}.$$

これを少し一般化すれば

$$\begin{vmatrix} \binom{m}{p} & \binom{m+1}{p} & \cdots & \binom{m+r}{p} \\ \binom{m}{p+1} & \binom{m+1}{p+1} & \cdots & \binom{m+r}{p+1} \\ \cdots & \cdots & \cdots & \cdots \\ \binom{m}{p+r} & \binom{m+1}{p+r} & \cdots & \binom{m+r}{p+r} \end{vmatrix} = \frac{\binom{m}{p}\binom{m+1}{p}\cdots\binom{m+r}{p}}{\binom{p}{p}\binom{p+1}{p}\cdots\binom{p+r}{p}}.$$

(Zeipel, Acta Univ. Lund, 1865.) これより次の関係が導かれる.

$$\begin{vmatrix} \frac{1}{h!} & \frac{1}{(h+1)!} & \frac{1}{(h+2)!} & \cdots & \frac{1}{(h+r)!} \\ \frac{1}{(h+1)!} & \frac{1}{(h+2)!} & \frac{1}{(h+3)!} & \cdots & \frac{1}{(h+r+1)!} \\ \cdots & \cdots & \cdots & \cdots & \cdots \\ \frac{1}{(h+r)!} & \frac{1}{(h+r+1)!} & \frac{1}{(h+r+2)!} & \cdots & \frac{1}{(h+2r)!} \end{vmatrix}$$
$$= (-1)^{\frac{r(r+1)}{2}} \frac{2!\,3!\cdots r!}{(h+r)!\,(h+r+1)!\cdots(h+2r)!}.$$

9.

$$\begin{vmatrix} 1 & \alpha+\alpha' & \alpha\alpha' \\ 1 & \beta+\beta' & \beta\beta' \\ 1 & \gamma+\gamma' & \gamma\gamma' \end{vmatrix} \cdot \begin{vmatrix} u^2 & -u & 1 \\ v^2 & -v & 1 \\ w^2 & -w & 1 \end{vmatrix} = \begin{vmatrix} (u-\alpha)(u-\alpha') & (v-\alpha)(v-\alpha') & (w-\alpha)(w-\alpha') \\ (u-\beta)(u-\beta') & (v-\beta)(v-\beta') & (w-\beta)(w-\beta') \\ (u-\gamma)(u-\gamma') & (v-\gamma)(v-\gamma') & (w-\gamma)(w-\gamma') \end{vmatrix}.$$

10.

$$\begin{vmatrix} \sin\alpha_1 & \cos\alpha_1 & 0 & \cdots & 0 \\ \sin\alpha_2 & \cos\alpha_2 & 0 & \cdots & 0 \\ \cdots & \cdots & \cdots & \cdots & \cdots \\ \sin\alpha_n & \cos\alpha_n & 0 & \cdots & 0 \end{vmatrix} \text{ と } \begin{vmatrix} \cos\alpha_1 & \sin\alpha_1 & 0 & \cdots & 0 \\ \cos\alpha_2 & \sin\alpha_2 & 0 & \cdots & 0 \\ \cdots & \cdots & \cdots & \cdots & \cdots \\ \cos\alpha_n & \sin\alpha_n & 0 & \cdots & 0 \end{vmatrix} \text{ の積を計算して}$$

$$|\sin(\alpha_i+\alpha_k)|=0, \quad (i,k=1,2,\ldots,n)$$

なることを証明せよ．また $|\cos(\alpha_i+\alpha_k)|=0$ を証明せよ．

11.

$$\begin{vmatrix} 1 & \cos\alpha & \cos(\alpha+\beta) & \cos(\alpha+\beta+\gamma) \\ \cos\alpha & 1 & \cos\beta & \cos(\beta+\gamma) \\ \cos(\alpha+\beta) & \cos\beta & 1 & \cos\gamma \\ \cos(\alpha+\beta+\gamma) & \cos(\beta+\gamma) & \cos\gamma & 1 \end{vmatrix} = 0$$

を証明せよ．

12.

$$\begin{vmatrix} 1 & \sin\alpha_1 & \cos\alpha_1 & \sin 2\alpha_1 & \cos 2\alpha_1 & \cdots & \sin n\alpha_1 & \cos n\alpha_1 \\ 1 & \sin\alpha_2 & \cos\alpha_2 & \sin 2\alpha_2 & \cos 2\alpha_2 & \cdots & \sin n\alpha_2 & \cos n\alpha_2 \\ \cdots & \cdots & \cdots & \cdots & \cdots & \cdots & \cdots & \cdots \\ 1 & \sin\alpha_m & \cos\alpha_m & \sin 2\alpha_m & \cos 2\alpha_m & \cdots & \sin n\alpha_m & \cos n\alpha_m \end{vmatrix} \quad (m=2n+1)$$

$$= (-1)^n\, 4^{n^2} \prod_{i>k} \sin\left(\frac{\alpha_i-\alpha_k}{2}\right),$$

$$\begin{vmatrix} \sin\alpha_1 & \cos\alpha_1 & \sin 2\alpha_1 & \cos 2\alpha_1 & \cdots & \sin n\alpha_1 & \cos n\alpha_1 \\ \sin\alpha_2 & \cos\alpha_2 & \sin 2\alpha_2 & \cos 2\alpha_2 & \cdots & \sin n\alpha_2 & \cos n\alpha_2 \\ \cdots & \cdots & \cdots & \cdots & \cdots & \cdots & \cdots \\ \sin\alpha_m & \cos\alpha_m & \sin 2\alpha_m & \cos 2\alpha_m & \cdots & \sin n\alpha_m & \cos n\alpha_m \end{vmatrix} \quad (m=2n)$$

$$= 2^{2n^2-2n+1} \prod_{i>k} \sin\left(\frac{\alpha_i-\alpha_k}{2}\right) \cdot \sum \cos\frac{1}{2}(\alpha_1+\cdots+\alpha_n-\alpha_{n+1}-\cdots-\alpha_m)$$

なることを証明せよ．(Scott, Messenger of Math. (2) 8, 1879.)

($\sin\alpha$, $\cos\alpha$ を $e^{i\alpha}$ で表して計算せよ．)

13.

$$\begin{vmatrix} 0 & \cos(\alpha_1+\alpha_2) & \cos(\alpha_1+\alpha_3) & \cdots & \cos(\alpha_1+\alpha_n) \\ \cos(\alpha_2+\alpha_1) & 0 & \cos(\alpha_2+\alpha_3) & \cdots & \cos(\alpha_2+\alpha_n) \\ \cdots & \cdots & \cdots & \cdots & \cdots \\ \cos(\alpha_n+\alpha_1) & \cos(\alpha_n+\alpha_2) & \cos(\alpha_n+\alpha_3) & \cdots & 0 \end{vmatrix}$$

$$= (-1)^n \prod_k \cos 2\alpha_k \left(1 - n - \sum_{r,\,s} \frac{\sin^2(\alpha_r - \alpha_s)}{\cos 2\alpha_r \cos 2\alpha_s}\right).$$

(Scott–Mathews, Determinants, p.20.)

これは

$$\begin{vmatrix} 0 & \alpha_1+\alpha_2 & \alpha_1+\alpha_3 & \cdots & \alpha_1+\alpha_n \\ \alpha_2+\alpha_1 & 0 & \alpha_2+\alpha_3 & \cdots & \alpha_2+\alpha_n \\ \cdots & \cdots & \cdots & \cdots & \cdots \\ \alpha_n+\alpha_1 & \alpha_n+\alpha_2 & \alpha_n+\alpha_3 & \cdots & 0 \end{vmatrix}$$

$$= (-1)^n\, 2^n\, \alpha_1\alpha_2\cdots\alpha_n \left(1 - n - \sum_{r,\,s} \frac{(\alpha_r - \alpha_s)^2}{4\alpha_r\alpha_s}\right).$$

と類似の形を有する．

14. $\begin{vmatrix} a_{11} & a_{12} & \cdots & a_{1n} \\ a_{21} & a_{22} & \cdots & a_{2n} \\ \cdots & \cdots & \cdots & \cdots \\ a_{n1} & a_{n2} & \cdots & a_{nn} \end{vmatrix}$ において $\left.\begin{matrix} a_{ik} > 0 \ (i \geqq k), \\ a_{ik} < 0 \ (i < k) \end{matrix}\right\}$ とすれば，この行列式の展開における正項の数は，$2^{n-2} + \dfrac{1}{2}n!$ である．

(Muir, American Math. Monthly 29, 1922.)

15. 交代行列式 $A = |\,a_{ik}\,|$, $(a_{ii} = 0,\ a_{ki} = -a_{ik})$ の階数は，常に偶数であることを証明せよ．

16. 行列式のすべての要素を独立変数と考えれば，行列式は既約関数であることを証明せよ．

17.

$$\begin{vmatrix} a_{11} & a_{12} & \cdots & a_{1n} & u_1 \\ \cdots & \cdots & \cdots & \cdots & \cdots \\ a_{n1} & a_{n2} & \cdots & a_{nn} & u_n \\ u_1 & u_2 & \cdots & u_n & 0 \end{vmatrix} \cdot \begin{vmatrix} a_{11} & a_{12} & \cdots & a_{1n} & v_1 \\ \cdots & \cdots & \cdots & \cdots & \cdots \\ a_{n1} & a_{n2} & \cdots & a_{nn} & v_n \\ v_1 & v_2 & \cdots & v_n & 0 \end{vmatrix} - \begin{vmatrix} a_{11} & a_{12} & \cdots & a_{1n} & u_1 \\ \cdots & \cdots & \cdots & \cdots & \cdots \\ a_{n1} & a_{n2} & \cdots & a_{nn} & u_n \\ v_1 & v_2 & \cdots & v_n & 0 \end{vmatrix}^2$$

は $|a_{ik}|$ と $(u_1, u_2, \dots, u_n)$, $(v_1, v_2, \dots, v_n)$ の有理整関数 (係数は a_{ik} の有理整関数) との積に等しいことを証明せよ．ただし $a_{ik} = a_{ki}$. (Hesse, Journ. f. Math. 49, 1853.)

18. $\begin{vmatrix} x_1 & y_1 & z_1 \\ x_2 & y_2 & z_2 \\ x_3 & y_3 & z_3 \end{vmatrix}$ を (123) とすれば

$$\begin{vmatrix} 0 & 0 & x_3 & x_4 & x_5 & x_6 \\ 0 & 0 & y_3 & y_4 & y_5 & y_6 \\ 0 & 0 & z_3 & z_4 & z_5 & z_6 \\ x_1 & x_2 & x_3 & x_4 & x_5 & x_6 \\ y_1 & y_2 & y_3 & y_4 & y_5 & y_6 \\ z_1 & z_2 & z_3 & z_4 & z_5 & z_6 \end{vmatrix}$$

を展開して

$$(126)\,(345) - (125)\,(346) + (124)\,(356) - (123)\,(456) = 0$$

を導け．

19.

$$F_n(x) = \begin{vmatrix} a_0 & a_1 & \cdots & a_{n-1} & 1 \\ a_1 & a_2 & \cdots & a_n & x \\ \cdots & \cdots & \cdots & \cdots & \cdots \\ a_n & a_{n+1} & \cdots & a_{2n-1} & x^n \end{vmatrix}, \quad G(x,y) = \begin{vmatrix} a_0 & a_1 & \cdots & a_{n-1} & 1 \\ a_1 & a_2 & \cdots & a_n & y \\ \cdots & \cdots & \cdots & \cdots & \cdots \\ a_{n-1} & a_n & \cdots & a_{2n-2} & y^{n-1} \\ 1 & x & \cdots & x^{n-1} & 0 \end{vmatrix}$$

とすれば

$$\frac{F_n(x)\,F_{n-1}(y) - F_{n-1}(x)\,F_n(y)}{x-y} = \begin{vmatrix} a_0 & a_1 & \cdots & a_{n-1} \\ a_1 & a_2 & \cdots & a_n \\ \cdots & \cdots & \cdots & \cdots \\ a_{n-1} & a_n & \cdots & a_{2n-2} \end{vmatrix} \cdot G(x,y)$$

なることを証明せよ．(Kronecker, Berliner Monatsber, 1881, Werke 2, p.192; Frobenius, Berliner Ber., 1894, p.418 参照.)

20. n 次，m 次の有理整関数 $f(x)$, $g(x)$ の終結式 $R(f,g)$ については，$R(f,g) = (-1)^{mn}\,R(g,f)$ が成立することを証明せよ．

21. $n > m$ とし，$h(x) = x^{n-m}\,g(x)$ とおけば，$R(f,h) = (-1)^{n(n-m)}\,{a_0}^{n-m}\,R(f,g)$ なることを証明せよ．ただし a_0 は $f(x)$ における x^n の係数である．

22.　$n=m$ ならば，$R(\alpha f+\beta g,\gamma f+\delta g)=(\alpha\delta-\beta\gamma)^n R(f,g)$ なることを証明せよ．ただし α, β, γ, δ は常数とする．

23.　$(\gamma x+\delta)^n f\left(\dfrac{\alpha x+\beta}{\gamma x+\delta}\right)=F(x)$, $(\gamma x+\delta)^m g\left(\dfrac{\alpha x+\beta}{\gamma x+\delta}\right)=G(x)$ とすれば

$$R(F,G)=(\alpha\delta-\beta\gamma)^{mn} R(f,g)$$

となることを証明せよ．

24.　$f(x)$ の判別式を $D(f)$ によって表せば，

$$D(f\cdot g)=(-1)^{mn} D(f)\,D(g)\,\bigl(R(f,g)\bigr)^2$$

を証明せよ．

25.　$f(x)$, $g(x)$ を共に n 次とし

$$F(x,y)=\frac{f(x)\,g(y)-f(y)\,g(x)}{x-y},\quad F(x_i,x_k)=c_{ik}$$

とおけば

$$|\,c_{ik}\,|=B(f,g)\prod_{i>k}(x_i-x_k)^2$$

となることを証明せよ．ただし $B(f,g)$ を f, g のベズー行列式とする．(Laurent, Nouv. Annales (3) 11, 1892.)

$g(x)=0$ の根 β_1, β_2, ..., β_n を x_1, x_2, ..., x_n の代わりに代入して $R(f,g)$ と $B(f,g)$ との関係を導け．(Baltzer, Determinanten, p.119; Kowalewski, Determinanten, p.195.)

26.　$f(x+y)=\varphi(x)$, $f(x-y)=\psi(x)$ とし，$R(\varphi,\psi)=0$ を y の方程式と考えれば，これは $f(x)=0$ の二つずつの根の算術平均 $\dfrac{\alpha_i+\alpha_k}{2}$ を根とする方程式となることを示せ．

27.

$$\varphi(x)=(x-\alpha_1)(x-\alpha_2)\cdots(x-\alpha_n)=x^n-s_1\,x^{n-1}+s_2\,x^{n-2}-\cdots+(-1)^n\,s_n$$

とすれば

$$\begin{vmatrix}
{\alpha_1}^n & \cdots & {\alpha_1}^{k+1} & {\alpha_1}^{k-1} & \cdots & \alpha_1 & 1\\
{\alpha_2}^n & \cdots & {\alpha_2}^{k+1} & {\alpha_2}^{k-1} & \cdots & \alpha_2 & 1\\
\cdots & \cdots & \cdots & \cdots & \cdots & \cdots & \cdots\\
{\alpha_n}^n & \cdots & {\alpha_n}^{k+1} & {\alpha_n}^{k-1} & \cdots & \alpha_n & 1
\end{vmatrix}=s_{n-k}\prod_{p<q}(\alpha_p-\alpha_q)$$

なることを証明せよ．

(これには

$$\begin{vmatrix} x^n & x^{n-1} & \cdots & x & 1 \\ {\alpha_1}^n & {\alpha_1}^{n-1} & \cdots & \alpha_1 & 1 \\ \cdots & \cdots & \cdots & \cdots & \cdots \\ {\alpha_n}^n & {\alpha_n}^{n-1} & \cdots & \alpha_n & 1 \end{vmatrix} = \varphi(x) \prod_{p<q} (\alpha_p - \alpha_q)$$

における x^k の係数を比較せよ.) (さらに一般にした形は Scott, Messenger of Math. (2) 8, 1879, p.182 参照.)

第7章　諸定理

1.　n 次の二つの循環行列式の積は，また循環行列式の形に表される．(Souillart, Nouv. Ann. 19, 1860.)

2.　交代行列式 D の相反行列式 Δ は，D の次数が奇数，偶数であるかに従い，対称であるか，交代であるかとなる．従って奇数次の交代行列式 D の要素 a_{ik} の余因子を A_{ik} とすれば $A_{ii}\,A_{kk} = A_{ik}{}^2$ が成立つ．

3.　偶数次の交代行列式は，その要素のある有理整関数の平方として表される．この交代行列式の平方根を Pfaff 関数または Pfaffian という．これは微分方程式の理論において重要な役を演じる．(Kowalewski, Determinanten, p.134, または Pascal, Determinanten, p.60 参照.)

4.　$A = |\,a_{ik}\,|$, $B = |\,b_{ik}\,|$ をそれぞれ n, m 次の行列式とし，両方の要素の積を作れば n^2m^2 個を得る．これらを要素とする nm 次の行列式は $A^m B^n$ に等しい．(Kronecker, Journ. f. Math. 72, 1870, Werke 1, p.237.)

5.　n 次の行列式 $A = |\,a_{ik}\,|$, $B = |\,b_{ik}\,|$ のそれぞれ a_{ik}, b_{ik} の余因子を A_{ik}, B_{ik} とすれば

$$\left|\mu\,\frac{A_{ik}}{A} + \lambda\,\frac{B_{ik}}{B}\right| = A \cdot B \cdot |\,\lambda\,a_{ik} + \mu\,b_{ik}\,|\,.$$

(Siacci, Annali di Mat. (2) 5, 1871–73.)

6.　$\sum_{k=1}^{n} a_{ik}x_k = u_i$, $\sum_{k=1}^{n} b_{ik}y_k = v_i$, $(i = 1, 2, \ldots, n)$ とし，$u_p\,v_q$ なる n^2 個の積の係数の作る行列式は $|\,a_{ik}\,|^n\,|\,b_{ik}\,|^n$ に等しい．(Igel, Monatshefte f. Math. 3, 1892.)

$a_{ik} = b_{ik}$, $x_i = y_i$ の場合は Scholtz–Hunyady (Archiv d. Math. 62, 1878) が与えた．

7.

$$\xi_k = a_{k1}x_1 + a_{k2}x_2 + \cdots + a_{kn}x_n, \qquad (k = 1, 2, \ldots, n)$$

より r 次のあらゆる積

$$\xi_1{}^{\alpha}\,\xi_2{}^{\beta} \cdots \xi_n{}^{\lambda}, \qquad (\alpha + \beta + \cdots + \lambda = r)$$

を $x_1{}^p\,x_2{}^q \cdots x_n{}^t$ $(p + q + \cdots + t = r)$ の一次形式で表したとき，係数の作る行列式は $|\,a_{ik}\,|$ の $\binom{n+r-1}{n}$ 乗に等しい．(Schläfli, Wiener Denkschrift 4, 1851.) $r = 2$ の場合が 6 の定理となる．

8. $A = |a_{ik}|$ における a_{ik} の余因子を A_{ik} とすれば，$|A_{ik}{}^2|$ は $|A_{ik}|$ を因子にもつ．(Thaer, Hamburger Mitteilungen 5, 1914.)

9. n 次の行列式 D より m 次のあらゆる小行列式 $\binom{n}{m}^2$ 個を作りこれらを要素とする $\binom{n}{m}$ 次の行列式を Δ とすれば，これは D の $\binom{n-1}{m-1}$ 乗に等しい．$m = n-1$ の場合は相反行列式の定理となる．(Spottiswood, Journ. f. Math. 51, 1856; Franke, Journ. f. Math. 61, 1863. しかしこれらは Sylvester, Phil. Mag. (4) 1, 1851, Collected Papers 1, p.241 のより一般的な定理中に含まれる．Kowalewski, Determinanten, pp.103–111 参照．)

10. Hermite 行列式 $D = |a_{ik}|$ (a_{ii} は実数，a_{ik}, a_{ki} は共役複素数) の主小行列式がすべて正となる場合に，P_r を r 次の主小行列式の積を表すものとすれば

$$P_1 \geqq P_2^{\frac{1}{n-1}} \geqq P_3^{\frac{1}{\binom{n-1}{2}}} \geqq \cdots \geqq P_r^{\frac{1}{\binom{n-1}{r-1}}} \geqq \cdots \geqq P_n$$

が成立する．$P_1 \geqq P_n$ は Hadamard の定理にほかならない．(Szász, Monatshefte f. Math. 28, 1917.) このうち少なくとも一つの等号が成立すれば，すべての等号が成立する．それは $a_{ik} = 0$, $(i \neq k)$ の場合に限る．

11. Hermite 行列式 $D = |a_{ik}|$ の主小行列式がすべて正の場合には

$$D \leqq \begin{vmatrix} a_{11} & \cdots & a_{1\rho} \\ \cdots & \cdots & \cdots \\ a_{\rho 1} & \cdots & a_{\rho\rho} \end{vmatrix} \cdot \begin{vmatrix} a_{\rho+1,\rho+1} & \cdots & a_{\rho+1,n} \\ \cdots & \cdots & \cdots \\ a_{n,\rho+1} & \cdots & a_{nn} \end{vmatrix}$$

が成立する．等号は $a_{ik} = 0$, $i = 1, 2, \ldots, \rho$, $k = \rho+1, \ldots, n$ の場合に限り成立する．$\rho = 1$ の場合から Hadamard の定理が出る．(Fischer, Archiv d. Math. (3) 13, 1908.)

12. $\displaystyle\int_a^b f_i(x)\varphi_k(x)\,dx$ を (i, k) 要素とする行列式は $|f_i(x_k)|$, $|\varphi_i(x_k)|$ を要素とする二つの行列式の積を $x_1, x_2, \ldots, x_n$ についてそれぞれ a より b まで積分し $n!$ で割ったものに等しい．

(Andréief, Mém. de la soc. des sci. Bordeaux (3) 2, 1883; Stieltjes, Correspondence de Hermite et de Stieltjes 1, 1905, p.109.)

13.

$$\begin{vmatrix} \frac{a-b}{1} & \frac{a^2-b^2}{2} & \cdots & \frac{a^n-b^n}{n} \\ \frac{a^2-b^2}{2} & \frac{a^3-b^3}{3} & \cdots & \frac{a^{n+1}-b^{n+1}}{n+1} \\ \cdots & \cdots & \cdots & \cdots \\ \frac{a^n-b^n}{n} & \frac{a^{n+1}-b^{n+1}}{n+1} & \cdots & \frac{a^{2n-1}-b^{2n-1}}{2n-1} \end{vmatrix}$$

$$= (a-b)^{n^2} \begin{vmatrix} \frac{1}{1} & \frac{1}{2} & \frac{1}{3} & \cdots & \frac{1}{n} \\ \frac{1}{2} & \frac{1}{3} & \frac{1}{4} & \cdots & \frac{1}{n+1} \\ \cdots & \cdots & \cdots & \cdots & \cdots \\ \frac{1}{n} & \frac{1}{n+1} & \frac{1}{n+2} & \cdots & \frac{1}{2n-1} \end{vmatrix}.$$

これは **12.** の考え方から証明される．(Hilbert, Acta Math. 18, 1894.)

$a=-b=1$ として n を偶数とすれば左辺は

$$2^n \begin{vmatrix} \frac{1}{1} & 0 & \frac{1}{3} & 0 & \frac{1}{5} & 0 & \cdots & 0 \\ 0 & \frac{1}{3} & 0 & \frac{1}{5} & 0 & \frac{1}{7} & \cdots & \frac{1}{n+1} \\ \cdots & \cdots & \cdots & \cdots & \cdots & \cdots & \cdots & \cdots \\ 0 & \frac{1}{n+1} & 0 & \frac{1}{n+2} & 0 & \frac{1}{n+3} & \cdots & \frac{1}{2n-1} \end{vmatrix}$$

となる．これは Legendre 関数の理論に出てくる行列式である．演習問題 5 参照.

14.　$f(x)$ を x_{ik}, $(i,k=1,2,\ldots,n)$ の関数とする．$z_{ik}=\sum_{h=1}^{n} x_{ih}y_{hk}$ とするとき，$f(x)f(y)=f(z)$ を満たす微分可能な関数 $f(x)$ は, (x_{ik}) の行列式の乗冪に限る．(Stephanos, Annali di Mat. (3) 12, 1913.)

15.　一次連立不等式

$$a_{i1}x_1+a_{i2}x_2+\cdots+a_{in}x_n+b_i>0, \quad (i=1,2,\ldots,n)$$

が成立しないための必要にして充分な条件は

$$c_1b_1+c_2b_2+\cdots+c_mb_m+c_{m+1}=0,$$

$$c_1a_{1r}+c_2a_{2r}+\cdots+c_ma_{mr}=0, \quad (r=1,2,\ldots,n)$$

の $c_i \geqq 0$ なる解が存在することである．(Carver, Annals of Math. (2) 23, 1922; Dines, ibid. (2) 20, 1919; 27, 1925; 28, 1926–27; Stiemke, Math. Ann. 76, 1915 には逆に一次方程式の正の解の存在する条件を論じている.)

16.　幾何学上の応用.

x_1, x_2, x_3, x_4 を一直線上の一点 O より同直線上の四点 A_1, A_2, A_3, A_4 への距離とすれば

$$\begin{vmatrix} 1 & x_1 & 1 & x_1 \\ 1 & x_2 & 1 & x_2 \\ 1 & x_3 & 1 & x_3 \\ 1 & x_4 & 1 & x_4 \end{vmatrix} = 0 \text{ より } \overline{A_1A_2}\cdot\overline{A_3A_4}+\overline{A_1A_3}\cdot\overline{A_4A_2}+\overline{A_1A_4}\cdot\overline{A_2A_3}=0$$

を得る．

(x_i, y_i, z_i), $(i = 1, 2, \ldots, 5)$ を空間における五点 A_1, A_2, ..., A_5 の座標とすれば

$$\begin{vmatrix} 1 & 1 & 1 & 1 & 1 \\ 1 & 1 & 1 & 1 & 1 \\ x_1 & x_2 & x_3 & x_4 & x_5 \\ y_1 & y_2 & y_3 & y_4 & y_5 \\ z_1 & z_2 & z_3 & z_4 & z_5 \end{vmatrix} = 0 \text{ より } V_1+V_2+V_3+V_4+V_5=0 \text{ が得られる．}$$

ただし V_1 は四面体 $A_2A_3A_4A_5$ の体積を表す．V_2, ..., V_5 も同様に定義される．

$$\begin{Vmatrix} x_1 & y_1 & z_1 & 1 & 0 \\ x_2 & y_2 & z_2 & 1 & 0 \\ x_3 & y_3 & z_3 & 1 & 0 \\ x_4 & y_4 & z_4 & 1 & 0 \\ x_5 & y_5 & z_5 & 1 & 0 \\ 0 & 0 & 0 & 0 & 1 \end{Vmatrix}, \quad \begin{Vmatrix} -2x_1 & -2x_2 & -2x_3 & -2x_4 & -2x_5 & 0 \\ -2y_1 & -2y_2 & -2y_3 & -2y_4 & -2y_5 & 0 \\ -2z_1 & -2z_2 & -2z_3 & -2z_4 & -2z_5 & 0 \\ 0 & 0 & 0 & 0 & 0 & 1 \\ 1 & 1 & 1 & 1 & 1 & 0 \end{Vmatrix}$$

の積より，$d_{ik} = \overline{A_iA_k}^2$ とすれば

$$\begin{vmatrix} d_{11} & d_{12} & \cdots & d_{15} & 1 \\ \cdots & \cdots & \cdots & \cdots & \cdots \\ d_{51} & d_{52} & \cdots & d_{55} & 1 \\ 1 & 1 & \cdots & 1 & 0 \end{vmatrix} = 0$$

なる関係が得られる．(Cayley, Cambridge Math. Journ. 2, 1841, Collected Math. Papers 1, p.1.)

この方面の多くの例は，Baltzer, Determinanten, pp.196–247; Frobenius, Journ. f. Math. 79, 1875; Study, Zeits. f. Math. u. Phys. 27, 1882 等参照.

---

17. $f(x) = a_0x^n + a_1x^{n-1} + \cdots + a_n$ と $g(x) = a_nx^n + a_{n-1}x^{n-1} + \cdots + a_0$ との終結式 $R(f, g)$ は因数 $f(1)$, $(-1)^nf(-1)$ を有し，これらをのけた残りは平方の形をとる．

(Taylor, Proc. London Math. Soc. 27, 1896; Cohn, Math. Zeits. 14, 1922.)

18. ユークリッド互除法による剰余関数列と終結式との関係は次のように与えられる．

$$\begin{array}{ll} F(x) = a_n x^n + a_{n-1}x^{n-1} + \cdots + a_0 \quad (a_n \neq 0), & \\ G(x) = b_m x^m + b_{m-1}x^{m-1} + \cdots + b_0 \quad (b_m \neq 0) & \end{array} \quad n - m = \mu \geqq 0$$

とし，かつ

$$F(x) = Q(x)G(x) - H(x),$$

$$H(x) = c_l x^l + c_{l-1}x^{l-1} + \cdots + c_0, \quad (c_l \neq 0), \quad m - l = \nu \geqq 1$$

とする．対称性を保つため

$$F(x) = p_0 x^n + p_1 x^{n-1} + \cdots + p_n,$$

$$G(x) = q_0 x^n + q_1 x^{n-1} + \cdots + q_n$$

とおけば，$p_0 \neq 0$, $q_0, q_1, \ldots, q_{\mu-1} = 0$, $q_\mu \neq 0$ となる．今

$$R_k = \begin{vmatrix} p_0 & p_1 & \cdots & \cdots & \cdots & p_{2k-1} \\ q_0 & q_1 & \cdots & \cdots & \cdots & q_{2k-1} \\ 0 & p_0 & \cdots & \cdots & \cdots & p_{2k-2} \\ 0 & q_0 & \cdots & \cdots & \cdots & q_{2k-2} \\ \cdots & \cdots & \cdots & \cdots & \cdots & \cdots \\ 0 & 0 & \cdots & p_0 & \cdots & p_k \\ 0 & 0 & \cdots & q_0 & \cdots & q_k \end{vmatrix},$$

$$R_k(x) = \begin{vmatrix} p_0 & p_1 & \cdots & \cdots & \cdots & p_{2k-2} & p_{2k-1}x^{n-k} + \cdots + p_{n+k-1} \\ q_0 & q_1 & \cdots & \cdots & \cdots & q_{2k-2} & q_{2k-1}x^{n-k} + \cdots + q_{n+k-1} \\ 0 & p_0 & \cdots & \cdots & \cdots & p_{2k-3} & p_{2k-2}x^{n-k} + \cdots + p_{n+k-2} \\ 0 & q_0 & \cdots & \cdots & \cdots & q_{2k-3} & q_{2k-2}x^{n-k} + \cdots + q_{n+k-2} \\ \cdots & \cdots & \cdots & \cdots & \cdots & \cdots & \cdots \\ 0 & 0 & \cdots & p_0 & \cdots & p_{k-1} & p_k x^{n-k} + \cdots + p_n \\ 0 & 0 & \cdots & q_0 & \cdots & q_{k-1} & q_k x^{n-k} + \cdots + q_n \end{vmatrix}$$

とし，R_k の最後の列を $(p_{2k+i-1}, q_{2k+i-1}, p_{2k+i-2}, q_{2k+i-2}, \ldots, p_{k+i}, q_{k+i})$ で置換えた行列式，すなわち $R_k(x)$ を x の冪に展開したときの x^{n-k-i} の係数を R_{ki} で表せば

$$R_k(x) = R_{k0}x^{n-k} + R_{k1}x^{n-k-1} + \cdots + R_{k\,n-k}$$

となる．$n - m = \mu \geqq 1$, $m - l = \nu \geqq 1$ ならば

$$R_1(x) = a_n G(x),$$

$R_2(x), R_3(x), \ldots, R_{\mu-1}(x) = 0$, 従って $R_2, R_3, \ldots, R_{\mu-1} = 0$,

$R_\mu(x) = (-1)^{\frac{1}{2}\mu(\mu-1)} a_n^{\ \mu} b_m^{\mu-1} G(x)$, 従って $R_\mu \neq 0$.

$R_{\mu+1}(x) = (-1)^{\frac{1}{2}\mu(\mu-1)} a_n^{\ \mu} b_m^{\mu+1} H(x)$, 従って $\nu \geqq 2$ ならば $R_{\mu+1} = 0$.

$\nu > 1$ ならば $R_{\mu+2}(x), R_{\mu+3}(x), \ldots, R_{\mu+\nu-1}(x) = 0$,

従って $R_{\mu+2}, \ldots, R_{\mu+\nu-1} = 0$.

$R_{\mu+\nu}(x) = (-1)^{\frac{1}{2}\mu(\mu-1)+\frac{1}{2}\nu(\nu-1)} a_n^{\ \mu} b_m^{\mu+\nu} c_l^{\ \nu-1} H(x)$, 従って $R_{\mu+\nu} \neq 0$

なることが証明される．従って

$$R_1,\ R_2,\ R_3,\ \ldots,\ R_r,\ \ldots,\ R_s,\ \ldots$$

において

$$R_r \neq 0,\ R_{r+1} = R_{r+2} = \cdots = R_{s-1} = 0,\ R_s \neq 0$$

ならば，$F(x)$, $G(x)$ にユークリッド互除法を施して得られる剰余関数列中に $R_r(x)$, $R_s(x)$ が相隣る二つとして現れる．ただし常数の係数は除外しておくものとする．それらの次数はそれぞれ $n-r$, $n-s$ である．このような場合には $R_s(x)$ と $R_{r+1}(x)$ とは常数の因子を除けば一致する．§7.34 の定理もこのことから導かれる (高木博士の日本数学物理学会 1925 年の年会における講演による).

ユークリッド互除法によって順次得られる商が常に一次式となる場合には，常数の因子を除外すれば，順次の剰余は $R_1(x), R_2(x), R_3(x), \ldots$ となる．常数の因子の形は Trudi, Teoria dei determinanti, Napoli, 1892; Mignosi, Rend. Palermo 50, 1926 参照.

第8章　方　程　式†

第1節　低次方程式

8.1. 二次方程式. 二次方程式の解法はすでにユークリッドの幾何学原本の中に，幾何学の衣をつけて論じている．しかしギリシャでは負数の概念が知られていなかったから，負根の考えは全然ない．これに反してインドでは正根負根の区別を認め，二次方程式の二根を定める公式が考えられているが，無論虚根の考えは未だ生じていなかった．虚根の存在を考えるようになったのは十六世紀のイタリアの数学者カルダノ，ボンベリらから始まる．

二次方程式

$$a_0x^2 + a_1x + a_2 = 0$$

を解くには，まず，$x = y + \lambda$ とおいて，第二項の欠けた二次方程式に移す．このことを

$$f(x) = a_0x^n + a_1x^{n-1} + \cdots + a_{n-1}x + a_n = 0$$

について行えば，$f(x) = 0$ は次のようになる．

$$\varphi(y) = b_0y^n + b_1y^{n-1} + b_2y^{n-2} + \cdots = 0,$$

ただし

$$b_0 = a_0,\ b_1 = na_0\lambda + a_1,\ b_2 = \frac{n(n-1)}{2}a_0\lambda^2 + (n-1)a_1\lambda + a_2,\ \ldots$$

故に

$$\lambda = -\frac{a_1}{na_0}$$

とすれば，y^{n-1} の項はなくなる．

---

† 〔**編者注**：第2節以降で述べるが，ある区間内における方程式の解の個数を知る方法は，二分法と組合せて応用数学上重要である.〕

これを二次方程式に施せば次のようになる．

$$\varphi(y) = b_0 y^2 + b_2 = 0, \quad b_0 = a_0, \quad b_2 = (4a_0a_2 - a_1{}^2)/4a_0.$$

故に

$$y = \pm \frac{1}{2a_0}\sqrt{a_1{}^2 - 4a_0a_2},$$

従って

$$x = \frac{-a_1 \pm \sqrt{a_1{}^2 - 4a_0a_2}}{2a_0}$$

が与えられた方程式の根である．

8.2. 三次方程式[*1]．三次方程式

$$f(x) = a_0x^3 + a_1x^2 + a_2x + a_3 = 0$$

に上記の方法を適用すると次のようになる．

$$\varphi(y) = b_0y^3 + b_2y + b_3 = 0.$$

ただし

$$b_0 = a_0, \quad b_2 = (-a_1{}^2 + 3a_0a_2)/3a_0,$$
$$b_3 = (2a_1{}^3 - 9a_0a_1a_2 + 27a_0{}^2a_3)/27a_0{}^2.$$

今 $\varphi(y) = 0$ を簡単のために

$$y^3 + ay + b = 0$$

の形に直し，$y = u + v$ とおけば

$$u^3 + v^3 + (3uv + a)(u + v) + b = 0.$$

故に

$$3uv = -a$$

とすれば

§8.2,∗1　三次方程式は球および円筒に関する Archimedes の論文の中で初めて現れた．三次方程式の分類と解法とを論じた人にアラビアの Omar Alkayyami があるが，これは二つの円錐曲線の交点を定める問題に導いたのであって，真の代数的解法は十六世紀の Scipione del Ferro が初めて与えた．Cardano と Tartaglia との間の三次方程式の解法についての論争は Cantor の Geschichte der Math. II, pp.490–494 に詳しく出ている．

$$u^3 + v^3 = -b.$$

従って

$$(u^3 - v^3)^2 = b^2 + \frac{4}{27}a^3 = D$$

となり，$-27D$ は $y^3 + ay + b = 0$ の判別式である (§7.29)．故に $u^3 - v^3 = \pm\sqrt{D}$ と $u^3 + v^3 = -b$ とから

$$u = \sqrt[3]{\frac{1}{2}(-b + \sqrt{D})}, \quad v = \sqrt[3]{\frac{1}{2}(-b - \sqrt{D})}$$

が得られる．ただし $3uv = -a$ でなければならないから，u を一つ定めると，v が唯一つ定まり，その値は

$$v = -\frac{a}{3u} = -\frac{a}{3}\left\{\frac{1}{2}(-b + \sqrt{D})\right\}^{-\frac{1}{3}}$$

である．故に今 $\varepsilon = (-1 + \sqrt{3}i)/2$ とおけば，与えられた方程式の三つの根は

$$\left\{\frac{1}{2}(-b + \sqrt{D})\right\}^{\frac{1}{3}} - \frac{a}{3}\left\{\frac{1}{2}(-b + \sqrt{D})\right\}^{-\frac{1}{3}},$$

$$\varepsilon\left\{\frac{1}{2}(-b + \sqrt{D})\right\}^{\frac{1}{3}} - \frac{\varepsilon^2 a}{3}\left\{\frac{1}{2}(-b + \sqrt{D})\right\}^{-\frac{1}{3}},$$

$$\varepsilon^2\left\{\frac{1}{2}(-b + \sqrt{D})\right\}^{\frac{1}{3}} - \frac{\varepsilon a}{3}\left\{\frac{1}{2}(-b + \sqrt{D})\right\}^{-\frac{1}{3}}$$

である．これを**カルダノの公式**と名づける．

三次方程式の三根がすべて実数である場合には，判別式 $-27D$ は正である (§7.30)．従ってカルダノの公式中の立方根内には必ず複素数が現れる．実根を求めるのに複素数の仲介によらねばならないという事実は，一見不可思議に考えられる所であるが，これはカルダノの方法の欠点ではなく，その理由はもっと深い所にある．これを古来から既約の場合 (Casus irreducibilis) と名づけている．これについては第 2 巻で論ずるであろう．

例題． $x^3 - 15x - 4 = 0$, (Bombelli の与えた例).

$$\begin{aligned} x &= \sqrt[3]{2 + \sqrt{121}\,i} + \sqrt[3]{2 - \sqrt{121}\,i} \\ &= \sqrt[3]{2 + 11\,i} + \sqrt[3]{2 - 11\,i} \\ &= (2 + i) + (2 - i) = 4 \end{aligned}$$

が一つの根である．他の根は

$$\varepsilon\,(2+i)+\varepsilon^2(2-i)=-2-\sqrt{3},\qquad \varepsilon^2\,(2+i)+\varepsilon\,(2-i)=-2+\sqrt{3}.$$

8.3. 四次方程式. 四次方程式を初めて解いたのはカルダノの弟子フェラリ (Ferrari) である．三次方程式のカルダノの解と共に，カルダノの著書 Ars Magna (1538) で初めて公にされた．

四次方程式

$$f(x)=a_0x^4+a_1x^3+a_2x^2+a_3x+a_4=0 \tag{1}$$

において，$x=y-a_1/4a_0$ とおけば

$$y^4+ay^2+by+c=0 \tag{2}$$

の形となる．これを解くには，三次方程式のカルダノの方法にならい

$$2y=u+v+w \tag{3}$$

とおいて，簡単のために

$$u^2+v^2+w^2=A,\quad v^2w^2+w^2u^2+u^2v^2=B,\quad uvw=C$$

とすれば

$$4y^2=A+2(vw+wu+uv),$$

$$16y^4=A^2+4A(vw+wu+uv)+4B+8C(u+v+w)$$

となる．これらを (2) に代入すれば

$$(A^2+4A+4B+16c)+8(C+b)(u+v+w)+(4A+8a)(vw+wu+uv)=0.$$

故に $A=-2a,\ C=-b$ となるように A, C を定めれば

$$A^2+4aA+4B+16c=0$$

となり，従って $B=a^2-4c$ になる．これは u, v, w の平方が三次方程式

$$z^3-Az^2+Bz-C^2=z^3+2az^2+(a^2-4c)z-b^2=0$$

の根であることを示す．この三次方程式を与えられた四次方程式の三次の**分解方程式**と名づける．これを解けばその根の平方根が u, v, w である．ただし平方根の符号は $uvw=-b$ によって定める．今 u_0, v_0, w_0 をそれらの一組とすれば

$$\frac{1}{2}(u_0+v_0+w_0),\ \frac{1}{2}(u_0-v_0-w_0),\ \frac{1}{2}(-u_0+v_0-w_0),\ \frac{1}{2}(-u_0-v_0+w_0)$$

が求める四根である.

8.4.　五次方程式.　上記三次四次の方程式の解法を五次方程式に適用すれば失敗に終る．チルンハウス*1は与えられた五次の方程式を他の，より簡単な形のものに変換して目的を達成しようと試みた.

彼の思想は

$$f(x)=a_0x^n+a_1x^{n-1}+\cdots+a_n=0$$

に対して

$$y=F(x)=\lambda_0+\lambda_1x+\lambda_2x^2+\cdots+\lambda_{n-1}x^{n-1} \tag{a}$$

なる変換を施し，与えられた上式を

$$\varphi(y)=y^n+b_1y^{n-1}+b_2y^{n-2}+\cdots+b_n=0$$

の形に直したうえ，$\lambda_0, \lambda_1, \lambda_2, \ldots$ を適当に定めて $\varphi(y)$ の形を簡単にしようというのである.

今 $f(x)=0$ の根を $x_1, x_2, \ldots, x_n$ とし，これらに対する y の値を $y_1, y_2, \ldots, y_n$ とすれば

$$\begin{aligned}\varphi(y)&=(y-y_1)(y-y_2)\cdots(y-y_n)\\&=(y-F(x_1))(y-F(x_2))\cdots(y-F(x_n))\end{aligned}$$

である．これは $f(x)=0$ と $y=F(x)$ との終結式にほかならない．故に $y=y_k$ に対して $f(x)=0$ と $y_k=F(x)$ とが一次の公約関数のみを有する場合 (例えば $y_1, y_2, \ldots, y_{n-1}$ が互いに異なる場合) には，これは $x-x_k$ であって，x_k は y_k に相当するのである．かつ $x-x_k$ を見出す経路は有理演算だけでよろしいから，x_k は y_k, $f(x)$ の係数および $(\lambda_0, \lambda_1, \ldots, \lambda_{n-1})$ の有理関数である．故に $\varphi(y)=0$ を解けば，その根が互いに異なる場合には，$f(x)=0$ の根は有理演算で求められる．$\varphi(y)=0$ に等根があれば，$f(x)=0$, $y_k=F(x)$ の公約関数は一次ではない．しかしこの次数が $n-1$ を超えないことはもちろんである．故に $\varphi(y)=0$ が解けたならば，高々

§8.4,*1　Tschirnhaus, Acta Eruditorum, 1683.

$n-1$ 次の方程式を解けば $f(x)=0$ が完全に解けることになる．

(a) によって，$f(x)=0$ を $\varphi(y)=0$ に変換することを**チルンハウスの変換**と名づける．

今

$$b_1 = -\sum y_1,\ b_2 = \sum y_1 y_2,\ \ldots$$

であるから，(a) によって $b_1, b_2, \ldots$ は $(\lambda_0, \lambda_1, \ldots, \lambda_{n-1})$ の有理整関数である．しかも b_k は $(\lambda_0, \lambda_1, \ldots, \lambda_{n-1})$ の k 次の同次有理整関数である．これらはまた $(x_1, x_2, \ldots, x_n)$ の対称式であるから，係数は $f(x)$ の係数の有理関数となる．

故に $b_1=0, b_2=0$ なるように $(\lambda_0, \lambda_1, \ldots)$ を定めるためには，λ_0 を消去すれば $(\lambda_1, \lambda_2, \ldots, \lambda_{n-1})$ の二次の同次式を 0 に等しいとおいた方程式から $\lambda_1 : \lambda_2 : \cdots : \lambda_n$ を定めることになる．$b_1=0, b_2=0, b_3=0$ とするためには λ_0, λ_1 を消去して $\lambda_2 : \lambda_3 : \cdots$ において六次の方程式を解くことになる，

これを三次方程式の場合に行えば，$b_1=b_2=0$ とするには二次方程式を解けばよろしい．このようにして問題は $y^3+b_3=0$ を解くことに直される．従って立方根を求めれば三次方程式は完全に解かれる．

四次方程式においては，$b_1=0, b_3=0$ とするためには三次方程式を解けばよろしい．従って

$$y^4 + b_2 y^2 + b_4 = 0$$

となるから，二次方程式を二度解けばよろしい．

然るに五次方程式の場合には，$b_1=0,\ b_2=0$ とするためには $(\lambda_1, \lambda_2, \lambda_3, \lambda_4)$ の二次同次式を 0 とおいた方程式を解かねばならない．これは後に示すように (§9.2), ${\kappa_1\mu_1}^2 + {\kappa_2\mu_2}^2 + {\kappa_3\mu_3}^2 + {\kappa_4\mu_4}^2 = 0$ の形になる．$\mu_1, \mu_2, \mu_3, \mu_4$ は $\lambda_1, \lambda_2, \lambda_3, \lambda_4$ の一次式である．故に $\lambda_1, \lambda_2, \lambda_3, \lambda_4$ を $\sqrt{\kappa_1}\,\mu_1 = \sqrt{-\kappa_2}\,\mu_2,\ \sqrt{\kappa_3}\,\mu_3 = \sqrt{-\kappa_4}\,\mu_4$ となるように定めれば $\lambda_1, \lambda_2, \lambda_3, \lambda_4$ の二つ，例えば λ_3, λ_4 は残りの二つの一次式によって表される．これらを $b_3=0$ に代入すると λ_1/λ_2 の三次方程式が得られる．この三次方程式を解けば，与えられた五次方程式は $y^5+cy+c'=0$ の形になる．さらに $y=\sqrt[4]{c}\,z$ とおけば

$$z^5 + z + A = 0, \qquad (A = c'/c^{\frac{5}{4}})$$

となる．しかし $y^5 + b_5 = 0$ の形にするには三次四次の方程式では間に合わない．このようにしてチルンハウスの当初の目的は失敗に終ったが，この考えは一般の五次方程式をブリングおよびジェラードの標準形[*2]

$$z^5 + z + A = 0$$

に引き直す効果があった．これは五次方程式の理論において重要な結果を与えるものである．

五次以上の方程式を解こうとする試みは，その後多くの学者によって企てられたが，いずれも成功しなかった．然るにアーベル[*3]に至って初めて次の定理が証明され，このような企ては徒労であることが明らかになった．

定理．　一般の五次方程式は有理演算と開平法とだけでは解くことができない．

ここに一般の五次方程式と特に断ったのは，係数の間には何らの関係もなく，すべて互いに独立な変数と考えられることを意味する．アーベルの証明によらず，遥かに一般な定理の結果としてこれを証明することは，第 2 巻中のガロアの理論の所で論ずることにする．

第 2 節　根の存在範囲

8.5.　根の存在範囲．　代数方程式の根はその係数の連続関数である．しかし根を係数の関数として具体的に表示することは前節で示したように一般には不可能である．故に以下順次に，

(1) 係数を与えたとき，その根の存在する範囲の決定，

(2) 与えられた範囲内に根が存在する，または存在しないための条件，

---

*2　Weber, Algebra I, p.363 参照．

*3　Abel, Journ. f. Math. 1, 1826, Oeuvres complètes, 1881, I, p.66. (Maser, Abhandlungen über die algebraische Auflösung der Gleichungen von Abel und Galois, 1889 参照)．Wantzel が簡単にした証明は Serret, Algèbre II, p.512) にある．これは Abel の元の論文と共にちょっとした点が誤っているが Koenigsberger がこれを正した (Math. Ann. 1, 1869)．Kronecker はさらにその証明を簡単にした (Berliner Monatsber., 1879)．Bauer, Algebra, pp.141–153, または藤澤博士の「セミナリー演習録」第二冊参照．

(3) 与えられた範囲内にある根の数の決定

等の問題を論じよう．

まず根の存在する範囲を定めよう．

与えられた n 次の代数方程式を

$$f(x) = a_0x^n + a_1x^{n-1} + \cdots + a_{n-1}x + a_n = 0$$

とし，その係数は任意の実数または複素数であるとする．

§6.14 の証明で，$M = \max(|a_1|, |a_2|, \ldots, |a_n|)$ とすれば，$f(x) = 0$ の根の絶対値は $1 + M/|a_0|$ より小なることが示された．我々は次に，もっと精密な範囲を定めよう．

今 $|x| = \rho$ とおけば

$$|f(x)| \geqq |a_0|\rho^n - (|a_1|\rho^{n-1} + |a_2|\rho^{n-2} + \cdots + |a_n|) \tag{1}$$

となる．この右辺を $F(\rho)$ とおけば

$$\frac{F(\rho)}{\rho^n} = |a_0| - \left(\frac{|a_1|}{\rho} + \frac{|a_2|}{\rho^2} + \cdots + \frac{|a_n|}{\rho^n}\right).$$

この右辺は ρ が非常に小さくなれば負になり，ρ が非常に大きくなれば漸次増大しつつ $|a_0|$ に近づく．故に $F(\rho)/\rho^n$ が 0 となるような ρ の値は唯一つ存在する．これを ρ_0 とすれば，$\rho > \rho_0$ ならば $F(\rho) > 0$ である．従って $|f(x)| \geqq F(\rho) > 0$ となる．すなわち $\alpha_1, \alpha_2, \ldots, \alpha_n$ を $f(x) = 0$ の根とすれば

$$|\alpha_k| \leqq \rho_0, \qquad (k = 1, 2, \ldots, n) \tag{A}$$

である．

不等式 (1) から出発する以上は，(A) よりも精密な範囲を与えることは不可能である．しかし ρ_0 の値を求めることは困難であるから，精密の度合を犠牲にして $|\alpha_k|$ の上界の値を定めることにする．

問題は不等式 (1) の右辺

$$F(\rho) = |a_0|\rho^n - (|a_1|\rho^{n-1} + |a_2|\rho^{n-2} + \cdots + |a_n|)$$

が正となる ρ の値を定めることである．

このためには

$$|a_0|\rho^n > \lambda_k |a_k| \rho^{n-k}, \qquad (k = 1, 2, \ldots, n)$$

$$\frac{1}{\lambda_1} + \frac{1}{\lambda_2} + \cdots + \frac{1}{\lambda_n} = 1, \quad \lambda_1, \lambda_2, \ldots, \lambda_n > 0 \tag{2}$$

となる $\lambda_1, \lambda_2, \ldots, \lambda_n$ および ρ を定めれば，明らかに $F(\rho) > 0$ が成立する．

(2) が成立つような $\lambda_1, \lambda_2, \ldots, \lambda_n$ を一組定めれば

$$\rho > \sqrt[k]{\lambda_k \left|\frac{a_k}{a_0}\right|}, \qquad (k = 1, 2, \ldots, n)$$

となる ρ に対しては $|f(x)| \geqq F(\rho)$ となる．故に

$$|\alpha_i| \leqq \max \sqrt[k]{\lambda_k \left|\frac{a_k}{a_0}\right|}, \qquad (k = 1, 2, \ldots, n). \tag{B}$$

今 (2) の代わりに

$$\lambda_1, \lambda_2, \ldots, \lambda_n > 0, \qquad \frac{1}{\lambda_1} + \frac{1}{\lambda_2} + \cdots + \frac{1}{\lambda_n} < 1 \tag{3}$$

とすれば

$$|\alpha_i| < \max \sqrt[k]{\lambda_k \left|\frac{a_k}{a_0}\right|}, \quad (k = 1, 2, \ldots, n) \tag{B$'$}$$

特に $\lambda_1 = \lambda_2 = \cdots = \lambda_n = n$ とすれば

$$|\alpha_i| \leqq \max \sqrt[k]{n \left|\frac{a_k}{a_0}\right|}, \quad (k = 1, 2, \ldots, n)^{*1} \tag{C}$$

が得られる．$\lambda_k = 2^k$ とすれば (B$'$) から

$$|\alpha_i| < 2 \cdot \max \sqrt[k]{\left|\frac{a_k}{a_0}\right|} \tag{D}$$

となり，$\dfrac{1}{\lambda_k} = \dbinom{n}{k}\left(\sqrt[n]{2} - 1\right)^k$ とおけば，(B) から

$$|\alpha_i| \leqq \frac{1}{\sqrt[n]{2} - 1} \max \sqrt[k]{\left|\frac{a_k}{a_0}\right| \binom{n}{k}} \tag{E}$$

が得られる*2．さらに

$$\lambda_k = (|a_1| + |a_2| + \cdots + |a_n|)/|a_k|$$

---

§8.5,*1　Tôhoku Math. J. 8, 1915; 10, 1916 に出た藤原の論文参照．(A)，(C) は Cauchy に負う，Exercises de Math., 1829, Oeuvres (2) 9, p.122.

*2　Jensen, Nyt Tidskrift 21, 1915; Birkhoff, Bull. American Math. Soc. 21, 1915.

とおけば，(B) によって

$$|\alpha_i| \leqq \max\left(\frac{|a_1|+|a_2|+\cdots+|a_n|}{|a_0|}\right)^{\frac{1}{k}} \tag{F}$$

となる．従って

$$\left.\begin{aligned}
&|a_0| \geqq |a_1|+|a_2|+\cdots+|a_n| \quad \text{ならば} \\
&\qquad\qquad |\alpha_i| \leqq \left(\frac{|a_1|+|a_2|+\cdots+|a_n|}{|a_0|}\right)^{\frac{1}{n}}, \\
&|a_0| \leqq |a_1|+|a_2|+\cdots+|a_n| \quad \text{ならば} \\
&\qquad\qquad |\alpha_i| \leqq \frac{|a_1|+|a_2|+\cdots+|a_n|}{|a_0|}
\end{aligned}\right\} \tag{F$_1$}$$

となる．さらに前者から

$$\left.\begin{aligned}
&|a_0| > |a_1|+|a_2|+\cdots+|a_n| \quad \text{ならば} \quad |\alpha_i| < 1, \\
&|a_0| \geqq |a_1|+|a_2|+\cdots+|a_n| \quad \text{ならば} \quad |\alpha_i| \leqq 1.
\end{aligned}\right\} \tag{F$_2$}$$

(F_2) の一部はすでに §6.32 で他の方面から証明された．

次に同じく不等式 (1) から出発して，$F(\rho) > 0$ を

$$|a_0|^2 \rho^{2n} > \left(|a_1|\rho^{n-1} + |a_2|\rho^{n-2} + \cdots + |a_n|\right)^2 \tag{4}$$

と変形し，この右辺にコーシーの不等式 (§7.13，例題) を適用すれば

$$|a_0|^2 \rho^{2n} \geqq (|a_1|^2 + |a_2|^2 + \cdots + |a_n|^2)(\rho^{2n-2} + \rho^{2n-4} + \cdots + \rho^2 + 1) \tag{5}$$

なるときは (4) が出てくる．右辺の第二の因子はこれをまとめると $(\rho^{2n}-1)/(\rho^2-1)$ であって，$\rho > 1$ ならば $\rho^{2n}/(\rho^2-1)$ より小さい．故に，$\rho > 1$ でかつ

$$|a_0|^2 \rho^{2n} \geqq \frac{\rho^{2n}}{\rho^2-1}(|a_1|^2 + |a_2|^2 + \cdots + |a_n|^2),$$

ならば (5)，従って (4)，従ってまた $|f(x)| > 0$ が成立する．

最初の不等式は

$$\rho^2 \geqq 1 + \frac{|a_1|^2 + |a_2|^2 + \cdots + |a_n|^2}{|a_0|^2}$$

となるから，次の関係式を得る[*3]．

---

*3 これは Carmichael–Mason (Bull. American Math. Soc. 21, 1915) が与えた形である．

$$|\alpha_i| < \frac{(|a_0|^2 + |a_1|^2 + \cdots + |a_n|^2)^{\frac{1}{2}}}{|a_0|}, \quad (i = 1, 2, \ldots, n). \tag{G}$$

以上において根の絶対値の上界が定められたが，その下界は

$$x^n f\left(\frac{1}{x}\right) = a_n x^n + a_{n-1} x^{n-1} + \cdots + a_1 x + a_0 = 0$$

の根が $f(x) = 0$ の根の逆数なることを利用すれば定められる．

8.6.　掛谷の定理[*1]．　もし方程式の係数に著しく制限を加え，これを正の実数とすれば，興味ある次の掛谷博士の定理が得られる．

定理．　代数方程式 $f(x) = a_0 x^n + a_1 x^{n-1} + \cdots + a_{n-1} x + a_n = 0$ の係数の間に

$$a_0 > a_1 > a_2 > \cdots > a_n > 0$$

なる関係があれば，その根 α の絶対値は 1 より小さい．もし

$$a_0 \geqq a_1 \geqq a_2 \geqq \cdots \geqq a_n > 0$$

ならば，根 α の絶対値は 1 以下である．

$$0 < a_0 < a_1 < a_2 < \cdots < a_n \quad \text{ならば} \quad |\alpha| > 1 \quad \text{であり，}$$

$$0 < a_0 \leqq a_1 \leqq a_2 \leqq \cdots \leqq a_n \quad \text{ならば} \quad |\alpha| \geqq 1 \quad \text{である．}$$

掛谷博士はこれを幾何学的に証明されたが，次の簡単な証明はフルウィッツ[*2]が与えたものである．

今

$$a_0 > a_1 > a_2 > \cdots > a_n > 0$$

とすれば

$$(x-1)f(x) = a_0 x^{n+1} - (a_0 - a_1)x^n - (a_1 - a_2)x^{n-1} - \cdots - (a_{n-1} - a_n)x - a_n$$

となる．$|x| = \rho$ とおけば

---

§8.6,*1　掛谷, Tôhoku Math. J. 2, 1912. $a_0 > a_1 > a_2 > \cdots > a_n > 0$ なるとき，$|\alpha|$ は a_1/a_0, a_2/a_1, ..., a_n/a_{n-1} 中の最大値と最小値の間にあることはすでに 1893 に Eneström が証明したが，久しく忘れられていた．Tôhoku Math. J. 17, 1920 に出た Eneström の論文参照．

*2　Hurwitz の証明は Archiv d. Math. (3) 21, 1913, p.253 の Landau の論文の中にある．Hurwitz, Tôhoku Math. J. 4, 1913 参照．

$$|(x-1)\,f(x)| \geqq a_0\rho^{n+1} - \{(a_0-a_1)\rho^n + (a_1-a_2)\rho^{n-1} + \cdots + (a_{n-1}-a_n)\rho + a_n\}$$
$$= (\rho-1)\,f(\rho).$$

ただしこの不等式において，等号が成立するのは，x が正なる場合に限る．故に x が正でなく，$|x| = \rho \geqq 1$ なるときは

$$|(x-1)\,f(x)| > (\rho-1)\,f(\rho) \geqq 0$$

となり，$x > 0$ ならば $f(x) > 0$ となる．いずれにしても $|x| = \rho \geqq 1$ ならば $|f(x)| > 0$ となる．従って $f(x) = 0$ の根の絶対値は 1 より小でなければならない．

次に $a_0 \geqq a_1 \geqq \cdots \geqq a_n > 0$ ならば，$|x| = \rho > 1$ に対して

$$|(x-1)\,f(x)| \geqq (\rho-1)\,f(\rho) > 0.$$

従って $|f(x)| > 0$．故に $f(x) = 0$ の根の絶対値は 1 以下である．

この簡単な定理から，直ちに次の定理が出てくる．

定理. $f(x) = a_0x^n + a_1x^{n-1} + \cdots + a_n = 0$ **の係数がすべて正ならば，いずれの根** α **の絶対値も**

$$\frac{a_1}{a_0},\ \frac{a_2}{a_1},\ \ldots,\ \frac{a_n}{a_{n-1}}$$

の最大値よりも大ではなく，最小値よりも小ではない．

これを証明するには，方程式

$$\varphi(x) = f(rx) = a_0r^nx^n + a_1r^{n-1}x^{n-1} + \cdots + a_{n-1}rx + a_n = 0$$

の係数において

$$a_0r^n \geqq a_1r^{n-1} \geqq \cdots \geqq a_{n-1}r \geqq a_n > 0$$

が成立すれば，すなわち

$$r = \max\left(\frac{a_1}{a_0},\ \frac{a_2}{a_1},\ \ldots,\ \frac{a_n}{a_{n-1}}\right)$$

なるときは，$\varphi(x) = 0$ の根 β に対しては $|\beta| \leqq 1$ である．従って $f(x) = 0$ の根 $\alpha = r\beta$ に対しては

$$|\alpha| \leqq r = \max\left(\frac{a_1}{a_0},\ \frac{a_2}{a_1},\ \ldots,\ \frac{a_n}{a_{n-1}}\right)$$

が成立する．同様に

$$0 < a_0 r^n \leqq a_1 r^{n-1} \leqq \cdots \leqq a_{n-1} r \leqq a_n,$$

すなわち

$$r = \min\left(\frac{a_1}{a_0}, \frac{a_2}{a_1}, \ldots, \frac{a_n}{a_{n-1}}\right)$$

ならば，$|\beta| \geqq 1$．従って

$$|\alpha| \geqq r = \min\left(\frac{a_1}{a_0}, \frac{a_2}{a_1}, \ldots, \frac{a_n}{a_{n-1}}\right).$$

これで定理は証明された．

8.7. クロネッカーの定理[*1]．

我々は次に特殊な方程式に関するものではあるが，非常に興味のあるクロネッカーの二定理を述べよう．

定理 1. $f(x) = a_0 x^n + a_1 x^{n-1} + \cdots + a_n = 0$ **において，a_0 は 1 であり，その他の係数 a_i は整数であり，かつ各根の絶対値は 1 より大でないならば，この方程式の根はすべて 1 の冪根である．**

今この方程式の根を $\alpha_1, \alpha_2, \ldots, \alpha_n$ とすれば，仮定によって $|\alpha_i| \leqq 1$ である．故に

$$a_1 = -(\alpha_1 + \alpha_2 + \cdots + \alpha_n), \qquad |a_1| \leqq n,$$

$$a_2 = \alpha_1\alpha_2 + \cdots + \alpha_{n-1}\alpha_n, \qquad |a_2| \leqq \binom{n}{2},$$

....

$$a_k = (-1)^k (\alpha_1\alpha_2\cdots\alpha_k + \cdots), \qquad |a_k| \leqq \binom{n}{k},$$

....

$$a_n = (-1)^n \alpha_1\alpha_2\cdots\alpha_n, \qquad |a_n| \leqq 1$$

すなわち係数の絶対値はすべて一定の値，すなわち $\binom{n}{1}, \binom{n}{2}, \ldots, \binom{n}{k}, \ldots, \binom{n}{n-1}$ の最大値 M を超えない．然るに仮定により，$a_1, a_2, \ldots, a_n$ は整数であるから，それらの各々がとり得る値は $0, \pm 1, \pm 2, \ldots, \pm M$ の $2M+1$ 個を超えない．故にこのような $(a_1, a_2, \ldots, a_n)$ なる組の数は $(2M+1)^n$ を超えない．

然るに $({\alpha_1}^k, {\alpha_2}^k, \ldots, {\alpha_n}^k)$ を根とする方程式

---

§8.7,*1　Kronecker, Journ. f. Math. 53, 1857, Werke I, p.103.

$$f_k(x) = (x - {\alpha_1}^k)(x - {\alpha_2}^k) \cdots (x - {\alpha_n}^k) = 0$$

を作れば，x^n の係数は 1 であって，その他の係数はもとの方程式の係数 $a_1, a_2, \ldots, a_n$ の有理整関数であるから，やはり整数である．従って $f_k(x) = 0$ は $k = 1, 2, 3, \ldots$ に対し，すべて今考えている方程式に属する．故にすべてが互いに異なることはない．

今仮に $f_h(x) = f_k(x)$ であったとすれば，二つの集合 $({\alpha_1}^h, {\alpha_2}^h, \ldots, {\alpha_n}^h)$, $({\alpha_1}^k, {\alpha_2}^k, \ldots, {\alpha_n}^k)$ は，全体としては相等しくならねばならない．故に ${\alpha_1}^h$ は集合 $({\alpha_1}^k, {\alpha_2}^k, \ldots, {\alpha_n}^k)$ の中のあるもの，例えば ${\alpha_2}^k$ に等しく，${\alpha_2}^h$ は $({\alpha_1}^k, {\alpha_3}^k, \ldots, {\alpha_n}^k)$ の中のあるもの，例えば ${\alpha_3}^k$ に等しくなる．このようにして進めば，いつかは α_1 に帰ってくる．これを

$${\alpha_1}^h = {\alpha_2}^k, \quad {\alpha_2}^h = {\alpha_3}^k, \quad \ldots, \quad {\alpha_p}^h = {\alpha_1}^k$$

とすれば

$${\alpha_1}^{h^2} = {\alpha_2}^{hk} = {\alpha_3}^{k^2}, \quad {\alpha_1}^{h^3} = {\alpha_3}^{hk^2} = {\alpha_4}^{k^3}, \quad \ldots, \quad {\alpha_1}^{h^p} = {\alpha_1}^{k^p}$$

となる．これは α_1 が 1 のある冪根であることを示している．従って他のすべての根もまた 1 のある冪根である．

定理 2. **$f(x) = a_0x^n + a_1x^{n-1} + \cdots + a_n = 0$ の係数において，a_0 は 1 であり，その他は整数である場合に，その根がすべて実数であって，$-2 \leqq \alpha_i \leqq 2$ ならば，α_i はすべて $2\cos\theta_i$ の形をとる．ただし θ_i/π は有理数であるものとする．**

この証明のために

$$\varphi(x) = x^n f\left(x + \frac{1}{x}\right)$$

とおけば，$\varphi(x) = 0$ の係数はすべて整数で，特に最高次の項の係数は 1 である．$f(x) = 0$ の根 $\alpha_1, \alpha_2, \ldots, \alpha_n$ と $\varphi(x) = 0$ の根 $\beta_1, \beta_2, \ldots, \beta_n$ との関係は

$$\beta_k + \frac{1}{\beta_k} = \alpha_k$$

である．今 $\beta_k = r\,e^{i\theta}$ とすれば，

$$\alpha_k = r\,e^{i\theta} + \frac{1}{r}\,e^{-i\theta} = \left(r + \frac{1}{r}\right)\cos\theta + i\left(r - \frac{1}{r}\right)\sin\theta$$

となるから，これが実数であって区間 $(-2, 2)$ にあるためには $r = 1$ なることを要する．何となれば $r + \dfrac{1}{r} - 2 = (r-1)^2/r \geqq 0$ であるから，$r + \dfrac{1}{r} \geqq 2$．ただし $r = 1$

のときのほかは $r+\dfrac{1}{r}>2$, 従って $\theta=0$ に対し $\alpha_k=r+\dfrac{1}{r}>2$ となり，仮定に反する．故に $r=1, |\beta_k|=1$, 従って定理 1 により，β_k はすべて 1 の冪根である．故に $\beta_k=e^{i\theta_k}$ とおけば θ_k は π の有理数倍である．すなわち

$$\alpha_k=\beta_k+\frac{1}{\beta_k}=e^{i\theta_k}+e^{-i\theta_k}=2\cos\theta_k$$

となり，θ_k/π は有理数となる．

第 3 節　方程式 $f(x)=0$, $f'(x)=0$ の根の関係

8.8. **ロルの定理**[*1]．我々は $f(x)=0$ の根の模様を知ることができた場合に，$f'(x)=0$ の根の模様がいかなる点まで定まるかを見よう．

まず $f(x)=0$ の係数が実数である場合から始める．これに対しては次の**ロルの定理**がある．

定理． $f(x)$ **が区間** $a\leqq x\leqq b$ **において連続で，微分係数を有し，かつ** $f(a)=f(b)$ **ならば，** (a,b) **内の少なくとも一つの点において** $f'(x)=0$ **となる．**

仮定により，$a\leqq x\leqq b$ において連続であるから，$f(x)$ はこの区間において最大値および最小値をとる (§6.7)．また $f(a)=f(b)$ であるから，(a,b) 内のある一点 c において最大となるか，そうでなければ a か b において最大となる．後の場合では，(a,b) 内の一点において最小となる．仮に $a<c<b$ なる一点 c において，$f(x)$ が最大になったとすれば

$$f(c+h)-f(c)\leqq 0,\qquad f(c-h)-f(c)\leqq 0$$

でなければならない．従って $h>0$ とすれば

$$\frac{f(c+h)-f(c)}{h}\leqq 0,\qquad \frac{f(c-h)-f(c)}{-h}\geqq 0.$$

h を 0 に近づければ，この不等式の左辺の極限値はどちらも $f'(c)$ になるから，一方からは $f'(c)\leqq 0$ となり，他方からは $f'(c)\geqq 0$ となる．故に $f'(c)=0$ でなければならない．

---

§8.8,*1　Rolle, Démonstration d'une méthode pour résoudre les egalitez detous les degrez, Paris, 1691; Cajori, Bibliotheca, Math. (3) 11, 1910–11 参照.

$f(x)$ が実係数の有理整関数ならば，もちろん常に連続でかつ微分係数をもつから，ロルの定理が適用される．

これから直ちに次の定理が得られる．

定理． **実係数の代数方程式 $f(x)=0$ に k 個の実根があれば，$f'(x)=0$ には少なくとも $k-1$ 個の実根がある．**

$f(x)=0$ の根がすべて実数ならば，$f'(x)=0$ の根もすべて実数である．

例題 1． 方程式 $\dfrac{d^n(1-x^2)^n}{dx^n}=0$ の根はすべて実数である．

$f(x)=(1-x^2)^n=0$ はそれぞれ $x=1,\ x=-1$ を n 次の重根とする．故に $f'(x)=0$ は $x=+1,\ -1$ を $n-1$ 次の重根とするほかに，$(-1,+1)$ 内に実根一個をもつ．$f''(x)=0$ は $x=+1,\ -1$ を $n-2$ 次の重根とするほかに，$(-1,+1)$ 内に実根二個をもつ．このようにして進めば，$f^{(n)}(x)=0$ は $(-1,+1)$ 内に n 個の実根をもつ．

この関数 $f(x)$ の $f^{(n)}(x)=0$ に係数 $1/2^n n!$ をつけたものはルジャンドルの有理整関数（またはルジャンドルの多項式）と名づけられている．

例題 2． **エルミット–プーランの定理**[*2]． $f(x)=0$ が実根のみをもてば $\varphi(x)=f(x)+h\,f'(x)=0$ もまた実根のみをもつ．ただし h は実数とする．

α と β とを $f(x)=0$ の相続く二つの実根とすれば，$f'(\alpha)\,f'(\beta)<0$ である．従って $\varphi(\alpha)\,\varphi(\beta)<0$．故に $\varphi(x)=0$ は (α,β) において少なくとも一つの実根をもつ．重根は二つの単根の一致するものと考えればよろしい．

8.9. ガウスの定理[*1]．

次に $f(x)=0$ の係数を実数または複素数とすれば，$f(x)=0,\ f'(x)=0$ の根について次のガウスの定理が成立する．

定理． **ガウス平面において $f(x)=0$ の根を表す n 個の点を包む最小凸多角形を (P) とすれば，$f'(x)=0$ のすべての根は (P) に含まれる．**

ただし $f(x)=0$ の重根を表す点が (P) の頂点ならば，これらは同時に $f'(x)=0$ の根である．

$f(x)=0$ の相異なる根を $\alpha_1,\ \alpha_2,\ \ldots,\ \alpha_\nu$ とし，α_k は m_k 次の重根であるとする

---

*2 Hermite, Nouv. Annales (2) 5, 1866; Poulain, Nouv. Annales (2) 6, 1867.

§8.9,*1 Gauss, Werke 8, p.34. これを Lucas の定理という学者もある．Lucas が Journ. l'École polyt. cahier 46, 1879 で独立に証明したからである．Bôcher, Annales of Math. (1) 7, 1893; 林, Annals of Math. (2) 15, 1913; 内田, Tôhoku Math. J. 10, 1916 の別証明参照．

(単根ならば $m_k=1$ とする).

$$\frac{f'(x)}{f(x)}=\frac{m_1}{x-\alpha_1}+\frac{m_2}{x-\alpha_2}+\cdots+\frac{m_\nu}{x-\alpha_\nu}$$

であるから (§6.7), $f'(x)=0$ の根で $\alpha_1,\alpha_2,\ldots,\alpha_\nu$ と異なるものの一つを β とすれば

$$\frac{m_1}{\beta-\alpha_1}+\frac{m_2}{\beta-\alpha_2}+\cdots+\frac{m_\nu}{\beta-\alpha_\nu}=0$$

が成立する.

今ガウス平面において, β が $\alpha_1,\alpha_2,\ldots,\alpha_\nu$ を含む最小凸多角形 (P) の外部または辺の上にあると仮定する. β から (P) に引くことのできる二つの触線 (§6.22) と実数軸となす角を Θ_1,Θ_2 $(0<\Theta_2-\Theta_1\leqq\pi)$ とすれば, β を $\alpha_1,\alpha_2,\ldots,\alpha_\nu$ と結ぶベクトルが実数軸となす角 $\theta_1,\theta_2,\ldots,\theta_\nu$ はすべて $\Theta_1\leqq\theta_i\leqq\Theta_2$ に適合する. ベクトル $m_k/(\alpha_k-\beta)$ が実数軸となす角は $2\pi-\theta_k$ であるから, $m_1/(\alpha_1-\beta)+m_2/(\alpha_2-\beta)+\cdots+m_{\nu-1}/(\alpha_{\nu-1}-\beta)$ を $\nu-1$ 個のベクトルの和と考えれば, その方向は $(2\pi-\Theta_2,2\pi-\Theta_1)$ 内に落ちる. 従って $-m_\nu/(\alpha_\nu-\beta)$ の方向と一致しない. ただし (P) が一直線となる場合だけは別である (図 8–1).

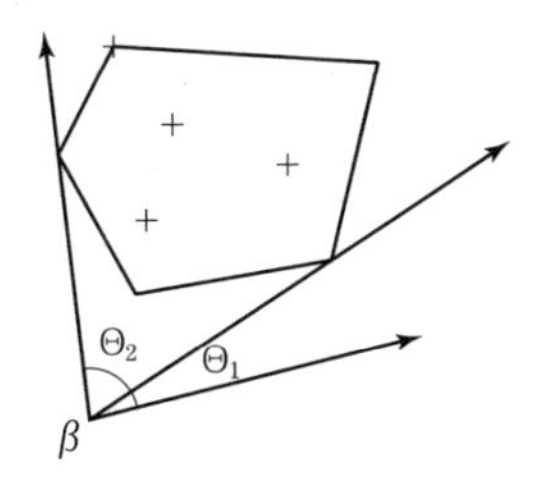

図 8–1

上の証明においては, $m_k>0$ なることが主要な点であって, m_k が整数であることは必要ではない. 今 $n-1$ 次を超えない有理整関数 $\varphi(x)$ をとる. $f(x)=0$ に重根がない場合には, ラグランジュの補間公式 (§6.10) によって

$$\frac{\varphi(x)}{f(x)}=\sum_{i=1}^{n}\frac{\varphi(\alpha_i)}{f'(\alpha_i)}\cdot\frac{1}{x-\alpha_i}$$

であるから, $\varphi(\alpha_i)/f'(\alpha_i)$ が $i=1,2,\ldots,n$ に対して常に正, または常に負となる場合には, $\varphi(x)=0$ の根は $(\alpha_1,\alpha_2,\ldots,\alpha_n)$ を包む最小凸多角形 (P) の内部に存在することが示される.

$f'(x)=0$ の根は (P) の内部にあることが分かったが，(P) の内部のいかなる部分にあるのであろうか．これに対してはファンデンベルグの定理がある[*2]．

ロルの定理は $f(x)=0$ の二つの実根とすれば，それらの間に $f'(x)=0$ の根が少なくとも一つは存在することを主張する．それでは $f(x)=0$ の任意の二根については何らかの関係が述べられないであろうか．これはグレイスが解いた問題である．これを論ずる前に，より一般な定理を証明しよう．

8.10. ラゲールの定理． n 次の代数方程式をこれまでとは少し記法を変えて

$$f(x)=a_0+\binom{n}{1}a_1x+\binom{n}{2}a_2x^2+\cdots+\binom{n}{k}a_kx^k+\cdots+a_nx^n=0$$

と書く．x の代わりに x/y とおき，y^n をかけて同次式に直せば

$$F(x,y)=a_0y^n+\binom{n}{1}a_1y^{n-1}x+\cdots+\binom{n}{k}a_ky^{n-k}x^k+\cdots+a_nx^n=0$$

となる．x で p 回, y で q 回微分したものを $\dfrac{\partial^{p+q}F(x,y)}{\partial x^p\partial y^q}$ で表せば, $k=0,1,2,\ldots,n-1$ に対して

$$\frac{\partial^{n-1}F(x,y)}{\partial x^k\partial y^{n-k-1}}=\binom{n}{k}k!\,(n-k)!\,a_ky+\binom{n}{k+1}(k+1)!\,(n-k-1)!\,a_{k+1}\,x$$

$$=n!\,(a_ky+a_{k+1}x),$$

$$\frac{\partial^nF(x,y)}{\partial x^k\partial y^{n-k}}=n!\,a_k$$

が得られる．

今 $\xi_1\dfrac{\partial F}{\partial x}+\eta_1\dfrac{\partial F}{\partial y}$ を F に対する (ξ_1,η_1) の**極線形式**と名づける．

これを $F_1(x,y;\xi_1,\eta_1)$ で表す．これに対する (ξ_2,η_2) の極線形式は

$$F_2(x,y;\xi_1,\eta_1;\xi_2,\eta_2)=\xi_2\left(\xi_1\frac{\partial^2F}{\partial x^2}+\eta_1\frac{\partial^2F}{\partial x\partial y}\right)+\eta_2\left(\xi_1\frac{\partial^2F}{\partial x\partial y}+\eta_1\frac{\partial^2F}{\partial y^2}\right)$$

$$=\xi_1\xi_2\frac{\partial^2F}{\partial x^2}+(\xi_1\eta_2+\xi_2\eta_1)\frac{\partial^2F}{\partial x\partial y}+\eta_1\eta_2\frac{\partial^2F}{\partial y^2}$$

である．さらにこれに対する (ξ_3,η_3) の極線形式は

$$F_3(x,y;\xi_1,\eta_1,\xi_2,\eta_2;\xi_3,\eta_3)$$

$$=\xi_1\xi_2\xi_3\frac{\partial^3F}{\partial x^3}+(\xi_2\xi_3\eta_1+\xi_3\xi_1\eta_2+\xi_1\xi_2\eta_3)\frac{\partial^3F}{\partial x^2\partial y}$$

[*2] 第8章 諸定理，定理5参照．

$$+(\xi_1\eta_2\eta_3+\xi_2\eta_3\eta_1+\xi_3\eta_1\eta_2)\frac{\partial^3 F}{\partial x\partial y^2}+\eta_1\eta_2\eta_3\frac{\partial^3 F}{\partial y^3}$$

となる．このようにして進めば

$$\begin{aligned}&F_k(x,y;\xi_1,\eta_1;\ldots;\xi_k,\eta_k)\\&=\xi_1\xi_2\cdots\xi_k\frac{\partial^k F}{\partial x^k}+\sum\xi_1\xi_2\cdots\xi_{k-1}\eta_k\frac{\partial^k F}{\partial x^{k-1}\partial y}+\cdots+\eta_1\eta_2\cdots\eta_k\frac{\partial^k F}{\partial y^k}\end{aligned}$$

となる．ただし $\dfrac{\partial^k F}{\partial x^h\partial y^{k-h}}$ の係数は $\eta_1\eta_2\cdots\eta_k\sum\dfrac{\xi_1\xi_2\cdots\xi_h}{\eta_1\eta_2\cdots\eta_h}$ と表すことができる．ただし $\sum$ は集合 $(1,2,3,\ldots,k)$ からあらゆる方法で h 個ずつとった総和を表す．

特に $k=n$ ならば，上式の右辺は

$$\begin{aligned}n!\,(\eta_1\eta_2\cdots\eta_n)\biggl\{&a_n\left(\frac{\xi_1\xi_2\cdots\xi_n}{\eta_1\eta_2\cdots\eta_n}\right)+a_{n-1}\sum\left(\frac{\xi_1\xi_2\cdots\xi_{n-1}}{\eta_1\eta_2\cdots\eta_{n-1}}\right)\\&+a_{n-2}\sum\left(\frac{\xi_1\xi_2\cdots\xi_{n-2}}{\eta_1\eta_2\cdots\eta_{n-2}}\right)+\cdots+a_1\sum\left(\frac{\xi_1}{\eta_1}\right)+a_0\biggr\}\end{aligned}$$

となり，$\eta_1=\eta_2=\cdots=\eta_n=1$ とおいて $\xi_1,\xi_2,\ldots,\xi_n$ の基本対称関数を $s_1,s_2,\ldots,s_n$ とすれば

$$n!\,(a_0s_0+a_1s_1+\cdots+a_ns_n),\qquad (s_0=1)$$

となる．$\eta_1,\eta_2,\ldots,\eta_{n-1}$ の基本対称関数を $\sigma_1,\sigma_2,\ldots,\sigma_{n-1}$ とすれば，$k=n-1$ のときは

$$n!\left\{\sigma_{n-1}(a_nx+a_{n-1})+\sigma_{n-2}(a_{n-1}x+a_{n-2})+\cdots+\sigma_0(a_1x+a_0)\right\},\quad(\sigma_0=1)$$

とする．ここに $x=\xi_n$ とおけば

$$n!\left\{a_n\sigma_{n-1}\xi_n+a_{n-1}(\sigma_{n-1}+\sigma_{n-2}\xi_n)+\cdots+a_1(\sigma_1+\sigma_0\xi_n)+a_0\sigma_0\right\}$$

となり，これは明らかに次のようになる．

$$n!\,(a_ns_n+a_{n-1}s_{n-1}+\cdots+a_1s_1+a_0s_0).$$

今 $\xi_1,\xi_2,\ldots,\xi_n$ を方程式

$$g(x)=b_0+\binom{n}{1}b_1x+\binom{n}{2}b_2x^2+\cdots+b_nx^n=0$$

の根とすれば

$$s_k=(-1)^k\binom{n}{n-k}b_{n-k}/\,b_n,$$

従って $f(x),\,g(x)$ の係数の間に

$$a_0 b_n - \binom{n}{1} a_1 b_{n-1} + \binom{n}{2} a_2 b_{n-2} - \cdots + (-1)^n a_n b_0 = 0$$

が成立する場合[*1]には，これを書直して

$$a_0 s_0 + a_1 s_1 + \cdots + a_n s_n = 0$$

とすることができる．

さて $F(x,y)$ に対する (ξ,η) の極線形式

$$F(x,y;\xi,\eta) = \xi \frac{\partial F}{\partial x} + \eta \frac{\partial F}{\partial y}$$

において，再び $y = \eta = 1$ とおけば

$$\varphi(x,\xi) = n\, f(x) + (\xi - x)\, f'(x)$$

となる．何となれば，実際の計算によって

$$x \frac{\partial F}{\partial x} + y \frac{\partial F}{\partial y} = n\, F$$

なることが確かめられる．ここにおいて $y = 1$ とおけば，F は $f(x)$ となり，$\dfrac{\partial F}{\partial x}$ は $f'(x)$ となる．故に $\dfrac{\partial F}{\partial y}$ は $n\, f(x) - x\, f'(x)$ となる．従って $F(x,y;\xi,\eta)$ は

$$\xi\, f'(x) + \bigl\{n\, f(x) - x\, f'(x)\bigr\} \qquad \text{すなわち} \quad \varphi(x,\xi)$$

となる．便宜のため，$\varphi(x,\xi)$ を $f(x)$ に対する ξ の**極線関数**と名づけよう．

$f(x)$ に対する ξ_1 の極線関数を $\varphi_1(x,\xi_1)$, $\varphi_1(x,\xi_1)$ に対する ξ_2 の極線関数を $\varphi_2(x;\xi_1,\xi_2)$ とし，逐次このようにして進めば $\varphi_k(x;\xi_1,\xi_2,\xi_3,\ldots,\xi_k)$ は

$$F_k(x,y;\xi_1,\eta_1;\xi_2,\eta_2;\ldots;\xi_k,\eta_k)$$

において，$y = \eta_1 = \eta_2 = \cdots = \eta_k = 1$ とおいたものに等しい．

これだけを準備として，ラゲールが与えた次の定理[*2]の証明を与える．

定理. **$f(x)$ に対する ξ の極線関数を**

$$\varphi(x,\xi) = n\, f(x) + (\xi - x)\, f'(x)$$

とする．ガウス平面上の二点 x_0, ξ に対し，$\varphi(x_0,\xi) = 0$ が成立すれば，$f(x) = 0$ のすべての根は x_0, ξ を通る一つの円 C の上にあるか，そうでなければ $f(x) = 0$ の根

§8.10,*1 このような場合に $f(x)$, $g(x)$ は互いに apolar であるということがある．
*2 Laguerre, Nouv. Annales (2) 17, 1878, Oeuvres 1, p.56.

は必ず C の内外に分かれて存在する．ただし x_0 は $f(x)=0$ の根ではないとする．

$f(x)=0$ の根を $\alpha_1, \alpha_2, \ldots, \alpha_n$ とすれば，ラグランジュの補間公式 (§6.10) によって

$$\frac{\varphi(x_0,\xi)}{f(x_0)} = n + (\xi - x_0)\sum_{k=1}^{n}\frac{1}{x_0-\alpha_k}$$
$$= \sum_{k=1}^{n}\left(1+\frac{\xi-x_0}{x_0-\alpha_k}\right) = \sum_{k=1}^{n}\frac{\xi-\alpha_k}{x_0-\alpha_k}$$

となる．さて $f(x_0)\neq 0$ であるから，$\varphi(x_0,\xi)=0$ は

$$\sum_{k=1}^{n}\frac{\xi-\alpha_k}{x_0-\alpha_k}=0$$

と同等になる．

今 $w=(\xi-z)/(x_0-z)$ とおけば，z が一つの円を描けば，w もまた一つの円を描く (§5.13)．$z=\xi$, $z=x_0$ に対応する点はそれぞれ $w=0$, $w=\infty$ である．

z が ξ, x_0 を通る一つの円 C を描けば，これに対応して w が描く円は $0, \infty$ を通る．故に $w=0$ を通る直線 L となる．

$z=\alpha_k$ に対応する点を $w_k=(\xi-\alpha_k)/(x_0-\alpha_k)$ とすれば，$\varphi(x_0,\xi)=0$ から

$$\frac{1}{n}(w_1+w_2+\cdots+w_n)=0$$

となる．これは $w_1, w_2, \ldots, w_n$ の平均点が $w=0$ であることを示している．

もし $\alpha_1, \alpha_2, \ldots, \alpha_n$ が C の上にあれば，$w_1, w_2, \ldots, w_n$ は L の上にある．$\alpha_1, \alpha_2, \ldots, \alpha_n$ が一つも C の外部にない (または内部にない) ならば，$w_1, w_2, \ldots, w_n$ は L の両方の側に分かれることはできない．$w_1, w_2, \ldots, w_n$ が L の両側に分かれない場合には，それらの平均点は L 上の $w=0$ に落ちることはない．ただしすべてが L の上にあるときは別である．故に $\alpha_1, \alpha_2, \ldots, \alpha_n$ はすべて C の上にあるか，そうでなければ必ず C の内外に分かれて存在する．

このラゲールの定理を少し変化すれば次の定理になる．

定理． $f(x)=0$ **の根全体が一つの円** C **内にあって，**ξ **が** C **上または** C **の外側にあれば，**$\varphi(x,\xi)=0$ **の根はすべて** C **の内側にある．**

今 $\varphi(x,\xi)=0$ の一つの根 x_0 は C の外側に，ξ は C 上または C の外側にあると

仮定する．この場合に x_0, ξ を通る円 K を適当に作れば，K が C を内部に包むか (または内接するか)，そうでなければ K と C とは互いに他の外部に存在する (または外接する) ことが可能である．従ってラゲールの定理によって，K の内外に $f(x)=0$ の根が存在しなければならない．すなわち C の外側に $f(x)=0$ の根が存在することになって仮定に反する．

この定理はもちろん

$$\frac{\varphi(x,\xi)}{f(x)} = \sum_{k=1}^{n} \frac{\xi - \alpha_k}{x - \alpha_k}$$

を利用すれば直接に証明される．

8.11. グレイスの定理. 上の定理の結果として，次のグレイスの定理[*1]が得られる．

定理. 二つの方程式

$$f(x) = a_0 + \binom{n}{1} a_1 x + \binom{n}{2} a_2 x^2 + \cdots + a_n x^n = 0,$$

$$g(x) = b_0 + \binom{n}{1} b_1 x + \binom{n}{2} b_2 x^2 + \cdots + b_n x^n = 0$$

の間に

$$a_0 b_n - \binom{n}{1} a_1 b_{n-1} + \binom{n}{2} a_2 b_{n-2} - \cdots + (-1)^n a_n b_0 = 0 \qquad \text{(A)}$$

なる関係があれば，$f(x)=0$ のすべての根を包む任意の円内に，$g(x)=0$ の根が少なくとも一つは存在する．

$g(x)=0$ の根を $\xi_1, \xi_2, \ldots, \xi_n$ とし，$f(x)=0$ のすべての根を含む任意の円を C とする．

§8.10 の定理により，ξ_1 が C 上または C の外側にあれば，方程式 $\varphi(x,\xi_1)=0$ の根はすべて C 内にある．ξ_2 が C 上または C の外側にあれば $\varphi(x,\xi_1,\xi_2)=0$ の根もまたすべて C 内にある．このように進んで，ξ_{n-1} が C の外側にあれば，$\varphi_{n-1}(x,\xi_1,\xi_2,\ldots,\xi_{n-1})=0$ の根は C 内にあることになる．

さきに示した通り，$\varphi_{n-1}(x,\xi_1,\xi_2,\ldots,\xi_{n-1})=0$ において $x=\xi_n$ とすれば

---

§8.11,*1 Grace, Proc. Cambridge Phil. Soc. 11, 1900–02; Szegö, Math. Zeits. 13, 1922 参照.

$$n!\,(a_0 s_0 + a_1 s_1 + \cdots + a_n s_n) = 0$$

になるから，$\varphi_{n-1}(x, \xi_1, \ldots, \xi_{n-1}) = 0$ の根は ξ_n である．故に ξ_n は C 内にある．すなわち $(\xi_1, \xi_2, \ldots, \xi_{n-1})$ がすべて C 上または C の外側にあれば，ξ_n だけは C 内になければならないことになる．これはグレイスの定理にほかならない[*2]．

グレイスはこの定理からロルの定理の拡張とも見られる次の定理を導き出した．

定理． **n 次方程式 $f(x)=0$ の任意の二根を α, β とすれば，ガウス平面上で，二点 α, β の中点を中心とし，$\dfrac{1}{2}|\alpha-\beta|\cot\dfrac{\pi}{n}$ を半径とする円内またはその円周上に必ず $f'(x)=0$ の根が存在する．**

これを証明するには $\alpha=-1$, $\beta=1$ の場合だけで考えれば足りる．何となれば，$z = \dfrac{1}{2}(\alpha+\beta) + \dfrac{1}{2}(\beta-\alpha)x$ なる変換によって $f(z)$ が $F(x)$ になったとすれば，$f(z)=0$ の根 α, β は $F(x)=0$ の根 $x=-1, 1$ に対応しているからである．

今

$$f(x) = a_0 + \binom{n}{1}a_1 x + \binom{n}{2}a_2 x^2 + \cdots + a_n x^n$$

とすれば，$f(1)=f(-1)\ (=0)$ であるから

$$\binom{n}{1}a_1 + \binom{n}{3}a_3 + \binom{n}{5}a_5 + \cdots = 0$$

となる．これは

$$f'(x) = a_1 + \binom{n-1}{1}a_2 x + \binom{n-1}{2}a_3 x^2 + \cdots + a_n x^{n-1} = 0,$$

$$\varphi(x) = b_0 + \binom{n-1}{1}b_1 x + \binom{n-1}{2}b_2 x^2 + \cdots + b_{n-1}x^{n-1} = 0$$

$$\left(\text{ただし}\quad b_{n-2} = b_{n-4} = \cdots = 0,\ \ b_{n-1} = \binom{n}{1},\ \binom{n-1}{2}b_{n-3} = \binom{n}{3},\right.$$
$$\left.\binom{n-1}{4}b_{n-5} = \binom{n}{5}, \ldots\right)$$

間の，グレイスの定理において示された関係 (A) にほかならない．然るに

$$\varphi(x) = \binom{n}{1}x^{n-1} + \binom{n}{3}x^{n-3} + \binom{n}{5}x^{n-5} + \cdots = \frac{1}{2}\bigl\{(x+1)^n - (x-1)^n\bigr\}$$

であるから，その根は $i\cot\dfrac{k\,\pi}{n}$,　$(k=1,2,\ldots,n-1)$ である．故にグレイスの定

[*2] この証明の方法は Curtiss, Trans. American Math. Soc. 24, 1922 による．

理によって，方程式 $f'(x)=0$ の根は少なくとも一つ，$i\cot\dfrac{k\pi}{n}$ のすべてを含む任意の円内に存在する．$i\cot\dfrac{k\pi}{n}$ は虚数軸の上にあって，$i\cot\dfrac{\pi}{2}$，$-i\cot\dfrac{\pi}{n}$ を結ぶ線分上にあるから，この二点を通る円は $i\cot\dfrac{k\pi}{n}$ のすべてを含む．これで定理は証明された[*3]．

8.12. グレイスの定理の応用.

グレイスの定理から出発して，興味ある定理の一群が導き出されることは，高木博士およびセゲーによって示された[*1]．

定理 1. **二つの方程式**

$$f(x)=a_0+\binom{n}{1}a_1x+\binom{n}{2}a_2x^2+\cdots+a_nx^n=0,$$

$$g(x)=b_0+\binom{n}{1}b_1x+\binom{n}{2}b_2x^2+\cdots+b_nx^n=0$$

の根をそれぞれ $(\alpha_1, \alpha_2, \ldots, \alpha_n)$，$(\beta_1, \beta_2, \ldots, \beta_n)$ **とすれば**

$$h(x)=a_n\,g(x)+\frac{a_{n-1}}{1!}\,g'(x)+\frac{a_{n-2}}{2!}\,g''(x)+\cdots+\frac{a_0}{n!}\,g^{(n)}(x)=0$$

の根は常に $\alpha+\beta$ **の形で表される．ただし** α **は** $(\alpha_1, \alpha_2, \ldots, \alpha_n)$ **を含む任意の円内の点を表し，**β **は** $(\beta_1, \beta_2, \ldots, \beta_n)$ **の内のあるものを表す．**

これは高木博士の定理である．

今 $h(x)=0$ の一つの根を ξ とすれば

$$h(\xi)=a_ng(\xi)+\frac{a_{n-1}}{1!}g'(\xi)+\cdots+\frac{a_0}{n!}g^{(n)}(\xi)=0$$

である．これは

$$g(\xi-x)=g(\xi)-\frac{g'(\xi)}{1!}\,x+\frac{g''(\xi)}{2!}\,x^2-\cdots+(-1)^n\,\frac{g^{(n)}(\xi)}{n!}\,x^n=0$$

と $f(x)=0$ とに対して，グレイスの定理の条件 (A) が成立することを示している．故に $f(x)=0$ のすべての根を含む円内に必ず $g(\xi-x)=0$ の一つの根が存在する．これを α とすれば $g(\xi-\alpha)=0$．従って $\xi-\alpha$ は $g(x)=0$ の一つの根である．これを β とすれば $\xi=\alpha+\beta$ となる．これで証明は終った．

---

*3 他にも Heawood (Quarterly J. 38, 1907) の証明がある．しかし多少の欠点があることを掛谷博士が日本数学物理学会記事 (3) 3, 1921 で注意された．

§8.12,*1 高木，日本数学物理学会記事 (3) 3, 1922; Szegö, Math. Zeits. 13, 1922.

定理 2. α **を** $f(x)=0$ **のすべての根を含む任意の円内の一点とし，**β **を** $g(x)=0$ **の根とすれば，方程式**

$$\varphi(x)=a_0b_0+\binom{n}{1}a_1b_1\,x+\binom{n}{2}a_2b_2\,x^2+\cdots+a_nb_n\,x^n=0$$

の根は $-\alpha\beta$ **の形で表される．**

$\varphi(x)=0$ の一つの根を ξ とすれば

$$\varphi(\xi)=a_0b_0+\binom{n}{1}a_1b_1\,\xi+\binom{n}{2}a_2b_2\,\xi^2+\cdots+a_nb_n\,\xi^n=0$$

である．これは

$$\begin{aligned}\psi(x)&=x^n\,g\left(-\frac{\xi}{x}\right)\\&=b_0\,x^n-\binom{n}{1}b_1\xi\,x^{n-1}+\binom{n}{2}b_2\xi^2\,x^{n-2}-\cdots+(-1)^n\,b_n\,\xi^n=0\end{aligned}$$

と $f(x)=0$ とに対してグレイスの定理の条件 (A) が成立することを示す．$\psi(x)=0$ の根は $-\xi/\beta_1, -\xi/\beta_2, \ldots, -\xi/\beta_n$ である．その内の少なくとも一つ，例えば $-\xi/\beta_k$ は $f(x)=0$ のすべての根を含む円内になければならない．これを α とすれば，$\xi=-\alpha\beta_k$ となる．すなわち定理 2 が証明された．これも高木博士の定理である．

特別な場合として次の定理が得られる．

定理 3. $f(x)=0$ **の根がすべて実数で，**$g(x)=0$ **の根はすべて正ならば，**$\varphi(x)=0$ **の根はすべて実数である．また** $f(x)=0,\ g(x)=0$ **の根がすべて正ならば，**$\varphi(x)=0$ **の根はすべて負である．**

第 4 節　フーリエの定理

8.13. 数列の符号の変化の数． 我々は次に実係数の代数方程式 $f(x)=0$ において，区間 (a,b) 内にある実根の個数を決定する問題に移る．

この問題はスツルムによって完全に解かれたが，その出発点はフーリエの定理[*1]である．故にまずフーリエの定理から論じよう．

---

§8.13,*1　Fourier, Sur l'usage du théorème de Descartes dans la recherches des limites des racines, 1820, Oeuvres II, pp.291–309, Analyse des équations déterminées, 1831 (Ostwald's Klassiker, No.127).

今実数列 $(A_1, A_2, \ldots, A_n)$ においてその符号 ± 1 の配列のみに注意する．

A_k, A_{k+1} が異符号ならば, (A_k, A_{k+1}) には**符号の変化**があるといい, また A_k, A_{k+1} が同符号ならば, (A_k, A_{k+1}) には**符号の継続**があるという．$A_1, A_2, \ldots, A_n$ の中に 0 がない場合に相隣る二つの文字の間の符号の変化の総数を，この数列の符号変化の数といい，符号継続の総数をこの数列の符号継続の数ということにする．例えば数列

$$1,\quad -2,\quad 3,\quad 1,\quad -2,\quad -5,\quad 6,\quad 7,\quad -8$$

においては，符号の配列は

$$+\ -\ +\ +\ -\ -\ +\ +\ -$$

であるから, この数列の符号変化の数は 5, 符号継続の数は 3 である．もし $A_1, A_2, \ldots, A_n$ の内に 0 があれば，これを除外して符号変化と符号継続とを計算することにする．

8.14. フーリエの定理． $f(x)$ を実係数の n 次の有理整関数とし，c を一つの実数とする．数列

$$f(c),\ f'(c),\ f''(c),\ \ldots,\ f^{(n)}(c)$$

の符号変化の数を $V(c)$ で表せば，**フーリエの定理**は次のように述べられる．

定理． $a, b\,(a<b)$ **が** $f(x)=0$ **の根ではない二つの実数であれば，区間** (a,b) **内にある** $f(x)=0$ **の実根の数** $N(a,b)$ **は** $V(a)-V(b)$ **に等しいか，あるいはこれより偶数だけ少ない．**

すなわち

$$N(a,b) = V(a) - V(b) - 2\lambda$$

で，λ は 0 または正の整数である[*1]．

これを証明するため，x が a から出発して b に至るまで，連続して変化するとき，

$$f(x),\ f'(x),\ f''(x),\ \ldots,\ f^{(n)}(x)$$

の符号の分布がいかに変化するかを調べてみよう．

この関数列の各項は x の連続関数であるから，その間に符号の変化が起るのは，x

§8.14,*1　この定理は Fourier–Budan の定理とも呼ばれる．しかし Fourier, Oeuvres II, p.310 にある Darboux の注意によれば，Fourier の定理というのが至当である．

がその内のいずれか一つを 0 とする値を通過するときに限る．これを $f(x)=0$ の根を通過する場合と，$f^{(k)}(x)=0$ の根を通過する場合とに分けて考える．

まず $f(x)=0$ の重複度数 m なる重根 α (実数とする) を通過する場合から始める．この場合には

$$f(\alpha)=f'(\alpha)=\cdots=f^{(m-1)}(\alpha)=0, \quad f^{(m)}(\alpha)\neq 0$$

であるから，正数 $\delta>0$ を充分小さくとれば，α の近傍 $(\alpha-\delta,\alpha+\delta)$ においては $f^{(m)}(x)$ は一定の符号をもつ．

$f^{(m)}(x)>0,\ \alpha-\delta<x<\alpha+\delta$ ならば，$f^{(m)}(x)$ は $f^{(m-1)}(x)$ の導関数であるから，$f^{(m-1)}(x)$ は α の近傍においては x と共に増加する (§6.7)．$x=\alpha$ において 0 となるから，通過の前には負であり，通過の後では正でなければならない．すなわち

$$f^{(m-1)}(\alpha-\delta)<0, \quad f^{(m-1)}(\alpha+\delta)>0$$

である．同様にこれから $f^{(m-2)}(x)$ は $(\alpha-\delta,\alpha)$ においては減少し，$(\alpha,\alpha+\delta)$ においては増加することが分かる．$x=\alpha$ においては 0 となるから，$f^{(m-2)}(x)$ は $x=\alpha$ を除けば $(\alpha-\delta,\alpha+\delta)$ においては正でなければならない．すなわち

$$f^{(m-2)}(\alpha-\delta)>0, \quad f^{(m-2)}(\alpha+\delta)>0.$$

同様にして

$$f^{(m-3)}(\alpha-\delta)<0, \quad f^{(m-3)}(\alpha+\delta)>0,$$
$$f^{(m-4)}(\alpha-\delta)>0, \quad f^{(m-4)}(\alpha+\delta)>0$$
$$\cdots\cdots\cdots\cdots\cdots\cdots\cdots\cdots\cdots\cdots\cdots$$

になることが証明される．

今 $F>0$ ならば $\operatorname{sgn}F=+1$, $F<0$ ならば $\operatorname{sgn}F=-1$. $F=0$ ならば $\operatorname{sgn}F=0$ なる略記した符号 sgn を用いれば[*2]，上の結果は次のように一括することができる．

$\operatorname{sgn}f^{(m)}(\alpha)=+1$ ならば

sgn :　$f(x)$　$f'(x)$　$f''(x)$　$\cdots$　$f^{(m-2)}(x)$　$f^{(m-1)}(x)$　$f^{(m)}(x)$

[*2] 符号という意味の文字 signum（英語 sign）の略．

$x=\alpha-\delta$:	$(-1)^m$	$(-1)^{m-1}$	$(-1)^{m-2}$	$\cdots$	$+1$	-1	$+1$
$x=\alpha+\delta$:	$+1$	$+1$	$+1$	$\cdots$	$+1$	$+1$	$+1$

$\operatorname{sgn} f^{(m)}(\alpha)=-1$ ならば

sgn :	$f(x)$	$f'(x)$	$f''(x)$	$\cdots$	$f^{(m-2)}(x)$	$f^{(m-1)}(x)$	$f^{(m)}(x)$
$x=\alpha-\delta$:	$(-1)^{m-1}$	$(-1)^{m-2}$	$(-1)^{m-3}$	$\cdots$	-1	$+1$	-1
$x=\alpha+\delta$:	-1	-1	-1	$\cdots$	-1	-1	$-1.$

いずれにしても

$$f(x),\quad f'(x),\quad f''(x),\quad \ldots,\quad f^{(m)}(x)$$

の間の符号変化の数は $x=\alpha$ を通過すれば m 個だけ減少する.

故に $x=\alpha$ が残りの $f^{(m+1)}(x)$, $f^{(m+2)}(x)$, $\ldots$, $f^{(n)}(x)$ のいずれも 0 としない場合には

$$f(x),\ f'(x),\ f''(x),\ \ldots,\ f^{(n-1)}(x),\ f^{(n)}(x)$$

の符号変化は, $x=\alpha$ を通過するとき m だけ少なくなる.

次に $f^{(i)}(x)=0$ の重複度数が k となる重根 β (実数とする) を通過する場合を考える.

仮定により

$$f^{(i)}(\beta)=f^{(i+1)}(\beta)=\cdots=f^{(i+k-1)}(\beta)=0,\quad f^{(i+k)}(\beta)\neq 0$$

である. もし $f^{(i-1)}(\beta)=0$ ならば, β は $f^{(i-1)}(x)=0$ の重複度数 $k+1$ の重根となるから, ここでは $f^{(i-1)}(\beta)\neq 0$ としておく.

正数 δ を充分小さくとれば, 区間 $(\beta-\delta,\beta+\delta)$ において $f^{(i-1)}(x)$ および $f^{(i+k)}(x)$ は一定の符号をもつ. $\operatorname{sgn} f^{(i-1)}(x)=\varepsilon$ とおけば $\varepsilon=+1$ または -1 で, 前と同様にして, 次の符号の配列を得る.

$\operatorname{sgn} f^{(i+k)}(\beta)=+1$ ならば

sgn :	$f^{(i-1)}(x)$	$f^{(i)}(x)$	$f^{(i+1)}(x)$	$\cdots$	$f^{(i+k-1)}(x)$	$f^{(i+k)}(x)$
$x=\beta-\delta$:	ε	$(-1)^k$	$(-1)^{k-1}$	$\cdots$	-1	$+1$
$x=\beta+\delta$:	ε	$+1$	$+1$	$\cdots$	$+1$	$+1$

$\operatorname{sgn} f^{(i+k)}(\beta) = -1$ ならば

$$\begin{array}{lllllll} x=\beta-\delta: & \varepsilon & (-1)^{k-1} & (-1)^{k-2} & \cdots & +1 & -1 \\ x=\beta+\delta: & \varepsilon & -1 & -1 & \cdots & -1 & -1 \end{array}$$

故に β を通過するにあたって

$$f^{(i-1)}, \quad f^{(i)}, \quad f^{(i+1)}, \quad \ldots, \quad f^{(i+k)}$$

における符号の変化は

k が偶数ならば	k 個,
k が奇数で, $\operatorname{sgn} f^{(i-1)}(\beta) = \operatorname{sgn} f^{(i+k)}(\beta)$ ならば	$k+1$ 個,
k が奇数で, $\operatorname{sgn} f^{(i-1)}(\beta) = -\operatorname{sgn} f^{(i+k)}(\beta)$ ならば	$k-1$ 個

だけ減少する．この減少する個数はいずれにしても，偶数である．

$f(x)=0$ の根が同時に $f^{(i)}(x)=0$ の根であっても，あるいはまた $f^{(i)}(x)=0$ と同時に $f^{(h)}(x)=0$ となっても，上の所論を応用すれば，結局 x が $f'=0$, $f''=0$, $\ldots$, $f^{(n)}=0$ のいずれか一つの根を通過するたびに，符号の変化は偶数個だけなくなり，$f=0$ の根を通過するたびにその重複度の数だけなくなる．故に x が a から b まで連続して変化すれば，$V(a)$ は (a,b) 内の $f(x)=0$ の根の個数 N (重複度数 k の重根を k 個と数えて) とそれにある偶数を加えただけ減少して $V(b)$ になる．故に

$$N(a,b) = V(a) - V(b) - 2\lambda$$

を得る．これがフーリエの定理である．

8.15. デカルトの符号の法則． 実係数の方程式

$$f(x) = a_0 x^n + a_1 x^{n-1} + \cdots + a_n = 0$$

において，x を充分大きい正数とすれば

$$f(x) = a_0 x^n \left(1 + \frac{a_1}{a_0}\frac{1}{x} + \frac{a_2}{a_0}\frac{1}{x^2} + \cdots\right)$$

の右辺の括弧内の 1 を除いたものの和は，どれほどでも小さくすることができる．故に $f(x)$ の符号は a_0 の符号と一致する．$f'(x)$, $f''(x), \ldots$ についても同様のことがいえるから

$$f(x),\ f'(x),\ f''(x),\ \ldots,\ f^{(n)}(x)$$

において，x を充分大きい正数 b としたときの符号の変化の数 $V(b)$ は 0 である．然るに $x=0$ に対しては

$$a_n,\ a_{n-1},\ 2!\,a_{n-2},\ \ldots,\ (n-1)!\,a_1,\ n!\,a_0$$

となるから，$V(0)$ は

$$a_0,\ a_1,\ a_2,\ \ldots,\ a_{n-1},\ a_n$$

における符号の変化の数にほかならない．故にフーリエの定理の特別の場合として次の定理が得られる．これは**デカルトの符号の法則**と名づけられている．彼は解析幾何学に関する彼の思想を公にした La Geometrie (1637) でこの法則を述べている．

定理． $f(x)=0$ **の正根の数は係数** $a_0,\ a_1,\ \ldots,\ a_n$ **の符号の変化の数に等しいか，そうでなければそれより偶数個だけ少ない．**

8.16. 虚根の数に関するガウスの定理．

次にフーリエの定理における

$$N(a,b)=V(a)-V(b)-2\lambda$$

の λ の意味について，もう少し詳しく観察しよう．

さて

$$f^{(i-1)}(\beta)\neq 0,\ f^{(i)}(\beta)=f^{(i+1)}(\beta)=\cdots=f^{(i+k-1)}(\beta)=0,\ f^{(i+k)}(\beta)\neq 0$$

となる場合に，x が β を通過する際に失う符号の変化の数は，k が偶数ならば k 個であり，k が奇数ならば，$f^{(i-1)}(\beta)$ と $f^{(i+k)}(\beta)$ とが同符号ならば $k+1$ 個で，異符号ならば $k-1$ 個であることについてはすでに §8.14 において述べた．$x=\beta$ において $f^{(i)}(x)$ から $f^{(i+k-1)}(x)$ までの k 個が 0 となるほかに，なお $f^{(i)}(x)$ 以前のもので 0 になるものがあるかもしれない．故に $f(\beta)\neq 0$ と仮定して $f'(x), f''(x), \ldots, f^{(n)}(x)$ の内，$x=\beta$ において 0 となるものの総数を p とする．

$f'(x), f''(x), \ldots, f^{(n)}(x)$ の内，$x=\beta$ に対して，相続いて奇数個が 0 となる場合に，この 0 となるものの前後の二つが同符号となる場合の数を q，異符号となる場合の数を r とすれば，x が β を通過するときに失う符号の変化の数は $p+q-r$ である．もちろん $p+q-r>0$ であって，(a,b) 間にある $f'(x)=0,\ f''(x)=0,\ \ldots,\ f^{(n)}(x)=0$

のすべての根について $p+q-r$ の総和をとった $\sum(p+q-r)$ が 2λ である[*1].

$a=-\infty, b=+\infty$ のときは $V(-\infty)-V(+\infty)$ は n であるから

$$N(-\infty,+\infty)=n-2\lambda$$

となる．$N(-\infty,+\infty)$ は $f(x)=0$ の実根の数であるから，2λ は虚根の数を示す．

故に $f(x)=0$ に虚根がない場合には

$$N(a,b)=V(a)-V(b)$$

でなければならない．

$x=0$ においては

$$f(0)=a_n,\ f'(0)=a_{n-1},\ f''(0)=2!\,a_{n-2},\ \ldots,\ f^{(n)}(0)=n!\,a_0$$

であるから

$$a_0,\ a_1,\ a_2,\ \ldots,\ a_n, \qquad (a_0\neq 0)$$

に対して p, q, r を上に述べたように定めると，$p+q-r>0$ となり，また明らかに

$$2\lambda=\sum(p+q-r)\geqq p+q-r$$

である．故に少なくとも $p+q-r$ 個の虚根が存在することが分かる．これが**ガウスの定理**[*2]と名づけられるものである．

定理． $a_0,\ a_1,\ \ldots,\ a_n\ (a_0\neq 0)$ **の内，**p **個だけ** 0 **に等しいものがあるとする．このうちに奇数個相続いて** 0 **となるものの前後にある二つの係数が同符号または異符号なる場合の数をそれぞれ** q, r **とすれば，**$f(x)=0$ **には少なくとも** $p+q-r$ **個の虚根が存在する．**

例えば $f(x)=x^8-x^6+x^3+1=0$ に対しては，係数が

$$1,\quad 0,\quad -1,\quad 0,\quad 0,\quad 1,\quad 0,\quad 0,\quad 1$$

であって，$p=5,\ q=0,\ r=1$．故に $f(x)=0$ には少なくとも $p+q-r=5-1=4$ 個の虚根がある．

上の定理から分かることは，二個以上相続いて 0 とならない場合に，0 の前後の係

§8.16, *1　Loewy, Archiv d. Math. (3) 16, 1910 参照.

*2　Gauss, Werke 3, p.70.

数が異符号ならば虚根はないかもしれないが，二つまたは二つ以上相続いて 0 となれば，必ず虚根が存在することである．また a_0, a_1, ..., a_n において 0 となるものの総数を p とし，相続いて 0 となる箇所はこれを一つと数えたときの数を s とすれば $s = q + r$ となる．故に $p + q - r \geqq p - s$，従って $f(x) = 0$ には少なくとも $p - s$ 個の虚根がある．

$f(x) = 0$ の根がすべて実数ならば，$2\lambda = \sum(p+q-r) = 0$，従って $p+q-r = 0$．然るに $p \geqq q + r$ であるから，$p + q - r = 0$ となるためには $q = 0$, $p = r$ なることを要する．すなわち

$$\operatorname{sgn} f^{(i-1)}(\beta) = -\operatorname{sgn} f^{(i+1)}(\beta) \neq 0$$

でなければならない[*3]．

第5節　スツルムの定理

8.17. スツルムの定理． 区間 (a, b) 内にある代数方程式の実根の数 $N(a, b)$ を決定する問題に対しては，フーリエの定理は未だ尽くされていない点がある．フーリエの定理だけでは $N(a, b)$ の正確な値が定まらないで，そこに 2λ という曖昧な項が残っている．この欠点を補い，$N(a, b)$ の正確な値を決定する方法を与えたのはスツルムが 1829 年パリ学士院に提出した論文であって，これが代数方程式の理論に一転期を与えた[*1]．

フーリエの定理を少し注意して観察すると，2λ の現れる原因は，x が $f^{(i)}(x) = 0$, $(i = 1, 2, \ldots)$ の根を通過する際に符号の変化の数が減少する点にあることが分かる．故に $2\lambda = 0$ なるためには，$f^{(i)}(\beta) = 0$ の場合に $f^{(i-1)}(\beta)$, $f^{(i+1)}(\beta)$ が共に 0 とはならないで，符号を異にすることが必要でかつ充分である．

関数列 $f, f', f'', \ldots, f^{(n)}$ が常にこのような条件を満足することは，一般には望むことはできない．そこでスツルムは上の関数列について固執しないで，このような性質を有する関数列

[*3] De Gua, Hist. d. l'Acad. de Paris, 1741.

[§8.17,*1] Sturm, Mémoire sur la résolution des équations numériques, Mém. l'acad. Paris, 1829; Ostwald's Klassiker, No.143.

$$f(x),\ f_1(x),\ f_2(x),\ \ldots$$

をいかにして定めるかという問題に方向を転換して，これを解くことに成功した．

スツルムの与えた関数列は $f(x)$ と $f'(x)(=f_1(x))$ との間にユークリッド互除法を施し，逐次の剰余の符号を変えたものである．すなわち

$$f=f_1q_1-f_2,\ f_1=f_2q_2-f_3,\ f_2=f_3q_3-f_4,\ \ldots,\ f_{m-1}=f_mq_m$$

とすれば

$$f(x),\ f_1(x),\ f_2(x),\ \ldots,\ f_m(x)$$

がスツルムの関数列である．これを我々は**スツルム鎖**と名づける．

$f_m(x)$ が常数ではない場合には，$f_m(x)$ が $f(x)$ と $f_1(x)=f'(x)$ との最大公約関数である．$f(x)=0$ に重根がない場合には，f_m は常数 $(\neq 0)$ になる．

今 $f(x)=0$ に重根がないとすれば，x が a から b (ただし $a<b$) まで連続的に変化するに当り

$$f,\ f_1,\ f_2,\ \ldots,\ f_m$$

における符号の分布の模様を見ると，もし $f(\alpha)=0$ ならば $f'(\alpha)=f_1(\alpha)\neq 0$ であるから，x が α を通過するときには唯一個の符号の変化が失われる．これに反し，x が $f_i(x)=0$ の根 β を通過するときには，上の関係式によって，$f_{i+1}(\beta)\neq 0$ ならば $f_{i-1}(\beta)=-f_{i+1}(\beta)$ となる．もし $f_{i+1}(\beta)=0$ ならば $f_{i-1}(\beta)=0$ となり，従って $f_{i-2}(\beta)=0,\ f_{i-3}(\beta)=0$ となる．このようにして順次溯って $f_1(\beta)=0,\ f(\beta)=0$ に達する．このことは β が $f(x)=0$ の重根となることを意味し，仮定に反する．故に $f_i(\beta)=0$ ならば $f_{i-1}(\beta),\ f_{i+1}(\beta)$ は共に 0 とはならないで符号を異にする．故にフーリエの定理の証明におけると同じように論ずれば，x が β を通過するときには符号の変化に何らの増減がないことになる．従ってスツルム鎖における $V(a)-V(b)$ は正確に (a,b) 間の実根の数 $N(a,b)$ を表す．これを**スツルムの定理**という．

定理．　実係数の有理整関数 $f(x)$ に対して，スツルム鎖

$$f(x),\ f_1(x),\ f_2(x),\ \ldots,\ f_m(x)$$

を作れば，$f(x)=0$ に実数の重根がなければ，(a,b) 間の実根の数は

$$N(a,b)=V(a)-V(b)$$

で与えられる.

8.18. 三次四次方程式への応用. 三次方程式

$$f(x) = x^3 + 3a_1x^2 + 3a_2x + a_3 = 0$$

に対するスツルム鎖は

$$f(x),\quad f_1(x) = 3(x^2 + 2a_1x + a_2),\quad f_2(x) = 2({a_1}^2 - a_2)x + (a_1a_2 - a_3),$$
$$f_3(x) = 3(-4{a_1}^3a_3 + 3{a_1}^2{a_2}^2 + 6a_1a_2a_3 - 4{a_2}^3 - {a_3}^2) = D/9$$

である. ここで D は $f(x)$ の判別式を表す (§7.29). これから §7.30 と同一の結果に達する. 詳しい吟味は読者に委ねる.

次に四次方程式

$$f(x) = x^4 + 6a_2x^2 + 4a_3x + a_4 = 0$$

に対してスツルム鎖を作れば, D を $f(x)$ の判別式として

$$f(x),\quad f_1(x) = 4(x^3 + 3a_2x + a_3),\quad f_2(x) = -3a_2x^2 - 3a_3x - a_4,$$
$$f_3(x) = -4\left\{(9{a_2}^3 - a_2a_4 + 3{a_3}^2)x + (a_3a_4 + 3{a_2}^2a_3)\right\},$$
$$\begin{aligned} f_4(x) &= a_4(9{a_2}^3 - a_2a_4 + 3{a_3}^2)^2 + 3a_2{a_3}^2(a_4 + 3{a_2}^2)^2 \\ &\quad - 3{a_3}^2(a_4 + 3{a_2}^2)(9{a_2}^3 - a_2a_4 + 3{a_3}^2) \\ &= {a_2}^2\left\{(3{a_2}^2 + a_4)^3 - 27(a_2a_4 - {a_3}^2 - {a_2}^3)^2\right\} = {a_2}^2D/2^8 \end{aligned}$$

となる. これに対して次の表が得られる.

	$\operatorname{sgn} f(x)$	$\operatorname{sgn} f_1(x)$	$\operatorname{sgn} f_2(x)$	$\operatorname{sgn} f_3(x)$	$\operatorname{sgn} f_4(x)$
$x=-\infty$	$+1$	-1	$-\operatorname{sgn} a_2$	$\operatorname{sgn}(9{a_2}^3-a_2a_4+3{a_3}^2)$	$\operatorname{sgn} {a_2}^2D$
$x=+\infty$	$+1$	$+1$	$-\operatorname{sgn} a_2$	$-\operatorname{sgn}(9{a_2}^3-a_2a_4+3{a_3}^2)$	$\operatorname{sgn} {a_2}^2D.$

故に $D > 0$ ならば

	$V(-\infty)$	$V(+\infty)$	$N = V(-\infty) - V(+\infty)$
$a_2 > 0,\ 9{a_2}^3 - a_2a_4 + 3{a_3}^2 > 0$	2	2	0
$a_2 > 0,\ 9{a_2}^3 - a_2a_4 + 3{a_3}^2 < 0$	2	2	0

$a_2 < 0,\ 9{a_2}^3 - a_2a_4 + 3{a_3}^2 > 0$	2	2	0
$a_2 < 0,\ 9{a_2}^3 - a_2a_4 + 3{a_3}^2 < 0$	4	0	4

$D < 0$ ならば

	$V(-\infty)$	$V(+\infty)$	$N = V(-\infty) - V(+\infty)$
$a_2 > 0,\ 9{a_2}^3 - a_2a_4 + 3{a_3}^2 > 0$	3	1	2
$a_2 > 0,\ 9{a_2}^3 - a_2a_4 + 3{a_3}^2 < 0$	1	3	-2
$a_2 < 0,\ 9{a_2}^3 - a_2a_4 + 3{a_3}^2 > 0$	3	1	2
$a_2 < 0,\ 9{a_2}^3 - a_2a_4 + 3{a_3}^2 < 0$	3	1	2.

この表を見れば $a_2 > 0,\ 9{a_2}^3 - a_2a_4 + 3{a_3}^2 < 0,\ D < 0$ は同時には成立しない.

$a_2 = 0$ ならばスツルム鎖は

$$f(x), \quad f_1(x) = 4(x^3 + a_3), \quad f_2(x) = -3a_3x - a_4,$$
$$f_3(x) = 4a_3({a_4}^3 - 27{a_3}^4) = 4a_3D$$

となり

	$\operatorname{sgn} f(x)$	$\operatorname{sgn} f_1(x)$	$\operatorname{sgn} f_2(x)$	$\operatorname{sgn} f_3(x)$
$x = -\infty$	$+1$	-1	$\operatorname{sgn} a_3$	$\operatorname{sgn} a_3D$
$x = +\infty$	$+1$	$+1$	$-\operatorname{sgn} a_3$	$\operatorname{sgn} a_3D$.

	$V(-\infty)$	$V(+\infty)$	$N = V(-\infty) - V(+\infty)$
$D > 0,\ a_3 > 0$	2	2	0
$D > 0,\ a_3 < 0$	1	1	0
$D < 0,\ a_3 > 0$	3	1	2
$D < 0,\ a_3 < 0$	2	0	2

$a_2 = a_3 = 0$ の場合には，スツルム鎖は

$$f(x), \quad f_1(x) = 4x^3, \quad f_2(x) = -a_4$$

となり

$$a_4 > 0 \quad (従って\ D > 0)\ ならば\ N = 0,$$

$$a_4 < 0 \quad (従って\ D < 0)\ ならば\ N = 2.$$

$a_2 \neq 0,\ 9{a_2}^3 - a_2a_4 + 3{a_3}^2 = 0$ ならば，スツルム鎖は

$$f(x), \quad f_1(x) = 4(x^3 + 3a_2x + a_3), \quad f_2(x) = -3a_2x^2 - 3a_3x - a_4,$$

$$f_3(x) = -4(a_3a_4 + 3{a_2}^2a_3)$$

となる．故に

	$\operatorname{sgn} f(x)$	$\operatorname{sgn} f_1(x)$	$\operatorname{sgn} f_2(x)$	$\operatorname{sgn} f_3(x)$
$x = -\infty$	$+1$	-1	$-\operatorname{sgn} a_2$	$-\operatorname{sgn}(a_3a_4 + 3{a_2}^2a_3)$
$x = +\infty$	$+1$	$+1$	$-\operatorname{sgn} a_2$	$-\operatorname{sgn}(a_3a_4 + 3{a_2}^2a_3)$

となる．従って

	$V(-\infty)$	$V(+\infty)$	$N = V(-\infty) - V(+\infty)$
$a_2 > 0,\ a_3a_4 + 3{a_2}^2a_3 > 0$	1	1	0
$a_2 > 0,\ a_3a_4 + 3{a_2}^2a_3 < 0$	2	2	0
$a_2 < 0,\ a_3a_4 + 3{a_2}^2a_3 > 0$	3	1	2
$a_2 < 0,\ a_3a_4 + 3{a_2}^2a_3 < 0$	2	0	2

$9{a_2}^3 - a_2a_4 + 3{a_3}^2 = 0$ の場合には

$${a_2}^2D = 2^8 \cdot 3a_2a_3(a_4 + 3{a_2}^2)^2.$$

故に

$$a_2 \neq 0, \quad D \neq 0\ ならば\ \operatorname{sgn} D = \operatorname{sgn} a_2.$$

従って

$$D > 0 \quad ならば \quad N = 0,$$

$$D < 0 \quad ならば \quad N = 2$$

となる．

以上の結果をまとめれば

(A) $D > 0,\ a_2 < 0,\ 9{a_2}^3 - a_2a_4 + 3{a_3}^2 < 0$ ならば $N = 4$,

(B) $D > 0$ であって上の場合を除けば　　$N = 0$,

(C) $D < 0$ ならば　　$N = 2$.

条件 (A) は次の (A′) に直すことができる.

$$(\mathrm{A}') \quad D > 0, \quad a_2 < 0, \quad 9{a_2}^2 - a_4 > 0.$$

何となれば, $a_2 > 0$ および $9{a_2}^3 - a_2a_4 + 3{a_3}^2 < 0$ ならば不等式 $a_2(9{a_2}^2 - a_4) < -3{a_3}^2 < 0$ から $9{a_2}^2 - a_4 > 0$ になり, 逆にまた $a_2 < 0$, $9{a_2}^2 - a_4 > 0$ から $9{a_2}^3 - a_2a_4 + 3{a_3}^2 < 0$ となるからである.

8.19. 広義のスツルム鎖. 以上にあげたスツルム鎖

$$f(x), \ f_1(x), \ f_2(x), \ \ldots, \ f_m(x)$$

の主要な性質は

(1) $f_i(\alpha) = 0$ ならば, $f_{i-1}(\alpha)$ と $f_{i+1}(\alpha)$ とは 0 にならず, 異符号をもつこと,

(2) 最後の $f_m(x)$ は, 区間 (a, b) において符号が一定であること,

(3) x が $f(x) = 0$ の実根 α を通過するとき, 積 $f_1(x)f(x)$ が常に負から正に変化すること,

であって, この性質さえ備えていれば, $f_1(x)$ は必ずしも $f'(x)$ でなくてもよい. また $f_2(x)$, $f_3(x)$, ... はユークリッド互除法によって得られる関数でなくてもよい.

故にこれら (1), (2), (3) を満足する関数列

$$f(x), \ f_1(x), \ f_2(x), \ \ldots, \ f_m(x)$$

もまた区間 (a, b) における $f(x)$ の**スツルム鎖**と名づけることにしよう.

この場合, (a, b) の間にある方程式 $f(x) = 0$ の実根の数 $N(a, b)$ は, この鎖における $V(a) - V(b)$ に等しい. ただし方程式の重根は一個と数える.

もし (3) の代わりに

(3′) x が $f(x) = 0$ の実根 α を通過するとき, 積 $f(x)f_1(x)$ が正から負に変化すること,

をとれば, 符号の変化は $f(x) = 0$ の実根を通過する毎に減少せずに, 却って増加する. 従って (1), (2), (3′) を満足する鎖においては次のようになる.

$$N(a, b) = V(b) - V(a).$$

(3) あるいは $(3')$ を撤去して (1), (2) のみを満足する鎖においては，$f(x)=0$ の実根で (a,b) の間にあるものの内，これを通過するとき，積 $f(x)f_1(x)$ が負から正に変わるものを N_1 個とし，積 $f(x)f_1(x)$ が正から負に変わるものを N_2 個とすれば

$$N_1 - N_2 = V(a) - V(b), \quad N(a,b) = N_1 + N_2.$$

(1), (2) を満足する鎖を**広義のスツルム鎖**と呼ぶ．これに対しては次のことを注意しておく．

定理. **$f(x)$ の次数を n とするとき，$V(a)-V(b)=\pm n$ ならば $f(x)=0$ のすべての根は実数で，しかも単根である．$f_1(x)$ が $n-1$ 次ならば，$f_1(x)=0$ の根もまたすべて実数であって $f(x)=0$ の相隣る二根の間に一つずつ含まれる．**

これは $f(x)=0$ の根を通過するとき，積 $f(x)\,f_1(x)$ は常に負から正に変わるか，常に正から負に変わるから，相隣る $f(x)=0$ の二根に対しては，$f_1(x)$ は符号を異にする．従って $f_1(x)=0$ はその間に少なくとも一つの根をもつ．このような区間が $n-1$ 個あるから，上のことが示されたことになる．

例題 1.

$$f(x) = x^4 - 2x^3 - 3x^2 + 10x - 4 = 0.$$

まず普通のスツルム鎖を作る．$f'(x) = 2(2x^3 - 3x^2 - 3x + 5)$ の正の因数 2 は符号に影響を及ぼさないから，これを省いて $f_1(x) = 2x^3 - 3x^2 - 3x + 5$ として差支えない．$f(x)$, $f_1(x)$ にユークリッド互除法を施せば

$$f_2(x) = 9x^2 - 27x + 11, \quad f_3(x) = -8x - 3, \quad f_4(x) = -1433$$

となって

$$V(-\infty) = 3, \quad V(+\infty) = 1.$$

故に実根の個数は 2 である．

正根の個数を求めるには $a=0$, $b=+\infty$ とおけばよろしい．$x>0$ に対しては，$f_3(x)$ の符号は一定であるから，スツルム鎖としては $f_3(x)$ で止めてよろしい．すなわち

$$f(x), \quad f_1(x), \quad f_2(x), \quad f_3(x)$$

はスツルム鎖になる．$V(+\infty)=1$, $V(0)=2$ であるから，正根の個数は $V(0)-V(+\infty)=1$ になる．

例題 2.

$$P_0(x) = 1, \quad P_1(x) = x\,P_0(x), \quad \ldots,$$

$$nP_n(x) - (2n-1)\,xP_{n-1}(x) + (n-1)\,P_{n-2}(x) = 0$$

でもって定義される n 次の有理整関数 $P_n(x)$ (これは §8.8 で示したルジャンドルの有理整関数にほかならない) に対しては

$$P_n(x),\ \ P_{n-1}(x),\ \ P_{n-2}(x),\ \ \ldots,\ \ P_1(x),\ \ P_0(x)$$

が広義のスツルム鎖を作る.

何となれば, $P_0(x) = 1$ であって, $P_{k-1}(x) = 0$ ならば

$$k\,P_k(x) = -(k-1)\,P_{k-2}(x)$$

となる. もし同時に $P_k(x) = 0$ となれば $P_{k-2}(x) = 0$. 従って順次に $P_{k-3}(x)$, …, $P_1(x)$, $P_0(x)$ が 0 となる. これは許されない. 故に $P_{k-1}(x) = 0$ ならば $P_k(x)$, $P_{k-2}(x)$ は 0 にならないで, 符号を異にする. すなわち広義のスツルム鎖を作る.

$P_k(x)$ における x の最高次の冪 x^k の係数は正であるから, $V(-\infty) = n$, $V(+\infty) = 0$. 故に $V(-\infty) - V(+\infty) = n$. 従って $P_n(x) = 0$ の根は実数で, かつ単根である.

一歩進めば, $P_k(-1) = (-1)^k$, $P_k(+1) = 1$ となることは数学的帰納法によって容易に証明される. 故に $V(-1) = n$ および $V(+1) = 0$. 従ってすべての根が $(-1, +1)$ の間にあることが確かめられる.

スツルム鎖については, なお第 9 章で論ずることにする*1.

第 6 節　数字方程式

8.20. 数字方程式. 一般の代数方程式の根を求めることはわずかに一次, 二次, 三次, 四次の場合に可能である. しかし実際上の問題しては, 係数が一つ一つ数字で与えられたとき, その根の近似値さえ求めればよい場合が多い. このような方程式を**数係数方程式**, または**数字方程式**と呼ぼう.

数字方程式を解く問題は次の三段階に分けることができる.

第一段階はその根の横たわる範囲の決定である.

第二段階は根の一つ一つが分離して存在する範囲の決定である.

第三段階は一つ一つの根の近似値を定める実際上の方法を論ずることである.

---

§8.19, *1　Sturm の定理に関する文献は Mignosi, Rendiconti Palermo 49, 1925, pp.1–160 に詳しい.

以下係数はすべて実数とする．まず実根の決定を主とし，最後に虚根について論じよう．

8.21. 実根の範囲. 我々は §8.5 において一般の方程式のすべての根が横たわる範囲について論及した．数字方程式の実根の範囲は特別の場合として含まれる．

しかし係数が実数であることを考えて，実根の範囲を多少精密にすることができる．唯ここでは実際の計算上簡便な一方法を述べるに止めよう．

a を実数とし

$$f(a),\ f'(a),\ f''(a),\ \ldots,\ f^{(n)}(a) \geqq 0$$

で，すべてが 0 の場合を除けば，テイラーの展開式 (§6.7)

$$f(x) = f(a) + f'(a)(x-a) + \frac{f''(a)}{2!}(x-a)^2 + \cdots + \frac{f^{(n)}(a)}{n!}(x-a)^n$$

により，$x > a$ ならば，$f(x) > 0$ となる．これは a より大きい実根がないことを示している．

同様に $f(a),\ f'(a),\ f''(a),\ \ldots,\ f^{(n)}(a)$ が交互に正および負ならば，a より小さい実根のないことが分かる．

$f(a),\ f'(a),\ f''(a),\ \ldots,\ f^{(n)}(a)$ の値を実際に算出するには，次のように考えると便利である．

今 n 次の有理整関数

$$f(x) = a_0x^n + a_1x^{n-1} + \cdots + a_{n-1}x + a_n$$

を $x-a$ で除して，商を $q_1(x)$，剰余を r_1 とすれば

$$f(x) = q_1(x)\cdot(x-a) + r_1,$$

$$r_1 = f(a), \quad q_1(x) = f'(a) + \frac{f''(a)}{2!}(x-a) + \cdots + \frac{f^{(n)}(a)}{n!}(x-a)^{n-1}$$

を得る．さらに $q_1(x)$ を $x-a$ で割り，商を $q_2(x)$，剰余を r_2 とすれば

$$r_2 = q_1(a) = f'(a), \quad q_2(x) = \frac{f''(a)}{2!} + \frac{f'''(a)}{3!}(x-a) + \cdots + \frac{f^{(n)}(a)}{n!}(x-a)^{n-2}$$

を得る．このようにして順次得た商を $x-a$ で除すれば，剰余は次のようになる

$$f'(a),\ \frac{f''(a)}{2!},\ \frac{f'''(a)}{3!},\ \ldots,\ \frac{f^{(n)}(a)}{n!}.$$

さて $f(x)$ から $q_1(x)$, r_1 を算出するには，すでに §6.2 で示した通り

$$q_1(x) = b_0x^{n-1} + b_1x^{n-2} + \cdots + b_{n-1},$$

$$b_0 = a_0,\ \ b_1 = a_1 + b_0a,\ \ldots,\ b_{n-1} = a_{n-1} + b_{n-2}a,\ r_1 = a_n + b_{n-1}a$$

を利用する．まず $a_0, a_1, \ldots, a_n$ を横行に並べ，a_1 の下に b_0a を書き，和をその下に書く．次に b_1a を a_2 の下に書き，a_2 との和 b_2 をその下に書く．このようにして進めば，次に示す通り，第三行には b_0, b_1, …, b_{n-1}, r_1 が並ぶ．

$$\begin{array}{ccccccc}
a_0 & a_1 & a_2 & a_3 & \cdots & a_{n-1} & a_n \\
 & b_0a & b_1a & b_2a & \cdots & b_{n-2}a & b_{n-1}a \\
\hline
 & b_1 & b_2 & b_3 & \cdots & b_{n-1} & r_1
\end{array}$$

さらに b_0, b_1, b_2, …, b_{n-1} について同様のことを行えば，$q_2(x)$ 並びに r_2 が得られる．

例題．

$$f(x) = x^4 - 5x^3 - 2x^2 + 4x + 1.$$

$a = 5.5$ とすれば

1	−5	−2	4	1
	5.5	2.75	4.125	44.6875
	0.5	0.75	8.125	45.6875
	5.5	33.	185.625	$= f(5.5)$
	6.	63.75	$193.75 = f'(5.5)$	
	5.5	63.25		
	11.5	$97 = \dfrac{f''(5.5)}{2!}$		
	5.5			
	$17 = \dfrac{f'''(5.5)}{3!}$			

$a = -1$ とすれば

1	−5	−2	4	1
	−1	6	−4	0
	−6	4	0	$1 = f(-1)$
	−1	7	−11	
	−7	11	$-11 = f'(-1)$	
	−1	8		
	−8	$19 = \dfrac{f''(-1)}{2!}$		
	−1			
	$-9 = \dfrac{f'''(-1)}{3!}$			

故に 5.5 より大なる正根も，−1 より小なる負根もない．

8.22. 実根の分離． 実根が横たわっている大体の範囲が定まれば，この区間をさらに細分して，唯一つの実根が横たわる区間を定めなければならない．これがいわゆる**実根の分離**である．

§8.21 の例 $f(x) = x^4 - 5x^3 - 2x^2 + 4x + 1 = 0$ を見ると，係数の符号は $+\ -\ -\ +\ +$

であり，符号の変化の数は 2 である．故にデカルトの符号の法則によれば，正根の数は 2 または 0 である．

さらに $f(-x) = x^4 + 5x^3 - 2x^2 - 4x + 1$ について考えれば，負根の数は 2 または 0 となることが分かる．これを調べるために

$$f(-1) = 1, \quad f(0) = 1, \quad f(1) = -1, \quad f(2) = -9, \quad f(3) = -25,$$
$$f(4) = -17, \quad f(5) = -29, \quad f(5.5) = 45.7$$

を見ると，正根は二つの区間 $(0, 1)$, $(5, 5.5)$ の中に一つずつあることが分かる．-1 より小なる負根はないから，$f\left(-\dfrac{1}{2}\right)$ を計算してみると $-\dfrac{13}{16}$ になる．故に $f(-1) > 0$, $f(0) > 0$ から $\left(-1, -\dfrac{1}{2}\right)$, $\left(-\dfrac{1}{2}, 0\right)$ に一つずつ負根のあることが分かる．これで実根は分離された．

8.23. ニュートンの方法. 実根の分離によって，区間 (a, b) 内に唯一つの実根 ξ の存在が分かったとする．次の問題は a または b を ξ の第一近似値と考えて，第二，第三の近似値に進む方法を求めることである．次に示す方法はニュートンの与えたものである．

今 a を第一近似値とし，$\xi = a + h$ とおけば，$f(\xi) = 0$ であるから

$$0 = f(a + h) = f(a) + h\,f'(a) + \frac{h^2}{2!}\,f''(a) + \cdots + \frac{h^n}{n!}\,f^{(n)}(a).$$

故に h が充分小さければ h^2 以下の項を省略した方程式 $f(a) + h\,f'(a) = 0$ から得られる h の値 $-\dfrac{f(a)}{f'(a)}$ を，h の近似値として a に加えた

$$a_1 = a - \frac{f(a)}{f'(a)}$$

を ξ の第二近似値と考える．この方法を続ければ，第三，第四以下の近似値として

$$a_2 = a_1 - \frac{f(a_1)}{f'(a_1)}, \quad a_3 = a_2 - \frac{f(a_2)}{f'(a_2)}, \ \cdots$$

が得られる．ただし $(a,\ a_1,\ a_2,\ \ldots)$ が果たして ξ に近づくか否かは一般には分からない．しかし $\{a_n\}$ の極限 x_0 が存在すれば

$$a_{n+1} = a_n - \frac{f(a_n)}{f'(a_n)} \quad \text{から} \quad x_0 = x_0 - \frac{f(x_0)}{f'(x_0)}$$

となり，有限の x_0 に対しては $f'(x_0)$ は常に有限であるから，$f(x_0) = 0$ になる．こ

れは $(a, a_1, a_2, \ldots)$ の極限が ξ となることを示す．

$\{a_n\}$ の極限が存在するために必要にしてかつ充分な条件を，実際に利用し得る形に表すことは困難である．我々はなるべく簡単な形の充分条件で満足しなければならない[*1]．次の条件はその一つである．

定理． (a, b) **内で** $f'(x)$, $f''(x)$ **の符号が変わらなければ，ニュートンの方法による近似値** (a_n) **は** (a, b) **内の** $f(x) = 0$ **の実根に収束する．**

仮に (a, b) において $f'(x) < 0$, $f''(x) > 0$ とする．幾何学的にいえば，$y = f(x)$ の表す曲線は図 8–2 のような形になる．

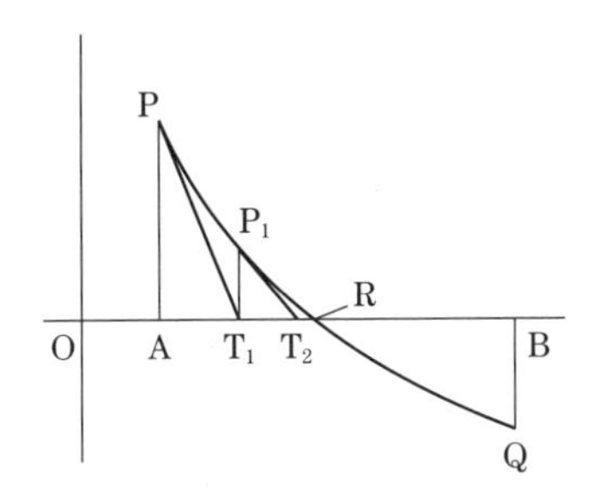

図 8–2

$f'(x) < 0$ であるから，x が増加するのに従い $f(x)$ は減少する．従って $f(a) > 0$, $f(b) < 0$ のはずである．$f(a)\,f''(a) > 0$ であるから

$$0 = f(\xi) = f(a+h) = f(a) + f'(a)\,h + f''(a)\,\frac{h^2}{2} + \cdots$$

から

$$\frac{f(a)}{f'(a)} = -h - \frac{h^2}{2} \cdot \frac{f''(a)}{f'(a)} + \cdots,$$

$$a_1 = a - \frac{f(a)}{f'(a)} = a + h + \frac{h^2}{2} \cdot \frac{f''(a)}{f'(a)} + \cdots = \xi + \frac{h^2}{2} \cdot \frac{f''(a)}{f'(a)} + \cdots.$$

h が充分小ならば，$f''(a) > 0$, $f'(a) < 0$, $f(a) > 0$ から $a < a_1 < \xi$ となる．同様に $a_1 < a_2 < a_3 < \cdots < \xi$．故に $(a,\ a_1,\ a_2, \ldots)$ は増加数列であって ξ を超えないから，必ず収束する．これを幾何学的に解釈すれば，$\mathrm{OA} = a$, $\mathrm{OB} = b$, $\mathrm{OR} = \xi$ とし，曲線上の点 P における接線が横軸と交わる点を T_1 とすれば，

§8.23,*1　Faber, Journ. f. Math. 138, 1910; 146, 1916 参照．

$$f(a)=\mathrm{AP},\ f'(a)=-\tan\mathrm{PT_1A},\ \frac{f(a)}{f'(a)}=-\mathrm{AT_1},\ a_1=\mathrm{OA}+\mathrm{AT_1}=\mathrm{OT_1}$$

となる．すなわち $\mathrm{T_1}$ は a_1 を表す．a_2, a_3, ... を表す点 $\mathrm{T_2}$, $\mathrm{T_3}$, ... が漸次 R に近づくことは容易に分かる．

もしまた $f'(x)<0$, $f''(x)<0$ ならば，次の図 8–3 のようになる

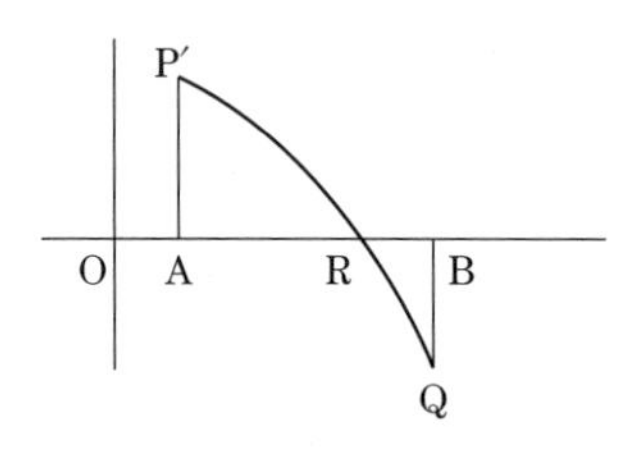

図 8–3

この場合には，第一近似値として a の代わりに b とすればよろしい．$f'(x)>0$ の場合も同様に論ぜられる．実根 ξ が単根であり，従って $f'(\xi)\neq 0$ であり，かつ $f''(\xi)\neq 0$ ならば，ξ を挟む区間 (a,b) を充分小さくとれば，この定理の条件が満たされる．

8.24. ホーナーの方法[*1]．ホーナーの方法は理論的には別に新味はないが，根の実際の計算を組織的にする点において便利である．次にこれを証明しよう．

$f(x)=0$ の実根 ξ が整数 m, $m+1$ の間に唯一つ存在したと仮定する．この場合に $\xi-m$ を根とする方程式を作り，これを

$$f_1(x)=b_0x^n+b_1x^{n-1}+\cdots+b_n$$

とすれば，$f_1(x)=f(x+m)$ であるから

$$\begin{aligned}f(x)&=a_0x^n+a_1x^{n-1}+\cdots+a_n\\&=b_0(x-m)^n+b_1(x-m)^{n-1}+\cdots+b_{n-1}(x-m)+b_n\end{aligned}$$

となる．すなわち $f_1(x)$ の係数 $(b_0,b_1,b_2,\dots,b_n)$ は

$$f(x)=f(x-m+m)=f(m)+f'(m)(x-m)$$

§8.24,*1 Horner, Philosophical Transactions, 1819. 彼はその後の論文でこれを改良した．Cajori によると，1804 に Ruffini はこの方法を予想していたという．Bull. Amer. Math. Soc. 17, 1911 参照．

$$+\frac{f''(m)}{2!}(x-m)^2+\cdots+\frac{f^{(n)}(m)}{n!}(x-m)^n$$

と比較すれば

$$b_n=f(m),\ b_{n-1}=f'(m),\ b_{n-2}=\frac{f''(m)}{2!},\ \ldots,\ b_0=\frac{f^{(n)}(m)}{n!}$$

である．この計算は §8.21 で示してある．

次に $f_1(x)=0$ の実根は区間 $(0,1)$ の間になければならない．ニュートンの方法によれば，$f(x)=0$ の根の第一近似値は $a=m$，第二近似値は $a_1=a-f(a)/f'(a)$ である．従って $f_1(x)=0$ の根の第二近似値は $-f(a)/f'(a)$ である．$f(a)$, $f'(a)$ はすでに計算してあるから，この第二近似値は直ちに求められる．

$f_1(x)=0$ について同様のことを繰返せば，逐次に方程式の根の第三，第四の近似値が求められる．

例題. $f(x)=x^4-5x^3-2x^2+4x+1=0$ の実根を求めよう．§8.22 に示したように，実根の分離によって区間 (5, 5.5), (0, 1), $\left(-\frac{1}{2},0\right)$, $\left(-1,-\frac{1}{2}\right)$ に一つずつ根があることを知った．まず (5, 5.5) の α_1 を計算しよう．

$$\begin{array}{rrrrrl}
1 & -5 & -2 & 4 & 1 & \\
 & 5 & 0 & -10 & -30 & \\
\hline
 & 0 & -2 & -6 & -29 & =f(5) \\
 & 5 & 25 & 115 & & \\
\cline{2-4}
 & 5 & 23 & 109 & =f'(5) & \\
 & 5 & 50 & & & \\
\cline{2-3}
 & 10 & 73 & =\dfrac{f''(5)}{2!} & & \\
 & 5 & & & & \\
\cline{2-2}
 & 15 & =\dfrac{f'''(5)}{3!} & & &
\end{array}$$

この結果によって，α_1-5 を根とする方程式は

$$f_1(x)=x^4+15x^3+73x^2+109x-29=0$$

となる．この方程式の根の近似値は

$$-\frac{f(5)}{f'(5)}=\frac{29}{109}=0.26\cdots$$

であるから，さらに 0.2 だけ小さい根を有する方程式を作る．

$$
\begin{array}{rrrrl}
1 & 15 & 73 & 109 & -29 \\
 & 0.2 & 3.04 & 15.208 & 24.8416 \\
\hline
 & 15.2 & 76.04 & 124.208 & -4.1584 = f_1(0.2) \\
 & 0.2 & 3.08 & 15.824 & \\
\hline
 & 15.4 & 79.12 & 140.032 = f_1{}'(0.2) & \\
 & 0.2 & 3.12 & & \\
\hline
 & 15.6 & 82.24 = \dfrac{f_1{}''(0.2)}{2!} & & \\
 & 0.2 & & & \\
\hline
 & 15.8 = \dfrac{f_1{}'''(0.2)}{3!} & & &
\end{array}
$$

この結果によって

$$f_2(x) = x^4 + 15.8x^3 + 82.24x^2 + 140.032x - 4.1584 = 0$$

を得る．この根の近似値は

$$-\frac{f_1(0.2)}{f_1{}'(0.2)} = \frac{4.1584}{140.032} = 0.029\cdots.$$

よって与えられた方程式の根 α_1 の近似値は 5.229 である．

次に区間 $(0,1)$ の中にある根 α_2 を求めよう．

$f(0) = 1,\ f'(0) = 4$ であるから，0 を第一近似値としてニュートンの方法を適用すれば，第二近似値は -0.25 となり，区間 $(0,1)$ の間の根 α_2 の近似値にはならない*2．故に第一近似値を 1 として進む．そのために，1 だけ小さい根をもつ方程式を作れば

$$f_1(x) = x^4 - x^3 - 11x^2 - 11x - 1 = 0$$

を得る．この根の近似値は $-1/11 = -0.09\cdots$ である．次に -0.1 だけ小さい根をもつ方程式を作れば

$$f_2(x) = x^4 - 1.4x^3 - 10.64x^2 - 8.834x - 0.0089 = 0$$

を得る．この根の近似値は，$-0.0089/8.834 = -0.001\cdots$．故に，$\alpha_2$ の近似値として $1 - 0.1 - 0.001 = 0.899$ を得る．

α_3, α_4 の近似値が $-0.239,\ -0.889$ であることは読者自ら確かめていただきたい．

8.25. 反復法.

ニュートンの方法は

$$a,\ a_1 = a - \frac{f(a)}{f'(a)},\ a_2 = a_1 - \frac{f(a_1)}{f'(a_1)},\ \ldots,\ a_{n+1} = a_n - \frac{f(a_n)}{f'(a_n)},\ \ldots$$

*2 これは却って $\left(-\dfrac{1}{2}, 0\right)$ の間にある根 α_3 の近似値である．

を以て実根 ξ に収束する数列を与えるものである．今

$$F(x) = x - \frac{f(x)}{f'(x)}$$

とおけば，この数列は

$$a,\ a_1 = F(a),\ a_2 = F(a_1),\ a_3 = F(a_2),\ \ldots,\ a_{n+1} = F(a_n),\ \ldots$$

となる．すなわち a から出発して $F(x)$ の値を逐次に計算することになる．このような方法を**反復法**と名づける．

$F(x)$ として $x - f(x)/f'(x)$ のほかに種々の形をとって，方程式の根の近似値を見出すことが可能である．ここにも問題は a_n の極限の存在の決定にある．この方法は和算家にもしばしば試みられたものである[*1]．

8.26. グレッフェの方法[*1]． ニュートンとは全く異なる見地から根の近似値を与えるものにグレッフェの方法がある．

今実係数の方程式 $f(x) = 0$ の根を $\alpha_1, \alpha_2, \ldots, \alpha_n$ とし，これらは互いに異なるものとする．これらのうちで絶対値の最大なるものが唯一つである場合に，これを α_1 とする．虚根とその共役根との絶対値は等しいから，α_1 は実数でなければならない．根の冪和

$$S_k = {\alpha_1}^k + {\alpha_2}^k + \cdots + {\alpha_n}^k$$

をとり，

$$S_k = {\alpha_1}^k \left\{ 1 + \left(\frac{\alpha_2}{\alpha_1}\right)^k + \left(\frac{\alpha_3}{\alpha_1}\right)^k + \cdots + \left(\frac{\alpha_n}{\alpha_1}\right)^k \right\}$$

において k を増大させると，$|\alpha_i| < |\alpha_1|$ によって

$$\lim_{k\to\infty} \sqrt[k]{|\,S_k\,|} = |\,\alpha_1\,|$$

となる．然るに S_k は方程式の係数の有理関数として表されるから，k を充分大きくすれば，$|\alpha_1|$ の近似値が得られる．α_1 の符号は $|\,\alpha_1\,|$ の近似値を A とすれば，A, $-A$

---

§8.25,*1 坂部廣胖，立方盈朒 (1803) が三次方程式 $x^3 = A + Bx$ を解くために $x = A/(x^2 - B)$ の形とし，$F(x) = A/(x^2 - B)$ として反復法 $a_1 = F(a), a_2 = F(a_1), \ldots$ を試みている．一般の方程式に関しては坂部の弟子，川井久徳の開式新法 (1801) に論じている．三上義夫，The Development of Math. in China and Japan, 1913, Chapt. 39 参照．

§8.26,*1 Graeffe, Auflösung der höheren numerischen Gleichung, Zürich, 1837.

に近い数を $f(x)$ に代入して符号を見ることによって決定される．

実際の計算を簡単にするために次のようにする．

$$\begin{aligned} f(x) &= a_0(x-\alpha_1)(x-\alpha_2)\cdots(x-\alpha_n) \\ &= a_0x^n + a_1x^{n-1} + a_2x^{n-2} + \cdots + a_n \end{aligned}$$

とおけば

$$\begin{aligned} (-1)^n f(x)f(-x) &= {a_0}^2(x^2-{\alpha_1}^2)(x^2-{\alpha_2}^2)\cdots(x^2-{\alpha_n}^2) \\ &= (a_0x^n + a_2x^{n-2} + \cdots)^2 - (a_1x^{n-1} + a_3x^{n-3} + \cdots)^2 \end{aligned}$$

となる．故に右辺の x^2 を x で置換えたものを $f_1(x)$ とすれば，$f_1(x)=0$ の根は ${\alpha_1}^2$, ${\alpha_2}^2, \ldots, {\alpha_n}^2$ となる $f_1(x)$ について同様に行えば ${\alpha_1}^4$, ${\alpha_2}^4, \ldots, {\alpha_n}^4$ を根とする方程式 $f_2(x)=0$ が得られる．このようにして進めば

$$ {\alpha_1}^{2^p},\ {\alpha_2}^{2^p},\ {\alpha_3}^{2^p},\ \ldots,\ {\alpha_n}^{2^p} $$

を根とする方程式 $f_p(x)=0$ に到達する．

$$ f_p(x) = A_0x^n + A_1x^{n-1} + \cdots + A_n $$

とし，$\lambda = 2^p$ とおけば

$$ S_\lambda = {\alpha_1}^\lambda + {\alpha_2}^\lambda + \cdots + {\alpha_n}^\lambda = -A_1/A_0, $$

$$ (\alpha_1\alpha_2)^\lambda + (\alpha_1\alpha_3)^\lambda + \cdots + (\alpha_{n-1}\alpha_n)^\lambda = A_2/A_0, $$

$$ \cdots\cdots\cdots\cdots\cdots\cdots\cdots\cdots\cdots $$

故に

$$ \lim_{p\to\infty} \sqrt[\lambda]{|\,S_\lambda\,|} = \lim_{p\to\infty} \sqrt[\lambda]{|\,A_1\,:\,A_0\,|} = |\,\alpha_1\,|. $$

今もし $|\alpha_1| > |\alpha_2| > |\alpha_3| > \cdots > |\,\alpha_n\,|$ ならば $\alpha_1\alpha_2$ 以外の $\alpha_i\alpha_k$ の絶対値は $|\,\alpha_1\alpha_2\,|$ より小さいから

$$ \lim_{p\to\infty} \sqrt[\lambda]{|\,A_2\,:\,A_1\,|} = |\,\alpha_2\,|, \quad \lim_{p\to\infty} \sqrt[\lambda]{|\,A_3\,:\,A_2\,|} = |\,\alpha_3\,|, \ \ldots\ . $$

これらから $|\,\alpha_1\,|$, $|\,\alpha_2\,|, \ldots$ が求められる．ただし $|\,\alpha_1\,|$ の近似値が精密に出る場合でも，$|\,\alpha_2\,|$ 以下の近似値はやや精密さを欠くことがあることを免れない．

絶対値の最大である根が実数でない場合には，絶対値の等しいものが少なくとも二

つは存在する．これらは二つずつ共役であるから

$$|\alpha_1| = |\alpha_2| \geqq |\alpha_3| \geqq |\alpha_4| \geqq \cdots$$

と仮定して

$$\alpha_1 = \rho(\cos\theta + i\sin\theta),\ \alpha_2 = \rho(\cos\theta - i\sin\theta)$$

とおけば，$\lambda = 2^p$ に対して

$$-A_1 : A_0 = {\alpha_1}^\lambda + {\alpha_2}^\lambda + \cdots = 2\rho^\lambda \cos\lambda\theta + {\alpha_3}^\lambda + \cdots,$$

$$A_2 : A_0 = (\alpha_1\alpha_2)^\lambda + (\alpha_1\alpha_3)^\lambda + \cdots = \rho^{2\lambda} + 2\rho^\lambda \cos\lambda\theta \cdot {\alpha_3}^\lambda + \cdots$$

故に

$$\lim_{p\to\infty} \sqrt[2\lambda]{|A_2 : A_0|} = \rho,\ \lim_{p\to\infty} \frac{-(A_1 : A_0)}{2\rho^\lambda} = \lim_{p\to\infty} \frac{-(A_1 : A_0)}{2\sqrt{|A_2 : A_0|}} = \cos\lambda\theta.$$

これから虚根 α_1, α_2 が定まる．

グレッフェ以前，すでにベルヌーイ*2は

$$\lim_{k\to\infty} \frac{S_{k+1}}{S_k} = \alpha_1$$

なることを注意した．理論的には同一の思想であるが，グレッフェの方が遥かに実際的である．

例題 1.

$$f(x) = x^4 - 5x^3 - 2x^2 + 4x + 1 = 0.$$

$F(x) = x^4 + a_1x^3 + a_2x^2 + a_3x + a_4$ に対して $F_1(x)$ を作ると

$$F_1(x^2) = F(x)F(-x) = (x^4 + a_2x^2 + a_4)^2 - x^2(a_1x^2 + a_3)^2.$$

故に

$$\begin{aligned} F_1(x) &= (x^2 + a_2x + a_4)^2 - x(a_1x + a_3)^2 \\ &= x^4 + (2a_2 - {a_1}^2)x^3 + ({a_2}^2 + 2a_4 - 2a_1a_3)x^2 + (2a_2a_4 - {a_3}^2)x + {a_4}^2. \end{aligned}$$

上の $f(x)$ から出発すれば

$$f_1(x) = x^4 - 29x^3 + 46x^2 - 20x + 1,$$

$$f_2(x) = x^4 - 749x^3 + 958x^2 + \cdots,$$

$$f_3(x) = x^4 - 559085x^3 + \cdots.$$

---

*2 D. Bernoulli, Comm. Petrop. 3, 1728.

となる[*3]．故に絶対値が最大である根を α_1 とすれば，$|\alpha_1|$ の近似値として

$$\sqrt[8]{559085} = 5.2292\cdots$$

を得る．§8.24 で示したように，α_1 は区間 $(5, 5.5)$ の間にあるから，$\alpha_1 = 5.2292\cdots$ である．これは §8.24 の結果とよく合っている．

$f(x) = 0$ の根はすべて相異なる実数であるが，それらの絶対値の大小関係を見ると，区間 $(5, 5.5)$ の間にある α_1 が最大である．区間 $(0, 1)$, $(-1/2, 0)$, $(-1, -1/2)$ の間にある α_2, α_3, α_4 については $|\alpha_3| < |\alpha_4|$ だけは分かるが，α_2 との大小関係はちょっと分からない．故に $f(1/2)$ を計算すれば $31/16$ となるから，α_2 は $(1/2, 1)$ の間にある．従って $\alpha_2 > |\alpha_3|$．これでも未だ α_2, $|\alpha_4|$ の大小関係は分からない．

グレッフェの方法によれば，$\lim \sqrt[\lambda]{|A_2 : A_1|}$ は第二の根の絶対値を与えるものである．$p = 3$ について計算すれば

$$\sqrt[8]{|A_2 : A_1|} = \sqrt[8]{\frac{456382}{559085}} = 0.975\cdots$$

これは後で見ることができるように大分不精密である．もっと精密な結果を出すには，p をもっと大きくとらねばならない．

このグレッフェの方法は根の分離をせずに，直接に計算できる所が一つの長所である．しかしそのためには p を大きくとらねばならない[*4]．

もし根がすでに分離してあれば，次のように計算できる．

例えば $(1/2, 1)$ の間にある α_2 を求めよう．1 だけ小さい根を有する方程式は $x^4 - x^3 - 11x^2 - 11x - 1 = 0$ となり，この根の逆数を根とする方程式 $\varphi(x) = x^4 + 11x^3 + 11x^2 + x - 1 = 0$ の根を β とすれば，$f(x) = 0$ の根は $\alpha = 1 + \dfrac{1}{\beta}$ である．β の絶対値が最大であるのは明らかに $\alpha = \alpha_2$ に相当する β_2 でなければならない．故に $\varphi(x) = 0$ について，グレッフェの方法を行うと

$$\varphi_1(x) = x^4 + 22x^3 + 121x^2 - 22x + 1,$$

$$\varphi_2(x) = x^4 - 960x^3 + 4857x^2 + \cdots,$$

$$\varphi_3(x) = x^4 - 92284735x^3 + \cdots.$$

従って

---

*3　$p = 3$ でとどめる場合には，f_2 の x 以下の項および f_3 の x^2 以下の項は計算する必要はない．

*4　この計算には和の対数公式を用いるのが便利である．Runge, Praxis der Gleichungen, 2, Aufl., 1921, §21 参照．

$$\sqrt[3]{92284735} = |\,\beta\,| = 9.9001\cdots, \ |\,\alpha_2 - 1\,| = 0.1010\cdots,$$

$$\alpha_2 = 1 - 0.1010 = 0.8990.$$

α_3 を求めるためには，$|\,\alpha_3\,|$ は最小であるから，その逆数を根とする方程式について行えばよろしい．また α_4 は -1 だけ小さい根を有する方程式について行えばよろしい．このようにして

$$\alpha_3 = -0.2393, \quad \alpha_4 = -0.8889$$

が得られることは，読者自ら試みていただきたい．

例題 2.　虚根の計算方法を示すため，次の方程式

$$f(x) = (x-1)(x^2-2x+3) = x^3 - 3x^2 + 5x - 3 = 0$$

をとって計算し，これを根の正しい値 $1 + i\sqrt{2}$, $1 - i\sqrt{2}$, 1 と比較してみよう．

ここに

$$f_1(x) = x^3 + x^2 + 7x - 9,$$

$$f_2(x) = x^3 + 13x^2 + 67x - 81,$$

$$f_3(x) = x^3 - 35x^2 + 6595x - 6561,$$

$$f_4(x) = x^3 + 11965x^2 + 43034755x - 43046721.$$

$f_1(x)$ 以下の第二項の係数に正のものが現れることは虚根の存在する証拠である．

$$\rho^{32} = 43034755, \quad \rho = 1.73203,$$

$$2\,\rho^{16}\cos 16\theta = -11965, \quad 16\theta = 204°13', \quad 155°47'$$

となる．$f_1(x), f_2(x)$ の第二項が正の係数を有することは $\cos 2\theta$, $\cos 4\theta$ が負なることを示す．故に

$$\theta = 54°44', \quad 57°46'$$

でなければならない．然るに虚根の真の値は

$$\rho\,(\cos\theta + i\sin\theta) = 1 + i\sqrt{2}.$$

故に $\rho\cos\theta = 1$ である．上に求めた近似値によると，$\theta = 54°44'$ とすれば

$$\rho\cos\theta = 1.73203 \times 0.57738 = 1.00004$$

であってかなり精密な結果が得られている．

$\theta = 54°44'$, $57°46'$ のいずれをとるべきものかというと，$\xi = \rho\,(\cos\theta + i\sin\theta)$ を $f(x)$ に代入した

$$\rho^3\cos 3\theta - 3\rho^2\cos 2\theta + 5\rho\cos\theta - 3 = 0,$$

$$\rho^3 \sin 3\theta - 3\rho^2 \sin 2\theta + 5\rho \sin \theta = 0$$

が成立しなければならないのであるから，なるべくこれに近くなる方をとればよろしい．我々の場合においては，実根を a とすれば，$f = 0$, $f_1 = 0$ における x^2 の係数を a, ρ, θ で表せば

$$3 = a + 2\rho \cos \theta, \quad -1 = a^2 + 2\rho^2 \cos 2\theta$$

となる．故に a を消去して

$$\cos \theta = (3 + \sqrt{4\rho^2 - 11})/4$$

を得る．これはほとんど 1 に等しい．故に $\rho \cos \theta = 1$ から $\theta = 54°44'$ が得られる．

第8章　演習問題

1.　$f(x) = x^n + a_1 x^{n-1} + \cdots + a_{n-1}x + a_n$ および $|x| = \rho$ とすれば

$$|f(x)| \geqq \rho^n - (|a_1|\rho^{n-1} + |a_2|\rho^{n-2} + \cdots + |a_n|)$$

なる関係を得る．これより，$f(x) = 0$ の任意の一根を α とすれば

$$|\alpha| < |a_1| + |a_2|^{\frac{1}{2}} + |a_3|^{\frac{1}{3}} + \cdots + |a_n|^{\frac{1}{n}}$$

なることを証明せよ．(Walsh, Annals of Math. (2) 25, 1924.)

同様に

$$|\alpha| < 1 + \left\{ \frac{|a_1|^2}{1} + \frac{|a_2|^2}{1+t} + \cdots + \frac{|a_n|^2}{1+(n-1)t} \right\}^{\frac{1}{2}}, \qquad 0 < t \leqq 4$$

なることを証明せよ．(Van der Corput, Wiskundige Opgaven 14, 1926.)

2.

$$f(x) = a_0 x^n + a_1 x^{n-1} + \cdots + a_n; \quad a_0 > 0; \quad a_1, a_2, \ldots, a_{n-1}, a_n < 0$$

ならば，$f(x) = 0$ の虚根の絶対値は

$$\max\left(\left| \frac{a_n}{a_{n-1}} \right|, \left| \frac{a_{n-1}}{a_{n-2}} \right|, \ldots, \left| \frac{a_2}{a_1} \right| \right)$$

より小なることを証明せよ．(林，Tôhoku Math. J. 2, 1912.)

3.　実係数の方程式 $f(x) = a_0 x^n + a_1 x^{n-1} + \cdots + a_n = 0$ に対し

$$f_k(x) = a_0 x^k + a_1 x^{k-1} + \cdots + a_k, \quad (f_n(x) = f(x))$$

とする．$f_0(a), f_1(a), \ldots, f_n(a) > 0$ ならば，$f(x) = 0$ の実根はすべて a より小なることを証明せよ． (Laguerre, Nouv. Annales (2) 19, 1880, Oeuvres 1, p.72.)

4.　$f(x) = a_0 x^n + a_1 x^{n-1} + \cdots + a_n = 0$ の根がすべて実数ならば

$$a_0 x^n + \frac{a_1 x^{n-1}}{1!} + \frac{a_2 x^{n-2}}{2!} + \cdots + \frac{a_n}{n!} = 0$$

の根もまたすべて実数である． (Laguerre, Journ. f. Math. (3) 9, 1883, Oeuvres 1, p.34.)

5.

$$f(x) = x^n - \binom{n}{1} c_1 x^{n-1} + \binom{n}{2} {c_2}^2 x^{n-2} - \cdots + (-1)^n {c_n}^n = 0$$

の根がすべて正ならば，$c_1 \geqq c_2 \geqq \cdots \geqq c_n$ なることを証明せよ．

これを書換えれば

$$\frac{\sum x_1}{\binom{n}{1}} \geqq \left(\frac{\sum x_1x_2}{\binom{n}{2}}\right)^{\frac{1}{2}} \geqq \left(\frac{\sum x_1x_2x_3}{\binom{n}{3}}\right)^{\frac{1}{3}} \geqq \cdots \geqq \left(\frac{\sum x_1x_2\cdots x_n}{\binom{n}{n}}\right)^{\frac{1}{n}}, \quad (x_i > 0).$$

すなわち算術平均と幾何平均との関係式の拡張が得られる．

(算術平均は幾何平均より小でないことを用いて，$c_{n-1} \geqq c_n$ を出し，次に f', f'', ... について論ぜよ．)

6. $f(x)=0$ の正根の数を p とし，係数列の符号の変化の数を ν とするとき，デカルトの符号法則が成立しないものと仮定すれば，$p \geqq \nu+2$ なることを証明し，これより f', f'', ... にロルの定理を適用して矛盾に到達することを示せ． (Jacottet, L'Enseignement Math., 1909.)

7. $x+\dfrac{1}{x}=z$, $x^n+\dfrac{1}{x^n}=f_n(z)$ とすれば，$f_n(z)$ は z についての n 次の有理整関数である．$f_n, f_{n-1}, \ldots, f_1, f_0$ はスツルム鎖を作ることを示せ．

8. スツルムの定理を利用して

$$x^n+\binom{n}{1}x^{n-1}+\binom{n}{2}x^{n-2}+\cdots+\binom{n}{n-1}x+\binom{n}{n}=0$$

の根はすべて実根なることを示せ． (Netto, Algebra 1, p.241.)

9. n 次方程式 $f(x)=0$ が互いに相異なる m 個の根をもつために必要にして充分な条件は

$$D_n,\ D_{n-1},\ \ldots,\ D_{m+1}=0,\ D_m \neq 0$$

である．ただし $D_k = \begin{vmatrix} S_0 & S_1 & \cdots & S_{k-1} \\ S_1 & S_2 & \cdots & S_k \\ \cdots & \cdots & \cdots & \cdots \\ S_{k-1} & S_k & \cdots & S_{2k-2} \end{vmatrix}$，ここで S_k は根の k 乗の和を表す．
(Baur, Math. Ann. 50, 52, 1898, 1899.)

10. n 次方程式 $f(x)=0$ の根が少なくとも二つ，半径 r の円 C の内部に含まれていれば，$f'(x)=0$ の根が少なくとも一つは C と同心で半径 $r\operatorname{cosec}\dfrac{\pi}{n}$ なる円の内部に含まれる．(掛谷，Tôhoku Math. J. 11, 1917.) これをグレイスの定理 (§8.11) を用いて証明せよ．

11. $a_0+a_1x+a_2x^2+\cdots+a_nx^n=0$ の根は少なくとも一つ，$z=0$, $z=-\dfrac{na_1}{a_0}$ を直径の両端とする円内または周上にある． (Laguerre, Nouv. Annales (2) 17, 1878, Oeuvres 1, p.56.)

12. $x^3-3x+1=0$ の根を求めよ．

(答 −1.87938, 0.34729, 1.53209)

13.　$x^3+x^2-2x-1=0$ の根を求めよ．

(答　-1.80194, -0.44504, 1.24698)

14.　$x^4-11727x+40385=0$ の実根を求めよ．

(答　3.45592, 21.43067)

15.　$x^3-4x^2+7x-6=0$ の根は 2, $1+i\sqrt{2}$, $1-i\sqrt{2}$ であるが，これをグレッフェの方法によって求めよ．

16.　$x^3-3x+1=0$ を反復法 $x_n=1/(3-x_{n-1}^2)$ により，$x_1=1$ から出発して計算せよ．かつこれが収束することを証明せよ．　(答　0.3473)

平方数および逆数の表 (例えば Barlow's Tables) を用いれば極めて便利である．

17.　$f(x)=a_0x^n+a_1x^{n-1}+\cdots+a_n=0$ の係数を実数とし，a_0 は正であって，$a_1, a_2, \ldots, a_n$ の内，負になるものを $a_p, a_q, a_r, \ldots$ とすれば，正根は

$$\max\left(\sqrt[p]{\left|\frac{a_p}{a_0}\right|},\ \sqrt[q]{\left|\frac{a_q}{a_0}\right|},\ \sqrt[r]{\left|\frac{a_r}{a_0}\right|},\ldots\right)$$

より大きくないことを証明せよ．

($|f(x)| \geqq a_0x^n-(|a_p|\,x^{n-p}+|a_q|\,x^{n-q}+\cdots)$, $x>0$ を利用する．)

18.　$a_0, a_1, \ldots, a_{p-1}>0$, $a_p<0$ とし，負の係数の絶対値中の最大なるものを N とすれば，$a_0x^n+a_1x^{n-1}+\cdots+a_n=0$ の正根は $1+\dfrac{N}{a_0+a_1+\cdots+a_{p-1}}$, $1+\left(\dfrac{N}{a_0}\right)^{\frac{1}{p}}$ のいずれよりも小なることを証明せよ．また

$$1+\min\left\{\frac{N}{a_0+a_1+\cdots+a_h}\right\}^{\frac{1}{p-h}}, \qquad (h=0, 1, \ldots, p-1)$$

より小なることを証明せよ．

($|f(x)| \geqq (a_0+a_1+\cdots+a_h)x^{n-h}-Nx^{n-p+1}/(x-1)$ を利用せよ．)

19.　$f(x)=0$ の根がすべて正なるときは，ニュートンの方法は 0 を第一近似値として出発すれば，最小の正根 α に収束することを証明せよ．(Tauber, Monatshefte f. Math. 6, 1895.)　(区間 $(0,\alpha)$ ではロルの定理によって $f'(x)\neq 0$ なることに注意せよ．)

第8章 諸定理

1. 絶対値最小の根の範囲.

(a) $f(x) = a_0 + a_1x + a_2x^{\nu_2} + a_3x^{\nu_3} + \cdots + a_nx^{\nu_n} = 0$, $(1 < \nu_2 < \nu_3 < \cdots < \nu_n)$ の絶対値最小の根を α とすれば

$$|\alpha| \leqq n\left|\frac{a_0}{a_1}\right|.$$

$$g(x) = a_0 + a_1x^{\nu_1} + a_2x^{\nu_2} + \cdots + a_nx^{\nu_n} = 0, \quad (1 \leqq \nu_1 < \cdots < \nu_n)$$

の絶対値最小の根を β とすれば

$$|\beta| \leqq \left(\frac{\nu_2\nu_3\cdots\nu_n}{(\nu_2-\nu_1)(\nu_3-\nu_1)\cdots(\nu_n-\nu_1)}\right)^{\frac{1}{\nu_1}}\left|\frac{a_0}{a_1}\right|^{\frac{1}{\nu_1}}. \quad \text{(Fejér, Math. Ann. 65, 1908.)}$$

また $1 \leqq k \leqq n$ なる任意の整数 k に対し

$$|\beta| \leqq n\left|\frac{a_0}{a_k}\right|^{\frac{1}{\nu_k}}. \qquad \text{(Fekete, Jahresber. D.M.V. 32, 1923.)}$$

(b) $f(x) = 0$ の絶対値最小の根 α は二点 $z = 0$, $z = -na_0/a_1$ を直径の両端とする円内または周上に存在する. (Fejér, Jahresber. D.M.V 26, 1917.)

(c) $f(x) = 1 + a_1x + \cdots + a_px^p + a_{p+1}x^{p+1} + \cdots + a_nx^n = 0$ の根の中で絶対値が最小であるものを α とすれば

$$|\alpha| \leqq \sqrt[p]{\binom{p+k}{p}\Big/|a_p|},$$

ただし k は p より大なる次数の 0 でない項の数を表す. 従って $|\alpha| \leqq \sqrt[p]{\binom{n}{p}\Big/|a_p|}$ はもちろん成立する. (Montel, Ann. l'École norm. (3) 40, 1923.)

$a_1 = a_2 = \cdots = a_{p-1} = 0$ ならば, 根を絶対値の大きさの順に並べたとき, 最小のものから始めて p 個の根の絶対値は

$$\sqrt[p]{\binom{n}{p}\Big/|a_p|}$$

より大きくない. (Van Vleck, Bull. S. M. F. 53, 1925.)

2.

$$|a_0| + |a_1|x + \cdots + |a_{k-1}|x^{k-1} - |a_k|x^k + |a_{k+1}|x^{k+1} + \cdots + |a_n|x^n = 0$$

の二つの正根を α, β $(\alpha < \beta)$ とすれば

$$f(x) = a_0 + a_1x + \cdots + a_nx^n = 0$$

には絶対値が区間 (α, β) 内にある根は存在しない．また絶対値が α より大でない根は k 個存在する．(Pellet, Bull. des sci. math. (2) 5, 1881.)

この逆もまた成立する．(Walsh, Annals of Math. (2) 26, 1924.)

3. $f(x)=0$ の根が $x=0$ を中心とし，半径 R の円内にあれば，$f(x)+\lambda f'(x)=0$ の根は，多くとも一つを除けば

$$n \text{ が偶数なるとき}\qquad |x|<\sqrt{2}\,R,$$
$$n \text{ が奇数なるとき}\qquad |x|<\sqrt{2}\,R\left(\frac{\sqrt{n+1}+\sqrt{n-1}}{2\sqrt{n}}\right)$$

である．(Biernacki, Comptes Rendus 183, 1926.)

4. n 次の方程式 $f(x)=0$ の $n-1$ 個の根が，半径 r の円 C' 内にあれば，$f'(x)=0$ の根の内，少なくとも $n-2$ 個は半径 λr なる円 C の同心円内に存在する．ただし n が奇数ならば $\lambda=\sqrt{1+\dfrac{1}{n}}$, n が偶数ならば $\lambda=\dfrac{\sqrt{n+2}+\sqrt{n-2}}{2\sqrt{n-1}}$ とする．(Biernacki, Comptes Rendus 183, 1926.)

5.　van den Berg の定理． $f(x)=0$ に重根がない場合には，$f'(x)=0$ の根は，$f(x)=0$ の根を表す点の二つずつの連結線の中点において，これに接する class $n-1$ の曲線[*1] C の $n-1$ 個の焦点である．(van den Berg, Nieuw Archief 15, 1888.)

例えば三次方程式 $f(x)=0$ の三根のなす三角形の三辺の中点において内接する楕円 (これは三角形に内接する最大の楕円である) の焦点が $f'(x)=0$ の根を表す．

$f^{(k)}(x)=0$ の根は無限遠直線に関する C の $k-1$ 次の極線 (polar) の焦点である (藤原, Tôhoku Math. J. 9, 1916.)

6.　Jensen の定理． 実係数の方程式 $f'(x)=0$ の虚根は $f(x)=0$ の共役虚根の一対を直径の両端とする円の少なくとも一つの内部に存在する．(Jensen はこれを Acta Math. 36, 1913 に証明なしに述べた．証明は Echols, American Math. Monthly 27, 1920; Nagy, Jahresber. D. M. V. 31, 1922.)

7. n 次方程式 $f(x)=0$ の根 $\alpha_1, \alpha_2, \alpha_3, \ldots, \alpha_n$ がすべて実数で，$\alpha_1 \leqq \alpha_2 \leqq \cdots \leqq \alpha_n$ ならば，α_1 と $\alpha_1+\dfrac{\alpha_n-\alpha_1}{n}$ との間，および α_n と $\alpha_n-\dfrac{\alpha_n-\alpha_1}{n}$ との間に少なくとも一つずつ $f'(x)=0$ の根がある．

α_1 と $\alpha_1+\dfrac{\alpha_n-\alpha_1}{2(n-1)}$ との間，および α_n と $\alpha_n-\dfrac{\alpha_n-\alpha_1}{2(n-1)}$ との間にも $f'(x)=0$ の根がある．

---

*1 〔**編者注**：任意の点から（重複度をこめて）$n-1$ 個の接線を引くことができる曲線のこと.〕

$$\alpha_n - \alpha_1 < \sqrt{2}\left\{\left(\frac{\alpha_1}{\alpha_0}\right)^2 - 2\left(\frac{\alpha_2}{\alpha_0}\right)\right\}^{\frac{1}{2}}$$

であって，$\alpha_n - \alpha_1$ は n に関係がない． (Nagy, Jahresber. D. M. V. 27, 1918.)

8. Hermite–Poulain の定理.

$$g(x) = b_0x^m + b_1x^{m-1} + \cdots + b_m = 0$$

の根がすべて実数ならば

$$F(x) = b_0f(x) + b_1f'(x) + \cdots + b_mf^{(m)}(x) = 0$$

には $f(x) = 0$ と少なくとも同数の実根がある．$f(x) = 0$ が実根のみを有するならば，$F(x) = 0$ も同様である． (Hermite–Poulain, Nouv. Annales (2) 5, 6, 1866, 1867.)

これの逆として，$f(x) = 0$ が実根のみを有する場合に，m 次より低くないすべての有理整関数 $f(x)$ に対して $F(x) = b_0f(x) + b_1f'(x) + \cdots + b_mf^{(m)}(x) = 0$ の根がすべて実数になるための必要にして充分な条件は，$g(x) = b_0x^m + b_1x^{m-1} + \cdots + b_m = 0$ が実根のみを有することである． (Schur, Journ. f. Math. 144, 1915. 藤原，Tôhoku Math. J. 9, 1916.)

9. n 次方程式 $f(x) = 0$ と，$n-1$ 次方程式 $\varphi(x) = 0$ とが実根のみを有し，かつ互いに相分つときは，あらゆる実数値 λ, μ に対して $\lambda f(x) + \mu\varphi(x) = 0$ の根は常に実数である．(Laguerre, Journ. f. Math. 89, 1880, Oeuvres 1, p.360.)

これの逆もまた成立する． (掛谷，Tôhoku Math. J. 9, 1916, p.106.)

10. $f(x) = 0$ は実根のみを有し，重根をもたない場合に，その相隣る二根の距離の最小値は $f'(x) = 0$ の場合のそれよりも小さい． (Stoyanoff, Nouv. Annales (6) 1, 1926.)

11. $f(x) = 0$ の根がすべて実数であるとき，最大の根を x_n とし，$f^{(r)}(x) = 0$ の最大の根を x_{n-r} とすれば，ロルの定理は $x_1 \leqq x_2 \leqq \cdots \leqq x_{n-1} \leqq x_n$ なることを示すが，さらに

$$x_n - x_{n-1} \leqq x_{n-1} - x_{n-2} \leqq \cdots \leqq x_2 - x_1$$

が成立する．(Schur, Journ. f. Math. 144, 1914.)

12. $g(x) = b_0x^m + b_1x^{m-1} + \cdots + b_m = 0$ の根がすべて正で，$f(x) = 0$ に少なくとも一つ実根があれば，$F(x) = b_0f + b_1f' + \cdots + b_mf^{(m)} = 0$ には少なくとも一つ，$f(x) = 0$ の最大実根より大きい実根がある． (Pólya, Journ. f. Math. 145, 1915.)

実根のみをもつ n 次方程式 $f(x) = 0$ に対して，常に

$$b_0f + \frac{b_1}{1!}f' + \frac{b_2}{2!}f'' + \cdots + \frac{b_n}{n!}f^{(n)} = 0$$

が実根のみをもつための必要充分条件は

$$b_0x^n + \binom{n}{1} b_1x^{n-1} + \binom{n}{2} b_2x^{n-2} + \cdots + b_n = 0$$

が実根のみを有することである．(大石，Tôhoku Math. J. 20, 1921.)

これが必要条件であることは高木博士の定理 (§8.12) からも直ちに分かる．

13.　実数または複素数を係数とする方程式 $f(x) = 0$ のすべての根を含む最小凸多角形を S とする．h を任意の実数または複素数とすれば，$f(x) + h\,f'(x) = 0$ の根はすべて S を $-nh$ の表すベクトルだけ動かしたときに，S が通過した点の全体からなる集合内に落ちる．(高木，日本数学物理学会記事 (3) 3, 1921.)

14.　$f(x) = a_0 + a_1x + a_2x^2 + \cdots + a_nx^n = 0$ の根が実数で，$g(x) = b_0 + b_1x + \cdots + b_mx^m = 0$ の根はすべて実数で同符号ならば

$$h(x) = a_0b_0 + a_1b_1x + a_2b_2x^2 + \cdots + a_\nu b_\nu\, x^\nu = 0$$

の根もまたすべて実数である．ただし ν は m, n の内の大でない方を表す．もし $n \leqq m$ で，$a_0b_0 \neq 0$ ならば，$h(x) = 0$ には重根がない．(Malo, Journ. d. Math. Spec. (4) 5, 1895.)

$h(x)$ の代わりに

$$H(x) = a_0b_0 + 1!\,a_1b_1x + 2!\,a_2b_2x^2 + \cdots + \nu!\,a_\nu b_\nu x^\nu = 0$$

をとっても同様である．(Schur, Journ. f. Math. 144, 1914.)

$m = n$ の場合に，$f(x) = 0$ の根はすべて非正で，$g(x) = 0$ の根の虚数部分が非負ならば，$h(x) = 0$ の根の虚数部分も非負である．(Cohn, Math. Zeits. 14, 1922.)

$f(x) = a_0 + a_1x + \cdots + a_nx^n = 0$ の根が実数なるときは，このようなすべての $f(x)$ に対して

$$h(x) = a_0b_0 + a_1b_1x + \cdots + a_nb_nx^n = 0$$

の根がすべて実数になるために必要にして充分な条件は

$$g(x) = b_0 + \binom{m}{1}b_1x + \binom{m}{2}b_2x^2 + \cdots + b_mx^m = 0, \quad (m = 1, 2, \ldots)$$

の根がすべて同符号の実数となることである．(Schur–Pólya, Journ. f. Math. 144, 1914.)

$f(x) = 0$ の根が同符号の実数ならば，このようなすべての $f(x)$ に対して，$h(x) = 0$ の根がすべて実数になるために必要にして充分な条件は，$g(x) = 0$ の根が $m = 1, 2, \ldots$ に対して常に実数となることである．

$$F(x) = a_0x^n + \binom{n}{1}a_1x^{n-1} + \binom{n}{2}a_2x^{n-2} + \cdots + a_n = 0$$

の根がすべて単位円内にあって

$$G(x) = b_0x^n + \binom{n}{1}b_1x^{n-1} + \binom{n}{2}b_2x^{n-2} + \cdots + b_n = 0$$

の根がすべて単位円内またはその周上にあれば

$$H(x) = a_0b_0x^n + \binom{n}{1}a_1b_1x^{n-1} + \cdots + a_nb_n = 0$$

の根は単位円内にある．(Szegö, Math. Zeits. 14, 1922 参照.)

$F(x) = 0$ の根 α がすべて実数で $0 \leqq \alpha < 1$, また $G(x) = 0$ の根 β もすべて実数で $-\alpha < \beta < \alpha$ ならば，$H(x) = 0$ の根 γ はすべて $-\alpha < \gamma < \alpha$ である．(Egerváry の定理. Cohn, Math. Zeits. 14, 1922 参照.)

$F(x) = 0$ の根 α はすべて $|\alpha| \leqq R$ で，$G(x) = 0$ の根 β もすべて $|\beta| \leqq r$ ならば，$H(x) = 0$ の根 γ はすべて $|\gamma| \leqq Rr$ である．(掛谷，日本数学物理学会記事 (3) 3. 1921.) これは §8.12 の高木博士の定理の特別の場合である．

15.

$$f(x) = a_0 + a_1x + \cdots + a_nx^n = 0, \quad (a_0 \neq 0)$$

$$g(x) = b_0 + b_1x + \cdots + b_{n+m}x^{n+m} = 0, \quad (m \geqq 0)$$

の根がすべて実数で，かつ $b_0, b_1, \ldots, b_n > 0$ ならば

$$F(x, y) = b_0f(y) + b_1xf'(y) + b_2x^2f''(y) + \cdots + b_nx^nf^{(n)}(y) = 0$$

は $sx - ty + u = 0$ なる任意の直線と n 個の実点で交わる．ただし $s, t \geqq 0$, $s + t > 0$, u は実数とする．

$y = 0$ とすれば Schur の定理 (**14**) となる．(Pólya, Zürich, Vierteljahrschrift 61, 1916.)

$f(x) = 0$ の根が一つの凸領域 K 内にある場合に

$$g(x) = b_0f + b_1f' + b_2f'' + \cdots = 0$$

の根もまた常に K 内にあるために，$(b_0, b_1, b_2, \ldots)$ が満足すべき条件については，Pólya, Comptes Rendus 183, 1926 参照.

16. Kronecker の定理 (§8.7) に関する定理.

$$f(x) = x^n + a_1x^{n-1} + \cdots + a_n = 0$$

の係数が虚二次数体 (第 2 巻参照) に属し，その根の絶対値がすべて 1 であれば，$f(x) = 0$ の根はすべて 1 の冪根である．(Loewy, Math. Ann. 50, 1898, p.561.)

整係数の代数方程式の根がある特別な集合 M に属するときに，このような方程式が有限個しかない条件については，Schur, Math. Zeits. 1, 1918; Fekete, Math. Zeits. 17, 1923; Szegö, Math. Zeits. 21, 1924 参照.

17. $k < 2$ なるとき，$(-k, k)$ なる区間で常に $|f(x)| < 1$ なる整係数の有理整関数 $f(x)$ は必ず存在する．$k = 2$ の場合には存在しない．(掛谷の定理，Tôhoku Math. J. 23, 1924, p.30 の岡田の論文参照.)

区間 $(-k,k)$ の代わりに凸閉曲線 C をとった場合は Szegö, Math. Zeits. 21, 1924 中にある Fekete の定理である．深澤，Tôhoku Math. J. 27, 1926; Fekete, Math. Ann. 96, 1926 に別証明がある.

一つの点集合 M の上で，$|f(x)|<1$ となる整係数の有理整関数 $f(x)$ が存在するための条件は Fekete, Math. Zeits. 17, 1923 にある.

18. $F(x)=x^n+a_1x^{n-1}+\cdots+a_n=0$ の根を含む最小凸多角形内に

$$G(x)=x^m+A_1(a_1,a_2,\ldots,a_n)x^{m-1}+\cdots+A_m(a_1,a_2,\ldots,a_n)=0$$

のすべての根が存在するために必要にして充分な条件は，$F(x)=0$ のすべての根が実数なる場合に $G(x)=0$ の根もまたすべて実数なることである．ただし $A_1, A_2, \ldots, A_m$ は $a_1,a_2,\ldots,a_n$ の有理整関数を表す．(掛谷, 日本数学物理学会記事 (3) 4, 1922; 大石, Japanese Journ. of Math. 2, 1925.)

19. $f(x)$ の Sturm 鎖 (狭義の) を $f, f_1, f_2, \ldots, f_n$ とすれば，$f_r=0$ に p 個の虚根があれば，$f=0$ には少なくとも p 個の虚根がある．(Darboux, Nouv. Annales (2) 7, 1868 p.137 に提出．証明は Pellet, ibid. p.334.)

20. Sturm 鎖の拡張．$f_k(x)$ を x^k の係数が正なる k 次の有理整関数とする．f_n, $f_{n-1}, \ldots, f_{\mu+1}, f_\mu, f_{\mu-1}, \ldots, f_1, f_0$ に対して

1° $i \gtrless \mu$ なる i をとるとき，$f_i(x)=0$ ならば $f_{i-1}(x)$, $f_{i+1}(x)$ は符号を異にする.

2° $i=\mu$ なるときは，$f_\mu(x)=0$ ならば $f_{\mu-1}(x)$, $f_{\mu+1}(x)$ が同じ符号をもつ.

3° $f_n(x)/f_{n-1}(x)$ は x がその零点を通過するとき，常に負から正に移る.

4° $f_n(x)=0$ には重根はない.

これら四条件が成立すれば，$f_n(x)=0$ には 2μ 個の虚根と $n-2\mu$ 個の実根がある．(Hurwitz, Math. Ann. 33, 1889.)

21. Sturm の定理の虚根への拡張．ガウス平面上のある領域内にある根の数を定める問題は Cauchy の指数 (Indice) の理論によって解かれている．(Cauchy, Journ. l'École polyt. Cahier 25, 1837, Oeuvres (2) 1, p.416.)

22. $f(x+iy)$ を実数部と虚数部とに分けたものを $P(x,y)+iQ(x,y)$ とし，点 (x,y) が閉曲線 C に沿って一周するとき，$P(x,y)/Q(x,y)$ が 0 を通過して正から負に移る度数を k とし，0 を通過して負から正に移る度数を k' とすれば，C 内にある $f(z)=0$ の根の数は $(k-k')/2$ である．ただし C 上には根がないとする．(Hermite, Leçons proféssés à la

Faculté des Sciences, Paris, p.175 参照.)

Kronecker はこの思想を拡張して Charakteristik の理論を立て，方程式の根を論じた．(Kronecker, Berliner Monatsber., 1869, 1878, Werke 1, p.177; 2, p.73. Weber, Algebra 1, p.323 参照.)

23. Descartes の符号の法則の拡張.

(a) $f(x) = a_0 + a_1 x + \cdots + a_n x^n = 0$ の係数をすべて実数とし，その符号の変化の数を V とすれば，$f(x) = 0$ の根の内，原点 O を通る二直線 OA, OB $\left(\angle\mathrm{AOX} = \angle\mathrm{XOB} = \alpha < \dfrac{\pi}{2}\right)$ の含む領域内にある根の数 N は

$$N = 2\left[\frac{n\alpha}{\pi}\right] + V - 2\mu$$

で与えられる．ただし μ は負でないある整数である．$\alpha < \pi/n$ ならば $N = V - 2\mu$ となる．従って $V < n$ ならば，少なくとも一つの根が $\alpha < \pi/n$ なる領域 $\angle\mathrm{AOB}$ の外に存在する．(Obrechkoff, Comptes Rendus 177, 1923.)

(b) $f(x) = 0$ の根がすべて実数ならば，$f(x)/(1-x)^k$ を x の昇冪に展開したときの係数列の符号の変化の数は，区間 $(0, 1)$ にある $f(x) = 0$ の実根の数に等しい．(Laguerre, Journ. de Math. (3) 9, 1883, Oeuvres 1, p.14.)

k を適当にとればこの逆が成立する．(Pólya–Fekete, Rend. Palermo 34, 1912.)

(c) $n_0 > n_1 > \cdots > n_r > 0$ で，$a_0, a_1, \ldots, a_r$ は 0 でない実数を表すとき

$$f(x) = a_0 x^{n_0} + a_1 x^{n_1} + \cdots + a_r x^{n_r} = 0$$

の正根の数は $a_0, a_1, \ldots, a_r$ の符号の変化の数を超えない．従って正根の数は r 個を超えない．(Faber, Münchener, Ber., 1922, p.18.)

(d)

$$F(x) = a_0 + a_1(x - x_1) + a_2(x - x_1)(x - x_2) + \cdots + a_n(x - x_1)(x - x_2)\cdots(x - x_n) = 0$$

において，係数 a_i は実数，$x_1, x_2, \ldots, x_n$ は任意の実数とする．その内で最大のものを x_α，最小のものを x_β とすれば，$F(x) = 0$ は (x_β, ∞) においては $(a_0, a_1, \ldots, a_n)$ の符号の変化の数より多くの実根をもたない．また $(-\infty, x_\alpha)$ においては $(a_0, -a_1, a_2, \ldots, (-1)^n a_n)$ の符号の変化の数より多くの実根をもたない．(Runge, Praxis der Gleichungen, 1900, pp.105–110; Pólya, Archiv d. Math. (3) 23, 1914.)

(e) $f(x)$ の係数を実数とすれば，正係数の有理整関数 $f_1(x)$ を適当に定めて，$f(x)\,f_1(x)$ の展開における係数列の符号の変化の数を $f(x) = 0$ の正根の数に等しくすることができる．(Curtiss, Math. Ann. 73, 1913.)

Laguerre は Oeuvres 1, pp.22–25 において，有理整関数 $f_1(x)$ の代わりに e^{kx} をとり，k

を充分大にすれば目的が達せられることを証明した.

Fekete–Pólya は Rend. Palermo 34, 1912 に，$f_1(x)$ として $(1+x)^k$ の k を充分大にすればよいとしている.

(f) $f_k = a_0x^k + a_1x^{k-1} + \cdots + a_k$ とし，$f_n(\alpha), f_{n-1}(\alpha), \ldots, f_1(\alpha), f_0(\alpha)$ の符号の変化の数を N とすれば，$f_n(x) = 0$ の $x > \alpha$ なる実根の数は N に等しいか，それよりもある偶数だけ少ない．ただし $\alpha \geqq 0$ とする．$\alpha = 0$ ならば Descartes の法則になる．(Laguerre, Oeuvres 1, p.6, 68, 75; Journ. de Math. (3) 9, 1883; Nouv. Annales (2) 18, 19, 1879–80.)

(g) $F(x) = a_1(x-\lambda_1)^m + a_2(x-\lambda_2)^m + \cdots + a_n(x-\lambda_n)^m = 0$ の実根の数は $a_1, \ldots, a_{n-1}, a_n, (-1)^m a_1$ における符号の変化の数より多くはない．ただし $\lambda_1 < \lambda_2 < \cdots < \lambda_n$ または $\lambda_1 > \lambda_2 > \cdots > \lambda_n$ とする．(Sylvester, Phil. Trans. 154, 1864; Collected Papers 2, p.401; Pólya, Archiv d. Math. (3) 23, 1914.)

24.　Newton の定理.　$f(x) = a_0x^n + \cdots + a_n = 0$ の実根の数は

$$a_0{}^2,\ a_1{}^2 - l_1a_0a_2,\ a_2{}^2 - l_2a_1a_3,\ \ldots,\ a_{n-1}^2 - l_{n-1}a_{n-2}a_n,\ a_n{}^2$$

の符号の継続の数に等しいか，それよりも偶数だけ少ない．ただし

$$l_1 = \frac{2n}{n-1},\ l_2 = \frac{3(n-1)}{2(n-2)},\ \ldots,\ l_{n-1} = \frac{n\cdot 2}{(n-1)\cdot 1}.$$

これは Newton が Arithmetica universalis で証明なしに述べたもので，Sylvester がその証明を与えた．次の拡張は同じ論文の中に含まれている．(Weber, Algebra 1, p.345 参照.)

25.　Sylvester の定理.

$$f(x+y) = c_0(y) + \binom{n}{1}c_1(y)x + \binom{n}{2}c_2(y)x^2 + \cdots + c_n(y)x^n$$

とし，かつ

$$C_0 = c_0{}^2,\ C_1 = c_1{}^2 - c_0c_2,\ C_2 = c_2{}^2 - c_1c_3,\ \ldots,\ C_n = c_n{}^2$$

とすれば区間 (a,b) にある $f(x) = 0$ の実根の数は，$y = a$ および $y = b$ としたとき，$c_rc_{r+1} > 0$, $C_rC_{r+1} > 0$ が同時に成立する回数の差に等しいか，それより偶数だけ少ない．これに対する Newton の定理はちょうど Fourier の定理に対する Descartes の定理の地位を占める．(Sylvester, Phil. Trans. 154, 1864, Proc. London Math. Soc. 1, 1865–66, Phil. Magazine 31, 1866; Collected Papers 2, p.376, 498, 542.) (Messenger of Math. 3, 1866; Netto, Algebra 1, pp.225–230 参照.)

$f(x) = 0$ の実根の数は

$$a_0{}^2,\ a_1{}^2 - a_0a_2,\ a_2{}^2 - a_1a_3,\ \ldots,\ a_{n-1}^2 - a_{n-2}a_n,\ a_n{}^2$$

における符号の継続の数に等しいか，それよりも偶数だけ少ない．(Netto, Algebra 1, p.235.)

26. Rolleの定理の拡張. $f(x)=a$ の根がすべて一つの凸閉曲線 O_1 内にある場合に，$f(x)=c$ の根がすべて O_1 内にあるような値 c は a を含む一つの凸閉曲線 O_2 内にある．(Jentzsch, Archiv d. Math. (3) 25, 1916; Fekete, Jahresber. D. M. V. 31, 1922.)

特別の場合として，$f(x)=a$, $f(x)=b$ が実根のみをもてば，$a<c<b$ なる任意の c に対し，$f(x)=c$ もまた実根のみをもつ．(Fekete, Jahresber. D. M. V. 31, 1922.)

α, β を実数または虚なる任意の二数とし，γ を角 $\alpha\gamma\beta$ が θ となる点とすれば，$f(x)=\alpha$, $f(x)=\beta$ のすべての根を θ より小さい角で挟む点からなる最小凸閉曲線の外部には $f(x)=\gamma$ の根は存在しない．(Fekete, Jahresber. D. M. V. 34, 1925.)

$$f_1(x)=0,\ f_2(x)=0,\ \ldots,\ f_m(x)=0$$

なる n 次方程式の根のすべてを含む最小凸多角形を Ω とする．Ω を π/n なる角で見る点の軌跡であるような閉曲線を C とすれば，$c_k \geqq 0$ に対して二つの方程式

$$c_1f_1(x)+c_2f_2(x)+\cdots+c_mf_m(x)=0$$

および

$$c_1/f_1(x)+c_2/f_2(x)+\cdots+c_m/f_m(x)=0$$

の根はすべて C の上または C の内部にある．$m=2$ の場合には Fekete が Jahresber. D. M. V. 31, 1922 で証明している．(Nagy, Acta Szeged 1, 1923.)

27. Feketeの定理. n 次の有理整関数 $f(x)$ の $x=a$, $x=b$ における値を α, β とする，ただし $\alpha\neq\beta$. a, b を結ぶ線分を弦とし，角 θ/n を含む二つの円弧からなる閉曲線を C とすれば，C 上または C 内において，$f(x)$ は α, β を結ぶ線分を弦とし，角 θ を含む二つの円弧の作る閉曲線 C' 上または C' 内のあらゆる値をとる．(Fekete, Jahresber. D. M. V. 34, 1925; Math. Zeits. 22, 1915．拡張については蘇，Proc. Imp. Academy of Japan 3, 1927.)

γ が α, β を結ぶ線分上にある場合 (すなわち $\theta=\pi$ の場合) は Nagy が Acta Szeged 1, 1923 で証明した．

$x=a_1,\ a_2,\ \ldots,\ a_m$ において，$f(x)$ がそれぞれ互いに相異なる値 $\alpha_1,\ \alpha_2,\ \ldots,\ \alpha_m$ をとるものとする．(a_k) を含む最小凸多角形を Ω, (α_k) を包む最小凸多角形を Ω' とし，Ω を π/n なる角に見る点の軌跡の囲む領域を Ω'' とすれば，$f(x)$ は Ω'' 内において Ω' 上または Ω' 内のあらゆる値をとる．(Nagy, Jahresber. D. M. V. 32, 1923; Acta Szeged 1, 1923.)

28. $x_0-2f(x_0)/f'(x_0)=x'$ とするとき，(x_0,x') において $|f\,f''/f'^2|<\dfrac{1}{2}$ ならば，Newton の方法 (§8.23) は，x_0 から出発すれば常に区間 (x_0,x') 内の実根に収束する．なお

一般に，x_0 が実数または複素数なるとき，ガウス平面において，x_0 を中心とし $\dfrac{1}{1-\alpha}\,|f(x_0)/f'(x_0)|$ $(\alpha < 1)$ を半径とする円 K 内において $|f\,f''/f'^2| < \alpha$ ならば，x_0 から出発して Newton の方法を行えば，円 K 内の実根に収束する．(Faber, Journ. f. Math. 138, 1910.)

29.　実根のみをもつ方程式 $f(x)=0$ の最大根，最小根の間にある任意の x_0 から出発し，反復法 $x_{n+1}=F(x_n)$, $n=0, 1, 2, \ldots$ によって定める $\{x_n\}$ は常に収束する．ただし

$$F(x) = x + \frac{n\,f(x)}{-f(x) \pm \sqrt{(n-1)\,f'^2(x) - n(n-1)\,f(x)\,f''(x)}}$$

とする．(Laguerre, Comptes Rendus 90, 1880, Oeuvres 1, p.104.)

30.　実根のみをもつ方程式 $f(x)=0$ について

$$F(x) = x - \frac{f \cdot f'}{m(f\,f'' - f'^2)}, \quad (m \geqq 2n)$$

または

$$F(x) = x \pm \frac{f}{\sqrt{f'^2 - ff''}}$$

とすれば，反復法 $x_{n+1}=F(x_n)$, $(n=0, 1, 2, \ldots)$ はいかなる実数 x_0 から出発しても常に収束する．(Faber, Journ. f. Math. 138, 1910; 146, 1916.)

第9章　方程式と二次形式

第1節　二 次 形 式[†]

9.1.　二次形式.　スツルム以後におけるスツルムの定理の発展を論ずるには，当然二次形式の理論を必要とする．しかし二次形式の理論は第2巻で改めて論じるので，ここでは当面の目的に必要なもののみに止める．

n 個の変数 $(x_1, x_2, \ldots, x_n)$ の二次の同次関数

$$f(x_1, x_2, \ldots, x_n) = \sum_{i,k=1}^{n} a_{ik} x_i x_k, \qquad (a_{ik} = a_{ki})$$

を，これらの変数の**二次形式**といい，その係数の作る行列式

$$D = \begin{vmatrix} a_{11} & a_{12} & \cdots & a_{1n} \\ a_{21} & a_{22} & \cdots & a_{2n} \\ \cdots & \cdots & \cdots & \cdots \\ a_{n1} & a_{n2} & \cdots & a_{nn} \end{vmatrix}$$

をこの**二次形式の行列式**と名づける．これは一つの対称行列式である．

$$x_i = c_{i1} y_1 + c_{i2} y_2 + \cdots + c_{in} y_n, \qquad (i = 1, 2, \ldots, n) \tag{i}$$

とすれば，$f(x_1, x_2, \ldots, x_n)$ は $(y_1, y_2, \ldots, y_n)$ の二次形式になる．これを

$$F(y_1, y_2, \ldots, y_n) = \sum_{p,q=1}^{n} b_{pq} y_p y_q$$

とすれば

$$\sum_{i,k=1}^{n} a_{ik}(c_{i1} y_1 + c_{i2} y_2 + \cdots + c_{in} y_n)(c_{k1} y_1 + c_{k2} y_2 + \cdots + c_{kn} y_n)$$

に等しいから，$y_p y_q$ の係数を比較して

---

† 〔**編者注**：二次形式は，今日では線形代数学の中で論じられるが，数学全般，統計学さらには情報科学等において，重要な概念や最適解探索アルゴリズムなどを提供する基盤理論である.〕

$$b_{pq}=\sum_{i,k=1}^{n}a_{ik}c_{ip}c_{kq}=\sum_{i}c_{ip}\sum_{k}a_{ik}c_{kq}$$

を得る．故に $e_{iq}=\sum_{k}a_{ik}c_{kq}$ とおけば $b_{pq}=\sum_{i}c_{ip}e_{iq}$ となり，行列式の乗法により

$$|e_{ik}|=|a_{ik}|\cdot|c_{ik}|,\qquad |b_{ik}|=|c_{ik}|\cdot|e_{ik}|,$$

すなわち

$$|b_{ik}|=|a_{ik}|\cdot|c_{ik}|^2$$

を得る．これは $f(x_1,x_2,\ldots,x_n)$ の行列式 $|a_{ik}|$ と $F(y_1,y_2,\ldots,y_n)$ の行列式 $|b_{ik}|$ との間の関係を示すもので，重要な意義をもつものである．これを次に定理として掲げておく．

定理 1.　二次形式 $\sum a_{ik}x_ix_k$ が (i) なる一次変換によって，$\sum b_{ik}y_iy_k$ となればその行列式の間には次の関係が成立する．

$$|b_{ik}|=|a_{ik}|\cdot|c_{ik}|^2.$$

このようにして $(x_1,x_2,\ldots,x_n)$ の二次形式を $(y_1,y_2,\ldots,y_n)$ の二次形式に変換すれば，次の定理を得る．

定理 2.　二次形式 $f(x_1,x_2,\ldots,x_n)$ が ρ 個の変数の二次形式に直され，決して ρ より少ない変数の二次形式に直されないために必要にして充分なる条件は，二次形式 f の行列式の階数 r が ρ に等しいことである．

これを次のように二段に分けて証明する．

まず $f(x_1,x_2,\ldots,x_n)$ が $F(y_1,y_2,\ldots,y_n)$ に変換されたとき，変数の数が n より少なくなったとする．例えば y_n が全く入ってこないとすれば，b_{1n}, b_{2n}, …, b_{nn} なる係数は皆 0 である．故に $|b_{ik}|=0$ となる．従って上の関係式より $|a_{ik}|=0$ となる．何となれば $(x_1,x_2,\ldots,x_n)$ なる変数は互いに独立であるから $|c_{ik}|$ は 0 でないからである．

故に二次形式 f の行列式 D の階数 r が n に等しければ，f は決して n 個より少ない変数の二次形式には直らないことが分かる．

次に $r<n$ の場合を考える．今仮に

$$D_r = \begin{vmatrix} a_{11} & a_{12} & \cdots & a_{1r} \\ a_{21} & a_{22} & \cdots & a_{2r} \\ \cdots & \cdots & \cdots & \cdots \\ a_{r1} & a_{r2} & \cdots & a_{rr} \end{vmatrix} \neq 0$$

とする．f において $x_{r+1}, x_{r+2}, \ldots, x_n$ を 0 とした二次形式

$$f(x_1, x_2, \ldots, x_r, 0, 0, \ldots, 0) = \sum_{i,k=1}^{r} a_{ik} x_i x_k$$

を変数 $(x_1, x_2, \ldots, x_r)$ の二次形式と考えれば，その行列式は $D_r (\neq 0)$ である．従って変換 (i) によってさらに変数の数を少なくすることはできない．故に f は r 個より少ない変数の二次形式には直せない．

今二次形式 f は変換 (i) によって ρ 個の変数の二次形式には直されるが，ρ 個より少ない変数の二次形式には直されないと仮定すれば，上の事実は $\rho \geqq r$ なることを示す．

次に我々は $\rho \leqq r$ なることを証明しよう．$r < n$ であるから

$$\frac{1}{2}\frac{\partial f}{\partial x_1} = f_1(x) = a_{11}x_1 + a_{12}x_2 + \cdots + a_{1n}x_n = 0,$$
$$\frac{1}{2}\frac{\partial f}{\partial x_2} = f_2(x) = a_{21}x_1 + a_{22}x_2 + \cdots + a_{2n}x_n = 0,$$
$$\cdots\cdots\cdots\cdots\cdots\cdots\cdots$$
$$\frac{1}{2}\frac{\partial f}{\partial x_n} = f_n(x) = a_{n1}x_1 + a_{n2}x_2 + \cdots + a_{nn}x_n = 0$$

に適合し，かつことごとくは 0 とはならない解が存在する (§7.24)．これを仮に，$(c_1, c_2, \ldots, c_n)$ とすれば，$f_i(c) = 0, (i = 1, 2, \ldots, n)$ である．この $(c_1, c_2, \ldots, c_n)$ を用いて

$$f(x_1 + \lambda c_1, x_2 + \lambda c_2, \ldots, x_n + \lambda c_n)$$

を作れば，次のようになる．

$$f(x_1, x_2, \ldots, x_n) + \lambda \sum c_i f_i(c) + \lambda^2 f(c_1, c_2, \ldots, c_n).$$

然るに

$$f(c_1, c_2, \ldots, c_n) = c_1 f_1(c) + c_2 f_2(c) + \cdots + c_n f_n(c) = 0$$

であるから，λ の如何にかかわらず

$$f(x_1, x_2, \ldots, x_n) = f(x_1 + \lambda c_1, x_2 + \lambda c_2, \ldots, x_n + \lambda c_n)$$

が成立する．$(c_1, c_2, \ldots, c_n)$ の中には 0 でないものがある．$D_r \neq 0$ であるから，$c_{r+1}, \ldots, c_n$ は任意にとれる．故に $c_n \neq 0$ とする．λ は任意であるから，$\lambda = -x_n/c_n$ とおいても上の関係は破れない．従って

$$f(x_1, x_2, \ldots, x_n) = f(y_1, y_2, \ldots, y_{n-1}, 0), \quad \left(y_i = x_i - \frac{c_i}{c_n} x_n\right),$$

すなわち $f(x_1, x_2, \ldots, x_n)$ は多くとも $n-1$ 個の変数の二次形式に直される．$r < n-1$ ならば，この $(y_1, y_2, \ldots, y_{n-1})$ の二次形式の行列式は 0 である．故にこれはまた多くとも $n-2$ 個の変数の二次形式に直される．この方法を続けていけば，$f(x_1, x_2, \ldots, x_n)$ は $f(u_1, u_2, \ldots, u_r, 0, \ldots, 0)$ の形の二次形式までには直されることが結論される．ただし $u_1, u_2, \ldots, u_r$ は $x_1, x_2, \ldots, x_n$ の一次形式である．これは $\rho \leqq r$ なることを示す．従って先に証明した $\rho \geqq r$ と合わせて考えると $\rho = r$ になる．

9.2. 二次形式の標準形. 二次形式

$$f(x_1, x_2, \ldots, x_n) = \sum_{i,k=1}^{n} a_{ik} x_i x_k, \qquad (a_{ik} = a_{ki})$$

の行列式 D の階数を r とする．以下これを単に**二次形式の階数**ということにする．

§9.1 において，$D_r \neq 0$ ならば $f(x_1, x_2, \ldots, x_n)$ は $f(u_1, u_2, \ldots, u_r, 0, 0, \ldots, 0)$ の形に直されることを知った．我々はさらに一歩進めて

$$f(u_1, u_2, \ldots, u_r, 0, 0, \ldots, 0) = \sum_{i,k=1}^{r} a_{ik} u_i u_k = \varphi(u_1, u_2, \ldots, u_r)$$

が r 個の平方の和に変換されることを証明しよう．

仮定によって

$$D_r = \begin{vmatrix} a_{11} & a_{12} & \cdots & a_{1r} \\ a_{21} & a_{22} & \cdots & a_{2r} \\ \cdots & \cdots & \cdots & \cdots \\ a_{r1} & a_{r2} & \cdots & a_{rr} \end{vmatrix} \neq 0$$

である．今 $a_{11}, a_{22}, \ldots, a_{rr}$ の内に 0 でないものがあるとし，仮にこれを a_{11} とすれば

$$\varphi(u_1, u_2, \ldots, u_r) = a_{11} {u_1}^2 + 2u_1(a_{12}u_2 + a_{13}u_3 + \cdots + a_{1r}u_r) + \sum_{i,k=2}^{r} a_{ik} u_i u_k$$

となる．この形から

$$\varphi(u_1, u_2, \ldots, u_r) - \frac{1}{a_{11}}(a_{11}u_1 + a_{12}u_2 + \cdots + a_{1r}u_r)^2$$

は $(u_2, u_3, \ldots, u_r)$ の二次形式であることが分かる．

もしまた a_{11}, a_{22}, …, a_{rr} が皆 0 ならば，a_{ik} $(i \neq k)$ の内に 0 でないものが少なくとも一つはある．これを仮に a_{12} とすれば

$$\varphi(u_1, u_2, \ldots, u_r) = 2a_{12}u_1u_2 + 2u_1(a_{13}u_3 + \cdots + a_{1r}u_r)$$
$$+2u_2(a_{23}u_3 + \cdots + a_{2r}u_r) + \sum_{i,k=3}^{r} a_{ik}u_iu_k.$$

故に

$$a_{21}u_1 + a_{23}u_3 + \cdots + a_{2r}u_r = v_1,$$
$$a_{12}u_2 + a_{13}u_3 + \cdots + a_{1r}u_r = v_2$$

とおけば

$$\varphi(u_1, u_2, \ldots, u_r) - \frac{2}{a_{12}}v_1v_2$$
$$= \varphi(u_1, u_2, \ldots, u_r) - \frac{1}{2a_{12}}(v_1 + v_2)^2 + \frac{1}{2a_{12}}(v_1 - v_2)^2$$

は $r-2$ 個の変数 $(u_3, u_4, \ldots, u_r)$ の二次形式になる．この方法を繰返せば，$\varphi(u_1, u_2, \ldots, u_r)$ が r 個の平方の和として表されることが分かる．ただし $D_r \neq 0$ であるから，これはもちろん r 個より少ない平方の和として表すことはできない．このように r 個の平方の和として表したものを，この二次形式の**標準形**と名づける．

定理．　二次形式 $f(x_1, x_2, \ldots, x_n)$ の階数が r ならば，この二次形式は

$$d_1{y_1}^2 + d_2{y_2}^2 + \cdots + d_r{y_r}^2$$

の形に変換される．ただし $(y_1, y_2, \ldots, y_r)$ は $(x_1, x_2, \ldots, x_n)$ の一次式であって，互いに一次独立である．

$(y_1, y_2, \ldots, y_r)$ が一次独立であることは，$D_r \neq 0$ から出てくる．

また上の方法から直ちに分かることは，y_1, y_2, …, y_r を x_1, x_2, …, x_n の一次式として表したときの係数および d_1, d_2, …, d_r は，$f(x_1, x_2, \ldots, x_n)$ の係数の有理関数となることである．

故に $f(x_1, x_2, \ldots, x_n)$ の係数が実数ならば, y_1, y_2, ..., y_r の係数および d_1, d_2, ..., d_r も実数である.

我々に残された問題の一つは $(y_1, y_2, \ldots, y_r)$, $(d_1, d_2, \ldots, d_r)$ の実際の形を求めることである. これには次に述べるヤコビの変換が簡明に答える.

9.3. ヤコビの変換[*1]. 二次形式

$$f(x_1, x_2, \ldots, x_n) = \sum a_{ik} x_i x_k, \qquad (a_{ik} = a_{ki})$$

の階数を r とする. §7.21 の定理 1 によれば, D の r 次の主小行列式の内, 0 でないものが少なくとも一つはある. これを D_r とする. ただし

$$D_k = \begin{vmatrix} a_{11} & a_{12} & \cdots & a_{1k} \\ a_{21} & a_{22} & \cdots & a_{2k} \\ \cdots & \cdots & \cdots & \cdots \\ a_{k1} & a_{k2} & \cdots & a_{kk} \end{vmatrix}, \qquad (k = 1, 2, \ldots, n)$$

とおく.

まず D_r に含まれる $D_1, D_2, \ldots, D_{r-1}$ がすべて 0 でないという特別の場合を考える.

$$\frac{1}{2}\frac{\partial f}{\partial x_i} = f_i = \sum_k a_{ik}\, x_k, \qquad (i = 1, 2, \ldots, n)$$

とし, D_k, D_{k-1} に縁づけた行列式を

$$\varphi_k = \begin{vmatrix} & & & & f_1 \\ & & & & f_2 \\ & & D_k & & \vdots \\ & & & & f_k \\ f_1 & f_2 & \cdots & f_k & f \end{vmatrix}, \quad y_k = \begin{vmatrix} & & & & f_1 \\ & & & & f_2 \\ & & D_{k-1} & & \vdots \\ & & & & f_{k-1} \\ a_{k1} & a_{k2} & \cdots & a_{k,k-1} & f_k \end{vmatrix}$$

とおけば, ヤコビの定理 (§7.15) によって

$$D_{k-1}\varphi_k = D_k\varphi_{k-1} - {y_k}^2.$$

故に $k < r$ ならば $D_{k-1}\, D_k \neq 0$ であるから

---

§9.3, *1　Jacobi, Journ. f. Math. 53, 1857, Werke 3, p.583. これは彼の遺稿を Börchärdt が公にしたものである.

$$\frac{{y_k}^2}{D_{k-1}D_k} = \frac{\varphi_{k-1}}{D_{k-1}} - \frac{\varphi_k}{D_k}$$

になる．もし $k=r$ ならば

$$\varphi_r = \begin{vmatrix} & & & & f_1 \\ & & & & f_2 \\ & & D_r & & \vdots \\ & & & & f_r \\ f_1 & f_2 & \cdots & f_r & f \end{vmatrix} = \sum_h \begin{vmatrix} & & & & a_{1h} \\ & & & & a_{2h} \\ & & D_r & & \vdots \\ & & & & a_{rh} \\ f_1 & f_2 & \cdots & f_r & f_h \end{vmatrix} x_h$$

$$= \sum_{i,h} x_i x_h \begin{vmatrix} & & & & a_{1h} \\ & & & & a_{2h} \\ & & D_r & & \vdots \\ & & & & a_{rh} \\ a_{i1} & a_{i2} & \cdots & a_{ir} & a_{ih} \end{vmatrix}$$

となり，従って右辺の係数は $r+1$ 次の小行列式になる．故にすべて 0 である．すなわち $\varphi_r = 0$ となる．然るに $\varphi_0 = f$ であるから

$$f = \left(\varphi_0 - \frac{\varphi_1}{D_1}\right) + \left(\frac{\varphi_1}{D_1} - \frac{\varphi_2}{D_2}\right) + \cdots + \left(\frac{\varphi_{r-1}}{D_{r-1}} - \frac{\varphi_r}{D_r}\right)$$
$$= \frac{{y_1}^2}{D_1} + \frac{{y_2}^2}{D_1 D_2} + \cdots + \frac{{y_r}^2}{D_{r-1}D_r}.$$

これを**ヤコビの変換**と名づける．

y_i は $(x_1, x_2, \ldots, x_n)$ の一次形式で，その係数は f の係数の有理関数なることは，この形からしても明らかであろう．

9.4. 一般の場合． 我々は次に $D_1, D_2, \ldots, D_{r-1}$ のあるものが 0 となる場合を論ぜねばならない．

これにはまず D_r を対角要素はやはり対角要素になるように適当な行および列の入換えによって

$$D_1,\ D_2,\ \ldots,\ D_{r-1},\ D_r$$

の相続く二つが 0 とならないようにすることができることを証明しよう．

今 $D_r \neq 0$ であるから，D_r の $r-1$ 次主小行列式中に 0 でないものがあれば，こ

れが D_{r-1} となるように行および列を入換える．次に D_r の $r-1$ 次主小行列式がすべて 0 となるならば，0 でない $r-2$ 次主小行列式が必ず存在しなければならない．例えば $D_{r-1}=0$, $D_{r-2}=0$ ならば，ヤコビの定理によって

$$D_{r-2}\,D_r = D_{r-1}\,B_{r-1} - A_{r-1}^2,$$

ただし

$$A_k = \begin{vmatrix} & & & a_{1,k+1} \\ & D_{k-1} & & \vdots \\ a_{k,1} & \cdots & \cdots & a_{k,k+1} \end{vmatrix}, \quad B_k = \begin{vmatrix} & & & a_{1,k+1} \\ & D_{k-1} & & \vdots \\ a_{k+1,1} & \cdots & \cdots & a_{k+1,k+1} \end{vmatrix}$$

である．従って $A_{r-1}=0$ となる．故に D_r の含むあらゆる $r-1$ 次の小行列式が 0 となることになり，階数が r であることに矛盾する．

すなわち D_r の $r-1$ 次主小行列式がすべて 0 ならば，0 でない $r-2$ 次の主小行列式を D_{r-2} の位置に来させることができる．このようにして続けていけば，$D_1, D_2, \ldots, D_{r-1}, D_r$ の相続く二つが同時に 0 となることがないようにすることができる．

このように定めた $D_1, D_2, \ldots, D_r$ において $D_k=0$ とする．

$$z_k = \begin{vmatrix} & & & f_1 \\ & D_{k-1} & & \vdots \\ a_{k+1,1} & \cdots & a_{k+1,k-1} & f_{k+1} \end{vmatrix}$$

とおけば，A_k, B_k, D_k, y_k, z_k はすべて D_{k-1} に縁づけた行列式であるから，シルヴェスターの定理 (§7.16) により

$$D_{k-1}^2\,\varphi_{k+1} = \begin{vmatrix} D_k & A_k & y_k \\ A_k & B_k & z_k \\ y_k & z_k & \varphi_{k-1} \end{vmatrix}$$

となる．これと $D_{k-1}D_{k+1} = D_kB_k - {A_k}^2$ とを結合すれば，$D_k=0$ から

$$\frac{\varphi_{k-1}}{D_{k-1}} - \frac{\varphi_{k+1}}{D_{k+1}} = \frac{B_k\,{y_k}^2 - 2A_ky_kz_k}{D_{k-1}^2\,D_{k+1}}.$$

この右辺の式を ϕ とすれば，$B_k \neq 0$ ならば

$$\phi = \frac{(B_ky_k - A_kz_k)^2}{B_kD_{k-1}^2D_{k+1}} - \frac{{A_k}^2{z_k}^2}{B_kD_{k-1}^2D_{k+1}},$$

$B_k=0$ ならば

$$\phi=\frac{-2A_k y_k z_k}{D_{k-1}^2 D_{k+1}}=\frac{-A_k}{2D_{k-1}^2 D_{k+1}}\left\{(y_k+z_k)^2-(y_k-z_k)^2\right\}.$$

この場合には ${A_k}^2=-D_{k-1}D_{k+1}$ であるから A_k は 0 でない.

$D_k\neq 0$, $D_{k-1}\neq 0$ ならば，先の

$$\frac{\varphi_{k-1}}{D_{k-1}}-\frac{\varphi_k}{D_k}=\frac{{y_k}^2}{D_{k-1}D_k}$$

が成立するから，これと組合せて，f が r 個の平方の和に表されることが確かめられる[*1].

9.5. 二次形式の慣性律. 以上に示した通り，二次形式 $f(x_1,x_2,\ldots,x_n)$ の係数が実数なる場合には，これを標準形

$$d_1{y_1}^2+d_2{y_2}^2+\cdots+d_r{y_r}^2$$

に直せば $(y_1,y_2,\ldots,y_r)$ は実係数を有する $(x_1,x_2,\ldots,x_n)$ の一次式で，$(d_1,d_2,\ldots,d_r)$ もまた実数である (§9.2–9.4).

この標準形は唯一つではない．例えば ${y_1}^2+{y_2}^2$ の代わりに $\frac{1}{2}(y_1+y_2)^2+\frac{1}{2}(y_1-y_2)^2$ としてもよろしい．しかしここに注目すべきことは，次の定理の成立である.

定理. 実係数の二次形式を平方の和としての標準形に表すとき，正係数の項の数と負係数の項の数とは共に一定である.

これを二次形式の**慣性律**という[*1]．次にこれを証明しよう.

$f(x_1,x_2,\ldots,x_n)$ の階数を r とし，f が二つの異なる標準形

$$d_1{y_1}^2+d_2{y_2}^2+\cdots+d_r{y_r}^2,$$

$$e_1{z_1}^2+e_2{z_2}^2+\cdots+e_r{z_r}^2$$

に表されたとする．$d_k{y_k}^2$ において $d_k\gtrless 0$ ならば，それぞれ $(\sqrt{d_k}\,y_k)^2$, $-(\sqrt{-d_k}\,y_k)^2$ とおけるから，これは

---

§9.4,*1　Frobenius, Berliner Ber., 1894.

§9.5,*1　これは Sylvester (Phil. Magazine 4, 1852; Phil. Trans. 143, 1853; Collected Papers 1, p.378, 511) が名づけたものであるが，事実はそれ以前すでに Jacobi (Journ. f. Math. 53, 1857, Werke 3, p.591), Riemann (Werke, Nachträge, p.59), Hermite (Journ. f. Math. 53, 1857, Oeuvres 1, p.429) が各々独立に認めていた.

$$Y_1{}^2 + Y_2{}^2 + \cdots + Y_\mu{}^2 - Y_1{}'^2 - Y_2{}'^2 - \cdots - Y_\nu{}'^2, \qquad (\mu + \nu = r),$$
$$Z_1{}^2 + Z_2{}^2 + \cdots + Z_p{}^2 - Z_1{}'^2 - Z_2{}'^2 - \cdots - Z_q{}'^2, \qquad (p + q = r)$$

の形となる．慣性律は $\mu = p,\ \nu = q$ なることを主張する．

もし $\mu > p$ とすれば，$r = \mu + \nu > p + \nu$ であるから

$$Y_1{}',\ Y_2{}',\ \ldots,\ Y_\nu{}',\ Z_1,\ Z_2,\ \ldots,\ Z_p = 0$$

なるように $(x_1, x_2, \ldots, x_n)$ が定められる．この場合には同時に $Y_1, Y_2, \ldots, Y_\mu$ が 0 とはならない．もし 0 となったとすれば，$Y_1, Y_2, \ldots, Y_\mu$ の各々は $(Y_1{}', Y_2{}', \ldots, Y_\nu{}',$ $Z_1, Z_2, \ldots, Z_p)$ の一次式として表される．$\mu > p$ であるから，これより $Z_1, Z_2, \ldots,$ Z_p を消去すれば，$Y_1, Y_2, \ldots, Y_\mu, Y_1{}', Y_2{}', \ldots, Y_\nu{}'$ は互いに一次独立とならない．これは仮定に反する．故に $(Y_1{}', Y_2{}', \ldots, Y_\nu{}', Z_1, Z_2, \ldots, Z_p)$ の各々が 0 となっても，$Y_1, Y_2, \ldots, Y_\mu$ の内少なくとも一つは 0 にならない．これは

$$Y_1{}^2 + Y_2{}^2 + \cdots + Y_\mu{}^2 = -Z_1{}'^2 - Z_2{}'^2 - \cdots - Z_q{}'^2$$

に矛盾する．従って $\mu \leqq p$ でなければならない．

次に Y と Z とを入換えれば $\mu \geqq p$ となる．故に $\mu = p$．従って $\nu = q$ でなければならない．

§9.3 で証明した通り，実係数の二次形式において

$$D_1,\ D_2,\ \ldots,\ D_{r-1},\ D_r \neq 0$$

ならば

$$f = \frac{y_1{}^2}{D_1} + \frac{y_2{}^2}{D_1 D_2} + \cdots + \frac{y_r{}^2}{D_{r-1} D_r}$$

となる．故に正係数と負係数との数 μ, ν はそれぞれ

$$D_1,\ D_2,\ \ldots,\ D_{r-1},\ D_r$$

における符号の継続と変化との数に等しい[*2]．

9.6. 定符号二次形式. (x_i) がことごとく 0 となる場合のほかは，(x_i) がいかなる実数値をとっても，実係数の二次形式 $f(x_1, x_2, \ldots, x_n)$ の符号が常に一定であれ

[*2] Frobenius は $\mu - \nu$ を Signatur (指数) と名づけ，H. Weber は $\mu, \nu, n = \mu - \nu$ を charakteristische Zahlen と名づけている．

ば，これを**定符号二次形式**と名づける．この一定の符号が正なるものを**正値二次形式**，負なるものを**負値二次形式**という．これに反して，(x_i) に適当な実数値を与えれば，正ともなり，また負ともなるものを**不定符号二次形式**という．(x_i) がいかなる実数値をとっても，f が常に $f \geqq 0$，または常に $f \leqq 0$ となり，(x_i) がことごとく 0 とならなくても f が 0 になる値が存在する場合には，f を**非負形式**，**非正形式**[*1]と名づける．これら二つを総称して**半定符号二次形式**ともいう．

定符号二次形式は種々の場合に重要な位置を占めるものであるから，まずその条件を論じよう．

定理．　実係数の二次形式 $\sum a_{ik}x_ix_k$ が正値形式であるための必要にして充分な条件は

$$D_k = \begin{vmatrix} a_{11} & a_{12} & \cdots & a_{1k} \\ a_{21} & a_{22} & \cdots & a_{2k} \\ \cdots & \cdots & \cdots & \cdots \\ a_{k1} & a_{k2} & \cdots & a_{kk} \end{vmatrix} > 0, \qquad (k = 1, 2, \ldots, n)$$

である．

今仮に $D_p = 0$ とする．

$$F(x_1, x_2, \ldots, x_p) = \sum_{i,k=1}^{p} a_{ik}x_ix_k$$

とすれば，$i = 1, 2, \ldots, p$ に対して

$$F_i = \frac{1}{2}\frac{\partial F}{\partial x_i} = a_{i1}x_1 + a_{i2}x_2 + \cdots + a_{ip}x_p = 0$$

なる一次方程式の係数の作る行列式は D_p であるから，$D_p = 0$ なることより，この連立一次方程式はことごとくは 0 とならない解をもつ．これを $(c_1, c_2, \ldots, c_p)$ とすれば

$$F(c_1, c_2, \ldots, c_p) = c_1\,F_1 + c_2\,F_2 + \cdots + c_p\,F_p = 0.$$

これは

$$f(c_1, c_2, \ldots, c_p, 0, 0, \ldots, 0) = 0$$

にほかならない．故に f は定符号形式ではない．

$D_1,\ D_2,\ \ldots,\ D_n \neq 0$ ならば，ヤコビ変換 (§9.3) により

§9.6,*1 〔**編者注**：原著では，負とならない形式，正とならない形式と呼んでいる.〕

$$f = \frac{{y_1}^2}{D_1} + \frac{{y_2}^2}{D_1 D_2} + \cdots + \frac{{y_n}^2}{D_{n-1} D_n}$$

となる．もし $D_1, D_2, \ldots, D_n > 0$ でないならば，$D_{p-1} > 0, D_p < 0$ となるような p が必ず存在する．今

$$y_p = 1, y_1 = y_2 = \cdots = y_{p-1} = y_{p+1} = \cdots = y_n = 0$$

を満足する解をとれば，$f = \frac{1}{D_{p-1} D_p} < 0$．従って f は定符号形式とはなり得ない．故に $D_1, D_2, \ldots, D_n > 0$ は f が正値形式であるための必要条件である．

次に $D_1, D_2, \ldots, D_n > 0$ ならば，明らかに $f \geqq 0$ である．$f = 0$ となるのは $y_1 = y_2 = \cdots = y_n = 0$ の場合に限る．$D_n \neq 0$ であるから，$y_1, y_2, \ldots, y_n$ は一次独立である．故に $x_1 = x_2 = \cdots = x_n = 0$ でなければ $f = 0$ とならない．すなわち $D_1, D_2, \ldots, D_n > 0$ は f が正値形式であるための充分条件である．

ここに注意すべきは，f が正値二次形式ならば，1 次から $n-1$ 次までのあらゆる主小行列式が正でなければならないことである．しかしある順序による $D_1, D_2, \ldots, D_n$ さえ正ならば，他はすべてその結果として成立する．これは直接にも証明される．

9.7. 非負二次形式. 我々は次に二次形式が非負形式であるための条件を論じよう．

定理. 実係数の二次形式 $\sum a_{ik} x_i x_k$ が非負形式であるために必要にして充分なる条件は，この二次形式の階数を r とするとき，$D_r \neq 0$ とすれば，$D_1, D_2, \ldots, D_r > 0$ なることである，ただし $r < n$.

$f(x_1, x_2, \ldots, x_n)$ が非負形式であるためには，$r < n$ が必要である．何となれば，もし $r = n$ ならば

$$f = d_1 {y_1}^2 + d_2 {y_2}^2 + \cdots + d_n {y_n}^2, \qquad (d_1, d_2, \ldots, d_n \neq 0)$$

の形に表され，$(d_1, d_2, \ldots, d_n)$ の中に少なくとも一つ負数があれば，f は負の値をとるが，$(d_1, d_2, \ldots, d_n)$ がすべて正ならば，f は正値形式となる．

$r < n$ の場合に，$D_r \neq 0$ とすれば

$$F(x_1, x_2, \ldots, x_r) = f(x_1, x_2, \ldots, x_r, 0, 0, \ldots, 0)$$

は定符号形式か，不定符号形式かになり，決して半定符号形式にはならない．それ

は D_r が $F(x_1, x_2, \ldots, x_r)$ の行列式であるからである．$D_1, D_2, \ldots, D_r$ の内に負のものが存在すれば，$F(x_1, x_2, \ldots, x_r)$ は負となる．故に f は非負形式ではない．$D_1, D_2, \ldots, D_{r-1}, D_r \geqq 0$ であって，しかも実際 0 となるものがあれば，$D_r > 0$ であるために，$D_{k-1} = 0$, $D_k > 0$ となる k がなければならない．しかも $D_k \neq 0$ であるから $F(x_1, x_2, \ldots, x_r)$ は定符号か不定符号かである．然るに $D_{k-1} = 0$ であるから，さきに証明したのと同様に，F は定符号にはなれない．故に F は不定符号であり，従って f が不定符号形式である．以上の結果を総合すれば，f が非負形式であるためには

$$D_1, D_2, \ldots, D_r > 0$$

が必要条件である．

この条件と $r < n$ とが成立すれば，ヤコビ変換によって直ちに f が非負形式であることが分かる．

第 2 節　エルミットおよびベズー形式

9.8. エルミット形式[*1]．二次形式の理論とほとんど平行して論じられるものにエルミット形式がある．今

$$h(x, \overline{x}) = \sum_{i,k=1}^{n} \alpha_{ik} x_i \overline{x_k}$$

において，$\overline{x_k}$ は複素数 x_k の共役複素数を表し，係数 α_{ik} は複素数であって，特に $\overline{\alpha_{ik}} = \alpha_{ki}$ ($\overline{\alpha}$ は α の共役複素数) なるとき，$h(x, \overline{x})$ を**エルミット形式**と名づける．

$\overline{\alpha_{ii}} = \alpha_{ii}$ であるから α_{ii} は実数である．故に書換えて

$$h(x, \overline{x}) = \sum_{i} \alpha_{ii} x_i \overline{x_i} + \sum_{i>k} (\alpha_{ik} x_i \overline{x_k} + \alpha_{ki} x_k \overline{x_i})$$

とすれば，$\alpha_{ii} x_i \overline{x_i}$ は実数であり，$\alpha_{ik} x_i \overline{x_k} + \alpha_{ki} x_k \overline{x_i}$ は共役複素数の和であるから実数である．すなわち (x_i) がいかなる複素数であっても，エルミット形式は常に実数を表すものである．

係数および変数が実数ならば，これは実係数の二次形式になる．

§9.8, *1　Hermite, Journn. f. Math. 52, 1856, Oeuvres 1, p.397.

$$D_k = \begin{vmatrix} \alpha_{11} & \alpha_{12} & \cdots & \alpha_{1k} \\ \alpha_{21} & \alpha_{22} & \cdots & \alpha_{2k} \\ \cdots & \cdots & \cdots & \cdots \\ \alpha_{k1} & \alpha_{k2} & \cdots & \alpha_{kk} \end{vmatrix}$$

なる行列式を考え，D_k の共役複素数 $\overline{D_k}$ を作る．$\overline{\alpha_{ik}} = \alpha_{ki}$ であるから，$\overline{D_k}$ は D_k の行と列を入換えた行列式に等しい．すなわち $\overline{D_k} = D_k$，従って D_k は実数である．

§9.1–§9.4 の所論は僅少の変更によって，すべてエルミット形式に対し，平行に論じることができる．

$$h(x, \overline{x}) = \sum_{i,k=1}^{n} \alpha_{ik} x_i \overline{x_k}, \qquad (\alpha_{ki} = \overline{\alpha_{ik}})$$

において

$$x_i = c_{i1} y_1 + c_{i2} y_2 + \cdots + c_{in} y_n,$$

$$\overline{x_i} = \overline{c_{i1}}\,\overline{y_1} + \overline{c_{i2}}\,\overline{y_2} + \cdots + \overline{c_{in}}\,\overline{y_n}$$

とすれば，またエルミット形式 $F(y, \overline{y})$ を得る．これを

$$F(y, \overline{y}) = \sum \beta_{ik} y_i \overline{y_k}$$

とすれば

$$\beta_{pq} = \sum_{i,k} \alpha_{ik} c_{ip} \overline{c_{kq}} = \sum_i c_{ip} \sum_k \alpha_{ik} \overline{c_{kq}}.$$

故に $e_{iq} = \sum_k \alpha_{ik} \overline{c_{kq}}$ とおけば

$$|\,e_{ik}\,| = |\,\alpha_{ik}\,| \cdot |\,\overline{c_{ik}}\,|, \qquad |\,\beta_{pq}\,| = |\,c_{ik}\,| \cdot |\,e_{ik}\,|.$$

故に

$$|\,\beta_{pq}\,| = |\,\alpha_{ik}\,| \cdot |\,c_{ik}\,| \cdot |\,\overline{c_{ik}}\,|.$$

§9.1 の定理 2 に相当する定理を導くため，$h(x, \overline{x})$ において $x_i, \overline{x_i}$ に $x_i + \lambda c_i$, $\overline{x_i} + \overline{\lambda}\overline{c_i}$ を代入すれば

$$\sum \alpha_{ik} (x_i + \lambda c_i)(\overline{x_k} + \overline{\lambda}\overline{c_k})$$

$$= \sum \alpha_{ik} x_i \overline{x_k} + \lambda\overline{\lambda} \sum \alpha_{ik} c_i \overline{c_k} + \lambda \sum \alpha_{ik} c_i \overline{x_k} + \overline{\lambda} \sum \alpha_{ik} \overline{c_k} x_i.$$

ここで $h_i(\overline{x}) = \sum \alpha_{ik}\overline{x_k} = 0,\ (i = 1, 2, \ldots, n)$ に適合するように $(c_1, c_2, \ldots, c_n)$ を定めれば，$(\overline{c_1}, \overline{c_2}, \ldots, \overline{c_n})$ は $h_i(x) = \sum \overline{\alpha_{ik}} x_k = 0, (i = 1, 2, \ldots, n)$ を満足する．故に λ の如何にかかわらず $h(x + \lambda c, \overline{x} + \overline{\lambda}\overline{c}) = h(x, \overline{x})$. これから §9.1 と全く同様にして次の定理が得られる．

定理． **エルミット形式** $h(x, \overline{x}) = \sum \alpha_{ik} x_i \overline{x_k},\ (\overline{\alpha_{ik}} = \alpha_{ki})$ **が** ρ **対の変数** $(y_1, y_2, \ldots, y_\rho, \overline{y_1}, \overline{y_2}, \ldots, \overline{y_\rho})$ **のエルミット形式に変換され，変数の数がそれ以上に減らないための必要にして充分な条件は** $h(x, \overline{x})$ **の階数** r **が** ρ **に等しいことである．**

$D_1, D_2, \ldots, D_r \neq 0$ の場合には，ヤコビ変換に対するものは

$$f = \frac{y_1\overline{y_1}}{D_1} + \frac{y_2\overline{y_2}}{D_1 D_2} + \cdots + \frac{y_r\overline{y_r}}{D_{r-1}D_r}$$

となる．ただし

$$\varphi_k = \begin{vmatrix} & & & \overline{h_1}(\overline{x}) \\ & & & \overline{h_2}(\overline{x}) \\ & D_k & & \vdots \\ & & & \overline{h_k}(\overline{x}) \\ h_1(x) & \cdots & h_k(x) & h(x, \overline{x}) \end{vmatrix}, \quad y_k = \begin{vmatrix} & & & \alpha_{1k} \\ & & & \alpha_{2k} \\ & D_{k-1} & & \vdots \\ & & & \alpha_{k-1,k} \\ h_1(x) & \cdots & h_{k-1}(x) & h_k(x) \end{vmatrix}$$

$$h_i(x) = \sum_k \alpha_{ki} x_k, \quad \overline{h_i}(\overline{x}) = \sum_k \overline{\alpha_{ki}}\ \overline{x_k} = \sum \alpha_{ik}\,\overline{x_k}.$$

$D_1, D_2, \ldots, D_r$ の中に 0 が交じる場合も §9.4 と同様に論ずることができる．故に次の定理を得る．

定理． **階数** r **のエルミット形式は常に**

$$\delta_1\, y_1\overline{y_1} + \delta_2 y_2\overline{y_2} + \cdots + \delta_r y_r\overline{y_r}$$

の形に直すことができる．ただし $\delta_1, \delta_2, \ldots, \delta_r$ **は** 0 **と異なる実数である．**

これを**エルミット形式の標準形**と名づけ，二次形式と同様に，慣性律が成立することも容易に証明される．

次にエルミット形式が変数の如何にかかわらず常に 0 以上となり，$(x_1, x_2, \ldots, x_n)$ がすべて 0 となるときに限って 0 となるものを**正値形式**という．定符号形式，不定符

号形式，負値形式等もまた前と同様に定義できる．

正値形式および非負形式であるための必要にして充分な条件もまた §9.6 および §9.7 と同様である．

定理． **エルミット形式が正値形式であるための必要にして充分なる条件は**

$$D_1,\ D_2,\ \ldots,\ D_n > 0$$

である．

非負形式であるための必要にして充分なる条件は，この形式の階数を $r\ (< n)$ とし，かつ $D_r \neq 0$ とすれば

$$D_1,\ D_2,\ \ldots,\ D_r > 0$$

である．

9.9. ベズー形式．

我々は次にベズー形式なるものを導入しよう．

$f(x)$, $g(x)$ をそれぞれ n 次，m 次の有理整関数とし，$n \geqq m$ とすれば，§7.35 と同様に

$$G(f,g) = \frac{f(x)g(y) - f(y)g(x)}{x - y} = \sum_{i,k=0}^{n-1} A_{ik} x^{n-1-i} y^{n-1-k}$$

とし，$G(f,g)$ において x^{n-1-i}, y^{n-1-k} をそれぞれ u_i, v_k で置換えた

$$H(u,v) = \sum_{i,k=0}^{n-1} A_{ik} u_i v_k, \qquad (A_{ik} = A_{ki})$$

を $f(x)$, $g(x)$ の**ベズー形式**[*1]と名づける．特別の場合，すなわち，v_i が u_i に等しいか，v_i が u_i と共役である場合にも，やはりベズー形式と呼ぶことにする．

§7.35 により，このベズー形式の行列式は f, g のベズー行列式 $B(f,g)$ にほかならない．ここに $A_{ik} = A_{ki}$ である．特に $m = n$ の場合には，変数の一次変換によって，ベズー形式はやはりベズー形式になることは次のようにして証明される．

今 (x,y) の代わりに

$$x = \frac{\alpha\xi + \beta}{\gamma\xi + \delta}, \quad y = \frac{\alpha\eta + \beta}{\gamma\eta + \delta}, \qquad (\alpha\delta - \beta\gamma = \Delta \neq 0)$$

を $G(f,g)$ に代入すると

---

§9.9,*1 Weber, Algebra 1, p.255 にある $f(x)$ の Bezoutiante は $f(x), f'(x)$ のベズー形式に $-n$ をかけたものにほかならない．

$$F(\xi) = (\gamma\,\xi + \delta)^n f\left(\frac{\alpha\,\xi + \beta}{\gamma\,\xi + \delta}\right),$$
$$G(\xi) = (\gamma\,\xi + \delta)^n g\left(\frac{\alpha\,\xi + \beta}{\gamma\,\xi + \delta}\right)$$

とおけば

$$x - y = \frac{\Delta(\xi - \eta)}{(\gamma\,\xi + \delta)(\gamma\,\eta + \delta)}$$

であるから

$$\frac{f(x)g(y) - f(y)g(x)}{x - y} = \frac{1}{\Delta(\gamma\,\xi + \delta)^{n-1}\,(\gamma\eta + \delta)^{n-1}} \cdot \frac{F(\xi)G(\eta) - F(\eta)G(\xi)}{\xi - \eta}$$

となる．左辺は $\sum A_{ik}x^{n-1-i}y^{n-1-k}$ であるが

$$\frac{F(\xi)G(\eta) - F(\eta)G(\xi)}{\xi - \eta} = \sum C_{ik}\xi^{n-1-i}\eta^{n-1-k}$$

とおけば

$$\xi = \frac{\delta x - \beta}{\alpha - \gamma x}, \qquad \eta = \frac{\delta y - \beta}{\alpha - \gamma y},$$
$$\gamma\xi + \delta = \frac{\Delta}{\alpha - \gamma x}, \quad \gamma\eta + \delta = \frac{\Delta}{\alpha - \gamma y}$$

であるから，

$$\Delta^{2n-1} \sum A_{ik}x^{n-1-i}y^{n-1-k} = (\alpha - \gamma x)^{n-1}(\alpha - \gamma y)^{n-1}$$
$$\times \sum C_{ik} \left(\frac{\delta x - \beta}{\alpha - \gamma x}\right)^{n-1-i} \left(\frac{\delta y - \beta}{\alpha - \gamma y}\right)^{n-1-k}$$
$$= \sum C_{ik}(\delta x - \beta)^{n-1-i}(\alpha - \gamma x)^i(\delta y - \beta)^{n-1-k}(\alpha - \gamma y)^k$$

となる．従って

$$(\delta x - \beta)^{n-1-i}(\alpha - \gamma x)^i = \alpha_{i0} + \alpha_{i1}x + \alpha_{i2}x^2 + \cdots + \alpha_{i,n-1}x^{n-1}$$

とおけば，x^{n-1-i}，y^{n-1-i} の代わりに u_i，v_i とおくことによって

$$\alpha_{i0}u_{n-1} + \alpha_{i1}u_{n-2} + \cdots + \alpha_{i,n-1}u_0 = U_i,$$
$$\alpha_{i0}v_{n-1} + \alpha_{i1}v_{n-2} + \cdots + \alpha_{i,n-1}v_0 = V_i$$

として

$$\Delta^{2n-1}\sum A_{ik}u_iv_k = \sum C_{ik}U_iV_k$$

が得られる．これは $f(x)$, $g(x)$ のベズー形式と，$F(\xi)$, $G(\xi)$ のベズー形式との間の関係を与えるもので，このことをベズー形式は変数の一次変換に対して不変であると言い表す．

第3節　二次形式の特有方程式

9.10. シルヴェスターの定理． 二次形式

$$A = \sum_{i,k=1}^{n} a_{ik}x_ix_k, \qquad (a_{ik} = a_{ki})$$

および単位二次形式，すなわち

$$E = \sum_{i=1}^{n} {x_i}^2$$

から

$$A - \lambda E = \sum_{i,k=1}^{n} (a_{ik} - \lambda\,\delta_{ik})\,x_ix_k$$

（ただし $i = k$, $i \neq k$ に従い，$\delta_{ik} = 1$ または 0）

を作り，その行列式を 0 とおいた方程式

$$D_n(\lambda) = |\,a_{ik} - \lambda\,\delta_{ik}\,| = \begin{vmatrix} a_{11}-\lambda & a_{12} & \cdots & a_{1n} \\ a_{21} & a_{22}-\lambda & \cdots & a_{2n} \\ \cdots & \cdots & \cdots & \cdots \\ a_{n1} & a_{n2} & \cdots & a_{nn}-\lambda \end{vmatrix} = 0$$

を二次形式 A の**特有方程式**（特性方程式，固有方程式）と名づける．

a_{ik} がすべて実数なる場合には次の定理[*1]が成立する．

定理． $A = \sum a_{ik}x_ix_k$ **を実係数の二次形式とすれば，その特有方程式の根はすべて実数である．**

---

§9.10,*1　Cauchy, Exercises de Math. 4, 1829, Oeuvres (2) 9, p.172. Cauchy は惑星の永年不等式 (Secular inequality) の研究中に初めてこの方程式を論じたので，これを永年(長年) 方程式 (Secular equation) ともいう．

これはコーシーが証明したのであるが，シルヴェスター*2は，より一般な次の定理を証明した.

定理.　実係数の二次形式

$$A = \sum_{i,k=1}^{n} a_{ik} x_i x_k, \qquad B = \sum_{i,k=1}^{n} b_{ik} x_i x_k$$

において，B が正値二次形式ならば

$$\Delta_n(\lambda) = |\,\lambda\, b_{ik} - a_{ik}\,| = 0, \qquad (i, k = 1, 2, \ldots, n)$$

の根はすべて実数であって，$\Delta_{n-1}(\lambda) = 0$ の根と互いに相分つ.

換言すれば，$\Delta_n(\lambda) = 0$ の相隣合う二根の間に一つずつ $\Delta_{n-1}(\lambda) = 0$ の根が挟まれる.

B が単位形式 E となる特別の場合がコーシーの定理である.

我々は次にシルヴェスターの定理を証明しよう.

今

$$\Delta_k(\lambda) = \begin{vmatrix} b_{11}\,\lambda - a_{11} & b_{12}\,\lambda - a_{12} & \cdots & b_{1k}\,\lambda - a_{1k} \\ b_{21}\,\lambda - a_{21} & b_{22}\,\lambda - a_{22} & \cdots & b_{2k}\,\lambda - a_{2k} \\ \cdots & \cdots & \cdots & \cdots \\ b_{k1}\,\lambda - a_{k1} & b_{k2}\,\lambda - a_{k2} & \cdots & b_{kk}\,\lambda - a_{kk} \end{vmatrix}$$

とおき，まず数列

$$\Delta_n(\lambda),\ \Delta_{n-1}(\lambda),\ \ldots,\ \Delta_1(\lambda),\ 1$$

の相隣る二つが同時には 0 とならないものと仮定する.

ヤコビの定理 (§7.15) によって

$$\Delta_k(\lambda)\,\Delta_{k-2}(\lambda) = \Delta_{k-1}(\lambda)\,D(\lambda) - \{D'(\lambda)\}^2,$$

ただし $D(\lambda)$ は $\Delta_k(\lambda)$ における $b_{k-1,k-1}\lambda - a_{k-1,k-1}$ の余因子を表し，$D'(\lambda)$ は $b_{k-1,k}\lambda - a_{k-1,k}$ の余因子を表す.

$\Delta_{k-1}(\lambda) = 0$ ならば，$\Delta_k \Delta_{k-2} = -\{D'(\lambda)\}^2$ となるから，Δ_k, Δ_{k-2} は符号が違う．Δ_k, Δ_{k-2} が 0 とならないことはすでに仮定してある．故に

$$\Delta_n(\lambda),\ \Delta_{n-1}(\lambda),\ \ldots,\ \Delta_1(\lambda),\ 1$$

*2　Sylvester, Phil. Magazine 6, 1853, Collected Papers 1, p.634.

は広義のスツルム鎖を作る．

$\Delta_k(\lambda)$ における λ の最高冪の係数は

$$B_k = \begin{vmatrix} b_{11} & b_{12} & \cdots & b_{1k} \\ b_{21} & b_{22} & \cdots & b_{2k} \\ \cdots & \cdots & \cdots & \cdots \\ b_{k1} & b_{k2} & \cdots & b_{kk} \end{vmatrix}$$

である．B が正値形式であるからこれは常に正である．従って上にスツルム鎖における符号の変化 $V(-\infty) = n$, $V(+\infty) = 0$, $N(-\infty, +\infty) = n$. 故に

$$\Delta_n,\ \Delta_{n-1},\ \ldots,\ \Delta_1,\ 1$$

の相隣る二つが同時に 0 とならない場合には，$\Delta_n(\lambda) = 0$ の根はすべて実根で，しかも単根であり，かつ $\Delta_{n-1}(\lambda) = 0$ の根もすべて実数であって，$\Delta_n(\lambda) = 0$ の根と互いに相分つ．

もし上の数列において，0 に等しいものが相隣る場合には，b_{ik} が少しだけ変化して $b_{ik} + \varepsilon_{ik}$ となったとき，B_k, $\Delta_k(\lambda)$ がそれぞれ B'_k, $\Delta'_k(\lambda)$ となったと考えれば，ε_{ik} を充分小さくとれば，仮定 $B_k > 0$ から $B'_k > 0$ ならしめると同時に

$$\Delta'_n,\ \Delta'_{n-1},\ \ldots,\ \Delta'_1,\ 1$$

の相隣る二つが同時に 0 とならないようにすることができる．

これには相隣る二つずつの終結式 $R(\Delta'_1, \Delta'_2)$, $R(\Delta'_2, \Delta'_3), \ldots,$ $R(\Delta'_{n-1}, \Delta'_n)$ が 0 とならないように，ε_{ik} を定めればよろしい．

このように定めると，$\Delta'_n(\lambda) = 0$ の根は互いに相異り，すべて実数である．$\Delta'_{n-1}(\lambda) = 0$ の根も同様であって，$\Delta'_n(\lambda) = 0$ の根と互いに相分つ．

ε_{ik} を次第に 0 に近づければ，$\Delta'_n(\lambda) = 0$ の根は連続的に $\Delta_n(\lambda) = 0$ の根に近づく．$\Delta'_n(\lambda) = 0$ の根はすべて単根で，かつ実数であったから，これが $\varepsilon_{ik} = 0$ となる極限において，急に虚根になることはない．故に $\Delta_n(\lambda) = 0$ の根はやはり実根であるが，重根は現れるかもしれない．重根は $\Delta'_n(\lambda) = 0$ の相異なる二根が互いに近づいて一致するときに生ずる．この場合には，さきにその二根の間にあった $\Delta'_{n-1}(\lambda) = 0$ の根はこの極限においてやはり $\Delta_n(\lambda) = 0$ の重根と一致しなければならない．すなわち $\Delta_n(\lambda) = 0$ に重根があれば，それはまた $\Delta_{n-1}(\lambda) = 0$ の根である．

これで我々の定理は証明された.

9.11.　再帰二次形式.　特別の場合として B を

$$B = \sum_{i,k=0}^{n-1} c_{i+k} x_i x_k$$

とする．この形のものを**再帰二次形式**と名づける．これが正値形式であるとし，A の代わりに

$$\sum_{i,k=0}^{n-1} c_{i+k+1} x_i x_k$$

をとれば,

$$\Delta_n(\lambda) = \begin{vmatrix} c_1 - c_0\lambda & c_2 - c_1\lambda & \cdots & c_n - c_{n-1}\lambda \\ c_2 - c_1\lambda & c_3 - c_2\lambda & \cdots & c_{n+1} - c_n\lambda \\ \cdots & \cdots & \cdots & \cdots \\ c_n - c_{n-1}\lambda & c_{n+1} - c_n\lambda & \cdots & c_{2n-1} - c_{2n-2}\lambda \end{vmatrix}$$

となる．これが

$$\begin{vmatrix} 1 & \lambda & \lambda^2 & \cdots & \lambda^n \\ c_0 & c_1 & c_2 & \cdots & c_n \\ c_1 & c_2 & c_3 & \cdots & c_{n+1} \\ \cdots & \cdots & \cdots & \cdots & \cdots \\ c_{n-1} & c_n & c_{n+1} & \cdots & c_{2n-1} \end{vmatrix}$$

に等しいことは，第 n 列に λ をかけて第 $n+1$ 列から減じ，第 $n-1$ 列に λ をかけて第 n 列から減じ，このようにして第一列まで続けると第一行は，$(1, 0, 0, \ldots, 0)$ となる．これから直ちに $\Delta_n(\lambda)$ になることが分かる.

この再帰二次形式の場合には，さらに一歩進んで，$\Delta_n(\lambda) = 0$ の根は，すべて実数であって，かつ互いに相異なることが証明される．今

$$H_k = \begin{vmatrix} c_0 & c_1 & \cdots & c_{k-1} \\ c_1 & c_2 & \cdots & c_k \\ \cdots & \cdots & \cdots & \cdots \\ c_{k-1} & c_k & \cdots & c_{2k-2} \end{vmatrix}, \qquad H_k' = \begin{vmatrix} c_0 & c_1 & \cdots & c_{k-1} \\ \cdots & \cdots & \cdots & \cdots \\ c_{k-2} & c_{k-1} & \cdots & c_{2k-3} \\ c_k & c_{k+1} & \cdots & c_{2k-1} \end{vmatrix}$$

とおけば，§7.11，例題 4 によって

$$H_k{}^2\,\Delta_{k+1}(\lambda) = -H_{k+1}^2\Delta_{k-1}(\lambda) - \Delta_k(\lambda)\,(H_{k+1}H_k' - H_kH_{k+1}' + \lambda H_kH_{k+1}).$$

これから $\Delta_{k+1}(\lambda)=0,\ \Delta_k(\lambda)=0$ が同時に成立すれば, $H_{k+1}\neq 0$ から $\Delta_{k-1}(\lambda)=0$ が出てくる．このようにして順次 $\Delta_{k-2}(\lambda)=0,\ldots$ が得られ，遂に $\Delta_0=0$ に達する．これは $\Delta_0=1$ に矛盾する．故に我々の場合には

$$\Delta_n,\ \Delta_{n-1},\ \ldots,\ \Delta_1,\ \Delta_0=1$$

の相隣る二つは決して同時に 0 とはならない．故に $\Delta_n(\lambda)=0$ には相異なる n 個の実根がある．すなわち

定理．　再帰二次形式 $\sum c_{i+k}x_ix_k$ が正値形式ならば

$$\Delta_n(\lambda) = \begin{vmatrix} 1 & \lambda & \lambda^2 & \cdots & \lambda^n \\ c_0 & c_1 & c_2 & \cdots & c_n \\ c_1 & c_2 & c_3 & \cdots & c_{n+1} \\ \cdots & \cdots & \cdots & \cdots & \cdots \\ c_{n-1} & c_n & c_{n+1} & \cdots & c_{2n-1} \end{vmatrix} = 0$$

の根はすべて実数で，かつ単根である．$\Delta_{n-1}(\lambda)=0$ の根も同様であって，$\Delta_n(\lambda)=0$ の根と互いに相分つ．

$\Delta_n,\ \Delta_{n-1},\ \ldots,\ \Delta_1,\ \Delta_0=1$ は広義のスツルム鎖を作る[*1]．

第4節　スツルムの問題

9.12.　エルミットの方法．　実係数の方程式の実根の数を定めるスツルムの問題に対して，スツルムとは全く別の見地から研究の歩を進めたのはエルミットである[*1]．我々は以下に彼の方法を論じ，これとスツルム鎖との関係について調べて見よう．

$f(x)=0$ の係数はすべて実数とし，その根を $\alpha_1,\alpha_2,\ldots,\alpha_n$ とする．$\varphi_i(x)$ $(i=0,1,2,\ldots,n-1)$ をやはり実係数の有理整関数とし，$\psi(x)$ は実係数の有理関数とする．

今 $(u_0,u_1,\ldots,u_{n-1})$ についての二次形式

---

§9.11,*1　Joachimsthal (Journ. f. Math. 48, 1854) が初めて与えたもので，上の証明は渡邊，Tôhoku Math. J. 15, 1919 による．

§9.12,*1　Hermite, Journ. f. Math. 52, 1856, Oeuvres 1, p.397.

$$H(u,u)=\sum_{k=1}^{n}\psi(\alpha_k)\left\{\varphi_0(\alpha_k)u_0+\varphi_1(\alpha_k)u_1+\cdots+\varphi_{n-1}(\alpha_k)u_{n-1}\right\}^2$$

を作り，これを

$$\sum_{p,q=0}^{n-1}a_{pq}u_p u_q$$

で表せば

$$a_{pq}=\sum_{k=1}^{n}\psi(\alpha_k)\varphi_p(\alpha_k)\varphi_q(\alpha_k)$$

となり，$f(x)=0$ の根の対称有理関数である．故にその分母分子は共に $f(x)=0$ の係数の有理整関数として表されるから，a_{pq} は $f(x)=0$ の係数の有理関数である．

α_k が $f(x)=0$ の実根ならば，$\varphi_i(x)$, $\psi(x)$ の係数は仮定によって実数であるから，$\varphi_i(\alpha_k)$, $\psi(\alpha_k)$ は実数を表す．$(u_0,u_1,\ldots,u_{n-1})$ を実変数とすれば

$$\left\{\varphi_0(\alpha_k)u_0+\varphi_1(\alpha_k)u_1+\cdots+\varphi_{n-1}(\alpha_k)u_{n-1}\right\}^2\geqq 0$$

である．もし α_k, α_h が共役虚根であれば，$\varphi_i(\alpha_k)$, $\varphi_i(\alpha_h)$ は互いに共役複素数であり，$\psi(\alpha_k)$, $\psi(\alpha_h)$ も同様であるから

$$\psi(\alpha_k)\left\{\varphi_0(\alpha_k)u_0+\cdots+\varphi_{n-1}(\alpha_k)u_{n-1}\right\}^2,$$

$$\psi(\alpha_h)\left\{\varphi_0(\alpha_h)u_0+\cdots+\varphi_{n-1}(\alpha_h)u_{n-1}\right\}^2$$

はそれぞれ

$$(\beta+i\gamma)\left\{L(u)+i\,M(u)\right\}^2,\quad (\beta-i\gamma)\left\{L(u)-i\,M(u)\right\}^2$$

の形である．ただし $L(u)$, $M(u)$ は $(u_0,u_1,\ldots,u_{n-1})$ についての実係数の一次形式を表す．従ってその和は

$$2\beta\left\{L^2(u)-M^2(u)\right\}-4\gamma\,L(u)M(u)$$

である．

$\beta\neq 0$ ならばこれは

$$2\left\{(\beta L-\gamma M)^2-(\beta^2+\gamma^2)M^2\right\}/\beta$$

となり，$\beta=0$ ならば

$$-4\gamma LM=\gamma\left\{(L-M)^2-(L+M)^2\right\}$$

となる．

すなわち $f(x)=0$ の根の内，実数のものを $\alpha_1, \alpha_2, \ldots, \alpha_p$ とし，残りの $2q$ 個 $(p+2q=n)$ が互いに共役なる虚根

$$\beta_1 \pm i\gamma_1,\ \beta_2 \pm i\gamma_2,\ \ldots,\ \beta_q \pm i\gamma_q$$

であれば，二次形式 $H(u,u)$ は

$$\psi(\alpha_1)\{K_1(u)\}^2 + \psi(\alpha_2)\{K_2(u)\}^2 + \cdots + \psi(\alpha_p)\{K_p(u)\}^2$$
$$+\delta_1\left\{{L_1}^2(u) - {M_1}^2(u)\right\} + \delta_2\left\{{L_2}^2(u) - {M_2}^2(u)\right\} + \cdots + \delta_q\left\{{L_q}^2(u) - {M_q}^2(u)\right\}$$

の形に表される．ただし $K_p(u)$, $L_p(u)$, $M_p(u)$ はすべて実係数の一次形式であって，δ は $2/\beta$ または γ なる実数を表す．

この形から見れば，$H(u,u)$ は $(u_0, u_1, \ldots, u_{n-1})$ について一次形式の n 個の平方の和として表されている．この係数を見ると，正のものは $q+a$ 個，負のものは $q+b$ 個ある．ただし a, b はそれぞれ $\psi(\alpha_1)$, $\psi(\alpha_2)$, $\ldots$, $\psi(\alpha_p)$ の内，正なるもの，負なるものの数を表す．

しかし $f(x)=0$ に m 次の一つの重根があれば，これが実数ならば，m 個の平方が一つにまとまり，これが虚数ならば，共役根もまた m 次の重根であるから，$\delta_p\{{L_p}^2 - {M_p}^2\}$ のような m 個の項が唯一つにまとまる．故に次の定理が得られる．

定理.

$$H(u,u) = \sum_{k=1}^{n} \psi(\alpha_k)\{\varphi_0(\alpha_k)u_0 + \cdots + \varphi_{n-1}(\alpha_k)u_{n-1}\}^2 \qquad \text{(A)}$$

なる二次形式を，平方の和の標準形に直したとき，正の項の数を μ，負の項の数を ν とすれば，$H(u,u)$ の階数 r は $f(x)=0$ の互いに異なる根の内，$\psi(x)=0$ の根とならないものの数を表し，$s=\mu-\nu$ は $f(x)=0$ の実根の内で，$\psi(x)>0$ を満足し，かつ互いに異なるものの数 μ と，$\psi(x)<0$ を満足し，かつ互いに異なるものの数 ν との差を表す．

これはエルミットの思想を拡張して述べた定理である．我々はこれを**エルミットの定理**と名づけよう．

この定理の形は一般であるが，μ と ν とを定めるには，$\varphi_p(x)$ を適当な形に選ぶ必要がある．エルミットが最初に与えた形は

$$\varphi_p(x) = x^p \qquad \text{および} \qquad \varphi_p(x) = a_0x^p + a_1x^{p-1} + \cdots + a_n$$

の二通りであった．

我々は $\varphi_p(x)$ をこのように制限すると同時に，$\psi(x)$ の形をも適当にとれば，種々の定理を導くことができる．

9.13.　すべての根が実数であるための条件． §9.12 (A) において $\psi(x) = 1$, $\varphi_p(x) = x^p$ とおけば

$$H(u,u) = \sum_{k=1}^{n} \left(u_0 + \alpha_k u_1 + {\alpha_k}^2 u_2 + \cdots + {\alpha_k}^{n-1} u_{n-1}\right)^2$$

となる．故に根の冪和を

$$\sigma_p = {\alpha_1}^p + {\alpha_2}^p + \cdots + {\alpha_n}^p$$

とすれば

$$H(u,u) = \sum_{i,k=0}^{n-1} \sigma_{i+k}\, u_i u_k$$

となる．よって次の定理を得る．

定理．　二次形式 $\sum \sigma_{i+k} u_i u_k$ の階数 r は $f(x) = 0$ の互いに異なる根の総数を示し，$s = \mu - \nu$ は互いに異なる実根の数を表す．

方程式 $f(x) = 0$ の根がすべて実数で，かつ単根となるために必要にして充分なる条件は，二次形式

$$\sum_{i,k=0}^{n-1} \sigma_{i+k} u_i u_k$$

が正値形式なることである．

$f(x) = 0$ の根がすべて実数なるために必要にして充分な条件は，上の二次形式が正値形式なるか，非負形式なることである．

換言すれば，$f(x) = 0$ の根がすべて実数であるための条件は

$$\Delta_k = \begin{vmatrix} \sigma_0 & \sigma_1 & \cdots & \sigma_k \\ \sigma_1 & \sigma_2 & \cdots & \sigma_{k+1} \\ \cdots & \cdots & \cdots & \cdots \\ \sigma_k & \sigma_{k+1} & \cdots & \sigma_{2k} \end{vmatrix}$$

とおくとき

$$\Delta_0,\ \Delta_1,\ \Delta_2,\ \ldots,\ \Delta_r > 0,\quad \Delta_{r+1} = \Delta_{r+2} = \cdots = \Delta_n = 0\ \ (r \leqq n)$$

なることである[*1].

9.14. 正根の条件. $\psi(x) = x - \lambda$ とすれば，§9.12 (A) は

$$H(u,u) = \sum_{k=1}^{n} (\alpha_k - \lambda)\,(u_0 + \alpha_k u_1 + {\alpha_k}^2 u_2 + \cdots + {\alpha_k}^{n-1} u_{n-1})^2$$
$$= \sum_{i,k=0}^{n-1} (\sigma_{i+k+1} - \lambda\,\sigma_{i+k})\,u_i u_k$$

となる．故に $s = \mu - \nu$ は λ より大きい実根の数と，λ より小さい実根の数との差を表す．$r = n,\ s = n$ (すなわち $\mu = n,\ \nu = 0$) ならば，すべての根は λ より大きい．$r = n,\ s = -n$ (すなわち $\mu = 0,\ \nu = n$) ならばすべての根は λ より小さい．特に $\lambda = 0$ とおけば，次の定理を得る．

定理. $f(x) = 0$ **のすべての根が正なるために必要にして充分な条件は**

$$\sum_{i,k=0}^{n-1} \sigma_{i+k+1}\,u_i u_k$$

が正値形式となるか，非負形式となることである．

$f(x) = 0$ **のすべての根が単根でかつ正なるために必要にして充分な条件は，上の二次形式が正値形式なることである．**

9.15. $f(x) = 0,\ g(x) = 0$ **の根がすべて実数で，互いに分つための条件.**
$g(x) = 0$ を実係数の方程式とし，次数は n を超えないとし，$\varphi_p(x) = x^p$，$\psi(x) = g(x)/f'(x)$ とすれば

$$H(u,u) = \sum_{k=1}^{n} \frac{g(\alpha_k)}{f'(\alpha_k)}\ (u_0 + \alpha_k u_1 + {\alpha_k}^2 u_2 + \cdots + {\alpha_k}^{n-1} u_{n-1})^2$$

となる．これを

$$H(u,u) = \sum_{i,k=0}^{n-1} c_{i+k}\,u_i u_k$$

とおけば

---

§9.13,*1　この定理は Borchardt (Journ. de Math. 12, 1847, Werke, pp.15–30) が最初に公にしたが，Jacobi の遺稿の中に上述の証明が発見された．Journ. f. Math. 53, 1857 の Borchardt の論文参照.

$$c_p = \sum_{k=1}^{n} \frac{g(\alpha_k)}{f'(\alpha_k)} {\alpha_k}^p, \qquad (p = 0,\, 1,\, 2,\, \ldots,\, 2n-2)$$

となる．これは $g(x)/f(x)$ の展開

$$c + \frac{c_0}{x} + \frac{c_1}{x^2} + \cdots + \frac{c_p}{x^{p+1}} + \cdots$$

の係数にほかならないことはすでに §6.12 で示した．ただし $g(x)$ の次数が n ならば $c \neq 0$ で，n より低ければ $c = 0$ である．

$f(x) = 0$ に重根がなければ，上の形からして，$H(u, u)$ が正値形式であることが，$f(x) = 0$, $g(x) = 0$ の根がすべて実数であって，$f(x) = 0$ の根が $g(x) = 0$ の根を分つための必要にして充分なる条件を与える．

これは α_k が実数であって，かつ $g(\alpha_k)/f'(\alpha_k) > 0$ なることは，$f(x) = 0$ の二つの実根の間に $g(x) = 0$ の実根が存在することを示すからである．

我々はさらに一歩進んで，$f(x) = 0$ に重根がないという仮定を除くことができる．次にこれを証明しよう．

$$\Phi(x) = u_0 + xu_1 + x^2 u_2 + \cdots + x^{n-1} u_{n-1}$$

とおけば，$\varphi(x)\Phi^2(x)/f(x)$ の展開において，x の有理整関数なる部分を除いた残りは

$$\sum_{p=0}^{\infty} \frac{1}{x^{p+1}} \sum_{i,k=0}^{n-1} c_{p+i+k}\, u_i u_k$$

となる．次に $f(x) = 0$ に m 次の重根 α があると仮定し，$f(x) = (x-\alpha)^m f_1(x)$ とおけば，$(x-\alpha)^{m-1} f_1(x)$ の次数は $n-1$ であるから，$(u_0, u_1, \ldots, u_{n-1})$ の値を適当に (ただしすべてが同時に 0 とはならないようにして) とれば

$$(x-\alpha)^{m-1} f_1(x) = \Phi(x)$$

となるようにすることができる．この $\Phi(x)$ を用いれば，$\Phi^2(x)$ は $f(x)$ で整除されるから $\varphi(x)\,\Phi^2(x)/f(x)$ は有理整関数となる．従ってこのような $(u_0, u_1, \ldots, u_{n-1})$ の特別な値に対しては

$$\sum_{i,k=0}^{n-1} c_{p+i+k}\, u_i u_k, \qquad (p = 0,\, 1,\, 2,\, \ldots)$$

はすべて 0 となる．これは二次形式 $H(u, u)$ が正値形式ではないことを示す．すなわ

ち $H(u,u)$ が正値形式ならば，$f(x)=0$ には重根がない[*1]．よって次の定理を得る．

定理． n **次の方程式** $f(x)=0$ **の根が実数でかつ単根であり，**n **次を超えない方程式** $\varphi(x)=0$ **の根も同様に実数でかつ単根であって，**$f(x)=0$ **の根と互いに分つための必要にして充分な条件は，**$\varphi(x)/f(x)$ **の展開係数からなる再帰二次形式**

$$\sum_{i,k=0}^{n-1} c_{i+k}\, u_i u_k$$

が正値形式となることである．

9.16. 再帰二次形式が正値形式となるための条件． このことによって，任意に与えられた再帰二次形式

$$H(u,u)=\sum_{i,k=0}^{n-1} c_{i+k}\, u_i u_k$$

が正値形式となるための条件を，§9.6 のものとは別の形に表すことができる．

まず $H(u,u)$ の行列式は 0 でないとする．c_{2n-1} を任意にとれば

$$a_0c_n + a_1c_{n-1} + \cdots + a_nc_0 = 0,$$

$$a_0c_{n+1} + a_1c_n + \cdots + a_nc_1 = 0,$$

$$\cdots\cdots\cdots\cdots\cdots\cdots\cdots\cdots\cdots\cdots$$

$$a_0c_{2n-1} + a_1c_{2n-2} + \cdots + a_nc_{n-1} = 0$$

から，$a_0=1$ として a_1, a_2, …, a_n が定められる．故に c_{2n}, c_{2n+1}, … を再帰公式

$$a_0c_{n+k} + a_1c_{n+k-1} + \cdots + a_nc_k = 0, \qquad (k=n,\, n+1,\, \ldots)$$

によって定義すれば，§6.12 によって

$$\frac{c_0}{x} + \frac{c_1}{x^2} + \cdots + \frac{c_n}{x^{n+1}} + \cdots$$

は分母が

$$f(x) = a_0x^n + a_1x^{n-1} + \cdots + a_n$$

なる一つの有理関数の展開となる．これを

---

§9.15,*1 この証明の方法は H. Weber, Algebra I, 2. Aufl. p.318 による．c_p の実際の形から証明することは藤原，日本数学物理学会記事 (3) 2, 1920 参照．

$$\frac{g(x)}{f(x)} = \frac{c_0}{x} + \frac{c_1}{x^2} + \cdots + \frac{c_n}{x^{n+1}} + \cdots$$

とすれば，$g(x)$ は $f(x)$ と公約関数を有しない高々 $n-1$ 次の有理整関数を表す．故に上の定理によって次のように述べられる．

定理．　再帰二次形式 $\sum_{i,k=0}^{n-1} c_{i+k}u_iu_k$ が正値形式となるための条件は係数が

$$c_p = \lambda_1{\alpha_1}^p + \lambda_2{\alpha_2}^p + \cdots + \lambda_n{\alpha_n}^p, \qquad (p = 0,\ 1,\ 2,\ \ldots,\ 2n-2)$$

の形に表されることである．ただし $\alpha_1,\ \alpha_2,\ \ldots,\ \alpha_n$ は $f(x)=0$ の互いに異なる実根であって，$\lambda_1,\ \lambda_2,\ \ldots,\ \lambda_n$ は正数である．すなわち $\lambda_p = g(\alpha_p)/f'(\alpha_p)$ である[*1]**．**

ここに $f(x)=0$ はまた

$$\begin{vmatrix} c_0 & c_1 & \cdots & c_{n-1} & 1 \\ c_1 & c_2 & \cdots & c_n & x \\ \cdots & \cdots & \cdots & \cdots & \cdots \\ c_n & c_{n+1} & \cdots & c_{2n-1} & x^n \end{vmatrix} = 0$$

の形に表されることを注意しておく．これは

$$\begin{gathered} a_nc_0 + a_{n-1}c_1 + \cdots + a_0c_n = 0, \\ a_nc_1 + a_{n-1}c_2 + \cdots + a_0c_{n+1} = 0, \\ \cdots\cdots\cdots\cdots\cdots\cdots\cdots\cdots \\ a_nc_{n-1} + a_{n-1}c_n + \cdots + a_0c_{2n-1} = 0 \end{gathered}$$

と

$$a_n + a_{n-1}x + \cdots + a_0x^n - f(x) = 0$$

とから $a_1,\ a_2,\ \ldots,\ a_n$ を消去すれば

$$\begin{vmatrix} c_0 & c_1 & \cdots & c_{n-1} & a_0c_n \\ c_1 & c_2 & \cdots & c_n & a_0c_{n+1} \\ \cdots & \cdots & \cdots & \cdots & \cdots \\ c_{n-1} & c_n & \cdots & c_{2n-2} & a_0c_{2n-1} \\ 1 & x & \cdots & x^{n-1} & a_0x^n - f(x) \end{vmatrix} = 0$$

§9.16,*1　Hurwitz, Math. Ann. 73, 1913; Fischer, Rendiconti Palermo 32, 1911.

となるからである.

9.17. ***L* 形式.** 再帰二次形式とほとんど平行に論ぜられるものに次のエルミット形式がある.

$$L(x,\, \overline{x}) = \sum_{i,k=0}^{n-1} c_{k-i}\, x_i \overline{x_k}$$

ただし c_i, c_{-i} は互いに共役である複素数を表す. これを ***L* 形式**と名づける.

我々は §9.16 にならって, $L(x,\, \overline{x})$ が正値形式となるための条件を論じよう. 今

$$\begin{aligned}
&a_0c_0 + a_1c_{-1} + \cdots + a_nc_{-n} = 0,\\
&a_0c_1 + a_1c_0 + \cdots + a_nc_{-n+1} = 0,\\
&\cdots\cdots\cdots\cdots\cdots\cdots\cdots\cdots\cdots\cdots\cdots\\
&a_0c_{n-1} + a_1c_{n-2} + \cdots + a_nc_{-1} = 0,\\
&a_0c_n + a_1c_{n-1} + \cdots + a_nc_0 = 0
\end{aligned} \tag{1}$$

を考える. C_n を

$$C_n = \begin{vmatrix} c_0 & c_{-1} & \cdots & c_{-n} \\ c_1 & c_0 & \cdots & c_{-n+1} \\ \cdots & \cdots & \cdots & \cdots \\ c_n & c_{n-1} & \cdots & c_0 \end{vmatrix} = 0$$

となるように定めておけば, (1) を満足する a_0, a_1, ..., a_n が定まる. $L(x,\, \overline{x})$ は正値形式であるから, その行列式は 0 とならない. この行列式は C_n において n を $n-1$ に変えた C_{n-1} である. 故に $a_n = 0$ ならば (1) の最初の n 個の係数の行列式は C_{n-1} であるから $a_0, a_1, \ldots, a_{n-1} = 0$ とならねばならない. これは不合理である. 何となれば, $C_n = 0$ であるからことごとくは 0 とはならない解が存在するからである.

今これらの解 a_0, a_1, ..., a_n を係数とする n 次の有理整関数を

$$f(x) = a_0x^n + a_1x^{n-1} + \cdots + a_n \tag{2}$$

とし, (1) の最初の $n-1$ 個の方程式と (2) とから a_0, a_1, ..., a_{n-1} を消去すれば

$$\begin{vmatrix} c_0 & c_{-1} & \cdots & c_{-n+1} & a_n c_{-n} \\ c_1 & c_0 & \cdots & c_{-n+2} & a_n c_{-n+1} \\ \cdots & \cdots & \cdots & \cdots & \cdots \\ c_{n-1} & c_{n-2} & \cdots & c_0 & a_n c_{-1} \\ x^n & x^{n-1} & \cdots & x & a_n - f(x) \end{vmatrix} = 0,$$

すなわち

$$C_{n-1} f(x) = a_n \begin{vmatrix} c_0 & c_{-1} & \cdots & c_{-n} \\ c_1 & c_0 & \cdots & c_{-n+1} \\ \cdots & \cdots & \cdots & \cdots \\ c_{n-1} & c_{n-2} & \cdots & c_{-1} \\ x^n & x^{n-1} & \cdots & 1 \end{vmatrix}$$

となる．従って $C_{n-1} \neq 0$, $a_n \neq 0$ から $f(x) = 0$ は

$$\begin{vmatrix} c_0 & c_{-1} & \cdots & c_{-n} \\ c_1 & c_0 & \cdots & c_{-n+1} \\ \cdots & \cdots & \cdots & \cdots \\ c_{n-1} & c_{n-2} & \cdots & c_{-1} \\ x^n & x^{n-1} & \cdots & 1 \end{vmatrix} = 0 \tag{3}$$

の形に表される．この $a_0, a_1, \ldots$ を用いて $c_{n+1}, c_{n+2}, \ldots$ 以下を再帰公式

$$a_0 c_{n+k} + a_1 c_{n+k-1} + \cdots + a_n c_k = 0, \qquad (k = 1, 2, \ldots)$$

によって定義すれば，§6.12 によって

$$\frac{g(x)}{f(x)} = \frac{c_{-n+1}}{x} + \frac{c_{-n+2}}{x^2} + \cdots + \frac{c_0}{x^n} + \frac{c_1}{x^{n+1}} + \cdots$$

は分母が $f(x)$ で，分子は高々 $n-1$ 次の既約有理関数となることが確かめられる．

次に (1) の第二式以下の n 個の式と (2) とから $a_1, a_2, \ldots, a_n$ を消去すれば

$$\begin{vmatrix} a_0 c_1 & c_0 & c_{-1} & \cdots & c_{-n+1} \\ a_0 c_2 & c_1 & c_0 & \cdots & c_{-n+2} \\ \cdots & \cdots & \cdots & \cdots & \cdots \\ a_0 c_n & c_{n-1} & c_{n-2} & \cdots & c_0 \\ a_0 x^n - f(x) & x^{n-1} & x^{n-2} & \cdots & 1 \end{vmatrix} = 0,$$

すなわち

$$C_{n-1}f(x)=a_0\begin{vmatrix} c_1 & c_0 & \cdots & c_{-n+1} \\ c_2 & c_1 & \cdots & c_{-n+2} \\ \cdots & \cdots & \cdots & \cdots \\ c_n & c_{n-1} & \cdots & c_0 \\ x^n & x^{n-1} & \cdots & 1 \end{vmatrix}$$

となる．$a_0=0$ ならば $C_{n-1}\neq 0$ から $a_1=a_2=\cdots=a_n=0$ となるから，$a_0\neq 0$ でなければならない．故に $f(x)=0$ は

$$\begin{vmatrix} c_1 & c_0 & \cdots & c_{-n+1} \\ c_2 & c_1 & \cdots & c_{-n+2} \\ \cdots & \cdots & \cdots & \cdots \\ c_n & c_{n-1} & \cdots & c_0 \\ x^n & x^{n-1} & \cdots & 1 \end{vmatrix}=0 \tag{4}$$

の形にも表される．これは (3) においてすべての c_k をその共役数 c_{-k} で置換え，同時に x を x^{-1} として x^n を乗じたものにほかならない．すなわち $f(x)=0$ は $x^n\,\overline{f}(x^{-1})=0$ と同一の方程式である．

今 $f(x)=(x-\alpha_1)(x-\alpha_2)\cdots(x-\alpha_n)$ とすれば

$$x^n\,\overline{f}(x^{-1})=(1-\overline{\alpha_1}\,x)(1-\overline{\alpha_2}\,x)\cdots(1-\overline{\alpha_n}\,x)$$

となるから，$(\alpha_1,\alpha_2,\ldots,\alpha_n)$ と $(1/\overline{\alpha_1},1/\overline{\alpha_2},\ldots,1/\overline{\alpha_n})$ とは全体としては相等しいことを示す．これは後で示すように $1/\overline{\alpha_k}=\alpha_k$，すなわち $|\,\alpha_k\,|=1$ となる．

次に §9.15 にならって，$L(x,\overline{x})$ が正値形式ならば，方程式 $f(x)=0$ には重根がないことを証明しよう．

$$\Phi(x)=t_0x^{n-1}+t_1x^{n-2}+\cdots+t_{n-1},$$

$$\Phi^*(x)=\overline{t_{n-1}}x^{n-1}+\overline{t_{n-2}}x^{n-2}+\cdots+\overline{t_0}$$

とおいて

$$\frac{g(x)}{f(x)}=\frac{c_{-n+1}}{x}+\frac{c_{-n+2}}{x^2}+\cdots+\frac{c_0}{x^n}+\frac{c_1}{x^{n+1}}+\cdots$$

に $\Phi(x)\,\Phi^*(x)$ をかけると，x^{-1} の係数は

$$\sum_{i,k=0}^{n-1} c_{k-i}\, t_i\, \overline{t_k}$$

となる．もし α が $f(x) = 0$ の重根であれば，$1/\overline{\alpha} = \beta$ もまたその重根である．$\alpha = \beta$ ならば $f(x) = (x-\alpha)^m f_1(x)$ である．もし $\alpha \neq \beta$ ならば $f(x) = (x-\alpha)^m (x-\beta)^m f_1(x)$ とおけば，$(x-\alpha)^{m-1} f_1(x)$ または $(x-\alpha)^{m-1}(x-\beta)^{m-1} f_1(x)$ は $m-1$ 次を超えないから，これが $\Phi(x)$ に等しいように $(t_0, t_1, \ldots, t_{n-1})$ が定められる．$\Phi^*(x)$ は $x^{n-1}\Phi(x^{-1})$ に等しいから，$(x-\beta)^{m-1} f_2(x)$ かあるいは $(x-\alpha)^{m-1}(x-\beta)^{m-1} f_2(x)$ の形になる．故に $g(x)\Phi(x)\Phi^*(x)$ は $f(x)$ で整除される．従ってこのような $(t_0, t_1, \ldots, t_{n-1})$ の値 (もちろんすべてが同時に 0 とはならないような) に対しては x^{-1} の係数が 0 とならねばならない．これは $L(x, \overline{x})$ が正値形式となることに反する．従って $f(x) = 0$ には重根はない．

このように $f(x) = 0$ の根 $\alpha_1, \alpha_2, \ldots, \alpha_n$ を単根とすれば

$$c_k = \lambda_1 {\alpha_1}^k + \lambda_2 {\alpha_2}^k + \cdots + \lambda_n {\alpha_n}^k,$$

$$(k = 0, \pm 1, \pm 2, \ldots, \pm(n-1)),$$

$$\lambda_p = \frac{g(\alpha_p)}{f'(\alpha_p)} {\alpha_p}^n$$

となる．故に

$$\sum c_{k-i} x_i \overline{x_k} = \sum_{p=1}^{n} \lambda_p \xi_p \eta_p,$$

ただし

$$\xi_p = \overline{x_0} + \alpha_p \overline{x_1} + {\alpha_p}^2 \overline{x_2} + \cdots + {\alpha_p}^{n-1} \overline{x_{n-1}},$$

$$\eta_p = x_0 + {\alpha_p}^{-1} x_1 + {\alpha_p}^{-2} x_2 + \cdots + {\alpha_p}^{-(n-1)} x_{n-1}.$$

故に $\overline{\alpha_1} = {\alpha_1}^{-1}, \overline{\alpha_2} = {\alpha_2}^{-1}, \ldots, \overline{\alpha_n} = {\alpha_n}^{-1}$ が成立しなければ，$(\overline{\alpha_1}, \overline{\alpha_2}, \ldots, \overline{\alpha_n})$ が全体としては $({\alpha_1}^{-1}, {\alpha_2}^{-1}, \ldots, {\alpha_n}^{-1})$ に等しいことから

$$\overline{\alpha_1} = {\alpha_2}^{-1}, \overline{\alpha_2} = {\alpha_3}^{-1}, \ldots, \overline{\alpha_{\nu-1}} = {\alpha_\nu}^{-1}, \overline{\alpha_\nu} = {\alpha_1}^{-1}, \quad (\nu \geqq 2)$$

となる ν が存在しなければならない．従って

$$\overline{\xi_1} = \eta_2,\ \overline{\xi_2} = \eta_3,\ \ldots,\ \overline{\xi_{\nu-1}} = \eta_\nu,\ \overline{\xi_\nu} = \eta_1$$

となる．故に

$$\sum c_{k-i}x_i\overline{x_k} = \sum_{\nu=1}^{n} \lambda_\nu \xi_\nu \eta_\nu$$

において ξ_ν を除いた $\xi_1, \xi_2, \ldots, \xi_n$ がすべて 0 となるように $(x_0, x_1, \ldots, x_{n-1})$ を定めれば，$\eta_\nu = \overline{\xi_{\nu-1}} = 0$ となるから，$\lambda_\nu \xi_\nu \eta_\nu$ の項は 0 となり，従って $L(x, \overline{x})$ は 0 になる．これは $L(x, \overline{x})$ が正値形式となることに反する．よって $\overline{\alpha_k} = {\alpha_k}^{-1}$，$|\,\alpha_k\,| = 1$ でなければならない．

すでに $f(x) = 0$ には重根はなく，かつ $|\,\alpha_k\,| = 1$ となることが分かったから，$\overline{\xi_k} = \eta_k$ である．従って

$$\sum c_{k-i}x_i\overline{x_k} = \sum_{p=1}^{n} \lambda_p \xi_p \overline{\xi_p}$$

である．かつまた

$$c_p = \lambda_1{\alpha_1}^p + \lambda_2{\alpha_2}^p + \cdots + \lambda_n{\alpha_n}^p,$$

$$c_{-p} = \lambda_1{\alpha_1}^{-p} + \lambda_2{\alpha_2}^{-p} + \cdots + \lambda_n{\alpha_n}^{-p}$$

において $\overline{c_p} = c_{-p}$，$\overline{\alpha_k} = {\alpha_k}^{-1}$ なることを見れば

$$(\overline{\lambda_1} - \lambda_1){\alpha_1}^p + (\overline{\lambda_2} - \lambda_2){\alpha_2}^p + \cdots + (\overline{\lambda_n} - \lambda_n){\alpha_n}^p = 0,$$

$$(p = 0,\ 1,\ 2,\ \ldots,\ n-1).$$

これを $\overline{\lambda_1} - \lambda_1, \overline{\lambda_2} - \lambda_2, \ldots, \overline{\lambda_n} - \lambda_n$ を未知数とする一次方程式の一組と考えれば，その係数の作る行列式は $\alpha_1, \alpha_2, \ldots, \alpha_n$ が互いに異なることによって，0 とはならない．故に $\overline{\lambda_p} = \lambda_p$，すなわち λ_p は実数である．

さらに

$$\sum c_{k-i}\,x_i\,\overline{x_k} = \sum \lambda_p \xi_p \overline{\xi_p}$$

が正値形式となることから，$\lambda_p > 0$ となる．これより次の定理を得る．

定理． $L(x, \overline{x}) = \sum c_{k-i}x_i\overline{x_k}$ **が正値形式となるためには，係数が**

$$c_p = \lambda_1\,{\alpha_1}^p + \lambda_2\,{\alpha_2}^p + \cdots + \lambda_n\,{\alpha_n}^p, \quad (\lambda_i > 0,\ |\,\alpha_k\,| = 1)$$

の形に表されることが必要にして充分である．

これが充分条件であることは直ちに分かる．

第 5 節　エルミットの問題

9.18. エルミットの問題. エルミット[*1]は任意の係数を有する方程式の根の虚数部がすべて正であるための条件は何であるかという問題を提出してこれを解いた．その後ラウス[*2]，フルウィッツ[*3]は独立して，共に力学上の問題から，実係数の方程式の根の実数部がすべて負であるための条件を見出した．これは世にフルウィッツの問題と呼ばれている．別にシューア[*4]は任意の係数の方程式の根の絶対値がすべて 1 より小さいための条件を見出すことに成功した．これらの問題は以下に示す通り，すべてエルミットの問題に導かれる[*5]．

我々はエルミットの問題を解くために，ベズー形式 (§9.9) を利用しよう．

$f(x)$ の係数を任意とし，その係数を共役複素数で置換えたものを $\overline{f}$ で表し，複素数 α の共役複素数を $\overline{\alpha}$ で表すことにする．$f(x)$ と $-i\overline{f}(x)$ とのベズー形式を

$$H(u,u) = \sum_{i,k=0}^{n-1} A_{ik} u_i u_k$$

とすれば，定義により

$$G(f, -i\overline{f}) = -i\,\frac{f(x)\overline{f}(y) - f(y)\overline{f}(x)}{x-y} = \sum_{i,k=0}^{n-1} A_{ik} x^i y^k.$$

ただし §9.9 における係数 A_{ik} をここでは $A_{n-1-i,n-1-k}$ に変えておく．

係数 A_{ik} は実数である．何となれば $G(f, -i\overline{f})$ において，係数をすべて共役複素数で置換えると

$$i\,\frac{\overline{f}(x)f(y) - \overline{f}(y)f(x)}{x-y}$$

となって，元のままである．故に $\overline{A_{ik}} = A_{ik}$ でなければならない．故に $H(u,\overline{u})$ もまたエルミット形式である．

今 $f(x)$ が二つの因子に分かれたとし $f(x) = f_1(x)f_2(x)$ とおけば，$\overline{f}(x) = \overline{f_1}(x) \cdot$

---

§9.18, *1　Hermite, Journ. f. Math. 52, 1856, Oeuvres 1, p.397.

*2　Routh, A treatise on the stability of a given state of motion, London, 1877.

*3　Hurwitz, Math. Ann. 46, 1895.

*4　J. Schur, Journ. f. Math. 148, 1918.

*5　藤原，Math. Zeits. 24, 1923; Japanese Journ. of Math. 2, 1925.

$\overline{f_2}(x)$ であるから

$$G(f, -i\overline{f}) = -i\,\frac{f_1(x)f_2(x)\overline{f_1}(y)\overline{f_2}(y) - f_1(y)f_2(y)\overline{f_1}(x)\overline{f_2}(x)}{x-y}$$

$$= -i\,f_2(x)\overline{f_2}(y)\,\frac{f_1(x)\overline{f_1}(y) - f_1(y)\overline{f_1}(x)}{x-y} - i\,f_1(y)\overline{f_1}(x)\,\frac{f_2(x)\overline{f_2}(y) - f_2(y)\overline{f_2}(x)}{x-y}$$

$$= f_2(x)\overline{f_2}(y)G(f_1, -i\,\overline{f_1}) + f_1(y)\overline{f_1}(x)G(f_2, -i\,\overline{f_2})$$

が成立する．従って

$$G(f_1, -i\,\overline{f_1}) = \sum_{i,k=0}^{p-1} B_{ik}x^iy^k, \qquad G(f_2, -i\,\overline{f_2}) = \sum_{i,k=0}^{q-1} C_{ik}x^iy^k,$$

$f_1(x) = b_0x^p + b_1x^{p-1} + \cdots + b_p,\ f_2(x) = c_0x^q + c_1x^{q-1} + \cdots + c_q,\ (p+q=n)$

とおけば

$$\sum_{i,k=0}^{n-1} A_{ik}x^iy^k = f_2(x)\overline{f_2}(y)\sum_{i,k=0}^{p-1} B_{ik}x^iy^k + \overline{f_1}(x)f_1(y)\sum_{i,k=0}^{q-1} C_{ik}x^iy^k.$$

故に x^i, y^k をそれぞれ u_i, $\overline{u_k}$ とすれば，左辺は $H(u, \overline{u}) = \sum_{i,k=0}^{n-1} A_{ik}u_i\overline{u_k}$ となるから，右辺は

$$\sum_{i,k=0}^{p-1} B_{ik}v_i\overline{v_k} + \sum_{i,k=0}^{q-1} C_{ik}w_i\overline{w_k}$$

となる．ただし v_i は $f_2(x)x^i = c_0x^{q+i} + c_1x^{q+i-1} + \cdots + c_qx^i$ において，x^h を u_h とおいたもの，すなわち

$$v_i = c_0u_{q+i} + c_1u_{q+i-1} + \cdots + c_qu_i, \quad (i = 0, 1, \ldots, p-1)$$

であり，$\overline{v_k}$ は $\overline{f_2}(y)y^k = \overline{c_0}y^{q+k} + \overline{c_1}y^{q+k-1} + \cdots + \overline{c_q}y^k$ において，y^h の代わりに $\overline{u_h}$ とおいたもの，すなわち

$$\overline{v_k} = \overline{c_0}\,\overline{u_{q+k}} + \overline{c_1}\,\overline{u_{q+k-1}} + \cdots + \overline{c_q}\,\overline{u_k}, \quad (k = 0, 1, \ldots, p-1)$$

である．従って v_k と $\overline{v_k}$ とは共役となる．

同様に

$$w_i = \overline{b_0}\,u_{p+i} + \overline{b_1}u_{p+i-1} + \cdots + \overline{b_p}u_i$$

$$(i, k = 0, 1, \ldots, q-1)$$

$$\overline{w_k} = b_0\overline{u_{p+k}} + b_1\overline{u_{p+k-1}} + \cdots + b_p\overline{u_k}$$

である．

$(u_0, u_1, \ldots, u_{n-1})$ に関するこれらの一次形式

$$v_0,\ v_1,\ \ldots,\ v_{p-1};\quad w_0,\ w_1,\ \ldots,\ w_{q-1}$$

の係数のなす行列式は

$$D = \left|\begin{matrix} c_0 & c_1 & \cdots & c_q & & \\ & c_0 & c_1 & \cdots & c_q & \\ & & & \cdots & \cdots & \\ & & & c_0 & \cdots & c_q \\ \overline{b_0} & \overline{b_1} & \cdots & \overline{b_p} & & \\ & \overline{b_0} & \overline{b_1} & \cdots & \overline{b_p} & \\ & & & \cdots & \cdots & \\ & & & \overline{b_0} & \cdots & \overline{b_p} \end{matrix}\right| \begin{matrix} \left.\vphantom{\begin{matrix}a\\a\\a\\a\end{matrix}}\right\} p\text{ 行} \\ \left.\vphantom{\begin{matrix}a\\a\\a\\a\end{matrix}}\right\} q\text{ 行} \end{matrix}$$

であって，これは $f_2(x), \overline{f_1}(x)$ の終結式 $R(f_2, \overline{f_1})$ にほかならない．故に f_1, $\overline{f_2}$ に公約関数がなければ，$D \neq 0$ である．従って $(v_0, v_1, \ldots, v_{p-1};\ w_0, w_1, \ldots, w_{q-1})$ は一次独立である．

以上のことから，$f(x) = f_1(x)f_2(x)$ ならば，$(f,\ -i\,\overline{f})$ のベズー形式は $(f_1,\ -i\,\overline{f_1})$, $(f_2,\ -i\,\overline{f_2})$ のベズー形式の和に表されることが分かった．すなわち

$$H(u_0, u_1, \ldots, u_{n-1}; \overline{u_0}, \overline{u_1}, \ldots, \overline{u_{n-1}})$$

$$= H(v_0, v_1, \ldots, v_{p-1}; \overline{v_0}, \ldots, \overline{v_{p-1}}) + H(w_0, w_1, \ldots, w_{q-1}; \overline{w_0}, \ldots, \overline{w_{q-1}}).$$

これはリエナールおよびシパール*6が初めて注意した関係である．

この定理を $f(x) = a_0(x-\alpha_1)(x-\alpha_2)\cdots(x-\alpha_n)$ に適用すれば，いかなる結果が生ずるかを見よう．

$f(x) = a(x-\alpha)$ なる一次関数と $-i\,\overline{f}(x) = -i\,\overline{a}(x-\overline{\alpha})$ とのベズー形式は

$$G(f, -i\,\overline{f}) = -i\,\frac{a(x-\alpha)\cdot\overline{a}(y-\overline{\alpha}) - a(y-\alpha)\,\overline{a}(x-\overline{\alpha})}{x-y}$$

$$= -i\,a\,\overline{a}\,(\alpha - \overline{\alpha})$$

---

*6　Liénard–Chipart, Journ. d. Math. (6) 10, 1914.

である．故に $\alpha = \beta + i\gamma$ とおけば，上式は $2a\overline{a}\gamma$ となる．$a \neq 0$ とおけば $a\overline{a} > 0$ となるから，上のベズー形式は

$$2a\overline{a}\gamma u\overline{u} = 2|a|^2\gamma|u|^2$$

である．すなわち α の虚数部 γ が正であるか，負であるかによって正あるいは負の平方となる．

次に $f(x)$ と $\overline{f}(x)$ との最大公約関数を $\varphi(x)$ とすれば，$\varphi(x) = 0$ の根は $f(x) = 0$ のすべての実根と，虚根の内で共役なものの対の全部とから成立っている．今 $f(x) = 0$ の実根の数を s とし，共役な虚根の対の数を t とすれば，$\varphi(x) = 0$ の次数はちょうど $s + 2t$ である．ここに $f(x)$ の係数は実数とは限らないから，虚根は必ずしも共役な対として現れるとは限らないことに注意を要する．

$\overline{\varphi}(x) = \varphi(x)$ であるから，φ, $-i\overline{\varphi}$ のベズー形式は 0 となる．故に $f(x) = \varphi(x)\,f_1(x)$ として考えると，f, $-i\overline{f}$ のベズー形式 $H_n(u, \overline{u})$ は f_1, $-i\overline{f_1}$ のベズー形式となる．

$$H_n(u, \overline{u}) = \sum_{i,k=0}^{p-1} B_{ik}\, v_i\, \overline{v_k} = H_p(v, \overline{v}), \qquad p = n - (s + 2t).$$

また $(v_0, v_1, \ldots, v_{p-1})$ は

$$v_i = c_0 u_{q+i} + c_1 u_{q+i-1} + \cdots + c_q u_i, \qquad (q = s + 2t), \quad (i = 0, 1, 2, \ldots, p-1).$$

故に $(v_0, v_1, \ldots, v_{p-1})$ はもちろん，互いに一次独立である．

この $H_p(v, \overline{v})$ は $f_1(x) = a_0(x - \alpha_1)(x - \alpha_2)\cdots(x - \alpha_p)$ を $a_0(x - \alpha_1)$ と $(x - \alpha_2)(x - \alpha_3)\cdots(x - \alpha_p)$ との二つに分けることによって

$$H_p(v, \overline{v}) = 2a_0\overline{a_0}\gamma_1 u_1\overline{u_1} + H_{p-1}(w, \overline{w})$$

の形になる．$f_1(x) = 0$ と $\overline{f_1}(x) = 0$ とには，もはや共通の根がないから，u_1, w_0, w_1, …, w_{p-2} は互いに一次独立である．同様のことを繰返すと

$$H_n(u, \overline{u}) = H_p(v, \overline{v})$$

$$= 2a_0\overline{a_0}\gamma_1 u_1\overline{u_1} + 2\gamma_2 u_2\overline{u_2} + \cdots + 2\gamma_p u_p\overline{u_p}$$

に達する．u_1, u_2, …, u_p は互いに一次独立な $(u_0, u_1, \ldots, u_{n-1})$ の一次形式である．

これから次のエルミットの定理を得る．

定理． $f(x) = 0$ **の根の虚数部がすべて正なるための必要にして充分な条件は，**

$f(x)$, $i\,\overline{f}(x)$ **のベズー形式** $H(u,\overline{u})$ **が正値形式となることである.**

$H(u,\overline{u})$ の階数を r とし，この形式を平方の和の標準形に表したとき，正項の数を μ，負項の数を ν とする．また実根の数を s，共役なる虚根の対の数を t とすれば，$n-r$ は $s+2t$ に等しく，$\mu+t$ は虚数部が正なる根の数に等しく，$\nu+t$ は虚数部が負なる根の数に等しい．従って $\mu-\nu$ は虚数部が正なる根の数から，虚数部が負なる根の数を減じたものに等しい.

9.19. ラウス–フルウィッツの問題.　二つの n 次有理整関数 $f(x)$, $g(x)$ に $x=(\alpha\xi+\beta)/(\gamma\xi+\delta)$, $y=(\alpha\eta+\beta)/(\gamma\eta+\delta)$ なる一次変換を施した

$$(\gamma\xi+\delta)^n f\left(\frac{\alpha\xi+\beta}{\gamma\xi+\delta}\right)=F(\xi),$$

$$(\gamma\xi+\delta)^n g\left(\frac{\alpha\xi+\beta}{\gamma\xi+\delta}\right)=G(\xi)$$

のベズー形式は，$f(x)$, $g(x)$ のベズー形式に $(\alpha\delta-\beta\gamma)^{2n-1}$ をかけたものに等しいことはすでに §9.9 で証明した.

故に方程式 $f(\xi)=0$ の根の実数部がすべて負となるための条件を求める問題を**ラウス–フルウィッツの問題**[*1]と名づければ，これは一次変換

$$\xi=ix,\quad x=-i\xi$$

によって，§9.18 のエルミットの問題に直されるものである．実際

$$F(x)=f(ix)=f(\xi)$$

とすれば，$f(\xi)=0$ の根の実数部が負ならば，$F(x)=0$ の根の虚数部は正となり，逆もまた成立するから，$f(\xi)=0$ に対するラウス–フルウィッツの問題は $F(x)=0$ に対するエルミットの問題に直される．すなわち $F(x)$, $-i\,\overline{F}(x)$ のベズー形式は

$$-i\,\frac{F(x)\,\overline{F}(y)-F(y)\,\overline{F}(x)}{x-y}=\sum_{p,q=0}^{n-1}A_{pq}\,x^p y^q$$

とすれば，x^p, y^q をそれぞれ u_p, $\overline{u_q}$ とおいた

$$H=\sum A_{pq}\,u_p\overline{u_q}$$

となり，これを論ずればよいことになる．然るに

§9.19,*1　ラウス–フルウィッツが論じた問題は $f(x)$ の係数が実数の場合である.

$$F(x)=f(\xi)=f(ix), \qquad -i\,\overline{F}(x)=-i\,\overline{f}(-ix)=-i\,\overline{f}(-\xi)$$

で，かつ $\alpha\delta-\beta\gamma=-i$ であるから

$$-i\,\frac{F(x)\,\overline{F}(y)-F(y)\,\overline{F}(x)}{x-y}=\frac{f(\xi)\,\overline{f}(-\eta)-\overline{f}(\eta)\,f(-\xi)}{\xi-\eta}$$

となる．右辺を $\sum B_{pq}\,\xi^p\eta^q$ とすれば，係数 B_{pq} は必ずしも実数ではない．その共役複素数をとれば

$$\frac{\overline{f}(\xi)f(-\eta)-\overline{f}(\eta)f(-\xi)}{\xi-\eta}=\sum B_{pq}\,\xi^p\eta^q$$

となる．ξ,η の符号を変えると

$$\frac{f(\xi)\overline{f}(-\eta)-f(\eta)\overline{f}(-\xi)}{\xi-\eta}=\sum \overline{B_{pq}}\,(-\xi)^p(-\eta)^q.$$

故に

$$\overline{B_{pq}}=(-1)^{p+q}\,B_{pq}.$$

然るに $B_{pq}=B_{qp}$ であるから，$B_{pq}=(-1)^q\,b_{pq}$ とおけば

$$(-1)^q\,\overline{b_{pq}}=\overline{B_{pq}}=(-1)^{p+q}\,B_{qp}=(-1)^{p+q}(-1)^p\,b_{pq},$$

すなわち

$$\overline{b_{pq}}=b_{qp}.$$

故に

$$\sum B_{pq}\,\xi^p\eta^q=\sum b_{pq}\,(-1)^q\,\xi^p\eta^q$$

の ξ^p, $(-\eta)^q$ の代わりに v_p, $\overline{v_q}$ を代入すると，エルミット形式

$$K=\sum b_{pq}\,v_p\overline{v_q}, \qquad (\overline{b_{pq}}=b_{qp})$$

が得られる．これは H を得るために x^p, y^q をそれぞれ u_p, $\overline{u_q}$ とおいたものであるから，$x^p=(-i\xi)^p$, $y^q=(-i\eta)^q$ において左辺を共役なる u_p, $\overline{u_q}$ とすれば，右辺では ξ^p を v_p とするとき，$(-\eta)^q$ を $\overline{v_q}$ とおかねばならないことと一致する．従って $u_p=(-i)^p\,v_p$ となる．これより

$$\sum A_{pq}\,u_p\overline{u_q}=\sum b_{pq}\,v_p\overline{v_q}$$

が得られる．故に §9.18 のエルミットの定理から直ちに次の定理が得られる．

定理.　係数が任意の n 次方程式 $f(x)=0$ の根の実数部がすべて負であるための必要にして充分な条件は，$f(x)$, $\overline{f}(-x)$ のベズー形式

$$K(v,\overline{v})=\sum b_{pq}\,v_p\overline{v_q}$$

が正値形式となることである.

$K(v,\overline{v})$ を平方の和の標準形式に直したとき，正項，負項の数をそれぞれ μ, ν とすれば，階数 $r=\mu+\nu$ は $n-(s+2t)$ に等しい．ただし s は純虚根の数を表し，t は $\beta+i\gamma$, $-\beta+i\gamma$ なる形の虚根の対の数を示すものとする．$\mu+t$ は実数部が負である根の数を表し，$\nu+t$ は実数部が正である根の数を表す.

$f(x)=0$ の係数が実数である特別の場合に，ベズー形式を以て論じたのはリエナールおよびシパールである[*2].

9.20. シューアの問題.

$f(\xi)=0$ の根の絶対値がすべて 1 より小なるための条件を求める問題は，シューアが初めて関数論的に解き，次いでコーン[*1]が代数学的に解いた．この問題を**シューアの問題**と名づけよう.

この問題もまた一次変換

$$x=i\,\frac{1-\xi}{1+\xi},\quad \xi=\frac{1+ix}{1-ix},\qquad (\alpha\,\delta-\beta\,\gamma=-2\,i)$$

によってエルミットの問題に直すことができる[*2].

今 $f(\xi)=f\left(\dfrac{1+ix}{1-ix}\right)$ の分母を払って

$$(1-ix)^n\,f\left(\frac{1+ix}{1-ix}\right)=F(x)$$

とおけば，$f(\xi)=0$ の根の絶対値がすべて 1 より小ならば，$F(x)=0$ の根の虚数部はすべて正となる．逆も成立する．これは $\xi=(1+ix)/(1-ix)$ によって，x が (x) 平面の実数軸の上を動けば，ξ は (ξ) 平面上で原点を中心とする単位円の上を動くこと，および $\xi=0$ が $x=i$ に対応することを見れば明らかであろう.

[*2] Liénard–Chipart, Journ. d. Math. (6) 10, 1914．一般の係数の場合には藤原, Math. Zeits. 24, 1925; Japanese Journ. of Math. 2, 1925.

[§9.20, *1] Schur, Journ. f. Math. 148, 1918; Cohn, Math. Zeits. 14, 1922.

[*2] Hermite も彼自身の問題からこの問題が解けると言っている．ベズー形式の不変性を利用すれば，実際に一方から他方に移れることは，高木博士の示唆に負う所である.

今

$$\xi^n\,\overline{f}\left(\frac{1}{\xi}\right) = f^*(\xi)$$

とおけば

$$-i\,f^*(\xi) = -i\left(\frac{1+ix}{1-ix}\right)^n\overline{f}\left(\frac{1-ix}{1+ix}\right) = -i\,\frac{\overline{F}(x)}{(1-ix)^n},$$

すなわち

$$-i\,\overline{F}(x) = -i\,f^*(\xi)\cdot(1-ix)^n.$$

故に

$$-\,i\,\frac{F(x)\,\overline{F}(y) - F(y)\,\overline{F}(x)}{x-y} = \sum A_{pq}x^p y^q$$

$$= 2\,\frac{f(\xi)f^*(\eta) - f(\eta)f^*(\xi)}{\xi-\eta}\,(1-ix)^{n-1}(1-iy)^{n-1}.$$

次に

$$\frac{f(\xi)f^*(\eta) - f(\eta)f^*(\xi)}{\xi-\eta} = \sum C_{pq}\,\xi^p\eta^q$$

とおき，両辺の共役複素数をとり，同時に ξ, η をそれぞれ逆数に変え，さらに $(\xi\,\eta)^{n-1}$ をかければ

$$\frac{f^*(\xi)f(\eta) - f^*(\eta)f(\xi)}{\eta-\xi} = \sum \overline{C_{pq}}\,\xi^{n-1-p}\eta^{n-1-q}$$

となる．左辺は $\sum C_{pq}\,\xi^p\eta^q$ に等しいから

$$\overline{C_{pq}} = C_{n-1-p,n-1-q}, \quad \overline{C_{ik}} = C_{ki}$$

となる．故に

$$C_{pq} = c_{p,n-1-q}$$

とおけば

$$\overline{C_{pq}} = \overline{c_{p,n-1-q}} = C_{n-1-p,n-1-q} = C_{n-1-q,n-1-p} = c_{n-1-q,p},$$

故に

$$\overline{c_{rs}} = c_{sr}$$

が成立する．従って ξ^p, η^{n-1-q} をそれぞれ v_p, $\overline{v_q}$ で置換えれば

$$S(v,\overline{v}) = \sum C_{pq}v_p\overline{v_{n-1-q}} = \sum c_{pq}v_p\overline{v_q}, \qquad (\overline{c_{pq}} = c_{qp})$$

なるエルミット形式が得られる．

すでに導き出した関係から

$$\sum A_{pq}\,x^p y^q = 2\sum C_{pq}(1+ix)^p(1-ix)^{n-p-1}(1+iy)^q(1-iy)^{n-q-1}$$

が得られる．今

$$(1+ix)^p(1-ix)^{n-p-1} = \delta_0 + \delta_1 x + \delta_2 x^2 + \cdots + \delta_{n-1}x^{n-1}$$

とおけば，その共役複素数は次のようになる．

$$(1-ix)^p(1+ix)^{n-p-1} = \overline{\delta_0} + \overline{\delta_1}x + \overline{\delta_2}x^2 + \cdots + \overline{\delta_{n-1}}x^{n-1}.$$

故に x^p，y^p をそれぞれ u_p，$\overline{u_p}$ とおけば，$(1+ix)^p(1-ix)^{n-p-1}$，$(1+iy)^{n-p-1}(1-iy)^p$ はそれぞれ

$$v_p = \delta_0 u_0 + \delta_1 u_1 + \cdots + \delta_{n-1}u_{n-1},$$

$$\overline{v_p} = \overline{\delta_0}\,\overline{u_0} + \overline{\delta_1}\,\overline{u_1} + \cdots + \overline{\delta_{n-1}}\,\overline{u_{n-1}}$$

となり，互いに共役である．従って上の関係式から

$$\sum A_{pq}u_p\overline{u_q} = 2\sum C_{pq}v_p\overline{v_{n-1-q}}$$

$$= 2\sum c_{pq}v_p\overline{v_q}$$

を得る．故にエルミットの定理 (§9.18) から次のシューア，コーンの定理が得られる．

定理． $f(x)=0$ **の根の絶対値がすべて** 1 **より小なるために必要にして充分な条件は** $f(x)$，$f^*(x) = x^n\overline{f}\left(\dfrac{1}{x}\right)$ **のベズー形式**

$$S(v,\overline{v}) = \sum c_{pq}\,v_p\,\overline{v_q}$$

が正値形式なることである．

$S(v,\overline{v})$ を平方の和の標準形に直したとき，正項，負項の数をそれぞれ μ, ν とすれば，$S(v,\overline{v})$ の階数 $r=\mu+\nu$ は $n-(s+2t)$ に等しい．ただし s は絶対値が 1 なる根の数を表し，t は $\alpha\overline{\beta}=1$ に適合する根 α，β の対の数を表す．$\mu+t$ は絶対値が 1 より小なる根の数を表し，$\nu+t$ は絶対値が 1 より大なる根の数を表す．

§8.6 に挙げた掛谷の定理はシューアの問題の一つの充分条件を与えるものである．

従って掛谷定理の条件が成立すればシューアの条件は当然成立しなければならない．しかしこれを直接に確かめることは容易でない．故に我々は他の方向からこの関係を眺めて見よう．今

$$g(x) = \alpha\, f(x) - \beta\, f^*(x), \quad g^*(x) = \overline{\alpha}\, f^*(x) - \overline{\beta}\, f(x)$$

のベズー形式を作ると

$$g(x)\, g^*(y) - g(y)\, g^*(x) = (|\,\alpha\,|^2 - |\,\beta\,|^2)\ \{f(x)\, f^*(y) - f(y)\, f^*(x)\}$$

であるから，これは $f(x)$, $f^*(x)$ のベズー形式に $|\,\alpha\,|^2 - |\,\beta\,|^2$ をかけたものになっている．故に $|\,\alpha\,|^2 > |\,\beta\,|^2$ ならば，$f(x) = 0$, $g(x) = 0$ の一方がシューアの条件を満足すれば，他方もまた同様である．

この事実は，もっと簡単に (第 5 章 演習問題 2), $f(x) = 0$ の根がすべて原点を中心とする単位円内にあれば $|\,x\,| \lesseqqgtr 1$ に従って $|\,f(x)\,| \lesseqqgtr |\,f^*(x)\,|$ なることから導き出せる．

今 $f(x) = a_0x^n + a_1x^{n-1} + \cdots + a_n$ の係数間に，$a_0 > a_1 > \cdots > a_n > 0$ が成立するものとする．$\alpha = a_0 = f^*(0)$, $\beta = a_n = f(0)$ とおけば，$|\,\alpha\,|^2 > |\,\beta\,|^2$ となるから，$g(x) = a_0\, f(x) - a_n\, f^*(x) = 0$ の根がすべて単位円内にあれば，$f(x) = 0$ の根も同様である．$g(x)$ の係数は $b_0 = {a_0}^2 - {a_n}^2$, $b_1 = a_0a_1 - a_{n-1}a_n, \ldots, b_n = 0$ となり，0 が一つの根である．これを省けば $n - 1$ 次の方程式となり，これはまた $b_0 > b_1 > b_2 > \cdots > b_{n-1} > 0$ を満足することが容易に分かる．故に順次に低次のものに直していけば，遂には $c_0x + c_1 = 0$ の形に達する．$c_0 > c_1$ ならばこれの根は原点を中心とする単位円内にあるから，逆に押していけば，$f(x) = 0$ の根がすべてこの単位円内にあることが分かる*3．

この方法はもちろん掛谷の定理の証明としては迂遠であるが，一般の定理から導き出し得ることを確かめる必要から示したのである．

*3 Cohn, Math. Zeits. 14, 1922.

第9章　演習問題

1. $\sum_{i,k=0}^{n} (i+k)!\, x_i x_k$ は正値形式なることを証明せよ．(Hurwitz, Math. Ann. 73, 1912.)

2. $\sum_{i,k=1}^{n} a_{ik} x_i x_k$ が正値形式ならば

$$-\begin{vmatrix} a_{11} & a_{12} & \cdots & a_{1n} & x_1 \\ a_{21} & a_{22} & \cdots & a_{2n} & x_2 \\ \cdots & \cdots & \cdots & \cdots & \cdots \\ a_{n1} & a_{n2} & \cdots & a_{nn} & x_n \\ x_1 & x_2 & \cdots & x_n & 0 \end{vmatrix} = \sum A_{ki}\, x_i x_k$$

も正値形式なることを証明せよ．ただし A_{ik} は $A = |\, a_{ik} \,|$ なる行列式における a_{ik} の余因子を表すものとする．この形式を，A によって除したものによって与えられた二次形式の**逆形式**という．

3. $\sum_{i,k} a_{ik} x_i x_k$ が正値形式ならば

$$\begin{vmatrix} a_{11} & a_{12} & \cdots & a_{1n} & x_1 & y_1 \\ a_{21} & a_{22} & \cdots & a_{2n} & x_2 & y_2 \\ \cdots & \cdots & \cdots & \cdots & \cdots & \cdots \\ a_{n1} & a_{n2} & \cdots & a_{nn} & x_n & y_n \\ x_1 & x_2 & \cdots & x_n & 0 & 0 \\ y_1 & y_2 & \cdots & y_n & 0 & 0 \end{vmatrix} \geqq 0$$

なることを証明せよ．ただし (x_i), (y_k) は実数とする．

4. 二次形式 $f = \sum_{i,k=1}^{n} a_{ik} x_i x_k$ において，行列式 $D_n = |\, a_{ik} \,|$ の最後の行の要素 a_{n1}, a_{n2}, $\ldots$, a_{nn} に関する余因子をそれぞれ $D^{(1)}$, $D^{(2)}$, $\ldots$, $D^{(n)}$, $(D^{(n)} = D_{n-1})$ とすれば

$$x_p = y_p + \frac{D^{(p)}}{D^{(n)}}\, y_n, \qquad (p = 1, 2, \ldots, n-1),\ x_n = y_n$$

なる変換によって，f は

$$\sum_{i,k=1}^{n-1} a_{ik} y_i y_k + \frac{D_n}{D_{n-1}}\, {y_n}^2$$

に変わることを証明し，これにより $D_1, D_2, \ldots, D_n \neq 0$ の場合に，f をヤコビ変換と同様に平方の和に表せ．(Gundelfinger, Journ. f. Math. 91, 1881.)

5. ヤコビ変換を拡張して，双一次形式

$$\sum_{i,k=1}^{n} a_{ik} x_i y_k$$

を

$$\lambda_1 X_1 Y_1 + \lambda_2 X_2 Y_2 + \cdots + \lambda_n X_n Y_n$$

の形に直せ．ただし X_i, Y_k はそれぞれ $(x_1, x_2, \ldots, x_n), (y_1, y_2, \ldots, y_n)$ の一次形式である．(Jacobi, Journ. f. Math. 53, 1857, Werke 3, p.583.)

6. $f(x) = 0$ に重根 $\alpha, \beta, \ldots$ があるとき，$\varphi(x)/f(x)$ を展開して

$$\frac{\varphi(x)}{f(x)} = \frac{\varphi(x)}{(x-\alpha)^p (x-\beta)^q \cdots} = \sum_{m=0}^{\infty} \frac{c_m}{x^{m+1}}$$

とすれば

$$c_m = \sum \left\{ A_0 \alpha^m + \binom{m}{1} A_1 \alpha^{m-1} + \binom{m}{2} A_2 \alpha^{m-2} + \cdots + \binom{m}{p-1} A_{p-1} \alpha^{m-p+1} \right\}$$

となることを証明し，この場合には $\displaystyle\sum_{i,k=0}^{n-1} c_{i+k} u_i u_k$ は正値形式とならないことを証明せよ．(藤原，日本数学物理学会記事 (3) 2, 1909.)

7. $A = \sum a_{ik} x_i \overline{x_k}$, $B = \sum b_{ik} x_i \overline{x_k}$ が正値エルミット形式ならば

$$C = \sum a_{ik}\, b_{ik}\, x_i \overline{x_k}$$

もまた正値エルミット形式なることを証明せよ．A, B が非負形式ならば，C もまた同様である．(Schur, Journ. f. Math. 140, 1911.)

(一次変換 $z_p = \sum l_{pq} x_q$ を適当にとれば，B は $\sum z_i \overline{z_i}$ の形に変換される．従って b_{ik} は $\sum l_{hi} l_{hk}$ の形に表されることを利用せよ．)

8. $f(x) = a_0 x^n + a_1 x^{n-1} + a_2 x^{n-2} + \cdots + a_n$ の係数を実数とし，$f(-ix) = (-i)^n \{\varphi(x) - i\,\psi(x)\}$ としたとき，$\psi(x)/\varphi(x)$ を x^{-1} の昇冪に展開したものを

$$\frac{\psi(x)}{\varphi(x)} = \sum_{n=0}^{\infty} \frac{c_n}{x^{n+1}}$$

とすれば，$\displaystyle\sum_{i,k=0}^{n-1} c_{i+k} u_i u_k$ が正値形式なることが，$f(x) = 0$ の根の実数部が負であるための

条件である．これは Hurwitz が与えた形である．これと §9.19 で述べたものと一致することを示せ．(藤原，Tôhoku Math. J. 8, 1915.)

9. $f(x)$ の係数を実数とし，$f(x)=\varphi(x^2)+x\psi(x^2)$ とする．$f(x)$, $f(-x)$ のベズー形式を H とし，$\varphi(x)$, $\psi(x)$ のベズー形式を H_1 とし，$\varphi(x)$, $x\psi(x)$ のベズー形式を H_2 とすれば，$H=H_1+H_2$ なることを証明せよ．(Liénard–Chipart, Journ. de Math. (6) 10, 1914.)

10. §9.20 の Schur の問題の必要にして充分な条件は，エルミット形式

$$\sum_{\lambda=1}^{n}|a_\lambda u_0+a_{\lambda+1}u_1+\cdots+a_n u_{n-\lambda}|^2-\sum_{\lambda=1}^{n}|\overline{a_0}u_{n-\lambda}+\overline{a_1}u_{n-\lambda-1}+\cdots+\overline{a_{n-\lambda}}u_0|^2$$

が正値形式なることである．(Schur, Journ. f. Math. 148, 1918; Cohn, Math. Zeits. 14, 1922.)

これはまた次のように書けることを証明せよ．

$$D_\nu=\begin{vmatrix} a_n & 0 & \cdots & 0 & a_0 & a_1 & \cdots & a_{\nu-1} \\ a_{n-1} & a_n & \cdots & 0 & 0 & a_0 & \cdots & a_{\nu-2} \\ \cdots & \cdots & \cdots & \cdots & \cdots & \cdots & \cdots & \cdots \\ a_{n-\nu+1} & a_{n-\nu+2} & \cdots & a_n & 0 & 0 & \cdots & a_0 \\ \overline{a_0} & 0 & \cdots & 0 & \overline{a_n} & \overline{a_{n-1}} & \cdots & \overline{a_{n-\nu+1}} \\ \overline{a_1} & \overline{a_0} & \cdots & 0 & 0 & \overline{a_n} & \cdots & \overline{a_{n-\nu+2}} \\ \cdots & \cdots & \cdots & \cdots & \cdots & \cdots & \cdots & \cdots \\ \overline{a_{\nu-1}} & \overline{a_{\nu-2}} & \cdots & \overline{a_0} & 0 & 0 & \cdots & \overline{a_n} \end{vmatrix}>0,\ (\nu=1,2,\ldots,n)$$

11. $f(x)=0$ の根がすべて実数なるための必要にして充分な条件は，$f(x)=0$ の二つずつの根の差の平方を根とする方程式の項を昇冪順に配列したとき，係数が交互に正となり，負となることである．

12. $f(x)=0$ の根の絶対値がすべて 1 より小ならば，$f(x)+f^*(x)=0$ の根は互いに相異なり，その絶対値は 1 に等しい．ただし $f(x)=a_0+a_1x+\cdots+a_nx^n$, $f^*(x)=\overline{a_n}+\overline{a_{n-1}}x+\cdots+\overline{a_0}x^n$ とする．(Schur, Journ. f. Math. 147, 1917.)

もし $|\lambda|<1$ ならば，$f(x)=0$ と $f(x)+\lambda f^*(x)=0$ は絶対値が 1 より小さい根を同数だけもつ．(Cohn, Math. Zeits. 14, 1922.)

第9章　諸定理

1.　再帰二次形式 $\sum_{i,k=0}^{n-1} c_{i+k}x_ix_k$ が非負となるための必要にして充分な条件は，係数が

$$c_p = \lambda_1{\alpha_1}^p + \lambda_2{\alpha_2}^p + \cdots + \lambda_N{\alpha_N}^p, \qquad (p = 0, 1, 2, \ldots, 2n-3),$$

$$c_{2n-2} = \lambda_1{\alpha_1}^{2n-2} + \lambda_2{\alpha_2}^{2n-2} + \cdots + \lambda_N{\alpha_N}^{2n-2} + \beta,$$

$(N < n,\ \beta \geqq 0,\ \lambda_i > 0\ \ (i = 1, 2, \ldots, N),\ (\alpha_1, \alpha_2, \ldots, \alpha_N)$ は互いに相異なる実数) の形に表されていることである．(Fischer, Rend. Palermo 32, 1911.)

2.　**カラテオドリの定理．**　任意の実数または複素数 $a_1,\ a_2,\ \ldots,\ a_n$ が与えられたとき，常に

$$a_p = \lambda_1{\alpha_1}^p + \lambda_2{\alpha_2}^p + \cdots + \lambda_m{\alpha_m}^p,$$

$$m \leqq n-1,\ p = 1, 2, \ldots, n-1,\ \lambda_i > 0,\ |\alpha_k| = 1,\ (i,\ k = 1, 2, \ldots, m)$$

の形に表される．(Carathéodory, Math. Ann. 64, 1907; Carathéodory–Fejér, Rend. Palermo 32, 1911. カラテオドリは凸体に関する幾何学的思想から証明した．これを代数学的に論じたのは Fischer, Rend. Palermo 32, 1911; Toeplitz, Rend. Palermo 32, 1911; Schur, Frobenius, Berliner Ber., 1912; 藤原，日本数学物理学会記事 (3) 2, 1920.)

3.　正値二次形式 $f = \sum_{i,k=1}^{n} a_{ik}x_ix_k\ \ (a_{ik} = a_{ki})$ において $0 \geqq a_{ik}\ (i \neq k)$ とすれば

$$\frac{1}{2}\frac{\partial f}{\partial x_i} = b_i, \quad (i = 1, 2, \ldots, n)$$

を満たす $(x_1, x_2, \ldots, x_n)$ をとれば，$b_i \geqq 0$ のとき $x_i \geqq 0$ となり，$b_i > 0$ のとき $x_i > 0$ となる．(Stieltjes, Acta Math. 9, 1886–7.)

4.　二次形式 $f = \sum a_{ik}x_ix_k,\ g = \sum b_{ik}x_ix_k,\ (i, k = 1, 2, \ldots, n)$ の階数をそれぞれ $r,\ s$ とし，$f+g = \sum(a_{ik}+b_{ik})\,x_ix_k$ の階数を h とすれば $|\,r-s\,| \leqq h \leqq r+s$. (Rosanes, Journ. f. Math. 146, 1916.)

5.　二次形式 $\sum a_{ik}x_ix_k,\ (i, k = 1, 2, \ldots, n)$ を標準形に直したとき，正項の数 μ と負項の数 ν とは，1, $D_1,\ D_2,\ \ldots,\ D_n$ において 0 となるものが二つより多く続かなければ，その符号の変化より定まる．三つ 0 が続く場合には，一般には定まらない．しかし再帰二次形式

およびベズー形式の場合には，0 がいくつ続いても，μ, ν は 1, D_1, D_2, ..., D_n の符号の変化によって定めることができる．(Frobenius, Berliner Ber., 1894, 1906; Journ. f. Math. 114, 1895.)

6. 二次形式の階数および標準形に直したときの正項負項の数は，その逆形式 (演習問題 2) の階数および正項負項の数と一致する．(Frobenius, Berliner Ber., 1894; Journ. f. Math. 114, 1895.)

7. $f(x) = 0$ の根を $x_1, x_2, \ldots, x_n$ とし

$$f(x)/(x - x_k) = f_0(x_k) + f_1(x_k)x + \cdots + f_{n-1}(x_k)x^{n-1},$$

$$v_s = \frac{1}{2}\frac{\partial H(u,u)}{\partial u_{n-1-s}}, \quad \varphi(x)\,\psi(x)f'^2(x) = 1$$

とすれば

$$H(u,u) = \sum_k \varphi(x_k)\,(u_0 + \alpha_k u_1 + {\alpha_k}^2 u_2 + \cdots + {\alpha_k}^{n-1} u_{n-1})^2,$$

$$G(v,v) = \sum_k \psi(x_k)\,\{v_0 f_0(\alpha_k) + v_1 f_1(\alpha_k) + \cdots + v_{n-1} f_{n-1}(\alpha_k)\}^2$$

は相等しくなる．(Mignosi, Rend. Palermo 49, 1925, p.70.)

8. $\varphi_1(x), \varphi_2(x), \ldots, \varphi_n(x)$ を有理整関数とし，どの二つも $\mathrm{mod}\, f(x)$ について合同でない場合に

$$x\,\varphi_i(x) \equiv \sum_{k=1}^{n} a_{ik}\,\varphi_k(x) \qquad (\mathrm{mod}\, f(x))$$

によって係数 a_{ik} を定めると，$a_{ik} = a_{ki}$ ならば $f(x) = 0$ の根は実根だけである．$\varphi_1(x) = 1$, $\varphi_2(x) = x$, ..., $\varphi_n(x) = x^{n-1}$ とすれば，Borchardt の定理 (§9.13) になる．(Hensel, Journ. f. Math. 110, 1892.)

9. スツルム鎖の実際の形. $f(x)$, $f_1(x) = f'(x)$ から出発して得られるスツルム鎖 $f, f_1, f_2, \ldots, f_n$ は，$f(x) = 0$ の根 $x_1, x_2, \ldots, x_n$ を互いに異なるものと仮定して，

$$\begin{aligned}\delta^2(x_1, x_2, \ldots, x_k) = (x_1 - x_2)(x_1 - x_3)\cdots(x_1 - x_k)& \\ (x_2 - x_3)\cdots(x_2 - x_k)& \\ \cdots\cdots\cdots\cdots\cdots\cdots& \\ (x_{k-1} - x_k)&\end{aligned}$$

とおけば

$$f_1(x) = f(x) \sum \frac{1}{x - x_1},$$

$$f_2(x) = f(x) \cdot {M_2}^2 \sum \frac{\delta^2(x_1, x_2)}{(x - x_1)(x - x_2)},$$

$$f_3(x) = f(x) \cdot {M_3}^2 \sum \frac{\delta^2(x_1, x_2, x_3)}{(x - x_1)(x - x_2)(x - x_3)},$$

$$\cdots\cdots\cdots\cdots\cdots\cdots\cdots\cdots\cdots\cdots\cdots\cdots$$

$$f_n(x) = f(x) \cdot {M_n}^2 \frac{\delta^2(x_1, x_2, \ldots, x_n)}{(x - x_1)(x - x_2)\cdots(x - x_n)}$$

となる．ただし

$$M_2 = \frac{1}{p_1},\ M_3 = \frac{p_1}{p_2},\ M_4 = \frac{p_2}{p_1 p_3},\ \ldots,\ M_n = \frac{p_{n-2}p_{n-4}}{p_{n-1}p_{n-3}},$$

$$p_1 = n,\ p_2 = \sum \delta^2(x_1, x_2),\ p_3 = \sum \delta^2(x_1, x_2, x_3),\ \ldots,\ p_n = \delta^2(x_1, x_2, \ldots, x_n)$$

である．(Sylvester は Phil. Mag. 15, 1839 に証明なしに述べ，Sturm は Journ. d. Math. 7, 1842 に証明を与えた．Sylvester, Collected Math. Papers 1, p.40.)

10. $\theta(x)$ を実関数とし，$t_p = \sum_{k=1}^{n} \theta^2(x_k)\, {x_k}^p$，および

$$F_k(x) = \begin{vmatrix} t_0 & t_1 & \cdots & t_{k-1} & 1 \\ t_1 & t_2 & \cdots & t_k & x \\ \cdots & \cdots & \cdots & \cdots & \cdots \\ t_k & t_{k+1} & \cdots & t_{2k-1} & x^k \end{vmatrix}$$

とおけば，F_n，F_{n-1}，F_{n-2}，…，F_1，1 がスツルム鎖を作ることは §9.10 から直ちに分かる．$F_k(x)$ は次の形にも表される．

$$F_k(x) = \sum \delta^2(x_1, x_2, \ldots, x_k)\, \theta^2(x_1)\theta^2(x_2)\cdots\theta^2(x_k)\, (x - x_1)(x - x_2)\cdots(x - x_k).$$

特に $\theta^2(x) = 1$ として，$s_i = \sum {x_k}^i$ とおけば

$$S_k = \begin{vmatrix} s_0 & s_1 & \cdots & s_{k-1} & 1 \\ s_1 & s_2 & \cdots & s_k & x \\ \cdots & \cdots & \cdots & \cdots & \cdots \\ s_k & s_{k+1} & \cdots & s_{2k-1} & x^k \end{vmatrix}$$

$$= \delta^2(x_1, x_2, \ldots, x_k)\, (x - x_1)(x - x_2)\cdots(x - x_k)$$

となり，S_n，S_{n-1}，…，S_2，S_1，1 がスツルム鎖を作る．(Hattendorff, Die Sturmschen

Functionen 2, Aufl., 1874.)

$\theta(x) = 1/f'(x)$ とすれば

$$\delta^2(x_1, x_2, \ldots, x_k) = \frac{\delta^2(x_{k+1}, x_{k+2}, \ldots, x_n)\,\{f'(x_1)f'(x_2)\cdots f'(x_k)\}^2}{\delta^2(x_1, x_2, \ldots, x_n)}$$

なる関係から，$F_{n-k}(x)$ と (9) にあるスツルムの $f_k(x)$ との間に

$$F_{n-k}(x) = f_k(x)\,/\,{M_k}^2\delta^2(x_1, x_2, \ldots, x_n)$$

の成立が証明される．(Joachimsthal, Journ. f. Math. 48, 1854.)

11.

$$\Delta_k(x) = \begin{vmatrix} t_0 - s_0\lambda & t_1 - s_1\lambda & \cdots & t_{k-1} - s_{k-1}\lambda & 1 \\ t_1 - s_1\lambda & t_2 - s_2\lambda & \cdots & t_k - s_k\lambda & x \\ \cdots & \cdots & \cdots & \cdots & \cdots \\ t_k - s_k\lambda & t_{k+1} - s_{k+1}\lambda & \cdots & t_{2k-1} - s_{2k-1}\lambda & x^k \end{vmatrix}$$

とすれば，1，Δ_1，Δ_2，…，Δ_n がスツルム鎖を作る．

$\lambda = 0$ とすれば Joachimsthal の定理となり，$\lambda \to \infty$ とすれば S_n，S_{n-1}，…，S_1，1 に関する定理となる．(Hermite, C. R. 35, 1852, Oeuvres 1, p.281.)

12.　実関数 $\varphi(x)$ をとり，$y_k = \varphi(x_k)$ とすれば

$$f,\ f_1 = f\sum\frac{1}{x - x_1},\quad f_2 = f\sum\frac{\delta^2(y_1, y_2)}{(x - x_1)(x - x_2)},$$

$$f_3 = f\sum\frac{\delta^2(y_1, y_2, y_3)}{(x - x_1)(x - x_2)(x - x_3)},\ \cdots$$

はスツルム鎖を作る．(Hermite, C. R. 36, 1853, Oeuvres 1, p.284.)

13.　$f(x) = a_0 + a_1x + a_2x^2 + \cdots + a_{2n}\,x^{2n} \geqq 0$ なるすべての $f(x)$ に対して

$$g(x) = b_0f(x) + b_1f'(x) + \cdots + b_{2n}f^{(2n)}(x) > 0$$

となるために $(b_0, b_1, \ldots, b_{2n})$ が満たさなければならない必要にして充分な条件は，二次形式 $\displaystyle\sum_{i,k=0}^{n} b_{i+k}(i+k)!\,x_ix_k$ が正値形式なることである．

例えば

$$f(x) + \frac{f''(x)}{1!} + \frac{f^{(4)}(x)}{2!} + \cdots + \frac{f^{(2n)}(x)}{n!} > 0,$$

$$f(x) + f'(x) + f''(x) + \cdots + f^{(2n)}(x) > 0.$$

(Hurwitz, Math. Ann. 73, 1912.)

$f(x) \geqq 0$ なるとき，$g(x) \geqq 0$ なる条件，$f(x) > 0$ なるとき $g(x) > 0$ または $g(x) \geqq 0$ な

る条件については藤原，Tôhoku Math. J. 6, 1914；岡田，Tôhoku Math. J. 24, 1925 参照．幾何学的見地から見ることは掛谷，Tôhoku Math. J. 6, 1914.

14. $(b_0, b_1, \ldots, b_{2n})$ を一定して，$f(x) = a_0 + a_1 x + \cdots + a_{2n} x^{2n} \geqq 0$ なるすべての $f(x)$ から

$$A_f = a_0 b_0 + a_1 b_1 + \cdots + a_{2n} b_{2n}$$

なる値の全体を作れば，これはエルミット形式 $\sum_{i,k=0}^{n} b_{i+k} u_i \overline{u_k}$ の取り得る値の全体と一致する．

特に $A_f > 0$ なるために必要にして充分な条件は

$$\sum_{i,k=0}^{n} b_{i+k} u_i \overline{u_k}$$

が正値形式なることである．

次に $\sum c_{i+k} u_i \overline{u_k}$ を非負エルミット形式とする．$\sum c_{i+k} u_i \overline{u_k} = 1$ に適合する (u_i) に対し，$\sum b_{i+k} u_i \overline{u_k}$ の取り得る値の全体は $c_0 a_0 + c_1 a_1 + \cdots + c_{2n} a_{2n} = 1$ なる条件のもとに A_f の取り得る値の全体と一致する．(Szász, Math. Zeits. 11, 1920.)

$f(x) > 0$ ならば $f(hx) > 0$, $f(x+h) > 0$. 故に a_ν に $a_\nu h^\nu$, $f^{(\nu)}(h)/\nu!$ を代入した $A_f > 0$ はそれぞれ

$$\sum a_\nu b_\nu h^\nu > 0, \qquad \sum \frac{b_\nu}{\nu!} f^{(\nu)}(h) > 0$$

となる．故に $f(x) > 0$ なるすべての $f(x)$ に対して，この関係が満足される条件を求める問題 (Hurwitz, Math. Ann. 73, 1912; 藤原，Tôhoku Math. J. 6, 1914) は上の定理の特別な場合である．

15. 三元二次および三元四次の正値形式は実関数の平方三個の和として表される．六次またはそれより高い偶数次の正値形式には，実関数の平方の和として表されるものがある．(Hilbert, Math. Ann. 32, 1888.)

三元の一般の正値形式は常に

$$\frac{{\phi_1}^2 + {\phi_2}^2 + \cdots + {\phi_p}^2}{{\varphi_1}^2 + {\varphi_2}^2 + \cdots + {\varphi_p}^2}$$

の形に表される．(Hilbert, Acta Math. 17, 1893.)

16. Hermite の問題. $f(x) = 0$ の根の虚数部がすべて常に正，または常に負であるために必要にして充分な条件 (§9.18) は次の形にも述べられる: $f(x)$ を実数部および虚数部に分けて $f(x) = \varphi(x) + i\,\psi(x)$ とすれば，$\varphi(x) = 0$, $\psi(x) = 0$ の根がすべて実数で，かつ互い

に分かつことである．(必要なることは Biehler, Journ. f. Math. 87, 1879; Laguerre, Journ. f. Math. 89, 1880 の証明は簡単である．充分なることは Auric, C. R. 137, 1903.)

これらを用いて Hurwitz の問題を解くことができる．(藤原，Tôhoku Math. J. 9, 1916.)

17. Hurwitz–Routh の問題の解答の種々なる形.

(a) $F(x) = a_0x^n + a_1x^{n-1} + \cdots + a_n$ の係数は実数とする．

$$F(ix) = i^n \{\varphi(x) - i\,\psi(x)\}$$

とすれば

$$\varphi(x) = a_0x^n - a_2x^{n-2} + a_4x^{n-4} - \cdots,$$
$$\psi(x) = a_1x^{n-1} - a_3x^{n-3} + a_5x^{n-5} - \cdots$$

となる．故に $\dfrac{\psi(x)}{\varphi(x)} = \displaystyle\sum_{n=0}^{\infty} \frac{c_n}{x^{n+1}}$ とすれば，§9.15 によって，Hurwitz–Routh の条件，すなわち $f(x) = 0$ の根の実数部がすべて負であるために必要にして充分な条件は

$$C = \sum_{p,q=0}^{n-1} c_{p+q}x_px_q$$

が正値形式なることである．然るに $\varphi(x)$, $\psi(x)$ の形から見て，h が奇数ならば，$c_h = 0$ であるから，二次形式 C は

$$C_1 = \sum c_{2p+2q}x_{2p}x_{2q}, \qquad C_2 = \sum c_{2p+2q+2}x_{2p+1}x_{2q+1}$$

の和として表される．C_1 は $(x_0, x_2, \ldots)$ だけに関係し，C_2 は $(x_1, x_3, \ldots)$ だけに関係するから，C_1, C_2 がそれぞれ正値形式なることが求める条件である．これを §7.39 によって書換えると，Hurwitz が与えた条件

$$a_1, \quad \begin{vmatrix} a_1 & a_0 \\ a_3 & a_2 \end{vmatrix}, \quad \begin{vmatrix} a_1 & a_0 & 0 \\ a_3 & a_2 & a_1 \\ a_5 & a_4 & a_3 \end{vmatrix}, \quad \ldots, \quad \begin{vmatrix} a_1 & a_0 & 0 & 0 & 0 & 0 & \cdots \\ a_3 & a_2 & a_1 & a_0 & 0 & 0 & \cdots \\ a_5 & a_4 & a_3 & a_2 & a_1 & a_0 & \cdots \\ \cdots & \cdots & \cdots & \cdots & \cdots & \cdots & \cdots \\ \cdots & \cdots & \cdots & \cdots & \cdots & \cdots & \cdots \end{vmatrix} > 0$$

が得られる．

(b) これはまた次の形にも表される: $f(x) = 0$ の根の二つずつの和を根とする方程式の係数がすべて正であるか，すべて負となることである．

これから Hurwitz の条件が出せる．(Orlando, Math. Ann. 71, 1911.)

$f(x)$ の係数を実数として，これを $f(x) = \varphi(x^2) + x\,\psi(x^2)$ の形に書き，$\varphi(x)$, $\psi(x)$ のベズー形式を H_1 とすれば，Hurwitz の条件は $\varphi(x)$ の係数の符号がすべて a_0 と同一で，かつ

H_1 が正値形式となることである．(Liénard–Chipart, Journ. de. Math. (6) 10, 1914.)

(c) Schur は Zeits. f. angewandte Math. u. Mechanik. 1, 1921 において次の形に述べている：

$$f(x) = a_0 + a_1 x + a_2 x^2 + \cdots + a_n x^n,$$

$$\overline{f}(x) = \overline{a_0} + \overline{a_1}\, x + \overline{a_2}\, x^2 + \cdots + \overline{a_n}\, x^n, \qquad (a,\ \overline{a}\ \text{は共役複素数})$$

とし，$f(x) = 0$ の根を $\alpha_1, \alpha_2, \ldots, \alpha_n$ とする．第5章 演習問題2により，$\mathbf{R}(\alpha_i) < 0$ $(i = 1, 2, \ldots, n)$ ならば，$\mathbf{R}(x) \gtreqless 0$ であることに従って $|\,f(x)\,| \gtreqless |\,\overline{f}(x)\,|$ である．

これによって，$f(x) = 0$ の根の実数部 $\mathbf{R}(\alpha_i)$ がすべて負となるために必要にして充分な条件は

$$g(x) = \alpha\, f(x) - \beta\, \overline{f}(x) = 0, \qquad (|\,\alpha\,| > |\,\beta\,|)$$

の根の実数部がすべて負となることである．

$F(\xi) < 0$ とすれば，$f(x) = 0$ の根の実数部がすべて負であるために必要にして充分な条件は，次数の低い方程式

$$\left\{\overline{f}(-\xi)\, f(x) - \overline{f}(-x) f(\xi)\right\} / (x - \xi) = 0$$

の根の実数部がすべて負になることである．

この左辺を ξ の昇冪の順に展開したときの絶対項*1を F_0 とし，ξ の係数を F_1 とすれば，求める所の必要にして充分な条件は

$$a_0 \neq 0,\ \mathbf{R}(a_1/a_0) > 0,\ \text{および}\ F_0(x) + \xi\, F_1(x) = 0$$

の根の実数部がすべて負になることである．

これから Hurwitz の条件の形を出すことができる．(Schur, ibid)

18. $f(x) = 0$ の根の絶対値がすべて1に等しいために必要にして充分な条件は，$a_0\, \overline{a_k} = a_{n-k}\, \overline{a_n}$ なることと，$f'(x) = 0$ の根の絶対値がすべて1より小さいことである．(Schur, Journ. f. Math. 147, 1917; Cohn, Math. Zeits. 14, 1922.)

これは方程式の根がすべて実数なるための条件から一次変換によって導き出すことができる．(山本，Japanese J. of Math. 1, 1925.)

---

*1 〔**編者注**：ξ を含まない項のこと，6.1 節参照.〕

第1巻 補 遺

§1.24, p.21. 自然数の一対で分数を定義することは，Stolz に従って Tannery に始まるように書いたが，Lüroth が独訳した Dini, Grundlagen für eine Theorie der Function der reellen Grössen, 1892, pp.2–3 にある．故に誰が最初に定義したのか判然としない．

§2.38, p.89. Beeger は Messenger of Math. 55, 1925–26 において，2000 と 14000 との間にあって $2^{p-1} \equiv 1 \pmod{p^2}$ を満足するものは 3511 だけであることを証明した．

§2.38, p.89. フェルマーの最後定理については Landau, Vorlesungen über die Zahlentheorie 3, 1927 を参照されたい．

§2.43, p.94. 整数を四個の平方の和として表すことができることを格子点の思想から証明したのは Grace, Journal London Math. Soc. 2, 1927.

§2.43, p.96. ここの証明は P_0 が偶数の場合には通用しない．よって次の数行を加える必要がある．

P_0 を偶数とすれば，${x_0}^2+{y_0}^2+{z_0}^2+{u_0}^2=p\,P_0$ の形から，x_0, y_0, z_0, u_0 のすべてが同時に奇数であるか，すべてが同時に偶数であるか，あるいはその内の二つが奇数で残りの二つが偶数であることが分かる．故に適当に組合せると $x_0 \pm y_0$, $z_0 \pm u_0$ は偶数となる．故に

$$x_1=\frac{1}{2}(x_0+y_0), \quad y_1=\frac{1}{2}(x_0-y_0),$$
$$z_1=\frac{1}{2}(z_0+u_0), \quad u_1=\frac{1}{2}(z_0-u_0)$$

とおけば，これらは共に整数で

$${x_1}^2+{y_1}^2+{z_1}^2+{u_1}^2=p\,P_1$$

とおけば，$P_1 = \frac{1}{2}P_0$ となり $P_1 < P_0$.

§2.43, p.97. 整数を三平方の和に表す問題は Gauss (Disqui. Arith. §291, Werke 1, p.343) が最初に解いた．別証明は Dirichlet, Journ. f. Math. 40, 1850, Werke 2, p.89.

§2.44, p.97. ウェアリングの問題．Dickson は American Journ. of Math. 58, 1936 における重要な論文で，$n > 6$ に対する ν の正確な値 $g(n)$ を定めている．その重要な結果を挙げると次の通りである．$[x]$ をガウスの記号とし，$q = \left[\left(\frac{3}{2}\right)^n\right]$，$r = 3^n - 2^n q$，$f = \left[\left(\frac{4}{3}\right)^n\right]$ とするとき，

$7 \leqq n \leqq 180$ ならば

$$g(n) = 2^n + q - 2$$

である．$n \geqq 35$，$r \leqq 2^n + q - 3$ ならば

$$g(n) = 2^n + q - 2.$$

$n \geqq 35$，$r \geqq 2^n - q + 2$ ならば

$2^n = fq + f + q$ なるか，$2^n < fq + f + q$ なるかに従い

$$g(n) = 2^n + q - 2 + f \quad \text{または} \quad 2^n + q - 2 + f - 1.$$

第2章 諸定理 16，p.110. フェルマーの最後定理の必要条件として，さらに次のものを挙げることができる．

$\frac{1}{1^2} + \frac{1}{2^2} + \frac{1}{3^2} + \cdots + \frac{1}{\left[\frac{p}{6}\right]^2} \equiv 0 \pmod{p}$. (Schwandt, Jahresber. D.M.V. 43, 1934.)

$\frac{1}{1} + \frac{1}{2} + \frac{1}{3} + \cdots + \frac{1}{\left[\frac{p}{3}\right]} \equiv 0 \pmod{p}$. (山田金雄, Proc. Imp. Academy, 12, 1936.)

$\frac{1}{1} + \frac{1}{2} + \frac{1}{3} + \cdots + \frac{1}{\left[\frac{p}{6}\right]} \equiv 0 \pmod{p}$. (山田金雄, Proc. Imp. Academy, 12, 1936.)

第2章 諸定理21, p.111. Thueの定理の拡張についてはBrauer, Journ. f. Math. 160, 1929参照.

第2章 諸定理32, p.113. Goldbachの推測定理に関する表はHaussnerのほかにPipping, Societas Scientiarum Fennica, Comm. physico-math. 4, 1927にもある. そこにはHaussnerの表の誤りが正されている.

§4.7, p.176. $|\omega - a_0| \leqq |\omega - P'|$ なることは次のようにして証明される.

$a_0 > P'$ ならば $|\omega - a_0| < |\omega - P'|$. $a_0 < P'$ ならば $P' > \omega > a_0$.

故に $|\omega - a_0| > |\omega - P'|$ となるのは $P' = a_0 + 1$, $\omega - a_0 > \dfrac{1}{2}$ の場合である. ここでは $a_1 = 1$, 従って $a_0 + \dfrac{1}{a_1} = \dfrac{a_0 + 1}{1}$ であるから, P'/Q' は近似分数の一つになる. 故に P'/Q' が近似分数でなければ $|\omega - a_0| \leqq |\omega - P'|$ とならねばならない.

§4.7, p.176. 最良近似に関する定理の幾何学的な証明は森本, Japanese J. of Math. 7, 1931.

§4.12, p.185. $\varepsilon = 1$ となることは市原学士が次のように証明された.

もし $\varepsilon = -1$ とすれば

$$\frac{1 - \sqrt{1 - 4S_n S_{n-1}}}{2S_{n-1}} = \frac{Q_n}{Q_{n-1}} > 1, \quad \text{すなわち } S_n + S_{n-1} > 1$$

とならねばならない. 然るに $1 = \dfrac{Q_n}{Q_{n-1}} S_{n-1} + \dfrac{Q_{n-1}}{Q_n} S_n$ から

$$\begin{aligned} 1 - (S_n + S_{n-1}) &= (Q_n - Q_{n-1}) \left(\frac{S_{n-1}}{Q_{n-1}} - \frac{S_n}{Q_n} \right) \\ &= (Q_n - Q_{n-1})(|Q_{n-1}\omega - P_{n-1}| - |Q_n \omega - P_n|) > 0, \end{aligned}$$

すなわち $S_n + S_{n-1} < 1$, 従って $\varepsilon = -1$ となることはできない.

$S_n + S_{n-1} < 1$ は幾何学的に簡単に出せる. それから直ちにVahlenの定理が出せることは高木博士の注意された所である.

§4.21, p.209. ディオファンタス近似に関しては，Koksma, Diophantische Approximationen, 1935 参照.

第4章 諸定理8, p.225. Ford のほかに森本, Japanese J. of Math. 7, 1931 参照.

第4章 諸定理9, p.225. Ford の定理の別証明. Perron, Math. Ann. 103, 1930; 105, 1931.

第4章 諸定理9, p.225. p, q を二次数体 $\mathrm{K}(\sqrt{-3})$ における整数とし，ω をこの数体に属さない任意の複素数とすれば，

$$\left|\omega-\frac{p}{q}\right|<\frac{1}{\sqrt{13}\,|\,q\,|^2}$$

を満足する無数の (p,q) が存在する．$\sqrt{13}$ より少しでも大なる数で置換えると，この定理は成立しない．(Perron, Münchener Ber. 1931.)

また p, q を数体 $\mathrm{K}(\sqrt{-2})$ における整数とし，ω をこの数体に属さない任意の複素数とすれば

$$\left|\omega-\frac{p}{q}\right|<\frac{1}{\sqrt{2}\,|\,q\,|^2}$$

を満足する無数の (p,q) が存在する．$\sqrt{2}$ より少しでも大なる数で置換えると，この定理は成立しない．(Perron, Math. Zeits. 37, 1933.)

第4章 諸定理, p.227. ディオファンタス近似. $|\,\alpha\delta-\beta\gamma\,|=1$ なるとき，$|\,(\alpha x+\beta y-\xi)(\gamma x+\delta y-\eta)\,|\leqq\dfrac{1}{4}$ に適合する整数 x, y の存在は Minkowski, Diophantische Approximationen, p.42 で証明された．別証明は Remak, Journ. f. Math. 142, 1913; Mordell, Journ. London Math. Soc. 3, 1928. なお $n=3$ への拡張は Remak, Math. Zeits. 17, 1923 参照.

$|\,(\alpha x+\beta y-\xi)(\gamma x+\delta y-\eta)\,|\leqq\dfrac{1}{4}$ の簡単な証明は Landau, Journ. f. Math. 165, 1931.

第4章 諸定理, p.228. 諸定理26として次のものを加える.

α を無理数とし $\liminf_{0<x<t} |(\alpha x - y)t|$ の下界，上界をそれぞれ m, M とすれば

$$\frac{1+m}{2} \geqq M \geqq \frac{1+\sqrt{1-4m^2}}{2}$$

が成立する．(森本，日本数学物理学会記事 (3) 10, 1928.)

§5.7, p.235. $(\cos\theta + i\sin\theta)^n = \cos n\theta + i\sin n\theta$ を通例 de Moivre の定理というが，彼が与えた元の形は $\cos\theta = \frac{1}{2}(\cos n\theta + i\sin n\theta)^{\frac{1}{n}} + \frac{1}{2}(\cos n\theta - i\sin n\theta)^{\frac{1}{n}}$ であって，上述の形は Euler が与えたものである．(Braunmühl, Bibliotheca Math. (3), 2, 1901 参照.)

§5.12, p.241. 複素数による幾何学上の定理の証明については，J. Brill, Messenger of Math. (2) 16, 17, 1887–8 に多くの研究があった．

第6章 諸定理 11，p.308. n 個の変数の場合は Pólya, Zürich Vierteljahrsschrift 73, 1928.

第6章 諸定理 12，p.308. Dörge, Math. Ann. 95, 1925, pp.93–94 参照．

§7.1, p.311. 行列式については，藤原，行列及び行列式 (岩波全書) を参照されたい．

§7.1, p.312. 我国の和算中にすでにファンデルモンド展開が見出される．三上, Isis, 2, 1914；平山，三上，東京物理学校雑誌 第46巻 第8号 (昭和十二年) 参照．

第7章 演習問題 27，p.415. Jacobi, Journ. f. Math. 22, 1841, Werke 3, p.441 (Ostwald's Klassiker No.77, p.50) 参照．

第7章 諸定理 15，p.419. Dines, Annals of Math. 28, 1926–27, 藤原，Proc. Imp. Academy of Japan 4, 1928 参照．

第7章 諸定理18，p.421. 高木博士の定理の証明はその近著，代数学講義 (1930) の第十章で発表された．この第十章は特に新味に富む．

§8.2, p.424. Alkayyami については Woepcke，L'Algèbre d'Omar Alkayyami, Paris 1851 参照．

§8.5, p.429. 方程式の根の分布に関する文献については，Van Vleck, Bull. American Math. Soc. 35, 1929 参照．

§8.17, p.455. スツルムの定理の証明では $f(a) \neq 0$，$f(b) \neq 0$ と仮定した．このような制限をおかなければ，その定理の「(a,b) 内の実根」を「$a < x \leqq b$ なる実根」と直せばよろしいことは Hurwitz が Math. Ann. 71, 1911 で注意した．高木博士，代数学講義，p.110 参照．

第8章 諸定理1, 4. p.478, 479. Biernacki, Bull. l'acad. polonaise, 1928 参照．

第8章 諸定理5，p.479. van den Berg の定理． この定理並びに藤原の拡張はすでに Siebeck, Journ. f. Math. 64, 1864 にあることが分かった．

窪田博士は東北数学雑誌 33, 1931 において幾何学的見地から二三の注意を与えられた．

等根のある場合には Linfield, Trans. American Math. Soc. 25, 1923 において論じられている．

第8章 諸定理，p.487. 第8章 諸定理中へ次のものを加える．

Bloch–Pólya は Proc. London Math. Soc. (2) 22, 1931–32 において，次の二定理を証明した．

$$f(x) = a_0 + a_1x + \cdots + a_nx^n = 0$$

に対し

$$a_k{}^2 \leqq 1\ (k=0,1,\ldots,n), \quad a_n{}^2 \geqq \alpha, \quad a_0{}^2 \geqq \alpha, \quad 0<\alpha<1$$

ならば，$f(x)=0$ の実根の数 N は

$$N < A\,n \log\log n/\log n \qquad (n \geqq 3)$$

を満足する．ただし A は α にのみ関係して定まる適当な常数である．

次に

$$\varphi(x) = 1+\varepsilon_1 x+\varepsilon_2 x^2+\cdots+\varepsilon_n x^n = 0 \quad (\varepsilon_\nu{}^3 = \varepsilon_\nu)$$

の区間 $(0,1)$ 内にある実根の数の最大値を P_n とすれば

$$\frac{1}{A} n^{\frac{1}{4}} (\log n)^{-\frac{1}{2}} < P_n < A\,n \log\log n/\log n \qquad (n>3)$$

が成立する．ただし A は適当な正の常数を表す．

E. Schmidt は Berliner Ber. 1932 において次の定理を証明なしに与えている．

$$f(x) = a_0+a_1x+\cdots+a_nx^n = 0, \qquad (a_n \neq 0,\ a_0 \neq 0)$$

の実根の数 N は

$$N < (c\,n \log P)^{\frac{1}{2}}$$

を満足する．ただし c は適当な正の常数，P は次式で与えられる．

$$P = \frac{1}{\sqrt{|\,a_0a_n\,|}}(|\,a_0\,|+|\,a_1\,|+\cdots+|\,a_n\,|).$$

Schmidt の証明は関数論的であるとのことであるが，Schur は Berliner Ber. 1933 において，全く代数学的に次の定理を証明した．

$$Q = \frac{1}{|\,a_0a_n\,|}(|\,a_0\,|^2+|\,a_1\,|^2+\cdots+|\,a_n\,|^2)$$

とおけば，

$$n>6 \quad \text{ならば} \quad N^2 < 4n \log Q,$$

$$n \leqq 6 \quad \text{ならば} \quad N^2-2N < 4n \log Q.$$

なお Szegö, Berliner Ber. 1934 参照．

和算家による独創的成果

徳川時代の初期に支那元明の数学が移入され，その摂取によって我国の数学は発達の第一歩を踏み出したが，五六十年の年月を経て関孝和が出で，初めて我国独自の数学が樹立されたのである．爾来幾多の俊秀な学者の輩出によって次第に発展し，以て幕末に及んだ．然るに明治維新の革新は古きものすべてを徹底的に廃棄し，従来の数学に代わって欧米数学を以てしたために，世の人々は往々に我国固有の数学の存在を忘れ，我邦人の独創性に対して疑いを挟むものさえあるまでに至った．

しかし翻って徳川時代の我国の数学者の業績を観察すれば，そこに幾多の偉大な独創を発見することができ，我邦人が少なくとも数学の分野においてはすこぶる独創性に富んでいた実証を挙げることができるのである．以下本書の範囲内における著しい二三の例について読者の注意を喚起したい．

§2.12, p.46.　関孝和の遺著・括要算法 (正徳二年，西暦 1712 刊) において

$$a_1x \equiv b_1 \pmod{m_1}, \quad a_2x \equiv b_2 \pmod{m_2}, \quad \ldots, \quad a_nx \equiv b_n \pmod{m_n}$$

の解法が述べられ，これを翦管術(せんかんじゅつ)と称している．$m_1, m_2, m_3, \ldots$ が二つずつ互いに素である場合には，例題 2 のように簡単に解くことができるが，関孝和はそうでない場合も論じている．特別の場合 $x \equiv b_1 \pmod 3$, $x \equiv b_2 \pmod 5$, $x \equiv b_3 \pmod 7$ はすでに支那の隋唐以前の書・孫子算經に現れ，我国では吉田光由の塵劫記に “百五減算” の名で記されている．

§2.37, p.84.　一次ディオファンタス方程式 $ax - by = c$ もまた関孝和が括要算法で解いている．$c = 1$ の場合，すなわち $ax - by = 1$ を解く方法を剰一術と名づけた．

§3.3, p.121.　分数 $\dfrac{1}{N}$ を循環小数に直したとき，その循環節の数を定める問題は山路主住が一算得商術または不尽一周術の名の下に論じている．山路は孝和の孫弟子・松永良弼の門下であって，宝永元年 (西暦 1704) に生れ，安永元年 (西暦 1772) に没

した．

§4.4, p.164.　実数を分数で近似する問題は関孝和が零約術と称する方法を発見しこれを解いた (括要算法所載)．しかしこれは極めて単純な方法であったが，その弟子建部賢明はそれを改良して連分数と同一の方法を発見した．$P_n = a_n P_{n-1} + P_{n-2}$，$Q_n = a_n Q_{n-1} + Q_{n-2}$ なる公式も与えている．

実数を分数で近似する問題を，孝和と同時代の田中由眞が奇収約之法の名の下に，別の形で解いている．それは西洋数学の文献にはないものである．(藤原，和算史ノ研究，第十，東北数学雑誌 第四十九巻，昭和十八年参照.)

なお會田安明もまた変わった方法を与えている．(藤原，和算史ノ研究，第十一，帝国学士院紀事 第一巻，昭和十七年参照.)

§4.16, p.193.　$\sqrt{N}$ の近似分数については久留島義太 (よしひろ) (生年不明，宝暦七年，西暦 1757 没) が平方零約術の名の下に論じている．これは西洋のとは別の方法である．

§4.17, p.196.　フェルマー方程式 $x^2 - Dy^2 = 1$ は久留島義太が平方零約術の内で解いている．

§4.21, p.209.　ディオファンタス近似問題 $|\alpha x - y - \beta| < \varepsilon$ は関孝和の高弟・建部賢弘 (寛文四年，西暦 1664–元文四年，西暦 1739) が累約術の名で論じている．その結果は彼の高弟中根元圭が享保十三年 (西暦 1728) に删定 (さんてい) した稿本にある．西洋ではヤコビが初めてこの問題を論じたが，賢弘の方法とは違っている．それは彼の遺稿として 1868 年に Crelle Journal, 69 で公にされた．(藤原，和算史ノ研究，第二，東北数学雑誌 第四十六巻，昭和十五年参照.)

§7.1, 原著初版，p.358.　関孝和を 1642 年生れと記したが，これは誤りであった．実際の生年は不明である．彼の行列式に関する業績は天和三年 (西暦 1683) に著された解伏題之法なる書に逐式交乗之法および交式斜乗之法として記載されている．前版ではこの点に関し記述が誤っていた．ここに訂正する．

p.320 にある三次の行列式の展開方法はこの書にある．西洋では十九世紀に Sarrus なる人が発見したとされている．四次および五次の展開も孝和の上記の本に記されている．

§7.9, p.329.　孝和の解伏題之法には，p.329 の

$$D = a_{i1}A_{i1} + a_{i2}A_{i2} + \cdots,$$

$$0 = a_{i1}A_{k1} + a_{i2}A_{k2} + \cdots \qquad (i \neq k)$$

なる事実が公式としてではないが認められている．しかし $D = a_{i1}A_{i1} + a_{i2}A_{i2} + \cdots + a_{in}A_{in}$ なる形の公式は明瞭に井關知辰 (ともとき) の算法發揮 (元禄三年，西暦 1690 刊) に与えられている．この書は行列式について記されている我国最初の刊本であるのみならず，世界においても最初のものである．西洋ではクラメール (Cramer) の 1750 年の著書が最初とされていた．孝和と同時代の田中由眞の著の内にも上の公式は記されている．

§7.10, §7.11, pp.332–334.　久留島義太の遺稿 (久氏遺稿) にはヴァンデルモンドの展開 (四次および五次の行列式について) およびラプラスの展開 (六次の行列式について) が与えられている．ヴァンデルモンドおよびラプラスの論文は共に 1776 年に公にされたものであるが，久留島は宝暦七年 (西暦 1757) に没したのであるから，久留島の方が遥かに早い．

§7.25, p.374.　二つの整式の終結式を出す方法を田中由眞が算學紛解と題する稿本中に論じている．由眞は慶安四年 (西暦 1651) に生れ，享保四年 (西暦 1719) に没した学者である．(藤原，和算史ノ研究，第十，東北数学雑誌 四十九巻，昭和十七年参照.)

§8.23, p.464.　方程式の近似解に関するニュートンの方法と実質的に同じものを関孝和が与えている．久留島義太および會田安明もまたそれを与えている．ただし $f'(x)$ の形は知っているが，それが導関数である事実は知らない．

§8.24, p.466. ホーナーの方法はすでに関孝和が完全に解隠題之法，開方飜變，開方算式なる著において与えている．孝和は支那の宋の楊輝算法から示唆を得たものであるが，これを完成したのは孝和である．ホーナーは 1819 年，ルファニは 1804 年に公にしたのであるから，孝和より遅れること 100 年以上である．(藤原，和算史ノ研究，第四，東北数学雑誌 四十七巻，昭和十六年参照.)

総 索 引

す

せ

欧字先頭索引

D

H

I

J

K

L

P

Q

R

S

T

著 者 索 引

引用雑誌名略記

Abh. Leopol. Carol. Akad. Abhandlungen der Leopold–Carolinischen Akademie.

Acta Math. Acta Mathematica.

Acta Szeged. Acta literarum ac scientiarum regiae universitatis Hungaricae Francisco-Josephinae.

Annali di Mat. Annali di Matematica pura e applicata.

Annals of Math. Annals of Mathematics.

Archiv d. Math. Archiv der Mathematik und Physik.

Berliner Ber. Sitzungsberichte der Preussischen Akademie der Wissenschaften zu Berlin.

Berliner Monatsber. Monatsberichte der Preussischen Akademie. ···

Bibliotheca math. Bibliotheca mathematica.

Bull. des sci. math. Bulletin des sciences mathématiques (Darboux Bulletin ともいう).

Bull. de la soc. math. de France. Bulletin de la société mathématique de France.

Bull. American math. soc. Bulletin of the American Mathematical Society.

Cambridge Dublin Math. J. The Cambridge and Dublin Mathematical Journal (Quarterly Journal of Mathematics の前身).

Comm. Petrop. Commentarii Academia scientiarum Petropolitanae (ロシア学士院紀要).

Comptes Rendus C. R. Comptes rendus hebdomadaires des séances de l'Académie des Sciences, Paris.

Göttinger Nachr. Nachrichten der Gesellschaft der Wissenschaften zu Göttingen.

Jahresb. d. D. M. V. Jahresberichte der Deutschen Mathematiker-Vereinigung.

Japanese J. of Math. Japanese Journal of Mathematics (日本数学輯報).

Journ. f. Math. Journal für die reine und angewandte Mathematik (Crelle Journal ともいう).

Journ. de l'Ecole polyt. Journal de l'École polytechnique.

Leipziger Ber. Berichte über die Verhandlungen der Sächsischen Gesellschaft der Wissenschaften zu Leipzig.

L'Enseignement Math. L'Enseignement Mathématique.

Math. Annalen Mathematische Annalen.

Math. Zeits. Mathematische Zeitschrift.

Memoir, Kyoto University. Memoir of the College of Science, Imperial University of Kyoto.

Messenger of Math. The Messenger of Mathematics.

Monatshefte f. Math. Monatshefte für Mathematik und Physik.

Münchener Ber. Berichte der mathematisch-physikalischen Klasse der Bayerischen Akademie der Wissenschaften zu München.

Nouvelles Ann. Nouvelles Annales de mathématiques.

Phil. Mag. Philosophical Magazine.

Phil. Trans. Philosophical Transactions of the Royal Society of London.

Proc. London Math. Soc. Proceedings of the London Mathematical Society.

Proc. Imp. Academy of Japan. Proceedings of the Imperial Academy of Japan.

Rend. Palermo. Rendiconti del Circolo mathematico di Palermo.

Tôhoku Math. J. The Tôhoku Mathematical Journal (東北数学雑誌).

Trans. American Math. Soc. Transactions of American Mathematical Society.

Trans. Cambridge Phil. Soc. Transactions of Cambridge Philosophical Society.

Ungarn Ber. Mathematische und naturwissenschaftliche Berchte aus Ungarn.

Wiener Ber. Sitzungsberichte der Akademie der Wissenschaften zu Wien.

Wiener Denkschrift. Denkschriften der Akademie. ···

Zeits. f. Math. Zeitschrift für Mathematik und Physik.

Zeits. angewandte Math. Zeitschrift für angewandte Mathematik und Mechanik.

Zürich Vierteljahrschrift. Vierteljahrschrift der Naturforschenden Gesellschaft in Zürich.

原著者紹介

藤原松三郎（ふじわら　まつさぶろう）

1881年（明治14年）2月，三重県津市に生まれる．1905年，東京帝国大学理科大学数学科を卒業し，1907年，第一高等学校教授となる．同年11月から3年間ドイツ及びフランスに留学し，帰路米国を訪問し1911年1月帰国．同年2月，東北帝国大学理科大学数学科初代教授に任ぜられる．1914年，理学博士．1925年，帝国学士院会員となる．1935年，数学科初代主任教授であった林鶴一の急逝にあたり，衣鉢を継いで，以後和算史の研究を精力的に進める．1942年3月，停年退官，同年5月，東北大学名誉教授．1946年10月，歿

著書として，「代数学」第一巻，第二巻（内田老鶴圃）1928，1929年，「常微分方程式論」（岩波書店）1930年，「微分積分学」第一巻，第二巻（内田老鶴圃）1934，1939年，「行列と行列式」（岩波書店）1934年がある．歿後出版されたものとして，「明治前日本数学史」全五巻（日本学士院編，岩波書店）1953-1960年，「日本数学史要」（宝文館）1952年，「西洋数学史」（宝文館）1956年がある．

編著者紹介

浦川　肇（うらかわ　はじめ）
理学博士　東北大学名誉教授

髙木　泉（たかぎ　いずみ）
理学博士　東北大学名誉教授

藤原毅夫（ふじわら　たけお）
工学博士　東京大学名誉教授

2019年3月10日　第1版発行

検印省略

代数学第1巻
―改訂新編―

原著者　藤原松三郎
編著者© 浦川　肇
髙木　泉
藤原毅夫
発行者　内田　学
印刷者　馬場信幸

発行所　株式会社　内田老鶴圃
〒112-0012 東京都文京区大塚3丁目34番3号
電話（03）3945-6781（代）・FAX（03）3945-6782
http://www.rokakuho.co.jp/
印刷/三美印刷 K.K.・製本/榎本製本 K.K.

Published by UCHIDA ROKAKUHO PUBLISHING CO., LTD.
3-34-3 Otsuka, Bunkyo-ku, Tokyo, Japan

ISBN 978-4-7536-0161-5 C3041　　U. R. No. 644-1

数学解析 第一編 **微分積分学 改訂新編 第1巻**

藤原 松三郎 著/浦川 肇・高木 泉・藤原 毅夫 編著

A5・660頁・本体7500円 ISBN978-4-7536-0163-9

第1章 基本概念 **第1節 無理数** – 極限/切断/無理数/集合の上限，下限/実数の四則 **第2節 数列の極限** – 数列の極限/数列の収束，発散，振動/上極限，下極限/極限の存在条件/コーシーの収束条件/カントルの無理数論/極限に関する定理/上極限，下極限に関する定理 **第3節 点集合** – 点集合/集積点/ワイエルシュトラス – ボルツァーノの定理/導集合/区間 **第4節 無限級数** – 無限級数の収束発散振動/正項級数の収束条件/一般級数の収束条件/絶対収束と条件収束/級数の積 **第5節 無限乗積** – 無限乗積/収束条件/絶対収束 **第6節 関数の極限** – 関数の定義/関数の極限/極限の第二定義/極限の存在条件/極限に関する定理/有界関数と単調関数 **第7節 連続関数** – 連続関数/不連続関数/ワイエルシュトラスの逐次分割論法/連続関数の性質/上限下限と最大最小値/一様連続 **第8節 初等関数** – 有理関数，代数関数，逆関数/三角関数/逆三角関数/指数関数/対数関数/一般の冪関数 x^a と一般指数関数 a^x /無限大になる速度/ランダウの記号 第1章 練習問題

第2章 微 分 **第1節 微分法** – 微係数と導関数/二つの関数の和差積商の微係数/合成関数の微係数/逆関数の微係数/初等関数の微係数/対数微分法/高次微係数の計算 **第2節 導関数** – 左右の微係数/導関数の性質/微係数の幾何学的解釈/到る所微分不可能な連続関数 **第3節 平均値定理** – ロルの定理/平均値定理/テイラーの定理 **第4節 平均値定理の応用** – 平均値定理の別の拡張/拡張された二次微係数/平均値定理の他の拡張/近似計算への応用/根の計算に関するニュートンの方法/不定形/ロピタルの定理の逆/関数の極大極小 **第5節 テイラー級数** – テイラー級数/テイラーの定理によらない展開/実解析的関数 **第6節 関数項の無限級数** – 関数列と関数項の無限級数/一様収束/一様収束級数の性質/一様収束の判定条件/一点における一様収束/級数の項別微分/無限乗積の一様収束/冪級数の収束区間/コーシー – アダマールの定理/冪級数の和，差，積，商/冪級数の表す関数/アーベルの定理/実解析的関数の条件/実解析的関数の性質，準解析関数/特殊な形の級数/微積分学の発達 第2章 練習問題

第3章 積 分 **第1節 不定積分** – 不定積分/有理関数の積分/三角関数の積分/二次無理関数の積分/楕円積分/ $x^m(ax^n+b)^p$ の積分/超越関数の積分 **第2節 定積分** – 定積分/連続関数の積分/有限個の不連続点をもつ有界関数の積分/積分の性質/定積分と不定積分との関係/部分積分/第一平均値定理/第二平均値定理 **第3節 有界でない関数の積分** – 不連続関数の積分/有界でない関数の積分可能条件/コーシーの主値/積分の性質/級数の項別積分/項別積分に関するアルツェラの定理 **第4節 無限積分** – 無限積分/無限積分と無限級数/無限積分の性質/無限積分の収束条件/項別積分/ベッセル関数/定積分の計算 **第5節 ガンマ関数** – $\Gamma(x)$の定義/$\Gamma(x)$の性質/$\Gamma(x)$の積分表示/ B関数/$\Gamma(x)$とディリクレ級数/スターリングの公式 **第6節 定積分の近似計算** – 定積分の近似計算/ガウスの理論 第3章 練習問題

第4章 二変数の関数 **第1節 二重数列と二重級数** – 二重数列の極限/累次極限/二重極限の存在条件/単調二重数列と有界数列/二重数列の上極限，下極限/行，列の一様収束/二重級数/累次級数/絶対収束/二重級数の収束，発散の例/ヒルベルトの定理/ヘルダーおよびミンコフスキーの不等式/ハーディ – リトルウッドの定理 **第2節 関数の極限** – 平面上の点集合の極限点と集積点/二変数の関数の極限/単調関数と有界関数/二変数の連続関数/変数の各々について連続な関数/一様収束/二変数の冪級数 **第3節 二変数の関数の微分** – 偏微係数/平均値定理/全微分可能な関数/$f_{xy}=f_{yx}$の条件/テイラーの定理の拡張/二変数の関数の極大極小 **第4節 二変数の関数の積分** – 定積分 $\int_a^b f(x,t)\,dt$ の連続性/定積分 $\int_a^b f(x,t)\,\varphi(t)\,dt$ の微分可能性/テイラーの定理の剰余項/無限積分の一様収束/ $\int_a^\infty f(x,t)\,dt$ の連続性/ $\int_a^\infty f(x,t)\,dt$ の微分可能性 **第5節 二重積分** – 二重積分/累次積分/有界でない関数の二重積分/無限二重積分/二重級数と二重積分との関係/累次積分の順序変更 **第6節 任意次数の微分積分** – 任意次数の微分積分/ $D^\nu f$の性質/諸問題の統一的観点 **第7節 定積分の近似評価** – 近似評価問題/無限級数と無限積分との交渉/ラプラスの問題/特異積分/ディリクレ積分/フーリエの二重積分公式/ベルヌーイ関数/オイラー – マクローリンの和の公式/近似級数/チェザロの定理 第4章 練習問題